“十三五”国家重点图书出版规划项目

机器人学及其应用系列丛书

机器人学及其应用导论

陶永 王田苗◎编著

清華大學出版社

北京

内容简介

本书系统地介绍了机器人学的基本原理及其应用。共分为7章：第1章介绍机器人学的发展历史及相关基础知识；第2章介绍机器人的基本结构及驱动方式；第3章介绍机器人的运动学与动力学；第4章介绍机器人传感器与视觉系统；第5章阐述机器人规划与人机交互；第6章介绍机器人典型控制算法的基础知识及典型应用。第7章介绍智能机器人的典型应用案例。本书将理论和实际相结合，在介绍基础理论和知识的同时，给出相关的应用示例，用以综合运用本章的内容，同时每章还附有练习题。

本书内容丰富，涵盖机器人学的基础知识以及理论与技术。本书可作为高等院校相关专业的教材或参考书，也可供相关技术人员参考。

图书在版编目(CIP)数据

机器人学及其应用导论/陶永，王田苗编著.—北京：清华大学出版社，2021.4(2025.1重印)
(机器人学及其应用系列丛书)
ISBN 978-7-302-56508-6

Ⅰ.①机… Ⅱ.①陶… ②王… Ⅲ.①机器人学 Ⅳ.①TP24

中国版本图书馆CIP数据核字(2020)第182547号

责任编辑：贾 斌
封面设计：刘 键
责任校对：李建庄
责任印制：丛怀宇

出版发行：清华大学出版社
网　　址：https://www.tup.com.cn，https://www.wqxuetang.com
地　　址：北京清华大学学研大厦A座　　**邮　　编**：100084
社 总 机：010-83470000　　**邮　　购**：010-62786544
投稿与读者服务：010-62776969，c-service@tup.tsinghua.edu.cn
质量反馈：010-62772015，zhiliang@tup.tsinghua.edu.cn
课件下载：https://www.tup.com.cn，010-83470236
印 装 者：三河市龙大印装有限公司
经　　销：全国新华书店
开　　本：185mm×260mm　　**印　　张**：26　　**字　　数**：630千字
版　　次：2021年4月第1版　　**印　　次**：2025年1月第4次印刷
印　　数：3001～3400
定　　价：79.80元

产品编号：081218-01

丛书序

工业机器人诞生于20世纪50年代,并逐步走向实用化。到了20世纪70年代,工业机器人已经实现了产业化,在汽车工业中的喷涂、焊接等被广泛应用,至今已经成为现代制造业中不可或缺的一部分。服务机器人和特种机器人的发展,包括助老助残、文化娱乐、教育、抢险救灾以及空间、地下、水下资源的开发等方面,机器人将成为国家之间高技术竞争的战略制高点。为了满足机器人技术发展的需要,人才培养是关键的一环。我国各个大专院校都在计划设置与机器人相关的专业,加强机器人各类人才的培养。目前亟需一套机器人及其应用的系统教材,为此我们编写了这套系列丛书,主要为大学以上学生、研究人员和工程师提供合适的教材和课外参考书。

机器人还处于发展阶段,编写这套教材存在着不少困难和不确定性,为此,我们组织了若干长期从事机器人教学与科研工作的教授和专家共同研讨,并根据以下原则来编写这套丛书。

机器人的发展历史究竟从何时算起,有的认为有一千多年,有的则认为不过几十年,两种不同的历史观源于对"机器人"的不同定义。我们把1959年前后美国UNIMATION公司推出的第一台工业机器人作为现代机器人的开端。因为这是历史上第一台可供工业使用的机器,与传统的机器不同,它具有以下两个特点,一是多功能性(versatility),即一台机器可以执行多项任务;另一是灵活性(flexibility),即通过编程等手段可以适应不同的工作环境。我们将这类新型的机器定义为"机器人"(robot),即执行人类相似的功能(function)或者执行传统上需要人类去完成的任务(task)的机器。这类机器至少需要具备以上两个基本特点,即多功能性和灵活性,当然随着科技的发展和进步,未来的机器人还可能具备更多的人类功能,如感知、理性行为甚至"情感"等。这样机器人学(robotics)就可以定义为研究、设计和使用机器人的学科。

机器人学是多学科与多技术的交叉领域,包含机械、控制、计算机、人工智能和仿生学等不同学科,同时包含传感器、机械电子和执行机构等不同技术。这些都给教材内容的选择和编写带来一定的困难,我们确定以下5册书作为丛书的组成部分,即《机器人数学基础》《机器人学及其应用导论》《机器人运动学、动力学与运动控制》《机器人传感器与视觉》《人工智能》。编写的重点放在不同学科与机器人相交叉的部分,比如,机器人控制。我们不是简单地去介绍一般的自动控制理论与方法,而把重点放在机器人运动学、动力学与控制算法相结合的部分。其他几册书也是按照这个原则编写的。机器人还处于发展的初期,目前的机器人大多只能完成结构化环境下的工作,为了适应复杂环境下的工作需求,智能化是机器人今后主要的发展方向，因此我们专门设置了《人工智能》这一册书。人工智能近年来无论在感知、理性智能和智能控制等领域，以及知识驱动与数据驱动等方法上均取得不少的进展，这些进展无疑将推动未来智能机器人的发展。

尽管我们邀请了各个领域著名教授和专家共同编写这部丛书，但由于机器人还处于发展过程之中，技术日新月异，难免有不足和遗漏，欢迎读者提出宝贵意见与建议，以便今后改进。

张　钹

中国科学院院士、清华大学教授

前 言

机器人是多学科交叉与融合的结晶，是新型材料、仿生技术、传感器技术、机械电子技术、自动化控制技术、计算机技术、人工智能与互联网技术等多领域、多学科交叉融合的综合性高科技技术，被认为是对未来国家智能制造、社会发展与民生服务、国防安全等领域发展具有重要意义的前沿战略性高技术之一。

机器人作为一类智能机器，具有感知、决策、交互与执行等功能与特性，逐步从大学、实验室走向实际应用和产业化；伴随着工业化革命对生产效率、产品质量、劳动力短缺等迫切需求，随着机器人在工业、科教、医疗、养老、安全、社会等应用领域的不断拓展和深入，机器人已成为人类现代社会中不可或缺的重要伙伴和助手，在过去60多年的研究、开发、制造和应用机器人的过程中，一门新的学科——"机器人学"正在应运而生，机器人学是一门关于机器人理论、技术与系统的学说，是机器人产业和技术发展的基石。

本书作为清华大学出版社机器人系列丛书的导论，是一本关于机器人学概述与入门的图书，本书是该系列丛书的基础，旨在引领读者踏进机器人学的大门，培养对机器人的兴趣，了解机器人的基础知识，推动机器人的应用开发。其中关于机器人的介绍涵盖范围广泛，但限于篇幅不能详细展开，部分内容在系列丛书的其他书目中将有详细讲述。

本书是一部较为系统的机器人学引导性教材，涉及机器人学的概况、发展历史、运动学与动力学、传感器、规划与人机交互、典型控制算法、典型应用等内容。真诚希望本书能为机器人领域的读者和相关人员提供一个系统的总体概况介绍，为其后续的深入学习和研究奠定坚实的理论基础。本书可作为本科生及研究生的基础课程教材，也可作为机器人学领域研究人员以及工程师的参考资料。

本书内容主要由三部分组成。

第一部分介绍机器人的定义与体系，包含第1章绪论，介绍机器人学的起源与发展、机器人的定义与分类、机器人学的主要研究领域、应用环境和重要意义。

第二部分主要介绍机器人的科学问题与核心关键技术，包含第2～6章，详细讲解机器人学领域的主要科学问题和关键技术，包括机构与驱动、运动学与动力学、传感器与视觉、规划与人机交互、典型的控制算法等。其中，第2章机器人结构与驱动，对机器人的机构与驱动进行系统的介绍，通过学习，掌握机器人机构的基本特征、分类方式等知识，帮助读者构建对机器人建模的基本框架。第3章机器人运动学与动力学，介绍机器人位姿的描述和齐次坐标的表示，是运动学分析的数学基础，然后讲述机器人运动学的正逆问题，重点介绍D-H方法建立机器人运动学过程，并介绍机器人的静态特性与动态特性。第4章机器人传感器与视觉，重点介绍机器人传感器的原理、分类，重点介绍典型的内部、外部传感器及其特点，图像处理、视觉技术和多传感器信息融合方法等内容。第5章机器人规划与人机交互，主要介绍机器人的任务规划、运动规划、路径规划和人机交互等方面知识，包含机器人任务规划的作用、规划系统的任务与方法，图形搜索、人工势场等典型的机器人运动规划方法，关节空间和工作空间中机器人运动规划和轨迹生成方法，典型的人与机器人之间的交互方式。第6章机器人典型控制算法，面向人工智能技术正在越来越多地用于机器人的控制，重点介绍PID控制方法、自适应模糊控制算法、遗传算法、神经网络算法、自学习/深度学习算法等基础知识及其在机器人控制中的典型应用，并对机器人的遥操作与人机交互算法进行简要介绍。

第三部分介绍机器人的典型应用，包含第7章机器人的典型应用。通过丰富的案例介绍智能机器人在各领域的典型应用，涵盖工业机器人、服务机器人和特种机器人的关键核心技术、前沿科技以及典型的应用案例。

本书的第1章、第2章由侯涛刚博士参与编写，第3章由孙文成、聂磊参与编写，第4章由谢先武、张强参与编写，第5章由房增亮、邹遇、任帆参与编写，第6章由刘文勇老师参与编写，第7章由刘辉、江山、陈超勇参与编写，在此对他们的帮助表示衷心的感谢。

本书得到科技部高技术发展研究中心刘进长研究员，我国的机器人领域专家张钹、王天然、蔡鹤皋、封锡盛、熊有伦、丁汉、王耀南、蔡自兴、李泽湘、赵杰、谭民、黄田、黄强、孙立宁、王耀南、于海斌、乔红、王树新、刘成良、韩建达、金亚萍、孙富春、曲道奎、徐方、许礼进、刘景泰、侯增广、熊蔡华、方勇纯、段星光、陈殿生、熊蓉、欧勇盛、王伟等同行提供的帮助与建议，在此，编者表示深深的敬意。

在本书的编写过程中，参考了国内外出版的大量书籍和论文，编者对相关国内外机器人学专著、教材和有关论文的作者深表感谢。

机器人学是一门复杂的交叉综合性学科，涉及专业知识范围广，由于编者水平有限，书中难免有不足和错误之处，恳请读者批评指正。

陶　永　王田苗

2020年12月于北京航空航天大学新主楼

目 录

第1章 绪 论

机器人是现代社会中协助人类生产生活的自动控制机械的总称，随着应用领域的拓宽和不断深入，机器人已经成为现代社会中不可或缺的一环。从第一次工业革命开始，人类就期待着有朝一日机器人可以把人类从繁杂的生产工作中解放出来，代替人类从事一切劳动。在第一次工业革命之后的几百年间，机器人的功能越来越完善，可以从事的工作越来越多，覆盖的行业领域也越来越广泛，极大地提高了社会生产力。机器人技术的发展也在其他领域刺激人类不断完善知识研究体系，人类与机器人的关系也引发了社会上广泛的讨论，例如阿西莫夫在《银河帝国》中规范的机器人三大定律被人们奉为机器人与人类相处的准则。在人类研究、开发、制造和应用机器人的过程中，一门新的学科应运而生，这就是机器人学。机器人学是一门关于机器人的系统的学说，是机器人技术发展的基石。机器人一直是人类梦想的伙伴。科技的快速发展、科学家的不断探索，推动着机器人技术的创新与发展。但机器人从实验室走向产业，实际上是工业化革命对效率、质量、用工短缺与需求推动的。

本章作为全书的绪论，将会系统地介绍机器人学的背景知识。读者通过阅读本章，可以了解到机器人学的起源与历史、机器人的定义、机器人的分类、机器人的应用环境、机器人的研究领域等。本章是全书的基础，旨在引领读者踏进机器人学的大门，培养读者对于机器人的兴趣，让读者了解机器人。其中关于机器人的介绍涵盖范围广泛，但限于篇幅不能详细展开，部分内容在后面的章节中有详细讲述，读者若对有关内容感兴趣也可查阅相关资料。

1.1 机器人学的起源与发展历史

机器人可以帮助人们完成许多任务，在几千年以前人们就开始用原始的材料和简单的机械原理制作出了现在机器人的祖先。在漫长的历史长河中，人们不断完善机器人，使得机器人可以在越来越多的领域代替人，甚至能完成人们难以想象的任务。本节将介绍机器人的发展历程、机器人发展所依赖的学科和研究领域以及未来机器人的发展趋势。

1.1.1 机器人的发展历程

在我国，最早的机器人应该是指南车，指南车出现的时间很早，但是直到宋代才有较为完整的资料。指南车是中国古代用来指示方向的一种装置，如图1.1所示。它与指南针利用地磁效应不同，它不用磁性，而是利用机械传动系统指明方向的一种机械装置。其原理是：人力来带动两轮的指南车行走。车内的机械传动系统传递转向时，两车轮的差速带动车上的指向木人向车转向的反方向旋转相同角度，使车上的木人指示设置

图1.1 指南车

方向。不论车子转向何方,木人的手始终指向指南车出发时设置木人指示的方向——“车虽回运而手常指南”。

除了指南车外,我国历史上比较有名的机器人形象当属木牛流马,相传木牛流马是三国时期蜀汉丞相诸葛亮发明的运输工具,史载建兴九年至十二年(231—234年)诸葛亮在北伐时所使用,其载重量为“一岁粮”(大约四百斤),每日行程为“特行者数十里,群行三十里”,为蜀国十万大军提供粮食。关于木牛流马有多种解释,其中一种说法是单轮木板车,是一种山路上用的带有摆动货箱的运送颗粒货物的木制人力步行车。木牛是有前辕的独轮车,流马是没有前辕的独推小车,这也是一种关于木牛流马的主要观点。

在近代史上,机器人首先起源于一些科幻小说作家的想象。1920年,捷克作家卡雷尔·卡佩克在他的科幻小说中,根据Robota(捷克文,原意为“劳役、苦工”)和Robotnik(波兰文,原意为“工人”),创造出“机器人(Robot)”这个词。1939年,美国纽约世博会上展出了西屋电气公司制造的家用机器人Elektro,它由电缆控制,可以行走,会说77个字,甚至可以抽烟,不过离真正干家务活还差得远,但它让人们对家用机器人的憧憬变得更加具体。1942年,美国科幻巨匠阿西莫夫(Isaac Asimov,1920—1992)提出“机器人三原则”;虽然这只是科幻小说里的创造,但后来却逐步成为学术界默认的研发原则。1948年,诺伯特·维纳(Norbert Wiener)出版《控制论——关于在动物和机器中控制和通信的科学》,阐述了机器中的通信和控制机能与人的神经、感觉机能的共同规律,率先提出以计算机为核心的自动化工厂。1954年,美国人乔治·德沃尔制造出世界上第一台可编程的机器人(即世界上第一台真正的机器人),并注册了专利,这种机械手能按照不同的程序从事不同的工作,因此具有通用性和灵活性。1955年,在达特茅斯(Dartmouth)会议上,马文·明斯基提出了他对智能机器的看法:智能机器“能够创建周围环境的抽象模型,如果遇到问题,能够从抽象模型中寻找解决方法”,这个定义影响到以后30年智能机器人的研究方向。1920年捷克科幻作家卡雷尔·卡佩克创造了《罗萨姆的万能机器人》的幻想剧,其中主人公罗伯特(ROBOTO)是既忠诚又勤劳的机器人,该剧上演后轰动一时,罗伯特的名字也因此成了机器人的代名词,现在机器人的国际名称就叫“罗伯特”(ROBOT)。

图1.2 写字人偶

早期机器人如图1.2所示写字人偶。

1958年,美国联合控制公司的研究人员研制出第一台机器人原型。1959年,美国UNIMATION公司推出了第一台工业机器人。随着工业自动化技术和传感技术的不断发展,工业机器人在20世纪60年代进入了成长期,并逐渐被应用于喷涂和焊接作业当中,开始向实用化的方向迈进。到了20世纪70年代,工业机器人已经实现了实用化,日本根据自身实际情况,加大了鼓励中小企业使用工业机器人的力度,这使日本机器人的拥有量在很短的时间内超过了美国,一跃成为世界上的机器人大国。另外,人工智能也开始应用于机器人的研发当中。

20世纪90年代是机器人的普及时代,随着各种技术的突破,各类不同功能的工业机器人开始大量应用于电子、汽车、服务等领域,并且为了满足人们的个性化需求,工业机器人的生产也日益呈现出多品种、多批次、小批量的趋势。市场的巨大需求在很大程度上刺激了工业机器人的加工和生产，并为机器人制造行业带来了巨额的经济效益，使其能够将更多的资金投入到新技术的研发和现有技术的完善当中，为工业机器人行业的进一步发展打下了坚实的基础。

进入20世纪90年代以来，具有一般功能的传统工业机器人取得广泛的应用，并随着智能化、网络化、绿色化和数字化的发展，工业机器人形成了一个新的发展高潮。另外，许多高级生产和特种应用则需要智能的、柔性化的机器人参与，因而促使智能特种机器人获得较为迅速的发展。越来越多非工业的领域中出现了机器人的身影，特种机器人大显身手，逐渐成为人们生活中不可或缺的组成部分。

在计算机技术、互联网技术、MEMS传感器技术、大数据、物联网等新技术发展的推动下，机器人技术正从传统的工业制造领域向家政服务、医疗健康、教育娱乐、助老助残、生物工程、勘探勘测、救灾救援等领域迅速扩展，适应不同领域需求的机器人系统被深入研究和开发。无论从国际还是国内的角度来看，发展机器人产业的一条重要途径就是开发各种智能服务机器人，提高机器人的性能，扩大其功能和应用领域。

1.1.2 机器人技术的研究领域与学科范围

1. 研究领域

经过数十年的发展，机器人技术已经发展成为一门新的综合性交叉科学——机器人学，它包括基础研究与应用研究两方面的内容，其主要研究领域包括机器人机构设计与优化、机器人运动学与动力学、机器人轨迹规划、机器人驱动技术、机器人传感器、机器人视觉、机器人控制与离线编程、机器人本体结构、机器人控制系统等。

2. 学科范围

机器人学所涉及的学科范围主要有：力学，主要包括工程力学、弹塑性力学、结构力学等；机器人拓扑学，主要包括结构拓扑学，即拓扑结构类型综合与优选；机械学；电子学与微电子学；控制论；计算机；生物学；人工智能；系统工程等。这些多学科领域知识的交叉和融入是机器人技术得以发展、拓宽和延伸的基础，也是学习和运用机器人技术的基础。随着智能机器人技术不断向新的领域拓展，其学科范围亦将更加宽阔。

1.1.3 机器人的发展趋势

1. 机器人应用的发展趋势

1）无人化、少人化的智能工厂

智能工厂是利用各种现代化的技术，实现工厂的办公、管理及生产自动化、智能化，达到加强及规范企业管理、减少工作失误、堵塞各种漏洞、提高工作效率、进行安全生产、提供决策参考、加强外界联系、拓展国际市场的目的。

2）无人驾驶

无人驾驶汽车是智能汽车的一种，也称为轮式移动机器人，主要依靠车内的以计算机系统为主的智能驾驶仪来实现无人驾驶。它利用车载传感器感知车辆周围环境，并根据感知所获得的道路、车辆位置和障碍物信息，控制车辆的转向和速度，从而使车辆能够安全、可靠地在道路上行驶。无人驾驶技术集自动控制、系统工程、人工智能、视觉计算等众多技术于一体，是计算机科学、模式识别和智能控制技术高度发展的产物，也是衡量一个国家科研实力和工业水平的一个重要标志，在国防和国民经济领域具有广阔的应用前景。

3）无人机

无人驾驶飞机简称“无人机”（Unmanned Aerial Vehicle，UAV），是利用无线电遥控设备和自备的程序控制装置操纵的不载人飞行器。无人机实际上是无人驾驶飞行器的统称，从技术角度定义可以分为：无人固定翼飞机、无人垂直起降飞机、无人飞艇、无人直升机、无人多旋翼飞行器、无人伞翼机等。与载人飞机相比，它具有体积小、造价低、使用方便、对作战环境要求低、战场生存能力较强等优点。由于无人驾驶飞机对未来空战有着重要的意义，世界各主要军事国家都在加紧进行无人驾驶飞机的研制工作。

4）医用机器人

医用机器人，是指用于医院、诊所的医疗或辅助医疗的机器人，是一种智能型服务机器人，它能独自编制操作计划，依据实际情况确定动作程序，然后把动作变为操作机构的运动。医用机器人种类很多，按照其用途不同可以分为：临床医疗机器人、护理机器人、医用教学机器人和帮助残疾人的服务机器人等。

5）家庭服务机器人

家庭服务机器人是为人类服务的特种机器人，能够代替人完成家庭服务工作，它包括行进装置、感知装置、接收装置、发送装置、控制装置、执行装置、存储装置、交互装置等；所述感知装置将在家庭居住环境内感知到的信息传送给控制装置，控制装置指令执行装置做出响应，并进行防盗监测、安全检查、清洁卫生、物品搬运、家电控制，以及家庭娱乐、儿童教育、报时催醒、家用统计等工作。

6）陪护机器人

当今社会，老龄化的现象越来越严重，很多家庭出现了空巢老人和独居老人长时间不和子女在一起生活，还有一些孩子跟着老人生活的现象。老人和孩子都是弱势群体，需要人的照顾。陪护机器人就是为了老人和孩子设计的家庭智能服务陪伴机器人，陪伴和照顾老人孩子的生活，帮助他们解决生活中的问题。它还会与老人和孩子进行心理的交流，成为他们生活中的一部分，融入家庭生活中，为他们的心理健康提供保障。

2. 关键技术的趋势

1）机器人模块化

模块化机器人由众多结构相同、功能相近的模块单元组成。通过改变模块间的连接状态，便捷得到的多种构型的机器人，可执行多种操作任务，满足多样化作业要求。目前在热点研究领域，机器人模块化技术大多与软体机器人相结合；软体材料与模块化理念相结合，增加了模块化机器人的环境柔顺性，极大地扩展了模块化机器人应用范围。

2）具有开放式结构的机器人控制器

机器人控制器是根据指令以及传感信息控制机器人完成一定的动作或作业任务的装置，它是机器人的心脏，决定了机器人性能的优劣。从机器人控制算法的处理方式来看，控制器可分为串行、并行两种结构类型。随着机器人控制技术的发展，针对结构封闭的机器人控制器的缺陷，开发“具有开放式结构的模块化、标准化机器人控制器”是当前机器人控制器的一个发展方向。

近年来，日本、美国和欧洲一些国家都在开发具有开放式结构的机器人控制器，如日本安川公司基于PC开发的具有开放式结构、网络功能的机器人控制器。我国863计划智能机器人主题也以该方向进行立项和研究攻关。

开放式结构机器人控制器是指：控制器设计的各个层次对用户开放，用户可以方便地扩展和改进其性能。其主要思想是：

(1) 利用基于非封闭式计算机平台的开发系统，如Sun，SGI，PC。有效利用标准计算机平台的软、硬件资源为控制器扩展创造条件。

(2) 利用标准的操作系统，如Unix、VxWork和标准的控制语言，如C、C++。采用标准操作系统和控制语言，可以改变各种专用机器人语言并存且互不兼容的局面。

(3) 采用标准总线结构，使得为扩展控制器性能而必需的硬件，如各种传感器、I/O板、运动控制板等，可以很容易地集成到原系统。

3) 机器人传感器

机器人传感器主要包括机器人视觉、力觉、触觉、接近觉、距离觉、姿态觉、位置觉传感器等。机器人传感器可分为内部传感器和外部传感器两大类。未来机器人传感器技术的研究，除了不断改善传感器的精度、可靠性和降低成本外，随着机器人技术转向微型化、智能化，以及应用领域从工业结构环境拓展至深海、空间和其他人类难以进入的非结构环境，也应与微电子机械系统、虚拟现实技术有更密切的联系。同时，对传感信息的高速处理、多传感器融合和完善的静、动态标定测试技术，也将会成为机器人传感器研究及相关研究和发展的关键技术。尤其是对多传感器融合信息技术及其算法的改进将是机器人传感器研究的重中之重。在同一环境下，多个传感器感知的有关信息之间存在着内在的联系。如果对不同传感器采用单独孤立的应用方式，就会割断信息之间的内在联系，丢失信息有机组合可能蕴含的有关信息。因此，采用多传感器集成与信息融合的方法，合理选择、组织、分配和协调系统中的多传感器资源，并且对它们输出的信息进行融合处理，以便得到关于环境和目标对象的完整、可靠的信息。

4) 机器人工艺应用与工具

机器人制造工艺技术发展至今，已经成为一个多学科、多领域交叉问题。新一代的制造技术有3D打印技术、转印技术、形状沉积工艺(Shape Deposition Manufacturing，SDM)、智能复合微结构法(Smart Composite Microstructures，SCM)及微注塑成型工艺等，这些技术工艺已经成为机器人领域一个重要的组成部分。其中3D打印技术的应用尤为广泛，它是利用光固化和纸层叠等技术的快速成型方法。它与普通打印工作原理基本相同，打印机内装有液体或粉末等黏合"打印材料"，与计算机连接后，通过计算机控制把"打印材料"一层层叠加起来，最终把计算机上的蓝图变成实物。这种打印技术称为3D立体打印技术。近年来，3D打印技术发展迅速，在各领域都取得了长足发展，已成为现代模型模具和零部件制造的有效手段。目前在工业制造领域，3D打印技术主要被用来进行航天、航空、核电及汽车等行业新产品的研发、工艺技术的验证、产品性能的测试及多品种小批量产品的生产工作。例如，在新产品投入大规模批量生产前，研究人员通过3D打印技术打印出实物模型，模拟产品的真实工作环境，对其进行干涉检验、功能测试、可制造性及可装配性检验等一系列综合性评估，从而避免后期生产中不可预知的大规模损失。

3. 前沿科技发展趋势

1) 人工智能

人工智能是自1956年达特茅斯会议后发展起来的新型学科，有着涉及学科广、需要技术高端、使用范围广等特点。在过去的60多年时间里，人工智能经历了学科发展中都会遇到的发展—否定—再否定的阶段。现在人工智能大致分成了符号主义学派、行为主义学派、联结主义学派三大学派。其各有优势，独树一帜。目前人工智能领域中，符号主义学派通过数学逻辑表示人类的认知基元，对数学逻辑经过解读分析，得到答案，进而实现智能。该学派重点运用还原思想，将人类的认知基元全部使用数学逻辑表示。行为主义学派认为人工智能取决于感知和行动，不需要学习知识与知识推理，是一步步、由低级到高级慢慢进化的。联结主义学派是通过人工神经网络的形式模仿人类智能，理论上讲，该方法是最符合人类智能的运行方式的。而在一个系统中，最重要的是系统的运行机制，即如何将接收到的信息转化为我们的知识并通过表述、行为展示出来。在了解了人类智能的运行机制之后，人工智能将会更加符合人们的需求。

2）智能材料与软体

软体机器人模仿自然界中的软体动物，由可承受大应变的柔软材料制成，具有无限多自由度和连续变形能力，可在大范围内任意改变自身形状和尺寸。软体机器人具有无限多自由度，所以它具有无限种构型使其末端执行器到达工作空间内的任意一点。由于对压力的低阻抗，软体机器人对环境具有更好的适应性，通过被动变形实现与障碍物的相容，通过主动变形使机器人处于不同的形态并实现运动；主动变形与被动变形相结合，机器人可以挤过比自身常态尺寸小的缝隙，进入传统机器人无法进入的空间。软体机器人可作为新型医疗检测机器人，例如内窥镜，它会随口腔、排泄腔的入口大小而变化，减少侵入性痛苦。而且，若采用生物易分解的材料，软体机器人完成任务后即可被人体分解吸收。

3）微纳操作

微纳操作技术是指对微米、亚微米与纳米尺度上的物体进行物理、化学和生物等特性的测量，然后通过推拉、提取、搬运和放置等方法构造与改变物体形状结构，从而完成微纳机器人、传感器与机电系统的构建。微纳操作技术将对人类社会产生极其重要的影响，例如人造细胞和细胞修复机器人能对不可治愈疾病所造成的坏损细胞进行替代或修复，从而延长人类的寿命。从1986年开始，Drexler就提出利用工程蛋白纳米机器人进行组装和制造微纳米器件或系统的概念；随后Drexler在理论上提出基于已有的微机械加工、蛋白质工程以及聚合物合成等技术，该技术能实现各种对微纳米机器人、微纳米操作和制造系统的设计。近些年来，微纳米操作技术的快速发展，为实现Drexler的目标提供了源动力。微/纳米机电系统（MEMS/NEMS）作为微纳操作技术的典型应用，其形状大小为微/纳米级别，能通过输入电信号实现其机械运动的控制，进而完成微纳米尺度上的操作。微纳操作的目标是制造具有新颖物理、化学和生物特性的纳米功能器件与微纳系统，从而为电子、信息、材料、先进制造与生物医学等领域的技术发展提供新契机与技术途径，其发展具有巨大的社会效益和经济效益。

4）虚拟现实

近十余年来，计算机仿真技术的发展进入了虚拟世界的领域，虚拟现实（Virtual Reality，VR）技术是发展最快的一项多学科综合技术。VR是在计算机技术支持下的一种人工环境，是人类与计算机和极其复杂的数据进行交互的一种技术，它综合了计算机图形技术、仿真技术、传感技术、显示技术等多种学科技术。VR系统具有向用户提供视觉、听觉、触觉、味觉和嗅觉等感知功能的能力，能让人们在这个虚拟环境中观察、聆听、触摸、漫游、闻赏并与虚拟环境中的实体进行交互。从根本意义上来看,可以将 VR 技术视为交互式仿真技术的高级形式。

5) 人机融合

人机融合是现在机器人方向一个新兴的领域。它主要包括三类:协作的融合、可穿戴式的融合和成为人的器官。

从可穿戴式的融合方式来说,智能动力假肢属于穿戴式机器人。假肢机械结构的本体与穿戴者以及外部环境存在着很强的物理交互。为了实现人穿戴智能假肢在实际的随机环境中流畅的运动,并保持稳定可靠的性能,需要假肢的控制系统能够适应外部环境的变化,在复杂的环境中实现人与智能假肢的融合。

近年来,一类与人的意念和思维相关的新型控制系统发展迅速,与以"计算机"为中心的控制系统不同,这种控制系统直接以"人脑"为中心,以脑电信号为基础,通过脑机接口(Brain-Computer Interface,BCI)实现控制,这种基于脑机接口的人机融合控制系统,称为脑控系统。脑控涉及神经科学、认知科学、控制科学、医学、计算机科学和心理学等多个学科,是一个新兴的多学科交叉的前沿研究方向,引起了人们的广泛注意。

6) 自修复技术

自重构自修复机器人由许多相似的"机械单元"即模块组成。每个单元是自治的机械单元,具有很大的柔顺性,能动态地改变相互间的连接。每个单元由一个微处理器处理数据及通信。该模块机器人不需外界的帮助而改变自身的构型,从而适应外部环境,并能执行不同的任务,这种能力称为"自重构"。其基本操作指连接两模块或断开已有的连接,插入另一模块,通过模块基本运动的组合获得自重构能力。如果机器人局部损坏或出现故障,能在机器人系统内诊断出来,一旦识别出是哪个模块,系统将拆卸有问题的模块,由备用模块替换损坏的或出现故障的模块,进行自我修复,修复过程不需外界的帮助而仅依靠单元间的协作完成,这种能力叫"自修复"。它提高了机器的鲁棒性。该变形机器人的功能远远超过常规的固定形状的机器人,可用在非结构环境中的搜寻营救、空间探险、海洋勘探、军事等任务。它是多任务的机电系统,在机械设计、通信系统、人工智能等方面还存在许多重要的技术问题,为了充分开发这种新机器人的潜能,有许多挑战性的理论及工程问题需研究。目前自修复技术的研究还很不成熟,尚处于发展阶段。

智能机器人还处在分散发展的阶段,2018 年1月 *Science* 机器人专刊描述了机器人的十大挑战,分别是:新材料和制造方案;仿生机器人和生物混合机器人;能量和能源;机器人集群式处理任务;导航与探索;人工智能的应用;脑机接口;社会互动;医疗机器人;机器人伦理与安全。在未来,机器人领域的科研工作者们将投入更多的精力,在不同的研究方向上取得更大的突破。

1.2 机器人的定义和特点

人们对于机器人的了解往往来源于各种科幻小说以及影视作品,对其印象往往着重强调"人"。但是机器人并不仅仅局限于人型机器,科学界对于机器人的定义也众说纷纭。经过几十年的讨论,人们渐渐对机器人的定义达成了一定程度上的共识。本节将介绍机器人的定义,包括从机器人出现伊始到现在的发展状况。

1.2.1 机器人的定义

在科技界,科学家会给每一个科技术语明确的定义,机器人问世已有几十年,但对机器人的定义仍然仁者见仁,智者见智,没有一个统一的意见。原因之一是机器人还在发展,新的构型、新的功能不断涌现。而根本原因主要是机器人涉及了人的概念,成为一个难以回答的哲学问题。就像机器人一词最早诞生于科幻小说之中一样,人们对机器人充满了幻想。也许正是由于机器人定义的模糊,才给了人们充分的想象和创造空间。

提到“机器人”这个词,呈现在我们脑海里的形象基本都是跟人类差不多一样的,有头、躯干、四肢、眼睛、耳朵、鼻子、嘴巴等,其实这是比较狭隘的理解。想要对机器人进行比较科学、清晰的定义还要回顾其发展历史。

1886 年法国作家利尔亚当在他的小说《未来的夏娃》中将外表像人的机器起名为“安德罗丁”(Android),它由 4 部分组成:

(1) 生命系统(平衡、步行、发声、身体摆动、感觉、表情、调节运动等);

(2) 造型解质(关节能自由运动的金属覆盖体,一种盔甲);

(3) 人造肌肉(在上述盔甲上有肌肉、静脉、性别特征等人身体的基本形态);

(4) 人造皮肤(含有肤色、机理、轮廓、头发、视觉、牙齿、手爪等)。

最为经典的莫过于 1920 年捷克作家卡雷尔·卡佩克发表了科幻剧本《罗萨姆的万能机器人》,在剧本中,卡佩克把捷克语“Robota”写成了“Robot”(“Robota”是劳役的意思)。该剧预告了机器人的发展对人类社会的悲剧性影响,引起了大家的广泛关注,被当成了机器人一词的起源;在该剧中,机器人按照其主人的命令默默地工作,没有感觉和感情,以呆板的方式从事繁重的劳动;后来,罗萨姆公司取得了成功,使机器人具有了感情,导致机器人的应用部门迅速增加;在工厂和家务劳动中,机器人成了必不可少的成员,但机器人发觉人类十分自私和不公正,终于造反了。机器人的体能和智能都非常优异,因此消灭了人类;但是机器人不知道如何制造自己,认为自己很快就会灭绝,所以它们开始寻找人类的幸存者,但没有结果;最后,一对感知能力优于其他机器人的男女机器人相爱了,这时机器人进化为人类,世界又起死回生了。

卡佩克提出的是机器人的安全、感知和自我繁殖问题。而科学技术的进步很可能引发人类不希望出现的情况。虽然科幻世界只是一种想象,但人类社会将可能面临这种现实。为了防止机器人伤害人类现象,科幻作家阿西莫夫 1942 年提出了“机器人三原则”:

(1) 机器人不应伤害人类,也不允许眼看人类受伤害而袖手旁观;

(2) 机器人应遵守人类的命令,与第一条相抵触的命令除外;

(3) 机器人应能保护自己,与上两条相抵触的命令除外。

这是给机器人赋予的伦理性纲领。至今,机器人学术界一直将这三原则作为机器人开发的准则。

1967 年日本召开的第一届机器人学术会议上,人们提出了两个有代表性的定义。一是森政弘与合田周平提出的:“机器人是一种具有移动性、个体性、智能性、通用性、半机械半人性、自动性、奴隶性等 7 个特征的柔性机器”,从这一定义出发,森政弘又提出了用自动性、智能性、个体性、半机械半人性、作业性、通用性、信息性、柔性、有限性、移动性等 10 个特性表示机器人的形象。

另一个是日本的加藤一郎提出的具有以下三个条件的机器称为机器人：一是具有脑、手、脚等三要素的个体；二是具有非接触传感器(用眼、耳接收远方信息)和接触传感器；三是具有平衡觉和固有觉的传感器。该定义强调了机器人应当仿人的含义,即它靠手进行作业,靠脚实现移动,由脑完成统一指挥。非接触传感器和接触传感器相当于人的五官,使机器人能够识别外界环境,而平衡觉和固有觉则是机器人感知本身状态所不可缺少的传感器。这里描述的不是工业机器人而是自主机器人。

机器人的定义是多种多样的,但并不是人们不想给机器人一个规范、完整的定义,自机器人诞生之日起人们就不断地尝试着说明到底什么是机器人；而随着机器人技术的飞速发展和信息时代的到来,机器人所涵盖的内容越来越丰富,机器人的定义也不断充实和创新,它具有一定的模糊性。动物一般具有上述这些要素,所以在把机器人理解为仿人机器的同时,也可以广义地把机器人理解为仿动物的机器。

2012年国际标准化组织(ISO)对机器人进行了定义,原文为:"Actuated mechanism programmable in two or more axes with a degree of autonomy,moving within its environment,to perform intended tasks."翻译成中文即为:"在两个或两个以上轴上可编程并具有一定程度的自主性,能够在其环境中移动,以执行预定任务。"

1988年法国的埃斯皮奥将机器人定义为:"机器人学是指设计能根据传感器信息实现预先规划好的作业系统,并以此系统的使用方法作为研究对象"。

我国机器人专家蒋新松在其著作中提到机器人与智能机器人的定义:"机器人是传统的机构学与近代电子技术相结合的产物,也是当代高技术发展的一个重要内容。"智能机器人是具有感知、思维和动作的机器,所谓感知,是指智能机器人具有发现、认识和描述外部环境和自身状态的能力；所谓思维,是指智能机器人具有解决问题的能力或者通过学习能找到解决问题的方法；所谓动作,是指智能机器人具有可以完成作业的机构和驱动装置。

在研究和开发未知及不确定环境下作业的机器人的过程中,人们逐步认识到机器人技术的本质是感知、决策、行动和交互技术的结合。随着人们对机器人技术智能化本质认识的加深,机器人技术开始源源不断地向人类活动的各个领域渗透。结合这些领域的应用特点,人们发展了各式各样的具有感知、决策、行动和交互能力的特种机器人和各种智能机器,如移动机器人、微机器人、水下机器人、医疗机器人、军用机器人、空中空间机器人、娱乐机器人等。对不同任务和特殊环境的适应性,也是机器人与一般自动化装备的重要区别。这些机器人从外观上已远远脱离了最初仿人形机器人和工业机器人所具有的形状,更加符合各种不同应用领域的特殊要求,其功能和智能程度也大大增强,从而为机器人技术开辟出更加广阔的发展空间。

现在,国际上对机器人的概念已经逐渐趋近一致。一般来说,人们都可以接受这种说法,即机器人是靠自身动力和控制能力来实现各种功能的一种机器。联合国标准化组织采纳了美国机器人协会关于机器人的定义:"一种可编程和多功能的,用来搬运材料、零件、工具的操作机；或是为了执行不同的任务而具有可改变和可编程动作的专门系统。"

机器人的完整意义在于可以代替人进行某种工作的自动化设备,并不一定就长得像人。中国工程院原院长宋健指出:"机器人学的进步和应用是20世纪自动控制最有说服力的成就，是当代最高意义上的自动化。”机器人技术综合了多学科的发展成果，代表高技术的发展前沿，它在人类生产生活等应用领域的不断扩大，正引起国际上重新认识机器人技术的作用和影响。

1.2.2 机器人的主要特点

机器人具有许多特点，而通用性和适应性是机器人的两个最主要特征。

1. 通用性

机器人的通用性(versatility)取决于其几何特性和机械能力。通用性指的是执行不同的功能和完成多样的简单任务的实际能力，即机器人可根据生产工作需要进行几何结构的变更。或者说，在机械结构上允许机器人执行不同的任务或以不同的方式完成同一工作。现有的大多数机器人都具有不同程度的通用性，包括机械手的机动性和控制系统的灵活性。

2. 适应性

机器人的适应性是指其对环境的自适应能力，即所设计的机器人能够自我执行未经完全指定的任务，而不管任务执行过程中所发生的没有预计到的环境变化。这一能力要求机器人认识其环境，即具有人工知觉。在这方面，机器人使用它的下述能力：

(1) 运用传感器感知环境的能力。

(2) 分析任务空间和执行操作规划的能力。

(3) 自动指令模式能力。

对于工业机器人来说，适应一般指的是其程序模式能够适应工件尺寸和位置以及工作场地的变化。这里主要考虑两种适应性：

(1) 点适应性。它涉及机器人如何找到目标点的位置，如找到开始程序点的位置。

(2) 曲线适应性。它涉及机器人如何利用由传感器得到的信息沿着曲线工作。曲线适应性包括速度适应性和形状适应性两种。

1.3 机器人分类与体系结构

关于机器人如何分类，国际上并没有制定统一的标准，根据不同的评判标准有不同的分类结果。本节从主要应用的三个方面介绍了机器人的分类，随后介绍了三种主要的工业机器人的体系结构，最后介绍了机器人的三大部件以及系统集成，帮助读者对机器人的基本结构以及体系形成初步认识，方便进行以后的学习。

1.3.1 机器人的分类

1. 按应用分类

1) 工业机器人

工业机器人是面向工业领域的多关节机械手或多自由度的机器装置，它能自动执行工作，是靠自身动力和控制能力实现各种功能的一种机器。它可以接受人类指挥，也可以按照预先编排的程序运行。现代的工业机器人还可以根据人工智能技术制定的原则纲领行动。

工业机器人由主体、驱动系统和控制系统三个基本部分组成。主体即机座和执行机构，包括臂部、腕部和手部等部分。大多数工业机器人有 3～6 个运动自由度，其中腕部通常有 1～3 个运动自由度；驱动系统包括动力装置和传动机构，用以驱动执行机构产生相应的动作；控制系统是按照输入的程序对驱动系统和执行机构发出指令信号，并进行控制。

2）服务机器人

服务机器人是一种半自主或全自主工作的机器人，它能完成有益于人类健康的服务工作。服务型机器人按照用途可分为娱乐服务机器人、家庭服务机器人和专业服务机器人。服务机器人是一种能够代替人从事多类工作的高度灵活的自动化机械系统。服务机器人技术是集力学、机械学、电子学、生物学、控制论、人工智能、系统工程等多种学科于一体的综合性很强的新技术。服务机器人技术在本质上与其他类型的机器人是相似的。

3）特种机器人

特种机器人是替代人在危险、恶劣环境下作业必不可少的工具，是辅助完成人类无法完成的如空间与深海作业、精密操作、在管道内作业等任务的关键技术装备。在非制造领域中应用的特种机器人，通常是在非结构化环境下工作。所谓非结构化环境，是指作业无法在事先布置好的条件下进行，而且在作业过程中环境可能发生变化。与结构化环境下作业的工业机器人相比，特种机器人与环境的交互作用更加复杂，控制更加困难，要求的智能程度更高。开发适应于非结构化环境下工作的机器人是一个具有重要意义并且更加复杂的发展目标。

2. 按机器人的开发内容分类

1）编程型机器人

编程型机器人（Programmed Robot）是指事先被编好程序以执行各种任务的机器人，其特点是只能按照程序进行动作，无法根据环境的变化改变动作。编程机器人的优点是可以方便完成单一场景下简单、重复的任务，把人从繁重的任务中解放出来，维修方便。缺点是无法有效应对突发情况。编程型机器人主要应用于工业生产中的流水线上。

2）遥操作型机器人

遥操作型机器人（Tele-operator Robot）是指可通过控制器被人控制从而进行动作，进而完成任务的机器人，遥操作型机器人的特点是可以根据人的需要改变动作，可应对突发情况。遥操作型机器人主要包括特种机器人与服务机器人。

3）智能机器人

智能机器人（Intelligent Robot）具有多种由内、外部传感器组成的感觉系统，不仅可以感知内部关节的运行速度、力的大小等参数，还可以通过外部传感器（如视觉传感器、触觉传感器等），对外部环境信息进行感知、提取、处理并做出适当的决策，在结构或半结构化环境中自主完成某项任务。目前，智能机器人尚处于研究和发展阶段。

3. 按机器人的结构形式与坐标分类

按结构形式，机器人可分为关节型机器人和非关节型机器人两大类，其中关节型机器人的机械本体部分一般为由若干关节与连杆串联组成的开式链机构。

机器人按照坐标分类可以分为以下四类：

(1) 直角坐标型机器人；

(2) 圆柱坐标型机器人；

(3) 球坐标型机器人;

(4) 关节坐标型机器人。

4. 按驱动方式分类

1) 气力驱动式机器人

机器人以压缩空气驱动执行机构。空气压缩机将高压空气通过管道输送至机器人的执行器,为其提供动力。气力驱动式机器人对密封的要求较高。

2) 液力驱动式机器人

相对于气力驱动,液力驱动的机器人具有大得多的抓举能力,可高达上百千克。液力驱动式机器人结构紧凑、传动平稳且动作灵敏,但对密封的要求较高且不宜在高温或低温的场合工作,要求的制造精度较高,成本较高。

3) 电力驱动式机器人

目前越来越多的机器人采用电力驱动式,这不仅是因为电动机品种众多可供选择,更因为可以运用多种灵活的控制方法。电力驱动可分为步进电动机驱动、直流伺服电动机驱动、无刷伺服电动机驱动等。

4) 新型驱动方式机器人

伴随着机器人技术的发展,出现了利用新的原理制造的新型驱动器,如静电驱动器、压电驱动器、形状记忆合金驱动器、人工肌肉及光驱动器等。

1.3.2 机器人的体系

机器人的体系结构,不仅包括物理上的逻辑布局,即如何集成传感器、执行器等部件,还包括机器人系统所涉及的软件组织结构、计算结构等。因此,体系结构的研究是机器人系统设计方法的逻辑基础与结构模型。

机器人体系结构主要是研究机器人系统结构中各个模块之间的相互关系和功能分配。对于一个具体的机器人而言,其体系结构即这个机器人信息处理和控制系统的总体结构。

目前,有关机器人体系结构的研究主要集中在两类系统上:一种是基于性能或反应式的系统,其特点是紧耦合、最小化计算和任务的性能分解;另一种是异步、同步控制和数据流混合系统,异步处理的特点是松耦合和基于事件驱动,同步处理的特点是紧耦合、严格的实时性。综合智能机器人体系结构研究成果和工业机器人控制系统特点,提出三种主要的工业机器人体系结构:分层递阶结构、包容式结构和分布式结构。

1. 分层递阶结构

分层递阶结构,又称水平结构或基于知识的体系结构,它是将系统的各种模块分为若干层次,使不同层次上的模块具有不同的工作性能和操作方法。分层递阶结构的典型例子是NASREM结构和Saridis提出的三层模型。

NASREM结构是由美国航天航空局(NASA)和美国国家标准局(NBS)提出的,如图1.3所示。NASREM是一种TOP-DOWN控制结构,整个控制系统按功能分为若干层次(基本6层,也可更多),每个层次都包括任务分解、模型和传感器信息处理三部分,形成了纵向三列,横向若干层递阶结构。不仅每个模块的定义和功能明确,同时每个模块与上下、左右的通信内容及方式都有明确的定义。

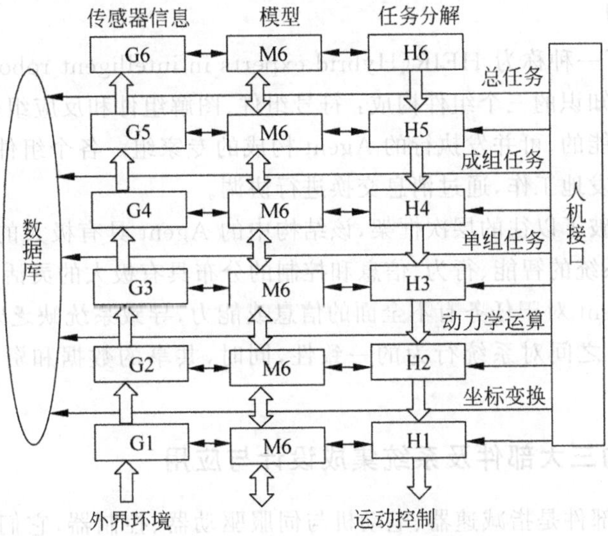

图 1.3 NASREM 分层体系结构图

Saridis 的三层模型是将整个结构分为：组织级、协调级和执行级。其中，组织级是系统的"头脑"；协调级是上层和下层的智能接口，以人工智能和运筹学实现对下一层的协调，确定执行的序列和条件；执行级是以控制理论为基础，实现高精度的控制要求，执行确定的运动。该模型是一个概念模型，即从功能的角度分为三层，实际的物理结构可以多于或少于三级。

2. 包容式结构

包容式结构，又称垂直结构或基于行为的体系结构。它是依据行为能力划分成在功能上逐层叠加的层次结构，每个层次都根据自身的目标处理相应的信息，并给出相应的控制命令，如图 1.4 所示。尽管高层次会对低层次施加影响，但低层次本身具有独立控制机器人运动的功能，而不必等待高层次完成处理。包容式结构是一种 BOTTOM-UP 的构建方法，它用行为封装了机器人控制中应具备的感知、探索、规划和执行任务等能力。

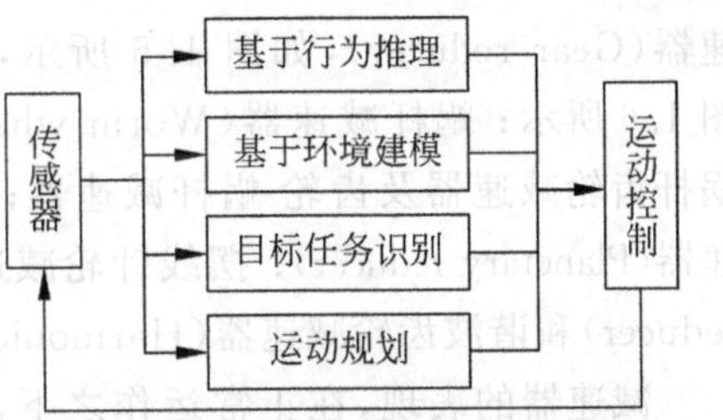

图 1.4 基于行为的并行结构示意图

从物理结构上来说，系统中存在着多个并行控制回路，这些回路构成各种基本行为，传感数据根据需求以一种并行的方式给出，各种行为通过协调配合后作用于驱动装置，产生有目的的动作。由于许多行为仅设计为完成一个简单的特殊任务，所占内存不大，因此基于行为的体系结构方法可以产生快速的响应。

由于该体系结构的每一层次负责系统要执行的一个行为，而每一行为都包含一个从感知到动作的完整路径，执行方式可以完全并行，即使某一层次模块出现故障，其他层次仍能使机器人产生有意义的动作。所以，基于行为的结构大大改善了系统的鲁棒性与灵活性。但是这种结构在实施中的难点是：需要设计一个协调机制解决各个控制回路对同一驱动装置争夺控制的冲突，更重要的是各种行为必须相互协调以获得有意义的结果。

3. 分布式结构

Piaggio 提出了一种称为 HEIR(Hybrid experts in intelligent robots)非层次结构。系统由处理不同类型知识的三个组件构成：符号组件、图解组件和反应组件，每个组件是由多个具有特定认知功能的、可并发执行的 Agent 构成的专家组。各个组件之间没有层次高低之分，可以自主、并发地工作，通过消息交换进行协调。

分布式结构突破了以往的层次框架，该结构中的 Agent 具有极大的自主性和良好的交互性，使得机器人系统的智能、行为、信息和控制的分布具有极大的灵活性和并行性。

但是，由于 Agent 对于任务有不全面的信息或能力，导致系统缺乏宏观的求解观念，难以保证 Agent 成员之间对系统行为的一致性，同时，共享的数据和资源需要有效分配和管理。

1.3.3 机器人的三大部件及系统集成设计与应用

机器人的三大部件是指减速器、电动机与伺服驱动器、控制器，它们是机器人最核心的组成部分。系统集成，就是通过结构化的综合布线系统和计算机网络技术，将各个分离的设备(机器人)、功能和信息等集成到相互关联的、统一和协调的系统之中，使资源达到充分共享，实现集中、高效、便利的管理。

1. 减速器

减速器是原动机和工作机之间独立的闭式传动装置，用来降低转速和增大转矩以满足各种工作机械的需要。减速器一般用于低转速大扭矩的传动设备，把电动机、内燃机或其他高速运转的动力通过减速机的输入轴上的齿数少的齿轮啮合输出轴上的大齿轮，达到减速的目的。

按传动和结构特点划分，减速器种类有齿轮减速器(Gear reducer)，如图 1.5 所示，其剖面图如图 1.6 所示；蜗杆减速器(Worm wheel reducer)：蜗杆齿轮减速器及齿轮-蜗杆减速器；行星齿轮减速器(Planetary reducer)；摆线针轮减速器(Cycloid reducer)和谐波齿轮减速器(Harmonic drive)等。

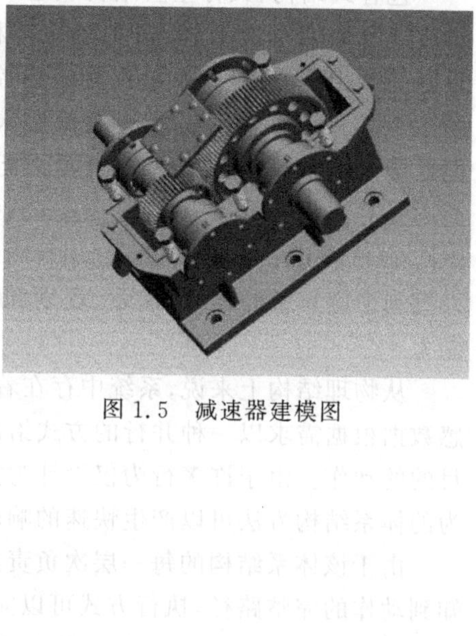

图 1.5　减速器建模图

减速器的表现，在正常运作之下，影响减速器性能的因素包括减速器制作材料、减速器内部设计、运作速度、运作时间等，减速器使用环境以及平常减速器的保养维护都是影响减速器品质的众多考虑之一。其包括的因素有：

(1) 设计系数；

(2) 马达输入转速；

(3) 齿轮材料选择；

(4) 齿轮加工/安装误差；

(5) 减速器润滑油(脂)的选择；

(6) 减速器保养频率；

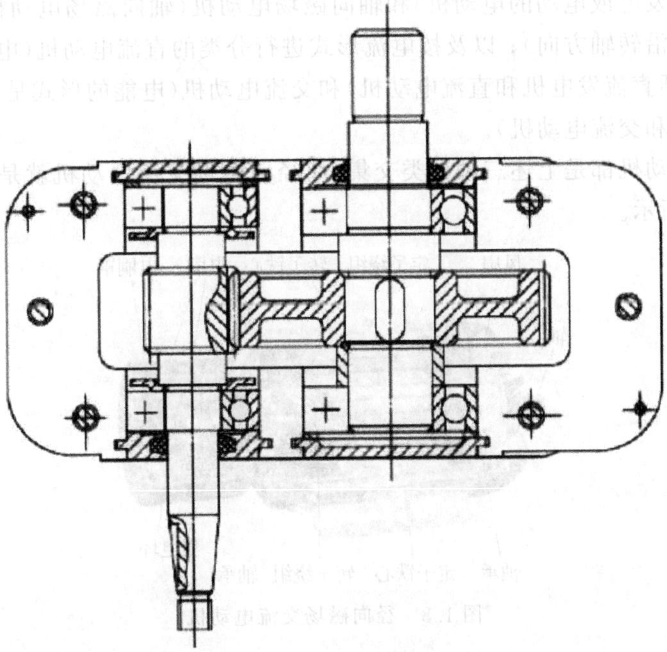

图 1.6 减速器剖面图

(7) 减速器运作环境恒温；
(8) 减速器运作时数；
(9) 减速器负荷系数。

减速器是应用于国民经济诸多领域的机械传动装置。产品服务领域涉及冶金、有色、煤炭、建材、船舶、水利、电力、工程机械及石化等行业。

汽车的主要部件是主减速器，如图 1.7 所示，其在传动系中起降低转速、增大转矩作用，当发动机纵置时还具有改变转矩旋转方向的作用。它是依靠小齿数与大齿轮啮合来实现减速的，采用圆锥齿轮传动则可以改变转矩旋转方向。实际产品将主减速器布置在动力向驱动轮分流之前的位置，这有利于减小前面的传动部件(如离合器、变速器、传动轴等)所传递的转矩，从而减小这些部件的尺寸和质量。

图 1.7 主减速器

2. 电动机

电动机(Electric Machine)，是机械能与电能之间转换装置的通称。转换是双向的，大部分应用的是电磁感应原理。由机械能转换成电能的电动机，通常称为“发电机”；把电能转换成机械能的电动机，被称为“电动机”。还有其他的新型电动机出现，如超声波电动机(应用压电效应)。然而，静止电动机则指的是变压器。

除上述根据能量转化方向分成的发电机和电动机，另外还有按磁场方向进行分类的径向磁场电动机(目前多数电动机都是径向磁场电动机。即它的主磁场沿转轴方向通过径向磁场的相互作用发电或电动的电动机)和轴向磁场电动机(轴向磁场电动机也叫"圆盘电动机",它的主磁场沿转轴方向);以及按电流形式进行分类的直流电动机(电能的形式是直流电的电动机,包括直流发电机和直流电动机)和交流电动机(电能的形式是交流电的电动机,包括交流发电机和交流电动机)。

而一般的电动机都是上述三种分类交集,如径向磁场交流电动机就是最常见的一种电动机,如图 1.8 所示。

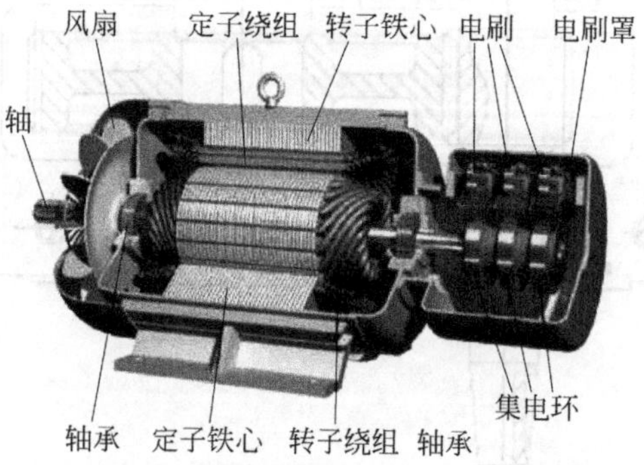

图 1.8 径向磁场交流电动机

3. 机器人控制器

机器人控制器(Robot Controller)是指按照预定顺序改变主电路或控制电路的接线和改变电路中电阻值,以控制电动机的启动、调速、制动和反向的指令装置。它是工业机器人最为核心的零部件之一,对机器人的性能起着决定性的影响,也是发布命令的"决策机构",即完成协调和指挥整个机器人系统的操作,并且在一定程度上影响着机器人的发展。

在控制论中,控制器(Controller)是一依据传感器信号,调整发送给制动器输出信号,用以改变受控体(Plant)状况的装置。举例来说,屋内的空调系统可用温度控制器,依据温度计测量的气温,以调整冷气机强度,最终达到一个舒适的环境温度。

从机器人控制算法的处理方式来看,可分为串行、并行两种结构类型。

所谓的串行处理结构,是指机器人的控制算法是由串行机进行处理,对于这种类型的控制器,从计算机结构、控制方式来划分,又可分为以下几种:

(1) 单 CPU 结构——集中控制方式用一台功能较强的控制器实现全部控制功能,在早期的机器人中会采用这种结构,但控制过程中需要许多计算(如坐标变换),因此这种控制结构速度较慢。

(2) 二级 CPU 结构——主从式控制方式一级 CPU 为主机,担当系统管理、机器人语言编译和人机接口功能,同时也利用它的运算能力完成坐标变换、轨迹插补,并定时地把运算结果作为关节运动的增量送到公用内存,供二级 CPU 读取;二级 CPU 完成全部关节位置数字控制。这类系统的两个 CPU 总线之间基本没有联系,仅通过公用内存交换数据,是一个松耦合的关系。

(3) 多 CPU 结构、分布式控制方式——目前,普遍采用这种上位机、下位机二级分布式结构,上位机负责整个系统管理以及运动学计算、轨迹规划等。下位机由多 CPU 组成,每个 CPU 控制一个关节运动,这些 CPU 和主控机联系是通过总线形式的紧耦合,这种结构的控制器工作速度和控制性能明显提高。但这些多CPU系统共有的特征都是针对具体问题而采用的功能分布式结构，即每个处理器承担固定任务，目前世界上大多数商品化机器人控制器都是这种结构。

以上几种类型的控制器都是采用串行机运行机器人的控制算法，它们存在一个共同的缺点：计算负担重、实时性差。所以大多采用离线规划和前馈补偿解耦等方法，减轻实时控制中的计算负担。当机器人在运行中受到干扰时其性能将受到影响，更难以保证高速运动中所要求的精度指标。

并行处理技术是提高计算速度的一个重要而有效的手段，能满足机器人控制的实时性要求。开发并行算法的途径之一就是改造串行算法，使之并行化，然后将算法映射到并行结构。一般有两种方式：一是考虑给定的并行处理器结构，根据处理器结构所支持的计算模型，开发算法的并行性；二是首先开发算法的并行性，然后设计支持该算法的并行处理器结构，以达到最佳并行效率。

现有机器人控制器存在的问题主要包括以下方面：

(1) 开放性差。局限于"专用计算机、专用机器人语言、专用微处理器"的封闭式结构。封闭的机器人控制器结构使其具有特定的功能、适应于特定的环境，不便于对系统进行扩展和改进。

(2) 软件独立性差。软件结构及其逻辑结构依赖于处理器硬件，难以在不同的系统间移植。

(3) 容错性差。由于并行计算中的数据相关性、通信及同步等内在特点，机器人控制器的容错性能变差，其中一个处理器出故障可能导致整个系统的瘫痪。

(4) 扩展性差。目前机器人控制器的研究着重于从关节这一级来改善和提高系统的性能。由于结构的封闭性，难以根据需要对系统进行扩展，如增加传感器控制等功能模块。

总的来看，前面提到的无论串行结构还是并行结构的机器人控制器都不是开放式结构，无论从软件还是硬件都难以扩充和更改，用户难以根据自己需要对其修改、扩充功能，通常的做法是对其详细解剖分析，然后对其改造。

对于机器人控制器的升级改进一直是机器人领域的研究热点，目前对于新型控制器的研究是机器人研究的一个重点方向，新型控制器一般具有以下特色：

(1) 开放式系统结构。采用开放式软件、硬件结构，可以根据需要方便地扩充功能，使其适用不同类型机器人或机器人化自动生产线。

(2) 合理的模块化设计。对硬件来说，根据系统要求和电气特性，按模块化设计，这不仅方便安装和维护，而且提高了系统的可靠性，系统结构也更为紧凑。

(3) 有效的任务划分。不同的子任务由不同的功能模块实现，以利于修改、添加、配置功能。

(4) 实时性。机器人控制器必须能在确定的时间内完成对外部中断的处理，并且可以使多个任务同时进行。

(5) 网络通信功能。利用网络通信的功能，以便于实现资源共享或多台机器人协同工作。

(6) 形象直观的人机接口。

4. 机器人系统集成设计与应用

机器人的系统集成需要将机器人与周边设备关联，从而达到资源共享以及方便管理的目的。目前机器人的系统集成可以通过建立工业机器人工作站、工业机器人生产线的方式完成。

工业机器人工作站/生产线是指以一台或多台机器人为主，配以相应的周边设备，如变位机、输送机、工装夹具等，或借助人工的辅助操作，一起完成相对独立的一种作业或工序的一组设备组合。机器人工作站/生产线的建立需包括以下部分内容：

1）规划及系统设计

规划及系统设计包括设计单位内部的任务划分，机器人考查及询价，编制规划单，运行系统设计，外围设备（辅助设备、配套设备以及安全装潢等）能力的详细计划，关键问题的解决等。

2）布局设计

布局设计包括机器人选用，人机系统配置，作业对象的物流路线，电、液、气系统走线，操作箱、电器柜的位置以及维护修理和安全设施配置等内容。

3）扩大机器人应用范围辅助设备的选用和设计

此项工作的任务包括机器人用以完成作业的末端操作器、固定和改变作业对象位姿的夹具和变位机、改变机器人动作方向和范围的机座的选用和设计。一般来说，这一部分的设计工作量最大。

4）配套和安全装置的选用和设计

此项工作主要包括为完成作业和操作要求的配套设备（如弧焊的焊丝切断和焊枪清理设备等）的选用和设计；安全装置（如围栏、安全门等）的选用和设计以及现有设备的改造等内容。

5）控制系统设计

此项设计包括选定系统的标准控制类型与追加性能。确定系统工作顺序与方法及互锁等安全设计；液压、气动、电气、电子设备及备用设备的试验；电气控制线路设计；机器人线路及整个系统线路的设计等内容。

6）支持系统

此项工作为设计支持系统，该系统应包括故障排队与修复方法，停机时的对策与准备，备用机器的筹备以及意外情况下的救急措施等内容。

7）工程施工设计

此项设计包括编写工作系统的说明书、机器人详细性能和规格的说明书、接收检查文本、标准件说明书、绘制工程图纸、编写图纸清单等内容。

8）编制采购资料

此项任务包括编写机器人估价委托书、机器人性能及自检结果、编制标准件采购清单、培训操作员计划、维护说明及各项预算方案等内容。

1.4 机器人的应用环境

机器人研究人员从应用环境出发，将机器人分为三大类，即工业机器人、服务机器人和特种机器人。所谓工业机器人就是面向工业领域的多关节机械手或多自由度机器人；服务机器人是一种半自主或全自主工作的机器人,它能完成有益于人类的服务工作,但不包括从事生产的设备;特种机器人是指应用于专业领域或特殊环境机器人的总称,也称作专用服务机器人,根据不同的应用领域和应用场景,它包括水下机器人、空中机器人、空间机器人、军用机器人、农林机器人、建筑机器人、危险作业机器人、采矿机器人和搜救机器人等。

1.4.1 工业机器人的应用环境

工业机器人在工业生产中能代替人进行某些单调、频繁和重复的长时间作业,或是危险、恶劣环境下的作业,例如在冲压、压力铸造、热处理、焊接、涂装、塑料制品成形、机械加工和简单装配等工序或工艺操作。

20世纪50年代末,美国在机械手和操作机的基础上,采用伺服机构和自动控制等技术,研制出有通用性的独立的工业用自动操作装置,并将其称为工业机器人;20世纪60年代初,美国研制成功两种工业机器人,并很快地在工业生产中得到应用;1969年,美国通用汽车公司用21台工业机器人组成了焊接轿车车身的自动生产线。此后,各工业发达国家都很重视研制和应用工业机器人。由于具有一定的通用性和适应性,能适应多品种中、小批量的生产,20世纪70年代起,工业机器人就常与数字控制机床结合在一起,成为柔性制造单元或柔性制造系统的组成部分。

1. 汽车制造业

在中国,很大比例的工业机器人应用于汽车制造业(见图1.9),其中50%以上为焊接机器人;在发达国家,汽车工业机器人占机器人总体量的53%以上。据统计,世界各大汽车制造厂,年产每万辆汽车所拥有的机器人数量为10台以上。随着机器人技术的不断发展和日臻完善,工业机器人必将对汽车制造业的发展起到极大的促进作用。而中国正由制造大国向制造强国迈进,需要提升加工效率,提高产品质量,增加企业竞争力,这一切都预示机器人的发展前景巨大。

图1.9 汽车制造机器人

2. 电子电气行业

电子类IC、贴片元器件的生产,工业机器人在这些领域的应用较为普遍。目前工业界装机最多的工业机器人是SCARA型四轴机器人,第二位的是串联关节型垂直6轴机器人。在手机生产领域,视觉机器人,例如分拣装箱、撕膜系统、激光塑料焊接、高速四轴码垛机器人等适用于触摸屏检测、擦洗、贴膜等一系列流程的自动化系统的应用。专区内机器人均由国内生产商根据电子生产行业需求所特制。小型化、简单化的特性实现了电子组装高精度、高效的生产，满足了电子组装加工设备日益精细化的需求，而自动化机器人生产线的加入大大提升了生产效益。

另外，由于家电等领域对经济性和生产效率的要求也越来越高。降低工艺成本，提高生产效率成为重中之重，自动化解决方案可以优化家用电器的生产过程。由于工业机器人具有高生产率、高重复精度、高可靠性以及优越的光学和触觉性能，机器人几乎可以应用到家用电器生产工艺流程的各个方面。

3. 机加工行业

模块化的结构设计、灵活的控制系统和专用的应用软件使工业机器人能够满足机加工行业整个自动化应用领域的最高要求。它不仅防水，而且耐脏、抗热。

工业机器人在冶金行业的主要工作范围包括钻孔、铣削或切割以及折弯和冲压等。它还可以缩短焊接、安装、装卸料过程的工作周期并提高生产率。它甚至可以直接在注塑机旁、内部和上方取出工件。此外它还可以可靠地将工艺单元和生产单元连接起来。

另外，在去毛边、磨削或钻孔等精加工作业以及进行质量检测方面，工业机器人表现非凡。工业机器人还可以与多传感器相结合，完成表面检测等检测工作，从而为实现高效的质量管理发挥重要的作用。

4. 食品烟草行业

机器人的应用范围越来越广泛。即使在很多的传统工业领域中，人们也在努力使机器人代替人类工作，在食品工业中的情况也是如此。目前人们已经开发出的食品工业机器人包括乳品与饮用水加工机器人、包装罐头机器人、速食食品加工机器人、自动午餐机器人和切割牛肉机器人等，食品包装机器人如图 1.10 所示。

图 1.10　食品包装机器人

工业机器人在我国烟草行业的应用出现在 20 世纪 90 年代中期，云南玉溪卷烟厂采用工业机器人对其卷烟成品进行码垛作业，用自动导引运输车(Automated Guided Vehicle, AGV)搬运成品托盘，节省了大量人力，减少了烟箱破损，提高了自动化水平。

5. 仓储物流行业

在电商越来越受青睐的今天，社会对高效率的物流需求也在不断提升。实现高效率物流的一个有效方式是应用物流机器人代替人力进行分拣、搬运、封装、配送。由于需要完成不同的任务，物流机器人种类繁多，功能不同，包括装盒机器人、装箱机器人、搬运码垛机器人、AGV、自动化立体仓库等。其中，值得一提的是AGV智能搬运机器人，主要功用集中在自动物流搬转运，AGV智能搬运机器人是通过特殊地标导航自动将物品运输至指定地点，最常见的引导方式为磁条引导、激光引导、RFID引导等。我国AGV的发展虽然始于20世纪60年代，但长期以来发展缓慢。近年来，在国内工业机器人需求量激增以及"中国制造2025"、智慧物流等各项政策的保驾护航下，我国AGV机器人销售量持续增长。

1.4.2 服务机器人的应用环境

服务机器人是在非结构环境下为人类提供必要服务的多种高技术集成的智能化装备，其主要任务是与人进行交互并完成服务，服务机器人主要包含家政服务机器人、助老助残机器人、医疗与康复机器人、教育机器人、娱乐消费类机器人等。图1.11为扫地机器人。

图1.11 扫地机器人

目前，国际上在以下领域展开服务机器人技术研究。

1. 医疗机器人

医疗机器人，是指用于医院、诊所的医疗或辅助医疗的机器人，是一种智能型服务机器人，它能独自编制操作计划，依据实际情况确定动作程序，然后把动作变为操作机构的运动。医疗机器人是越来越受到关注的机器人应用前沿方向之一。目前机器人辅助外科手术及虚拟医疗手术仿真系统为研究的热点。

医用机器人种类很多，按照其用途不同，可以分为以下几类：

(1) 临床医疗机器人：临床医疗机器人包括外科手术机器人和诊断与治疗机器人，可以进行精确的外科手术或诊断，如日本的WAPRU-4胸部肿瘤诊断机器人；美国的微创手术机器人"达·芬奇系统"，这种手术机器人得到了美国食品和药物管理局认证，它拥有4只机械触手，在医生操纵下，"达·芬奇系统"能精确完成心脏瓣膜修复和癌变组织切除等手术。美国国家航空和航天局计划将在其水下实验室和航天飞机上进行医疗机器人操作实验，届时，医生能在地面上的计算机前就可以操纵水下和天外的手术。

(2) 运送药品机器人：可代替护士送药、送病例和化验单等，较为著名的有美国TRC公司的Help Mate机器人。

(3) 移动患者机器人：主要帮助护士移动或运送瘫痪和行动不便的患者，如英国的PAM机器人。

(4) 为残疾人服务的机器人：为残疾人服务的机器人又叫康复机器人，可帮助残疾人恢复独立生活能力，如美国的Prab Command系统。

(5) 护理机器人：英国科学家正在研发一种护理机器人，用来分担护理人员繁重琐碎的护理工作。新研制的护理机器人将帮助医护人员确认患者的身份，并准确无误地分发所需药品。将来，护理机器人还可以检查患者体温、清理病房，甚至通过视频传输帮助医生及时了解患者病情。

(6) 医用教学机器人：医用教学机器人是理想的教具。美国医护人员目前使用一部名为"诺埃尔"的教学机器人，它可以模拟即将生产的孕妇，甚至还可以说话和尖叫。模拟真实接生，有助于提高妇产科医护人员手术配合和临场反应。

2. 家庭服务机器人

家庭服务机器人是为人类服务的一种智能机器人，能够代替人完成家庭服务工作，它包括行进装置、感知装置、接收装置、发送装置、控制装置、执行装置、存储装置、交互装置等。其中，感知装置将在家庭居住环境内感知到的信息传送给控制装置，控制装置指令执行装置做出响应，并进行防盗监测、安全检查、清洁卫生、物品搬运、家电控制，以及家庭娱乐、病况监视、儿童教育、报时催醒、家用统计等工作。

按照智能化程度和用途的不同，目前的家庭服务机器人大体可以分为初级小家电类机器人、幼儿早教类机器人、人机互动式家庭服务机器人等。

3. 教育娱乐机器人

教育娱乐机器人具有教育、供人观赏、娱乐的作用，外观可以像人、动物、童话或科幻小说中的人物。教育娱乐机器人的种类繁多，有具有行走或完成动作能力的足球机器人、舞蹈机器人等运动型机器人，也有如机器人歌手这类具有语言能力的机器人。

教育娱乐机器人的基本功能主要是使用人工智能技术、声光技术、可视通话技术、定制效果技术实现的，其中人工智能技术为机器人赋予了独特的个性，通过语音、声光、动作及触碰反应等与人交互；声光技术通过多层LED灯及声音系统，呈现超炫的声光效果；可视通话技术是通过机器人的大屏幕、麦克风及扬声器，与异地实现可视通话；定制效果技术可根据用户的不同需求，为机器人增加不同的应用效果。

4. 陪护机器人

随着我国老年人数量的增加，"421"家庭数量激增，调查显示：全国有35%的家庭要赡养4位老人，49%的城市家庭要赡养2～3位老人。在现代社会人们普遍生存压力较大的情况下，如何赡养老人成了一个迫切需要解决的问题。面向广大用户市场，研发价格适中、适合老年人需求的、与真实动物之间具有高度仿真相似的中端陪护机器人，设计安全可靠的仿生关节，实现低成本的机器人控制模块、语音交互模块、触觉感知模块、运动模块、通信和信息交互模块。机器人选用符合老年人心理的仿真宠物外观造型，实现逼真的动物仿生造型和动作表现，具有丰富的人性化语音交互内容、多种娱乐形式、日常生活提醒等功能，能够通过USB通信连接到用户计算机，对机器人进行内容更新。这样的陪护机器人可以为广大老年人提供生活照料及护理服务，可以提高老年人的生活自理能力以及生活品质，以致缓解家庭和社会的压力，为解决我国人口老龄化等带来的重大社会服务问题奠定基础。

1.4.3 特种机器人的应用环境

1. 空间机器人

空间机器人是用于代替人类在太空中进行科学试验、出舱操作、空间探测等活动的特种机器人。空间机器人代替宇航员出舱活动可以大幅度降低风险和成本。NASA 将空间机器人分为遥操作机器人、自主机器人两种，并将遥操作机器人和自主机器人列为其重要技术发展方向之一。

2. 空中机器人

空中机器人又称无人机(见图 1.12)，主要分为军用和民用两大类。近年来在军用机器人家族中，无人机是科研活动最活跃、技术进步最大、研究及采购经费投入最多、实战经验最丰富的领域之一。80 多年来，世界无人机的发展基本上是以美国为主线向前推进的，无论从技术水平还是无人机的种类和数量来看，美国均居世界之首位。民用无人机主要应用于航拍等方面，近年来民用无人机的市场不断开拓，许多新兴科技公司如大疆公司等着手开发新型民用无人机，目前我国在民用无人机技术方面位居世界前列。

图 1.12 无人机

3. 水下机器人

水下机器人有管道容器检查、石油作业、科研教学、渔业、考古等多种用途。水下机器人包括有缆水下机器人与无缆水下机器人，其中无人无缆水下机器人将是主要的发展方向，并向远程化深海和作业型发展。近年来也开始研制智能水下机器人系统。操作人员仅下达总任务，机器人就能根据识别和分析环境，自动规划行动、回避障碍、自主地完成指定任务。

4. 无人驾驶机器人

在非制造领域中应用的特种机器人，通常是在非结构化环境下工作。所谓非结构化环境，是指作业无法在事先布置好的条件下进行，而且在作业过程中环境可能发生变化。与结构化环境下作业的工业机器人相比，特种机器人与环境的交互作用更加复杂，控制更加困难，要求的智能程度更高。例如，野外侦查无人机器人、特种无人驾驶机器人等。

5. 农业机器人

农业机器人是机器人在农业生产中的应用,是一种可由不同程序软件控制,以适应各种作业,能感觉并适应作物种类或环境变化,有视觉检测和演算等人工智能特性的新一代无人自动操作机械。农业机器人出现后,发展很快,许多国家大力推进农业机器人的研制和发展,出现了多种类型农业机器人。在进入21世纪以后,新型多功能农业机器人得到日益广泛的应用,智能化机器人也会在广阔的田野上越来越多地代替手工完成各种农活。农业机器人的广泛应用,改变了传统的农业劳动方式,降低了农民的劳动力,促进了现代农业的发展。农业机器人包括耕作机器人、农药喷洒机器人、收获及管理机器人、搬运机器人、剪羊毛机器人、挤牛奶机器人、草坪修剪机器人等。农业机器人的历史分为两个阶段,2000年以前农业机器人是机械电气自动化设备,2000年以后是加入人工智能、机器视觉等新技术的自动化设备。

6. 国防军事机器人

国防军事机器人是一种用于国防军事领域的具有某种仿人功能的自动化装备。从物资运输到搜寻勘探以及实战进攻,国防军事机器人的使用范围广泛。军用机器人主要用于侦察、作战、保安、排雷等方面,可以降低士兵伤亡,具有适应力强、便于量产等优势。

7. 反恐防暴机器人

反恐防暴机器人是新型多用途反恐防暴机器人的简称(见图1.13),可应用于核工业、军事、燃化、铁路、公安、武警等行业或部门,代替人在危险、恶劣、有害环境中执行探查、排除或销毁爆炸物、消防、抢救人质以及与恐怖分子对抗等任务。

图1.13 反恐排爆机器人

8. 抢险救灾机器人

抢险救灾机器人是指专门在地震、洪水、火灾等灾害情况下用于救援的机器人。抢险救灾机器人涵盖的范围很广,需要克服地形、天气等诸多因素,所以设计的时候也是具体到了每一种情况。以地震救灾机器人为例,地震后被困人员大多处于建筑物废墟之下,救援人员需要能够钻入缝隙的机器人进行探测,此时类似于蛇形的机器人就可以发挥很大作用。我国地质灾害多发,需要更多的抢险救灾机器人来维护民众安全。

9. 核工业机器人

核工业机器人是一种十分灵活、能做各种姿态运动以及可以操作各种工具的自动化设备,对危险环境有着极好的应变能力。一般的核工业机器人需要具有高可靠性和通用性强的特点。机器人在核电站内进行工作时,多半是操作高放射性物质,一旦发生故障,不仅本身将受到放射性污染,而且还会造成污染范围扩大。所以要保证核工业机器人有很强的环境适应能力和很高的可靠性,确保它在工作时不会发生故障。核电站内的设备很多,各种管道错综复杂,通道狭隘,工作空间小。因此要求核工业机器人能顺利通过各种障碍物和狭隘的通道,并且最好能根据需要操作不同的设备。核工业机器人主要用于核工业设备的监测与维修。

1.5 机器人学的研究领域

机器人学有着极其广泛的研究和应用领域。这些领域体现出广泛的学科交叉，涉及众多的方向，如机器人体系结构、机构、控制、智能、传感、机器人装配、恶劣环境下的机器人以及机器人语言等。机器人已在工业、农业、商业、旅游业、空中和海洋以及国防等各种领域获得越来越普遍的应用。下面介绍一些比较重要的研究领域。

1.5.1 机器人驱动、建模与控制

机器人驱动器是用来使机器人发出动作的动力机构。机器人驱动器可将电能、液压能和气压能转化为机器人的动力。机器人建模是指机器人结构的设计与搭建。机器人控制器是根据指令以及传感信息控制机器人完成一定的动作或作业任务的装置，它是机器人的心脏，决定了机器人性能的优劣。三者构成了机器人基本的硬件系统，是机器人不可或缺的部分。对于此领域，研究主要集中于驱动电动机的改进和控制机理。

1. 驱动电动机

电动机可分为直流电动机和交流电动机两种，直流电动机按结构及工作原理可划分：无刷直流电动机和有刷直流电动机。交流电动机还可划分：单相电动机和三相电动机。

现在所用的电动机多是伺服电动机(见图1.14)，伺服电动机是指在伺服系统中控制机械元件运转的发动机，是一种补助马达间接变速装置。伺服电动机可使控制速度、位置精度非常准确，可以将电压信号转化为转矩和转速以驱动控制对象。伺服电动机转子转速受输入信号控制，并能快速反应，在自动控制系统中，用作执行元件，且具有机电时间常数小、线性度高、始动电压等特性，可把所收到的电信号转换成电动机轴上的角位移或角速度输出。伺服电动机分为直流和交流伺服电动机两大类，其主要特点是，当信号电压为零时无自转现象，转速随着转矩的增加而匀速下降。

图1.14 伺服电动机

2. 传动机构

传动机构是机器人硬件组成的重要部分，常见的传动机构有齿轮传动、齿轮齿条传动、连杆传动、链传动、带传动、螺旋传动和蜗轮蜗杆传动等。对于传动机构的领域研究已经持续了数千年，人们不断地更新材料、工艺以及连接方式，以提高传动效率以及减小机构磨损。近现代大量技术的实现为新型传动机构的研发提供了动力。

3. 机器人控制机理

机器人控制机理历来是机器人学的研究重点，机器人控制机理目前最前沿的研究主要包括专家控制、神经网络控制和预测控制等理论。

专家控制(EC)是指将人工智能领域的专家系统理论和技术与控制理论方法和技术相

结合，仿效专家智能，实现对较为复杂问题的控制。基于专家控制原理所设计的系统称为专家控制系统(ECS)，如图 1.15 所示。

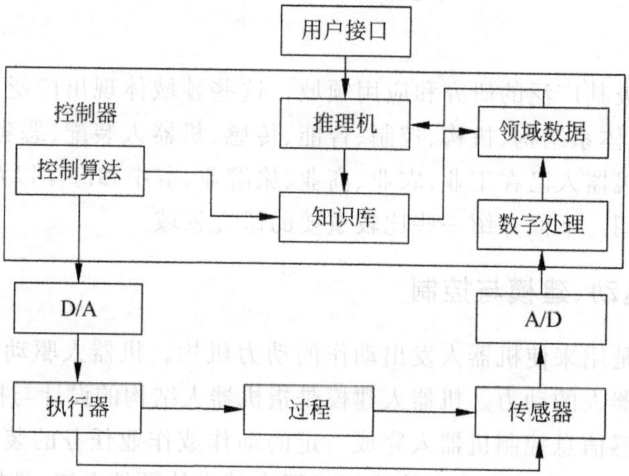

图 1.15　专家控制系统的基本结构

神经网络可简单地表述为：人工神经网络是一种旨在模仿人脑结构及其功能的信息处理系统。基于神经网络的控制称为神经网络控制。神经网络控制具有以下优点：

(1) 能够充分逼近任意复杂的非线性系统；

(2) 能够学习和适应严重不确定性系统的动态特性；

(3) 由于大量神经元之间广泛连接，即使少量神经元或连接损坏，也不影响系统的整体功能，表现出很强的鲁棒性和容错性；

(4) 采用并行分布处理方法，使得快速进行大量运算成为可能。这些特点显示了神经网络在解决高度非线性和严重不确定性系统的控制方面具有很大潜力。

预测控制以计算机为实现手段，因此其算法一般应为采样控制算法而不是连续控制算法。顾名思义，预测控制应包含预测的原理。在传统的采样控制中，有些算法也用到了预测的原理。模型预测控制(Model Predictive Control，MPC)是 20 世纪 70 年代提出的一种计算机控制算法，最早应用于工业过程控制领域。预测控制的优点是对数学模型要求不高，能直接处理具有纯滞后的过程，具有良好的跟踪性能和较强的抗干扰能力，对模型误差具有较强的鲁棒性。

图 1.16　传感器

1.5.2　传感器与感知系统

传感器是机器人用于获取外界信息的电子元件(见图 1.16)，而感知系统是一连串复杂程序所组成的大规模信息处理系统，信息通常由很多常规传感器采集，经过这些程序的处理后，会得到一些非基本感官能得到的结果。传感器和感知系统构成了机器人的“五感”，对于机器人来说是必不可少的获取信息的途径。目前对于传感器与感知系统的研究范围很广，主要有以下几个方面：

1. 新型传感器的开发

新型传感器借助于现代先进科学技术，利用了现代科学原理，应用了现代新型功能材料，采用了现代先进制造技术。近年来由于世界发达国家对传感器技术的发展极为重视，传感技术迅速发展，传感器新原理、新材料和新技术的研究更加深入、广泛。传感器新品种、新结构、新应用不断涌现，层出不穷。新型传感效应利用各种物理现象、化学反应、生物效应等。传感器的基本原理主要由光电效应、磁效应、力效应、生化效应、多普勒效应组成。新型传感器主要有以下五种类型：

(1) 荷重传感器：由薄型应变片式荷重传感器、新型单轴测力传感器、新型多分力传感器组成。

(2) 压力传感器：由新型半导体式压力传感器、新型半导体低压传感器、新型复合功能差压传感器组成。

(3) 加速度传感器：由振子式伺服加速度传感器、倾斜加速度传感器、硅微加速度计组成。

(4) 陀螺仪：由新型振动陀螺仪、新型光纤陀螺仪组成。

(5) 角度传感器：当在机器人身上连接上轮子时，可依据旋转的角度和轮子圆周数推断机器人移动的距离。然后就把距离转换成速度，也可以用它除以所用时间。

2. 多传感器数据融合

人类本能地具有将身体上的各种器官（眼、耳、鼻和四肢等）所探测的信息（景物、声音、气味和触觉等）与先验知识进行综合的能力，以便对其周围的环境和正在发生的事件做出评估。多传感器信息融合实际上是对人脑综合处理复杂问题的一种功能模拟。与单传感器相比，运用多传感器信息融合技术在解决探测、跟踪和目标识别等问题方面，能够增强系统生存能力，提高整个系统的可靠性和健壮性，增强数据的可信度，提高精度，扩展系统的时间、空间覆盖率，增加系统的实时性和信息利用率等。目前，多传感器数据融合的常用方法大致可分为两大类：随机方法和人工智能方法。

3. 机器人视觉及图像处理

机器人视觉是指使机器人具有视觉感知功能的系统，是机器人系统组成的重要部分之一，机器人视觉系统是通过机器人视觉产品/图像摄取装置，将被摄取目标转换成图像信号，传送给专用的图像处理系统，得到被摄目标的形态信息，根据像素分布和亮度、颜色等信息，转变成数字化信号；图像系统对这些信号进行各种运算来抽取目标的特征，进而根据判别的结果来控制现场的设备动作。

图像处理是信号处理的一种形式，图像处理是一个很大的领域，关于图像处理的部分内容在本书第4章的4.3节有详细介绍。

1.5.3 机器人自动规划与调度

随着机器人的智能化，越来越多以前只能由人类完成的任务将会交由机器人来完成。这要求机器人拥有一套能够应对复杂任务的自动规划与调度系统，这与机器人的程序和算法有关。自动规划与调度主要分为三个子领域：环境模型的描述、任务路径的规划以及任务协商与调度。

1. 环境模型的描述

构建周围环境模型是实现机器人自动规划与调度的第一步。目前主要采用SLAM方法进行环境模型的描述。SLAM(Simultaneous Localization and Mapping),也称为CML(Concurrent Mapping and Localization),即时定位与地图构建,或并发建图与定位。SLAM最早由Smith、Self和Cheeseman于1988年提出。由于其重要的理论与应用价值,被很多学者认为是实现真正全自主移动机器人的关键。SLAM问题可以描述为:机器人在未知环境中从一个未知位置开始移动,在移动过程中根据位置估计和地图进行自身定位,同时在自身定位的基础上建造增量式地图,实现机器人的自主定位和导航。

2. 任务路径的规划

路径规划是指机器人在具有障碍物的环境中,按照一定的评价标准,寻找一条从起始状态到目标状态的无碰撞路径。路径规划可采用基于知识的遗传算法,它包含了自然选择和进化的思想,具有很强的鲁棒性。路径规划还可以给定移动机械手的初始位姿及机械手末端的目标位姿,在移动机械手各广义坐标的工作范围内寻找一条无碰撞路径。机器人整体的运动规划一般又称为路径规划,由于机器人整体看作是一个点或者是一个固定的几何体,自由度比较少,因此路径规划问题相对比较简单。传统的机器人运动规划算法已经能较好地解决路径规划问题。

3. 任务协商与调度

路径规划好之后就需要机器人按照既定路径完成动作,这是需要进行任务协商与调度,讨论如何使用驱动器与控制器完成动作。任务的调度需要精确度和最优化,在确保任务完成的条件下做到调度最小。

1.5.4 机器人控制系统

要让机器人完成一系列的任务需要控制系统进行统筹,机器人的一系列动作是通过控制系统运用计算机语言编写的算法与指令进行控制完成的。在机器人越来越智能化的今天,机器人更加需要控制系统处理数据、分析状况并做出动作,与机器人控制系统有关的子领域主要包括智能机器人控制系统的体系结构、通用与专用的机器人控制编程语言、神经计算机和并行处理与新型算法等。

1. 机器人控制系统的体系结构

机器人控制系统的主要流程遵循:输入—处理—输出,而控制系统主要负责的是处理部分,当接收到外界信息之后,经由实现编写好的程序,处理数据并做出判断,然后输出电信号驱动电动机,使机器人执行动作。

2. 通用与专用的机器人编程语言

伴随着机器人的发展,机器人语言也得到了发展和完善,机器人语言已经成为机器人技术的一个重要组成部分。机器人的功能除了依靠机器人的硬件支撑以外,相当一部分是靠机器人语言完成的。早期的机器人由于功能单一,动作简单,可采用固定程序或者示教方式控制机器人的运动。随着机器人作业动作的多样化和作业环境的复杂化,依靠固定的程序或示教方式已经满足不了要求,必须依靠能适应作业和环境随时变化的机器人语言编程完成机器人工作。按照语言智能程度的高低，机器人编程语言可分为三类：执行级、协调级和决策级语言。其中执行级是指用命令来描述机器人的动作，又称为动作级语言；协调级是指着眼于对象物的状态变化的程序，称为结构化编程语言；决策级又称为目标级语言，只给出工作的目的，自动生成可实现的程序，与自然语言非常相近，而且使用方便，但决策级语言未进入实用阶段。

3. 神经计算机与并行处理

神经计算机，又称第六代计算机，是模仿人的大脑判断能力和适应能力，并具有可并行处理多种数据功能的神经网络计算机。与以逻辑处理为主的第五代计算机不同，它本身可以判断对象的性质与状态，并能采取相应的行动，而且它可同时并行处理实时变化的大量数据，并引出结论。以往的信息处理系统只能处理条理清晰、经络分明的数据。而人的大脑却具有能处理支离破碎、含糊不清信息的灵活性，第六代电子计算机将类似人脑的智慧和灵活性。

并行处理(Parallel Processing)是机器人控制系统中能同时执行两个或更多个处理机的一种计算方法。处理机可同时工作于同一程序的不同方面。并行处理的主要目的是节省大型和复杂问题的解决时间。为使用并行处理，首先需要对程序进行并行化处理，也就是说将工作各部分分配到不同处理机中。而主要问题是并行是一个相互依靠性问题，且不能自动实现。此外，并行也不能保证加速。但是一个在 n 个处理机上执行的程序速度可能会是在单一处理机上执行的速度的 n 倍。

4. 机器人控制的新型算法

机器人控制的新型算法是指解决某一类机器人控制问题的程序和步骤，在人工智能兴起的今天，许多关于人工智能的算法也应运而生，主要有PID控制方法、自适应模糊控制算法、遗传算法、神经网络算法、深度学习算法等，本书在第6章有关于新型人工智能算法的详细讲述，感兴趣的读者可自行查阅。

1.5.5 应用研究

应用研究与机器人的应用环境有关，主要分为机器人在工业、农业、建筑、服务业、军事领域、医疗领域以及其他领域的应用，具体应用环境在本书第7章有详细介绍，在此不做赘述。机器人由于其灵活性与适应性，可以渗透进人类社会生活的方方面面，对于每个行业如何去具体应用机器人，一直是一个重要的研究领域。

本章小结

本章从机器人学的起源入手，通过介绍机器人的历史让读者对机器人有了一个初步的了解，随后介绍了机器人的定义与分类，让读者对于机器人的印象形成一个大体框架。第三部分主要介绍了机器人的应用环境，对于机器人能够完成的任务和实现的目标做了介绍。第四部分介绍了机器人的研究领域，为读者深入了解和学习机器人学奠定基础，同时也为本书后面的章节进行铺垫。本章提到的内容主要是一些概括性的知识，接下来的章节会对其中的内容进行更加深入的阐释。

参考文献

[1] Wang T M, Tao Y, Liu H. Current Researches and Future Development Trend of Intelligent Robot: A Review[J]. International Journal of Automation & Computing, 2018, 15(9): 1-22.
[2] 王田苗,陶永. 我国工业机器人技术现状与产业化发展战略[J]. 机械工程学报,2014,50(09): 1-13.
[3] 赵杰. 我国工业机器人发展现状与面临的挑战[J]. 航空制造技术,2012(12).
[4] 高峰. 机构学研究现状与发展趋势的思考[J]. 机械工程学报,2005,41(8): 3-17.
[5] 王田苗,陈殿生,陶永,等. 改变世界的智能机器——智能机器人发展思考[J]. 科技导报,2015,33(21): 16-22.
[6] 王田苗,雷静桃,魏洪兴,等. 机器人系列标准介绍——服务机器人模块化设计总则及国际标准研究进展[J]. 机器人技术与应用,2014,(04): 10-14.
[7] 王田苗. 走向产业化的先进机器人技术[J]. 中国制造业信息化,2005,(10): 24-25.
[8] 王田苗,魏洪兴,王越超. 智能化工程机械发展战略研究[J]. 工程机械,2002,(12): 1-2+2.
[9] 王树国,付宜利. 我国特种机器人发展战略思考[J]. 自动化学报,2002(S1): 70-76.
[10] 王田苗. 一本普及机器人知识的好书——评《机器人世界》画册[J]. 机器人技术与应用,2001,(01): 11.
[11] 王田苗. 工业机器人发展思考[J]. 机器人技术与应用,2004,(02): 1-4.
[12] 蔡自兴. 机器人学基础[M]. 北京: 机械工业出版社,2009.
[13] 陆佳伟. 机器人助力食品包装迈向自动化[N]. 中国食品安全报,2014-01-09(B03).
[14] 李会玲,柴秋燕. 人工神经网络与神经网络控制的发展及展望[J]. 邢台职业技术学院学报,2009,26(05): 44-46.
[15] 刘建伟,徐兴元,庞京玉,等. 专家控制系统研究进展[J]. 微型机与应用,2005(11): 4-5+19.
[16] 王田苗,刘进长. 机器人技术主题发展战略的若干思考[J]. 中国制造业信息化,2003,(01): 31-36.
[17] John J. Craig. 贠超,等译. 机器人学导论[M]. 北京: 机械工业出版社,2006.
[18] 陈秀琴. 使用机器人的经济价值及普遍意义[J]. 中国经济问题,1987(01): 64-65+24.
[19] 施一青. 试论机器人的出现对社会发展的意义[J]. 哲学研究,1984(09): 9-13+70.
[20] 范永,谭民. 机器人控制器的现状及展望[J]. 机器人,1999,(01): 76-81.
[21] 张振华,曹彤,陈华,等. 形状记忆合金驱动的微创手术腕式机构的设计[J]. 生物医学工程学杂志,2013(3): 611-616.
[22] 杨东芳,杨金同. 虚拟现实技术的介绍及发展前景[J]. 科技广场,2008(12): 244-245.
[23] 刘璟,张益峰,王子又. 软体机器人研究发展综述[J]. 科技创新导报,2017(10).
[24] 费燕琼,赵锡芳. 自重构自修复机器人的研究[J]. 机器人,2003(z1): 737-740.
[25] 袁帅,王越超,席宁,等. 机器人化微纳操作研究进展[J]. 科学通报,2013,58(S2): 28-39.
[26] 余亮亮. 浅谈机器人传感器及其应用[J]. 华章,2011(3).

思考题

1. 观察一下生活中的机器人,如家用扫地机器人,了解一下它的功能,查阅相关资料找出它最初被发明出来时的样子,了解最初的功能,并指出(1)两者有什么区别?(2)现在的版本比最初的版本优势在哪里?

2. 目前社会上对于机器人的定义并不唯一，每个人都有自己对机器人定义的理解，在你看来，机器人的定义是什么？

3. 学习过1.3节之后，按照书中介绍的分类方法，分别举出一个对应类别的例子。并且说明按机器人的开发内容与应用分类围棋机器人 AlphaGo 属于哪类机器人。

4. 机器人的三大部件是什么？分别介绍它们的主要功能。

5. 工业机器人和服务机器人的区别是什么？

6. 查阅相关资料进一步了解机器人研究领域，并挑选你最感兴趣的一个研究领域，写一篇研究报告。

7. 查阅资料了解我国国民经济与机器人技术之间的关系，并说明机器人技术的研究对于我国经济方面的重要性。

思考题参考答案

1. 略。

2.（本题属于开放题）

机器人是一种可编程和多功能的，用来搬运材料、零件、工具的操作机；或是为了执行不同的任务而具有可改变和可编程动作的专门系统。

3. 举例略。AlphaGo 属于智能机器人。

4. 机器人的三大部件是指减速器、伺服驱动器与电动机、控制器。减速器是原动机和工作机之间独立的闭式传动装置，用来降低转速和增大转矩以满足各种工作机械的需要。电动机与伺服驱动器是机械能与电能之间的转换装置。控制器是按照预定顺序改变主电路或控制电路的接线和改变电路中电阻值来控制电动机的启动、调速、制动和反向的主令装置。

5. 工业机器人是指在工业生产中能代替人进行某些单调、频繁和重复的长时间作业，或是代替人在危险、恶劣环境下工作的机器人；服务机器人是在非结构环境下为人类提供必要服务的多种高技术集成的智能化装备，其主要任务是与人进行交互完成服务。

6. 略。

7. 略。

第2章　机器人结构与驱动

机器人在社会生活中的任务主要是帮助或代替人类进行某些动作以达成目的。这一切的物质基础就是机器人的机构，一个完整的机器人必然包括控制系统和运动系统两大部分，由控制器发送信号给运动器，接收到信号之后运动器做出指定动作，从而完成目的。现代的机器人大多采用电动机作为运动器，以电信号作为驱动信号，控制器发送电信号使运动器完成动作。本章将对机器人的机构与驱动进行系统的介绍，其中涉及一些高等数学以及大学物理知识，要求读者利用相关数学工具研究本章。本章分为四节，分别是系统特征、机械结构、关节机构以及机器人性能。其中机械结构小节又分为连杆、关节和末端执行器三个部分。通过学习本章，读者将掌握机器人机构的基本特征以及分类方式等知识。这些知识会帮助读者构建对机器人建模的基本框架，更好地理解接下来的章节以及机器人学。

2.1　机器人系统特征与主要参数

在日常生活以及工业生产中，人们总是能够一眼认出身边的机器人，这是因为虽然不同的机器人根据不同的功能会有不同的系统和结构设计，但是它们都有一些相同的特征。这些特征就是现代机器人的基础，包括控制系统、动力系统、传动结构、执行器以及传感器等。本小节初步归纳了机器人的系统特征，介绍机器人所具有的独特而又不可或缺的特征结构。

2.1.1　机器人系统特征

机器人根据不同的功能会有不同的系统和结构设计，但是它们都具有一些相同的特征。

首先，几乎所有机器人都有一个可以移动的身体。有些拥有的只是机动化的轮子，而有些则拥有大量可移动的部件，这些部件一般是由金属或塑料制成的。与人体骨骼类似，这些独立的部件用关节连接起来。

机器人的轮与轴是用某种传动装置连接起来的。有些机器人使用马达和螺线管作为传动装置，另一些则使用液压系统，还有一些使用气动系统（由压缩气体驱动的系统）。机器人可以使用上述任何类型的传动装置。

机器人需要一个能量源驱动这些传动装置。大多数机器人会使用电池或墙上的电源插座进行供电。此外，液压机器人还需要一个泵为液体加压，而气动机器人则需要气体压缩机或压缩气罐。

所有传动装置都通过导线与一块电路相连。该电路直接为电动马达和螺线圈供电，并操纵电子阀门启动液压系统。阀门可以控制承压流体在机器内流动的路径。比如说，如果机器人要移动一只由液压驱动的腿，它的控制器会打开一只阀门，这只阀门由液压泵通向腿上的活塞筒，承压流体将推动活塞，使腿部向前旋转。通常，机器人使用可提供双向推力的活塞，以使部件能向两个方向活动。

机器人的控制器可以控制与电路相连的所有部件。为了使机器人动起来，控制器会打开所有需要的马达和阀门。大多数机器人是可重新编程的。如果要改变某部机器人的行为，只需将一个新的程序写入它的控制器即可。

并非所有的机器人都有传感系统。很少有机器人具有类似于人类的视觉、听觉、嗅觉或味觉等全部传感和感知系统。机器人拥有的最常见的一种感觉是运动感，也就是它监控自身运动的能力。在标准设计中，机器人的关节处安装着刻有凹槽的轮子，在轮子的一侧有一个发光二极管，它发出一道光束，穿过凹槽，照在位于轮子另一侧的光传感器上；当机器人移动某个特定的关节时，有凹槽的轮子会转动。在此过程中，凹槽将挡住光束。光学传感器读取光束闪动的模式，并将数据传送给控制器。控制器根据这一模式准确地计算出关节已经旋转的距离。计算机鼠标中使用的基本系统与此类似。

以上这些是机器人的基本组成部分。机器人专家有无数种方法可以将这些元素组合起来，从而制造出无限复杂的机器人。机械臂是最常见的设计之一，如图 2.1 所示。

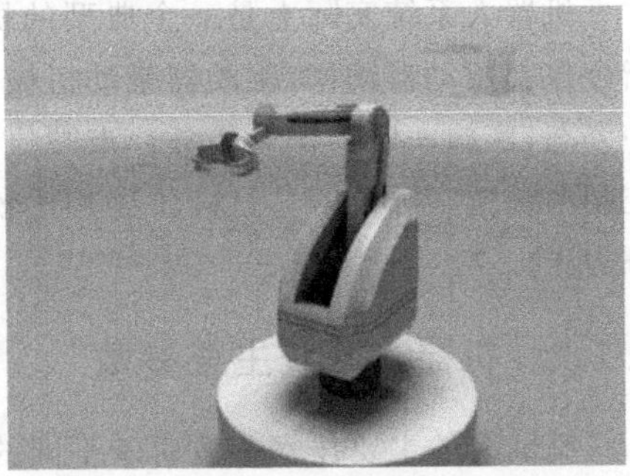
图 2.1　机械臂

机器人系统是由机器人和作业对象及环境共同构成的整体，其中包括机械系统、驱动系统、控制系统和感知系统四大部分。

工业机器人的机械系统包括机身、臂部、手腕、末端操作器和行走机构等部分，每一部分都有若干自由度，从而构成一个多自由度的机械系统。此外，有的机器人还具备行走机构。若机器人具备行走机构，则构成行走机器人；若机器人不具备行走及腰转机构，则构成单机器人臂。末端执行器是直接装在手腕上的一个重要部件，它可以是两手指或多手指的手爪，也可以是喷漆枪、焊枪等作业工具。工业机器人机械系统的作用相当于人的身体，如骨髓、手、臂和腿等。

驱动系统主要是指驱动机械系统动作的驱动装置。根据驱动源的不同，驱动系统可分为电气、液压和气压三种以及把它们结合起来应用的综合系统。该部分的作用相当于人的肌肉。

电气驱动系统在工业机器人中应用得较普遍，可分为步进电动机、直流伺服电动机和交流伺服电动机三种驱动形式。早期多采用步进电动机驱动，后来发展了直流伺服电动机，现在交流伺服电动机驱动也逐渐得到应用。上述驱动单元有的用于直接驱动机构运动，有的通过谐波减速器减速后驱动机构运动，其结构简单紧凑。

液压驱动系统运动平稳，且负载能力大，对于重载搬运和零件加工的机器人，采用液压驱动比较合理。但液压驱动存在管道复杂、清洁困难等缺点，因此限制了它在装配作业中的应用。

无论电气还是液压驱动的机器人，其手爪的开合都可采用气动形式。气压驱动机器人结构简单、动作迅速、价格低廉，但由于空气具有可压缩性，其工作速度的稳定性较差。但是，空气的可压缩性可使手爪在抓取或卡紧物体时的顺应性提高，防止受力过大而造成被抓物体或手爪本身的破坏。气压系统的压力一般为 0.7MPa，因而抓取力小，只有几十牛到几百牛大小。

控制系统（控制器系统）的任务是根据机器人的作业指令程序及从传感器反馈回来的信

号控制机器人的执行机构。如果机器人不具备信息反馈特征,则该控制系统称为开环控制系统;如果机器人具备信息反馈特征,则该控制系统称为闭环控制系统。该部分主要由控制板的硬件和控制软件组成,其中,软件主要由人与机器人进行联系的人机交互系统和控制算法等组成。控制系统的作用相当于人的大脑。

感知系统由内部传感器和外部传感器组成,其作用是获取机器人内部和外部环境信息,并把这些信息反馈给控制系统。内部状态传感器用于检测各关节的位置、速度等变量,为闭环伺服控制系统提供反馈信息。外部状态传感器用于检测机器人与周围环境之间的一些状态变量,如距离、接近程度和接触情况等,用于引导机器人,便于其识别物体并做出相应处理。外部传感器可使机器人以灵活的方式对它所处的环境做出反应,赋予机器人一定的智能。感知系统的作用相当于人的五官。

机器人系统实际上是一个典型的机电一体化系统,其工作原理为:控制系统发出动作指令控制驱动器动作,驱动器带动机械系统运动,使末端执行器到达空间某一位置和实现某一姿态,实施一定的作业任务。末端执行器在空间的实际位姿由感知系统反馈给控制系统,控制系统把实际位姿与目标位姿相比较,发出下一个动作指令,如此循环,直到完成作业任务为止。

2.1.2 机器人系统主要参数

机器人的主要技术参数对于不同的机器人的种类、用途以及用户要求都不尽相同。但机器人的主要技术参数应包括自由度、精度、工作范围、最大工作速度和承载能力。

1. 自由度

自由度是指机器人所具有的独立坐标轴运动的数目,一般不包括手爪(或末端执行器)的开合自由度。在三维空间中表述一个物体的位置和姿态需要 6 个自由度。但是,工业机器人的自由度是根据其用途而设计的,可能小于 6 个也可能大于 6 个自由度。例如,日本日立公司生产的 A4020 装配机器人有 4 个自由度,可以在印制电路板上接插电子元器件;PUMA562 机器人具有 6 个自由度,可以进行复杂空间曲面的弧焊作业。

从运动学的观点来看,在完成某一特定作业时具有多余自由度的机器人,叫作冗余自由度机器人,又叫冗余度机器人。例如,PUMA562 机器人去执行印制电路板上接插元器件的作业时就是一个冗余度自由机器人。利用冗余的自由度可以增加机器人的灵活性,躲避障碍物和改善动力性能。人的手臂共有 7 个自由度,所以工作起来很灵巧,手部可回避障碍物,从不同方向到达目的地。

机械手的每一个自由度是由其操作机的独立驱动关节实现的。所以在应用中,关节和自由度在表达机械手的运动灵活性方面是意义相通的。由于关节在实际构造上是由回转或移动的轴完成的,所以习惯称为轴。因此,就有了 6 自由度、6 关节或 6 轴机械手的命名方法。它们都说明这一机械手的操作有 6 个独立驱动的关节结构,能在其工作空间中实现抓取物件的任意位置和姿态。

2. 精度

机器人精度是指定位精度和重复定位精度。定位精度是指机器人手部实际到达位置与目标位置之间的差异,用反复多次测试的定位结果的代表点与指定位置之间的距离表示。

重复定位精度是指机器人重复定位手部于同一目标位置的能力，以实际位置值的分散程度进行表示。实际应用中常以重复测试结果的标准偏差值的 3 倍表示，它是衡量一列误差值的密集度。如图 2.2 所示为工业机器人定位精度与重复定位精度。

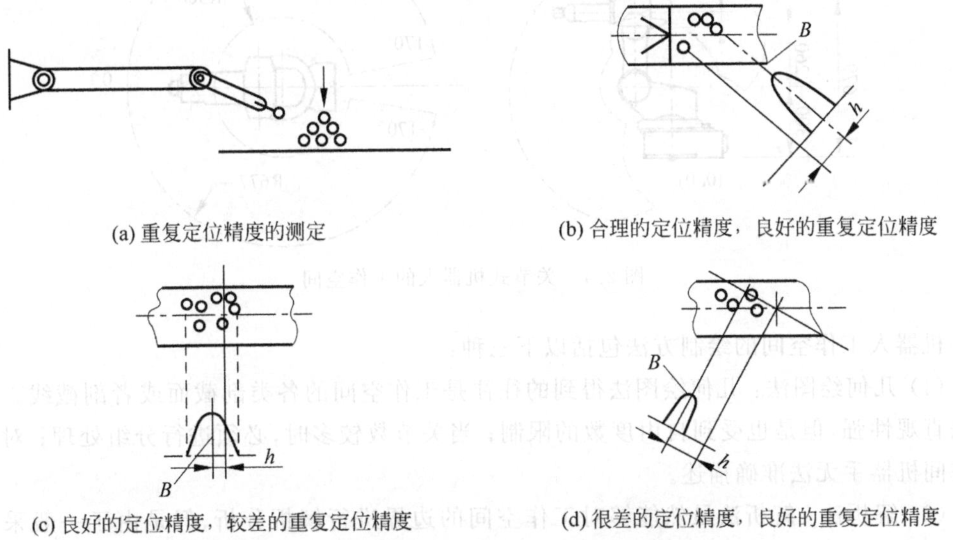

(a) 重复定位精度的测定　(b) 合理的定位精度，良好的重复定位精度

(c) 良好的定位精度，较差的重复定位精度　(d) 很差的定位精度，良好的重复定位精度

图 2.2　工业机器人定位精度与重复定位精度

3. 工作范围

机器人工作范围是指机器人末端执行器运动描述参考点所能达到的空间点的集合，一般用水平面和垂直面的投影表示。机器人工作空间的形状和大小是十分重要的，机器人在执行某作业时可能会因为存在手部不能到达的作业死区(dead zone)而不能完成任务。

工作空间的形状因机器人的运动坐标形式不同而异。直角坐标式机器人操作手的工作空间是一个矩形六面体，如图 2.3 所示。圆柱坐标式机器人操作手的工作空间是一个开口空心圆柱体。极坐标式机器人操作手的工作空间是一个空心球面体。关节式机器人操作手的工作空间是一个球，如图 2.4 所示。因为操作手的转动副受结构上限制，一般不能整圈转动，故后两种工作空间实际上均不能获得整个球体，其中前者仅能得到由一个扇形截面旋转而成的空心开口截锥体，后者则是由几个相关的球体得到的空间。

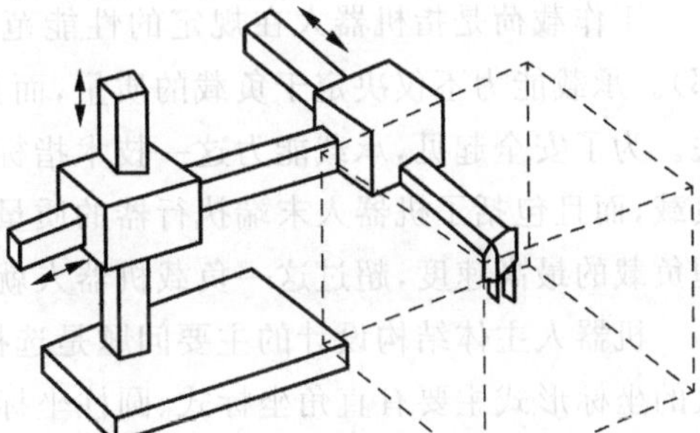

图 2.3　直角坐标式机器人的工作空间

机器人的工作空间有以下三种类型：

(1) 可达工作空间(reachable workspace)，即机器人末端可达位置点的集合；

(2) 灵巧工作空间(dextrous workspace)，即在满足给定位姿范围时机器人末端可达点的集合；

(3) 全工作空间(global workspace)，即给定所有位姿时机器人末端可达点的集合。

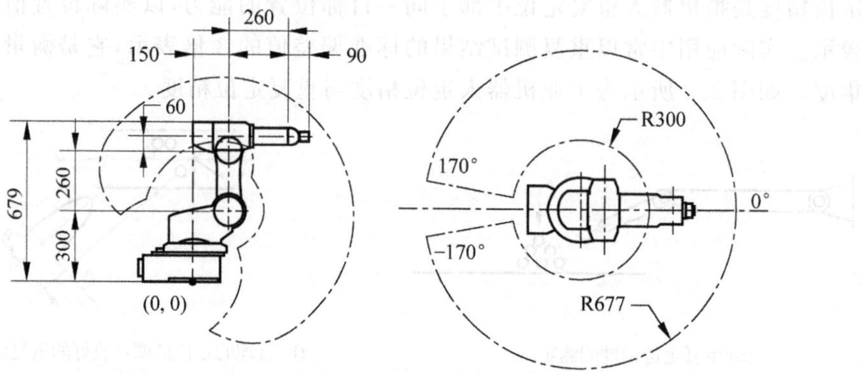

图 2.4 关节式机器人的工作空间

机器人工作空间的绘制方法包括以下三种：

(1) 几何绘图法：几何绘图法得到的往往是工作空间的各类剖截面或者剖截线。这种方法直观性强，但是也受到自由度数的限制；当关节数较多时，必须进行分组处理；对于三维空间机器手无法准确描述。

(2) 解析法：解析法虽然能够对工作空间的边界进行解析分析，但是由于一般采用机械手运动学的雅可比矩阵降秩导致表达式过于复杂，以及涉及复杂的空间曲面相交和裁减等计算机图形学内容，难以适用于工程设计。

(3) 数值方法：数值方法以极值理论和优化方法为基础，首先计算机器人工作空间边界曲面上的特征点，用这些点构成的线表示机器人的边界曲线，然后用这些边界曲线构成的面表示机器人的边界曲面。这种方法理论简单，操作性强，适合编程求解，但所得空间的准确性与取点的多少有很大的关系，而且点太多会受到计算机速度的影响。

4. 机器人承载能力

工作载荷是指机器人在规定的性能范围内，机械接口处能承载的最大负载量(包括手部)。承载能力不仅决定于负载的质量，而且与机器人运行的速度、加速度的大小和方向有关。为了安全起见，承载能力这一技术指标是指高速运行时的承载能力。承载能力不仅指负载，而且包括了机器人末端执行器的质量。机器人有效负载指机器人的智能控制系统处理负载的最高速度，超过这一负载机器人就会停止运行，更有可能失控。

机器人主体结构设计的主要问题是选择由连杆件和运动副组成的坐标形式。工业机器人的坐标形式主要有直角坐标式、圆柱坐标式、球面坐标式、关节坐标式等。

直角坐标式机器人主要用于生产设备的上下料，也可用于高精度的装配和检测作业。如图 2.5 所示为直角坐标工作台。

圆柱坐标式机器人主要有 3 个自由度：腰转、升降、手臂伸缩。手腕常采用两个自由度，绕手臂纵向轴转动与垂直的水平轴线转动。手腕若采用 3 个自由度，机器人总自由度达到 6 个。

球面坐标式机器人也叫极坐标式机器人，具有较大的工作范围，设计和控制系统比较复杂。

关节坐标式主体结构的 3 个自由度腰转关节、肩关节、肘关节全部是转动关节，手腕的

3 个自由度上的转动关节(俯仰、偏转和翻转)用于最后确定末端执行器的姿态,它是最为常用的一种拟人化的机器人。如图 2.6 所示为 6 自由度机器人。

图 2.5　直角坐标工作台

图 2.6　6 自由度机器人

机器人是一个多刚体耦合系统,系统的平衡性是极其重要的,在工业中采用平衡系统的理由是：安全。平衡系统能降低因机器人结构变化而导致重力引起的关节驱动力矩变化,能降低因机器人运动而导致惯性力矩引起的关节驱动力矩变化,能减少动力学方程中内部耦合项和非线性项,改进机器人动力特性,能减小机械臂结构柔性所引起的不良影响,能使机器人运行稳定,降低地面安装要求。

传动部件是驱动源和机器人各个关节连接的桥梁,是机器人的重要部件。机器人的运动速度、加速度/减速度特性、运动平稳性、精度、承载能力很大程度上是取决于传动部件设计的合理性和优劣。因此,关节传动部件的设计是机器人设计的关键之一。

1) 移动关节导轨

移动关节导轨的目的是在运动过程中保证位置精度和导向,对移动导轨有如下要求：间隙小或者能消除间隙；在垂直于运动方向上的刚度高；摩擦系数低并不随速度变化；高阻尼；移动导轨和其辅助元件尺寸小、惯量低。

移动关节导轨主要分类：普通滑动导轨、液压动压滑动导轨、液压静压滑动导轨、气浮导轨和滚动导轨。

上面介绍的导轨中,前两种具有结构简单、成本低的特点,但是必须有间隙以便润滑,间隙的存在又将引起坐标的变化和有效负载的变化,在低速时候容易产生爬行现象。第三种静压滑动导轨结构能产生预载荷,能完全消除间隙,具有高刚度、低摩擦、高阻尼等优点,但是它需要单独的液压系统和回收润滑油的机构。第四种气浮导轨不需要回收润滑油的机构,但是刚度和阻尼较低。第五种滚动导轨在工业机器人导轨中应用最广泛,具有很多的优点：摩擦小,特别是不随速度变化；尺寸小；刚度高且承载能力大；精度和精度保持度高；润滑简单；容易制造成标准件；易加预载,消除间隙,增加刚度等。但是,滚动导轨用在机器人机械系统也存在着缺点：阻尼低并且对脏物比较敏感。

2) 转动关节轴承

转动关节轴承主要用的是球轴承,它能承受轴向和径向载荷,摩擦较小,对轴和轴承座的刚度不敏感。它主要分为向心推力球轴承和“四点接触”球轴承。

3) 丝杠螺母副和滚珠丝杠传动

丝杠传动机构是将旋转运动变成直线运动的重要传动部件,其优点是不会产生冲击,传动平稳,无噪声,能自锁,由较小的扭矩产生较大的牵引力；缺点是传动效率低下。采用滚珠丝杠传动则能解决这种问题,并且传动精度和定位精度都很高,在传动时灵敏和平稳性很好,磨损小,使用寿命比较长。

传动方式另外还包括活塞缸和齿轮齿条机构,如链传动、皮带传动、绳传动、钢带传动等。

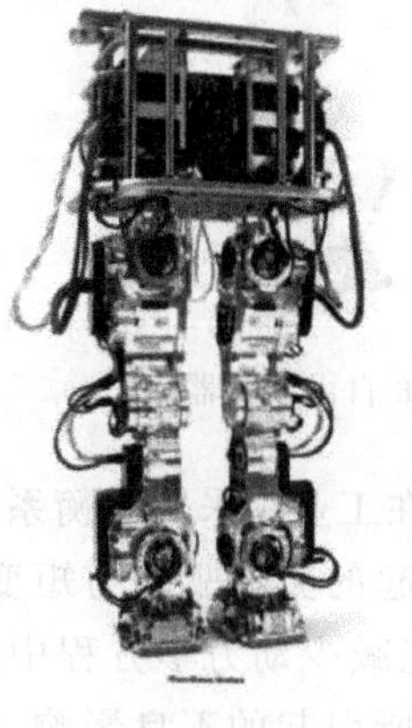

图 2.7 静止直立的双足机器人

联想一下,人的下肢主要功能是承受体重和走路。对于静止直立时支承体重这一要求,机器人还容易做到,如图 2.7 所示,而在像人那样用两足交替行走时,平衡体重就存在着相当复杂的技术问题了,所以对于机器人的运动骨架需要进一步的设计。

首先,我们分析人的步行情况。走路时,人的重心是在变动的,人的重心在垂直方向上时而升高,时而下降;在水平方向上也随着左、右脚交替着地而相对应地左、右摇动。人的重心变动的大小是随人腿迈步的大小、速度而变化的。当重心发生变化时,若不及时调整姿势,人就会因失去平衡而跌倒。人在运动时,内耳的平衡器官能感受到变化的情况,继而通知人的大脑及时调动人体其他部分的肌肉运动,巧妙地保持人体的平衡。而人能在不同路面条件下(包括登高、下坡、高低不平、软硬不一的地面等)走路,是因为人能通过眼睛观察地面的情况,最后由大脑决策走路的方法,指挥有关肌肉的动作。从而得出,要使机器人能像人一样,在重心不断变化的情况下仍能稳定的步行,是很困难的。同简化人手功能制造机器人上肢的方法一样,其下肢没有必要按照人的样式全盘模仿。只要能达到移动的目的,可采取多种形式,用脚走路是一种形式,还可以像汽车、坦克那样用车轮或履带(以滚动的方式)进行移动。

2.2 机械结构

实际应用中,机器人各种各样的动作均是由机器人的各个机械结构完成的。例如物流机器人想要移动某个物体,首先它要抓取这个物体,这就需要用到末端执行器。由于应用场合的不同,机器人的结构形式多种多样,各组成部分的驱动原理、传动原理和机械结构有各种不同的类型。

本小节主要介绍连杆、关节、末端执行器三种典型的机械结构以及三种结构的基本概念和分类。

2.2.1 连杆

1. 概述

1) 定义

连杆机构(Linkage Mechanism)又称低副机构,是机械组成部分中的一类,指由若干(两个以上)有确定相对运动的构件用低副(转动副或移动副)连接组成的机构。平面连杆机构是一种常见的传动机构,其最基本也是应用最广泛的一种形式是由四个构件组成的平面四杆机构(见图2.8)。由于机构中的多数构件呈杆状,所以常称杆状构件为杆。低副是面接触,耐磨损;转动副和移动副的接触表面是圆柱面和平面,制造简便,易于获得较高的制造精度。连杆机构广泛应用于各种机械和仪表中。

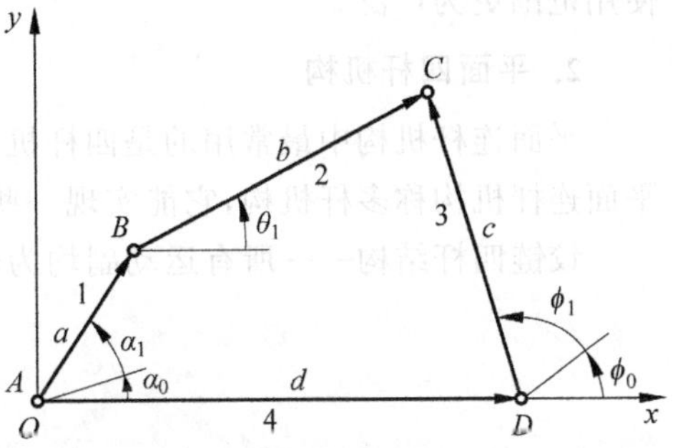

图2.8 平面连杆结构图

2) 组成类型

根据构件之间的相对运动的不同,连杆机构可分为平面连杆机构和空间连杆机构。平面连杆机构是一种常见的传动机构。它是指刚性构件全部用低副连接而成,故又称低副机构。平面连杆机构广泛应用于各种机器、仪器以及操纵控制装置中,如往复式发动机、抽水机和空气压缩机以及牛头刨床、插床、挖掘机、装卸机、颚式破碎机、摆动输送机、印刷机械、纺织机械等。在连杆机构中,若构件不在同一平面或相互平行的平面内运动的机构称为空间机构(spatial mechanism)。根据机构中构件数目的多少分为四杆机构、五杆机构、六杆机构等,一般将五杆及五杆以上的连杆机构称为多杆机构。当连杆机构的自由度为1时,称为单自由度连杆机构;当自由度大于1时,称为多自由度连杆机构。

根据形成连杆机构的运动链是开链还是闭链,也可将相应的连杆机构分为开链连杆机构(机械手通常是运动副为转动副或移动副的空间开链连杆机构)和闭链连杆机构。单闭环的平面连杆机构的构件数至少为4,因而最简单的平面闭链连杆机构是四杆机构,其他多杆闭链机构无非是在其基础上扩充杆组而成;单闭环的空间连杆机构的构件数至少为3,因而可由三个构件组成空间三杆机构。

3) 优缺点分析

连杆机构构件运动形式多样,可实现转动、摆动、移动和平面或空间复杂运动,从而可用于实现已知运动规律和已知轨迹。

优点:

(1) 采用低副:面接触、承载大、便于润滑、不易磨损,形状简单、易加工、容易获得较高的制造精度。

(2) 改变杆的相对长度,从动件运动规律不同。

(3) 两构件之间的接触是靠本身的几何封闭维系的,它不像凸轮机构有时需利用弹簧等力封闭保持接触。

(4) 连杆曲线丰富,可满足不同要求。

缺点:

(1) 构件和运动副多,累积误差大、运动精度低、效率低。

(2) 产生动载荷(惯性力),且不易平衡,不适合高速。

(3) 设计复杂,难以实现精确的轨迹。

因此,平面连杆机构广泛应用于各种机械、仪表和机电产品中。随着连杆机构设计方法的发展,电子计算机的普及应用以及有关设计软件的开发,连杆机构的设计速度和设计精度有了较大的提高,而且在满足运动学要求的同时,还可考虑到动力学特性。尤其是微电子技术及自动控制技术的引入,多自由度连杆机构的采用,使连杆机构的结构和设计大为简化,使用范围更为广泛。

2. 平面四杆机构

平面连杆机构中最常用的是四杆机构，它的构件数目最少，且能转换运动。多于四杆的平面连杆机构称多杆机构，它能实现一些复杂的运动，但杆多且稳定性差。

铰链四杆结构——所有运动副均为转动副的平面四杆结构，如图2.9所示。

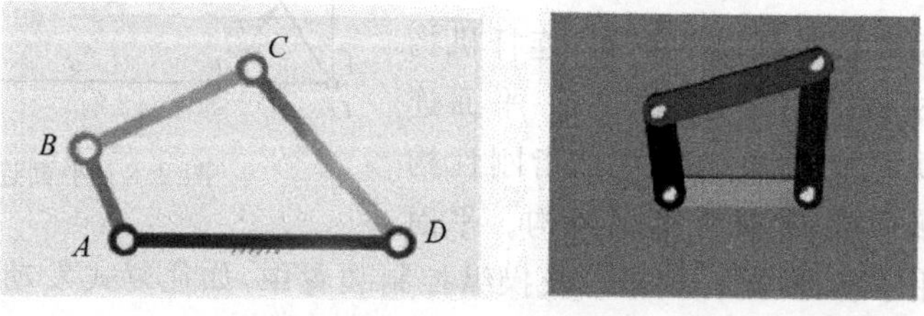

图2.9　铰链四杆结构

铰链四杆结构的基本类型分为三种：

(1) 曲柄摇杆结构：两连架杆中一个为曲柄，另一个为摇杆的四杆结构。曲柄做360°周转运动，摇杆做往复摆动，如图2.10(a)所示。实例：雷达天线俯仰结构、缝纫机踏板结构、搅拌结构。

(2) 双曲柄结构：两连架杆都是曲柄，都能做360°周转运动的四杆结构。主动曲柄作等速转动，从动曲柄作变速转动，如图2.10(b)所示。实例：惯性筛结构。

(3) 双摇杆结构：两连架杆均为摇杆，只能做往复摆动的结构，如图2.10(c)所示。一般主动摇杆做等速摆动，从动摇杆做变速转动。实例：起动机机构。

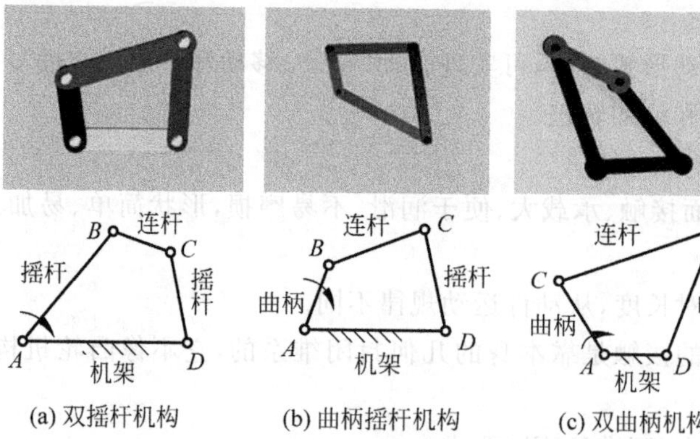

图2.10　铰链四杆结构的三种基本形式

理论应用：

动力输入的驱动轴一般整周转动，因此机构中被驱动的主动件应是绕机架做整周转动的曲柄。在形成铰链四杆机构的运动链中，a、b、c、d既代表各杆长度又是各杆的符号。当满足最短杆和最长杆长度之和小于或等于其他两杆长度之和时，若将最短杆的邻杆固定其一，则最短杆即为曲柄。

若铰链四杆机构中最短杆与最长杆长度之和小于或等于其余两杆长度之和，则

(1) 取最短杆的邻杆为机架时，构成曲柄摇杆机构；

(2) 取最短杆为机架时，构成双曲柄机构；

(3) 取最短杆为连杆时，构成双摇杆机构。

若铰链四杆机构中最短杆与最长杆长度之和大于其余两杆长度之和，则无曲柄存在，不论以哪一杆为机架，只能构成双摇杆机构。

3. 运动特性和传力特性

运动特性——传递和变换运动。传力特性——实现力的传递和变换。

1) 运动特性

曲柄存在条件：

(1) 最长杆和最短杆的长度之和小于或等于其他两杆长度之和。

(2) 连架杆或机架之一为最短杆。

急回特性和行程速比系数：

当曲柄等速回转的情况下，通常把从动件往复运动速度不同的运动称为急回运动。

$$K=\frac{\text{回程平均角速度}}{\text{工作行程平均角速度}}$$

式中 K 为行程速比系数。

2) 传力特性

(1) 压力角。图 2.11 为曲柄摇杆机构，若不计运动副的摩擦力和构件的惯性力，则曲柄 a 通过连杆 b 作用于摇杆 c 上的力 P，与其作用点 B 的速度 v_B 之间的夹角 α 称为摇杆的压力角，压力角越大，P 在 v_B 方向的有效分力就越小，传动也越困难，压力角的余角 γ 称为传动角。在机构设计时应限制其最大压力角或最小传动角。

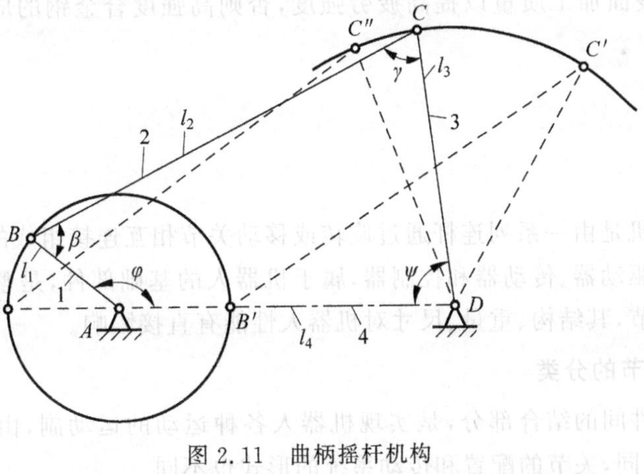

图 2.11　曲柄摇杆机构

(2) 死点。在曲柄摇杆机构中，若以摇杆为主动件，则当曲柄和连杆处于一直线位置时，连杆传给曲柄的力不能产生使曲柄回转的力矩，以致机构不能起动，这个位置称为死点。机构在起动时应避开死点位置，而在运动过程中常利用惯性来过渡死点。

4. 结构组成及主要损坏形式

1) 结构组成

连杆体由三部分构成，与活塞销连接的部分称连杆小头，与曲轴连接的部分称连杆大头，连接小头与大头的杆部称连杆杆身。

连杆小头多为薄壁圆环形结构，为减少与活塞销之间的磨损，在小头孔内压入薄壁青铜衬套。在小头和衬套上钻孔或铣槽，以使飞溅的油沫进入润滑衬套与活塞销的配合表面。

连杆杆身是一个长杆件，在工作中受力也较大，为防止其弯曲变形，杆身必须具有足够的刚度。为此，车用发动机的连杆杆身大都采用Ⅰ形断面，Ⅰ形断面可以在刚度与强度都足够的情况下使质量最小，高强化发动机有采用H形断面的。有的发动机采用连杆小头喷射机油冷却活塞，须在杆身纵向钻通孔。为避免应力集中，连杆杆身与小头、大头连接处均采用大圆弧光滑过渡。

为降低发动机的振动，必须把各缸连杆的质量差限制在最小范围内，在工厂装配发动机时，一般都以克为计量单位按连杆的大、小头质量分组，同一台发动机选用同一组连杆。

V型发动机上，其左、右两列的相应气缸共用一个曲柄销，连杆有并列连杆、叉形连杆及主副连杆三种形式。

2）主要损坏形式

连杆的主要损坏形式是疲劳断裂和过量变形。通常疲劳断裂的部位是在连杆上的三个高应力区域。连杆的工作条件要求连杆具有较高的强度和抗疲劳性能，又要求具有足够的刚性和韧性。传统连杆加工工艺中其材料一般采用45号钢、40Cr或40MnB等调质钢，硬度更高，因此，以德国汽车企业生产的新型连杆材料，如C70S6高碳微合金非调质钢、SPLITASCO系列锻钢、FRACTIM锻钢和S53CV-FS锻钢等（以上均为德国din标准）。合金钢虽具有很高强度，但对应力集中很敏感。所以，在连杆外形、过渡圆角等方面需严格要求，还应注意表面加工质量以提高疲劳强度，否则高强度合金钢的应用并不能达到预期效果。

2.2.2 关节

1. 概述

机器人操作机是由一系列连杆通过旋转或移动关节相互连接组成的多自由度机构。一个关节系统包括驱动器、传动器和控制器，属于机器人的基础部件，是整个机器人伺服系统中的一个重要环节，其结构、重量、尺寸对机器人性能有直接影响。

2. 机器人关节的分类

关节是各杆件间的结合部分，是实现机器人各种运动的运动副，由于机器人的种类很多，其功能要求不同，关节的配置和传动系统的形式也不同。

1）工业机器人的分类

工业机器人就是面向工业领域的多关节机械手或多自由度机器人，其关节的分类见图2.12，可以根据输出运动形式、传动机构、驱动器、有无减速器和运动副的不同对机器人关节进行分类。

仿人机器人可以进行双足移动，具有很好的适应性，是当代科技的研究热点之一，主要特点是冗余自由度多，机构复杂，由回转关节组成。仿人机器人关节可以分为上肢关节（肩、肘、腕、多指手），下肢关节（踝、膝、髋）。

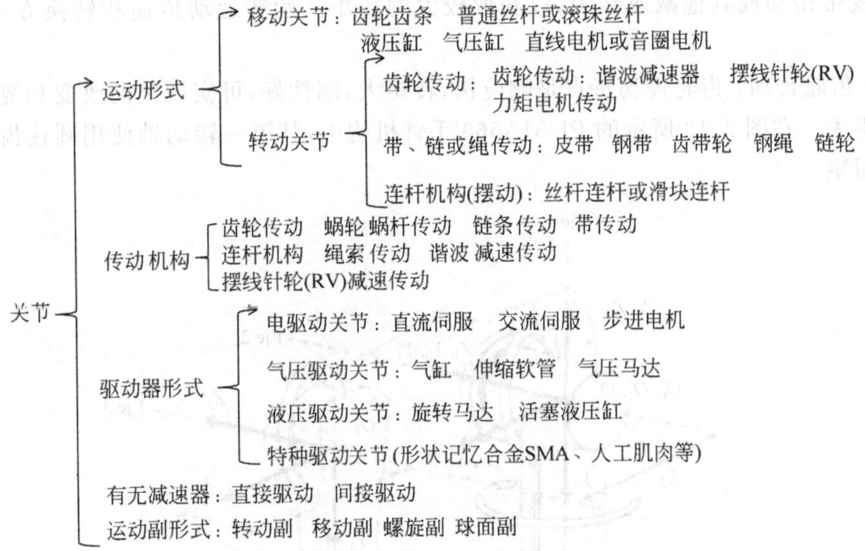

图 2.12　机器人关节分类

2) 微型机器人的关节

微型机器人是利用集成电路微细加工工艺，如光刻技术，将驱动器、关节传动装置、传感器控制器和电源等集成在很小的多晶硅上。微型静电马达、压电超声马达和微型传动机构等已经应用于关节系统。

3. 工业机器人关节的发展现状

工业机器人常见的关节形式有移动关节和转动关节。应用最多的工业机器人是多关节机器人，它由多个回转关节和连杆组成，模拟人的肩关节、肘关节和腕关节等的作用。其关节与仿人机器人的肩、肘、腰关节等不同的是自由度个数。通常前者的肩、肘、腰关节的自由度为 1。

1) 移动关节

移动关节采用直线驱动方式传递运动，包括直角坐标结构的驱动，圆柱坐标结构的径向驱动和垂直升降驱动，以及极坐标结构的径向伸缩驱动。直线运动可以直接由气缸或液压缸和活塞产生，也可以采用齿轮齿条、丝杆、螺母等传动元件把旋转运动转换成直线运动。产生移动关节直线运动的方式有以下几种：

(1) 齿轮齿条装置：效率高，精度好，刚度好，缺点是回差大。

(2) 丝杆(滑动或滚珠)：效率、精度高，速比大。

(3) 液压缸：功率大，结构简单，响应快，无减速装置，能直接与被驱动的杆件相连，但需要液压；易产生泄漏。

(4) 气压缸：能源、结构较简单，但速度不易控制，精度不高。

(5) 直线电动机或音圈电动机驱动：精度高，但力矩较小。

2) 回转关节

回转关节是连接相邻杆件，如手臂与机座，手臂与手腕，并实现相对回转或摆动的关节机构，由驱动器、回转轴和轴承组成。多数电动机能直接产生旋转运动，但常需各种齿轮、链、皮带传动或其他减速装置，以获取较大的转矩。旋转运动传递和转换方式有以下几种：

(1) 齿轮传动：齿轮传动特点是响应快，转矩大，刚性好，可实现转向改变和复合传动，轴间距不大。在图 2.13 所示的 PUMA560 手臂机构中，其第一转动轴使用圆柱齿轮，用于传递大扭矩。

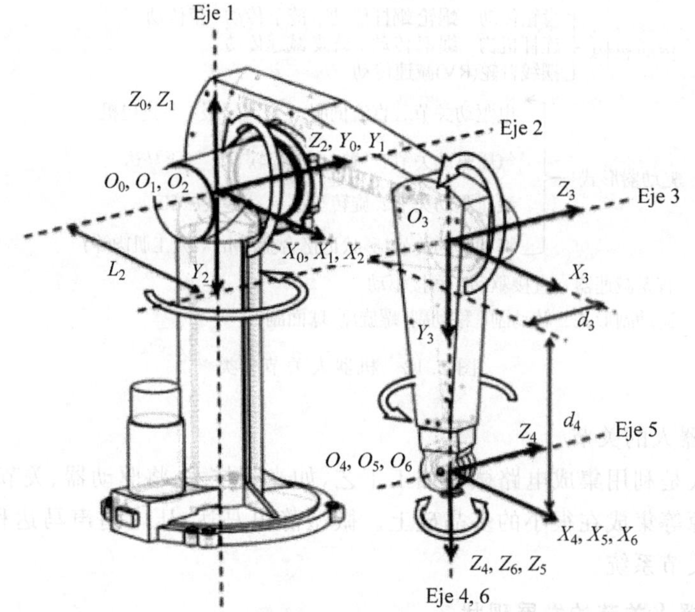

图 2.13　齿轮传动

(2) 带、链或绳传动：此类传动包括皮带、钢带、齿形带、链传动等。速比小，转矩小，刚度与张紧装置有关，轴间距大。常和其他传动结合使用。图 2.14 所示的绳驱动回转关节包括回转基座、回转连杆、绳索运动解耦机构、导向滑轮和回转连杆承载轴承；其中回转关节的旋转轴线与回转连杆轴线重合。

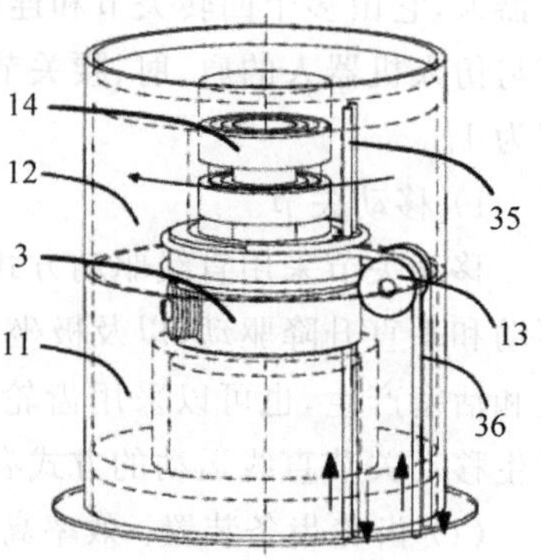

图 2.14　绳传动关节

(3) 谐波减速器：谐波减速器由波发生器、柔轮和刚轮组成，是一种靠波发生器使柔轮产生可控弹性变形，并靠柔轮与刚轮相啮合传递运动和动力的减速装置，如图 2.15 所示。其特点是结构紧凑且简单，传动比大，精度、效率高，同轴线；缺点是扭转刚性低。目前广泛用于中小转矩的机器人关节。

(4) 摆线针轮(RV)传动：摆线针轮传动其内齿轮采用带滚针的圆弧齿，与其啮合的外齿轮采用摆线齿。如图 2.16 所示，输入轴经齿轮传动将动力传给行星齿轮，完成第一级减速；与行星轮相连的曲柄轴是第二级减速的输入轴，RV 外齿轮支承在曲柄偏心处的滚动轴承上，当行星轮转一周时，曲柄轴和 RV 齿轮被箱体内侧滚针挤压，受其反作用力作用，RV 齿轮逐齿向输入运动的反方向运动。其特点是速比大，同轴线、结构紧凑，效率高，最显著的

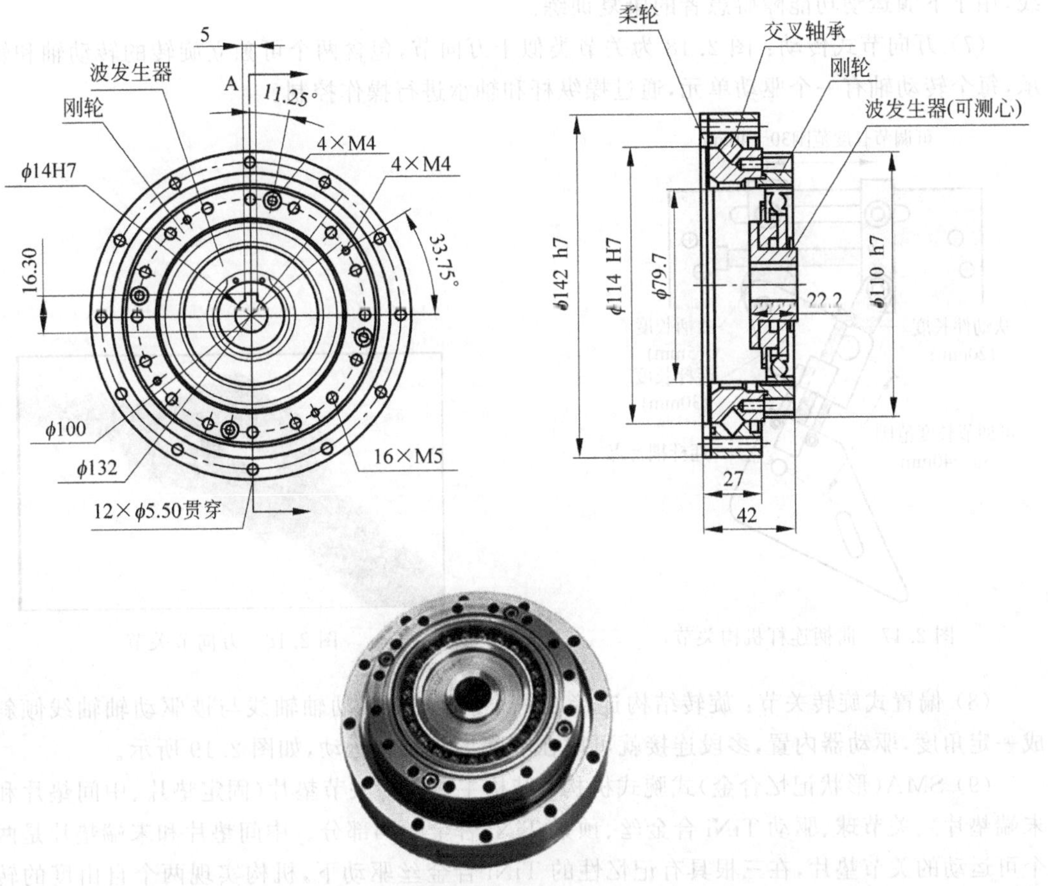

图 2.15　谐波减速器

图 2.16　摆线针轮(RV)传动

特点是刚性好,转动惯量小,固有频率高,振动小,适用于机器人上的第一级旋转关节(如腰关节),在频繁加减速的运动过程中可以提高响应速度并降低能量消耗。

(5) 力矩电动机传动(直接驱动): 力矩电动机无须减速机构,刚度好,精度高; 缺点是在关节处安装电动机,关节重量增加。

(6) 连杆机构: 连杆机构包括平行四边形曲柄连杆机构、滑块连杆机构和丝杆连杆机构。其特点是回差小,刚性好,可保持特殊位形。图 2.17 为一种可穿戴下颚外骨骼机器人,采用四连杆机构作为基本结构,通过调节各连杆的长度与位置,使其末端的位移为一给定曲线，用于下颚运动功能障碍患者的康复训练。

（7）万向节式传动：图 2.18 为关节类似于万向节，包含两个可独立旋转的转动轴和轴承，每个转动轴有一个驱动单元，通过操纵杆和轴承进行操作控制。

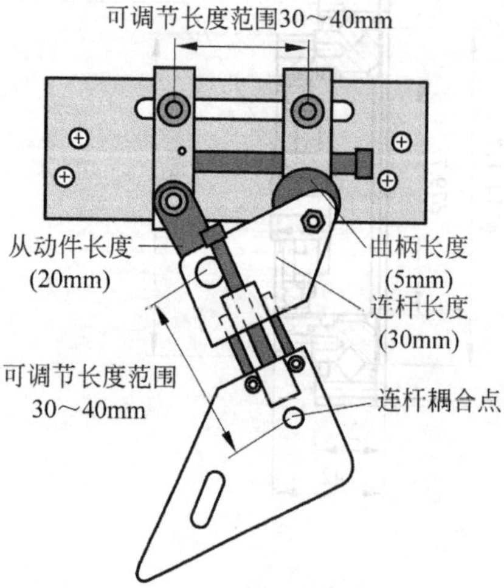

图 2.17　曲柄连杆机构关节

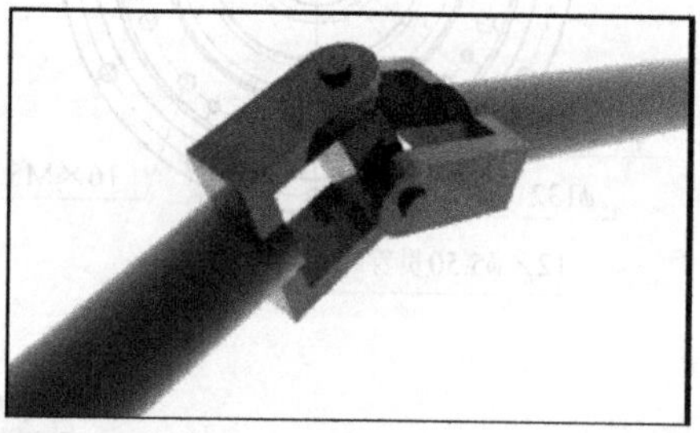

图 2.18　万向节关节

（8）偏置式旋转关节：旋转结构连接在一个斜面上，驱动轴轴线与被驱动轴轴线倾斜成一定角度，驱动器内置，多段连接就可以在空间形成复合运动，如图 2.19 所示。

（9）SMA（形状记忆合金）式腕式机构：结构主要包括关节垫片（固定垫片、中间垫片和末端垫片）、关节球、驱动 TiNi 合金丝、预紧 TiNi 合金丝四部分。中间垫片和末端垫片是两个可运动的关节垫片，在三根具有记忆性的 TiNi 合金丝驱动下，机构实现两个自由度的转动，如图 2.20 所示。

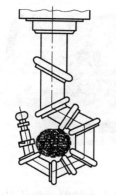

图 2.19　偏置式旋转关节

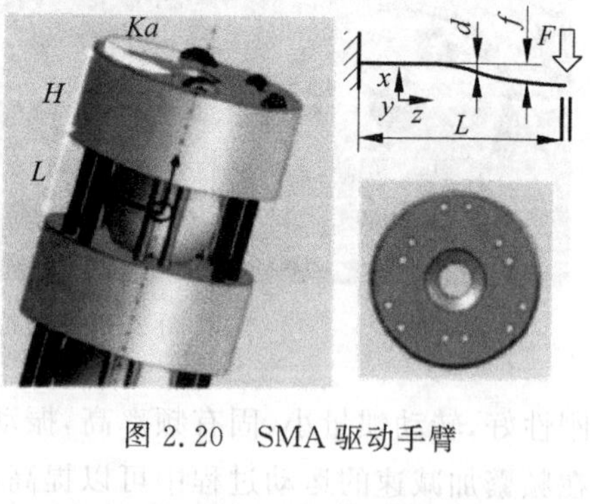

图 2.20　SMA 驱动手臂

4. 仿人机器人关节的发展现状

仿人机器人分为仿人手臂型和仿人双足型。仿人手臂型主要研究 7 个自由度（肩关节、肘关节、腕关节分别为 3、2 和 2 个自由度）手臂和多自由度操作臂、多指灵巧手及手臂和灵巧手的组合。仿人双足型主要研究步行机构及步行特性，下肢关节结构是步行质量好坏的关键。

1）主要肢干结构

（1）结构采用谐波减速器的定传动比装置实现关节的运动，如本田公司 P3、Asimo 和索尼公司的 SDR-3X 均采用谐波减速器。这是使用最广泛的形式。图 2.21 所示的手臂的肘关节由电动机经同步齿形带和谐波减速器减速后，带动关节进行回转运动，还有滚珠轴承、紧定螺钉等。

（2）结构采用滚珠丝杆和曲柄连杆机构，如 BIP2000 的踝关节和膝关节及清华大学的 THBIP 机器人。图 2.22 为 BIP2000 的踝关节，其电动机为平行布置。也有使用滚珠丝杆和绳传动一起使用。

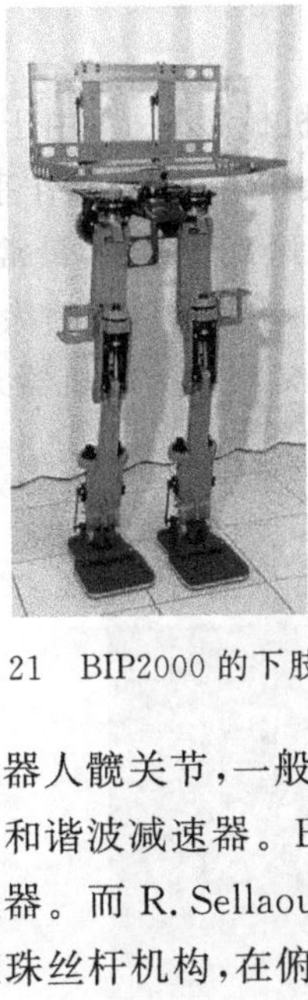

图 2.21 BIP2000 的下肢关节

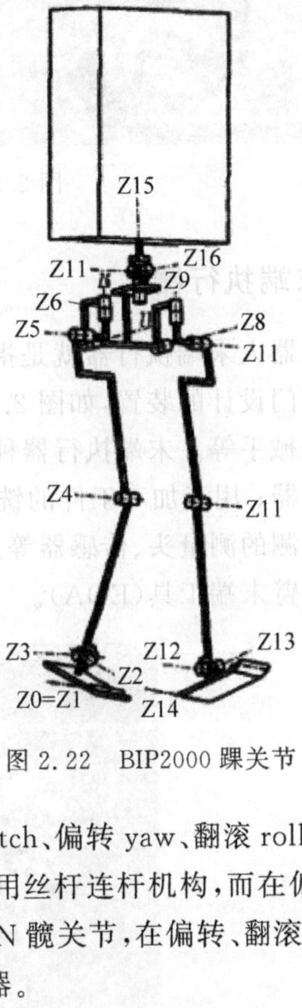

图 2.22 BIP2000 踝关节

对于仿人机器人髋关节，一般有 3 个自由度（俯仰 pitch、偏转 yaw、翻滚 roll），其传动一般使用丝杆连杆和谐波减速器。BIP2000 在俯仰方向使用丝杆连杆机构，而在偏转、翻滚方向使用谐波减速器。而 R. Sellaouti 等人设计的 ROBIAN 髋关节，在偏转、翻滚方向使用直流电动机驱动滚珠丝杆机构，在俯仰方向使用谐波减速器。

（3）为了更好地模拟人的肌肉运动，仿人机器人中使用人工肌肉驱动关节。目前的人工肌肉包括：高分子凝胶，它在电刺激下能反复伸缩将化学能直接转化为动能，从而产生机械动作；形状记忆合金（Shape Memory Alloys，SMA）受温度影响会像肌肉那样伸缩；气动橡胶人工肌肉（Rubber Actua-tor）是应用最多的一种，它是利用压缩空气伸缩橡胶的驱动部件；它的内部压力增加，则在直径方向膨胀。轴方向收缩，并有轴向力输出，与链或带传动等结合便可输出转动，这种肌肉的缺点是需要另外的气源。图 2.23 为一个气动人工肌肉驱动的清洁机器人，该机器人可适应特殊环境和复杂地形的工作条件。

（4）非线形弹簧驱动的机器人，日本 Jin'ichi Yam-aguchi 等也使用非线形弹簧来模拟肌肉的收缩特性。

图 2.23　气动人工肌肉驱动的机器人

2.2.3　末端执行器

一个机器人末端执行器就是指装在机器人操作机的机械接口上，用于使机器人完成作业任务而专门设计的装置，如图 2.24 所示，又称为末端操作器、末端操作手，有时也称为手部、手爪、机械手等。末端执行器种类繁多，与机器人的用途密切相关，最常见的有用于抓拿物件的夹持器；用于加工工件的铣刀、砂轮和激光切割器；用于焊接、喷涂用的焊枪、喷具；用于质量检测的测量头、传感器等。机器人末端执行器通常被认为是机器人的外围设备、附件、工具、手臂末端工具(EOA)。

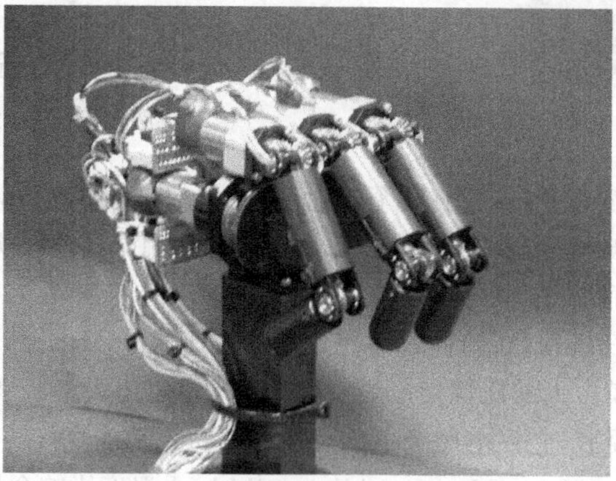

图 2.24　机器人末端执行器(手爪)

机器人末端执行器包含五个要素，分别为机构形式、抓取方式、抓取力、驱动装置及控制物件特征。其中，控制物件特征又包括了质量、外形、重心位置、尺寸大小、尺寸公差、表面状态、材质、强度等。而末端执行器的操作参数涉及操作空间环境、操作准确度、操作速度和加速度、夹持时间等。

机器人末端执行器(手部)具有以下两个特点：

(1) 手部与手腕相连处可拆卸。

手部与手腕处有可拆卸的机械接口：根据夹持对象的不同，手部结构会有差异，通常一个机器人配有多个手部装置或工具，因此要求手部与手腕处的接头具有通用性和互换性。

手部可能还有一些电、气、液的接口：由于手部的驱动方式不同造成。对这些部件的接口一定要求具有互换性。

(2) 工业机器人的末端执行器通常是专用装置：一种手爪往往只能抓住一种或几种在形状、尺寸、重量等方面相近的工件；一种工具只能执行一种作业任务。

机器人末端执行器按其结构可分为吸着式和夹持式两大类，可根据机器人所需要达到的不同功能进行末端执行器的选择。

吸着式机器人末端执行器分为负压吸盘和磁力吸盘。

负压吸盘式机器人末端执行器是利用吸盘内负压产生的吸力吸住并移动工件，例如吸盘就是用软橡胶或塑料制成的皮碗中形成的负压吸住工件。此种机器人末端执行器适用于吸取大而薄、刚性差的金属或木质板材、纸张、玻璃和弧形壳体等作业零件。并且，根据应用场合不同，末端执行器可以做成单吸盘、双吸盘、多吸盘或特殊形状的吸盘。按形成负压的方法有以下几种方式：

(1) 挤压式吸盘：挤压排气式吸盘靠向下挤压力将吸盘中的空气全部排出，使其内部形成负压状态然后将工件吸住。这种吸盘具有结构简单、重量轻、成本低等优点，但是吸力不大，多用于序曲尺寸不太大，薄而轻的工件。

(2) 气流负压式吸盘：气流负压式吸盘工作时，由气流控制阀将来自气泵中的压缩空气自喷嘴喷入，形成高速射流，将吸盘内腔中的空气带走，从而使腔内形成负压，然后吸盘吸住物体，如果作业现场有压缩空气供应，则使用这种吸盘更加方便，且成本低。气流负压式吸盘如图 2.25 所示。

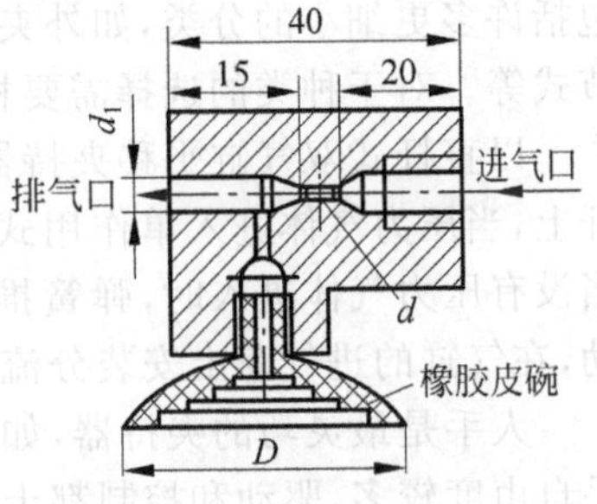

图 2.25 气流负压式吸盘

(3) 真空泵排气式吸盘：真空泵排气式吸盘是利用电磁控制阀将真空泵与吸盘相连，当控制阀抽气时，吸盘腔内的空气被抽走，形成腔内负压从而吸住物体；反之，控制阀将吸盘与大气连接时，吸盘会失去吸力从而松开工件。真空泵式吸盘的吸力主要取决于吸盘吸附面积的大小以及吸盘内墙的真空度(指内腔空气的稀薄程度)。这种吸盘的工作可靠，吸力较大，但是需要配备真空泵以及气流控制系统，因此费用较高。

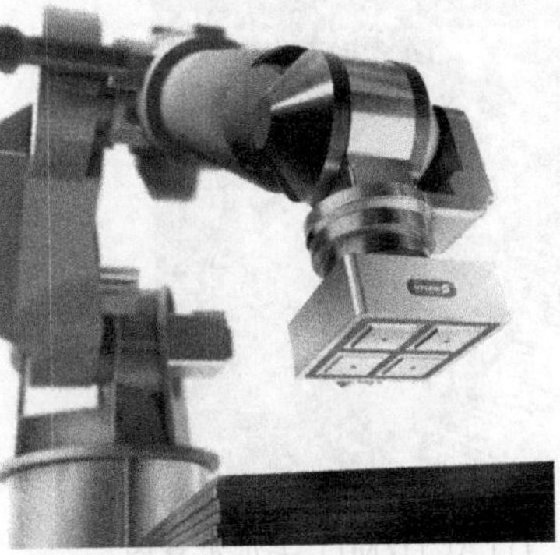
图 2.26 磁吸式末端执行器

吸着式末端执行器的另一个特点是对工件表面没有损伤，且对被吸持工件预定的位置精度要求不高；但要求工件上与吸盘接触部位光滑平整、清洁，被吸工件材质致密，没有透气空隙。

磁吸式末端执行器是利用永久磁铁或电磁铁通电后产生的磁力吸附工件的，其应用较广。磁吸式与气吸式相同，不会破坏被吸收表面质量。其优越性在于有较大的单位面积吸力，对工件表面粗糙度及通孔、沟槽等无特殊要求。如图 2.26 是一种 RobotIQ 公司的磁吸式末端执行器，它只需要一个接触面来提供吸附空间,可以吸住具有任意表面形状的磁性物件,具有快速、灵活、稳定等优点。

磁吸式末端执行器适用于用铁磁材料做成的工件,但不适合于由有色金属和非金属材料制成的工件;适用于被吸附工件上有剩磁也不影响其工作性能的工件;适用于定位精度要求不高的工件。另外,此种末端执行器需要在常温状况下工作,因为在高温下铁磁材料的磁性会消失。

机械夹持式末端执行器常见于上下料装配工作站。上下料工业机器人中所应用的机械夹持式末端执行器多为双指头爪式,如果按手指的运动进行区分,可以分为平移型和回转型;若按照机械夹持方式进行区分,可以分为外夹式和内撑式;若按照机械结构特性进行区分,可以分为电动(电磁)式、液压式与气动式;还有它们相互的组合。

对于机器人来说,其主要功能是用手爪抓取物品,并对它进行操作。因此,对手爪的研究在整个机器人技术中有极其重要的地位。

人的5个手指共有20个自由度,通过手指关节的屈伸,可以进行各种复杂的动作。若将5个手指的抓握能力定为100%,则4指抓握能力为99%,3指约为90%,两指则只有约40%。如果将日常生活中常见的手拿物体时的动作大致加以区分,按抓取方式可分为捏、握和夹三大类。

因此,机械夹持式末端执行器还可分为承托型手爪、悬挂型手爪和手指式。而手指式又包括许多更细小的分类,如外夹式、内撑式、平动式、旋转式、二指式、多指式、单关节式、多关节式等。对于种类的选择需要根据技术需求进行合理设计。

以直杆式双气缸平移夹持器为例,这种结构的夹持器指端安装在装有指端安装座的直杆上,当压力气体进入单作用式双气缸的两个有杆腔时,两活塞向中间移动,工件被夹紧;当没有压力气体进入时,弹簧推动两个活塞向外伸出,工件被松开。为保证两活塞同步运动,在气缸的进气路上安装分流阀。

人手是最灵巧的夹持器,如果模拟人手结构,就能制造出结构最优的夹持器。但由于人手自由度较多,驱动和控制都十分复杂。模拟人手完成灵巧的操作,必须使用多关节、多自由度的手爪,这种末端执行器又称为灵巧手,如图2.27所示。

如图2.28是UTACH/MIT手爪示意图。它有4个手指,可实现对握,每个手指有3个屈伸关节和一个摆动关节,共16个自由度。各关节采用绳轮驱动,驱动器后置。由于拇指对置,所以4个手指不能实现并掌操作,即4个手指不能放在一侧实现全握式的抓拿物体。

图2.27　灵巧手

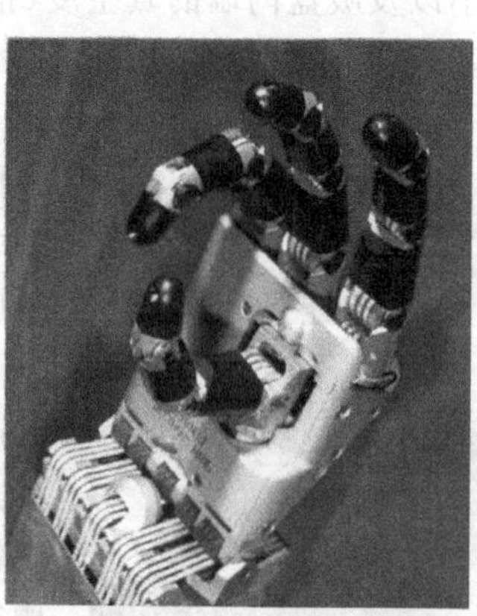

图2.28　UTACH/MIT手爪示意图

无论是夹持式还是吸附式，机器人的末端执行器还需要有满足作业所需要的重复精度。在设计过程中，机械设计者应该尽可能地使机器人末端执行器的结构简单紧凑并且质量轻，以减轻手臂的负荷。相比较而言，专用的机器人末端执行机构比通用的机器人末端执行器结构更简单，但工作效率高，而且能够完成指定的某项作业，而对于“万能”末端执行器来说可能会存在结构较复杂、费用昂贵等缺点。

对于手部的设计还需要满足其他一些要求。第一，手部应具有一定的开闭范围，即从手指张开的极限位置到闭合夹紧时手指位置的变动量，若开闭范围太小，则影响通用性。其衡量标准包括角度（回转）和距离（平移）。第二，手部应具有足够的夹持力，即保证运动过程工件不会脱落同时不会因夹紧力过大而损坏工件。第三，产品应保证工件在手指内的定位精度，即根据工件形状、加工精度和装配精度的要求选择适当的手指形状和手部结构。

末端执行器是一个独立的部件，对整个机器人完成任务的好坏起着关键的作用，它直接关系着夹持工件时的定位精度、夹持力的大小等。

2.3 关节传动

机器人连杆的运动来自于机器人关节驱动机构。一个机器人关节驱动机构至少包括三个组成部分：关节、驱动装置和传动装置。本节通过一些常用的机械部件对机器人的关节传动进行系统化的阐述，在传动装置部分着重介绍了工业领域广泛应用的步进电动机驱动器、无刷直流电动机及伺服驱动器，使读者能够结合实际生产的需要对本节的内容有更深刻的理解，并由此展开了串联机器人、并联机器人及串并联机器人的论述。

2.3.1 关节轴承

关节是机器人连杆接合部位形成的运动副。对大多数机器人而言，关节多为旋转式或者移动式，相应地，这两种关节分别被定义为旋转关节和移动关节。根据关节结构的不同，旋转关节可分为柱面式关节、球面式关节；移动关节可分为平面式关节、棱柱式关节、螺旋式关节。

机器人关节驱动装置是机器人的动力来源，它又分为液压式、气动式、电磁式和广义元件式。液压式驱动装置的能量来自于发动机或电动机驱动的高压流体泵，如柱塞泵、叶片泵等。液压式驱动装置存在耗能大、漏液、维护费用高等缺点，因而限制了其在机器人中的应用。气动式驱动装置以气缸为动力源，具有简单易用、成本低等优势，主要被运用在一些由于安全、环境和应用场所导致电磁驱动不能满足设计要求的场合。电磁驱动是最常见的机器人关节驱动方式，由于电动机具有启动速度快、调试范围宽、过载能力强的优势，因而获得广泛应用。电磁驱动装置可根据工作状况采用直流伺服电动机、交流伺服电动机或步进电动机作为驱动元件。除了以上几种驱动装置外，各种广义元件也已应用于机器人中，如电磁铁、形状记忆合金、压电晶体、人工肌肉等。

机器人关节传动装置的作用是将机械动力从驱动装置转移至执行元件。传动装置一般具有固定的传动比。常用的基本传动装置包括齿轮组、行星齿轮、齿轮—齿条、蜗轮—蜗杆、同步带、绳索、丝杠、连杆机构、专用减速部件（如减速器、谐波减速器）等种类。在实际工程中，为满足特定的设计要求，往往需要将各种基本传动装置组合起来使用。例如，在仿人机器人关节中采用的"伺服电动机—行星齿轮—同步带—谐波减速器—关节轴"的传动方式。

关节轴承是一种球面滑动轴承，其滑动接触表面是一个内球面和一个外球面，运动时可以在任意角度旋转摆动，如图 2.29 所示，它采用表面磷化、炸口、镶垫、喷涂等多种特殊工艺处理方法制作而成。关节轴承主要是由一个外圈和一个内圈组成，外圈的内球面和内圈的外球面组成滑动摩擦副，具有载荷能力大、抗冲击、抗腐蚀、耐磨损、自调心、润滑好等特点。

图 2.29 关节轴承

关节轴承的结构比滚动轴承简单，其主要是由一个有外球面的内圈和一个有内球面的外圈组成。关节轴承一般用于速度较低的摆动运动（即角运动），由于滑动表面为球面形，也可在一定角度范围内做倾斜运动（即调心运动），在支承轴与轴壳孔存在少量偏心时，仍能正常工作。

关节轴承能承受较大的负荷问题。根据其不同的类型和结构，轴承可以承受径向负荷、轴向负荷或径向、轴向同时存在的联合负荷。由于在内圈的外球面上镶有复合材料，故该轴承在工作中可产生自润滑；一般用于速度较低的摆动运动和低速旋转，也可在一定角度范围内做倾斜运动，当支承轴与轴壳孔存在少量偏心时，仍能正常工作。自润滑关节轴承广泛应用于工程液压油缸、锻压机床、工程机械、自动化设备、汽车减震器、水利机械等领域。

因为关节轴承的球形滑动接触面积大，倾斜角大，同时还因为大多数关节轴承采取了特殊的工艺处理方法，如表面磷化、镀锌、镀铬或外滑动面衬里、镶垫、喷涂等，因此有较大的载荷能力和抗冲击能力，并具有抗腐蚀、耐磨损、自调心、润滑好或自润滑无润滑污物污染的特点，即使安装错位也能正常工作。因此，关节轴承广泛用于速度较低的摆动运动、倾斜运动和旋转运动。

2.3.2 传动装置

减速器是一种由封闭在刚性壳体内的齿轮传动、蜗杆传动、齿轮—蜗杆传动所组成的独立部件，如图 2.30 所示，常用作原动件与工作机之间的减速传动装置。减速器在原动机和工作机或执行机构之间起匹配转速和传递转矩的作用，在现代机械中应用极为广泛。

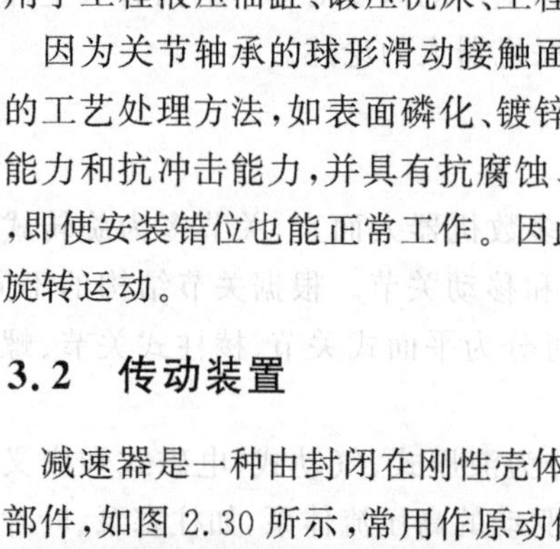

图 2.30 减速器

减速机一般用于低转速大扭矩的传动设备，把电动机、内燃机或其他高速运转的动力通过减速机的输入轴上的齿数少的齿轮啮合输出轴上的大齿轮达到减速的目的，普通的减速机也会有几对相同原理齿轮达到理想的减速效果，大小齿轮的齿数之比，就是传动比。

减速机在原动机和工作机或执行机构之间起匹配转速和传递转矩的作用，是一种相对精密的机械。

使用它的目的是降低转速，增加转矩。它的种类繁多，型号各异，不同种类有不同的用途。减速器的种类繁多，按照传动类型可分为齿轮减速器、蜗杆减速器和行星齿轮减速器；按照传动级数不同可分为单级和多级减速器；按照齿轮形状可分为圆柱齿轮减速器、圆锥齿轮减速器和圆锥—圆柱齿轮减速器；按照传动的布置形式又可分为展开式、分流式和同轴式减速器。

蜗轮蜗杆减速机如图 2.31 所示，是一种动力传达机构，利用齿轮的速度转换器，将电动机(马达)的回转数减速到所要的回转数，并得到较大转矩的机构。其主要特点是具有反向自锁功能，可以有较大的减速比，它的输入轴和输出轴不在同一轴线上，也不在同一平面上。但是一般体积较大，传动效率不高，精度不高。

谐波减速机的谐波传动主要由波发生器、柔性齿轮、柔性轴承、刚性齿轮四个基本构件组成，如图 2.32 所示，是利用柔性元件可控的弹性变形传递运动和动力的原理，体积不大、精度很高，但缺点是柔轮寿命有限，不耐冲击，刚性与金属件相比较差。输入转速不能太高。

图 2.31　蜗轮蜗杆减速机

图 2.32　谐波减速机

行星减速机，如图 2.33 所示，是由一个内齿环紧密结合于齿箱壳体上，环齿中心有一个自外部动力所驱动的太阳齿轮，介于两者之间有一组由三颗齿轮等分组合于托盘上的行星齿轮组。其优点是结构比较紧凑，回程间隙小、精度较高，使用寿命很长，额定输出扭矩可以做得很大，但价格略贵。

图 2.33　行星减速机

齿轮减速机是利用各级齿轮传动达到降速的目的。减速器是由各级齿轮副组成的，例如用小齿轮带动大齿轮就能达到一定的减速目的，再采用多级这样的结构，就可以大大降低转速了，具有体积小，传递扭矩大的特点。齿轮减速机在模块组合体系基础上设计制造，有极多的电动机组合、安装形式和结构方案，传动比分级细密，满足不同的使用工况，容易实现机电一体化。齿轮减速机传动效率高，耗能低，性能优越。摆线针轮减速机是一种采用摆线针齿啮合行星传动原理的传动机型，是一种理想的传动装置，具有许多优点，用途广泛，并可正反运转。

减速器有两个作用，第一是降速同时提高输出扭矩，扭矩输出比例按电动机输出扭矩乘减速比，但要注意不能超出减速机额定扭矩；第二是减速同时降低负载的惯量，惯量的减少为减速比的平方。

减速机是应用于国民经济诸多领域的机械传动装置，行业涉及的产品类别包括了各类齿轮减速机、行星齿轮减速机及蜗杆减速机，也包括了各种专用传动装置，如增速装置、调速装置以及包括柔性传动装置在内的各类复合传动装置等。产品服务领域涉及冶金、煤炭、建材、船舶、水利、电力、工程机械及石化等行业。

我国减速机行业发展历史已有近40年，在国民经济及国防工业的各个领域，减速机产品都有着广泛的应用。食品轻工、电力机械、建筑机械、冶金机械、水泥机械、环保机械、电子电器、筑路机械、水利机械、化工机械、矿山机械、输送机械、建材机械、橡胶机械，以及石油机械等行业领域对减速机产品都有旺盛的需求。

潜力巨大的市场催生了激烈的行业竞争，在残酷的市场争夺中，减速机企业必须加快淘汰落后产能，大力发展高效节能产品，充分利用国家节能产品惠民工程政策机遇，加大产品更新力度，调整产品结构，关注国家产业政策，以应对复杂多变的经济环境，保持良好发展势头。世界上减速器技术已有了很大的发展，且与新技术革命的发展紧密结合。

通用减速器的发展趋势如下：

(1) 高水平、高性能：圆柱齿轮普遍采用渗碳淬火、磨齿等工艺，承载能力较之前提高4倍以上，体积小、重量轻、噪声低、效率高、可靠性高。

(2) 积木式组合设计：基本参数采用优先数，尺寸规格整齐，零件通用性和互换性强，系列容易扩充和花样翻新，利于组织批量生产和降低成本。

(3) 形式多样化，变型设计多：通用减速器摆脱了传统的单一的底座安装方式，增添了空心轴悬挂式、浮动支承底座、电动机与减速器一体式连接，多方位安装面等不同形式，扩大了使用范围。

2.3.3　驱动装置——步进电动机驱动器

步进电动机驱动器是一种将电脉冲转化为角位移的执行机构。当步进驱动器接收到一个脉冲信号，它就驱动步进电动机按设定的方向转动一个固定的角度(称为“步距角”)，它的旋转是以固定的角度一步一步运行的，可以通过控制脉冲个数控制角位移量，从而达到准确定位的目的；同时可以通过控制脉冲频率以控制电动机转动的速度和加速度，从而达到调速和定位的目的。

步进电动机和步进电动机驱动器构成步进电动机驱动系统。步进电动机驱动系统的性能，不但取决于步进电动机自身的性能，也取决于步进电动机驱动器的优劣。对步进电动机驱动器的研究几乎是与步进电动机的研究同步进行的。

步进电动机按结构分类包括反应式步进电动机(VR)、永磁式步进电动机(PM)、混合式步进电动机(HB)等。

(1) 反应式步进电动机：反应式步进电动机也叫感应式、磁滞式或磁阻式步进电动机。其定子和转子均由软磁材料制成，定子上均匀分布的大磁极上装有多相励磁绕组，定、转子周边均匀分布小齿和槽，通电后利用磁导的变化产生转矩。一般为三、四、五、六相；可实现大转矩输出(消耗功率较大，电流最高可达20A，驱动电压较高)；电动机内阻尼较小，单步运行(指脉冲频率很低时)震荡时间较长；启动和运行频率较高。

(2) 永磁式步进电动机：永磁式步进电动机通常电动机转子由永磁材料制成，软磁材料制成的定子上有多相励磁绕组，定、转子周边没有小齿和槽，通电后利用永磁体与定子电流磁场相互作用产生转矩。一般为两相或四相；启动和运行频率较低。

(3) 混合式步进电动机：混合式步进电动机也叫永磁反应式、永磁感应式步进电动机，混合了永磁式和反应式的优点。其定子和四相反应式步进电动机没有区别(但同一相的两个磁极相对，且两个磁极上绕组产生的 N、S 极性必须相同)，转子结构较为复杂(转子内部为圆柱形永磁铁，两端外套软磁材料，周边有小齿和槽)，一般为两相或四相；须供给正负脉冲信号；输出转矩较永磁式大(消耗功率相对较小)；步距角较永磁式小(一般为 1.8°)；断电时无定位转矩；启动和运行频率较高；发展较快的一种步进电动机。

步进电动机不能直接接到直流或交流电源上工作，必须使用专用的驱动电源(步进电动机驱动器)，如图 2.34 所示，它由脉冲发生控制单元、功率驱动单元、保护单元等组成。图中点画线所包围的两个单元可以用微机控制实现。驱动单元必须与驱动器直接耦合(防电磁干扰)，也可理解成微机控制器的功率接口。控制器(脉冲信号发生器)可以通过控制脉冲的个数来控制角位移量，从而达到准确定位的目的；同时可以通过控制脉冲频率来控制电动机转动的速度和加速度，从而达到调速的目的。

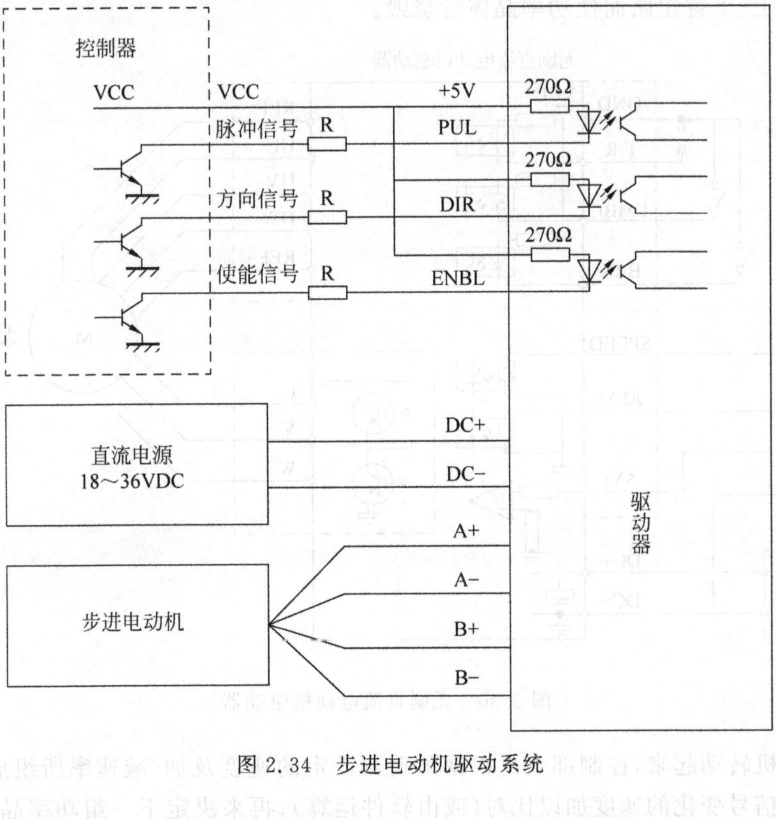

图 2.34　步进电动机驱动系统

2.3.4　驱动装置——无刷直流电动机

无刷直流电动机由电动机主体和驱动器组成，是一种典型的机电一体化产品，如图 2.35 所示为无刷直流电动机主体。无刷直流电动机是以自控式运行的，所以不会像变频调速下

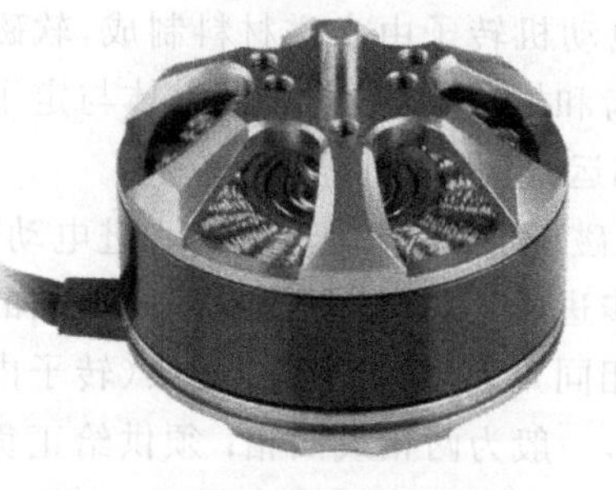

图 2.35 无刷直流电动机主体

重载启动的同步电动机那样在转子上另加启动绕组，也不会在负载突变时产生振荡和失步。中小容量的无刷直流电动机的永磁体，现在多采用高磁能级的稀土钕铁硼(Nd-Fe-B)材料。因此，稀土永磁无刷电动机的体积比同容量三相异步电动机缩小了一个机座号。

无刷直流电动机驱动器如图 2.36 所示。要让电动机转动起来，首先控制部就必须根据霍尔传感器感应到的电动机转子目前所在位置，然后依照定子绕线决定开启(或关闭)换流器中功率晶体管的顺序，使电流依序流经电动机线圈产生顺向(或逆向)旋转磁场，并与转子的磁铁相互作用，如此就能使电动机顺时/逆时转动。当电动机转子转动到霍尔传感器感应出另一组信号的位置时，控制部又再开启下一组功率晶体管，如此循环电动机就依同一方向继续转动直到控制部决定要电动机转子停止则关闭功率晶体管(或只开下臂功率晶体管)；电动机转子反向则功率晶体管开启顺序相反。此外因为电子零件总有开关的响应时间，所以功率晶体管在关与开的交错时间要将零件的响应时间考虑进去，否则当上臂(或下臂)尚未完全关闭，下臂(或上臂)就已开启，结果就造成上、下臂短路而使功率晶体管烧毁。

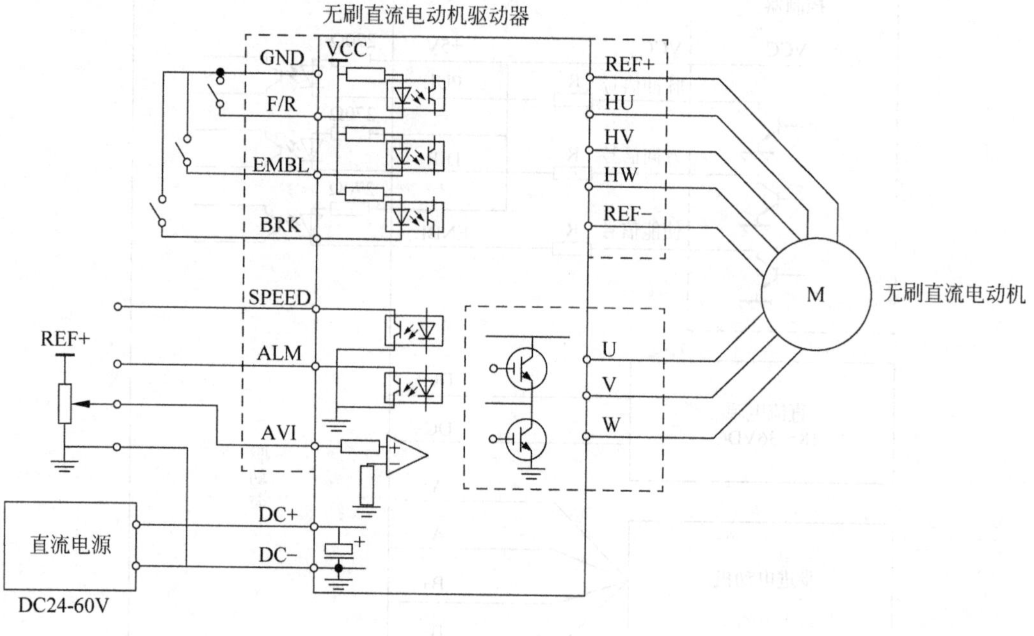

图 2.36 无刷直流电动机驱动器

当电动机转动起来，控制部会再根据驱动器设定的速度及加/减速率所组成的命令，与霍尔传感器信号变化的速度加以比对(或由软件运算)，再来决定下一组功率晶体管开关导通或关闭，以及导通时间长短。速度不够则开长，速度过头则减短，此部分工作就由 PWM 完成。

PWM 是决定电动机转速快或慢的方式，如何产生这样的 PWM 才是要达到较精准速度控制的核心。高转速的速度控制必须考虑到系统的 CLOCK 分辨率是否足以掌握处理软件指令的时间，另外对于霍尔传感器信号变化的资料存取方式也影响到处理器效能与判定正确性、实时性。至于低转速的速度控制尤其是低速起动，则因为回传的霍尔传感器信号变化变得更慢，怎样撷取信号方式、处理时机以及根据电动机特性适当配置控制参数值就显得非常重要。

直流无刷电动机是闭回路控制，因此回授信号就是告诉控制部现在电动机转速距离目标速度还差多少，这就是误差。知道了误差就需要进行补偿，而补偿的方式有传统的工程控制如 PID 控制。但控制的状态及环境其实是复杂多变的，若要控制得坚固耐用则要考虑的因素不是传统的工程控制能完全掌握，因此模糊控制、专家系统及神经网络也将被纳入智能型 PID 控制的重要理论。

2.3.5　驱动装置——伺服驱动器

伺服驱动器又称为“伺服控制器”“伺服放大器”，是用于控制伺服电动机的一种控制器，如图 2.37 所示。伺服驱动器的作用类似于变频器作用于普通交流马达，属于伺服系统的一部分，主要应用于高精度的定位系统。一般是通过位置、速度和力矩三种方式对伺服电动机进行控制，实现高精度的传动系统定位，目前是传动技术的高端产品。

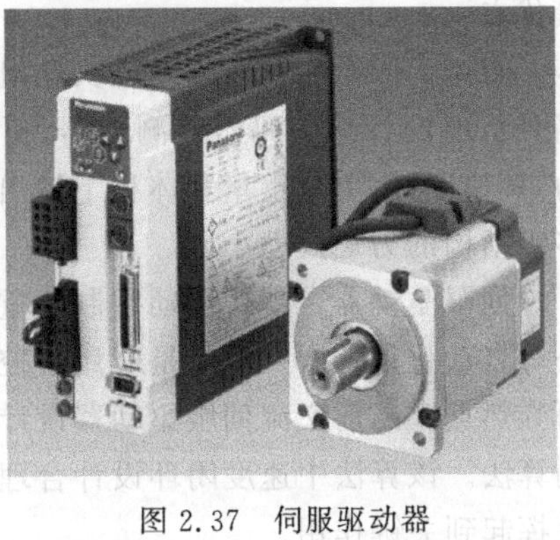

图 2.37　伺服驱动器

伺服电动机是指在伺服系统中控制机械元件运转的发动机，是一种补助马达间接变速装置，其剖面图如图 2.38 所示。伺服电动机可使控制速度、位置精度非常准确，可以将电压信号转化为转矩和转速以驱动控制对象。伺服电动机转子转速受输入信号控制，并能快速反应，在自动控制系统中，用作执行元件，且具有电动机时间常数小、线性度高、始动电压等特性，可把所收到的电信号转换成电动机轴上的角位移或角速度输出。伺服电动机通常分为直流和交流伺服电动机两大类，其主要特点是，当信号电压为零时无自转现象，转速随着转矩的增加而匀速下降。

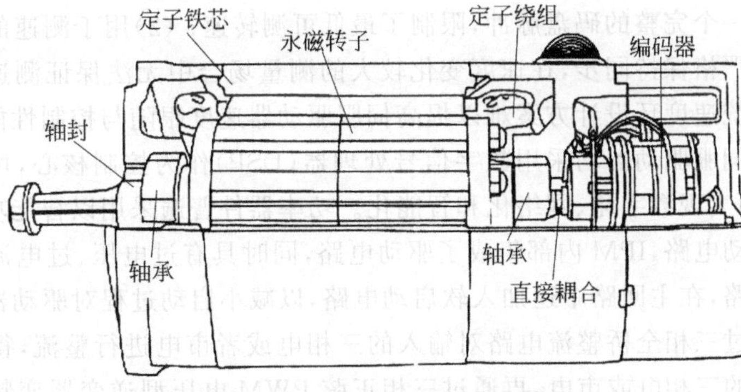

图 2.38　伺服电动机的剖面图

交流伺服电动机也是无刷电动机，分为同步和异步电动机，目前运动控制中一般都用同步电动机，它的功率范围大，可以做到很大的功率。大惯量，最高转动速度低，且随着功率增大而快速降低，因而适合做低速平稳运行的应用。

伺服电动机内部的转子是永磁铁，驱动器控制的U/V/W三相电形成电磁场，转子在此磁场的作用下转动，同时电动机自带的编码器反馈信号给驱动器，驱动器根据反馈值与目标值进行比较，调整转子转动的角度。伺服电动机的精度决定于编码器的精度(线数)。

交流伺服电动机和无刷直流伺服电动机在功能上的区别：交流伺服要好一些，因为是正弦波控制，转矩脉动小。直流伺服是梯形波，但比较简单和便宜。

直流伺服电动机分为直流有刷伺服电动机和直流无刷伺服电动机。

直流无刷伺服电动机的转动惯量小、启动电压低、空载电流小。其放弃了接触式换向系统，大大提高电动机转速，其最高转速高达100 000r/m。无刷伺服电动机在执行伺服控制时，无须编码器也可实现速度、位置、扭矩等的控制，并且不存在电刷磨损情况。因此，直流无刷伺服电动机除转速高之外，还具有寿命长、噪声低、无电磁干扰等特点。

直流有刷伺服电动机体积小、反应快、过载能力大、调速范围宽，低速力矩大，波动小，运行平稳，变压范围大，频率可调，具有低噪声，高效率，后端编码器反馈(选配)构成直流伺服等优点。

直流伺服电动机可应用在火花机、机械手、定位要求高的机器中，可同时配置2500P/R高分析度的标准编码器及测速器，更能加配减速箱，给机械设备带来可靠的准确性及高扭力，调速性好，单位重量和体积下输出功率最高，大于交流电动机，更远远超过步进电动机。多级结构的力矩波动小。

伺服驱动器是现代运动控制的重要组成部分，被广泛应用于工业机器人及数控加工中心等自动化设备中。尤其是应用于控制交流永磁同步电动机的伺服驱动器已经成为国内外研究热点。当前交流伺服驱动器设计中普遍采用基于矢量控制的电流、速度、位置三闭环控制算法。该算法中速度闭环设计合理与否，对于整个伺服控制系统，特别是速度控制性能的发挥起到关键作用。

在伺服驱动器速度闭环中，电动机转子实时速度测量精度对于改善速度环的转速控制动静态特性至关重要。为寻求测量精度与系统成本的平衡，一般采用增量式光电编码器作为测速传感器，与其对应的常用测速方法为M/T测速法。M/T测速法虽然具有一定的测量精度和较宽的测量范围的优势，但这种方法有其固有的缺陷，主要包括：(1)测速周期内必须检测到至少一个完整的码盘脉冲，限制了最低可测转速；(2)用于测速的两个控制系统定时器开关难以严格保持同步，在速度变化较大的测量场合中无法保证测速精度。因此应用该测速法的传统速度环设计方案难以提高伺服驱动器速度跟随与控制性能。

目前主流的伺服驱动器均采用数字信号处理器(DSP)作为控制核心，可实现比较复杂的控制算法，从而实现数字化、网络化和智能化。功率器件普遍采用以智能功率模块(IPM)为核心设计的驱动电路，IPM内部集成了驱动电路，同时具有过电压、过电流、过热、欠压等故障检测保护电路，在主回路中还加入软启动电路，以减小启动过程对驱动器的冲击。功率驱动单元首先通过三相全桥整流电路对输入的三相电或者市电进行整流，得到相应的直流电。经过整流好的三相电或市电，再通过三相正弦PWM电压型逆变器变频来驱动三相永磁式同步交流伺服电动机。功率驱动单元的整个过程可以简单地说就是AC-DC-AC的过程。整流单元(AC-DC)主要的拓扑电路是三相全桥不控整流电路。

伺服驱动器是现代运动控制的重要组成部分，被广泛应用于工业机器人及数控加工中心等自动化设备中。尤其是应用于控制交流永磁同步电动机的伺服驱动器已经成为国内外研究热点。当前交流伺服驱动器设计中普遍采用基于矢量控制的电流、速度、位置 3 闭环控制算法。该算法中速度闭环设计合理与否，对于整个伺服控制系统，特别是速度控制性能的发挥起到关键作用。

伺服电动机及其驱动器广泛应用于机床、印刷设备、包装设备、纺织设备、激光加工设备、机器人、自动化生产线等对工艺精度、加工效率和工作可靠性等要求相对较高的设备。

2.3.6　串联机器人

串联结构操作手是较早应用于工业领域的机器人。机器人操作手开始出现时，是由刚度很大的杆通过关节连接起来的，关节有转动和移动两种，前者称为旋转副，后者称为棱柱关节。而且，这些结构是通过杆之间串联，形成一个开运动链，除了两端的杆只能和前或后连接外，每一个杆和前面和后面的杆通过关节连接在一起。由于操作手的这种连接的连续性，即使它们有很强的连接，它们的负载能力和刚性与多轴机械比较起来还是很低，而刚性差就意味着位置精度低。

由于杆件之间连接的运动副的不同，串联机器人可分为直角坐标机器人、圆柱坐标机器人、关节型机器人。实用的串联机器人中比较著名的结构形式有：PUMA 型机器人（见图 2.39）、SCARA 机器人、Stanford 型机器人（见图 2.40）、平行连杆结构型机器人。

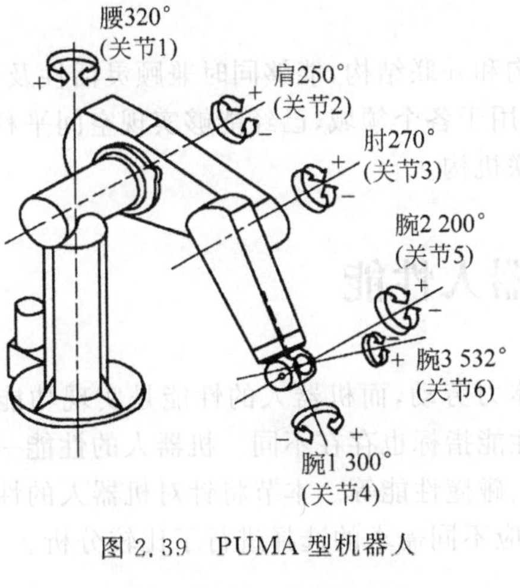

图 2.39　PUMA 型机器人

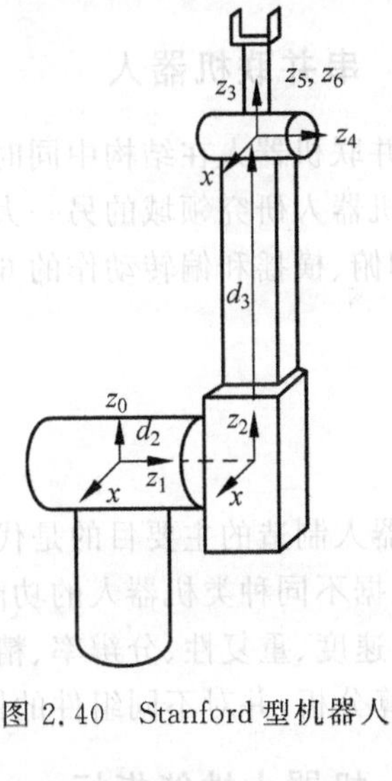

图 2.40　Stanford 型机器人

通常，机器人需要在三维空间中运动，在直角参考坐标系中机器人操作手末端需要满足 3 个方向的位置要求和相对于 3 个坐标轴的角度要求，因而在运动或姿态控制时需要控制 6 个参数，所以，一般情况下，一个通用机器人操作手需要 6 个自由度。对于某些专用机器人不需要 6 个自由度，应在满足要求的前提下尽量减少机器人的自由度数，以便减少机器人的复杂程度，降低机器人制造成本。例如，SCARA 机器人仅有 4 个自由度。有些机器人的工作环境复杂，在工作时需回避障碍，可能需要具有 7 个或 7 个以上的自由度，这种机器人称为具有“冗余自由度”机器人。

2.3.7 并联机器人

并联机构(Parallel Mechanism,PM),可以定义为动平台和定平台通过至少两个独立的运动链相连接,机构具有两个或两个以上自由度,且以并联方式驱动的一种闭环机构,如图 2.41 所示。

并联机器人和传统工业用串联机器人在哲学上呈对立统一的关系。对于串联机器人,一个轴的运动会改变另一个轴的坐标原点,如六关节机器人。而对于并联机器人,一个轴运动不影响另一个轴的坐标原点,如 tripod 蜘蛛机器人。因此,和串联机器人相比较,并联机器人具有以下特点:

(1) 无累积误差,精度较高;

(2) 驱动装置可置于定平台上或接近定平台的位置,这样运动部分重量轻,速度高,动态响应好;

(3) 结构紧凑,刚度高,承载能力大;

(4) 完全对称的并联机构具有较好的各向同性;

(5) 工作空间较小。

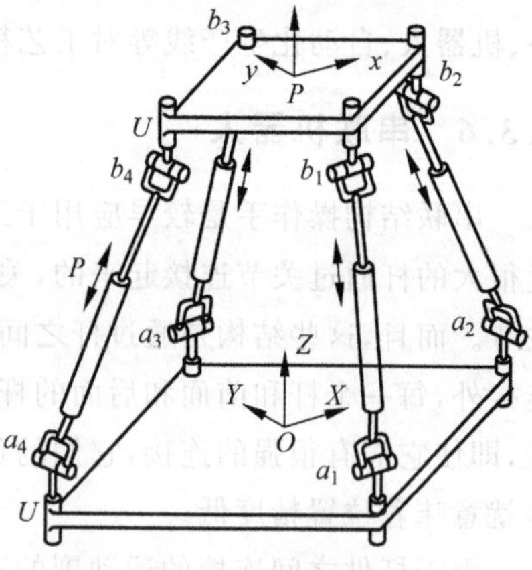

图 2.41 并联结构

根据这些特点,并联机器人在需要高刚度、高精度或者大载荷而无须很大工作空间的领域内得到了广泛应用。

2.3.8 串并联机器人

串并联机器人在结构中同时具有串联结构和并联结构,能够同时兼顾灵活性及准确度,是现在机器人研究领域的另一大方向,广泛应用于各个领域,已经能够实现空间平移、回转、升降、仰俯、横摇和偏转动作的 6 自由度串并联机构。

2.4 机器人性能

机器人制造的主要目的是代替人类从事体力劳动,而机器人的性能是实现功能的重要前提,根据不同种类机器人的功能需求不同,性能指标也存在不同。机器人的性能一般包括速度、加速度、重复性、分辨率、精度、组件寿命、碰撞性能等。本节将针对机器人的性能指标进行计算分析,并对不同组件的性能以及为适应不同需求的选择进行了比较分析。

2.4.1 机器人性能指标

1. 速度

在机器人领域,运动可以说是一个永不过时的话题,而谈到运动也离不开一个基本概念——速度。

1) 点的速度

如果我们将机器人简化成由一些质点组成,那么事情就简单了。因为如果一个点 P 的位置向量 $\boldsymbol{P}$ 可以用三维坐标(x,y,z)表示,那么它的速度就是位置的坐标分量对时间 t 的导数，见式(2.1)。

$$\frac{\mathrm{d}\boldsymbol{p}}{\mathrm{d}t}=\left(\frac{\mathrm{d}x}{\mathrm{d}t},\frac{\mathrm{d}y}{\mathrm{d}t},\frac{\mathrm{d}z}{\mathrm{d}t}\right) \tag{2.1}$$

为了简洁，以后我们有时也会将$\frac{\mathrm{d}\boldsymbol{p}}{\mathrm{d}t}$记为 $\dot{\boldsymbol{p}}$ 或者 v_p。

2) 刚体的速度(空间速度)

点的速度分析是比较简单的，但更接近实际的假设是将机器人视为由一些刚体组成。

(1) 几何解释。在刚体 B 上有一个和它固定的点 P，刚体运动时 P 点和它一起运动，如图 2.42 所示。假如我们通过某种测量仪器知道了 P 点的速度 v_p 和刚体转动的角速度 ω，那么该怎么描述刚体 B 的速度呢？(这里的 v_p 和 ω 都是相对于参考坐标系$\{s\}$的)当然，用(v_p,ω)表示就可以。但问题 P 点只是我们随意选择的一个点，它并不比其他的点有更高的地位。此时暂不讨论动力学，所以质心处的点也没有更高的地位。因此，刚体上的点地位都一样，于是我们把目光瞄准了 O 点——参考坐标系的原点。O 点为与刚体固连的参考系的原点。利用理论力学中的基点法，就可以求出刚体与 O 点瞬时重合的点的速度，即

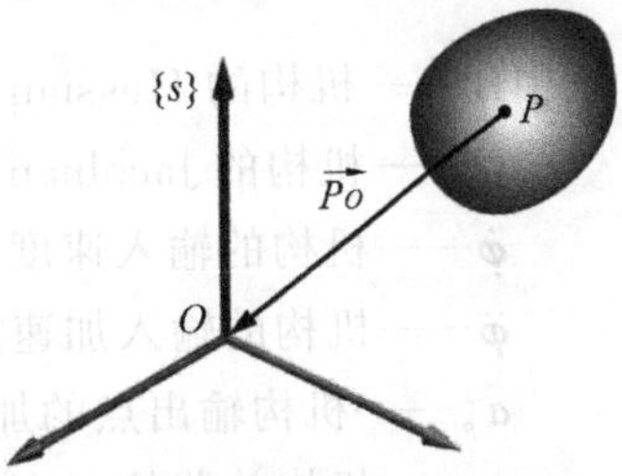

图 2.42 刚体与 O 点瞬时重合的点的速度

$$v_o=v_p+\omega\times P_o \tag{2.2}$$

我们可以用(v_o,ω)描述刚体的速度。这样的表示方法的意义，下面我们从另一种方式给出回答。

(2) 代数解释。我们知道刚体的位置和姿态(合称位姿)可以用 $\boldsymbol{g}$ 描述，对于刚体上的任意一点 r，它相对于$\{s\}$的位置用向量 $\boldsymbol{r}$ 表示，那么在刚体运动后的位置是：

$$\begin{bmatrix}\boldsymbol{r}\\ \boldsymbol{1}\end{bmatrix}=\boldsymbol{g}\begin{bmatrix}\boldsymbol{r}\\ \boldsymbol{1}\end{bmatrix} \tag{2.3}$$

对式 (2.3)求导可得：

$$\begin{bmatrix}\boldsymbol{r}\\ \boldsymbol{1}\end{bmatrix}=\dot{\boldsymbol{g}}\begin{bmatrix}\boldsymbol{r}\\ \boldsymbol{1}\end{bmatrix}=\dot{\boldsymbol{g}}\boldsymbol{g}^{-1}\begin{bmatrix}\boldsymbol{r}\\ \boldsymbol{1}\end{bmatrix} \tag{2.4}$$

注意到出现了一个

$$\dot{\boldsymbol{g}}\boldsymbol{g}^{-1}\begin{bmatrix}\boldsymbol{r}\\ \boldsymbol{1}\end{bmatrix}=\begin{bmatrix}\dot{\boldsymbol{R}} & \dot{\boldsymbol{p}}\\ \boldsymbol{0}_{3\times1} & \boldsymbol{0}\end{bmatrix}\begin{bmatrix}\boldsymbol{R}^{-1} & -\boldsymbol{R}^{-1}\boldsymbol{p}\\ \boldsymbol{0}_{3\times1} & \boldsymbol{0}\end{bmatrix}$$

$$=\begin{bmatrix}\dot{\boldsymbol{R}}\boldsymbol{R}^{-1} & \dot{\boldsymbol{p}}-\dot{\boldsymbol{R}}\boldsymbol{R}^{-1}\boldsymbol{p}\\ \boldsymbol{0}_{3\times1} & \boldsymbol{0}\end{bmatrix} \tag{2.5}$$

即空间速度(Spatial Velocity)，这是第一个登场的速度。

$$\boldsymbol{g}^{-1}\dot{\boldsymbol{g}}=\begin{bmatrix}\boldsymbol{R}^{-1} & -\boldsymbol{R}^{-1}\boldsymbol{p}\\ \boldsymbol{0}_{3\times1} & \boldsymbol{0}\end{bmatrix}\begin{bmatrix}\dot{\boldsymbol{R}} & \dot{\boldsymbol{p}}\\ \boldsymbol{0}_{3\times1} & \boldsymbol{0}\end{bmatrix}=\begin{bmatrix}\boldsymbol{R}^{-1}\dot{\boldsymbol{R}} & \boldsymbol{R}^{-1}\dot{\boldsymbol{p}}\\ \boldsymbol{0}_{3\times1} & \boldsymbol{0}\end{bmatrix} \tag{2.6}$$

三个速度概念的变换方法如图 2.43 所示。

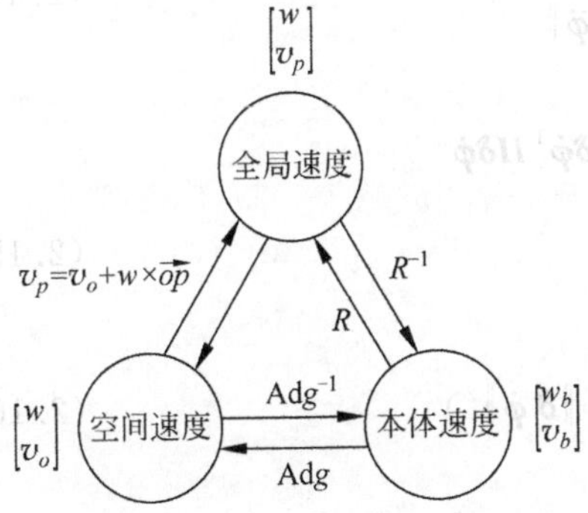

图 2.43 三个速度概念的变换

2. 加速度(以串联机器人为主分析)

以串联机构速度、加速度公式为出发点，通过理论推导提出一种同时基于机构一阶Jacobian影响系数矩阵和二阶Hessian影响矩阵的串联机构加速度性能度量指标，包括加速度性能指标、线加速度性能指标和角加速度性能指标。采用GOSSELIN提出的机构全域性能指标定义方法定义串联机构加速度全域性能指标、线加速度全域性能指标以及角加速度全域性能指标。

1) 串联机器人加速度性能指标分析

串联机器人加速度求解公式为

$$\boldsymbol{a}_p=\dot{\boldsymbol{\varphi}}^{\mathrm{T}}\boldsymbol{H}\dot{\boldsymbol{\varphi}}+\boldsymbol{G}\ddot{\boldsymbol{\varphi}} \tag{2.7}$$

式中$\boldsymbol{H}$——机构的Hessian矩阵，$\boldsymbol{H}\in\boldsymbol{R}^{6\times n\times n}$；

$\boldsymbol{G}$——机构的Jacobian矩阵，$\boldsymbol{G}\in\boldsymbol{R}^{n\times 6}$；

$\dot{\boldsymbol{\varphi}}$——机构的输入速度矢量，$\dot{\boldsymbol{\varphi}}\in\boldsymbol{R}^{6\times 1}$；

$\ddot{\boldsymbol{\varphi}}$——机构的输入加速度矢量，$\ddot{\boldsymbol{\varphi}}\in\boldsymbol{R}^{6\times 1}$；

$\boldsymbol{a}_p$——机构输出点的加速度矢量，$\boldsymbol{a}_p\in\boldsymbol{R}^{6\times 1}$；

$\boldsymbol{n}$——机构关节的自由度，$\boldsymbol{n}\in\{2,3,4,5,6\}$。

令

$$\boldsymbol{a}_1=\boldsymbol{G}\ddot{\boldsymbol{\varphi}} \tag{2.8}$$

$$\boldsymbol{a}_2=\dot{\boldsymbol{\varphi}}^{\mathrm{T}}\boldsymbol{H}\dot{\boldsymbol{\varphi}} \tag{2.9}$$

则式(2.7)可以表示为：

$$\boldsymbol{a}_p=\boldsymbol{a}_1+\boldsymbol{a}_2 \tag{2.10}$$

由式(2.9)有(当$n=6$时，$\boldsymbol{G}^{+}=\boldsymbol{G}^{-1}$)

$$\boldsymbol{\delta a}_1=\boldsymbol{G\delta}\ddot{\boldsymbol{\varphi}} \tag{2.11}$$

$$\frac{1}{\|\boldsymbol{a}_1\|}\leqslant\|\boldsymbol{G}^{+}\|\frac{1}{\|\ddot{\boldsymbol{\varphi}}\|} \tag{2.12}$$

由式(2.1)得：

$$\|\boldsymbol{\delta a}_1\|=\|\boldsymbol{G}\|\|\boldsymbol{\delta}\ddot{\boldsymbol{\varphi}}\| \tag{2.13}$$

由式(2.12)、式(2.13)得

$$\frac{\|\delta\boldsymbol{a}_1\|}{\|\boldsymbol{a}_1\|}\leqslant\|\boldsymbol{G}\|\|\boldsymbol{G}^{+}\|\frac{\|\delta\ddot{\boldsymbol{\varphi}}\|}{\|\ddot{\boldsymbol{\varphi}}\|} \tag{2.14}$$

由式(2.9)有(当$n=6$时，$\boldsymbol{H}^{+}=\boldsymbol{H}^{-1}$)

$$\boldsymbol{\delta a}_2=\dot{\boldsymbol{\varphi}}^{\mathrm{T}}\boldsymbol{H\delta}\dot{\boldsymbol{\varphi}}+\boldsymbol{\delta}\dot{\boldsymbol{\varphi}}^{\mathrm{T}}\boldsymbol{H}\dot{\boldsymbol{\varphi}}+\boldsymbol{\delta}\dot{\boldsymbol{\varphi}}^{\mathrm{T}}\boldsymbol{H\delta}\dot{\boldsymbol{\varphi}}$$

$$\frac{1}{\|\boldsymbol{a}_2\|}\leqslant\frac{\|\dot{\boldsymbol{\varphi}}\|\|\boldsymbol{H}^{+}\|}{\|\dot{\boldsymbol{\varphi}}\|} \tag{2.15}$$

由式(2.15)推出

$$\|\boldsymbol{\delta a}_2\|\leqslant\|\boldsymbol{H}\|(2\|\dot{\boldsymbol{\varphi}}\|\|\boldsymbol{\delta}\dot{\boldsymbol{\varphi}}\|+\|\boldsymbol{\delta}\dot{\boldsymbol{\varphi}}\|^2) \tag{2.16}$$

由式(2.7)、式(2.8)得

$$\frac{\|\boldsymbol{\delta a}_2\|}{\|\boldsymbol{a}_2\|}\leqslant\|\boldsymbol{H}\|\|\boldsymbol{H}^{+}\|\|\dot{\boldsymbol{\varphi}}^{\mathrm{T}}\|\|\dot{\boldsymbol{\varphi}}\|\left[\frac{2\|\boldsymbol{\delta}\dot{\boldsymbol{\varphi}}\|}{\|\dot{\boldsymbol{\varphi}}\|}+\left(\frac{\|\boldsymbol{\delta}\dot{\boldsymbol{\varphi}}\|}{\|\dot{\boldsymbol{\varphi}}\|}\right)^2\right] \tag{2.17}$$

由式(2.14)、式(2.15)可以得到$\frac{\|\boldsymbol{\delta a}_1\|}{\|\boldsymbol{a}_1\|}$和$\frac{\|\boldsymbol{\delta a}_2\|}{\|\boldsymbol{a}_2\|}$的范数放缩不等式。下面论述$\frac{\|\boldsymbol{\delta a}\|}{\|\boldsymbol{a}\|}$与$\frac{\|\boldsymbol{\delta a}_1\|}{\|\boldsymbol{a}_1\|}$、$\frac{\|\boldsymbol{\delta a}_2\|}{\|\boldsymbol{a}_2\|}$的关系。

当$\|\boldsymbol{a}\|\geqslant\|\boldsymbol{a}_1\|$，且$\|\boldsymbol{a}\|\geqslant\|\boldsymbol{a}_2\|$时，则：

$$\frac{\|\boldsymbol{\delta a}\|}{\|\boldsymbol{a}\|}\leqslant\frac{\|\boldsymbol{\delta a}_1\|}{\|\boldsymbol{a}_1+\boldsymbol{a}_2\|}+\frac{\|\boldsymbol{\delta a}_2\|}{\|\boldsymbol{a}_1+\boldsymbol{a}_2\|}\leqslant\frac{\|\boldsymbol{\delta a}_1\|}{\|\boldsymbol{a}_1\|}+\frac{\|\boldsymbol{\delta a}_2\|}{\|\boldsymbol{a}_2\|}\tag{2.18}$$

当$\|\boldsymbol{a}\|\leqslant\|\boldsymbol{a}_1\|$，且$\|\boldsymbol{a}\|\geqslant\|\boldsymbol{a}_2\|$时，存在一个正整数 m，对任意的正整数 p，当 $p\geqslant m$ 时，有 $p\|\boldsymbol{a}\|\geqslant\|\boldsymbol{a}_1\|$。取 $m=\frac{\|\boldsymbol{a}_1\|}{\|\boldsymbol{a}\|}$，则：

$$\frac{\|\boldsymbol{\delta a}\|}{\|\boldsymbol{a}\|}\leqslant\frac{\|\boldsymbol{\delta a}_1\|}{\|\boldsymbol{a}_1+\boldsymbol{a}_2\|}+\frac{\|\boldsymbol{\delta a}_2\|}{\|\boldsymbol{a}_1+\boldsymbol{a}_2\|}\leqslant m\frac{\|\boldsymbol{\delta a}_1\|}{\|\boldsymbol{a}_1\|}+\frac{\|\boldsymbol{\delta a}_2\|}{\|\boldsymbol{a}_2\|}\tag{2.19}$$

当$\|\boldsymbol{a}\|\geqslant\|\boldsymbol{a}_1\|$，且$\|\boldsymbol{a}\|\leqslant\|\boldsymbol{a}_2\|$时，存在一个正整数 n，对任意的正整数 p，当 $p\geqslant n$ 时，有 $p\|\boldsymbol{a}\|\geqslant\|\boldsymbol{a}_2\|$。取 $n=\frac{\|\boldsymbol{a}_2\|}{\|\boldsymbol{a}\|}$，则：

$$\frac{\|\boldsymbol{\delta a}\|}{\|\boldsymbol{a}\|}\leqslant\frac{\|\boldsymbol{\delta a}_1\|}{\|\boldsymbol{a}_1+\boldsymbol{a}_2\|}+\frac{\|\boldsymbol{\delta a}_2\|}{\|\boldsymbol{a}_1+\boldsymbol{a}_2\|}\leqslant\frac{\|\boldsymbol{\delta a}_1\|}{\|\boldsymbol{a}_1\|}+n\frac{\|\boldsymbol{\delta a}_2\|}{\|\boldsymbol{a}_2\|}\tag{2.20}$$

当$\|\boldsymbol{a}\|\leqslant\|\boldsymbol{a}_1\|$，且$\|\boldsymbol{a}\|\leqslant\|\boldsymbol{a}_2\|$时，存在一个正整数 m，对任意的正整数 p，当 $p\geqslant m$ 时，有 $p\|\boldsymbol{a}\|\geqslant\|\boldsymbol{a}_1\|$。同时也必然存在一个正整数 n，对任意的正整数 q，当 $q\geqslant n$ 时，有 $q\|\boldsymbol{a}\|\geqslant\|\boldsymbol{a}_2\|$，取 $m=\frac{\|\boldsymbol{a}_1\|}{\|\boldsymbol{a}\|}$、$n=\frac{\|\boldsymbol{a}_2\|}{\|\boldsymbol{a}\|}$，则：

$$\frac{\|\boldsymbol{\delta a}\|}{\|\boldsymbol{a}\|}\leqslant\frac{\|\boldsymbol{\delta a}_1\|}{\|\boldsymbol{a}_1+\boldsymbol{a}_2\|}+\frac{\|\boldsymbol{\delta a}_2\|}{\|\boldsymbol{a}_1+\boldsymbol{a}_2\|}\leqslant m\frac{\|\boldsymbol{\delta a}_1\|}{\|\boldsymbol{a}_1\|}+n\frac{\|\boldsymbol{\delta a}_2\|}{\|\boldsymbol{a}_2\|}\tag{2.21}$$

综上所述，可以通过上述四种情况来对机构加速度的相对偏差进行分析。进一步分析，可以不必考虑$\|\boldsymbol{a}\|$、$\|\boldsymbol{a}_1\|$和$\|\boldsymbol{a}_2\|$的大小关系，直接取 $m=\frac{\|\boldsymbol{a}_1\|}{\|\boldsymbol{a}\|}$、$n=\frac{\|\boldsymbol{a}_2\|}{\|\boldsymbol{a}\|}$。因此，公式的形式统一为：

$$\begin{aligned}\frac{\|\boldsymbol{\delta a}\|}{\|\boldsymbol{a}\|}&\leqslant m\frac{\|\boldsymbol{\delta a}_1\|}{\|\boldsymbol{a}_1\|}+n\frac{\|\boldsymbol{\delta a}_2\|}{\|\boldsymbol{a}_2\|}\\&\leqslant m\|\boldsymbol{G}\|\|\boldsymbol{G}^{+}\|\frac{\|\boldsymbol{\delta}\ddot{\boldsymbol{\varphi}}\|}{\|\ddot{\boldsymbol{\varphi}}\|}+n\|\boldsymbol{H}\|\|\boldsymbol{H}^{+}\|\|\dot{\boldsymbol{\varphi}}^{\mathrm{T}}\|\|\dot{\boldsymbol{\varphi}}\|\left[\frac{2\|\boldsymbol{\delta}\dot{\boldsymbol{\varphi}}\|}{\|\dot{\boldsymbol{\varphi}}\|}+\left(\frac{\|\boldsymbol{\delta}\dot{\boldsymbol{\varphi}}\|}{\|\dot{\boldsymbol{\varphi}}\|}\right)^2\right]\end{aligned}\tag{2.22}$$

令 $k=m\frac{\|\boldsymbol{\delta}\dot{\boldsymbol{\varphi}}\|}{\|\dot{\boldsymbol{\varphi}}\|}$、$l=n\|\dot{\boldsymbol{\varphi}}^{\mathrm{T}}\|\|\dot{\boldsymbol{\varphi}}\|\left[\frac{2\|\boldsymbol{\delta}\dot{\boldsymbol{\varphi}}\|}{\|\dot{\boldsymbol{\varphi}}\|}+\left(\frac{\|\boldsymbol{\delta}\dot{\boldsymbol{\varphi}}\|}{\|\dot{\boldsymbol{\varphi}}\|}\right)^2\right]$，则式(2.22)可以表示为：

$$\frac{\|\boldsymbol{\delta a}\|}{\|\boldsymbol{a}\|}\leqslant k\|\boldsymbol{G}\|\|\boldsymbol{G}^{+}\|+l\|\boldsymbol{H}\|\|\boldsymbol{H}^{+}\|\tag{2.23}$$

由式(2.23)可知，加速度的相对偏差与$\|\boldsymbol{G}\|\|\boldsymbol{G}^{+}\|$和$\|\boldsymbol{H}\|\|\boldsymbol{H}^{+}\|$有关。其中，$\|\boldsymbol{G}\|\|\boldsymbol{G}^{+}\|$和$\|\boldsymbol{H}\|\|\boldsymbol{H}^{+}\|$分别为矩阵 $\boldsymbol{G}$ 和 $\boldsymbol{H}$ 的条件数，记为 k_G、k_H。k_G、k_H 越小，机构的加速度相对偏差就会越小。因此可以采用 k_G、k_H 作为性能指标来评价串联机器人加速度的性能好坏。因为 $k_G\geqslant1$、$k_H\geqslant1$，所以定义机器人各向同性为当机构的 k_G、k_H 取值均为 1 时，串联机器人加速度性能指标定义如下：

$$\begin{cases} k_G = \|\boldsymbol{G}\|\|\boldsymbol{G}^+\| \\ k_H = \|\boldsymbol{H}\|\|\boldsymbol{H}^+\| \end{cases} \tag{2.24}$$

由于 $\boldsymbol{H}$ 是一个 $6\times\boldsymbol{n}\times\boldsymbol{n}$ 阵，$\|\boldsymbol{H}\|$ 计算是取 $\boldsymbol{H}$ 每一层，这样 $\|\boldsymbol{H}\|$ 就是 6 个数，具体计算 k_H 时可取此 6 个数的平方和开方的平均数，即

$$k_H = \sqrt{\frac{(\|\boldsymbol{H}_1\|\|\boldsymbol{H}_1^+\|)^2 + \cdots + (\|\boldsymbol{H}_6\|\|\boldsymbol{H}_6^+\|)^2}{6}} \tag{2.25}$$

式中，$\boldsymbol{H}_i\ (1\leqslant i\leqslant 6)$ 为二阶影响系数矩阵的第 i 层。

2）串联机器人线加速度和角加速度性能指标分析

速度包括线速度和角速度，加速度也包括线加速度和角加速度。因此式(2.7)可表示为：

$$\begin{pmatrix} \boldsymbol{a}_v \\ \boldsymbol{\varepsilon}_\omega \end{pmatrix} = \begin{pmatrix} \boldsymbol{G}_v \\ \boldsymbol{G}_\omega \end{pmatrix}\ddot{\boldsymbol{\varphi}} + \dot{\boldsymbol{\varphi}}^{\mathrm{T}}\begin{pmatrix} \boldsymbol{H}_v \\ \boldsymbol{H}_\omega \end{pmatrix}\dot{\boldsymbol{\varphi}} \tag{2.26}$$

式中 $\boldsymbol{a}_v$——线加速度；

$\boldsymbol{\varepsilon}_\omega$——角加速度。

因此

$$\boldsymbol{a}_v = \boldsymbol{G}_v\ddot{\boldsymbol{\varphi}} + \dot{\boldsymbol{\varphi}}^{\mathrm{T}}\boldsymbol{H}_v\dot{\boldsymbol{\varphi}} \tag{2.27}$$

$$\boldsymbol{\varepsilon}_\omega = \boldsymbol{G}_\omega\ddot{\boldsymbol{\varphi}} + \dot{\boldsymbol{\varphi}}^{\mathrm{T}}\boldsymbol{H}_\omega\dot{\boldsymbol{\varphi}} \tag{2.28}$$

故

$$\frac{\|\boldsymbol{\delta a}_v\|}{\|\boldsymbol{a}_v\|} \leqslant k\|\boldsymbol{G}_v\|\|\boldsymbol{G}_v^+\| + l\|\boldsymbol{H}_v\|\|\boldsymbol{H}_v^+\| \tag{2.29}$$

$$\frac{\|\boldsymbol{\delta \varepsilon}_\omega\|}{\|\boldsymbol{\varepsilon}_\omega\|} \leqslant k\|\boldsymbol{G}_\omega\|\|\boldsymbol{G}_\omega^+\| + l\|\boldsymbol{H}_\omega\|\|\boldsymbol{H}_\omega^+\| \tag{2.30}$$

因此按照上面的定义方法，可将机构的线加速度和角加速度的性能指标分别定义为：

$$\begin{cases} k_{G_v} = \|\boldsymbol{G}_v\|\|\boldsymbol{G}_v^+\| \\ k_{H_v} = \|\boldsymbol{H}_v\|\|\boldsymbol{H}_v^+\| \end{cases} \tag{2.31}$$

$$\begin{cases} k_{G_\omega} = \|\boldsymbol{G}_\omega\|\|\boldsymbol{G}_\omega^+\| \\ k_{H_\omega} = \|\boldsymbol{H}_\omega\|\|\boldsymbol{H}_\omega^+\| \end{cases} \tag{2.32}$$

3）串联机构全域性能指标分析

通过以上分析，串联机构的加速度、线加速度和角加速度性能指标可分别定义为：

$$k_G = \|\boldsymbol{G}\|\|\boldsymbol{G}^+\| k_H = \|\boldsymbol{H}\|\|\boldsymbol{H}^+\| \tag{2.33}$$

$$k_{G_v} = \|\boldsymbol{G}_v\|\|\boldsymbol{G}_v^+\| k_{H_v} = \|\boldsymbol{H}_v\|\|\boldsymbol{H}_v^+\| \tag{2.34}$$

$$k_{G_\omega} = \|\boldsymbol{G}_\omega\|\|\boldsymbol{G}_\omega^+\| k_{H_\omega} = \|\boldsymbol{H}_\omega\|\|\boldsymbol{H}_\omega^+\| \tag{2.35}$$

因为机器人的 Jacobian 矩阵 $\boldsymbol{G}$ 和 Hessian 矩阵 $\boldsymbol{H}$ 都依赖于机器人的位形。因此如上定义的条件数 $k_J\ (\boldsymbol{J}\in\{\boldsymbol{G},\boldsymbol{H},\boldsymbol{G}_v,\boldsymbol{H}_v,\boldsymbol{G}_\omega,\boldsymbol{H}_\omega\})$ 将随着机器人的位形不同而变化，对于机器人工作空间内不同的点，如上所定义的性能指标值是不同的，这样在应用中，就不便用一个量来度量某一机器人机构有关加速度的灵巧度、各向同性和控制精度的好坏。为此采用 GOSSELIN 等[4] 提出的基于工作空间的“全局性能指标”总体评价串联机器人机构的上述性能，表达式如下：

$$\eta_J = \frac{\int_W \frac{1}{k_J} \mathrm{d}W}{\int_W \mathrm{d}W} \tag{2.36}$$

式中　η_J——机器人的全域性性能度量指标；

W——机器人的可达工作空间。

由于 $1 \leqslant k_J < \infty$，故 $1 \geqslant \eta_J > 0$，因此 η_J 的值越大，机器人的灵巧度和控制精度越高，机构的运动性能越好。所以定义串联机器人机构的全域性能度量指标为：

$$\eta_G = \frac{\int_W \frac{1}{k_G} \mathrm{d}W}{\int_G \mathrm{d}W} \quad \eta_H = \frac{\int_W \frac{1}{k_H} \mathrm{d}W}{\int_W \mathrm{d}W} \tag{2.37}$$

式中，η_G、η_H 越大越接近于 1，机构的运动性能就越好，所以机构的各同向性也可以定义为 $\eta_G = 1$，且 $\eta_H = 1$。

3. 自由度

冗余自由度可以增加机器人的灵活性，有利于躲避障碍物和改善动力性能。人的手臂(大臂、小臂、手腕)共有 7 个自由度，所以工作起来很灵巧，手部可回避障碍而从不同方向到达同一个目的点。

机器人轴的数量决定了其自由度。如果只是进行一些简单的应用，例如在传送带之间拾取放置零件，那么 4 轴的机器人就足够了。如果机器人需要在一个狭小的空间内工作，而且机械臂需要扭曲反转，6 轴或者 7 轴的机器人是最好的选择。轴的数量选择通常取决于具体的应用。需要注意的是，轴数多一点并不只为灵活性。事实上，如果把机器人用于其他的应用，可能需要更多的轴，"轴"到用时方恨少。不过轴多的也有缺点，如果一个 6 轴的机器人只需要其中的 4 轴，那么还得为剩下的那两个轴编程，即为冗余。

机器人制造商倾向于用稍微有区别的名字为轴或者关节命名。一般来说，最靠近机器人基座的关节为 J1，接下来是 J2，J3，J4，以此类推，直到腕部。还有一些厂商像安川莫托曼，则使用字母为轴命名。

如图 2.44 所示，PUMA260 机器人为 6 自由度机器人，它的机构由 6 个转动副组成，它的一些参数如表 2.1 所示。

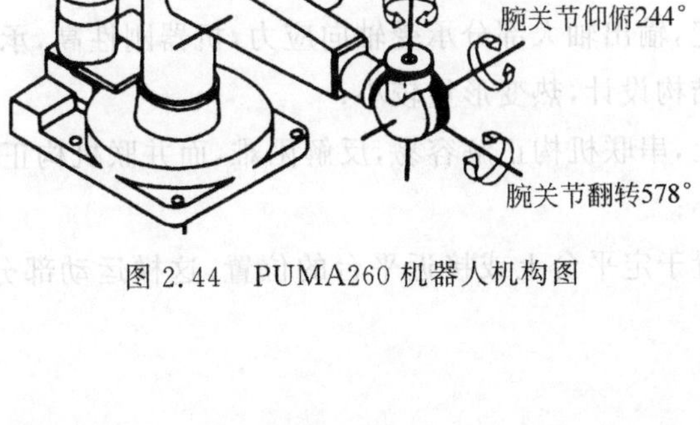

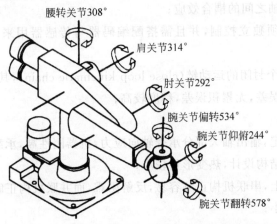

图 2.44　PUMA260 机器人机构图

表 2.1 PUMA260 机构连杆参数

运动副	扭角 α_{i-1}/(°)	杆长 α_{i-1}/(mm)	偏置 d_i/mm	关节角 θ_i/(°)
腰旋转	0	0	0	0
肩旋转	−90	0	d_2	0
肘旋转	0	a_3	0	−90
腕旋转	−90	0	d_4	0
腕俯仰	90	0	0	0
凸缘旋转	90	0	0	90

一般来说，串联机器人的自由度多于并联机器人。下面分别做介绍，图 2.45 为并联机构，图 2.46 为串联机构。串联机器人与并联机器人各有优缺点。

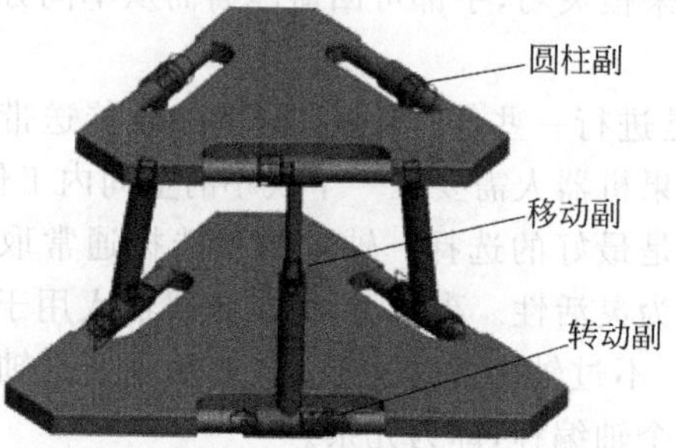

图 2.45 并联机构

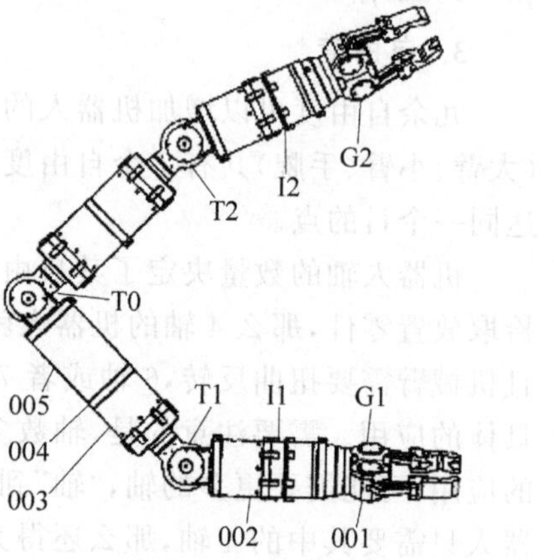

图 2.46 串联机构

串联式机构是一个开放的运动链(open loop kinematic chain)，其特点包括：

(1) 工作空间大；

(2) 运动分析较容易；

(3) 可避免驱动轴之间的耦合效应；

(4) 机构各轴必须独立控制，并且需搭配编码器与传感器用来提高机构运动时的精准度。

并联式机构是一个封闭的运动链(close loop kinematic chain)，其特点包括：

(1) 不易有动态误差，无累积误差，精度较高；

(2) 运动惯性小；

(3) 结构紧凑稳定，输出轴大部分承受轴向应力，机器刚性高，承载能力大；

(4) 为热对称性结构设计，热变形量较小；

(5) 在位置求解上，串联机构正解容易，反解困难，而并联机构正解困难，反解容易；

(6) 工作空间较小；

(7) 驱动装置可置于定平台上或接近平台的位置，这样运动部分重量轻，速度高，动态响应好；

(8) 完全对称的并联机构具有较好的各向同性。

因此，并联机器人在需要高强度、高精度、大荷重、工作空间精简的领域内得到了广泛的应用。

4. 分辨率与精度

机器人精度主要包括位姿精度、轨迹精度。它主要受机械误差(传动误差，关节间隙及连杆机构的挠性)、控制算法误差与分辨率误差的影响。

定义两个基本概念：

定位：定位是指使机器人相对机床或支座具有一个相对固定的位置；

轨迹：泛指工业机器人运动时的运动轨迹，即点的位置、速度及加速度。

1) 位姿精度

位姿精度表示指令位姿和从同一方向接近该指令位姿时的实到位姿平均值之间的偏差(见图 2.47)。位姿精度分为：

(1) 位置精度：指令位姿的位置与实到位置集群中心之差。

(2) 姿态精度：指令位姿的姿态与实到姿态平均值之差。

2) 轨迹精度

轨迹精度表示从同一起点到达同一终点的过程中，机器人关节指令运动轨迹与实际运动轨迹平均值之间的偏差。

3) 重复定位精度(重复性)

它是指机器人重复到达某一目标位置的差异程度，或在相同的位置指令下，机器人连续重复若干次其位置的分散情况(见图 2.48)。它是衡量一列误差值的密集程度，即重复度，是精度的统计数据。

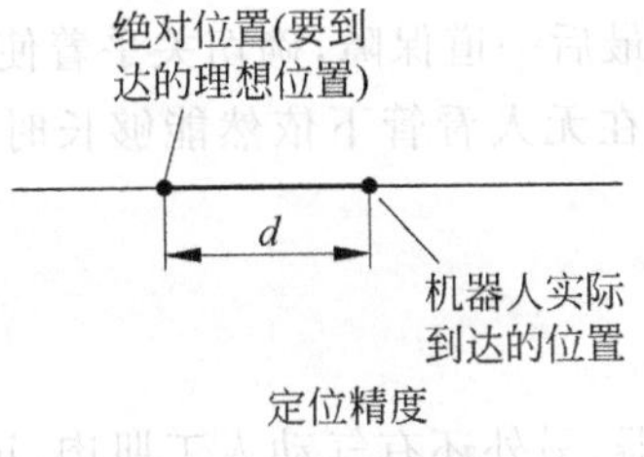

图 2.47　位姿精度

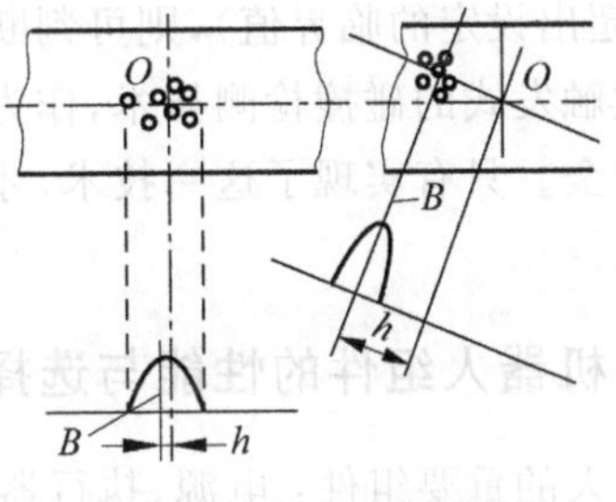

图 2.48　重复定位精度

这个参数的选择也取决于应用。重复精度是机器人在完成每一个循环后，到达同一位置的精确度/差异度。通常来说，机器人可以达到 0.5mm 以内的精度，甚至更高。例如，如果机器人是用于制造电路板，则需要一台超高重复精度的机器人。如果所从事的应用精度要求不高，那么机器人的重复精度也可以不用那么高。精度在 2D 视图中通常用"±"表示。实际上，由于机器人并不是线性的，其可以在公差半径内的任何位置。

4) 机器人精度＝0.5 基准分辨率＋机构误差

(1) 工作空间(Working Space)：机器人手腕参考点或末端操作器安装点(不包括末端

操作器)所能到达的所有空间区域,一般不包括末端操作器本身所能到达的区域。

(2) 工作速度:机器人各个方向的移动速度或转动速度。

(3) 承载能力:机器人在工作范围内的任何位姿上所能承受的最大质量。

(4) 机器人的碰撞检测。

当前,大多数检测碰撞或碰撞力都是通过添加外部传感器实现的,以下为三种检测方法。

① 腕力传感器检测碰撞:该方法可以精确检测手抓末端的碰撞力,但无法检测机器人其他部位的碰撞,故而检测范围受限,一般应用于磨削力、装配力等手抓末端碰撞力的检测。

② 感知皮肤检测碰撞:该方法将感知皮肤覆盖在机器人全身,可检测到任意部位的碰撞。但缺点在于,布线比较复杂,抗干扰能力较差,且极大地增加了处理器的运算量。凡是使用外部传感器检测碰撞或碰撞力的方法,都不可避免地导致系统成本和复杂程度的大幅上升。

③ 电动机的电流或者反馈的力矩检测碰撞:这是一种能够广泛应用于各种工业机器人的方案,无须额外添加传感器,且检测范围能够覆盖机器人的整个表面。

使用第三种方法实现碰撞检测的流程为通过驱动读取当前机器人各关节的位置、速度和加速度,再将对应的参数代入下式:

$$\tau_{idm}=\boldsymbol{M}(q)\ddot{q}+\boldsymbol{H}(q,\dot{q})\dot{q}+\boldsymbol{G}(q)+\tau_f \tag{2.38}$$

其中

$$\tau_f=Fv\dot{q}+Fcsign(\dot{q})+Off \tag{2.39}$$

公式中是通过逆动力学算得的电动机所需要的力矩,其计算公式包括惯性力项、科里奥利力和离心力项、重力项及摩擦力项。而当中的摩擦力项根据选择的摩擦力模型可分解为粘性摩擦力项、库仑摩擦力项以及补偿。

在碰撞检测中,此理论力矩值将与通过驱动读取的实际力矩值进行比对。如产生较大差值(即超出设定的临界值),则可判断为机器人遇到了障碍或发生了碰撞。

碰撞触发式的碰撞检测技术,作为防碰撞技术的最后一道保障,确切关乎着使用者和机器人的安全。只有实现了这一技术,才能实现机器人在无人看管下依然能够长时间持续运转的目标。

2.4.2 机器人组件的性能与选择

机器人的重要组件:电源、执行器、电动机、制动器,另外还有气动人工肌肉、记忆合金、压电电动机等。

1. 电源和能量存储

供电方式可分为电缆供电和电池供电,电缆供电一般用于工业机器人,电池供电一般选择铅酸蓄电池、锂电池等。另外对于那些特种用途的机器人,例如需要高负载情况下长距离机动的机器人,内燃机带动发电机进而驱动电动机也是一种常见的方式,因为加大油箱容量比增加电池容量要简单得多。

图 2.49 为美国国防部要求开发的四足越野机器人,其作战目的是远距离输送物资,所以它的动力来源就是内燃机。此外还有有机生物质燃料,利用化学能驱动机器人。

图 2.49　四足越野机器人

锂电池体积小，而且容量大，但成本较高。机器人所用电源还必须具备安全性高、循环寿命长、耐高温等特点，加上锂电池成本较高的原因，于是铅酸蓄电池成了目前阶段机器人应用中较好的能量储备方式。

2. 执行器

执行器之于机器人，相当于肌肉之于人。一般而言，电动机转动齿轮是最常见的执行器，例如航模中使用的舵机也是一种执行器。此外，气泵、电力直驱与化学能也是发展中的驱动器。

3. 电动机

在电动机的选择上，一般采用直流电动机，高端的也会选择无刷直流电动机，工业机器人使用交流伺服电动机。

4. 线性制动器

相信很多人看到"线性制动器"的时候很陌生，其实光驱或者 DVD 播放机，按下开仓键，光盘架自动伸出或收回的动作就是依靠线性制动器实现的。对于机器人来说，完成抬升动作，线性制动器是个不错的方式。

5. 弹性制动器

对行走机器人而言，行走机械如果以非常硬朗的方式触地，对机身容易造成损害，而且很容易摔倒。如果在驱动部分加入弹性制动器，就能缓冲这种震动，而它的功能更像是汽车的悬架。

6. 气动人工肌肉

气动人工肌肉是一项较为前沿的技术，涵盖了信息学、电子学与神经科学。其原理是利用一种特殊的纤维编织成囊状，然后利用空气的压缩与释放来驱动整个关节的运动，从而达到与人体肌肉极为相似的运动效果。相比传统机器人通过舵机控制手指，气动肌肉驱动手指的力度就会更加温柔，可以拿起鸡蛋这样脆弱的物品。

7. 形状记忆合金

形状记忆合金一般通过加热恢复原状。一些小型机器人由于无法容纳弹性制动器就会使用到这种技术。

8. 电活性聚合物

电活性聚合物,是指只要对其施加上电场,材料的大小就会发生改变。例如,一只机械手臂两侧分别安置两块不同电路的电活性聚合物,当只有一侧通电后就会导致单侧材料收缩,那么这只手臂也会因此而弯曲。

9. 压电电动机

工程师发现如果用压电材料做成电动机,然后再用超声波提供机械压力,就得到一种超低功耗而且很静音的马达。应用于单反相机镜头对焦系统的超声波马达就这样面世了。

在机器人领域,月面机器人就会使用超声波马达,这是因为这种马达如果不施加机械力,其转轴就会锁死,从而不需要花费电力用于车轮锁止系统,加上其能耗极低,所以成为月面机器人的最佳驱动力来源。

10. 碳纳米管

同体积条件下碳纳米管比钢的强度要大100倍,但其质量却不到钢的15%,如果将其用来做纤维并编织成人工肌肉,可以储备的弹性势能将非常强大。

11. 传感

机器人在执行任务时,不仅需要人们对它输入指令,在很多情况下也需要机器人具有自我感知外界条件变化,并做出正确反应的能力。而感知技术也成为机器人技术一个相当具有挑战性的难题。现在比较成熟的是摄像头、颜色、听力与电子罗盘等作为机器人的传感器,而最前沿的技术则是环境感知技术,其中有一点就是机器人可感应人类的脑电波。实际上,脑电波控制鼠标与键盘已经出现了,使用者可以通过意念控制电脑。

12. 计算机视觉

计算机视觉运用到机器人技术中,就要求机器人通过视觉侦测可见光乃至如紫外线的不可见光,以及摄像头所捕捉到的一切信息,然后利用自己的大脑判断下一步该如何做。例如被美国送到火星的探测车,在完全孤立无援的情况下,必须自己判断这个坎能否爬上去,下一个沟是否可以跨越。除了建立在数学逻辑之上的判断外,它自己还必须有学习能力,在多经历几次事件之后并做出总结。

本章小结

本章对机器人的机构与驱动进行了系统的介绍,由机器人的系统特征入手,总体上介绍了机器人的控制系统、动力系统、传动结构、执行器以及传感器等。并就三种典型的机械结构——连杆、关节和末端执行器进行详细阐述。在连杆运动中,本章详细介绍了关节、驱动装置和传动装置,结合实际应用场景中机器人性能的不同要求使读者对本章所学内容有了更深刻的认识。

本章主要介绍的是刚性机器人,刚性机器人至今已经发展了上千年,最早可以追溯到数千年前的一些简单的机械结构。目前机器人领域在柔性机器人方面也有所发展。相比刚性机器人，柔性机器人拥有地形适应性强、更加灵活等优点，美国哈佛大学的科学家们制造了一种新型柔性机器人，它的身子非常柔软，可以像蠕虫一样依靠蠕动在非常狭窄的空间里活动。柔性机器人作为一个新兴的机器人研究领域，有着非常高的研究价值，有兴趣的读者可以自行了解。

通过学习本章，读者可以掌握机器人机构的基本特征以及分类方式等知识。这些知识会帮助读者构建对机器人建模的基本框架，更好地理解接下来的章节以及机器人学。

参 考 文 献

[1] 杨晓钧，李兵. 工业机器人技术＝Industrial robotic technology[M]. 哈尔滨：哈尔滨工业大学出版社，2015.

[2] 宋伟刚，柳洪义. 机器人技术基础[M]. 2 版. 北京：冶金工业出版社，2015.

[3] 上海交通大学. 机电词典[M]. 北京：机械工业出版社，1991.

[4] 邹慧君，高峰. 现代机构学进展[M]. 第一卷. 北京：高等教育出版社，2007.

[5] 张毅，罗元，徐晓东. 移动机器人技术基础与制作[M]. 哈尔滨：哈尔滨工业大学出版社，2013.

[6] 郭希娟，耿清甲. 串联机器人加速度性能指标分析[J]. 机械工程学报，2008，44(9)：56-60.

[7] 佚名. 机器人重要组件一览[J]. 科学 fans，2015(1).

[8] 王光建，梁锡昌，蒋建东. 机器人关节的发展现状与趋势[J]. 机械传动，2004(04)：1-5＋70.

[9] 马永树，王计波. 工业 4.0 背景下的机电一体化技术应用与发展[J]. 内燃机与配件，2018(19)：180-181.

[10] 周恩德. 移动导轨式 6R 喷涂机器人的结构分析与仿真研究[D]. 华南理工大学，2017.

[11] 郑红. 精密滚珠丝杠机械加工工艺规程研究[J]. 价值工程，2018，37(25)：101-102.

[12] 黄萍，钟慧敏，陈博，等. 正常青年人三维步态：时空及运动学和运动力学参数分析[J]. 中国组织工程研究，2015，19(24)：3882-3888.

思考题与练习题

思考题

1. 机器人有哪些相同的特征？请归纳并做简单介绍。

2. 什么是自由度？为什么人的手臂有 7 个自由度？

3. 机器人的工作空间有哪几种类型？人的手臂与六轴机器人(六自由度)相比，有何优势？

4. 工业机器人常见的关节形式有哪些？

5. 通用减速器的发展趋势有哪些特点？

6. 串联机器人有哪些特点？

7. 并联机器人有哪些特点？

练习题

1. 在图 2.50 所示铰链四杆机构中，已知最短杆 $a=100\text{mm}$，最长杆 $b=300\text{mm}$，$c=$

200mm，若此机构为曲柄摇杆机构，试求 d 的取值范围。

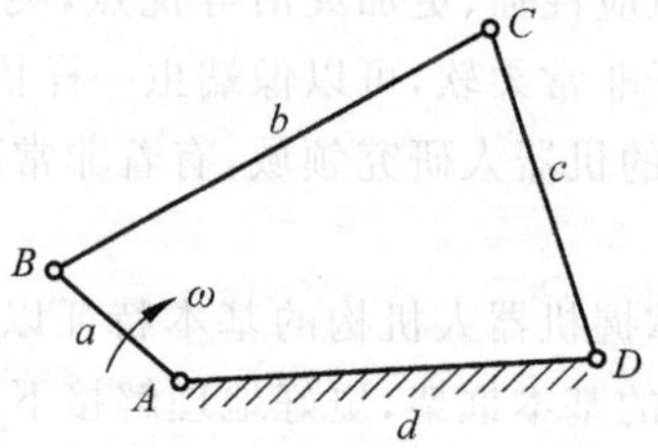

图 2.50 待分析四杆机构

2. 如图 2.51 所示为 PUMA560 机构，试建立坐标系并分析其自由度。

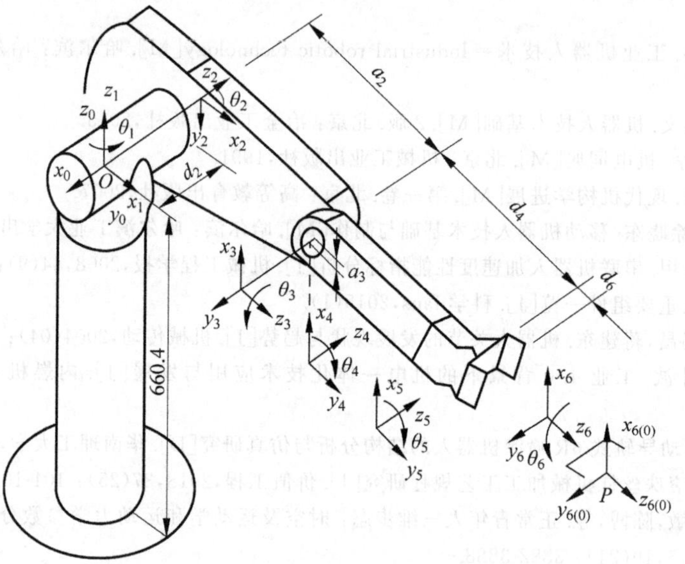

图 2.51 PUMA560 机器人简图

思考题与练习题参考答案

思考题

1. 答：可移动的身体；传动装置；执行器；控制系统。

2. 答：自由度是指机器人所具有的独立坐标轴运动的数目。在三维空间中表述一个物体的位置和姿态需要 6 个自由度，冗余的自由度可以增加人手臂的灵活性，躲避障碍物。

3. 答：可达工作空间，灵巧工作空间，全工作空间。六轴机器人在空间中无法在保持末端机构的三维位置不变的情况下从一个构型变换到另一个构型，人的手臂有一个冗余自由度，可以在末端三位位置不变的条件下改变构型。

4. 答：工业机器人常见的关节形式有移动关节和转动关节。移动关节采用直线驱动方式传递运动，包括直角坐标结构的驱动，圆柱坐标结构的径向驱动和垂直升降驱动，以及极坐标结构的径向伸缩驱动。直线运动可以直接由气缸或液压缸和活塞产生，也可以采用齿轮齿条、丝杆、螺母等传动元件把旋转运动转换成直线运动。回转关节是连接相邻杆件，如手臂与机座，手臂与手腕，并实现相对回转或摆动的关节机构，由驱动器、回转轴和轴承组成。多数电动机能直接产生旋转运动，但常需各种齿轮、链、皮带传动或其他减速装置，以获取较大的转矩。

5. 答：高水平、高性能；积木式组合设计；形式多样化，变型设计多。

6. 答：(1) 工作空间大；

(2) 运动分析较容易；

(3) 可避免驱动轴之间的耦合效应；

(4) 机构各轴必须独立控制，并且需搭配编码器与传感器用来提高机构运动时的精准度。

7. 答：(1) 不易有动态误差，无累积误差，精度较高；

(2) 运动惯性小；

(3) 结构紧凑稳定，输出轴大部分承受轴向应力，机器刚性高，承载能力大；

(4) 为热对称性结构设计，热变形量较小；

(5) 在位置求解上，串联机构正解容易，反解困难，而并联机构正解困难，反解容易；

(6) 工作空间较小；

(7) 驱动装置可置于定平台上或接近平台的位置，这样运动部分重量轻，速度高，动态响应好；

(8) 完全对称的并联机构具有较好的各向同性。

练习题

1. 答：若使该机构成为曲柄摇杆机构，则

$$a+b \leqslant c+d \Rightarrow d \geqslant a+b-c=100+300-200=200\text{mm}$$

又 b 为最长，所以

$$200\text{mm} \leqslant d \leqslant 300\text{mm}$$

2. 答：见图 2.52。

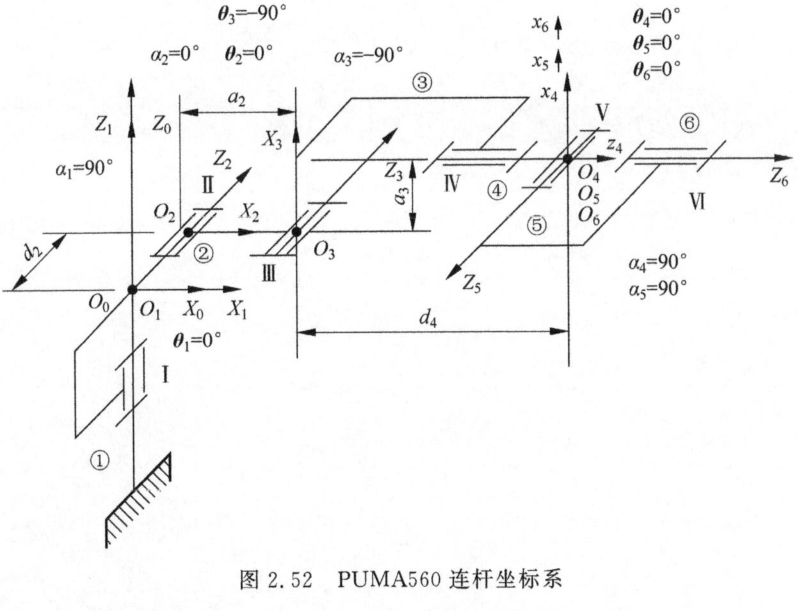

图 2.52 PUMA560 连杆坐标系

PUMA560 机器人有 6 个转动关节且两个转动关节的轴线相较于一点，共 6 个自由度：杆 1 绕固定坐标系的 Z_0 轴旋转 $\boldsymbol{\theta}_1$；杆 2 绕杆 1 坐标系的 Z_1 轴旋转 $\boldsymbol{\theta}_2$；杆 3 绕杆 2 坐标系的 Z_2 轴旋转 $\boldsymbol{\theta}_3$；杆 4 绕杆 3 坐标系的 Z_3 轴旋转 $\boldsymbol{\theta}_4$；杆 5 绕杆 4 坐标系的 Z_4 轴旋转 $\boldsymbol{\theta}_5$；杆 6 绕杆 5 坐标系的 Z_5 轴旋转 $\boldsymbol{\theta}_6$。

与许多工业机器人一样，PUMA560 结构上关节 4、5、6 轴线相交于一点，且与坐标系 4、5、6 原点重合，共同构成机器人腕部。

第 3 章　机器人运动学与动力学

机器人运动学包括正向运动学和逆向运动学。正向运动学即给定机器人各关节变量，计算机器人末端的位置姿态；逆向运动学即已知机器人末端的位置姿态，计算机器人对应位置时的每一关节变量的值。机器人动力学包括动力学正问题和动力学逆问题。动力学正问题是已知机器人各关节的作用力或力矩，计算各关节的位移、速度、加速度，求得运动轨迹；机器人动力学逆问题是已知机器人末端的运动轨迹（即各关节的位移、速度、加速度），求各关节所需的驱动力或力矩。

正向运动学容易求出它的唯一解，而逆向运动学分析比较复杂，有多个解无法建立通用的解析算法，需要考虑解的存在性、唯一性及求解的方法等问题。动力学问题一般需要建立 6 个非线性微分方程组，求解非线性微分方程组，得不出一般的通解，需要假设简化方程组进行处理。

本章主要介绍机器人运动学和动力学。首先介绍位姿的描述和齐次坐标的表示，它们是运动学分析的数学基础，然后讲述了运动学的正逆问题，重点介绍 D-H 方法建立机器人运动学过程，简要介绍了机器人雅可比公式，讲述了动力学方程的推导以及简化计算，最后综合运动学和动力学介绍了机器人的静态特性与动态特性。

3.1　位姿描述与齐次变换

机器人在进行运动学分析时，有许多矩阵公式需要运算，这都是建立在位姿的描述以及齐次坐标变换的基础上。以下讲述位姿描述与齐次坐标变换。

3.1.1　位置描述

在二维平面内，某点 P 在坐标系中可用二维点(p_x, p_y)表示。类似的，在三维空间中，某点 P 在其内的表达可用三维点(p_x, p_y, p_z)表示。p_x，p_y，p_z 表示矢量 $\boldsymbol{OP}$ 在坐标系中的坐标分量，如图 3.1 所示。

在直角坐标系$\{A\}$中，把三个分量记为列矢量，空间任一点 P 的位置用 3×1 的列矢量 $^A\boldsymbol{P}$ 表示，即

$$^A\boldsymbol{P} = \begin{bmatrix} p_x \\ p_y \\ p_z \end{bmatrix} \tag{3.1}$$

图 3.1　矢量 $\boldsymbol{OP}$ 及其分量

3.1.2　姿态描述

研究机器人的运动与操作，不仅需要知道刚体在空间中某个点的位置，而且需要知道刚体的姿态。刚体的姿态可由某个固连与此刚体的坐标系描述。为了描述空间某刚体 P 的

姿态，可以设置一直角坐标系$\{B\}$与此刚体固连。用坐标系$\{B\}$的三个单位主矢量${}^{A}\boldsymbol{x}_B$，${}^{A}\boldsymbol{y}_B$，${}^{A}\boldsymbol{z}_B$相对于参考坐标系$\{A\}$的方向余弦组成的3×3矩阵：

$$ {}^{A}_{B}\boldsymbol{R} = [{}^{A}\boldsymbol{x}_B \quad {}^{A}\boldsymbol{y}_B \quad {}^{A}\boldsymbol{z}_B] \tag{3.2} $$

或

$$ {}^{A}_{B}\boldsymbol{R} = \begin{bmatrix} r_{11} & r_{12} & r_{13} \\ r_{21} & r_{22} & r_{23} \\ r_{31} & r_{32} & r_{33} \end{bmatrix} $$

表示刚体B相对于坐标系$\{A\}$的姿态。${}^{A}_{B}\boldsymbol{R}$称为旋转矩阵。在式(3.2)中，上标A代表参考坐标系$\{A\}$，下标B代表被描述的坐标系$\{B\}$。${}^{A}_{B}\boldsymbol{R}$总共有9位元素，但只有3个是独立的，由于${}^{A}_{B}\boldsymbol{R}$的三个矢量${}^{A}\boldsymbol{x}_B$，${}^{A}\boldsymbol{y}_B$，${}^{A}\boldsymbol{z}_B$都是单位矢量，且双双相互垂直，因此它们满足6个正交条件：

$$ {}^{A}\boldsymbol{x}_B \cdot {}^{A}\boldsymbol{x}_B = {}^{A}\boldsymbol{y}_B \cdot {}^{A}\boldsymbol{y}_B = {}^{A}\boldsymbol{z}_B \cdot {}^{A}\boldsymbol{z}_B = 1 \tag{3.3} $$

$$ {}^{A}\boldsymbol{x}_B \cdot {}^{A}\boldsymbol{y}_B = {}^{A}\boldsymbol{y}_B \cdot {}^{A}\boldsymbol{z}_B = {}^{A}\boldsymbol{z}_B \cdot {}^{A}\boldsymbol{x}_B = 0 \tag{3.4} $$

当然，上述正交条件式(3.4)也可用下面三个矢量的叉积代替：${}^{A}\boldsymbol{x}_B \times {}^{A}\boldsymbol{y}_B = {}^{A}\boldsymbol{z}_B$。

可见，旋转矩阵${}^{A}_{B}\boldsymbol{R}$是正交的，并且满足：

$$ {}^{A}_{B}\boldsymbol{R}^{-1} = {}^{A}_{B}\boldsymbol{R}^{\mathrm{T}}, \quad |{}^{A}_{B}\boldsymbol{R}| = 1 \tag{3.5} $$

机器人运动过程中，经常用到绕x轴、y轴或z轴转动一角度θ，以下列出它们的姿态旋转矩阵：

$$ \boldsymbol{R}(x,\theta) = \begin{bmatrix} 1 & 0 & 0 \\ 0 & \cos\theta & -\sin\theta \\ 0 & \sin\theta & \cos\theta \end{bmatrix} \tag{3.6} $$

$$ \boldsymbol{R}(y,\theta) = \begin{bmatrix} \cos\theta & 0 & \sin\theta \\ 0 & 1 & 0 \\ -\sin\theta & 0 & \cos\theta \end{bmatrix} \tag{3.7} $$

$$ \boldsymbol{R}(z,\theta) = \begin{bmatrix} \cos\theta & -\sin\theta & 0 \\ \sin\theta & \cos\theta & 0 \\ 0 & 0 & 1 \end{bmatrix} \tag{3.8} $$

在本书中，用s表示$\sin\theta$，c表示$\cos\theta$。

3.1.3 位姿描述

上面已经了解采用位置矢量描述点的位置，用旋转矩阵描述刚体的姿态。刚体B在空间的位置和姿态称为刚体的位姿，要完全描述刚体的位姿，通常将物体B与坐标系$\{B\}$相固连。坐标系$\{B\}$的坐标原点一般选取在物体B的质心处。相对参考系$\{A\}$，坐标系$\{B\}$的原点位置和坐标的姿态，分别由位置矢量${}^{A}\boldsymbol{P}_{BO}$和旋转矩阵${}^{A}_{B}\boldsymbol{R}$描述。这样，我们就可以描述刚体在空间的位姿。

$$ \{B\} = \{{}^{A}_{B}\boldsymbol{R} \quad {}^{A}\boldsymbol{P}_{BO}\} \tag{3.9} $$

当表示位置时，式(3.9)中的旋转矩阵${}^{A}_{B}\boldsymbol{R} = \boldsymbol{I}$(单位矩阵)；当表示姿态时，式(3.9)中的位置矢量${}^{A}\boldsymbol{P}_{BO} = 0$。

3.1.4 运动坐标系描述

一般在笛卡儿坐标系中描述参考坐标系和运动坐标系。用 x、y、z 轴表示参考坐标系 $\{A\}$，用 n、o、a 轴表示运动坐标系 $\{B\}$。运动坐标系固连在末端执行器上，a（英文单词为 approach 的首字母）轴对应于参考坐标系的 z 轴，用来表示手爪接近物体的方向，o（英文单词为 orientation 的首字母）轴对应于参考坐标系的 y 轴，用来表示手爪抓紧物体的方向，n（英文单词为 normal 的首字母）轴对应于参考坐标系的 x 轴，用来表示垂直于 a 轴和 o 轴的方向，根据右手法则确定。图 3.2 是参考坐标系与运动坐标系。

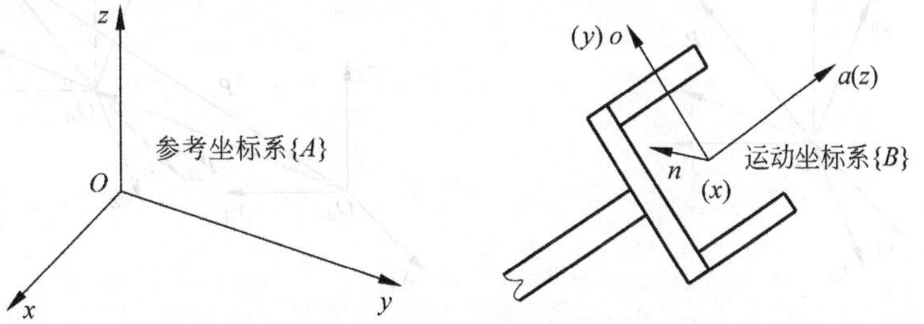

图 3.2 参考坐标系{A}与运动坐标系{B}

根据式(3.9)，可知手爪的位姿矩阵为：

$$\{\boldsymbol{B}\} = \{n \quad o \quad a \quad P\} \tag{3.10}$$

3.1.5 齐次坐标变换

上面所述的为单一的固定坐标系的描述，但空间中任意一点 P 在不同的坐标系中的描述是各不相同的。为了阐述从一个坐标系到另一个坐标系的关系表示，需用讨论矩阵变换的相关问题，由此引出齐次坐标变换。

1. 平移坐标变换

首先，我们假设坐标系 $\{B\}$，$\{A\}$ 具有相同的姿态，但是 $\{B\}$ 与 $\{A\}$ 的坐标系原点不重合。用位置矢量 ${}^{A}\boldsymbol{P}_{BO}$ 描述它相对于 $\{A\}$ 的位置，如图 3.3 所示。称 ${}^{A}\boldsymbol{P}_{BO}$ 为 $\{B\}$ 相对于 $\{A\}$ 的平移矢量。如果点 P 在坐标系 $\{B\}$ 中的位置为 ${}^{B}\boldsymbol{P}$，那么它相对于坐标系 $\{A\}$ 的位置矢量 ${}^{A}\boldsymbol{P}$ 可由矢量相加得出，即

$$ {}^{A}\boldsymbol{P} = {}^{B}\boldsymbol{P} + {}^{A}\boldsymbol{P}_{BO} \tag{3.11}$$

式(3.11)为平移方程。平移坐标变换如图 3.3 所示。

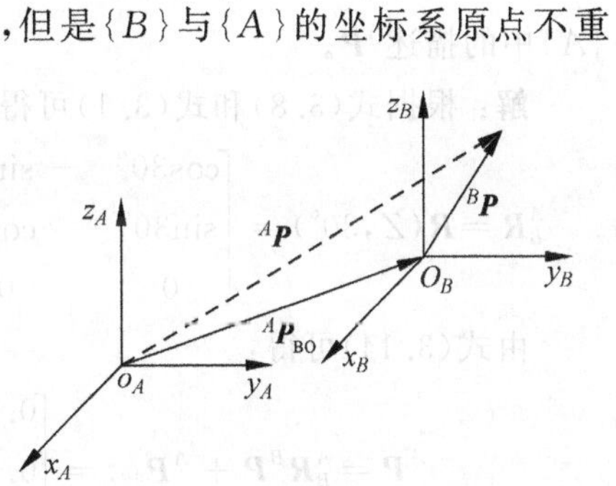

图 3.3 平移坐标变换

2. 旋转坐标变换

P 点在坐标系 $\{B\}$ 和 $\{A\}$ 有共同的坐标原点，只是姿态不同。可用旋转矩阵 ${}_{B}^{A}\boldsymbol{R}$ 描述 $\{A\}$ 相对于 $\{B\}$ 的姿态，如图 3.4 所示。得出同一点 P 在两个坐标系中的变换关系为：

$$ {}^{A}\boldsymbol{P} = {}_{B}^{A}\boldsymbol{R}\,{}^{B}\boldsymbol{P} \tag{3.12}$$

式(3.12)为旋转方程。

类似地用${}^{B}_{A}\boldsymbol{R}$ 描述坐标系$\{A\}$相对于$\{B\}$的姿态。${}^{B}_{A}\boldsymbol{R}$ 和${}^{A}_{B}\boldsymbol{R}$ 都是正交矩阵，两者互逆。根据正交矩阵的性质结合式(3.5)可得到如下公式：

$$ {}^{B}_{A}\boldsymbol{R} = {}^{A}_{B}\boldsymbol{R}^{-1} = {}^{A}_{B}\boldsymbol{R}^{\mathrm{T}} \tag{3.13} $$

一般情况，坐标系$\{B\}$的原点和坐标系$\{A\}$的原点不重合，$\{B\}$的姿态与$\{A\}$的姿态也不相同。综合平移和旋转变换公式，可以得到任意一点 P 的变换关系如下：

$$ {}^{A}\boldsymbol{P} = {}^{A}_{B}\boldsymbol{R}\,{}^{B}\boldsymbol{P} + {}^{A}\boldsymbol{P}_{BO} \tag{3.14} $$

式(3.14)是平移和旋转的复合变换方程，如图 3.5 所示。

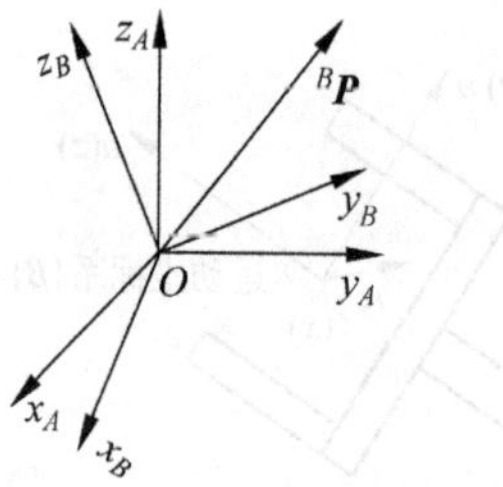

图 3.4　旋转坐标变换

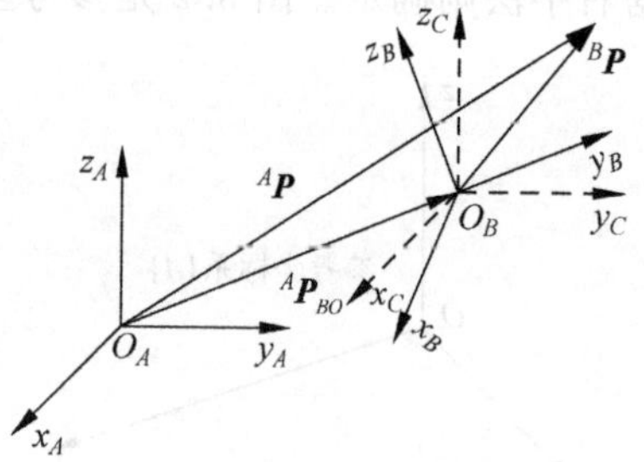

图 3.5　复合变换

复合变换方程可以这样理解，在变换过程中相当于有一个中间的坐标系$\{C\}$，此坐标系$\{C\}$的坐标原点与$\{B\}$重合，而姿态与$\{A\}$相同。根据式(3.12)，得到中间坐标系$\{C\}$的变换方程为：

$$ {}^{C}\boldsymbol{P} = {}^{C}_{B}\boldsymbol{R}\,{}^{B}\boldsymbol{P} \quad {}^{C}_{B}\boldsymbol{R} = {}^{A}_{B}\boldsymbol{R} \quad {}^{C}\boldsymbol{P} = {}^{A}_{B}\boldsymbol{R}\,{}^{B}\boldsymbol{P} $$

由式(3.11)，同样得到复合变换式(3.14)(见图 3.5)。

$$ {}^{A}\boldsymbol{P} = {}^{C}\boldsymbol{P} + {}^{A}\boldsymbol{P}_{CO} = {}^{A}_{B}\boldsymbol{R}\,{}^{B}\boldsymbol{P} + {}^{A}\boldsymbol{P}_{BO} $$

例 3.1　已知坐标系$\{B\}$和$\{A\}$，它们的初始位姿重合，首先坐标系$\{B\}$相对于坐标系$\{A\}$的 Z_A 轴转 30°，又沿$\{A\}$的 X_A 轴移动 10 个单位，再沿$\{A\}$的 Y_A 轴移动 20 个单位。求位置矢量${}^{A}\boldsymbol{P}_{BO}$ 和旋转矩阵${}^{A}_{B}\boldsymbol{R}$。如果点 P 在$\{B\}$的描述为${}^{B}\boldsymbol{P} = [4,8,0]^{\mathrm{T}}$，求它在坐标系$\{A\}$中的描述${}^{A}\boldsymbol{P}$。

解：根据式(3.8)和式(3.1)可得：

$$ {}^{A}_{B}\boldsymbol{R} = \boldsymbol{R}(Z,30°) = \begin{bmatrix} \cos30° & -\sin30° & 0 \\ \sin30° & \cos30° & 0 \\ 0 & 0 & 1 \end{bmatrix} = \begin{bmatrix} 0.866 & -0.5 & 0 \\ 0.5 & 0.866 & 0 \\ 0 & 0 & 1 \end{bmatrix},\quad {}^{A}\boldsymbol{P}_{BO} = \begin{bmatrix} 10 \\ 20 \\ 0 \end{bmatrix} $$

由式(3.14)可得：

$$ {}^{A}\boldsymbol{P} = {}^{A}_{B}\boldsymbol{R}\,{}^{B}\boldsymbol{P} + {}^{A}\boldsymbol{P}_{BO} = \begin{bmatrix} 0.866 & -0.5 & 0 \\ 0.5 & 0.866 & 0 \\ 0 & 0 & 1 \end{bmatrix} \begin{bmatrix} 4 \\ 8 \\ 0 \end{bmatrix} + \begin{bmatrix} 10 \\ 20 \\ 0 \end{bmatrix} = \begin{bmatrix} 9.464 \\ 28.928 \\ 0 \end{bmatrix} $$

3. 齐次变换

在平面直角坐标系中，点 A 的坐标可以表示为 $A(x,y)$或 $A'(x',y')$。但在图 3.6 中，点 F 可表示为 AD 和 BC 的交点，变换后 $A'D' /\!/ B'C'$，其交点 F'为一无穷远点，但是这一无穷远点不能用直角坐标来表示。为了解决此问题，可以把某点的 x 或 y 坐标用两个数的比来表示,如5可以表示为10/2或5/1等。因此,一点的直角坐标(x,y)可表示为$(X/W, Y/W)$。对同一点,随着W的值不同而会有不同的坐标。有序的三组数(X,Y,W)称为点的齐次坐标。这样一来就可以将N维空间的点在$N+1$维空间中表示。点的齐次坐标(X,Y,W)与直角坐标(x,y)的关系为:

$$x=X/W \quad y=Y/W$$

平行线的交点示意图如图3.6所示。

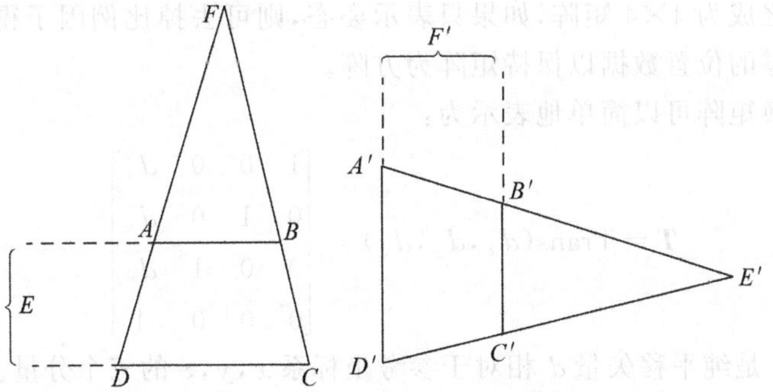

图3.6　平行线的交点示意图

可以得到某点P的直角坐标和齐次坐标分别为:

$$\boldsymbol{P}=\begin{bmatrix}x\\y\\z\end{bmatrix} \quad \boldsymbol{P}=\begin{bmatrix}x\\y\\z\\1\end{bmatrix}$$

坐标原点的矢量,即零矢量表示为[0,0,0,1],它是没有定义的。具有形如$[a,b,c,0]$的矢量表示无限远的矢量,用来表示方向,即用[1,0,0,0],[0,1,0,0],[0,0,1,0]分别表示x,y,z轴的方向。

在机器人矩阵变换中同理,三维坐标点可以用四维空间进行表示。

可得式(3.14)的齐次变换形式为:

$$\begin{bmatrix}{}^{A}\boldsymbol{P}\\1\end{bmatrix}=\begin{bmatrix}{}_{B}^{A}\boldsymbol{R} & {}^{A}\boldsymbol{P}_{BO}\\0 & 1\end{bmatrix}\begin{bmatrix}{}^{B}\boldsymbol{P}\\1\end{bmatrix} \tag{3.15}$$

式(3.15)的矩阵形式为:

$${}^{A}\boldsymbol{P}={}_{B}^{A}\boldsymbol{T}\,{}^{B}\boldsymbol{P} \tag{3.16}$$

式(3.16)中,齐次坐标${}^{A}\boldsymbol{P}$和${}^{B}\boldsymbol{P}$是一个4×1的列矢量,与式(3.14)中的维数不同,加入了第4个元素1。齐次变换矩阵${}_{B}^{A}\boldsymbol{T}$是4×4的方阵,具有如下形式:

$${}_{B}^{A}\boldsymbol{T}=\begin{bmatrix}{}_{B}^{A}\boldsymbol{R} & {}^{A}\boldsymbol{P}_{B0}\\0 & 1\end{bmatrix} \tag{3.17}$$

${}_{B}^{A}\boldsymbol{T}$综合地表示了平移变换和旋转变换。

可见,引入齐次坐标后,主要解决了以下问题:

(1)无穷远点表示问题。在几何当中,两条平行线表示为$Ax+By+C=0$,$Ax+By+D=0$的两个方程,它们之间没有交点(解),但引入齐次坐标后两条直线可表示为$AX/W+$

$BY/W+C=0, AX/W+BY/W+D=0$，它们之间有交点(解)，交点为无穷远点，即 $W=0$，$(X,Y,0)$表示无穷远点。

(2) 矩阵运算。可以在矩阵运算中，把平移旋转等各种变换放在一个矩阵内进行，便于表达齐次变换矩阵${}_B^A\boldsymbol{T}$。

4. 平移齐次坐标变换

为了保证所表示的矩阵为方阵，如果同一矩阵既表示姿态又表示位置，那么可在矩阵中加入比例因子使之成为 4×4 矩阵，如果只表示姿态，则可去掉比例因子得到 3×3 矩阵，或加入第 4 列全为零的位置数据以保持矩阵为方阵。

平移齐次变换矩阵可以简单地表示为：

$$\boldsymbol{T}=\mathrm{Trans}(d_x,d_y,d_z)=\begin{bmatrix}1&0&0&d_x\\0&1&0&d_y\\0&0&1&d_z\\0&0&0&1\end{bmatrix} \tag{3.18}$$

其中 d_x，d_y 和 d_z 是纯平移矢量 d 相对于参考坐标系 x,y,z 的三个分量。

5. 旋转齐次坐标变换

为了得到在参考坐标系中的坐标，旋转坐标系中的点 P(或矢量 $\boldsymbol{P}$)的坐标必须左乘旋转矩阵。

对于绕轴 x,y,z 做转角为 θ 的旋转变换，其旋转齐次变换矩阵可以表示为：

$$\boldsymbol{T}=\mathrm{Rot}(x,\theta)=\begin{bmatrix}1&0&0&0\\0&c\theta&-s\theta&0\\0&s\theta&c\theta&0\\0&0&0&1\end{bmatrix} \tag{3.19}$$

$$\boldsymbol{T}=\mathrm{Rot}(y,\theta)=\begin{bmatrix}c\theta&0&s\theta&0\\0&1&0&0\\-s\theta&0&c\theta&0\\0&0&0&1\end{bmatrix} \tag{3.20}$$

$$\boldsymbol{T}=\mathrm{Rot}(z,\theta)=\begin{bmatrix}c\theta&-s\theta&0&0\\s\theta&c\theta&0&0\\0&0&1&0\\0&0&0&1\end{bmatrix} \tag{3.21}$$

6. 复合变换

复合变换是由固定参考坐标系或者当前运动坐标系的一系列沿轴平移变换和旋转变换所组成的。任何变换都可以分解为按一定顺序的组合平移变换和旋转变换。

在实际应用中，点 P 相对于参考坐标系的坐标都是通过用相应的每个变换矩阵左乘该点的坐标得到的。如果相对于运动坐标系或当前坐标系的轴的变换，则为了计算当前坐标系中点的坐标相对于参考坐标系的变化，这时需要右乘变换矩阵。

例 3.2 在坐标系$\{A\}$中，点 P 的运动轨迹为：首先绕 Z_a 轴转 30°，又沿$\{A\}$的 X_a 轴移动 10 个单位，再沿$\{A\}$的 Y_a 轴移动 20 个单位。如果点 P 在原来的位置为${}^A\boldsymbol{P}_1=[4,8,0]^{\mathrm{T}}$，

用齐次坐标变换法求运动后的位置 ${}^{A}\boldsymbol{P}_2$。

解：用齐次坐标变换来解答，可得实现旋转和平移的齐次复合变换矩阵为：

$$\boldsymbol{T}=\begin{bmatrix}0.866 & -0.5 & 0 & 10\\ 0.5 & 0.866 & 0 & 20\\ 0 & 0 & 1 & 0\\ 0 & 0 & 0 & 1\end{bmatrix}$$

已知：

$${}^{A}\boldsymbol{P}_1=\begin{bmatrix}4\\ 8\\ 0\\ 1\end{bmatrix}$$

利用齐次坐标变换的复合变换矩阵，可得：

$${}^{A}\boldsymbol{P}_2=\boldsymbol{T}\,{}^{A}\boldsymbol{P}_1=\begin{bmatrix}0.866 & -0.5 & 0 & 10\\ 0.5 & 0.866 & 0 & 20\\ 0 & 0 & 1 & 0\\ 0 & 0 & 0 & 1\end{bmatrix}\begin{bmatrix}4\\ 8\\ 0\\ 1\end{bmatrix}=\begin{bmatrix}9.464\\ 28.928\\ 0\\ 1\end{bmatrix}$$

3.2　正运动学与逆运动学

机器人运动学研究的是机器人的工作空间与关节空间之间的映射关系或机器人的运动学模型，包括正运动学问题和逆运动学问题两部分。

运动学问题是在不考虑引起运动的力和力矩的情况下，描述机械臂的运动。因此运动学描述的是一种几何方法。首先介绍正运动学问题，它是根据给定的机器人关节变量的取值确定末端执行器的位置和姿态。逆运动学问题是根据给定的末端执行器的位置和姿态确定机器人关节变量的取值。

3.2.1　连杆参数与关节变量

机器人是由一组通过关节连接在一起的连杆组成。杆间的连接物称为关节。可以对杆件和关节进行编号，应用于矩阵中，表示机器人运动。编号的方法为：固定的基座为连杆 0，从基座起依次向上第一个可动连杆为连杆 1，之后为连杆 2、……、连杆 n；关节 i 连接连杆 $i-1$ 和连杆 i，即连杆 i 离基座近的一端(简称近端)有关节 i，而离基座远的一端(简称远端)有关节 $i+1$。

为了确定末端执行器在三维空间的位置和姿态，机器人至少需要 6 个关节(因为当描述一个物体在空间的位置和姿态时需要 6 个参数：3 个位置和 3 个姿态)。

1. 连杆参数

建立机器人运动学方程时，为了确定两个相邻关节轴的位置关系，可以把连杆看作刚体，用空间的直线表示关节轴，关节轴 i 可用空间的一条直线，也就是用一个矢量表示，连杆 i 绕关节轴 i 相对于连杆 $i-1$ 转动。所以，在描述连杆运动时，一个连杆的运动用两个参数描述,这两个参数定义了空间两个关节轴之间的相对位置,具体如图 3.7 所示。

三维空间中,任意两轴之间的距离为确定值,两轴之间的距离就是轴心线之间的公垂线的长度。两轴的公垂线条数取决于轴心线是否平行。当轴心线平行时,有无数条长度相等的公垂线,而当轴心线不平行时,两轴之间的公垂线只有一条。

在图 3.7 中,关节轴 $i-1$ 和关节轴 i 之间的公垂线长度记为 a_{i-1},a_{i-1} 即为连杆长度。

两关节轴的相对位置关系除了连杆长度,还有另一个参数——连杆转角。它表示关节轴 $i-1$ 和关节轴 i 投影在与两连杆公垂线垂直的平面内,测量的轴 $i-1$ 依据右手法则绕关节长度 a_{i-1} 转向轴 i 的角度。

在图 3.7 中,关节轴 $i-1$ 和关节轴 i 之间的夹角角度记为 α_{i-1},α_{i-1} 即为连杆转角。

2. 关节变量

相邻两连杆之间有一个共同的关节轴线。因此,每一关节轴线有两条公垂线与它垂直,每条公垂线相应于一个连杆。一般把这两条公垂线的距离称为连杆的偏距,记为 d_i,它代表连杆 i 相对于连杆 $i-1$ 的偏置。两公垂线之间的夹角称为关节角,记为 θ_i,它代表连杆 i 相对于连杆 $i-1$ 绕该轴线 i 的旋转角度。具体如图 3.8 所示。

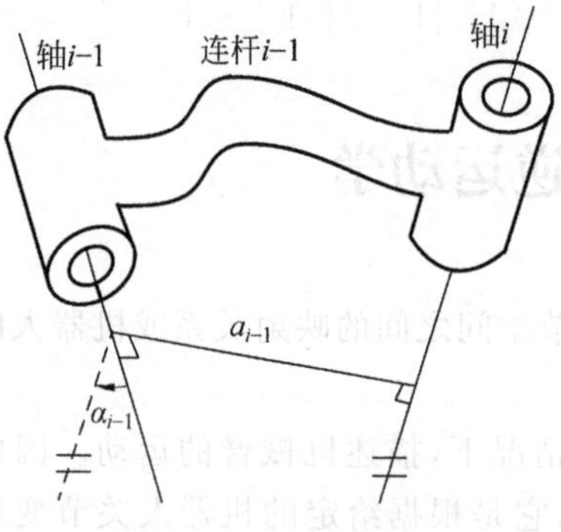

图 3.7 连杆参数

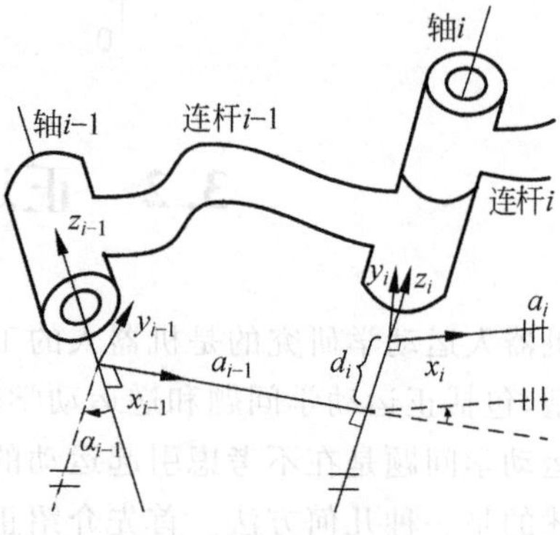

图 3.8 关节变量

在图 3.8 中,公垂线 a_{i-1} 和公垂线 a_i 之间的长度记为 d_i,d_i 即为连杆偏距。

在图 3.8 中,公垂线 a_{i-1} 的延长线和公垂线 a_i 之间绕关节轴 i 旋转所形成的角度记为 θ_i,θ_i 即为关节角。

3.2.2 D-H 方法与正运动学方程

D-H 方法是在 1955 年由 Denavit 和 Hartenberg 在 *ASME Journal of Applied Mechanics* 提出的。后来作者利用这篇论文对机器人进行表示和建模,并推导出了它们的运动方程,这已成为表示机器人和对机器人运动学建模的标准方法。

3.2.1 节介绍的连杆参数和关节变量的四个参数:连杆长度 a_{i-1},连杆转角 α_{i-1},连杆偏距 d_i 和关节角 θ_i 即为机器人的 Denavit-Hartenberg 参数,简称 D-H 参数。它们是 D-H 方法建立机器人运动学的基础。

D-H 法建立机器人运动学模型的步骤,首先需要指定单个关节的参考坐标系。参考图 3.8,以下是给每个关节指定参考坐标系的步骤:

(1) 指定 z 轴。坐标系$\{i\}$的 z 轴 z_i 与关节轴 i 共线,指向任意规定。对于旋转关节,

z 轴位于按右手规则旋转方向，绕 z 轴的旋转 θ 是关节变量。对于滑动关节，z 轴为沿直线运动的方向，沿 z 轴的连杆长度 d 是关节变量。关节 i 处的坐标原点位于轴 $i-1$ 和 i 的公垂线与关节 i 轴线的交点上。若相邻连杆的轴线相交于一点，那原点就在交点上，若两轴线平行，则选择原点使对下一连杆的距离 $d_{i+1}=0$。

(2) 指定 x 轴。通常在公垂线方向上定义本地参考坐标系的 x 轴。例如，如果 a_{i-1} 表示 z_{i-1} 与 z_i 之间的公垂线，则定义 x_{i-1} 的方向为沿 a_{i-1} 的方向。同样，如果 z_i 与 z_{i+1} 之间的公垂线为 a_i，则 x_i 的方向将沿 a_i 的方向。如果 $a_i=0$，则取 x_i 的方向为 z_i 与 z_{i+1} 的矢量积同轴方向上，可同向或反向。

(3) y 轴。知道了 x 和 z 轴，y 轴按右手法则确定。即为 z_i 和 x_i 的矢量积方向。

D-H 参数的正负取值。在建立机器人关节坐标系时，在关节轴 i 上，建立坐标系轴 z_i，z_i 正向在两个方向中选一个方向即可，但所有 z 轴应尽可能一致。D-H 法 4 个参数中，a_i 是大于等于 0 的，α_{i-1}、θ_i 的正负根据判定旋转矢量方向的右手法则确定，d_i 的正负根据移动方向与 z_i 一致时取正，否则取负号。

其次需要知道将一个参考坐标系变换到下一个参考坐标系的变换矩阵。

假设现在位于本地参考坐标系 $x_{i-1}-z_{i-1}$，那么通过以下 4 步标准运动即可到达下一个本地参考坐标系 x_n-z_n。

(1) 将 z_{i-1} 轴绕 x_{i-1} 轴旋转 α_{i-1}，使得 z_{i-1} 与 z_i 互相平行。

(2) 沿着 x_{i-1} 轴平移 a_{i-1} 的距离，使得 z_{i-1} 与 z_i 共线。这时两个坐标系的原点处在同一位置。

(3) 绕 z_i 旋转 θ_i。使得 x_{i-1} 与 x_i 互相平行。

(4) 沿 z_i 轴平移 d_i 距离。这时坐标系 $i-1$ 和 i 完全相同。

以上从一个坐标系变换到了下一个坐标系。表示前面 4 个运动的两个依次坐标之间的变换 ${}^{i-1}_{i}\boldsymbol{T}$ 是 4 个运动变换矩阵的乘积。由于所有的变换都是相对于当前的坐标系进行的，因此所有的变换矩阵都是右乘的。从而得到如下结果：

$$
{}^{i-1}_{i}\boldsymbol{T}=\mathrm{Rot}(x,\alpha_{i-1})\times\mathrm{Trans}(x,a_{i-1,})\times\mathrm{Rot}(z,\theta_i)\times\mathrm{Trans}(z,d_i) \tag{3.22}
$$

该公式把关节 $i-1$ 变换到 i 的变换矩阵。

把式(3.18)～式(3.21)，代入式(3.22)，可得连杆变换矩阵 ${}^{i-1}_{i}\boldsymbol{T}$ 的一般表达式：

$$
{}^{i-1}_{i}\boldsymbol{T}=\begin{bmatrix} c\theta_i & -s\theta_i & 0 & a_{i-1} \\ s\theta_i c\alpha_{i-1} & c\theta_i c\alpha_{i-1} & -s\alpha_{i-1} & -d_i s\alpha_{i-1} \\ s\theta_i s\alpha_{i-1} & c\theta_i s\alpha_{i-1} & c\alpha_{i-1} & d_i c\alpha_{i-1} \\ 0 & 0 & 0 & 1 \end{bmatrix} \tag{3.23}
$$

从机器人的参考坐标系开始，我们可以将其转换到机器人的第 1 个关节，再转换到第 2 个关节，以此类推，直至转换到末端执行器。注意，在任何坐标之间的变换均采用与前面相同的运动步骤。

在机器人的基座上，可以从第 1 个关节开始变换到第 2 个关节，然后到第 3 个关节，等等，直到机器人末端和最终的末端执行器。则机器人对基座的关系 ${}^{0}_{6}\boldsymbol{T}$ 为：

$$
{}^{0}_{6}\boldsymbol{T}={}^{0}_{1}\boldsymbol{T}{}^{1}_{2}\boldsymbol{T}{}^{2}_{3}\boldsymbol{T}{}^{3}_{4}\boldsymbol{T}{}^{4}_{5}\boldsymbol{T}{}^{5}_{6}\boldsymbol{T} \tag{3.24}
$$

如果机器人 6 个关节中的变量分别是：$\theta_1,\theta_2,\theta_3,\theta_4,\theta_5,\theta_6$，则末端相对于基座的齐次矩阵也应该是包含这 6 个变量的 4×4 矩阵，即

$${}^0_6\boldsymbol{T}={}^0_1\boldsymbol{T}(\theta_1){}^1_2\boldsymbol{T}(\theta_2){}^2_3\boldsymbol{T}(\theta_3){}^3_4\boldsymbol{T}(\theta_4){}^4_5\boldsymbol{T}(\theta_5){}^5_6\boldsymbol{T}(\theta_6) \tag{3.25}$$

此为机器人正向运动学的表达式,即已知机器人各关节值,计算出末端相对于基座的位姿。

一般为了简化 $\boldsymbol{T}$ 矩阵计算,可以制作一张关节和连杆参数的表格,其中每个关节和连杆的参数值可从机器人的结构示意图上确定,并且将这些参数代入 $\boldsymbol{T}$ 矩阵,如表 3.1 所示。

表 3.1　D-H 参数表

i	α_{i-1}	a_{i-1}	d_i	θ_i
1				
…				
n				

例 3.3　PUMA560 属于关节式机器人,6 个关节都是转动关节,如图 3.9 所示。前 3 个关节确定手腕参考点的位置,后 3 个关节确定手腕的方位。与大多数工业机器人一样,后 3 个关节轴线交于一点。该点选作为手腕的参考点,也选作为连杆坐标系{4},{5}和{6}的原点。关节 1 的轴线为铅直方向,关节 2 和关节 3 的轴线水平,且平行,距离为 a_2。关节 1 和关节 2 的轴线垂直相交,关节 3 和关节 4 的轴线垂直交错,距离为 a_3。各连杆坐标系如图 3.9 所示,相应的连杆参数列于表 3.2。其中,$a_2=431.8\text{mm}$,$a_3=20.32\text{mm}$,$d_2=149.09\text{mm}$,$d_4=433.07\text{mm}$,$d_6=56.25\text{mm}$。

解:

表 3.2　PUMA560 D-H 参数表

连杆 i	α_{i-1}	a_{i-1}	d_i	θ_i	变量范围
1	0°	0	0	θ_1(90°)	−160°～160°
2	−90°	0	d_2	θ_2(0°)	−225°～45°
3	0°	a_2	0	θ_3(−90°)	−45°～225°
4	−90°	a_3	d_4	θ_4(0°)	−110°～170°
5	90°	0	0	θ_5(0°)	−100°～100°
6	−90°	0	0	θ_6(0°)	−266°～266°

据式(3.23)和表 3.2 所示连杆参数,可求得各连杆变换矩阵如下:

$${}^0_1\boldsymbol{T}=\begin{bmatrix} c\theta_1 & -s\theta_1 & 0 & 0 \\ s\theta_1 & c\theta_1 & 0 & 0 \\ 0 & 0 & 1 & 0 \\ 0 & 0 & 0 & 1 \end{bmatrix},\quad {}^1_2\boldsymbol{T}=\begin{bmatrix} c\theta_2 & -s\theta_2 & 0 & 0 \\ 0 & 0 & 1 & d_2 \\ -s\theta_2 & -c\theta_2 & 0 & 0 \\ 0 & 0 & 0 & 1 \end{bmatrix}$$

$${}^2_3\boldsymbol{T}=\begin{bmatrix} c\theta_3 & -s\theta_3 & 0 & a_2 \\ s\theta_3 & c\theta_3 & 0 & 0 \\ 0 & 0 & 1 & 0 \\ 0 & 0 & 0 & 1 \end{bmatrix},\quad {}^3_4\boldsymbol{T}=\begin{bmatrix} c\theta_4 & -s\theta_4 & 0 & a_3 \\ 0 & 0 & 1 & d_4 \\ -s\theta_4 & -c\theta_4 & 0 & 0 \\ 0 & 0 & 0 & 1 \end{bmatrix}$$

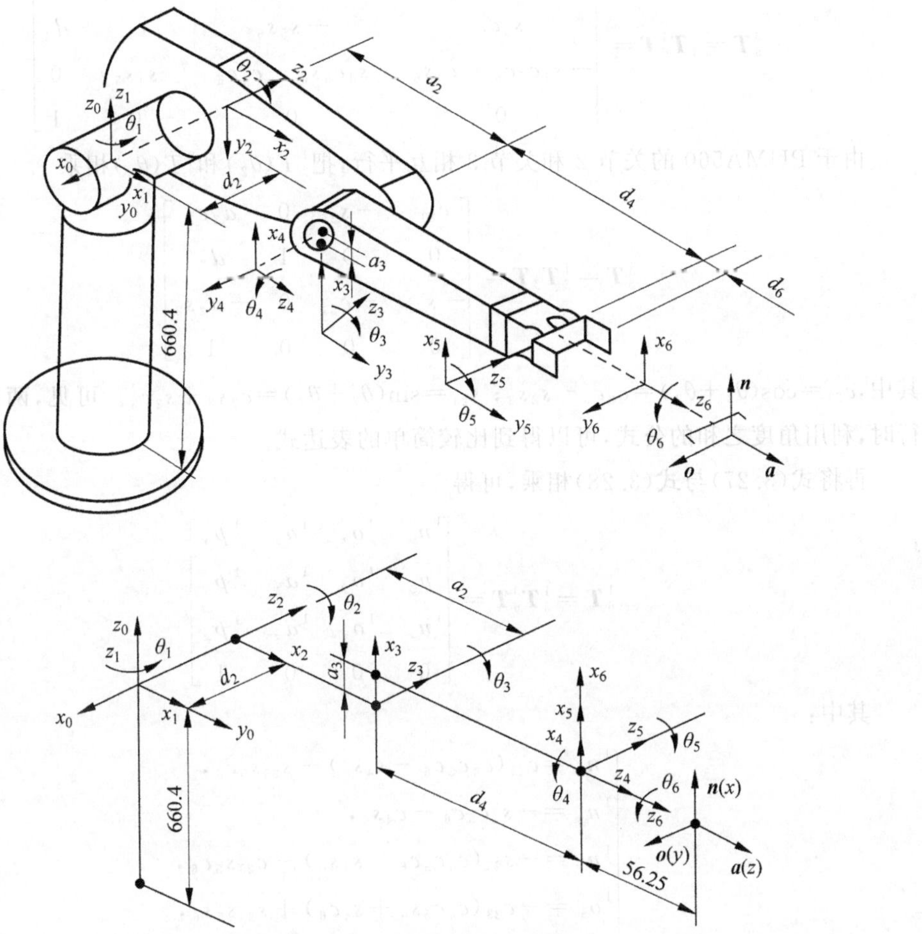

图 3.9　PUMA560 机器人 D-H 坐标系

$$
{}^{4}_{5}\boldsymbol{T}=\begin{bmatrix} c\theta_5 & -s\theta_5 & 0 & 0\\ 0 & 0 & -1 & 0\\ s\theta_5 & c\theta_5 & 0 & 0\\ 0 & 0 & 0 & 1\end{bmatrix},\quad {}^{5}_{6}\boldsymbol{T}=\begin{bmatrix} c\theta_6 & -s\theta_6 & 0 & 0\\ 0 & 0 & 1 & 0\\ -s\theta_6 & -c\theta_6 & 0 & 0\\ 0 & 0 & 0 & 1\end{bmatrix}
$$

各连杆变换矩阵相乘，得到 PUMA560 机器人的变换矩阵：

$$
{}^{0}_{6}\boldsymbol{T}={}^{0}_{1}\boldsymbol{T}(\theta_1){}^{1}_{2}\boldsymbol{T}(\theta_2){}^{2}_{3}\boldsymbol{T}(\theta_3){}^{3}_{4}\boldsymbol{T}(\theta_4){}^{4}_{5}\boldsymbol{T}(\theta_5){}^{5}_{6}\boldsymbol{T}(\theta_6)
$$

即为关节变量 $\theta_1,\theta_2,\cdots,\theta_6$ 的函数。要求解此运动方程，需先计算某些中间结果：

$$
{}^{4}_{6}\boldsymbol{T}={}^{4}_{5}\boldsymbol{T}{}^{5}_{6}\boldsymbol{T}=\begin{bmatrix} c_5c_6 & -c_5s_6 & -s_5 & 0\\ s_6 & c_6 & 0 & 0\\ s_5c_6 & -s_5s_6 & c_5 & 0\\ 0 & 0 & 0 & 1\end{bmatrix} \tag{3.26}
$$

$$ {}_6^3\boldsymbol{T} = {}_4^3\boldsymbol{T}{}_6^4\boldsymbol{T} = \begin{bmatrix} c_4c_5c_6 - s_4s_6 & -c_4c_5c_6 - s_4c_6 & -c_4s_5 & a_3 \\ s_5c_6 & -s_5s_6 & c_5 & d_4 \\ -s_4c_5c_6 - c_4s_6 & s_4c_5s_6 - c_4c_6 & s_4s_5 & 0 \\ 0 & 0 & 0 & 1 \end{bmatrix} \tag{3.27} $$

由于 PUMA560 的关节 2 和关节 3 相互平行，把${}_2^1T(\theta_2)$和${}_3^2T(\theta_3)$相乘

$$ {}_3^1\boldsymbol{T} = {}_2^1\boldsymbol{T}{}_3^2\boldsymbol{T} = \begin{bmatrix} c_{23} & -s_{23} & 0 & a_2c_2 \\ 0 & 0 & 1 & d_2 \\ -s_{23} & -c_{23} & 0 & -a_2s_2 \\ 0 & 0 & 0 & 1 \end{bmatrix} \tag{3.28} $$

其中，$c_{23} = \cos(\theta_2 + \theta_3) = c_2c_3 - s_2s_3$； $s_{23} = \sin(\theta_2 + \theta_3) = c_2s_3 + s_2c_3$。可见，两旋转关节平行时，利用角度之和的公式，可以得到比较简单的表达式。

再将式(3.27)与式(3.28)相乘，可得

$$ {}_6^1\boldsymbol{T} = {}_3^1\boldsymbol{T}{}_6^3\boldsymbol{T} = \begin{bmatrix} {}^1n_x & {}^1o_x & {}^1a_x & {}^1p_x \\ {}^1n_y & {}^1o_y & {}^1a_y & {}^1p_y \\ {}^1n_z & {}^1o_z & {}^1a_z & {}^1p_z \\ 0 & 0 & 0 & 1 \end{bmatrix} \tag{3.29} $$

其中：

$$ \begin{cases} {}^1n_x = c_{23}(c_4c_5c_6 - s_4s_6) - s_{23}s_5c_6, \\ {}^1n_y = -s_4c_5c_6 - c_4s_6, \\ {}^1n_z = -s_{23}(c_4c_5c_6 - s_4s_6) - c_{23}s_5c_6, \\ {}^1o_x = -c_{23}(c_4c_5s_6 + s_4c_6) + s_{23}s_5s_6, \\ {}^1o_y = s_4c_5s_6 - c_4c_6, \\ {}^1o_z = s_{23}(c_4c_5s_6 + s_4c_6) + c_{23}s_5s_6, \\ {}^1a_x = -c_{23}c_4s_5 - s_{23}c_5, \\ {}^1a_y = s_4s_5, \\ {}^1a_z = s_{23}c_4s_5 - c_{23}c_5, \\ {}^1p_x = a_2c_2 + a_3c_{23} - d_4s_{23}, \\ {}^1p_y = d_2, \\ {}^1p_z = -a_3s_{23} - a_2s_2 - d_4c_{23}, \end{cases} \tag{3.30} $$

于是，可求得机器人的 $\boldsymbol{T}$ 变换矩阵：

$$ {}_6^0\boldsymbol{T} = {}_1^0\boldsymbol{T}{}_6^1\boldsymbol{T} = \begin{bmatrix} n_x & o_x & a_x & p_x \\ n_y & o_y & a_y & p_y \\ n_z & o_z & a_z & p_z \\ 0 & 0 & 0 & 1 \end{bmatrix} \tag{3.31} $$

其中：

$$
\begin{cases}
n_x = c_1\left[c_{23}(c_4c_5c_6 - s_4s_6) - s_{23}s_5c_6\right] + s_1(s_4c_5c_6 + c_4s_6), \\
n_y = s_1\left[c_{23}(c_4c_5c_6 - s_4s_6) - s_{23}s_5c_6\right] - c_1(s_4c_5c_6 + c_4s_6), \\
n_z = -s_{23}(c_4c_5c_6 - s_4s_6) - c_{23}s_5c_6, \\
o_x = c_1\left[c_{23}(-c_4c_5s_6 - s_4c_6) + s_{23}s_5s_6\right] + s_1(c_4c_6 - s_4c_5s_6), \\
o_y = s_1\left[c_{23}(-c_4c_5s_6 - s_4c_6) + s_{23}s_5s_6\right] - c_1(c_4c_6 - s_4c_5c_6), \\
o_z = -s_{23}(-c_4c_5s_6 - s_4c_6) + c_{23}s_5s_6, \\
a_x = -c_1(c_{23}c_4s_5 + s_{23}c_5) - s_1s_4s_5, \\
a_y = -s_1(c_{23}c_4s_5 + s_{23}c_5) + c_1s_4s_5, \\
a_z = s_{23}c_4s_5 - c_{23}c_5, \\
p_x = c_1\left[a_2c_2 + a_3c_{23} - d_4s_{23}\right] - d_2s_1, \\
p_y = s_1\left[a_2c_2 + a_3c_{23} - d_4s_{23}\right] + d_2c_1, \\
p_z = -a_3s_{23} - a_2s_2 - d_4c_{23},
\end{cases}
\tag{3.32}
$$

式(3.31)表示的 PUMA560 手臂变换矩阵${}_6^0\boldsymbol{T}$，描述了末端连杆坐标系{6}相对基坐标系{0}的位姿，是机器人运动分析的基础。

为校核所得${}_6^0\boldsymbol{T}$ 的正确性，计算 $\theta_1=90°$，$\theta_2=0°$，$\theta_3=-90°$，$\theta_4=\theta_5=\theta_6=0°$时，手臂变换矩阵${}_6^0\boldsymbol{T}$ 的值。其计算结果为：

$$
{}_6^0\boldsymbol{T} = \begin{bmatrix} 0 & 1 & 0 & -d_2 \\ 0 & 0 & 1 & a_2+d_4 \\ 1 & 0 & 0 & a_3 \\ 0 & 0 & 0 & 1 \end{bmatrix}
$$

与图 3.9 所示的情况完全一致。

3.2.3　逆运动学方程

在 3.2.2 节讨论了机器人的正向运动学，此节将研究逆向运动学问题，即机器人运动方程的求解问题：已知末端坐标系相对于基座坐标系的期望位置和姿态，求机器人能够达到预期位姿的关节变量。

以 PUMA560 机器人为例来阐述如何求解这些方程。

将 PUMA560 的运动方程(3.31)写为：

$$
{}_6^0\boldsymbol{T} = \begin{bmatrix} n_x & o_x & a_x & p_x \\ n_y & o_y & a_y & p_y \\ n_z & o_z & a_z & p_z \\ 0 & 0 & 0 & 1 \end{bmatrix} = {}_1^0\boldsymbol{T}(\theta_1){}_2^1\boldsymbol{T}(\theta_2){}_3^2\boldsymbol{T}(\theta_3){}_4^3\boldsymbol{T}(\theta_4){}_5^4\boldsymbol{T}(\theta_5){}_6^5\boldsymbol{T}(\theta_6) \tag{3.33}
$$

若末端连杆的位姿已经给定，即 $\boldsymbol{n}$，$\boldsymbol{o}$，$\boldsymbol{a}$ 和 $\boldsymbol{p}$ 为已知，则求关节变量 $\theta_1,\theta_2,\cdots,\theta_6$ 的值称为运动反解。用未知的连杆逆变换同时左乘方程(3.33)两边，把关节变量分离出来，从而求解。具体步骤如下：

1) 求 θ_1

可用逆变换${}_1^0\boldsymbol{T}^{-1}(\theta_1)$左乘方程(3.33)两边，

$$
{}_1^0\boldsymbol{T}^{-1}(\theta_1){}_6^0\boldsymbol{T} = {}_2^1\boldsymbol{T}(\theta_2){}_3^2\boldsymbol{T}(\theta_3){}_4^3\boldsymbol{T}(\theta_4){}_5^4\boldsymbol{T}(\theta_5){}_6^5\boldsymbol{T}(\theta_6) \tag{3.34}
$$

各式代入得

$$\begin{bmatrix} c_1 & s_1 & 0 & 0 \\ -s_1 & c_1 & 0 & 0 \\ 0 & 0 & 1 & 0 \\ 0 & 0 & 0 & 1 \end{bmatrix} \begin{bmatrix} n_x & o_x & a_x & p_x \\ n_y & o_y & a_y & p_y \\ n_z & o_z & a_z & p_z \\ 0 & 0 & 0 & 1 \end{bmatrix} = {}_6^1\boldsymbol{T} \tag{3.35}$$

令矩阵方程(3.35)两端的元素(2,4)对应相等,可得:

$$-s_1 p_x + c_1 p_y = d_2 \tag{3.36}$$

利用三角代换:

$$p_x = \rho \cos\Phi, \quad p_y = \rho \sin\Phi \tag{3.37}$$

式中,$\rho = \sqrt{p_x^2 + p_y^2}$;$\Phi = \mathrm{atan2}(p_y, p_x)$。把代换式(3.37)代入式(3.36),得到 θ_1 的解:

$$\begin{cases} \sin(\Phi - \theta_1) = d_2/\rho; \cos(\Phi - \theta_1) = \pm\sqrt{1 - (d_2/\rho)^2} \\[2mm] \Phi - \theta_1 = \mathrm{atan2}\left[\dfrac{d_2}{\rho}, \pm\sqrt{1 - \left(\dfrac{d_2}{\rho}\right)^2}\right] \\[2mm] \theta_1 = \mathrm{atan2}(p_y, p_x) - \mathrm{atan2}\left(d_2, \pm\sqrt{p_x^2 + p_y^2 - d_2^2}\right) \end{cases} \tag{3.38}$$

式中,正负号对应于 θ_1 的两个可能解。

2) 求 θ_3

在选定 θ_1 的一个解之后,再令矩阵方程(3.35)两端的元素(1,4)和(3,4)分别对应相等,即得两方程:

$$\begin{cases} c_1 p_x + s_1 p_y = a_3 c_{23} - d_4 s_{23} + a_2 c_2 \\ -p_x = a_3 s_{23} + d_4 c_{23} + a_2 s_2 \end{cases} \tag{3.39}$$

式(3.36)与式(3.39)的平方和为:

$$a_3 c_3 - d_4 s_3 = k \tag{3.40}$$

式中,

$$k = \frac{p_x^2 + p_y^2 + p_z^2 - a_2^2 - a_3^2 - d_2^2 - d_4^2}{2a_2} \tag{3.41}$$

方程(3.40)中已经消去 θ_2,且方程(3.36)与方程(3.40)具有相同形式,因而可由三角代换求解 θ_3:

$$\theta_3 = \mathrm{atan2}(a_3, d_4) - \mathrm{atan2}\left(k, \pm\sqrt{a_3^2 + d_4^2 - k^2}\right) \tag{3.42}$$

式中,正负号对应 θ_3 的两种可能解。

3) 求 θ_2

为求解 θ_2,在矩阵方程(3.33)两边左乘逆变换 ${}_3^0\boldsymbol{T}^{-1}$,有:

$$_3^0\boldsymbol{T}^{-1}(\theta_1, \theta_2, \theta_3) {}_6^0\boldsymbol{T} = {}_4^3\boldsymbol{T}(\theta_4){}_5^4\boldsymbol{T}(\theta_5){}_6^5\boldsymbol{T}(\theta_6) \tag{3.43}$$

即有

$$\begin{bmatrix} c_1 c_{23} & s_1 c_{23} & -s_{23} & -a_2 c_3 \\ -c_1 s_{23} & -s_1 s_{23} & -c_{23} & a_2 s_3 \\ -s_1 & c_1 & 0 & -d_2 \\ 0 & 0 & 0 & 1 \end{bmatrix} \begin{bmatrix} n_x & o_x & a_x & p_x \\ n_y & o_y & a_y & p_y \\ n_z & o_z & a_z & p_z \\ 0 & 0 & 0 & 1 \end{bmatrix} = {}_6^3\boldsymbol{T} \tag{3.44}$$

式中,变换 ${}_6^3\boldsymbol{T}$ 由式(3.27)给出。令矩阵方程(3.44)两边的元素(1,4)和(2,4)分别对应相等,可得:

$$\begin{cases} c_1 c_{23} p_x + s_1 c_{23} p_y - s_{23} p_z - a_2 c_3 = a_3 \\ -c_1 s_{23} p_x - s_1 s_{23} p_y - c_{23} p_x + a_2 s_3 = d_4 \end{cases} \tag{3.45}$$

联立求解得 s_{23} 和 c_{23}：

$$\begin{cases} s_{23} = \dfrac{(-a_3 - a_2 c_3) p_z + (c_1 p_x + s_1 p_y)(a_2 s_3 - d_4)}{p_z^2 + (c_1 p_x + s_1 p_y)^2} \\ c_{23} = \dfrac{(-d_4 + a_2 s_3) p_z - (c_1 p_x + s_1 p_y)(-a_2 c_3 - a_3)}{p_z^2 + (c_1 p_x + s_1 p_y)^2} \end{cases}$$

s_{23} 和 c_{23} 表达式的分母相等，且为正。于是：

$$\theta_{23} = \theta_2 + \theta_3 = \text{atan2}[-(a_3 + a_2 c_3) p_z + (c_1 p_x + s_1 p_y)(a_2 s_3 - d_4), (-d_4 + a_2 s_3) p_z + (c_1 p_x + s_1 p_y)(a_2 c_3 + a_3)] \tag{3.46}$$

根据 θ_1 和 θ_3 解的四种可能组合，由式(3.46)可以得到相应的四种可能值 θ_{23}，于是可得到 θ_2 的四种可能解：

$$\theta_2 = \theta_{23} - \theta_3 \tag{3.47}$$

式中，θ_2 取与 θ_3 相对应的值。

4) 求 θ_4

因为式(3.44)的左边均为已知，令两边元素(1,3)和(3,3)分别对应相等，则可得：

$$\begin{cases} a_x c_1 c_{23} + a_y s_1 c_{23} - a_z s_{23} = -c_4 s_5 \\ -a_x s_1 + a_y c_1 = s_4 s_5 \end{cases}$$

只要 $s_5 \neq 0$，便可求出 θ_4：

$$\theta_4 = \text{atan2}(-a_x s_1 + a_y c_1, -a_x c_1 c_{23} - a_y s_1 c_{23} + a_z s_{23}) \tag{3.48}$$

当 $s_5 = 0$ 时，机器人处于奇异形位。此时，关节轴 4 和 6 重合，只能解出 θ_4 与 θ_6 的和或差。奇异形位可以由式(3.48)中 atan2 的两个变量是否都接近零来判别。若都接近零，则为奇异形位；否则，不是奇异形位。在奇异形位时，可任意选取 θ_4 的值，再计算相应的 θ_6 值。

5) 求 θ_5

据求出的 θ_4，可进一步解出 θ_5，将式(3.33)两端左乘逆变换 ${}^0_4\boldsymbol{T}^{-1}(\theta_1, \theta_2, \theta_3, \theta_4)$，可得：

$${}^0_4\boldsymbol{T}^{-1}(\theta_1, \theta_2, \theta_3, \theta_4)\,{}^0_6\boldsymbol{T} = {}^4_5\boldsymbol{T}(\theta_5)\,{}^5_6\boldsymbol{T}(\theta_6) \tag{3.49}$$

式(3.49)的 $\theta_1, \theta_2, \theta_3, \theta_4$ 前已求出，则逆变换 ${}^0_4\boldsymbol{T}^{-1}(\theta_1, \theta_2, \theta_3, \theta_4)$ 为：

$$\begin{bmatrix} c_1 c_{23} c_4 + s_1 s_4 & s_1 c_{23} c_4 - c_1 s_4 & -s_{23} c_4 & -a_2 c_3 c_4 + d_2 s_4 - a_3 c_4 \\ -c_1 c_{23} s_4 + s_1 c_4 & -s_1 c_{23} s_4 - c_1 c_4 & s_{23} s_4 & a_2 c_3 s_4 + d_2 c_4 + a_3 s_4 \\ -c_1 s_{23} & -s_1 s_{23} & -c_{23} & a_2 s_3 - d_4 \\ 0 & 0 & 0 & 1 \end{bmatrix}$$

方程式(3.49)的右边 ${}^4_6\boldsymbol{T}(\theta_5, \theta_6) = {}^4_5\boldsymbol{T}(\theta_5)\,{}^5_6\boldsymbol{T}(\theta_6)$，由式(3.26)给出。据矩阵两边元素(1,3)和(3,3)分别对应相等，可得：

$$\begin{cases} a_x(c_1 c_{23} c_4 + s_1 s_4) + a_y(s_1 c_{23} c_4 - c_1 s_4) - a_z(s_{23} c_4) = -s_5 \\ a_x(-c_1 s_{23}) + a_y(-s_1 s_{23}) + a_z(-c_{23}) = c_5 \end{cases} \tag{3.50}$$

由此得到 θ_5 的封闭解：

$$\theta_5 = \text{atan2}(s_5, c_5) \tag{3.51}$$

6）求 θ_6

将式(3.33)改写为：

$$ {}^{0}_{5}\boldsymbol{T}^{-1}(\theta_1,\theta_2,\cdots,\theta_5)\,{}^{0}_{6}\boldsymbol{T}={}^{5}_{6}\boldsymbol{T}(\theta_6) \tag{3.52}$$

让矩阵方程(3.52)两边元素(3,1)和(1,1)分别对应相等,可得：

$$\begin{aligned}&-n_x(c_1c_{23}s_4-s_1c_4)-n_y(s_1c_{23}s_4+c_1c_4)+n_z(s_{23}s_4)=s_6\\&n_x[(c_1c_{23}c_4+s_1s_4)c_5-c_1s_{23}s_5]+n_y[(s_1c_{23}c_4-c_1s_4)c_5-s_1s_{23}s_5]\\&-n_z(s_{23}c_4c_5+c_{23}s_5)=c_6\end{aligned}$$

从而可求出 θ_6 的封闭解：

$$\theta_6=\operatorname{atan2}(s_6,c_6) \tag{3.53}$$

PUMA560 的运动反解可能存在 8 种解。但是,由于结构的限制,例如各关节变量不能在全部 360°范围内运动,有些解不能实现。在机器人存在多种解的情况下,应选取其中最满意的一组解,以满足机器人的工作要求。

3.3　雅可比公式

雅可比矩阵表示机构部件随时间变化的几何关系,它可以将单个关节的微分运动或速度转换为末端执行器的微分运动或速度,也可将单个关节的运动与整个机构的运动联系起来。微分运动指机构(如机器人)的微小运动,可以用它来推导不同部件之间的速度关系。在对机器人进行操作与控制时,常常涉及机器人位置和姿态的微小变化。这些变化可由描述机器人位置的齐次变换矩阵的微小变化表示。由于关节角的值是随时间变化的,从而雅可比矩阵各元素的大小也随时间变化,因此雅可比矩阵是与时间相关的。

3.3.1　雅可比矩阵

机器人的操作速度与关节速度的线性变换定义为机器人的雅可比矩阵,可视它为从关节空间向操作空间运动速度的传动比。

令六自由度机器人的运动方程为：

$$x_i=f_i(q_1,q_2,q_3,q_4,q_5,q_6) \tag{3.54}$$

代表操作空间 x 与关节空间 q 之间的位移关系。

由 q_i 的微分变化引起的 x_i 的微分变化为：

$$\begin{cases}\delta x_1=\dfrac{\partial f_1}{\partial q_1}\delta q_1+\dfrac{\partial f_1}{\partial q_2}\delta q_2+\dfrac{\partial f_1}{\partial q_3}\delta q_3+\dfrac{\partial f_1}{\partial q_4}\delta q_4+\dfrac{\partial f_1}{\partial q_5}\delta q_5+\dfrac{\partial f_1}{\partial q_6}\delta q_6\\ \delta x_2=\dfrac{\partial f_2}{\partial q_1}\delta q_1+\dfrac{\partial f_2}{\partial q_2}\delta q_2+\dfrac{\partial f_2}{\partial q_3}\delta q_3+\dfrac{\partial f_2}{\partial q_4}\delta q_4+\dfrac{\partial f_2}{\partial q_5}\delta q_5+\dfrac{\partial f_2}{\partial q_6}\delta q_6\\ \delta x_3=\dfrac{\partial f_3}{\partial q_1}\delta q_1+\dfrac{\partial f_3}{\partial q_2}\delta q_2+\dfrac{\partial f_3}{\partial q_3}\delta q_3+\dfrac{\partial f_3}{\partial q_4}\delta q_4+\dfrac{\partial f_3}{\partial q_5}\delta q_5+\dfrac{\partial f_3}{\partial q_6}\delta q_6\\ \delta x_4=\dfrac{\partial f_4}{\partial q_1}\delta q_1+\dfrac{\partial f_4}{\partial q_2}\delta q_2+\dfrac{\partial f_4}{\partial q_3}\delta q_3+\dfrac{\partial f_4}{\partial q_4}\delta q_4+\dfrac{\partial f_4}{\partial q_5}\delta q_5+\dfrac{\partial f_4}{\partial q_6}\delta q_6\\ \delta x_5=\dfrac{\partial f_5}{\partial q_1}\delta q_1+\dfrac{\partial f_5}{\partial q_2}\delta q_2+\dfrac{\partial f_5}{\partial q_3}\delta q_3+\dfrac{\partial f_5}{\partial q_4}\delta q_4+\dfrac{\partial f_5}{\partial q_5}\delta q_5+\dfrac{\partial f_5}{\partial q_6}\delta q_6\\ \delta x_6=\dfrac{\partial f_6}{\partial q_1}\delta q_1+\dfrac{\partial f_6}{\partial q_2}\delta q_2+\dfrac{\partial f_6}{\partial q_3}\delta q_3+\dfrac{\partial f_6}{\partial q_4}\delta q_4+\dfrac{\partial f_6}{\partial q_5}\delta q_5+\dfrac{\partial f_6}{\partial q_6}\delta q_6\end{cases} \tag{3.55}$$

式(3.55)写为矩阵形式：

$$\begin{bmatrix}\delta x_1\\\delta x_2\\\delta x_3\\\delta x_4\\\delta x_5\\\delta x_6\end{bmatrix}=\begin{bmatrix}\frac{\partial f_1}{\partial q_1}&\frac{\partial f_1}{\partial q_2}&\frac{\partial f_1}{\partial q_3}&\frac{\partial f_1}{\partial q_4}&\frac{\partial f_1}{\partial q_5}&\frac{\partial f_1}{\partial q_6}\\\frac{\partial f_2}{\partial q_1}&\frac{\partial f_2}{\partial q_2}&\frac{\partial f_2}{\partial q_3}&\frac{\partial f_2}{\partial q_4}&\frac{\partial f_2}{\partial q_5}&\frac{\partial f_2}{\partial q_6}\\\frac{\partial f_3}{\partial q_1}&\frac{\partial f_3}{\partial q_2}&\frac{\partial f_3}{\partial q_3}&\frac{\partial f_3}{\partial q_4}&\frac{\partial f_3}{\partial q_5}&\frac{\partial f_3}{\partial q_6}\\\frac{\partial f_4}{\partial q_1}&\frac{\partial f_4}{\partial q_2}&\frac{\partial f_4}{\partial q_3}&\frac{\partial f_4}{\partial q_4}&\frac{\partial f_4}{\partial q_5}&\frac{\partial f_4}{\partial q_6}\\\frac{\partial f_5}{\partial q_1}&\frac{\partial f_5}{\partial q_2}&\frac{\partial f_5}{\partial q_3}&\frac{\partial f_5}{\partial q_4}&\frac{\partial f_5}{\partial q_5}&\frac{\partial f_5}{\partial q_6}\\\frac{\partial f_6}{\partial q_1}&\frac{\partial f_6}{\partial q_2}&\frac{\partial f_6}{\partial q_3}&\frac{\partial f_6}{\partial q_4}&\frac{\partial f_6}{\partial q_5}&\frac{\partial f_6}{\partial q_6}\end{bmatrix}\begin{bmatrix}\delta q_1\\\delta q_2\\\delta q_3\\\delta q_4\\\delta q_5\\\delta q_6\end{bmatrix}\quad 或\quad [\delta x_i]=\left[\frac{\partial f_i}{\partial q_j}\right][\delta q_j] \tag{3.56}$$

式(3.56)表示各单个变量和函数之间的微分关系。包含这一关系的矩阵称为雅可比矩阵。

同理，对六自由度机器人位置方程求微分，可写下列矩阵形式：

$$\begin{bmatrix}\mathrm{d}x\\\mathrm{d}y\\\mathrm{d}z\\\delta x\\\delta y\\\delta z\end{bmatrix}=\begin{bmatrix}机器人\\雅可比\\矩阵\end{bmatrix}\begin{bmatrix}\mathrm{d}\theta_1\\\mathrm{d}\theta_2\\\mathrm{d}\theta_3\\\mathrm{d}\theta_4\\\mathrm{d}\theta_5\\\mathrm{d}\theta_6\end{bmatrix}\quad 或\quad \boldsymbol{D}=\boldsymbol{J}\boldsymbol{D}_\theta \tag{3.57}$$

其中，$\boldsymbol{D}$ 中的 $\mathrm{d}x$、$\mathrm{d}y$、$\mathrm{d}z$ 分别表示机器人手爪沿 x、y、z 轴的微分运动；$\boldsymbol{D}$ 中的 δx、δy、δz 分别表示机器人手爪绕 x、y、z 轴的微分旋转；$\boldsymbol{D}_\theta$ 表示关节的微分运动。

将式(3.54)或式(3.57)两边对时间求导，即得出 q 与 x 之间的微分关系

$$\dot{x}=\boldsymbol{J}(q)\dot{q} \tag{3.58}$$

式中，x 为末端在操作空间的广义速度，简称操作速度；q 为关节速度；$\boldsymbol{J}(q)$是 6×6 的偏导数矩阵，称为机器人的雅可比矩阵。

例 3.4　给定某时刻的机器人雅可比矩阵如下，计算在给定微分运动的情况下，机器人末端执行器坐标系的线位移微分运动和角位移微分运动。

$$\boldsymbol{J}=\begin{bmatrix}1&0&0&0&2&0\\-1&0&1&0&0&0\\0&1&0&0&0&0\\0&0&0&3&0&0\\0&0&1&0&0&0\\0&0&0&0&0&1\end{bmatrix},\quad \boldsymbol{D}=\begin{bmatrix}0.1\\0\\-0.1\\0\\0\\0.1\end{bmatrix}$$

解：根据式(3.57)，可得：

$$D = JD_\theta = \begin{bmatrix} 1 & 0 & 0 & 0 & 2 & 0 \\ -1 & 0 & 1 & 0 & 0 & 0 \\ 0 & 1 & 0 & 0 & 0 & 0 \\ 0 & 0 & 0 & 3 & 0 & 0 \\ 0 & 0 & 1 & 0 & 0 & 0 \\ 0 & 0 & 0 & 0 & 0 & 1 \end{bmatrix} \begin{bmatrix} 0.1 \\ 0 \\ -0.1 \\ 0 \\ 0 \\ 0.1 \end{bmatrix} = \begin{bmatrix} 0.1 \\ -0.2 \\ 0 \\ 0 \\ -0.1 \\ 0.1 \end{bmatrix} = \begin{bmatrix} dx \\ dy \\ dz \\ \delta x \\ \delta y \\ \delta z \end{bmatrix}$$

3.3.2 机器人的微分运动

1. 微分平移

用式 Trans(dx,dy,dz)表示坐标系中微分平移 dx,dy,dz 的变换，其含义为坐标系沿 x,y,z 轴做微小运动。

$$\mathrm{Trans}(dx, dy, dz) = \begin{bmatrix} 1 & 0 & 0 & dx \\ 0 & 1 & 0 & dy \\ 0 & 0 & 1 & dz \\ 0 & 0 & 0 & 1 \end{bmatrix} \tag{3.59}$$

2. 绕坐标系轴微分旋转

用式 Rot(x,δx)、Rot(y,δy)、Rot(z,δz)表示坐标系中微分绕 x,y,z 轴旋转的变换，其含义为坐标系绕 x,y,z 轴做微小旋转。

在旋转量很小的情况下，近似下列值：

$\sin\delta x = \delta x$(以弧度值计)，$\cos\delta x = 1$，则可得：

$$\mathrm{Rot}(x, \delta x) = \begin{bmatrix} 1 & 0 & 0 & 0 \\ 0 & 1 & -\delta x & 0 \\ 0 & \delta x & 1 & 0 \\ 0 & 0 & 0 & 1 \end{bmatrix} \tag{3.60}$$

$$\mathrm{Rot}(y, \delta y) = \begin{bmatrix} 1 & 0 & \delta y & 0 \\ 0 & 1 & 0 & 0 \\ -\delta y & 0 & 1 & 0 \\ 0 & 0 & 0 & 1 \end{bmatrix} \tag{3.61}$$

$$\mathrm{Rot}(z, \delta z) = \begin{bmatrix} 1 & -\delta z & 0 & 0 \\ \delta z & 1 & 0 & 0 \\ 0 & 0 & 1 & 0 \\ 0 & 0 & 0 & 1 \end{bmatrix} \tag{3.62}$$

3. 绕任意轴 q 轴微分旋转

在数学计算中，若略去高阶微分，即使 $\delta x \delta y = 0$，可证明：

$$\mathrm{Rot}(x, \delta x)\mathrm{Rot}(y, \delta y) = \mathrm{Rot}(y, \delta y)\mathrm{Rot}(x, \delta x) \tag{3.63}$$

由此可得，在微分旋转计算中，矩阵相乘的顺序对计算结果影响甚小，故而在微分旋转计算中可交换相乘顺序。可得：

$$
\begin{aligned}
\mathrm{Rot}(q,\mathrm{d}\theta) &= \mathrm{Rot}(x,\delta x)\mathrm{Rot}(y,\delta y)\mathrm{Rot}(z,\delta z)\\
&=\begin{bmatrix}1&0&0&0\\0&1&-\delta x&0\\0&\delta x&1&0\\0&0&0&1\end{bmatrix}\begin{bmatrix}1&0&\delta y&0\\0&1&0&0\\-\delta y&0&1&0\\0&0&0&1\end{bmatrix}\begin{bmatrix}1&-\delta z&0&0\\\delta z&1&0&0\\0&0&1&0\\0&0&0&1\end{bmatrix}\\
&=\begin{bmatrix}1&-\delta z&\delta y&0\\\delta x\delta y&-\delta x\delta y\delta z+1&-\delta x&0\\-\delta y+\delta x\delta z&\delta x+\delta y\delta z&1&0\\0&0&0&1\end{bmatrix}
\end{aligned}
\tag{3.64}
$$

忽略所有高阶微分，可得：

$$
\mathrm{Rot}(q,\mathrm{d}\theta)=\mathrm{Rot}(x,\delta x)\mathrm{Rot}(y,\delta y)\mathrm{Rot}(z,\delta z)=\begin{bmatrix}1&-\delta z&\delta y&0\\\delta z&1&-\delta x&0\\-\delta y&\delta x&1&0\\0&0&0&1\end{bmatrix}
\tag{3.65}
$$

例 3.5　求绕三个坐标系轴旋转小的旋转后，所得总微分变换。其中($\delta x=0.05\mathrm{rad}$、$\delta y=0.1\mathrm{rad}$、$\delta z=0.05\mathrm{rad}$)。

解：由式(3.65)，可得：

$$
\mathrm{Rot}(q,\mathrm{d}\theta)=\begin{bmatrix}1&-\delta z&\delta y&0\\\delta z&1&-\delta x&0\\-\delta y&\delta x&1&0\\0&0&0&1\end{bmatrix}=\begin{bmatrix}1&-0.05&0.1&0\\0.05&1&-0.05&0\\-0.1&0.05&1&0\\0&0&0&1\end{bmatrix}
$$

4. 微分算子

机器人实际操作和运行时，是微分平移和绕任意轴旋转的复杂运动。假如用 $\boldsymbol{T}$ 表示原始坐标系，$\mathrm{d}\boldsymbol{T}$ 表示变化量，若沿坐标系轴进行运动，则有下式表达：

$$
\boldsymbol{T}+\mathrm{d}\boldsymbol{T}=[\mathrm{Trans}(\mathrm{d}x,\mathrm{d}y,\mathrm{d}z)\mathrm{Rot}(q,\mathrm{d}\theta)]\boldsymbol{T}
\tag{3.66}
$$

移项得：$\mathrm{d}\boldsymbol{T}=[\mathrm{Trans}(\mathrm{d}x,\mathrm{d}y,\mathrm{d}z)\mathrm{Rot}(q,\mathrm{d}\theta)-\boldsymbol{I}]\boldsymbol{T}$，$\boldsymbol{I}$ 为单位矩阵。

令 $\boldsymbol{\Delta}=[\mathrm{Trans}(\mathrm{d}x,\mathrm{d}y,\mathrm{d}z)\mathrm{Rot}(q,\mathrm{d}\theta)-\boldsymbol{I}]$，则上式可简化为：

$$
\mathrm{d}\boldsymbol{T}=\boldsymbol{\Delta}\boldsymbol{T}
\tag{3.67}
$$

其中 $\boldsymbol{\Delta}$ 称为对于固定基坐标系的微分算子。

$$
\boldsymbol{\Delta}=\begin{bmatrix}1&0&0&\mathrm{d}x\\0&1&0&\mathrm{d}y\\0&0&1&\mathrm{d}z\\0&0&0&1\end{bmatrix}\begin{bmatrix}1&-\delta z&\delta y&0\\\delta z&1&-\delta x&0\\-\delta y&\delta x&1&0\\0&0&0&1\end{bmatrix}-\begin{bmatrix}1&0&0&0\\0&1&0&0\\0&0&1&0\\0&0&0&1\end{bmatrix}
\tag{3.68}
$$

$$
\boldsymbol{\Delta}=\begin{bmatrix}0&-\delta z&\delta y&\mathrm{d}x\\\delta z&0&-\delta x&\mathrm{d}y\\-\delta y&\delta x&0&\mathrm{d}z\\0&0&0&0\end{bmatrix}
\tag{3.69}
$$

同理，若沿着当前坐标系进行运动，则可得到如下公式：

$$^{T}\boldsymbol{\Delta}=\begin{bmatrix}0 & -^{T}\delta z & ^{T}\delta y & ^{T}\mathrm{d}x\\ ^{T}\delta z & 0 & -^{T}\delta x & ^{T}\mathrm{d}y\\ -^{T}\delta y & ^{T}\delta x & 0 & ^{T}\mathrm{d}z\\ 0 & 0 & 0 & 0\end{bmatrix}\tag{3.70}$$

$[^{T}\boldsymbol{\Delta}]$称为对于当前坐标系的微分算子。

例 3.6 已知坐标系{A}和对基坐标系的微分平移与微分旋转为：

$$\boldsymbol{A}=\begin{bmatrix}0 & 0 & 1 & 8\\ 1 & 0 & 0 & 4\\ 0 & 1 & 0 & 0\\ 0 & 0 & 0 & 1\end{bmatrix}$$

$$\boldsymbol{d}=[0.8,0,0.6],\quad \boldsymbol{\delta}=[0,0.2,0]$$

试求微分变换结果。

解：首先据式(3.69)可得下式：

$$\boldsymbol{\Delta}=\begin{bmatrix}0 & 0 & 0.2 & 0.8\\ 0 & 0 & 0 & 0\\ -0.2 & 0 & 0 & 0.6\\ 0 & 0 & 0 & 0\end{bmatrix}$$

再按照 $\mathrm{d}\boldsymbol{T}=\Delta\boldsymbol{T}$，有 $\mathrm{d}\boldsymbol{A}=\Delta\boldsymbol{A}$，即

$$\mathrm{d}\boldsymbol{A}=\begin{bmatrix}0 & 0 & 0.2 & 0.8\\ 0 & 0 & 0 & 0\\ -0.2 & 0 & 0 & 0.6\\ 0 & 0 & 0 & 0\end{bmatrix}\begin{bmatrix}0 & 0 & 1 & 8\\ 1 & 0 & 0 & 4\\ 0 & 1 & 0 & 0\\ 0 & 0 & 0 & 1\end{bmatrix}=\begin{bmatrix}0 & 0.2 & 0 & 0.8\\ 0 & 0 & 0 & 0\\ 0 & 0 & -0.2 & -1\\ 0 & 0 & 0 & 0\end{bmatrix}$$

坐标系{A}的这一微分变化如图 3.10 所示。

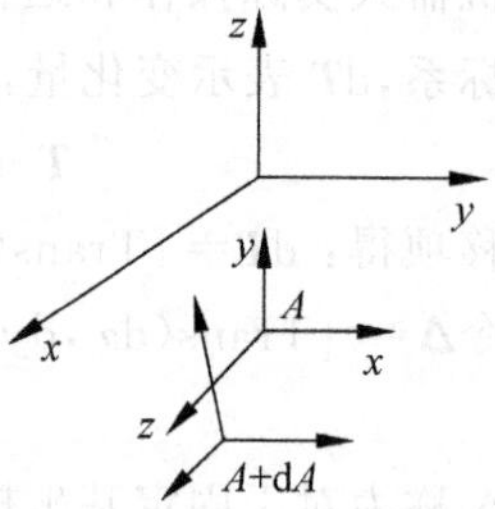

图 3.10 坐标系{A}微分变化

5. 微分运动的等价变换

要求得机器人的雅可比(Jacobian)矩阵，就需要把一个坐标系内的位置和姿态的微分变化，变换为另一坐标系内的等效表达式。

$$\mathrm{d}\boldsymbol{T}=\Delta\boldsymbol{T}=\boldsymbol{T}\,^{T}\Delta$$

等式两边同时乘以 $\boldsymbol{T}^{-1}$，得到 $\boldsymbol{T}^{-1}\Delta\boldsymbol{T}=\boldsymbol{T}^{-1}\boldsymbol{T}\,^{T}\Delta$

所有
$$^{T}\Delta=\boldsymbol{T}^{-1}\Delta\boldsymbol{T}\tag{3.71}$$

若坐标系 T 用 noap 矩阵表达，则：

$$\boldsymbol{T}=\begin{bmatrix}n_x & o_x & a_x & p_x\\ n_y & o_y & a_y & p_y\\ n_z & o_z & a_z & p_z\\ 0 & 0 & 0 & 1\end{bmatrix}$$

可得：

$$T^{-1}=\begin{bmatrix} n_x & n_y & n_z & -p\cdot n \\ o_x & o_y & o_z & -p\cdot o \\ a_x & a_y & a_z & -p\cdot a \\ 0 & 0 & 0 & 1 \end{bmatrix} \tag{3.72}$$

$$\Delta T=\begin{bmatrix} 0 & -\delta z & \delta y & \mathrm{d}x \\ \delta z & 0 & -\delta x & \mathrm{d}y \\ -\delta y & \delta x & 0 & \mathrm{d}z \\ 0 & 0 & 0 & 0 \end{bmatrix}\begin{bmatrix} n_x & o_x & a_x & p_x \\ n_y & o_y & a_y & p_y \\ n_z & o_z & a_z & p_z \\ 0 & 0 & 0 & 1 \end{bmatrix} \tag{3.73}$$

利用式${}^T\Delta=T^{-1}\Delta T$ 可得${}^T\Delta$ 的表达式为：

$$\Delta T=\begin{bmatrix} -\delta_z n_y+\delta_y n_z & -\delta_z o_y+\delta_y o_z & -\delta_z a_y+\delta_y a_z & -\delta_z p_y+\delta_y p_z+d_x \\ \delta_z n_x+\delta_x n_z & \delta_z o_x+\delta_x o_z & \delta_z a_x+\delta_x a_z & \delta_z p_x+\delta_x p_z+d_y \\ -\delta_y n_x+\delta_x n_y & -\delta_y o_x+\delta_x o_y & -\delta_y a_x+\delta_x a_y & -\delta_y p_x+\delta_x p_y+d_z \\ 0 & 0 & 0 & 0 \end{bmatrix} \tag{3.74}$$

它与下式等价：

$$\Delta T=\begin{bmatrix} (\boldsymbol{\delta}\times\boldsymbol{n})_x & (\boldsymbol{\delta}\times\boldsymbol{o})_x & (\boldsymbol{\delta}\times\boldsymbol{a})_x & (\boldsymbol{\delta}\times\boldsymbol{p}+\boldsymbol{d})_x \\ (\boldsymbol{\delta}\times\boldsymbol{n})_y & (\boldsymbol{\delta}\times\boldsymbol{o})_y & (\boldsymbol{\delta}\times\boldsymbol{a})_y & (\boldsymbol{\delta}\times\boldsymbol{p}+\boldsymbol{d})_y \\ (\boldsymbol{\delta}\times\boldsymbol{n})_z & (\boldsymbol{\delta}\times\boldsymbol{o})_z & (\boldsymbol{\delta}\times\boldsymbol{a})_z & (\boldsymbol{\delta}\times\boldsymbol{p}+\boldsymbol{d})_z \\ 0 & 0 & 0 & 0 \end{bmatrix} \tag{3.75}$$

式中，下标表示只取某方向的一个量。

用 T^{-1} 左乘式(3.75)得：

$$T^{-1}\Delta T=\begin{bmatrix} n_x & n_y & n_z & -\boldsymbol{p}\cdot\boldsymbol{n} \\ o_x & o_y & o_z & -\boldsymbol{p}\cdot\boldsymbol{o} \\ a_x & a_y & a_z & -\boldsymbol{p}\cdot\boldsymbol{a} \\ 0 & 0 & 0 & 1 \end{bmatrix}\begin{bmatrix} (\boldsymbol{\delta}\times\boldsymbol{n})_x & (\boldsymbol{\delta}\times\boldsymbol{o})_x & (\boldsymbol{\delta}\times\boldsymbol{a})_x & (\boldsymbol{\delta}\times\boldsymbol{p}+\boldsymbol{d})_x \\ (\boldsymbol{\delta}\times\boldsymbol{n})_y & (\boldsymbol{\delta}\times\boldsymbol{o})_y & (\boldsymbol{\delta}\times\boldsymbol{a})_y & (\boldsymbol{\delta}\times\boldsymbol{p}+\boldsymbol{d})_y \\ (\boldsymbol{\delta}\times\boldsymbol{n})_z & (\boldsymbol{\delta}\times\boldsymbol{o})_z & (\boldsymbol{\delta}\times\boldsymbol{a})_z & (\boldsymbol{\delta}\times\boldsymbol{p}+\boldsymbol{d})_z \\ 0 & 0 & 0 & 0 \end{bmatrix} \tag{3.76}$$

$$T^{-1}\Delta T=\begin{bmatrix} \boldsymbol{n}\cdot(\boldsymbol{\delta}\times\boldsymbol{n}) & \boldsymbol{n}\cdot(\boldsymbol{\delta}\times\boldsymbol{o}) & \boldsymbol{n}\cdot(\boldsymbol{\delta}\times\boldsymbol{a}) & \boldsymbol{n}\cdot(\boldsymbol{\delta}\times\boldsymbol{p}+\boldsymbol{d}) \\ \boldsymbol{o}\cdot(\boldsymbol{\delta}\times\boldsymbol{n}) & \boldsymbol{o}\cdot(\boldsymbol{\delta}\times\boldsymbol{o}) & \boldsymbol{o}\cdot(\boldsymbol{\delta}\times\boldsymbol{a}) & \boldsymbol{o}\cdot(\boldsymbol{\delta}\times\boldsymbol{p}+\boldsymbol{d}) \\ \boldsymbol{a}\cdot(\boldsymbol{\delta}\times\boldsymbol{n}) & \boldsymbol{a}\cdot(\boldsymbol{\delta}\times\boldsymbol{o}) & \boldsymbol{a}\cdot(\boldsymbol{\delta}\times\boldsymbol{a}) & \boldsymbol{a}\cdot(\boldsymbol{\delta}\times\boldsymbol{p}+\boldsymbol{d}) \\ 0 & 0 & 0 & 0 \end{bmatrix} \tag{3.77}$$

应用三矢量相乘的两个性质 $a\cdot(b\times c)=b\cdot(c\times a)$及 $a\cdot(a\times c)=0$，并据式(3.71)可把式(3.77)变换为：

$${}^T\Delta=\begin{bmatrix} 0 & -\boldsymbol{\delta}\cdot(\boldsymbol{n}\times\boldsymbol{o}) & \boldsymbol{\delta}\cdot(\boldsymbol{a}\times\boldsymbol{n}) & \boldsymbol{\delta}\cdot(\boldsymbol{p}\times\boldsymbol{n})+\boldsymbol{d}\cdot\boldsymbol{n} \\ \boldsymbol{\delta}\cdot(\boldsymbol{n}\times\boldsymbol{o}) & 0 & -\boldsymbol{\delta}\cdot(\boldsymbol{o}\times\boldsymbol{a}) & \boldsymbol{\delta}\cdot(\boldsymbol{p}\times\boldsymbol{o})+\boldsymbol{d}\cdot\boldsymbol{o} \\ -\boldsymbol{\delta}\cdot(\boldsymbol{a}\times\boldsymbol{n}) & \boldsymbol{\delta}\cdot(\boldsymbol{o}\times\boldsymbol{a}) & 0 & \boldsymbol{\delta}\cdot(\boldsymbol{p}\times\boldsymbol{a})+\boldsymbol{d}\cdot\boldsymbol{a} \\ 0 & 0 & 0 & 0 \end{bmatrix} \tag{3.78}$$

化简得：

$$
{}^{T}\Delta=\begin{bmatrix} 0 & -\boldsymbol{\delta}\cdot\boldsymbol{a} & \boldsymbol{\delta}\cdot\boldsymbol{o} & \boldsymbol{\delta}\cdot(\boldsymbol{p}\times\boldsymbol{n})+\boldsymbol{d}\cdot\boldsymbol{n} \\ \boldsymbol{\delta}\cdot\boldsymbol{a} & 0 & -\boldsymbol{\delta}\cdot\boldsymbol{n} & \boldsymbol{\delta}\cdot(\boldsymbol{p}\times\boldsymbol{o})+\boldsymbol{d}\cdot\boldsymbol{o} \\ -\boldsymbol{\delta}\cdot\boldsymbol{o} & \boldsymbol{\delta}\cdot\boldsymbol{n} & 0 & \boldsymbol{\delta}\cdot(\boldsymbol{p}\times\boldsymbol{a})+\boldsymbol{d}\cdot\boldsymbol{a} \\ 0 & 0 & 0 & 0 \end{bmatrix} \tag{3.79}
$$

由于${}^{T}\Delta$已被式(3.70)所定义,所以令式(3.70)与式(3.79)各元分别相等,可求得下列各式:

$$
{}^{T}\delta_x=\boldsymbol{\delta}\cdot\boldsymbol{n},\quad {}^{T}\delta_y=\boldsymbol{\delta}\cdot\boldsymbol{o},\quad {}^{T}\delta_z=\boldsymbol{\delta}\cdot\boldsymbol{a} \tag{3.80}
$$

$$
\begin{cases} {}^{T}d_x=\boldsymbol{\delta}\cdot(\boldsymbol{p}\times\boldsymbol{n})+\boldsymbol{d}\cdot\boldsymbol{n} \\ {}^{T}d_y=\boldsymbol{\delta}\cdot(\boldsymbol{p}\times\boldsymbol{o})+\boldsymbol{d}\cdot\boldsymbol{o} \\ {}^{T}d_z=\boldsymbol{\delta}\cdot(\boldsymbol{p}\times\boldsymbol{a})+\boldsymbol{d}\cdot\boldsymbol{a} \end{cases} \tag{3.81}
$$

式中$\boldsymbol{n},\boldsymbol{o},\boldsymbol{a}$和$\boldsymbol{p}$,分别为微分坐标变换$T$的列矢量。从上列两式可得微分运动${}^{T}\boldsymbol{D}$和$\boldsymbol{D}$关系如下:

$$
\begin{bmatrix} {}^{T}d_x \\ {}^{T}d_y \\ {}^{T}d_z \\ {}^{T}\delta_x \\ {}^{T}\delta_y \\ {}^{T}\delta_z \end{bmatrix}=\begin{bmatrix} n_x & n_y & n_z & (\boldsymbol{p}\times\boldsymbol{n})_x & (\boldsymbol{p}\times\boldsymbol{n})_y & (\boldsymbol{p}\times\boldsymbol{n})_z \\ o_x & o_y & o_z & (\boldsymbol{p}\times\boldsymbol{o})_x & (\boldsymbol{p}\times\boldsymbol{o})_y & (\boldsymbol{p}\times\boldsymbol{o})_z \\ a_x & a_y & a_z & (\boldsymbol{p}\times\boldsymbol{a})_x & (\boldsymbol{p}\times\boldsymbol{a})_y & (\boldsymbol{p}\times\boldsymbol{a})_z \\ 0 & 0 & 0 & n_x & n_y & n_z \\ 0 & 0 & 0 & o_x & o_y & o_z \\ 0 & 0 & 0 & a_x & a_y & a_z \end{bmatrix}\begin{bmatrix} d_x \\ d_y \\ d_z \\ \delta_x \\ \delta_y \\ \delta_z \end{bmatrix} \tag{3.82}
$$

应用三矢量相乘的性质$a\cdot(b\times c)=c\cdot(a\times b)$,我们可进一步将式(3.80)和式(3.81)写为:

$$
\begin{cases} {}^{T}d_x=\boldsymbol{n}\cdot((\boldsymbol{\delta}\times\boldsymbol{p})+\boldsymbol{d}) \\ {}^{T}d_y=\boldsymbol{o}\cdot((\boldsymbol{\delta}\times\boldsymbol{p})+\boldsymbol{d}) \\ {}^{T}d_z=\boldsymbol{a}\cdot((\boldsymbol{\delta}\times\boldsymbol{p})+\boldsymbol{d}) \end{cases} \tag{3.83}
$$

$$
\begin{cases} {}^{T}\delta_x=\boldsymbol{n}\cdot\boldsymbol{\delta} \\ {}^{T}\delta_y=\boldsymbol{o}\cdot\boldsymbol{\delta} \\ {}^{T}\delta_z=\boldsymbol{a}\cdot\boldsymbol{\delta} \end{cases} \tag{3.84}
$$

应用上述二式,能够方便地把对基坐标系的微分变化变换为对坐标系T的微分变化。式(3.82)可简写为:

$$
\begin{bmatrix} {}^{T}\boldsymbol{d} \\ {}^{T}\boldsymbol{\delta} \end{bmatrix}=\begin{bmatrix} \boldsymbol{R}^{T} & -\boldsymbol{S}\boldsymbol{R}^{T}(\boldsymbol{p}) \\ \boldsymbol{0} & \boldsymbol{R}^{T} \end{bmatrix}\begin{bmatrix} \boldsymbol{d} \\ \boldsymbol{\delta} \end{bmatrix} \tag{3.85}
$$

式中,$\boldsymbol{R}$是旋转矩阵,

$$
\boldsymbol{R}=\begin{bmatrix} n_x & n_x & a_x \\ n_y & n_z & a_y \\ n_z & o_z & a_z \end{bmatrix} \tag{3.86}
$$

对于任何三维矢量$\boldsymbol{P}=[p_x,p_y,p_z]^{\mathrm{T}}$,其反对称矩阵$\boldsymbol{S}(p)$定义为:

$$
\boldsymbol{S}(p)=\begin{bmatrix} 0 & -p_x & p_y \\ p_z & 0 & -p_x \\ -p_y & p_x & 0 \end{bmatrix} \tag{3.87}
$$

例 3.7　已知坐标系 $\boldsymbol{A}$ 和对基坐标系的微分平移与微分旋转为：

$$\boldsymbol{A}=\begin{bmatrix}0&0&1&8\\1&0&0&4\\0&1&0&0\\0&0&0&1\end{bmatrix}$$

$\boldsymbol{d}=[0.8,0,0.6]$，$\boldsymbol{\delta}=[0,0.2,0]$。试求对坐标系 $\boldsymbol{A}$ 的等价微分平移和微分旋转。

解：因为

$$\boldsymbol{n}=[0,1,0],\quad \boldsymbol{o}=[0,0,1],\quad \boldsymbol{a}=[1,0,0],\quad \boldsymbol{p}=[8,4,0],$$
$$\boldsymbol{d}=[0.8,0,0.6],\quad \boldsymbol{\delta}=[0,0.2,0]$$

以及

$$\boldsymbol{\delta}\times\boldsymbol{p}=\begin{vmatrix}i&j&k\\0&0.2&0\\8&4&0\end{vmatrix}=[0,0,-1.6]$$

$\boldsymbol{\delta}\times\boldsymbol{p}+\boldsymbol{d}=[0,0,-1.6]+[0.8,0,0.6]=[0.8,0,-1]$

又据式(3.83)和式(3.84)，可求得等价微分平移和微分旋转为：

$${}^A\boldsymbol{d}=[0,-1,0.8],\quad {}^A\boldsymbol{\delta}=[0.2,0,0]$$

据式 $\mathrm{d}\boldsymbol{T}=\boldsymbol{T}^T\Delta$ 计算 $\mathrm{d}\boldsymbol{A}=\boldsymbol{A}^A\Delta$，以检验所得微分运动是否正确。据式(3.70)有：

$${}^A\Delta=\begin{bmatrix}0&0&0&0\\0&0&-0.2&-1\\0&0.2&0&0.8\\0&0&0&0\end{bmatrix}$$

$$\mathrm{d}\boldsymbol{A}=\begin{bmatrix}0&0&1&8\\1&0&0&4\\0&1&0&0\\0&0&0&1\end{bmatrix}\begin{bmatrix}0&0&0&0\\0&0&-0.2&-1\\0&0.2&0&0.8\\0&0&0&0\end{bmatrix}$$

即

$$\mathrm{d}\boldsymbol{A}=\begin{bmatrix}0&0.2&0&0.8\\0&0&0&0\\0&0&-0.2&-1\\0&0&0&0\end{bmatrix}$$

所得结果与例 3.6 一致。可见所求得的对 A 的微分平移和微分旋转是正确无误的。

3.3.3　雅可比矩阵的计算

雅可比矩阵中的每个元素是对应的运动学方程对其中一个变量的导数，参考式(3.57)。

可以看到，D 中的第一个元素是 $\mathrm{d}x$，它表示第一个运动学方程且必须沿 x 轴的运动，即 p_x。换句话说，p_x 表示手的坐标系沿 x 轴的运动，它的微分为 $\mathrm{d}x$。同样，$\mathrm{d}y$ 和 $\mathrm{d}z$ 也是如此。若考虑用 $\boldsymbol{n}$、$\boldsymbol{o}$、$\boldsymbol{a}$ 和 $\boldsymbol{p}$ 表示的矩阵，对相应的元素 p_x、p_y 和 p_z 求微分就可得到 $\mathrm{d}x$、$\mathrm{d}y$ 和 $\mathrm{d}z$。

1. 微分变换法

对于转动关节 i，连杆 i 相对连杆 $i-1$ 绕坐标系$\{i\}$的 z_i 轴做微分转动 $d\theta_i$，其微分运动矢量为：

$$\boldsymbol{d}=\begin{bmatrix}0\\0\\0\end{bmatrix},\quad \boldsymbol{\delta}=\begin{bmatrix}0\\0\\1\end{bmatrix}d\theta_i \tag{3.88}$$

利用式(3.82)得出手爪相应的微分运动矢量为：

$$\begin{bmatrix}{}^Td_x\\{}^Td_y\\{}^Td_z\\{}^T\delta_x\\{}^T\delta_y\\{}^T\delta_y\end{bmatrix}=\begin{bmatrix}(\boldsymbol{p}\times\boldsymbol{n})_z\\(\boldsymbol{p}\times\boldsymbol{o})_z\\(\boldsymbol{p}\times\boldsymbol{a})_z\\n_z\\o_z\\a_z\end{bmatrix}d\theta_i \tag{3.89}$$

对于移动关节，连杆 i 沿 z_i 轴相对于连杆 $i-1$ 做微分移动 dd_i，其微分运动矢量为：

$$\boldsymbol{d}=\begin{bmatrix}0\\0\\1\end{bmatrix}dd_i\quad \boldsymbol{\delta}=\begin{bmatrix}0\\0\\0\end{bmatrix} \tag{3.90}$$

而手爪的微分运动矢量为：

$$\begin{bmatrix}{}^Td_x\\{}^Td_y\\{}^Td_z\\{}^T\delta_x\\{}^T\delta_y\\{}^T\delta_y\end{bmatrix}=\begin{bmatrix}n_z\\o_z\\a_z\\0\\0\\0\end{bmatrix}dd_i \tag{3.91}$$

于是，可得雅可比矩阵 $J(q)$的第 i 列如下：

对于转动关节 i 有：

$${}^T\boldsymbol{J}_{li}=\begin{bmatrix}(\boldsymbol{p}\times\boldsymbol{n})_z\\(\boldsymbol{p}\times\boldsymbol{o})_z\\(\boldsymbol{p}\times\boldsymbol{a})_z\end{bmatrix},\quad {}^T\boldsymbol{J}_{ai}=\begin{bmatrix}n_z\\o_z\\a_z\end{bmatrix} \tag{3.92}$$

对于移动关节 i 有：

$${}^T\boldsymbol{J}_{li}=\begin{bmatrix}n_z\\o_z\\a_z\end{bmatrix},\quad {}^T\boldsymbol{J}_{ai}=\begin{bmatrix}0\\0\\0\end{bmatrix} \tag{3.93}$$

式中，$\boldsymbol{n},\boldsymbol{o},\boldsymbol{a},\boldsymbol{p}$ 是${}^i_n\boldsymbol{T}$ 的 4 个列向量。

上述求雅可比${}^T\boldsymbol{J}(\boldsymbol{q})$的方法是构造性的，只要知道各连杆变换${}^{i-1}_i\boldsymbol{T}$，就可自动生成雅可比矩阵，不需求解方程。其自动生成的步骤如下：

(1) 计算各连杆变换${}^0_1\boldsymbol{T},{}^1_2\boldsymbol{T},L,{}^{n-1}_n\boldsymbol{T}$。${}^T\boldsymbol{J}_i$ 和${}^i_n\boldsymbol{T}$ 之间的关系如图 3.11 所示。

(2) 计算各连杆至末端连杆的变换(见图 3.11):

$$ {}^{n-1}_{n}\boldsymbol{T}={}^{n-1}_{n}\boldsymbol{T},\ {}^{n-2}_{n}\boldsymbol{T}={}^{n-2}_{n-1}\boldsymbol{T}\,{}^{n-1}_{n}\boldsymbol{T},\cdots, $$

$$ {}^{i-1}_{n}\boldsymbol{T}={}^{i-1}_{i}\boldsymbol{T}\,{}^{i}_{n}\boldsymbol{T},\cdots,{}^{0}_{n}\boldsymbol{T}={}^{0}_{1}\boldsymbol{T}\,{}^{1}_{n}\boldsymbol{T} $$

(3) 计算 $\boldsymbol{J}(\boldsymbol{q})$的各列元素,第 i 列 ${}^{T}\boldsymbol{J}_i$ 由 ${}^{i}_{n}\boldsymbol{T}$ 决定。根据式(3.90)和式(3.91)计算 ${}^{T}\boldsymbol{J}_{li}$ 和 ${}^{T}\boldsymbol{J}_{ai}$。

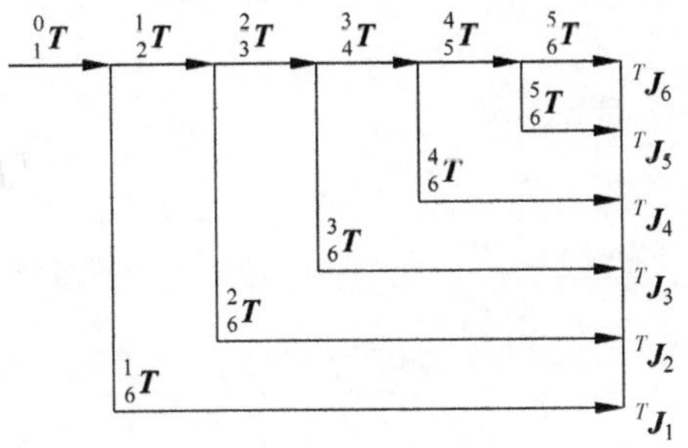

图 3.11 ${}^{T}\boldsymbol{J}_i$ 和 ${}^{i}_{n}\boldsymbol{T}$ 之间的关系

2. 雅可比计算

例 3.8 PUMA560 的六个关节均为转动,所以它的雅可比矩阵有六列,以微分变换法求其雅可比矩阵。

解: ${}^{T}\boldsymbol{J}(q)$第一列 ${}^{T}\boldsymbol{J}_1(q)$对应变换矩阵记为 ${}^{1}_{6}\boldsymbol{T}$,根据上节内容,可得:

$$ {}^{T}\boldsymbol{J}_1(\boldsymbol{q})=\begin{bmatrix} {}^{T}J_{1x} \\ {}^{T}J_{1y} \\ {}^{T}J_{1z} \\ -s_{23}(c_4c_5c_6-s_4s_6)-c_{23}s_5c_6 \\ s_{23}(c_4c_5s_6+s_4c_6)+c_{23}s_5c_6 \\ -s_{23}c_4s_5-c_{23}c_5 \end{bmatrix} \tag{3.94} $$

其中

$$ {}^{T}J_{1x}=-d_2[c_{23}(c_4c_5c_6-s_4s_6)-s_{23}s_5c_6]-(a_2c_2+a_3c_{23}-d_4s_{23})(s_4c_5c_6+c_4s_6) $$

$$ {}^{T}J_{1y}=-d_2[-c_{23}(c_4c_5s_6+s_4c_6)+s_{23}s_5s_6]+(a_2c_2+a_3c_{23}-d_4s_{23})(s_4c_5s_6-c_4c_6) $$

$$ {}^{T}J_{1z}=d_2(c_{23}c_5s_5+s_{23}c_5)+(a_2c_2+a_3c_{23}-d_4s_{23})s_4s_5 $$

由变换矩阵 ${}^{2}_{6}\boldsymbol{T}$,可得:

$$ {}^{T}\boldsymbol{J}_2(\boldsymbol{q})=\begin{bmatrix} {}^{T}J_{2x} \\ {}^{T}J_{2y} \\ {}^{T}J_{2z} \\ -s_4c_5c_6-c_4s_6 \\ s_4c_5s_6-c_4c_6 \\ s_4s_5 \end{bmatrix} \tag{3.95} $$

其中

$$ {}^{T}J_{2x}=a_3s_5c_6-d_4(c_4c_5c_6-s_4s_6)+a_2[s_3(c_4c_5c_6-s_4s_6)+c_3s_5c_6] $$

$$ {}^{T}J_{2y}=-a_3s_5s_6-d_4(-c_4c_5s_6-s_4c_6)+a_2[s_3(-c_4c_5s_6-s_4c_6)+c_3s_5s_6] $$

$$ {}^{T}J_{2z}=a_3c_6+d_4c_4s_5+a_2(-s_3c_4s_5+c_3c_6) $$

同理可得:

$$ {}^{T}\boldsymbol{J}_3(\boldsymbol{q})=\begin{bmatrix} -d_4(c_4c_5c_6-s_4s_6)+a_3(s_5c_6) \\ d_4(c_4c_5s_6+s_4c_6)-a_3(s_5s_6) \\ d_4c_4s_5+a_3c_6 \\ -s_4c_5c_6-c_4s_6 \\ s_4c_5s_6-c_4c_6 \\ s_4s_5 \end{bmatrix} \tag{3.96} $$

$$^{T}\boldsymbol{J}_4(\boldsymbol{q})=\begin{bmatrix}0\\0\\0\\s_5c_6\\-s_5s_6\\c_5\end{bmatrix} \tag{3.97}$$

$$^{T}\boldsymbol{J}_5(\boldsymbol{q})=\begin{bmatrix}0\\0\\0\\-s_6\\-c_6\\0\end{bmatrix} \tag{3.98}$$

$$^{T}\boldsymbol{J}_6(\boldsymbol{q})=\begin{bmatrix}0\\0\\0\\0\\0\\1\end{bmatrix} \tag{3.99}$$

3.4 动力学方程

动力学方程描述力和运动之间的关系。当机器人手臂加速时，驱动器就要有足够的力和力矩驱动机器人的连杆与关节，以获得期望的速度和加速度。解决此类问题最常用的是拉格朗日方法和牛顿—欧拉方法。拉格朗日方法只需从能量的角度列写计算公式，计算相对比较简单；而牛顿—欧拉方法需要计算内部作用力，多自由度机器人计算起来比较复杂，常用于数值计算中。本节主要介绍拉格朗日方程。

3.4.1 拉格朗日法

拉格朗日函数 L 被定义为系统的动能 K 和势能 P 之差，即

$$L=K-P \tag{3.100}$$

对直线运动，拉格朗日方程如下：

$$F_i=\frac{\mathrm{d}}{\mathrm{d}t}\left(\frac{\partial L}{\partial \dot{x}_i}\right)-\frac{\partial L}{\partial x_i},\quad i=1,2,\cdots,n \tag{3.101}$$

对旋转运动，拉格朗日方程如下：

$$T_i=\frac{\mathrm{d}}{\mathrm{d}t}\left(\frac{\partial L}{\partial \dot{\theta}_i}\right)-\frac{\partial L}{\partial \theta_i},\quad i=1,2,\cdots,n \tag{3.102}$$

式中，x_i 和 θ_i 为系统变量；F_i 是产生线性运动的外力之和；T_i 是产生旋转运动的外力矩之和；n 为连杆数目。

为了得到运动方程，需要推导能量方程，根据能量方程求得拉格朗日方程，然后根据以上两个公式求得动力学方程。

例 3.9　求图 3.12 的二自由度机器人的动力学方程，其两个关节均为旋转关节。图中，m_1 和 m_2 为连杆 1 和连杆 2 的质量，且以连杆末端的点质量表示；d_1 和 d_2 分别为两连杆的长度，θ_1 和 θ_2 为广义坐标；g 为重力加速度。

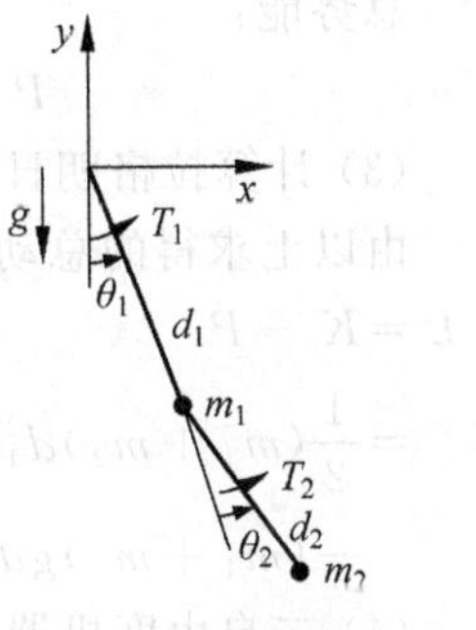

图 3.12　二自由度机器人

解：(1) 计算动能。

连杆 1 的动能为

$$K_1=\frac{1}{2}m_1v_1^2$$

式中

$$v_1=d_1\dot{\theta}_1$$

则

$$K_1=\frac{1}{2}m_1d_1^2\dot{\theta}_1^2$$

连杆 2 的动能为

$$K_2=\frac{1}{2}m_2v_2^2$$

式中

$$v_2^2=\dot{x}_2^2+\dot{y}_2^2$$
$$x_2=d_1\sin\theta_1+d_2\sin(\theta_1+\theta_2)$$
$$y_2=-d_1\cos\theta_1-d_2\cos(\theta_1+\theta_2)$$
$$\dot{x}_2=d_1\cos\theta_1\dot{\theta}_1+d_2\cos(\theta_1+\theta_2)(\dot{\theta}_1+\dot{\theta}_2)$$
$$\dot{y}_2=d_1\sin\theta_1\dot{\theta}_1+d_2\sin(\theta_1+\theta_2)(\dot{\theta}_1+\dot{\theta}_2)$$

求得：$v_2^2=d_1^2\dot{\theta}_1^2+d_2^2(\dot{\theta}_1^2+2\dot{\theta}_1\dot{\theta}_2+\dot{\theta}_2^2)+2d_1d_2\cos\theta_2(\dot{\theta}_1^2+\dot{\theta}_1\dot{\theta}_2)$

则 $K_2=\frac{1}{2}m_2d_1^2\dot{\theta}_1^2+\frac{1}{2}m_2d_2^2(\dot{\theta}_1+\dot{\theta}_2)^2+m_2d_1d_2\cos\theta_2(\dot{\theta}_1^2+\dot{\theta}_1\dot{\theta}_2)$

总动能：$K=K_1+K_2$

$$K=\frac{1}{2}(m_1+m_2)d_1^2\dot{\theta}_1^2+\frac{1}{2}m_2d_2^2(\dot{\theta}_1+\dot{\theta}_2)^2+m_2d_1d_2\cos\theta_2(\dot{\theta}_1^2+\dot{\theta}_1\dot{\theta}_2) \quad (3.103)$$

(2) 计算势能。

连杆 1 的势能为：

$$P_1=m_1gh_1$$

式中 $$h_1=-d_1\cos\theta_1$$

则 $$P_1=-m_1gd_1\cos\theta_1$$

连杆 2 的势能为：

$$P_2=mgy_2$$

式中 $$y_2=-d_1\cos\theta_1-d_2\cos(\theta_1+\theta_2)$$

则 $$P_2=-m_2gd_1\cos\theta_1-m_2gd_2\cos(\theta_1+\theta_2)$$

总势能：
$$P=P_1+P_2$$
$$P=-(m_1+m_2)gd_1\cos\theta_1-m_2gd_2\cos(\theta_1+\theta_2) \tag{3.104}$$

(3) 计算拉格朗日方程。

由以上求得的总动能和总势能，可得拉格朗日方程

$$L=K-P$$
$$=\frac{1}{2}(m_1+m_2)d_1^2\dot{\theta}_1^2+\frac{1}{2}m_2d_2^2(\dot{\theta}_1^2+2\dot{\theta}_1\dot{\theta}_2+\dot{\theta}_2^2)+m_2d_1d_2\cos\theta_2(\dot{\theta}_1^2+\dot{\theta}_1\dot{\theta}_2)$$
$$+(m_1+m_2)gd_1\cos\theta_1+m_2gd_2\cos(\theta_1+\theta_2) \tag{3.105}$$

(4) 二自由度机器人动力学方程。

对 L 求偏导数和导数：

$$\frac{\partial L}{\partial\theta_1}=-(m_1+m_2)gd_1\sin\theta_1-m_2gd_2\sin(\theta_1+\theta_2)$$
$$\frac{\partial L}{\partial\theta_2}=-m_2d_1d_2\sin\theta_2(\dot{\theta}_1^2+\dot{\theta}_1\dot{\theta}_2)-m_2gd_2\sin(\theta_1+\theta_2)$$
$$\frac{\partial L}{\partial\dot{\theta}_1}=(m_1+m_2)d_1^2\dot{\theta}_1+m_2d_2^2\dot{\theta}_1+m_2d_2^2\dot{\theta}_2+2m_2d_1d_2\cos\theta_2\dot{\theta}_1+m_2d_1d_2\cos\theta_2\dot{\theta}_2$$
$$\frac{\partial L}{\partial\dot{\theta}_2}=m_2d_2^2\dot{\theta}_1+m_2d_2^2\dot{\theta}_2+m_2d_1d_2\cos\theta_2\dot{\theta}_1$$

以及

$$\frac{d}{d_t}\frac{\partial L}{\partial\dot{\theta}_1}=[(m_1+m_2)d_1^2+m_2d_2^2+2m_2d_1d_2\cos\theta_2]\ddot{\theta}_1+(m_2d_2^2+m_2d_1d_2\cos\theta_2)\ddot{\theta}_2$$
$$-2m_2d_1d_2\sin\theta_2\dot{\theta}_1\dot{\theta}_2-m_2d_1d_2\sin\theta_2\dot{\theta}_2^2$$
$$\frac{d}{d_t}\frac{\partial L}{\partial\dot{\theta}_2}=m_2d_2^2\ddot{\theta}_1+m_2d_2^2\ddot{\theta}_2+m_2d_1d_2\cos\theta_2\ddot{\theta}_1-m_2d_1d_2\sin\theta_2\dot{\theta}_1\dot{\theta}_2$$

把相应各导数和偏导数代入式(3.102)中，即可求得力矩 T_1 和 T_2 的动力学方程式：

$$T_1=\frac{d}{d_t}\frac{\partial L}{\partial\dot{\theta}_1}-\frac{\partial L}{\partial\theta_1}$$
$$=[(m_1+m_2)d_1^2+m_2d_2^2+2m_2d_1d_2\cos\theta_2]\ddot{\theta}_1+(m_2d_2^2+m_2d_1d_2\cos\theta_2)\ddot{\theta}_2$$
$$-2m_2d_1d_2\sin\theta_2\dot{\theta}_1\dot{\theta}_2-m_2d_1d_2\sin\theta_2\dot{\theta}_2^2+(m_1+m_2)gd_1\sin\theta_1+m_2gd_2\sin(\theta_1+\theta_2) \tag{3.106}$$

$$T_2=\frac{d}{d_t}\frac{\partial L}{\partial\dot{\theta}_2}-\frac{\partial L}{\partial\theta_2}$$
$$=(m_2d_2^2+m_2d_1d_2\cos\theta_2)\ddot{\theta}_1+m_2d_2^2\ddot{\theta}_2+m_2d_1d_2\sin\theta_2\dot{\theta}_1^2+m_2gd_2\sin(\theta_1+\theta_2) \tag{3.107}$$

式(3.106)和式(3.107)的一般形式和矩阵形式如下：

$$T_1=D_{11}\ddot{\theta}_1+D_{12}\ddot{\theta}_2+D_{111}\dot{\theta}_1^2+D_{122}\dot{\theta}_2^2+D_{112}\dot{\theta}_1\dot{\theta}_2+D_{121}\dot{\theta}_2\dot{\theta}_1+D_1 \tag{3.108}$$
$$T_2=D_{21}\ddot{\theta}_1+D_{22}\ddot{\theta}_2+D_{211}\dot{\theta}_1^2+D_{222}\dot{\theta}_2^2+D_{212}\dot{\theta}_1\dot{\theta}_2+D_{221}\dot{\theta}_2\dot{\theta}_1+D_2 \tag{3.109}$$

$$\begin{bmatrix} T_1 \\ T_2 \end{bmatrix} = \begin{bmatrix} D_1 & D_{12} \\ D_{21} & D_{22} \end{bmatrix} \begin{bmatrix} \ddot{\theta}_1 \\ \ddot{\theta}_2 \end{bmatrix} + \begin{bmatrix} D_{111} & D_{122} \\ D_{211} & D_{222} \end{bmatrix} \begin{bmatrix} \dot{\theta}_1^2 \\ \dot{\theta}_2^2 \end{bmatrix} + \begin{bmatrix} D_{112} & D_{121} \\ D_{212} & D_{221} \end{bmatrix} \begin{bmatrix} \dot{\theta}_1 \dot{\theta}_2 \\ \dot{\theta}_2 \dot{\theta}_1 \end{bmatrix} + \begin{bmatrix} D_1 \\ D_2 \end{bmatrix} \tag{3.110}$$

式中，D_{ii} 称为关节 i 的有效惯量，因为关节 i 的加速度 $\ddot{\theta}_i$ 将在关节 i 上产生一个等于 $D_{ii}\ddot{\theta}_i$ 的惯性力；D_{ij} 称为关节 i 和 j 间耦合惯量，因为关节 i 和 j 的加速度 $\ddot{\theta}_i$ 和 $\ddot{\theta}_j$ 将在关节 j 或 i 上分别产生一个等于 $D_{ij}\ddot{\theta}_i$ 或 $D_{ij}\ddot{\theta}_j$ 的惯性力；$D_{ijk}\dot{\theta}_1^2$ 项是由关节 j 的速度 $\dot{\theta}_j$ 在关节 i 上产生的向心力；$(D_{ijk}\dot{\theta}_j\dot{\theta}_k + D_{ijk}\dot{\theta}_k\dot{\theta}_j)$ 项是由关节 j 和 k 的速度 $\dot{\theta}_i$ 和 $\dot{\theta}_k$ 引起的作用于关节 i 的哥氏力；D_i 表示关节 i 处的重力。

比较式(3.106)、式(3.107)与式(3.108)、式(3.109)，可得本系统各系数如下：

有效惯量

$$D_{11} = (m_1 + m_2)d_1^2 + m_2 d_2^2 + 2m_2 d_1 d_2 \cos\theta_2$$
$$D_{22} = m_2 d_2^2$$

耦合惯量

$$D_{12} = m_2 d_2^2 + m_2 d_1 d_2 \cos\theta_2 = m_2(d_2^2 + d_1 d_2 \cos\theta_2)$$

向心加速度系数

$$D_{111} = 0$$
$$D_{122} = -m_2 d_1 d_2 \sin\theta_2$$
$$D_{211} = m_2 d_1 d_2 \sin\theta_2$$
$$D_{222} = 0$$

哥氏加速度系数

$$D_{112} = D_{121} = -m_2 d_1 d_2 \sin\theta_2$$
$$D_{212} = D_{221} = 0$$

重力项

$$D_1 = (m_1 + m_2) g d_1 \sin\theta_1 + m_2 g d_2 \sin(\theta_1 + \theta_2)$$
$$D_2 = m_2 g d_2 \sin(\theta_1 + \theta_2)$$

3.4.2　多自由度机器人拉格朗日动力学

从以上的二自由度机器人分析中，可以同理推导出多自由度机器人动力学方程。推导过程分 5 步进行：

(1) 计算任一连杆上任一点的速度；

(2) 计算各连杆的动能和机器人的总动能；

(3) 计算各连杆的势能和机器人的总势能；

(4) 建立机器人系统的拉格朗日函数；

(5) 对拉格朗日函数求导，以得到动力学方程式。

图 3.13 表示一个多自由度机器人的结构(连杆 2 和连杆 1 之间是滑动连接，其他是旋转连接)，以它为例，求得此机器人某个连杆(如连杆 3)上某一点(如点 P)的速度，质点和机器人的动能与势能、拉格朗日方程，再求系统的动力学方程式。

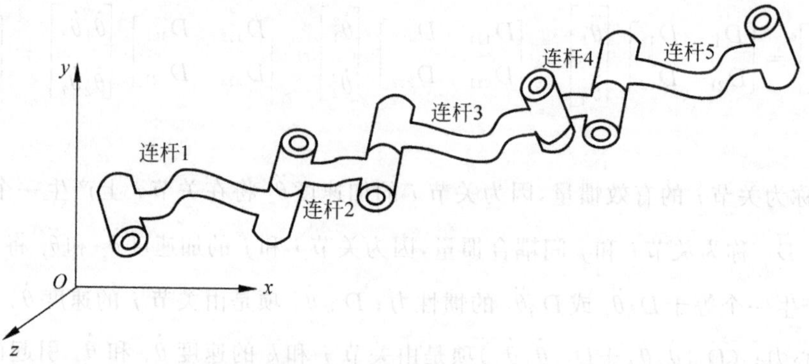

图 3.13 多自由度机器人

1. 动能

1）速度的计算

图 3.13 中连杆 3 上点 P 的位置为：

$$^{0}\boldsymbol{r}_p=\boldsymbol{T}_3\,^{3}\boldsymbol{r}_p$$

式中，$^{0}\boldsymbol{r}_p$ 为总(基)坐标系中的位置矢量；$^{3}\boldsymbol{r}_p$ 为局部(相对关节 O_3)坐标系中的位置矢量；$\boldsymbol{T}_3$ 为变换矩阵，包括旋转变换和平移变换。

对于任一连杆 i 上的一点，其位置为：

$$^{0}\boldsymbol{r}=\boldsymbol{T}_i\,^{i}\boldsymbol{r} \tag{3.111}$$

P 点的速度为：

$$^{0}\boldsymbol{v}_p=\frac{\mathrm{d}}{\mathrm{d}t}(^{0}\boldsymbol{r}_p)=\frac{\mathrm{d}}{\mathrm{d}t}(\boldsymbol{T}_3\,^{3}\boldsymbol{r}_P)=\dot{\boldsymbol{T}}_3\,^{3}\boldsymbol{r}_p \tag{3.112}$$

式中，$\dot{\boldsymbol{T}}_3=\frac{\mathrm{d}\boldsymbol{T}_3}{\mathrm{d}t}=\sum_{j=1}^{3}\frac{\partial \boldsymbol{T}_3}{\partial q_i}\dot{q}_j$，所以有：

$$^{0}\boldsymbol{v}_p=\left(\sum_{j=1}^{3}\frac{\partial \boldsymbol{T}_3}{\partial q_j}\dot{q}_i\right)(^{3}\boldsymbol{r}_p)$$

对于连杆 i 上任一点的速度为：

$$\boldsymbol{v}=\frac{\mathrm{d}\boldsymbol{r}}{\mathrm{d}t}=\left(\sum_{j=1}^{i}\frac{\partial \boldsymbol{T}_i}{\partial q_j}\dot{q}_j\right)^{i}\boldsymbol{r}$$

P 点的加速度为：

$$\begin{aligned}
^{0}\boldsymbol{a}_p&=\frac{\mathrm{d}}{\mathrm{d}t}(^{0}\boldsymbol{v}^{p})=\frac{\mathrm{d}}{\mathrm{d}t}(\dot{\boldsymbol{T}}_3\,^{3}\boldsymbol{r}_p)=\ddot{\boldsymbol{T}}_3\,^{3}\boldsymbol{r}_p=\frac{\mathrm{d}}{\mathrm{d}t}\left(\sum_{j=1}^{3}\frac{\partial \boldsymbol{T}_3}{\partial q_i}\dot{q}_i\right)(^{3}\boldsymbol{r}_p)\\
&=\left(\sum_{j=1}^{3}\frac{\partial \boldsymbol{T}_3}{\partial q_i}\frac{\mathrm{d}}{\mathrm{d}t}\dot{q}\right)(^{3}\boldsymbol{r}_p)+\left(\sum_{k=1}^{3}\sum_{j=1}^{3}\frac{\partial^2 \boldsymbol{T}_3}{\partial q_j\partial q_k}\dot{q}_k\dot{q}_j\right)(^{3}\boldsymbol{r}_p)\\
&=\left(\sum_{j=1}^{3}\frac{\partial \boldsymbol{T}_3}{\partial q_i}\ddot{q}_i\right)(^{3}\boldsymbol{r}_p)+\left(\sum_{k=1}^{3}\sum_{j=1}^{3}\frac{\partial^2 \boldsymbol{T}_3}{\partial q_j\partial q_k}\dot{q}_k\dot{q}_j\right)(^{3}\boldsymbol{r}_p)
\end{aligned}$$

速度的平方为：

$$(^{0}\boldsymbol{v}_p)^2=(^{0}\boldsymbol{v}_p)\cdot(^{0}\boldsymbol{v}_p)=\mathrm{Trace}\left[(^{0}\boldsymbol{v}_p)\cdot(^{0}\boldsymbol{v}_p)^{\mathrm{T}}\right]$$

$$=\mathrm{Trace}\left[\sum_{j=1}^{3}\frac{\partial \boldsymbol{T}_3}{\partial q_j}\dot{q}_j({}^3\boldsymbol{r}_p)\cdot\sum_{k=1}^{3}\left(\frac{\partial \boldsymbol{T}_3}{\partial q_k}\dot{q}_k\right)({}^3\boldsymbol{r}_p)^{\mathrm{T}}\right]$$

$$=\mathrm{Trace}\left[\sum_{j=1}^{3}\sum_{k=1}^{3}\frac{\partial \boldsymbol{T}_3}{\partial q_j}({}^3\boldsymbol{r}_p)({}^3\boldsymbol{r}_p)\frac{\partial \boldsymbol{T}_3^{\mathrm{T}}}{\partial q_k}\dot{q}_j\dot{q}_k\right]$$

对于任一机器人上一点的速度平方为：

$$\boldsymbol{v}^2=\left(\frac{\mathrm{d}r}{\mathrm{d}t}\right)^2=\mathrm{Trace}\left[\sum_{j=1}^{i}\frac{\partial \boldsymbol{T}_i}{\partial q_i}\dot{q}_j{}^i\boldsymbol{r}\sum_{k=1}^{i}\left(\frac{\partial \boldsymbol{T}_i}{\partial q_k}\dot{q}_k{}^i\boldsymbol{r}\right)^{\mathrm{T}}\right]$$

$$=\mathrm{Trace}\left[\sum_{j=1}^{i}\sum_{k=1}^{i}\frac{\partial \boldsymbol{T}_i}{\partial q_k}{}_i\boldsymbol{r}^i\boldsymbol{r}^{\mathrm{T}}\left(\frac{\partial \boldsymbol{T}_i}{\partial q_k}\right)^{\mathrm{T}}\dot{q}_k\dot{q}_k\right] \tag{3.113}$$

式中，Trace 表示矩阵的迹。对于 n 阶方阵来说，其迹即为它的主对角级上各元素之和。

2）质点动能的计算

令连杆 3 上任一质点处的质量为 $\mathrm{d}m$，则其动能为：

$$\mathrm{d}K_3=\frac{1}{2}v_p^2\,\mathrm{d}m$$

$$=\frac{1}{2}\mathrm{Trace}\left[\sum_{j=1}^{3}\sum_{k=1}^{3}\frac{\partial \boldsymbol{T}_3}{\partial q_i}{}^3\boldsymbol{r}_p({}^3\boldsymbol{r}_p)^{\mathrm{T}}\left(\frac{\partial \boldsymbol{T}_3}{\partial q_k}\right)^{\mathrm{T}}\dot{q}_i\dot{q}_k\right]\mathrm{d}m$$

$$=\frac{1}{2}\mathrm{Trace}\left[\sum_{j=1}^{3}\sum_{k=1}^{3}\frac{\partial \boldsymbol{T}_3}{\partial q_i}({}^3\boldsymbol{r}_p\mathrm{d}m{}^3\boldsymbol{r}_p^{\mathrm{T}})^{\mathrm{T}}\left(\frac{\partial \boldsymbol{T}_3}{\partial q_k}\right)^{\mathrm{T}}\dot{q}_i\dot{q}_k\right] \tag{3.114}$$

任一机器人连杆上位置矢量 r 的质点，其动能如下式所示：

$$\mathrm{d}K_K=\frac{1}{2}\mathrm{Trace}\left[\sum_{j=1}^{i}\sum_{k=1}^{i}\frac{\partial \boldsymbol{T}_i}{\partial q_j}{}_j\boldsymbol{r}^i\boldsymbol{r}^{\mathrm{T}}\frac{\partial \boldsymbol{T}_i}{\partial q_k}\dot{q}_j\dot{q}_k\right]\mathrm{d}m$$

$$=\frac{1}{2}\mathrm{Trace}\left[\sum_{j=1}^{i}\sum_{k=1}^{i}\frac{\partial \boldsymbol{T}_i}{\partial q_j}({}^i\boldsymbol{r}\mathrm{d}m{}^i\boldsymbol{r}^{\mathrm{T}})^{\mathrm{T}}\frac{\partial \boldsymbol{T}_i^{T}}{\partial q_k}\dot{q}_j\dot{q}_k\right] \tag{3.115}$$

对连杆 3 积分 $\mathrm{d}K_3$，得连杆 3 的动能为：

$$K_3=\int_{\text{连杆3}}\mathrm{d}K_3=\frac{1}{2}\mathrm{Trace}\left[\sum_{j=1}^{3}\sum_{k=1}^{3}\frac{\partial \boldsymbol{T}_3}{\partial q_j}\left(\int_{\text{连杆3}}{}^3\boldsymbol{r}_p{}^3\boldsymbol{r}_p^{\mathrm{T}}\mathrm{d}m\right)\left(\frac{\partial \boldsymbol{T}_3}{\partial q_k}\right)^{\mathrm{T}}\dot{q}_j\dot{q}_k\right] \tag{3.116}$$

式中，积分 $\int^3\boldsymbol{r}_p^3\boldsymbol{r}_p^{\mathrm{T}}\mathrm{d}m$ 称为连杆的伪惯量矩阵，并记为：

$$\boldsymbol{I}_3=\int_{\text{连杆3}}{}^3\boldsymbol{r}_p{}^3\boldsymbol{r}_p^{\mathrm{T}}\mathrm{d}m$$

这样，

$$K_3=\frac{1}{2}\mathrm{Trace}\left[\sum_{j=1}^{3}\sum_{k=1}^{3}\frac{\partial \boldsymbol{T}_3}{\partial q_k}\boldsymbol{I}_3\left(\frac{\partial \boldsymbol{T}_3}{\partial q_k}\right)^{\mathrm{T}}\dot{q}_j\dot{q}_k\right] \tag{3.117}$$

任何机器人上任一连杆 i 动能为：

$$K_i=\int_{\text{连杆}i}\mathrm{d}K_i=\frac{1}{2}\mathrm{Trace}\left[\sum_{j=1}^{i}\sum_{k=1}^{i}\frac{\partial \boldsymbol{T}_i}{\partial q_k}\boldsymbol{I}_i\left(\frac{\partial \boldsymbol{T}_i}{\partial q^k}\right)\dot{q}_j\dot{q}_k\right] \tag{3.118}$$

式中，I_i 为伪惯量矩阵，其一般表达式为：

$$\boldsymbol{I}_i=\int_{\text{连杆}i}{}^i\boldsymbol{r}^i\boldsymbol{r}^T\mathrm{d}m=\int_i{}^i\boldsymbol{r}^i\boldsymbol{r}^T\mathrm{d}m$$

$$
= \begin{bmatrix} \int_i {}^ix^2\,\mathrm{d}m & \int_i {}^ix\,{}^iy\,\mathrm{d}m & \int_i {}^ix\,{}^iz\,\mathrm{d}m & \int_i {}^ix\,\mathrm{d}m \\ \int_i {}^ix\,{}^iy\,\mathrm{d}m & \int_i {}^iy^2\,\mathrm{d}m & \int_i {}^iy\,{}^iz\,\mathrm{d}m & \int_i {}^iy\,\mathrm{d}m \\ \int_i {}^ix\,{}^iz\,\mathrm{d}m & \int_i {}^iy\,{}^iz\,\mathrm{d}m & \int_i {}^iz^2\,\mathrm{d}m & \int_i {}^iz\,\mathrm{d}m \\ \int_i {}^ix\,\mathrm{d}m & \int_i {}^iy\,\mathrm{d}m & \int_i {}^iz\,\mathrm{d}m & \int_i \mathrm{d}m \end{bmatrix} \tag{3.119}
$$

根据理论力学或物理学可知,物体的转动惯量、矢量积以及一阶矩量为:

$$
I_{xx} = \int (y^2 + z^2)\mathrm{d}m,\quad I_{yy} = \int (x^2 + z^2)\mathrm{d}m,\quad I_{zz} = \int (x^2 + y^2)\mathrm{d}m;
$$

$$
I_{xy} = I_{yx} = \int xy\,\mathrm{d}m,\quad I_{xz} = I_{zx} = \int xz\,\mathrm{d}m,\quad I_{yz} = I_{zy} = \int yz\,\mathrm{d}m;
$$

$$
mx = \int x\,\mathrm{d}m,\quad my = \int y\,\mathrm{d}m,\quad mz = \int z\,\mathrm{d}m
$$

如果令

$$
\begin{aligned}
\int x^2\mathrm{d}m &= -\frac{1}{2}\int (y^2 + z^2)\mathrm{d}m + \frac{1}{2}\int (x^2 + z^2)\mathrm{d}m + \frac{1}{2}\int (x^2 + y^2)\mathrm{d}m \\
&= (-I_{xx} + I_{yy} + I_{zz})/2 \\
\int y^2\mathrm{d}m &= +\frac{1}{2}\int (y^2 + z^2)\mathrm{d}m - \frac{1}{2}\int (x^2 + z^2)\mathrm{d}m + \frac{1}{2}\int (x^2 + y^2)\mathrm{d}m \\
&= (+I_{xx} - I_{yy} + I_{zz})/2 \\
\int z^2\mathrm{d}m &= +\frac{1}{2}\int (y^2 + z^2)\mathrm{d}m + \frac{1}{2}\int (x^2 + z^2)\mathrm{d}m - \frac{1}{2}\int (x^2 + y^2)\mathrm{d}m \\
&= (+I_{xx} + I_{yy} - I_{zz})/2
\end{aligned}
$$

于是可把 $\boldsymbol{I}_i$ 表示为:

$$
\boldsymbol{I}_i = \begin{bmatrix} \dfrac{-I_{ixx} + I_{iyy} + I_{izz}}{2} & I_{ixy} & I_{ixz} & m_i\bar{x}_i \\ I_{ixy} & \dfrac{I_{ixx} - I_{iyy} + I_{izz}}{2} & I_{iyz} & m_i\bar{y}_i \\ I_{ixz} & I_{iyz} & \dfrac{I_{ixx} + I_{iyy} - I_{izz}}{2} & m_i\bar{z}_i \\ m_i\bar{x}_i & m_i\bar{y}_i & m_i\bar{z}_i & m_i \end{bmatrix} \tag{3.120}
$$

具有 n 个连杆的机器人总的动能为:

$$
K = \sum_{i=1}^{n} K_i = \frac{1}{2}\sum_{i=1}^{n} \mathrm{Trace}\left[\sum_{j=1}^{n}\sum_{k=1}^{i} \frac{\partial \boldsymbol{T}_i}{\partial q_i}\boldsymbol{I}_i \frac{\partial \boldsymbol{T}_i^{\mathrm{T}}}{\partial q_k}\dot{q}_i\dot{q}_k\right] \tag{3.121}
$$

此外,连杆 i 的传动装置动能为:

$$
K_{ai} = \frac{1}{2} I_{ai}\dot{q}_i^2 \tag{3.122}
$$

式中,I_{ai} 为传动装置的等效转动惯量,对于平动关节;I_a 为等效质量;$\dot{q}_i$ 为关节 i 的速度所有关节的传动装置总动能为:

$$K_a=\frac{1}{2}\sum_{i=1}^{n}I_{ai}\dot{q}_i^2 \tag{3.123}$$

于是得到机器人系统(包括传动装置)的总动能为：

$$\begin{aligned}K_t&=K+K_a\\&=\frac{1}{2}\sum_{i=1}^{6}\sum_{j=1}^{i}\sum_{k=1}^{i}\text{Trace}\left(\frac{\partial \boldsymbol{T}_i}{\partial q_i}\boldsymbol{I}_i\frac{\partial \boldsymbol{T}_i^{\text{T}}}{\partial q_k}\right)\dot{q}_j\dot{q}_k+\frac{1}{2}\sum_{i=1}^{6}I_{ai}\dot{q}_i^2\end{aligned} \tag{3.124}$$

2. 势能

下面再来计算机器人的势能。众所周知，一个在高度 h 处质量为 m 的物体，其势能为：

$$P=mgh \tag{3.125}$$

连杆 i 上位置 ${}^i r$ 处的质点 dm。其势能为：

$$\mathrm{d}P_i=-\mathrm{d}m\boldsymbol{g}^{\mathrm{T}_0}\boldsymbol{r}+-\boldsymbol{g}^{\mathrm{T}}T_i{}^i r\mathrm{d}m \tag{3.126}$$

式中，$\boldsymbol{g}^{\mathrm{T}}=[g_x,g_y,g_z,1]$。

$$P_i=\int_{连杆i}\mathrm{d}P_i=-\int_{连杆i}\boldsymbol{g}^{\mathrm{T}}\boldsymbol{T}_i{}^i\boldsymbol{r}\mathrm{d}m=-\boldsymbol{g}^{\mathrm{T}}\boldsymbol{T}_i\int_{连杆i}{}^i r\mathrm{d}m$$

其中，m_i 为连杆 i 的质量；${}^i r_i$ 为连杆 i 相对于其前端关节坐标系的重心位置。

由于传动装置的重力作用 P_{ai} 一般是很小的，可以忽略不计，所以，机器人系统的总势能为：

$$P=\sum_{i=1}^{n}(P_i-P_{ai})\approx\sum_{i=1}^{n}P_i=-\sum_{i=1}^{n}m_i\boldsymbol{g}^{\mathrm{T}}\boldsymbol{T}_i{}^i\boldsymbol{r}_i \tag{3.127}$$

3. 多自由度机器人动力学方程

据式(3.100)求拉格朗日函数

$$\begin{aligned}L&=K_t-P\\&=\frac{1}{2}\sum_{i=1}^{n}\sum_{j=1}^{n}\sum_{k=1}^{n}\text{Trace}\left(\frac{\partial \boldsymbol{T}_i}{\partial q_k}\boldsymbol{I}_i\frac{\partial \boldsymbol{T}_i^{\text{T}}}{\partial q_k}\right)\dot{q}_j\dot{q}_k+\frac{1}{2}\sum_{i=1}^{n}I_{ai}\dot{q}_i^2+\sum_{i=1}^{n}m_i\boldsymbol{g}^{\mathrm{T}}\boldsymbol{T}_i{}^i\boldsymbol{r}_i,\quad n=1,2,\cdots\end{aligned} \tag{3.128}$$

根据式(3.128)可以求得动力学方程。由于篇幅现实，本书的求导过程省略，感兴趣的读者可查阅和参考相关书籍。

多自由度机器人动力学方程的最终形式为：

$$\boldsymbol{T}_i=\sum_{j=1}^{n}D_{ij}\ddot{q}_j+I_{ai}\ddot{q}_i+\sum_{j=1}^{n}\sum_{k=1}^{n}D_{ijk}\dot{q}_j\dot{q}_k+D_i \tag{3.129}$$

其中

$$D_{ij}=\sum_{p=\max(i,j)}^{n}\text{Trace}\left(\frac{\partial \boldsymbol{T}_p}{\partial q_j}\boldsymbol{I}_p\frac{\partial \boldsymbol{T}_p^{\text{T}}}{\partial q_i}\right) \tag{3.130}$$

$$D_{ijk}=\sum_{p=\max(i,j,k)}^{n}\text{Trace}\left(\frac{\partial^2 \boldsymbol{T}_p}{\partial q_j\partial q_k}\boldsymbol{I}_i\frac{\partial \boldsymbol{T}_p^{\text{T}}}{\partial q_i}\right) \tag{3.131}$$

$$D_i=\sum_{p=i}^{n}-m_p\boldsymbol{g}^{\mathrm{T}}\frac{\partial \boldsymbol{T}_p}{\partial q_i}{}^p\boldsymbol{r}_p \tag{3.132}$$

上述各方程中，第一部分是角加速度惯量项，第二部分是传动装置惯量项，第三部分是科里奥利力和向心力项，第四部分是重力项。

4. 拉格朗日动力学方程的简化

3.4.2 节中惯量项 D_{ij} 和重力项 D_i 等的计算必须化简，便于进行实际计算。

1）惯量项 D_{ij} 的简化

3.3 节中讨论雅可比矩阵时，曾得到偏导数 $\partial T_6/\partial q_i = \boldsymbol{T}_6^{\mathrm{T}_6}\Delta_i$，这实际上是 $p=6$ 时的特例。可以把它推广至一般形式：

$$\frac{\partial \boldsymbol{T}_p}{\partial q_i} = \boldsymbol{T}_p^{\mathrm{T}_p}\Delta_i \tag{3.133}$$

式中，${}^{\mathrm{T}_p}\Delta_i = (A_i, A_{i+1}, \cdots, A_p)^{-1\,i+1}\Delta_i(A_i, A_{i+1}, \cdots, A_P)$，而微分坐标变换为：

$${}^{i-1}\boldsymbol{T}_p = (A_i, A_{i+1}, \cdots, A_p)$$

对于旋转关节，据式(3.74)可得如下微分平移矢量和微分旋转矢量：

$$\begin{cases} {}^p d_{ix} - -{}^{i-1}n_{px}\,{}^{i-1}p_{py} + {}^{i-1}n_{py}\,{}^{i-1}p_{px} \\ {}^p d_{iy} = -{}^{i-1}o_{px}\,{}^{i-1}p_{py} + {}^{i-1}o_{py}\,{}^{i-1}p_{px} \\ {}^p d_{iz} = -{}^{i-1}a_{px}\,{}^{i-1}p_{py} + {}^{i-1}a_{py}\,{}^{i-1}p_{px} \end{cases} \tag{3.134}$$

$${}^p\boldsymbol{\delta}_i = {}^{i-1}n_{pz}\boldsymbol{i} + {}^{i-1}o_{pz}\boldsymbol{j} + {}^{i-1}a_{pz}\boldsymbol{k} \tag{3.135}$$

上式中采用了下列缩写：把 ${}^{\mathrm{T}_P}\boldsymbol{d}_i$ 写为 ${}^p\boldsymbol{d}_i$，把 ${}^{\mathrm{T}_{i-1}}\boldsymbol{n}$ 写成 ${}^{i-1}\boldsymbol{n}_p$，等等。

对于平移关节，据式(3.79)可得各矢量为：

$${}^p\boldsymbol{d}_i = {}^{i-1}p_{pz}\boldsymbol{i} + {}^{i-1}o_{pz}\boldsymbol{j} + {}^{i-1}a_{pz}\boldsymbol{k}$$

$${}^p\boldsymbol{\delta}_i = 0\boldsymbol{i} + 0\boldsymbol{j} + 0\boldsymbol{k}$$

以式(3.133)代入式(3.130)得：

$$D_{ij} = \sum_{p=\max(i,j)}^{6} \mathrm{Trace}(\boldsymbol{T}_p\,{}^p\Delta_j\boldsymbol{I}_p\,{}^p\Delta_i^{\mathrm{T}}\boldsymbol{T}_p^{\mathrm{T}}) \tag{3.136}$$

对式(3.136)中间三项展开得：

$$D_{ij} = \sum_{p=\max(i,j)}^{6} \mathrm{Trace}\left[\boldsymbol{T}_p\begin{bmatrix} 0 & -{}^p\delta_{jz} & {}^p\delta_{jy} & {}^p d_{jx} \\ {}^p\delta_{jz} & 0 & -{}^p\delta_{jx} & {}^p d_{jy} \\ -{}^p\delta_{jy} & {}^p\delta_{jx} & 0 & {}^p d_{jz} \\ 0 & 0 & 0 & 0 \end{bmatrix} X \begin{bmatrix} \frac{-I_{xx}+I_{yy}+I_{zz}}{2} & I_{xy} & I_{xz} & m_i\bar{x}_i \\ I_{xy} & \frac{-I_{xx}-I_{yy}+I_{zz}}{2} & I_{yz} & m_i\bar{y}_i \\ I_{xz} & I_{yz} & \frac{I_{xx}+I_{yy}-I_{zz}}{2} & m_i\bar{z}_i \\ m_i\bar{x}_i & m_i\bar{y}_i & m_i\bar{z}_i & m_i \end{bmatrix} X \begin{bmatrix} 0 & {}^p\delta_{ix} & -{}^p\delta_{iy} & 0 \\ -{}^p\delta_{iz} & 0 & {}^p\delta_{ix} & 0 \\ {}^p\delta_{iy} & -{}^p\delta_{ix} & 0 & 0 \\ {}^p\delta_{ix} & {}^p\delta_{iy} & {}^p d_{iz} & 0 \end{bmatrix}\boldsymbol{T}_p^{T}\right] \tag{3.137}$$

这中间三项是由式(3.69)、式(3.120)和式(3.69)的转置得到的。它们相乘所得矩阵的底行及右列各元均为零。当它们左乘 $\boldsymbol{T}_p$ 和右乘 $\boldsymbol{T}_p^T$ 时,只用到 $\boldsymbol{T}_p$ 变换的旋转部分。在这种运算下,矩阵的迹为不变式。因此,只要上述表达式中间三项的迹,它的简化矢量为:

$$D_{ij}=\sum_{p=\max(i,y)}^{6} m_p\left[{}^p\boldsymbol{\delta}_i{}^T\boldsymbol{k}_p{}^p\boldsymbol{\delta}_j+{}^p\boldsymbol{d}_i{}^p\boldsymbol{d}_j+{}^p\bar{\boldsymbol{r}}_j({}^p\boldsymbol{d}_i\times{}^p\boldsymbol{\delta}_j+{}^p\boldsymbol{d}_j\times{}^p\boldsymbol{\delta}_j)\right] \tag{3.138}$$

式中,

$$\boldsymbol{k}_p=\begin{bmatrix} k_{pxx}^2 & -k_{pxy} & -k_{pxy}^2 \\ -k_{pxy}^2 & k_{pyy}^2 & -k_{pyz}^2 \\ -k_{pxz}^2 & -k_{pyz}^2 & k_{pzz}^2 \end{bmatrix}$$

以及

$$m_pk_{pxx}^2=I_{pxx},\quad m_pk_{pzz}^2=I_{pzz},\quad m_pk_{pzz}^2=I_{pzz}$$

$$m_pk_{pxy}^2=I_{pxy},\quad m_pk_{pyz}^2=I_{pyz},\quad m_pk_{pxz}^2=I_{pxz}$$

如果设定上式中非对角线各惯量项为 0,即为一个正态假设,那么式(3.134)进一步简化为:

$$\begin{aligned} D_{ij}=\sum_{p=\max(i,j)}^{6} m_p\{&[{}^p\delta_{ix}k_{pxx}^2{}^p\delta_{jx}+{}^p\delta_{jy}k_{pyy}^2{}^p\delta_{jy}+{}^p\delta_{iz}k_{pzz}^2{}^p\delta_{jz}] \\ &+[{}^p\boldsymbol{d}_i\cdot{}^p\boldsymbol{d}_j]+[{}^p\bar{\boldsymbol{r}}_p\cdot(\boldsymbol{d}_i\times{}^p\delta_i+{}^p\boldsymbol{d}_j\times{}^p\delta_i]\} \end{aligned} \tag{3.139}$$

由式(3.139)可见,D_{ij} 和式的每一元是由三组项组成的。其第一组项${}^p\delta_{ix}k_{pxx}^2{}^p\delta_{jx}$ 表示质量 m_p,在连杆 p 上的分布作用。第二组项表示连杆 p 质量的分布,记为有效力矩臂 ${}^p\boldsymbol{d}_i\cdot{}^p\boldsymbol{d}_j$。最后一组项是由连杆 p 的质心不在其坐标系原点而产生的。当各连杆的质心相距较大时,上述第二部分的项将起主要作用,而且可以忽略第一组项和第三组项的影响。

2) 惯量项 D_{ij} 的进一步简化

在式(3.139)中,当 $i=j$ 时,D_{ij} 可进一步简化为 D_{ii}:

$$D_{ii}=\sum_{p=i}^{6}m_p\{[{}^p\delta_{ix}^2k_{pxx}^2+{}^p\delta_{iy}^2k_{pyy}^2+{}^p\delta_{iz}^2k_{pzz}^2]+[{}^p\boldsymbol{d}_i\cdot\boldsymbol{d}_i]+[2{}^p\bar{\boldsymbol{r}}_p\cdot({}^p\boldsymbol{d}_i\cdot{}^p\delta_i)]\} \tag{3.140}$$

如果为旋转关节,那么把式(3.134)和式(3.135)代入式(3.140)可得:

$$\begin{aligned} D_{ii}=\sum_{p=i}^{6}m_p\{&[n_{px}^2k_{pxx}^2+o_{py}^2k_{pyy}^2+a_{px}^2k_{pzz}^2]+[\bar{p}_p\cdot\bar{p}_p] \\ &+[2{}^p\bar{\boldsymbol{r}}_p.[(\bar{\boldsymbol{p}}_p\cdot\boldsymbol{n}_p)\boldsymbol{i}+(\bar{\boldsymbol{p}}_p\cdot\boldsymbol{o}_p)\boldsymbol{j}+(\bar{\boldsymbol{p}}_p\cdot\boldsymbol{a}_p)\boldsymbol{k}]]\} \end{aligned} \tag{3.141}$$

式中,$\boldsymbol{n}_p,\boldsymbol{o}_p,\boldsymbol{a}_p$ 和 $\boldsymbol{p}_p$ 为${}^{i-1}\boldsymbol{T}_p$ 的矢量,且

$$\bar{\boldsymbol{p}}=p_x\boldsymbol{i}+p_y\boldsymbol{j}+0\boldsymbol{k}$$

可使式(3.139)和式(3.140)中的有关对应项相等:

$${}^p\delta_{ix}^2k_{pxx}^2+{}^p\delta_{iy}^2k_{pyy}^2+{}^p\delta_{iz}^2k_{pzz}^2=n_{px}^2k_{pxx}^2+o_{py}^2k_{pyy}^2+a_{px}^2k_{pzz}^2$$

$${}^p\boldsymbol{d}_i\cdot{}^p\boldsymbol{d}_i=\bar{\boldsymbol{p}}_p\cdot\bar{\boldsymbol{p}}_p$$

$${}^p\boldsymbol{d}_i\cdot{}^p\boldsymbol{\delta}_i=(\bar{\boldsymbol{p}}_p\cdot\boldsymbol{n}_p)\boldsymbol{i}+(\bar{\boldsymbol{p}}_p\cdot\boldsymbol{o}_p)\boldsymbol{j}+(\bar{\boldsymbol{p}}_p\cdot\boldsymbol{a}_p)\boldsymbol{k}$$

正如式(3.128)一样,D_{ii} 和式的每个元也是由三个项组成的。如果为平移关节,${}^p\boldsymbol{\delta}_i=0$,${}^p\boldsymbol{d}_i\cdot{}^p\boldsymbol{d}_i=1$,那么

$$D_{ii}=\sum_{p=i}^{6}m_p \tag{3.142}$$

3) 重力项 D_i 的化简

将式(3.133)代入式(3.132)得：

$$D_i=\sum_{p=i}^{6}-m_p\boldsymbol{g}^{\mathrm{T}}\boldsymbol{T}_p{}^p\Delta_i{}^p\bar{\boldsymbol{r}}_p \tag{3.143}$$

把 $\boldsymbol{T}_p$ 分离为 $\boldsymbol{T}_{i-1}{}^{i-1}\boldsymbol{T}_P$，并用 ${}^{i-1}\boldsymbol{T}_P{}^{-1\,i-1}\boldsymbol{T}_p$ 后乘 ${}^p\Delta_i$，得：

$$D_i=\sum_{p=i}^{6}-m_p\boldsymbol{g}^{\mathrm{T}}\boldsymbol{T}_{i-1}{}^{i-1}\boldsymbol{T}_p{}^p\Delta_i{}^{i-1}\boldsymbol{T}_p^{-1\,i-1}\boldsymbol{T}_p{}^p\bar{\boldsymbol{r}}_p \tag{3.144}$$

当 ${}^{i-1}\Delta_i={}^{i-1}\boldsymbol{T}_P^{-1}$，${}^i\boldsymbol{r}_p={}^i\boldsymbol{T}_p{}^p\bar{\boldsymbol{r}}_p$ 时，可进一步化简 D_i 为：

$$D_i=-\boldsymbol{g}^{\mathrm{T}}\boldsymbol{T}_{i-1}{}^{i-1}\Delta_i\sum_{p=i}^{6}m_p{}^{i-1}\bar{\boldsymbol{r}}_p \tag{3.145}$$

定义 ${}^{i-1}\boldsymbol{g}=-\boldsymbol{g}^T T_{i-1}{}^{i-1}\Delta_i$，则有：

$${}^{i-1}\boldsymbol{g}=-\begin{bmatrix}g_x & g_y & g_z & 0\end{bmatrix}\begin{bmatrix}n_x & o_x & a_x & p_x\\ n_y & o_y & a_y & p_y\\ n_z & o_z & a_z & p_z\\ 0&0&0&0\end{bmatrix}\begin{bmatrix}0 & -\delta_z & \delta_y & d_x\\ \delta_z & 0 & -\delta_x & d_y\\ -\delta_y & \delta_x & 0 & d_z\\ 0&0&0&0\end{bmatrix}$$

对应旋转关节 i，${}^{i-1}\Delta_i$ 对应于绕 z 轴的旋转。于是可把上式化简为：

$$\begin{aligned}{}^{i-1}\boldsymbol{g}&=-\begin{bmatrix}g_x & g_y & g_z & 0\end{bmatrix}\begin{bmatrix}n_x & o_x & a_x & p_x\\ n_y & o_y & a_y & p_y\\ n_z & o_z & a_z & p_z\\ 0&0&0&0\end{bmatrix}\begin{bmatrix}0 & -1 & 0 & 0\\ 1 & 0 & 0 & 0\\ 0 & 0 & 0 & 0\\ 0&0&0&0\end{bmatrix}\\ &=[-\boldsymbol{g}\cdot\boldsymbol{o},\boldsymbol{g}\cdot\boldsymbol{n},0,0]\end{aligned} \tag{3.146}$$

对于平移关节，${}^{i-1}\Delta_i$ 对应于沿 z 轴的平移，这时有下式：

$$\begin{aligned}{}^{i-1}\boldsymbol{g}&=-\begin{bmatrix}g_x & g_y & g_z & 0\end{bmatrix}\begin{bmatrix}n_x & o_x & a_x & p_x\\ n_y & o_y & a_y & p_y\\ n_z & o_z & a_z & p_z\\ 0&0&0&0\end{bmatrix}\begin{bmatrix}0 & 0 & 0 & 0\\ 0 & 0 & 0 & 0\\ 0 & 0 & 0 & 1\\ 0&0&0&0\end{bmatrix}\\ &[0,0,0,-\boldsymbol{g}\cdot\boldsymbol{a}]\end{aligned} \tag{3.147}$$

于是，可把 D_i 写成：

$$D_i={}^{i-1}\boldsymbol{g}\sum_{p=i}^{6}m_p{}^{i-1}\bar{\boldsymbol{r}}_p \tag{3.148}$$

3.4.3 牛顿-欧拉方程

1. 一般形式

牛顿-欧拉(Newton-Euler)方程的动力学一般形式为：

$$\frac{\partial W}{\partial q_i}=\frac{\mathrm{d}}{\mathrm{d}t}\frac{\partial K}{\partial \dot{q}_i}-\frac{\partial K}{\partial q_i}+\frac{\partial D}{\partial \dot{q}_i}+\frac{\partial P}{\partial q_i},\quad i=1,2,\cdots,n \tag{3.149}$$

式中，W,K,D,P 和 q_i 等的含义与拉格朗日法相同；i 为连杆代号，n 为连杆数目。

2. 二自由度机器人牛顿-欧拉方程

质量 m_1 和 m_2 的位置矢量 $\boldsymbol{r}_1$ 和 $\boldsymbol{r}_2$(见图 3.14)为：

$$\begin{aligned}\boldsymbol{r}_1 &= \boldsymbol{r}_0 + (d_1\cos\theta_1)\boldsymbol{i} + (d_1\sin\theta_1)\boldsymbol{j}\\ &= (d_1\cos\theta_1)\boldsymbol{i} + (d_1\sin\theta_1)\boldsymbol{j}\\ \boldsymbol{r}_2 &= \boldsymbol{r}_1 + [d_2\cos\theta(\theta_2+\theta_2)]\boldsymbol{i} + [d_2\sin(\theta_1+\theta_2)]\boldsymbol{j}\\ &= [d_1\cos\theta_1 + d_2\cos(\theta_1+\theta_2)]\boldsymbol{i} + [d_1\sin\theta_1 + d_2\sin(\theta_1+\theta_2)]\boldsymbol{j}\end{aligned}$$

速度矢量 $\boldsymbol{v}_1$ 和 $\boldsymbol{v}_2$：

$$\boldsymbol{v}_1 = \frac{\mathrm{d}\boldsymbol{r}_1}{\mathrm{d}t} = [-\dot{\theta}_1 d_1\sin\theta_1]\boldsymbol{i} + [\dot{\theta}_1 d_1\cos\theta_1]\boldsymbol{j}$$

$$\begin{aligned}\boldsymbol{v}_2 = \frac{\mathrm{d}\boldsymbol{r}_2}{\mathrm{d}t} &= [-\dot{\theta}_1 d_1\sin\theta_1 - (\theta_1+\theta_2)d_2\sin(\theta_1+\theta_2)]\boldsymbol{i}\\ &\quad + [\dot{\theta}_1 d_1\cos\theta_1 - (\theta_1+\theta_2)d_2\cos(\theta_1+\theta_2)]\boldsymbol{j}\end{aligned}$$

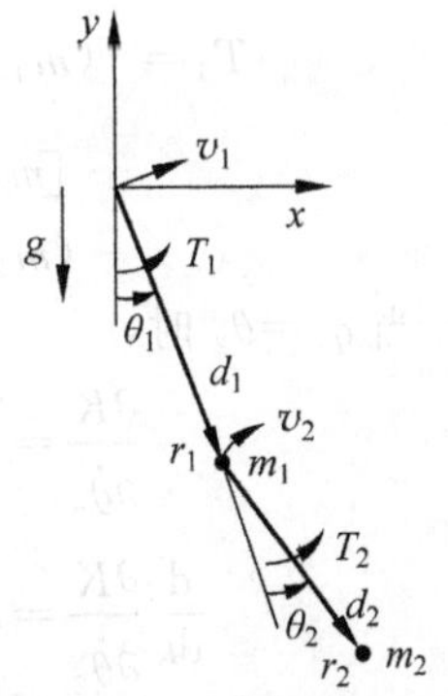

图 3.14 二自由度机器人

再求速度的平方，计算结果得：

$$\boldsymbol{v}_1^2 = d_1^2\dot{\theta}_1^2$$

$$\boldsymbol{v}_2^2 = d_1^2\dot{\theta}_1^2 + d_2^2(\dot{\theta}_1^2 + 2\dot{\theta}_1\dot{\theta}_2 + \dot{\theta}_2^2) + 2d_1d_2(\dot{\theta}_1^2 + \dot{\theta}_1\dot{\theta}_2)\cos\theta_2$$

于是可得系统动能：

$$\begin{aligned}K &= \frac{1}{2}m_1\boldsymbol{v}_1^2 + \frac{1}{2}m_2\boldsymbol{v}_2^2\\ &= \frac{1}{2}(m_1+m_2)d_1^2\dot{\theta}_1^2 + \frac{1}{2}m_2d_2^2(\dot{\theta}_1^2 + 2\dot{\theta}_1\dot{\theta}_2 + \dot{\theta}_2^2) + m_2d_1d_2(\dot{\theta}_1^2 + \dot{\theta}_1\dot{\theta}_2)\cos\theta_2\end{aligned}$$

系统的势能随 $\boldsymbol{r}$ 的增大(位置下降)而减少。我们以坐标原点为参考点进行计算：

$$\begin{aligned}P &= -m_1\boldsymbol{g}\boldsymbol{r}_1 - m_2\boldsymbol{g}\boldsymbol{r}_2\\ &= -(m_1+m_2)\boldsymbol{g}d_1\cos\theta_1 - m_2\boldsymbol{g}d_2\cos(\theta_1+\theta_2)\end{aligned}$$

系统能耗：

$$D = \frac{1}{2}C_1\dot{\theta}_1^2 + \frac{1}{2}C_2\dot{\theta}_2^2$$

外力矩所做的功：

$$W = T_1\theta_1 + T_2\theta_2$$

至此，求得关于 K，P，D 和 W 的四个标量方程式。有了这四个方程式，就能够按式(3.149)求出系统的动力学方程式。为此，先求有关导数和偏导数。

当 $q_i = \theta_1$ 时，

$$\frac{\partial K}{\partial\dot{\theta}_1} = (m_1+m_2)d_1^2\dot{\theta}_1 + m_2d_2^2(\theta_1+\theta_2) + m_2d_1d_2(2\dot{\theta}_1+\dot{\theta}_2)\cos\theta_2$$

$$\begin{aligned}\frac{\mathrm{d}}{\mathrm{d}t}\frac{\partial K}{\partial\dot{\theta}_1} &= (m_1+m_2)d_1^2\ddot{\theta}_1 + m_2d_2^2(\ddot{\theta}_1+\ddot{\theta}_2) + m_2d_1d_2(2\ddot{\theta}_1+\ddot{\theta}_2)\cos\theta_2\\ &\quad - m_2d_1d_2(2\dot{\theta}_1+\dot{\theta}_2)\dot{\theta}_2\sin\theta_2\end{aligned}$$

$$\frac{\partial K}{\partial\theta_1} = 0$$

$$\frac{\partial D}{\partial \dot{\theta}_1}=C_1\dot{\theta}_1$$

$$\frac{\partial P}{\partial \theta_1}=(m_1+m_2)gd_1\sin\theta_1+m_2d_2g\sin(\theta_1+\theta_2)$$

$$\frac{\partial W}{\partial \theta_1}=T_1$$

把所求得的上列各导数代入式(3.149),经合并整理可得:

$$\begin{aligned}T_1=&[(m_1+m_2)d_1^2+m_2d_2^2+2m_2d_1d_2\cos\theta_2]\ddot{\theta}_1\\&+[m_2d_2^2+m_2d_1d_2\cos\theta_2]\ddot{\theta}_1+c_1\dot{\theta}_1-(2m_2d_1d_2\sin\theta_2)\dot{\theta}_1\dot{\theta}_2\\&-(m_2d_1d_2\sin\theta_2)[(m_1+m_2)gd_1\sin\theta_1+m_2d_2\sin(\theta_1+\theta_2)]\end{aligned}\tag{3.150}$$

当 $q_i=\theta_2$ 时,

$$\frac{\partial K}{\partial \dot{\theta}_2}=m_2d_2^2(\dot{\theta}_1+\dot{\theta}_2)+m_2d_1d_2\dot{\theta}_1\cos\theta_2$$

$$\frac{\mathrm{d}}{\mathrm{d}t}\frac{\partial K}{\partial \dot{\theta}_2}=m_2d_2^2(\ddot{\theta}_1+\ddot{\theta}_2)+m_2d_1d_2\ddot{\theta}_1\cos\theta_2-m_2d_1d_2\ddot{\theta}_1\ddot{\theta}_2\sin\theta_2$$

$$\frac{\partial K}{\partial \dot{\theta}_2}=-m_2d_2^2(\dot{\theta}_1^2+\dot{\theta}_1\dot{\theta}_2)\sin\theta_2$$

$$\frac{\partial D}{\partial \dot{\theta}_2}=C_2\dot{\theta}_2$$

$$\frac{\partial P}{\partial \theta_1}=m_2gd_2\sin(\theta_1+\theta_2)$$

$$\frac{\partial W}{\partial \theta_2}=T_2$$

把上列各式代入式(3.149),并化简得:

$$\begin{aligned}T_1=&[m_2d_2^2+m_2d_1d_2\cos\theta_2]\ddot{\theta}_1+m_2d_2^2\ddot{\theta}_2+m_2d_1d_2\sin\theta_2\dot{\theta}_1^2\\&+c_2\dot{\theta}_2+m_2gd_2\sin(\theta_1+\theta_2)\end{aligned}\tag{3.151}$$

以上为二自由度机器人牛顿—欧拉动力学方程的形式。

3.5 机器人静态特性与动态特性

机器人的静态特性主要是指稳定负载——力和力矩。关节力和力矩可以由末端执行器固连的坐标系的力和力矩决定。机器人的动态特性则包含稳定性、空间分辨度和精度、重复性和固有频率等。

3.5.1 机器人的静态特性

1. 静力分析

机器人末端执行器上的力和力矩都是矢量,用固连坐标系描述。用矢量 f 标记力,用

f_x，f_y 和 f_z 表达沿坐标系轴 x，y 和 z 的作用力。用矢量 $\boldsymbol{m}$ 标记力矩，用 m_x，m_y 和 m_z 表达各轴的分力矩。用矢量 $\boldsymbol{F}$ 定义：

$$\boldsymbol{F}=\begin{bmatrix} f_x \\ f_y \\ f_z \\ m_x \\ m_y \\ m_z \end{bmatrix} \tag{3.152}$$

根据定义力和力矩的表示方法，定义坐标系轴 x，y 和 z 的位移和转角矩阵：

$$\boldsymbol{D}=\begin{bmatrix} \mathrm{d}x \\ \mathrm{d}y \\ \mathrm{d}z \\ \delta x \\ \delta y \\ \delta z \end{bmatrix} \tag{3.153}$$

定义关节处的力（对滑动关节）和力矩（对转动关节）：

$$\boldsymbol{T}=\begin{bmatrix} T_1 \\ T_2 \\ T_3 \\ T_4 \\ T_5 \\ T_6 \end{bmatrix} \tag{3.154}$$

定义关节的微分运动：

$$\boldsymbol{D}_\theta=\begin{bmatrix} \mathrm{d}\theta_1 \\ \mathrm{d}\theta_2 \\ \mathrm{d}\theta_3 \\ \mathrm{d}\theta_4 \\ \mathrm{d}\theta_5 \\ \mathrm{d}\theta_6 \end{bmatrix} \tag{3.155}$$

根据虚功法，关节的总虚功等于坐标系内的总虚功，结合雅可比矩阵，得到关节力和力矩与坐标系中期望的力和力矩关节，省略其推导过程，可得：

$$\boldsymbol{T}=\boldsymbol{J}^{\mathrm{T}}\boldsymbol{F} \tag{3.156}$$

根据运动学分析和雅可比矩阵，由此控制器便可控制力和力矩。

2. 力和力矩的变换

不同坐标系间静力和静力矩需要进行等效变换。假设一个物体固连两个不同的坐标系，假设一个力和力矩作用在第一个坐标系的原点处，求出作用在另一个坐标系的等效力和力矩，使它们对物体作用效果一样。可以用虚功法解决等效变换这个问题。

设作用在物体固连坐标系 A 上的力和力矩为 $\boldsymbol{F}$，由它引起的 A 坐标系上的位移为 $\boldsymbol{D}$，同样设作用在物体固连坐标系 B 上的力和力矩为 ${}^B\boldsymbol{F}$，由它引起的 B 坐标系上的位移为 ${}^B\boldsymbol{D}$。虚功用 δW 表示，根据下式：

$$\boldsymbol{F}^{\mathrm{T}}=[f_x,f_y,f_z,m_x,m_y,m_z] \tag{3.157}$$

$$\boldsymbol{D}^{\mathrm{T}}=[\mathrm{d}x,\mathrm{d}y,\mathrm{d}z_z,\delta x,\delta y,\delta z] \tag{3.158}$$

$${}^B\boldsymbol{F}^{\mathrm{T}}=[{}^Bf_x,{}^Bf_y,{}^Bf_z,{}^Bm_x,{}^Bm_y,{}^Bm_z] \tag{3.159}$$

$${}^B\boldsymbol{D}^{\mathrm{T}}=[{}^B\mathrm{d}x,{}^B\mathrm{d}y,{}^B\mathrm{d}z,{}^B\delta x,{}^B\delta y,{}^B\delta z] \tag{3.160}$$

用虚功原理，即作用于同一物体上的虚功相等，得：

$$\delta W=\boldsymbol{F}^{\mathrm{T}}\boldsymbol{D}={}^B\boldsymbol{F}^{\mathrm{T}B}\boldsymbol{D} \tag{3.161}$$

式中，坐标系 B 内的虚位移 ${}^BD$ 等价于坐标系 A 内的虚位移 D，可得：

$${}^B\boldsymbol{D}={}^B\boldsymbol{J}\boldsymbol{D} \tag{3.162}$$

把式(3.162)带入式(3.161)，得：

$$\boldsymbol{F}^{\mathrm{T}}\boldsymbol{D}={}^B\boldsymbol{F}^{\mathrm{T}B}\boldsymbol{J}\boldsymbol{D} \tag{3.163}$$

式(3.163)可化简为：

$$\boldsymbol{F}^{\mathrm{T}}={}^B\boldsymbol{F}^{\mathrm{T}B}\boldsymbol{J} \tag{3.164}$$

式(3.164)变换为：

$$\boldsymbol{F}={}^B\boldsymbol{J}^{\mathrm{T}B}\boldsymbol{F} \tag{3.165}$$

参照式(3.82)把式(3.165)写成矩阵方程形式：

$$\begin{bmatrix} f_x\\ f_y\\ f_z\\ m_x\\ m_y\\ m_z \end{bmatrix}=\begin{bmatrix} n_x & o_x & a_x & 0 & 0 & 0\\ n_y & o_y & a_y & 0 & 0 & 0\\ n_z & o_z & a_z & 0 & 0 & 0\\ (\boldsymbol{p}\times\boldsymbol{n})_x & (\boldsymbol{p}\times\boldsymbol{o})_x & (\boldsymbol{p}\times\boldsymbol{a})_x & n_x & o_x & a_x\\ (\boldsymbol{p}\times\boldsymbol{n})_y & (\boldsymbol{p}\times\boldsymbol{o})_y & (\boldsymbol{p}\times\boldsymbol{a})_y & n_y & o_y & a_y\\ (\boldsymbol{p}\times\boldsymbol{n})_z & (\boldsymbol{p}\times\boldsymbol{o})_z & (\boldsymbol{p}\times\boldsymbol{a})_z & n_z & o_z & a_z \end{bmatrix}\begin{bmatrix} {}^Bf_x\\ {}^Bf_y\\ {}^Bf_z\\ {}^Bm_x\\ {}^Bm_y\\ {}^Bm_z \end{bmatrix} \tag{3.166}$$

对式(3.166)求逆：

$$\begin{bmatrix} {}^Bf_x\\ {}^Bf_y\\ {}^Bf_z\\ {}^Bm_x\\ {}^Bm_y\\ {}^Bm_z \end{bmatrix}=\begin{bmatrix} n_x & n_y & n_z & 0 & 0 & 0\\ o_x & o_y & o_z & 0 & 0 & 0\\ a_x & a_y & a_z & 0 & 0 & 0\\ (\boldsymbol{p}\times\boldsymbol{n})_x & (\boldsymbol{p}\times\boldsymbol{n})_y & (\boldsymbol{p}\times\boldsymbol{n})_z & n_x & n_y & n_z\\ (\boldsymbol{p}\times\boldsymbol{o})_x & (\boldsymbol{p}\times\boldsymbol{o})_y & (\boldsymbol{p}\times\boldsymbol{o})_z & o_x & o_y & o_z\\ (\boldsymbol{p}\times\boldsymbol{a})_x & (\boldsymbol{p}\times\boldsymbol{a})_y & (\boldsymbol{p}\times\boldsymbol{a})_z & a_x & a_y & a_z \end{bmatrix}\begin{bmatrix} f_x\\ f_y\\ f_z\\ m_x\\ m_y\\ m_z \end{bmatrix} \tag{3.167}$$

再对式(3.167)左边和右边的前三行与后三行进行交换：

$$\begin{bmatrix} {}^Bm_x\\ {}^Bm_y\\ {}^Bm_z\\ {}^Bf_x\\ {}^Bf_y\\ {}^Bf_z \end{bmatrix}=\begin{bmatrix} n_x & n_y & n_z & (\boldsymbol{p}\times\boldsymbol{n})_x & (\boldsymbol{p}\times\boldsymbol{n})_y & (\boldsymbol{p}\times\boldsymbol{n})_z\\ o_x & o_y & o_z & (\boldsymbol{p}\times\boldsymbol{o})_x & (\boldsymbol{p}\times\boldsymbol{o})_y & (\boldsymbol{p}\times\boldsymbol{o})_z\\ a_x & a_y & a_z & (\boldsymbol{p}\times\boldsymbol{a})_x & (\boldsymbol{p}\times\boldsymbol{a})_y & (\boldsymbol{p}\times\boldsymbol{a})_z\\ 0 & 0 & 0 & n_x & n_y & n_z\\ 0 & 0 & 0 & o_x & o_y & o_z\\ 0 & 0 & 0 & a_x & a_y & a_z \end{bmatrix}\begin{bmatrix} m_x\\ m_y\\ m_z\\ f_x\\ f_y\\ f_z \end{bmatrix} \tag{3.168}$$

比较式(3.167)和式(3.161)可见,两式的右边第一个矩阵,即雅可比矩阵是相同的。因此,不同坐标系间的力和力矩变换可用与微分平移变换及微分旋转变换一样的方法进行。因此,由式(3.82)~式(3.84)进行推导,可以得到:

$$\begin{aligned} {}^{B}f_x &= \boldsymbol{n}\cdot\boldsymbol{f} \\ {}^{B}f_y &= \boldsymbol{o}\cdot\boldsymbol{f} \\ {}^{B}f_z &= \boldsymbol{a}\cdot\boldsymbol{f} \end{aligned} \tag{3.169}$$

$$\begin{aligned} {}^{B}m_x &= \boldsymbol{n}\cdot[(\boldsymbol{f}\times\boldsymbol{p})+\boldsymbol{m}] \\ {}^{D}m_y &= \boldsymbol{o}\cdot[(\boldsymbol{f}\times\boldsymbol{p})+\boldsymbol{m}] \\ {}^{B}m_z &= \boldsymbol{a}\cdot[(\boldsymbol{f}\times\boldsymbol{p})+\boldsymbol{m}] \end{aligned} \tag{3.170}$$

式中 $\boldsymbol{n},\boldsymbol{o},\boldsymbol{a}$ 和 $\boldsymbol{p}$ 为 3.3 节所定义的微分坐标变换的列矢量。用与微分平移一样的方法进行力变换,而用与微分旋转一样的方法进行力矩变换。

例 3.10　一个物体固连于坐标系 B,它受到坐标系 A 中力和力矩 $\boldsymbol{F}$ 的作用,求它在坐标系 B 内的等效力和力矩。

$$\boldsymbol{F}^{\mathrm{T}} = [5,0,0,0,10,0]$$

$$\boldsymbol{B} = \begin{bmatrix} 0 & 1 & 0 & 2 \\ 0 & 0 & 1 & 4 \\ 1 & 0 & 0 & 6 \\ 0 & 0 & 0 & 1 \end{bmatrix}$$

解:根据已知两式,可得

$$\boldsymbol{f} = [5,0,0] \quad \boldsymbol{m} = [0,10,0] \quad \boldsymbol{p} = [2,4,6]$$

$$\boldsymbol{n} = [0,0,1] \quad \boldsymbol{o} = [1,0,0] \quad \boldsymbol{a} = [0,1,0]$$

$$\boldsymbol{f}\times\boldsymbol{p} = \begin{vmatrix} i & j & k \\ 5 & 0 & 0 \\ 2 & 4 & 6 \end{vmatrix} = (0)i-(30)j+(20)k$$

$$(\boldsymbol{f}\times\boldsymbol{p})+m = -20j+20k$$

根据式(3.165),可得

$$\begin{aligned} {}^{B}f_x &= \boldsymbol{n}\cdot\boldsymbol{f} = 0 \\ {}^{B}f_y &= \boldsymbol{o}\cdot\boldsymbol{f} = 5 \\ {}^{B}f_z &= \boldsymbol{a}\cdot\boldsymbol{f} = 0 \\ {}^{B}m_x &= \boldsymbol{n}\cdot[(\boldsymbol{f}\times\boldsymbol{p})+\boldsymbol{m}] = 20 \\ {}^{B}m_y &= \boldsymbol{o}\cdot[(\boldsymbol{f}\times\boldsymbol{p})+\boldsymbol{m}] = 0 \\ {}^{B}m_z &= \boldsymbol{a}\cdot[(\boldsymbol{f}\times\boldsymbol{p})+\boldsymbol{m}] = -20 \end{aligned}$$

则 $^{B}\boldsymbol{F}^{\mathrm{T}} = [0,5,0,20,0,-20]$

3.5.2　机器人的动态特性

机器人的动态特性描述下列能力:它能够移动多快,能以怎样准确性快速地停在给定点,以及它对停止位置超调了多少距离等。如果机器人移动太慢,虽然容易控制,但耗费比较多的时间,损失了效率;如果移动太快,任何超调都可能造成损失或事故。从伺服控制角度看，惯性负载不仅是由物体的惯量决定的，而且也取决于这些关节的瞬时位置及运动情况。在快速运动时，机器人上各刚性连杆的质量和转动惯量（即惯量矩）给这些关节的伺服系统的总负载强加上一个很大的摩擦负载。

本节将简要介绍机器人的稳定性、空间分辨度和精度、重复性以及固有频率。

1. 稳定性

稳定性主要涉及系统运行过程中的振动。

伺服系统的设计者确信，机器人决不会突然引起振荡。当手臂的姿态改变时，单独关节伺服装置上的惯性负载和重力负载也随之变动，这就使振荡难以形成。此外，伺服系统必须在一个宽大的位置误差（在某些情况下还有速度误差）动态范围内运行，而且必须在所有情况下可靠地工作，而不管所做传动装置强加的速度和加速度限制如何。

有一种机器人控制器，当它的每个关节第一次到达其设定点时，能够独立地锁定该关节。当工具进入离设定位置一定距离时，它也能使关节减速。这种锁定，可按任何次序进行。当所有关节都锁定时，机械臂处于稳态，并可开始向下一位置运动。如果维持在一个位置的时间达几秒以上，那么工具将从编程位置缓慢移开。当位置误差积累达到显著值时，关节伺服系统能够使工具返回初始位置。工具位置的这一变化，是一种技术上的不稳定形式，但不影响机器人的正常运行。另一种控制器允许各关节伺服系统连续运行。从建造数控工具的经验中得到的复杂的伺服系统设计技术，能够防止启动时产生振荡，而不管负载情况如何。一些特殊的条件可能使关节伺服系统处于极不稳定的状态。当负载突然从工具末端滑脱出去时所发生的情况，就是一个典型的例子。这会使一个或多个关节上的重力负载产生阶跃变化，并会使设计不好的机器人引起振荡。关节的运动也能产生有效惯性力、向心力和对其他关节的耦合向心力（或力矩）的各种组合。其他关节对这些力矩的作用也会对原关节产生各种作用力。这是另一个潜在的振荡根源。

2. 空间分辨度和精度

空间分辨度是设计机器人控制系统的特性指标，它指明系统能够区别工作空间所需要的最小运动增量。分辨度可以是控制系统能够控制的最小位置增量的函数，或者是控制测量系统能够辨别的最小位置增量。空间分辨度与机械偏差一起构成控制分辨度。为了确定空间分辨度，机器人上每个关节的工作范围是由控制增量数进行区分的。

机器人精度主要包含三个方面因素：①各控制部件的分辨度；②各机械部件的偏差；③某个任意的从未接近的固定位置（目标）。

当包括机械部件偏差时，精度将变差。图 3.15 给出考虑机械偏差时精度与空间分辨度的关系。产生最大位置偏差的机械偏差确定了最恶劣的条件，这个偏差用来决定实际的空间分辨度，并据这一分辨度来求出精度。产生这些偏差的因素有齿轮啮合间隙、连杆松动和负载的影响等。在转轴情况下，反馈元件被装在旋转关节上，而且负载离轴伸出一定距离；这时，齿轮啮合间隙的影响更大。对于大负载重量，横梁偏转开始发生作用，并降低精度，在动态条件下，梁偏转作用存在于所有

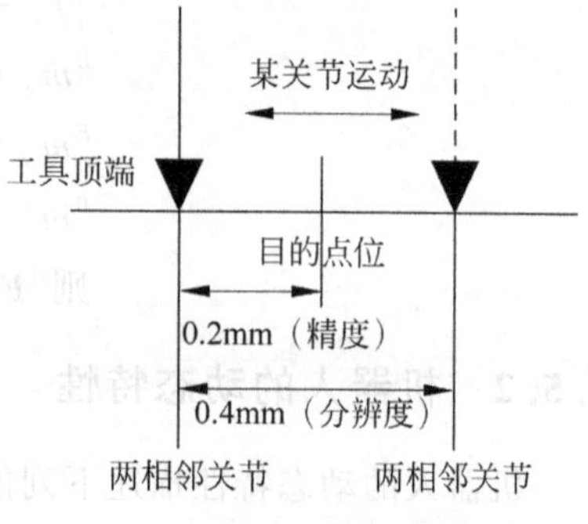

图 3.15 考虑机械偏差时精度与空间分辨度的关系

轴上。如果出现驱动啮合间隙,那么横梁偏转还可能引起严重的谐振。

当机器人只在示教复演模式下运行时,谈论其精度是没有意义的。在这种模式下,控制系统在机器人训练(示教)期间,只记录关节的位置,然后在作业期间复现这些位置。这时,重复性和分辨度是重要的技术性能。分辨度这一技术要求确定机器人是否能足够接近地到达训练(示教)时第一次作业的位置。重复性这一技术要求确定机器人在生产中第二次和以后各次作业时能否足够接近地到达目标位置。

当机器人控制系统中的计算机必须计算一系列关节位置,而且这些位置使工具顶端放置到以机器人独立坐标系描述的位置时,精度对于描述这样的机器人才有意义。

3. 重复性

重复性又称重复定位精度,指的是机器人自身重复到达原先被命令或训练位置的能力。图 3.16 绘出重复性的简单例子。开始时,机器人被定位在由控制分辨度所限制的尽可能接近于任意目标的位置上,对应于位置 T。接着,移开机器人,并命令它返回位置 T。当它力图返回预先示教过的位置时,由于控制系统和机械部件的偏差,使此机器人停止在位置 R。位置 T 和 R 之间的差距就是此机器人重复性的一种量度。图中的位置变化是被夸大了的。

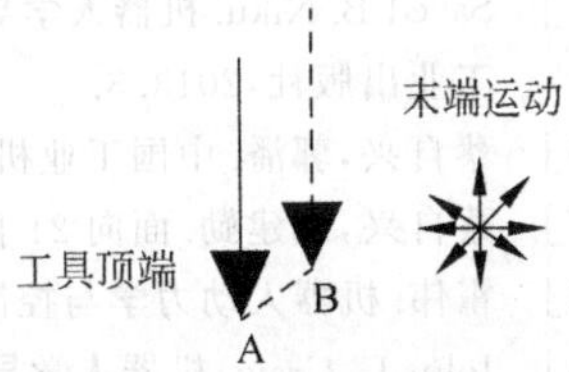

图 3.16 重复性示例

4. 固有频率

固有频率是系统在受到外界激励产生运动时发生自然振动的频率,这些特定的频率被称为系统的固有频率。

由振动理论可知在某一振型下机器人的固有频率越高,则相应的刚度越大,抵抗相应变形的能力越强,振动衰减的速度越快,机器人跟踪预期运动轨迹的振动衰减的速度越快,机器人跟踪预期运动轨迹的精度也越高。由于机器人在运动时其拓扑结构发生改变,所以机器人系统的固有频率也会发生相应的变化,这直接导致了机器人的力学特性和动态性能的改变。机器人的固有频率不仅与机器人的结构参数有关,而且还与标识机器人位形和运动状态的运动参数有关,机器人在运动的过程中固有频率可能会明显下降,这不仅会降低机器人抵抗变形的能力,而且一旦固有频率下降到与激振力的频率接近或相等时,机器人会发生动力奇异,导致出现振幅急剧增大甚至使系统结构发生破坏的现象。既然机器人的动态性能与其固有频率有关,而固有频率又与机器人的运动参数有关,因此可以通过适当调整运动参数来提高机器人在运动过程中的固有频率,以改善机器人的动态性能。

本章小结

本章描述了机器人运动学的相关数学描述,用改进 D-H 法推导了机器人正逆运动学,用正运动学确定末端执行器的位姿,当某个位姿确定后,实际应用中,是以位姿为源头,计算每个关节处的运动值。为了能够精确地控制机器人,需要知道机器人的微分运动,推导了微分算子。接着,简要介绍了机器人关节运动与末端运动的控制关系。

机器人动力学问题的研究目的在于控制和保证机器人保持优良的动态特性和静态特

性。文中推导了机器人的动力学方程，用来估计以一定速度和加速度驱动机器人各关节所需的力和力矩，并以此为基础选择机器人驱动器。

参考文献

[1] 蔡自兴，谢斌．机器人学[M]．3版．北京：清华大学出版社，2015.

[2] Mark W. Spong、Seth Hutchinson、M. Vidyasagar．机器人建模与控制[M]．北京：机械工业出版社，2016：127-154.

[3] 毕树生，宗光华．微操作机器人系统的研发开发[J]．中国机械工程，1990，10(9)：1024-1027.

[4] 蔡自兴，徐光佑．人工智能及其应用[M]．北京：清华大学出版社，2004.

[5] Saeed B. Niku．机器人学导论：分析、控制及应用[M]．2版．孙富春，朱纪洪，刘国栋，译．北京：电子工业出版社，2013.3.

[6] 蔡自兴，郭潘．中国工业机器人发展的若干问题[J]．机器人技术与应用，2013(3)：9-12.

[7] 蔡自兴，刘建勤．面向21世纪的智能机器人技术[J]．机器人技术与应用，1998，(6)：2-3.

[8] 霍伟．机器人动力学与控制[M]．北京：高等教育出版社，2005.

[9] John J. Craig．机器人学导论[M]．负超，译．北京：机械工业出版社，2006.

[10] 蔡自兴．机器人学基础[M]．北京：机械工业出版社，2009.

[11] 张涛．机器人引论[M]．北京：机械工业出版社，2010.

[12] 刘极峰，易际明．机器人技术基础[M]．北京：高等教育出版社，2006.

[13] 柳洪义，宋伟刚．机器人技术基础[M]．北京：冶金工业出版社，2002.

[14] 丁学贡．机器人控制研究[M]．杭州：浙江大学出版社，2006.

[15] 蒋新松，机器人学导论[M]．沈阳：辽宁科学出版社，1994.

思考题与练习题

思考题

1．技术的革新会带来对传统机器人建模方法的颠覆。

2．如软体机器人(D-H是否适用)。

3．多传感器的融合(智能空间)。

4．本章中所述的齐次变换与计算机图形学等有相同的地方吗？相同点在哪里？

5．并联机器人能否用D-H方法建模？

6．如何提高柔性机器人的动力学性能？

7．含间隙机构的机器人动力学建模需要哪些理论知识？

练习题

1．有一旋转变换，先绕固定坐标系 Z_0 轴转45°，再绕其 X_0 轴转60°，最后绕其 Y_0 轴转30°，试求该齐次坐标变换矩阵。

2．在坐标系$\{A\}$中，点 P 的运动轨迹为：首先绕 Z_a 轴转60°，又沿$\{A\}$的 X_a 轴移动3个单位，再沿$\{A\}$的 Y_a 轴移动4个单位。如果点 P 在原来的位置为 ${}^AP_1=[1,2,0]^T$，用齐次坐标变换法求运动后的位置 ${}^AP_2$。

3. 如图 3.17 所示的 Stanford 机器人，试建立其 D-H 坐标系，并在表 3.3 中填写参数。

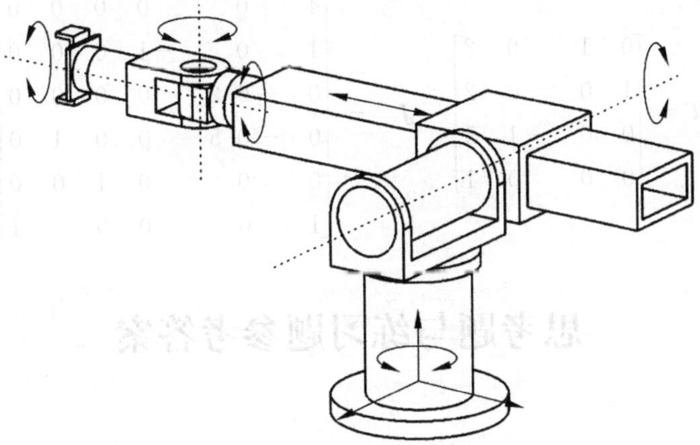

图 3.17　练习题 1 图

表 3.3　D-H 坐标系参数

连杆 i	α_{i-1}	a_{i-1}	d_i	θ_i
1				
2				
3				
4				
5				
6				

4. 写出题 3 中 Stanford 机器人各关节的变换矩阵和总变换矩阵。

5. 如图 3.18 所示的三自由度机械手（两个旋转关节加一个平移关节，简称 RPR 机械手），求末端机械手的运动学方程。

6. 如图 3.19 所示的二自由度机械手，手部沿固定坐标系 X_0 轴正向以 1.0m/s 的速度移动，杆长 $l_1=l_2=0.5\text{m}$。设在某瞬时 $\theta_1=30°$，$\theta_2=60°$，求相应瞬时的关节速度。

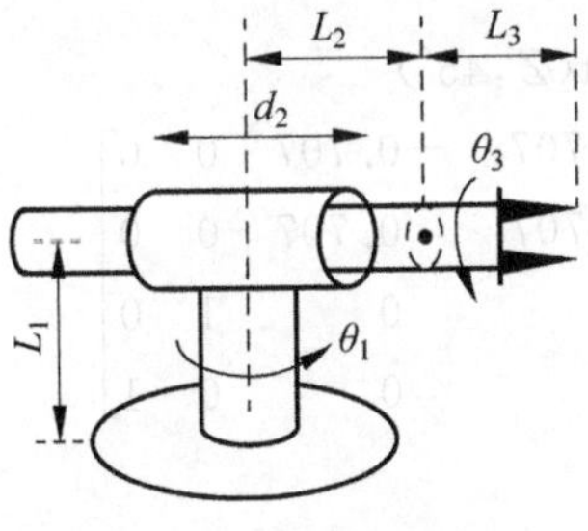

图 3.18　三自由度机械手

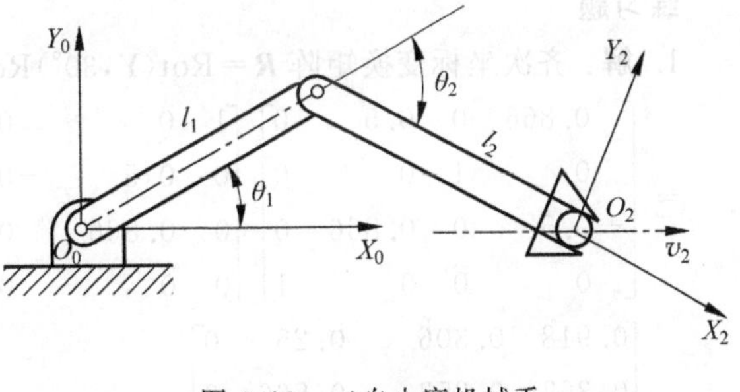

图 3.19　二自由度机械手

7. 给定机器人末端坐标系 T 以及机器人在这个位置的雅可比矩阵的逆，在微分运动下，试求：(1)找出做微分运动的为哪一个关节，求其运动量。(2)求坐标系的变化。(3)求出进行微分运动后的新位置。(4)假如对应于坐标系 T 进行测量，运动到(3)中所求位置，则微分运动量为多少。

$$T=\begin{bmatrix}0&1&0&2\\1&0&0&2\\0&0&-1&5\\0&0&0&1\end{bmatrix}\quad J^{-1}=\begin{bmatrix}4&0&0&0&0&0\\1&0&-1&0&0&0\\0&-0.2&0&0&0&0\\0&-0.5&0&0&1&0\\0&0&0&1&0&0\\1&0&0&0&0&1\end{bmatrix}$$

思考题与练习题参考答案

思考题

1. 答：(开放题)，言之有理即可。例如传统建模方法不适用于某一领域或某一工况。

2. 答：(开放题)，言之有理即可。目前是适用的，但是随着技术的发展，有可能出现不适用的情况。

3. 答：(开放题)，言之有理即可。多传感器的融合，可以使机器人更加智能，算法更加精确，测得的数据更加准确，也增加了机器人实时处理的难度。

4. 答：有相同的地方。都是应用齐次坐标来解决问题，机器人利用齐次坐标解决了运动学建模的问题，而计算机图形学利用齐次坐标解决了图形变换的问题。

5. 答：能。

6. 答：从机器人机构研究的角度出发，应在改善其机械结构和特性方面进行深入研究，充分利用机构冗余度、结构柔性等机械特性，在冗余驱动、欠驱动等方面想办法，从多部展冗余度柔性机器人、欠驱动柔性机器人、柔性机器人协调操作和冗余度柔性机器人协调操作等交叉领域的研究，同时，与先进的控制方法相结合，从机器人的内部特性和外部手段两方面入手，综合提高机器人的整体动力学性能。

7. 答：(开放题)，言之有理即可。含间隙机构的动力学模型、运动副分离准则、混沌特性、优化设计、误差理论、构建柔性等。

练习题

1. **解**：齐次坐标变换矩阵 $\boldsymbol{R}=\mathrm{Rot}(Y,30°)\mathrm{Rot}(X,60°)\mathrm{Rot}(Z,45°)$

$$=\begin{bmatrix}0.866&0&0.5&0\\0&1&0&0\\-0.5&0&0.866&0\\0&0&0&1\end{bmatrix}\begin{bmatrix}1&0&0&0\\0&0.5&-0.866&0\\0&0.866&0.5&0\\0&0&0&1\end{bmatrix}\begin{bmatrix}0.707&-0.707&0&0\\0.707&0.707&0&0\\0&0&1&0\\0&0&0&1\end{bmatrix}$$

$$=\begin{bmatrix}0.918&0.306&0.25&0\\0.353&0.353&-0.866&0\\0.176&0.883&0.433&0\\0&0&0&1\end{bmatrix}$$

2. **解**：用齐次坐标变换来解答，可得实现旋转和平移的齐次复合变换矩阵为：

$$T=\begin{bmatrix}0.5 & -0.866 & 0 & 3\\ 0.866 & 0.5 & 0 & 4\\ 0 & 0 & 1 & 0\\ 0 & 0 & 0 & 1\end{bmatrix}$$

已知：

$$^{A}\boldsymbol{P}_1=\begin{bmatrix}1\\2\\0\\1\end{bmatrix}$$

利用齐次坐标变换的复合变换矩阵，可得：

$$^{A}\boldsymbol{P}_2=\boldsymbol{T}\,^{A}\boldsymbol{P}_1=\begin{bmatrix}0.5 & -0.866 & 0 & 3\\ 0.866 & 0.5 & 0 & 4\\ 0 & 0 & 1 & 0\\ 0 & 0 & 0 & 1\end{bmatrix}\begin{bmatrix}1\\2\\0\\1\end{bmatrix}=\begin{bmatrix}1.768\\6.732\\0\\1\end{bmatrix}$$

3. 见图 3.20。

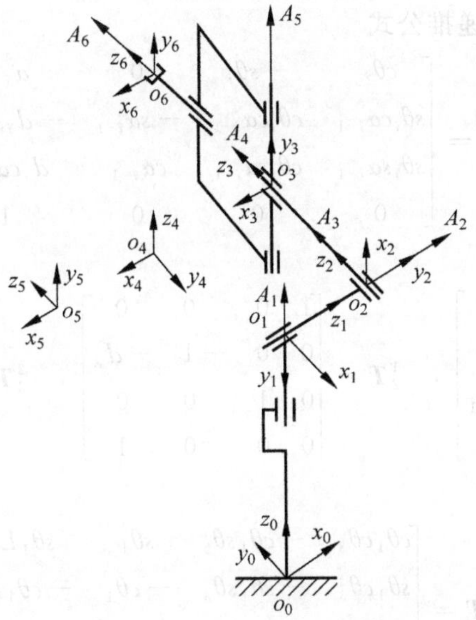

图 3.20　Stanford 机器人连杆坐标系

表 3.4　D-H 坐标系参数

连杆 i	α_{i-1}	a_{i-1}	d_i	θ_i
1	$-90°$	0	0	θ_1
2	$90°$	0	d_2	θ_2
3	0	0	d_3	0
4	$-90°$	0	0	θ_4
5	$90°$	0	0	θ_5
6	0	0	d_6	θ_6

4. 略。

5. **解**：建立如图 3.21 所示坐标系，则各连杆的 D-H 参数见表 3.5。

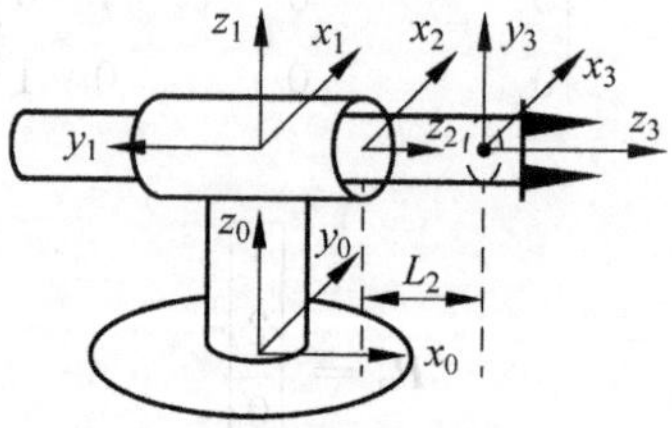

图 3.21　三自由度机械手连杆坐标系

表 3.5　D-H 参数表

连杆	转角 θ_n	偏距 d_n	扭角 α_{i-1}	杆长 a_{i-1}
1	θ_1	L_1	0	0
2	0	d_2	90°	0
3	θ_3	L_2	0	0

由连杆齐次坐标变换递推公式

$$
{}^{i-1}\boldsymbol{T}_i=\begin{bmatrix} c\theta_i & -s\theta_i & 0 & a_{i-1} \\ s\theta_i c\alpha_{i-1} & c\theta_i c\alpha_{i-1} & -s\alpha_{i-1} & -d_i s\alpha_{i-1} \\ s\theta_i s\alpha_{i-1} & c\theta_i s\alpha_{i-1} & c\alpha_{i-1} & d_i c\alpha_{i-1} \\ 0 & 0 & 0 & 1 \end{bmatrix}
$$

有

$$
{}_1^0\boldsymbol{T}=\begin{bmatrix} c\theta_1 & -s\theta_1 & 0 & 0 \\ s\theta_1 & c\theta_1 & 0 & 0 \\ 0 & 0 & 1 & L_1 \\ 0 & 0 & 0 & 1 \end{bmatrix},\quad {}_2^1\boldsymbol{T}=\begin{bmatrix} 1 & 0 & 0 & 0 \\ 0 & 0 & -1 & -d_2 \\ 0 & 1 & 0 & 0 \\ 0 & 0 & 0 & 1 \end{bmatrix},\quad {}_3^2\boldsymbol{T}=\begin{bmatrix} c\theta_3 & -s\theta_3 & 0 & 0 \\ s\theta_3 & c\theta_3 & 0 & 0 \\ 0 & 0 & 1 & L_2 \\ 0 & 0 & 0 & 1 \end{bmatrix}
$$

故

$$
{}_3^0\boldsymbol{T}={}_1^0\boldsymbol{T}{}_2^1\boldsymbol{T}{}_3^2\boldsymbol{T}=\begin{bmatrix} c\theta_1 c\theta_3 & -c\theta_1 s\theta_3 & s\theta_1 & s\theta_1 L_2+s\theta_1 d_2 \\ s\theta_1 c\theta_3 & -s\theta_1 s\theta_3 & -c\theta_1 & -c\theta_1 L_2-c\theta_1 d_2 \\ s\theta_3 & c\theta_3 & 0 & L_1 \\ 0 & 0 & 0 & 1 \end{bmatrix}
$$

式中：$s\theta_1=\sin\theta_1$

$c\theta_1=\cos\theta_1$

…

三连杆操作臂的逆运动学方程：

第一组解：由几何关系得：

$$x=L_2\cos\theta_2+L_3\cos(\theta_2+\theta_3) \tag{1}$$

$$y=L_2\sin\theta_2+L_3\sin(\theta_2+\theta_3) \tag{2}$$

将式(1)平方加式(2)平方得：

$$x^2+y^2=L_2^2+L_3^2+2L_2L_3\cos\theta_3$$

由此式可推出：

$$\theta_3=\arccos\left(\frac{x^2+y^2-L_2^2-L_3^2}{2L_2L_3}\right)$$

$$\theta_2=\arctan\left(\frac{y}{x}\right)-\arctan\left(\frac{L_3\sin\theta_3}{L_2+L_3\cos\theta_3}\right)$$

第二组解：由余弦定理 $x^2+y^2=L_2^2L_3^2-2L_2L_3\cos\partial$，得：

$$\partial=\arccos\left[\frac{L_2^2L_3^2-(x^2+y^2)}{2L_2^2L_3^2}\right]$$

$$\theta'_3=\pi+\partial$$

$$\theta'_2=\frac{\pi-\partial}{2}+\arctan\left(\frac{y}{x}\right)$$

6. **解**：

$$\begin{cases}X=l_1c_1+l_2c_{12}\\ Y=l_1s\theta_1+l_2s_{12}\end{cases}$$

$$\begin{cases}\mathrm{d}X=\dfrac{\partial X}{\partial\theta_1}\mathrm{d}\theta_1+\dfrac{\partial X}{\partial\theta_2}\mathrm{d}\theta_2\\ \mathrm{d}Y=\dfrac{\partial Y}{\partial\theta_1}\mathrm{d}\theta_1+\dfrac{\partial Y}{\partial\theta_2}\mathrm{d}\theta_2\end{cases}$$

$$\begin{bmatrix}\mathrm{d}X\\ \mathrm{d}Y\end{bmatrix}=\begin{bmatrix}\dfrac{\partial X}{\partial\theta_1} & \dfrac{\partial X}{\partial\theta_2}\\ \dfrac{\partial Y}{\partial\theta_1} & \dfrac{\partial Y}{\partial\theta_2}\end{bmatrix}\begin{bmatrix}\mathrm{d}\theta_1\\ \mathrm{d}\theta_2\end{bmatrix}$$

$$v=\begin{bmatrix}v_X\\ v_Y\end{bmatrix}$$

$$=\begin{bmatrix}-l_1s_1-l_2s_{12} & -l_2s_{12}\\ l_1c_1+l_2c_{12} & l_2c_{12}\end{bmatrix}\begin{bmatrix}\dot{\theta}_1\\ \dot{\theta}_2\end{bmatrix}$$

$$=\begin{bmatrix}-(l_1s_1+l_1s_{12})\dot{\theta}_1-l_2s_{12}\dot{\theta}_2\\ (l_1c_1+l_2c_{12})\dot{\theta}_1+l_2c_{12}\dot{\theta}_2\end{bmatrix}$$

求解得，该瞬时两关节的位置分别为 30°，−60°；速度为−2rad/s，4rad/s。

7. 略。

第4章　机器人传感器与视觉

本章主要介绍智能机器人的传感器、图像处理、视觉技术和多传感器信息融合等内容。

传感器是一种检测装置，是实现机器人环境感知和自动控制的首要环节。机器人传感器在机器人的控制中起了非常重要的作用，正因为有了传感器，机器人才具备了类似人类的知觉功能和反应能力，而且随着外部传感器的进一步完善，机器人的功能越来越强大。本章介绍了传感器的原理、分类以及一些重要的内部、外部传感器的原理及特点。

机器人视觉，是指不仅要把视觉信息作为输入，而且还要对这些信息进行处理，进而提取出有用的信息提供给机器人。在基本术语中，机器人视觉涉及使用摄像头、相机等硬件和软件算法的结合，让机器人处理来自现实世界的视觉数据。例如，您的系统可以使用二维摄像头，检测到机器人将拿起来的一个对象物。更复杂的例子，使用一个三维立体相机引导机器人将车轮安装到一个装配生产线中的车辆上。本章主要介绍机器人视觉与图像处理的一些关键技术，包括图像滤波、边缘检测、图像分割及图像解释等，还简要介绍了计算机视觉的相关内容，包括立体视觉、运动结构、运动与光流等。

机器人视觉的核心技术包括机器人的标定、位姿估计以及机器人的视觉伺服系统等，这些关键技术使得视觉系统在机器人领域有着很大的应用空间。本章重点介绍了机器人的手眼标定、视觉位置测量以及视觉伺服系统等核心技术的方法和原理。

机器人多传感器信息融合，是指把分布在不同位置，处于不同状态的多个同类或不同类型的传感器所提供的局部不完整观察量加以综合处理，消除多传感器信息之间可能存在的冗余和矛盾，利用信息互补，降低不确定性，以形成对系统环境相对完整一致的理解，从而提高智能机器人系统决策、规划的科学性，反应的快速性和正确性，进而降低决策风险的过程。在本章的第4节，介绍了相关的多传感器数据融合方法，并以多传感器信息融合在移动机器人导航中的应用作为举例进行阐述。

4.1　机器人传感器

传感器是任何机器人系统设计的核心。为了让机器人系统能感知周围环境、检测作业对象或获得机器人与其他部件的关系，在机器人上安装触觉、视觉、力觉、超声波、红外、接近觉等传感器，进行定位和控制，使系统实现类似人类的感知功能。所以传感器既用于机器人内部反馈控制以预估自身的状态，也用于感知与外部环境的相互作用。本节介绍了机器人传感器的基本概念及分类，并着重介绍了若干典型的内部传感器、外部传感器的工作原理。

4.1.1　机器人传感器概述

1. 机器人传感器的定义和组成

(1) 机器人传感器可狭义地定义为："将外界的输入信号变换为电信号的一类元件。"

如图 4.1 所示。

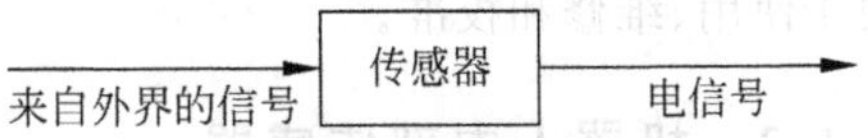

图 4.1 传感器的定义

(2) 传感器一般由敏感元件、转换部分组成，其中敏感元件(Sensitive element)是直接感受被测量，并输出与被测量成确定关系的某一物理量的元件。转换部件(Transducer)是以敏感元件的输出为输入，把输入转换成电路参数的元件。

2. 机器人传感器的原理与策略

(1) 变换——通过硬件把相关日标特性转换为信号。

(2) 处理——把所获信号变换为规划及执行某个机器人功能所需要的信息，包括预处理和解释两个步骤，如图 4.2 所示。

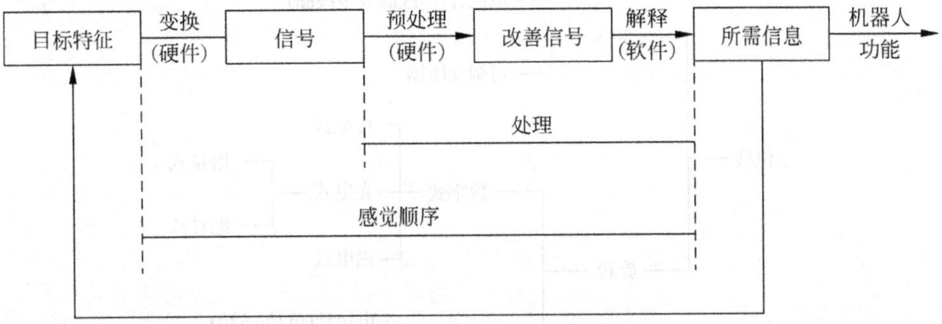

图 4.2 机器人感觉顺序与系统结构

3. 机器人传感器的分类

机器人传感器有多种分类方法，常见的分类有：接触式传感器、非接触式传感器；内传感器、外传感器；无源传感器、有源传感器；无扰动传感器、扰动传感器。

机器人依赖传感器感知自身的状态和外部环境：机器人的内部传感器用来感知各部分相对于自己的坐标系的状态——位移、位置、速度、加速度、力和应力等；机器人的外部传感器用来感知外部环境和对象的状况——机器人自身在外部坐标系的位移位置等运动参数，对象的形状位置障碍情况。

接触式传感器或非接触式传感器：非接触式传感器以某种电磁射线(可见光、X 射线、红外线、雷达波、声波、超声波和电磁射线等)形式测量目标的响应；接触式传感器则以某种实际接触(如触碰、力或力矩、压力、位置、温度、磁量、电量等)形式测量目标的响应。

除此之外，目前还有两种常用的分类原理：以被测量对象进行分类；以传感器的原理进行分类。

4. 传感器的要求

足够的量程——传感器的工作范围或量程足够大；具有一定的过载能力；灵敏度高，精度适当——要求其输出信号与被测信号成确定的关系(通常为线性)，且比值要大；传感器的静态响应与动态响应的准确度能满足要求；响应速度快，工作稳定，可靠性好；易用性和适应性强——体积小，重量轻，动作能量小，对被测对象的状态影响小，内部噪声小而又不易受外界干扰的影响，其输出采用通用或标准的形式，以便与系统对接；成本低，寿命长，且便于使用、维修和校准。

4.1.2　机器人内部传感器

机器人内部传感器以其自己的坐标系统确定其位置，通常被安装在机器人自身，用于感知其自身状态，以调整并控制自身的行动。机器人内部传感器包括位移传感器、速度和加速度传感器、力传感器以及应力传感器等。

1. 机器人的位移传感器

位移感觉是机器人最基本的环境感知要求，它可以通过多种传感器实现，常用的机器人位移传感器如图 4.3 所示。

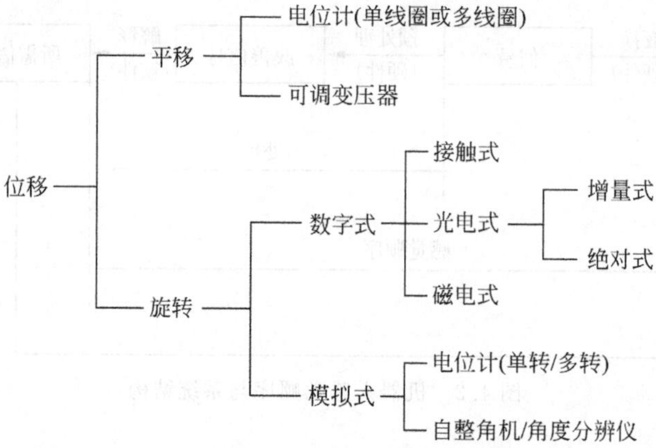

图 4.3　常用机器人位移传感器

位移传感器要检测的位移可为直线移动，也可为角转动。典型的位移传感器是电位计(电位差计或分压计)，如图 4.4 所示，它由一个线绕电阻(或薄膜电阻)和一个滑动触点组成。其中滑动触点通过机械装置受被检测量的控制。当被检测的位置量发生变化时，滑动触点也发生位移，改变了滑动触点与电位器各端之间的电阻值和输出电压值，根据这种输出电压值的变化，可检测出机器人各关节的位置和位移量。

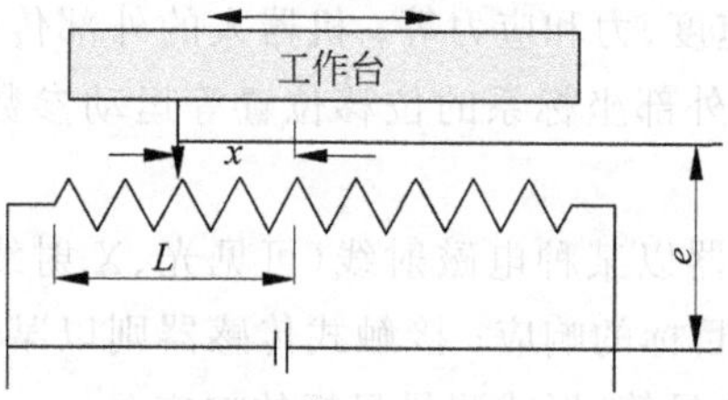

图 4.4　直线移动传感器

在载有物体的工作台下面有同电阻接触的触头，当工作台在左右移动时接触触头也随之左右移动，从而移动了与电阻接触的位置。检测的是以电阻中心为基准位置的移动距离。

把图中的电阻元件弯成圆弧形，可动触头的另一端固定在圆的中心，并像时针那样回转时，由于电阻随相应的回转角而变化，因此基于上述同样的理论，可构成角度传感器。具体如图 4.5 所示。

这种电位计由环状电阻器和与其一边电气接触一边旋转的电刷共同组成。当电流沿电阻器流动时，形成电压分布。如果这个电压分布制作成与角度成比例的形式，则从电刷上提

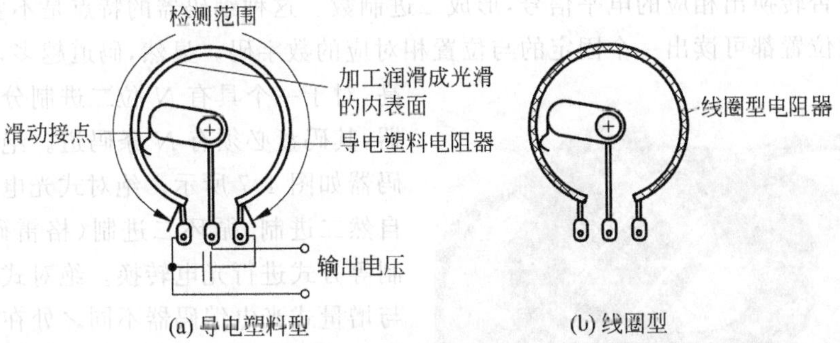

图 4.5　位移传感器

取出的电压值也与角度成比例。作为电阻器，可以采用两种类型：一种是用导电塑料经成形处理做成的导电塑料型，如图 4.5(a)所示；另一种是在绝缘环上绕上电阻线做成的线圈型，如图 4.5(b)所示。

如图 4.6 所示的传感器是利用光电监测元件的光电位置传感器，如果事先求出光源(LED)和感光部分(光敏晶体管)之间的距离同感光量 alpha 的关系，就能从计测时的感光量检测出位移 x。

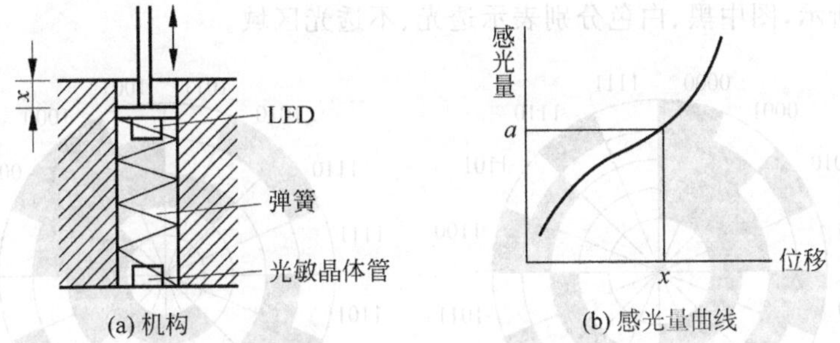

图 4.6　光电位置传感器

2. 角度传感器

应用最多的旋转角度传感器是旋转编码器。旋转编码器又称转轴编码器、回转编码器，它把作为连续输入的轴的旋转角度同时进行离散化和量化处理后予以输出。光学编码器是一种应用广泛的角位移传感器，其分辨率完全能满足机器人技术要求。这种非接触型传感器可分为绝对型和增量型。

1）光学式绝对型旋转编码器

(1) 基本构造及特点。增量式光电编码器有可能由于外界的干扰产生计数错误，并且在停电或故障停车后无法找到事故前执行部件的正确位置。绝对式光电编码器可以避免上述缺点。绝对式光电编码器的基本原理及组成部件与增量式光电编码器基本相同，也是由光源、码盘、检测光栅、光电检测器件和转换电路组成。与增量式光电编码器不同的是，绝对式光电编码器用不同的数码分别指示每个不同的增量位置，它是一种直接输出数字量的传感器。在它的圆形码盘上沿径向有若干同心码道，每条上由透光和不透光的扇形区相间组成，相邻码道的扇区数目是双倍关系，码盘上的码道数就是它的二进制数码的位数，在码盘的一侧是光源，另一侧对应每一码道有一光敏元件；当码盘处于不同位置时，各光敏元件根据受光照与否转换出相应的电平信号，形成二进制数。这种编码器的特点是不要计数器，在转轴的任意位置都可读出一个固定的与位置相对应的数字码。显然，码道越多，分辨率就越高，对于一个具有 N 位二进制分辨率的编码器，其码盘必须有 N 条码道。绝对式光电编码器如图 4.7 所示。绝对式光电编码器利用自然二进制、循环二进制（格雷码）、二-十进制等方式进行光电转换。绝对式光电编码器与增量式光电编码器不同之处在于圆盘上透光、不透光的线条图形，绝对光电编码器可有若干编码，根据读出码盘上的编码，检测绝对位置。它的特点是：可以直接读出角度坐标的绝对值；没有累积误差；电源切除后位置信息不会丢失；编码器的精度取决于位数；最高运转速度比增量式光电编码器高。

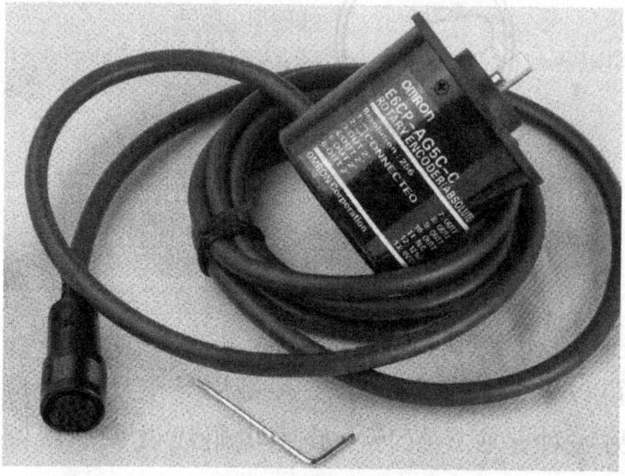

图 4.7　光学式绝对型旋转编码器及其总线

（2）码制与码盘。绝对式光电编码器的码盘，按照其所用的码制可分为：二进制码、循环码（格雷码）、十进制码、六十进制码（度、分、秒进制）码盘等。四位二元码盘（二进制、格雷码）如图 4.8 所示，图中黑、白色分别表示透光、不透光区域。

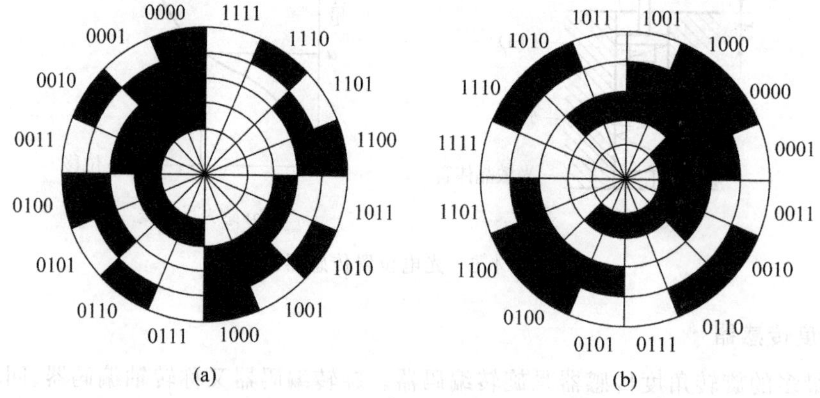

图 4.8　四位二元码盘

光电式码盘是目前应用较多的一种，它是在透明材料的圆盘上精确地印制上二进制编码。图 4.8(a)所示为四位二进制的码盘，码盘上各圈圆环分别代表一位二进制的数字码道，在同一个码道上印制黑白等间隔图案，形成一套编码。黑色不透光区和白色透光区分别代表二进制的“0”和“1”。在一个四位光电码盘上，有四圈数字码道，每一个码道表示二进制的一位，里侧是高位，外侧是低位，在 360°范围内可编数码数为 16 个。工作时，码盘的一侧放置电源，另一侧放置光电接收装置，每个码道都对应有一个光电管及放大、整形电路。码盘转到不同位置，光电元件接收光信号，并转成相应的电信号，经放大整形后，成为相应数码电信号。但由于制造和安装精度的影响，当码盘回转在两码段交替过程中会产生读数误差。例如，当码盘顺时针方向旋转，由位置“0111”变为“1000”时，这四位数要同时都变化，可能将数码误读成 16 种代码中的任意一种，如读成 1111、1011、1101…0001 等，产生了无法估计的很大的数值误差，这种误差称非单值性误差。为了消除非单值性误差，一般采用循环码盘。循环码又称格雷码，它也是一种二进制编码，只有“0”和“1”两个数。图 4.8(b)所示为四位二进制循环码。这种编码的特点是任意相邻的两个代码间只有一位代码有变化，即“0”变为“1”或“1”变为“0”。因此，在两数变换过程中，所产生的读数误差最多不超过“1”，只可能读成相邻两个数中的一个数。所以，它是消除非单值性误差的一种有效方法。表 4.1 为几种自然二进制码与格雷码的对照表。

表 4.1　几种自然二进制码与格雷码的对照表

十进制数	自然二进制数	格雷码	十进制数	自然二进制数	格雷码
0	0000	0000	8	1000	1100
1	0001	0001	9	1001	1101
2	0010	0011	10	1010	1111
3	0011	0010	11	1011	1110
4	0100	0110	12	1100	1010
5	0101	0111	13	1101	1011
6	0110	0101	14	1110	1001
7	0111	0100	15	1111	1000

二进制码转换成格雷码，其法则是保留二进制码的最高位作为格雷码的最高位，而次高位格雷码为二进制码的高位与次高位相异或，而格雷码其余各位与次高位的求法相类似。

绝对型旋转编码器的应用场合，可以用一个传感器检测角度和角速度。因为这种编码器的输出，表示的是旋转角度的现时值，所以若对单位时间前的值进行记忆，并取它与现时值之间的差值，就可以求得角速度。绝对值旋转编码器的分辨率取决于码盘的位数，即同心圆环带的数量。

2) 光学式增量型旋转编码器

(1) 基本构造及特点。增量式光电编码器的特点是每产生一个输出脉冲信号就对应于一个增量位移，但是不能通过输出脉冲区别出在哪个位置上的增量。它能够产生与位移增量等值的脉冲信号，其作用是提供一种对连续位移量离散化或增量化以及位移变化(速度)的传感方法，它是相对于某个基准点的相对位置增量，不能够直接检测出轴的绝对位置信息。一般来说，增量式光电编码器输出 A、B 两相互差 90°电度角的脉冲信号(即所谓的两组正交输出信号)，从而可方便地判断出旋转方向。同时还有用作参考零位的 Z 相标志脉冲信号，码盘每旋转一周，只发出一个标志信号。标志脉冲通常用来指示机械位置或对积累量清零。增量式光电编码器主要由光源、光栅板(码盘)、固定光栅(检测光栅)、光敏管(光电检测器件)和转换电路组成，如图 4.9 所示。光栅板上刻有节距相等的辐射状透光缝隙，相邻两个透光缝隙之间代表一个增量周期；检测光栅上刻有 A、B 两组与光栅板相对应的透光缝隙，用以通过或阻挡光源和光电检测器件之间的光线。它们的节距和码盘上的节距相等，并且两组透光缝隙错开 1/4 节距，使得光电检测器件输出的信号在相位上相差 90°电度角。当码盘随着被测转轴转动时，检测光栅不动，光线透过码盘和检测光栅上的透光缝隙照射到光电检测器件上，光电检测器件就输出两组相位相差 90°电度角的近似于正弦波的电信号，电信号经过转换电路的信号处理，可得到被测轴的转角或速度信息。

增量式光电编码器输出信号波形如图 4.10 所示。

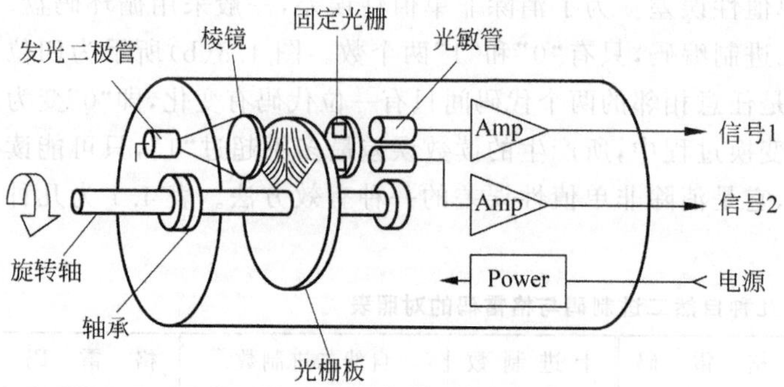

图 4.9　增量式光电编码器的组成

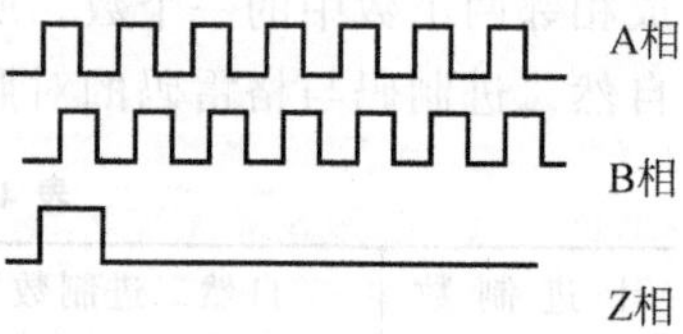

图 4.10　增量式光电编码器的输出信号波形

工作原理：如图 4.11 所示，A、B 两点对应两个光敏管，A、B 两点间距为 S_2，角度码盘的光栅间距分别为 S_0 和 S_1。当角度码盘以某个速度匀速转动时，那么可知输出波形图中的 $S_0:S_1:S_2$ 比值与实际图的 $S_0:S_1:S_2$ 比值相同，同理角度码盘以其他的速度匀速转动时，输出波形图中的 $S_0:S_1:S_2$ 比值与实际图的 $S_0:S_1:S_2$ 比值仍相同。如果角度码盘做变速运动，把它看成多个运动周期的组合，那么每个运动周期中输出波形图中的 $S_0:S_1:S_2$ 比值与实际图的 $S_0:S_1:S_2$ 比值仍相同。通过输出波形图可知每个运动周期的时序，如图 4.12 所示。

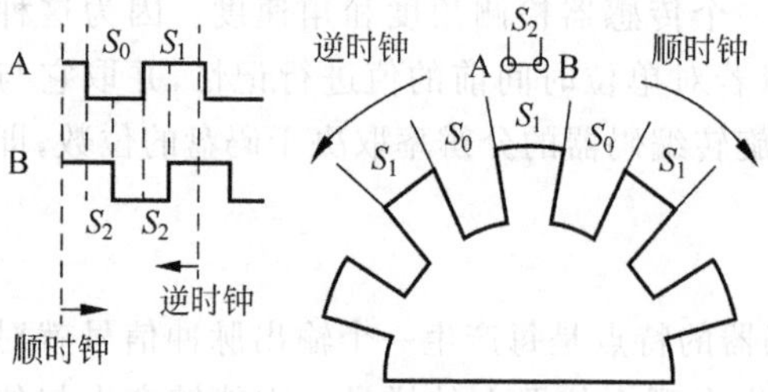

图 4.11　增量式内部工作原理

顺时针运动		逆时针运动	
A	B	A	B
1	1	1	1
0	1	1	0
0	0	0	1
1	0	0	1

图 4.12　时序图

把当前的 A、B 输出值保存起来，与下一个 A、B 输出值作比较，就可以得出角度码盘的运动方向，如果光栅格 S_0 等于 S_1 时，也就是 S_0 和 S_1 弧度夹角相同，且 S_2 等于 S_0 的 1/2，那么可得到此次角度码盘运动位移角度为 S_0 弧度夹角的 1/2，除以所消耗的时间，就得到此次角度码盘运动位移角速度。

(2) 基本技术规格。在增量式光电编码器的使用过程中，对于其技术规格通常会提出不同的要求，其中最关键的就是它的分辨率、精度、输出信号的稳定性、响应频率、信号输出形式。

分辨率。光电编码器的分辨率是以编码器轴转动一周所产生的输出信号基本周期数表示的，即脉冲数/转(PPR)。码盘上的透光缝隙的数目就等于编码器的分辨率，码盘上刻的缝隙越多，编码器的分辨率就越高。在工业电气传动中，根据不同的应用对象，分辨率通常在 500～6000PPR，最高可以达到几万 PPR 的增量式光电编码器可供选择。交流伺服电动机控制系统中通常选用分辨率为 2500PPR 的编码器。此外对光电转换信号进行逻辑处理，可以得到 2 倍频或 4 倍频的脉冲信号，从而进一步提高分辨率。

精度。增量式光电编码器的精度与分辨率完全无关，这是两个不同的概念。精度是一种度量在所选定的分辨率范围内，确定任一脉冲相对另一脉冲位置的能力。精度通常用角度、角分或角秒表示。编码器的精度与码盘透光缝隙的加工质量、码盘的机械旋转情况的制造精度因素有关，也与安装技术有关。

输出信号的稳定性。编码器输出信号的稳定性是指在实际运行条件下，保持规定精度的能力。影响编码器输出信号稳定性的主要因素是温度对电子器件造成的漂移、外界加于编码器的变形力以及光源特性的变化。由于受到温度和电源变化的影响，编码器的电子电路不能保持规定的输出特性，在设计和使用中都要给予充分考虑。

响应频率。编码器输出的响应频率取决于光电检测器件、电子处理线路的响应速度。当编码器高速旋转时，如果其分辨率很高，那么编码器输出的信号频率将会很高。如果光电检测器件和电子线路元器件的工作速度与之不能相适应，就有可能使输出波形严重畸变，甚至产生丢失脉冲的现象。这样输出信号就不能准确反映轴的位置信息。

所以，每一种编码器在其分辨率一定的情况下，它的最高转速也是一定的，即它的响应频率是受限制的。编码器的最大响应频率、分辨率和最高转速之间的关系如下所示。

$$f_{\max}=\frac{R_{\max}\times N}{60} \tag{4.1}$$

其中，$f_{\max}$ 为最大响应频率；$R_{\max}$ 为最高转速；N 为分辨率。

另外，在大多数情况下，从编码器的光电检测器件获取的信号电平较低，波形也不规则，还不能适应于控制、信号处理和远距离传输的要求。所以，在编码器内还必须将此信号放大、整形。经过处理的输出信号一般近似于正弦波或矩形波。由于矩形波输出信号容易进行数字处理，所以这种输出信号在定位控制中得到广泛的应用。采用正弦波输出信号时基本消除了定位停止时的振荡现象，并且容易通过电子内插方法，以较低的成本得到较高的分辨率。

增量型旋转编码器的应用场合，也可以用一个传感器检测角度和角速度。这种编码器单位时间内输出脉冲的数目与角速度成正比。此外，包含着绝对值型和增量型这两种类型的混合编码器也已经出现；在使用这种编码器时，在决定的初始位置时，使用绝对值型；在决定由初始位置开始的变动角的精确位置时，则可以用增量型。

3. 姿态传感器

姿态传感器是用来检测机器人与地面相对关系的传感器，当机器人被限制在工厂的地面时，没有必要安装这种传感器，如大部分工业机器人。但是当机器人脱离了这个限制，并且能够进行自由移动，如移动机器人，安装姿态传感器就成为必要的选择。

最简单的姿态传感器是感知倾倒状态的水银开关。

典型的姿态传感器是陀螺仪，陀螺是一种传感器，其原理是：当一个旋转物体的旋转轴所指的方向在不受外力影响时，是不会改变的。如图 4.13 所示为一个速率陀螺，转子通过一个支撑它的被称为万向接头的自由支持机构，安装在机器人上。

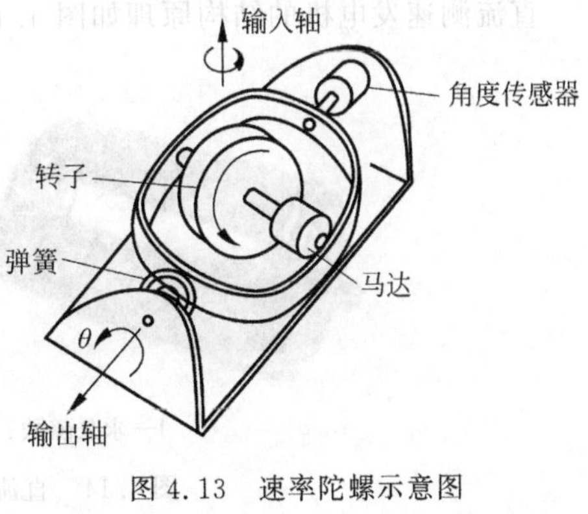

图 4.13　速率陀螺示意图

当机器人连同外环以一定角速度绕测量轴旋进时,陀螺力矩将迫使内环连同转子一起相对机器人旋进。陀螺仪中有弹簧限制这个相对旋进,而内环的旋进角正比于弹簧的变形量。由平衡时的内环旋进角即可求得陀螺力矩和机器人的角速率。积分陀螺仪与速率陀螺仪的不同处只在于选用线性阻尼器还是弹簧进行约束。当运载器做任意变速转动时,积分陀螺仪的输出量是绕测量轴的转角。

姿态传感器设置在机器人的躯干部分,用来检测移动中的姿态和方位变化,保持机器人的正确姿态,并且实现指令要求的方位。

1) 电子罗盘

电子罗盘,也叫数字罗盘,是利用测量地磁场确定北极方向的一种方法,分为平面电子罗盘和三维电子罗盘,是利用测量地磁场确定北极方向的一种装置。

三维电子罗盘在其内部加入了倾角传感器,在罗盘发生倾斜时可以对罗盘进行倾斜补偿,航向数据依然准确,可以作为 GPS 导航信息的有效补充,即使是在 GPS 信号失锁后也能正常工作。

电子罗盘的特点如下:

(1) 三轴磁阻传感器测量平面地磁场,双轴倾角补偿;
(2) 高速高精度 A/D 转换;
(3) 内置温度补偿,减少倾斜角和指向角的温度漂移;
(4) 内置微处理器计算传感器与磁北夹角;
(5) 具有简单有效的用户标校指令。

2) 速度传感器

速度传感器用于测量平移和旋转运动的速度。在大多数情况下,只限于测量旋转速度。

速度传感器的设计原理:

(1) 线加速度计的原理是惯性原理;
(2) 多数加速度传感器是根据惯性力引起的压电效应的原理;
(3) 惯性力引起的电容变化也被用来设计加速度传感器;
(4) 根据惯性力造成的热传导效应变化设计的加速度传感器,如美新半导体的产品。

最通用的速度传感器是测速发电机,它们有两种主要形式:直流测速发电机和交测速发电机。测速发电机:把机械转速变换成电压信号,输出电压与输入的转速成正比。

$$u = K \times n \quad K\ 是常数$$

直流测速发电机的结构原理如图 4.14 所示。

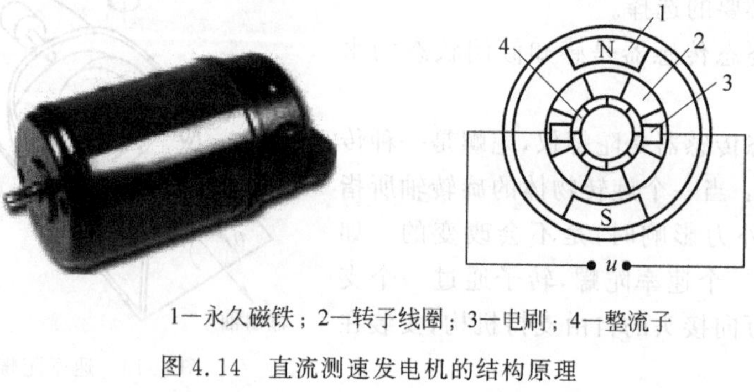

1—永久磁铁;2—转子线圈;3—电刷;4—整流子

图 4.14 直流测速发电机的结构原理

4.1.3　机器人外部传感器

外部传感器主要用来检测机器人所处环境及目标状况，如是什么物体、离物体的距离有多远、抓取的物体是否滑落等，使得机器人能够与环境发生交互作用，并对环境具有自我校正和适应能力。广义来看，机器人外部传感器就是具有类似于人类五官感知能力的传感器。

1. 触觉传感器

对于非阵列接触觉传感器，信号的处理主要是为了感知物体的有无。由于信息量较少，处理技术相对比较简单、成熟；对于阵列式接触觉传感器，其目的是辨识物体接触面的轮廓。这种信号的处理将涉及图像处理、计算机图形学、人工智能、模式识别等学科，目前还不成熟，有待进一步研究。图 4.15 和图 4.16 展示了触觉传感器原理及外观。

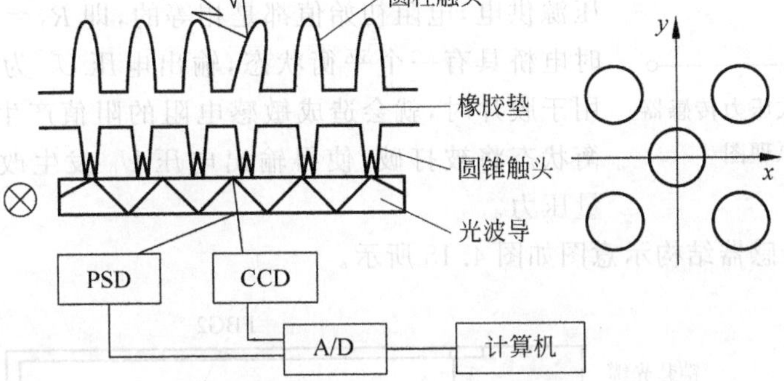

图 4.15　类皮肤触觉传感器原理

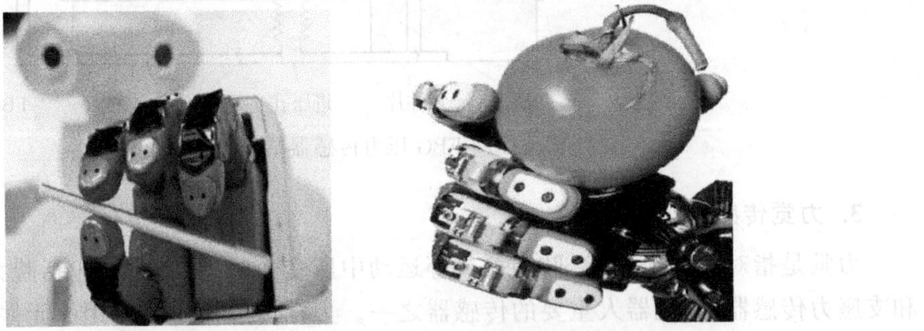

(a) 机器人21　　(b) 多模触觉传感器Bio Tac

图 4.16　两种新型的触觉传感器产品

2. 压力传感器

压力传感器用于握力控制与手的支撑力检测，实际是接触觉的延伸。现有压力传感器一般有以下几种：

(1) 利用某些材料的压阻效应制成压阻器件，将它们密集配置成阵列，即可检测压力的分布；

(2) 利用压电晶体的压电效应检测外界压力；

(3) 利用半导体压敏器件与信号电路构成集成压敏传感器；

(4) 利用压磁传感器和扫描电路与针式接触觉传感器构成压觉传感器。

压力传感器原理：这种传感器是对小型线性调整器的改进。在调整器的轴上安装了线性弹簧。一个传感器有10mm的有效行程，在此范围内，将力的变化转换为遵从胡克定律的长度位移，以便进行检测。在一侧手指上，每个6mm×8mm的面积分布一个传感器进行计算，共排列了28个(4行7排)传感器；左右两侧总共有56个传感器输出。用四路A/D转换器，高速多路调制器对这些输出进行转换后进入机器人控制器。

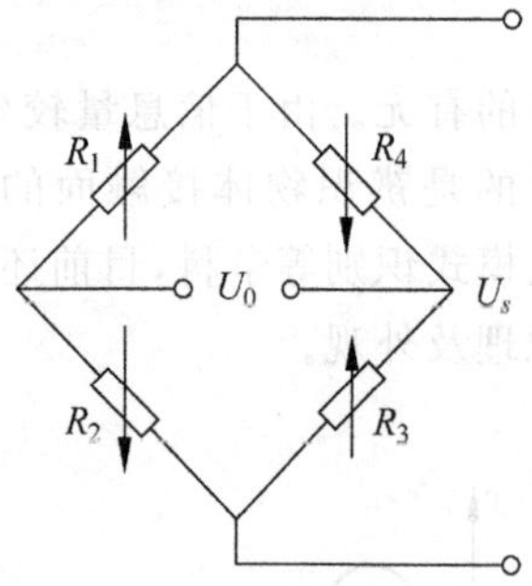

图4.17 压阻式压力传感器工作原理图

压阻式压力传感器的工作原理是多晶硅或者单晶硅的压阻效应，即半导体材料的某一晶面被施加压力时，晶体固有电阻率会产生变化的物理现象。如图4.17所示，R_1、R_2、R_3、R_4为4个敏感电阻条，初始状态具有相等的电阻值，它们是利用扩散工艺在半导体材料的感压模片上产生的，并且连接形成惠斯通电桥结构。其中，输入电压为U_0，使用恒流源或者恒压源供电，电阻初始值都是相等的，即$R_1=R_2=R_3=R_4$，此时电桥具有一个平衡状态，输出电压U_0为0。当有压力作用于膜片时，就会造成敏感电阻的阻值产生改变，电桥的平衡状态将被打破，使得输出电压U_0发生改变，从而能够测量压力。

FBG压力传感器结构示意图如图4.18所示。

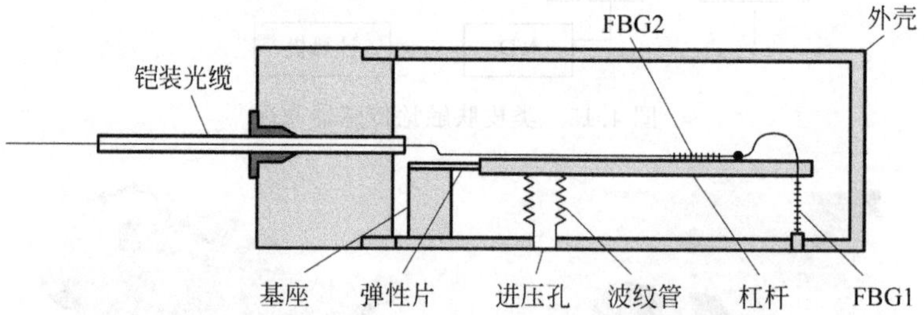

图4.18 FBG压力传感器结构示意图

3. 力觉传感器

力觉是指对机器人的指、肢和关节等运动中所受力的感知，主要包括腕力、关节力、指力和支座力传感器，是机器人重要的传感器之一。力觉传感器主要使用的元件是电阻应变片。通常我们将机器人的力传感器分为三类：

(1) 关节力传感器：测量驱动器本身的输出力和力矩，用于控制运动中的力反馈；

(2) 腕力传感器：测量作用在末端执行器上的各向力和力矩；

(3) 指力传感器：测量夹持物体手指的受力情况。

1) 关节力传感器

装在关节驱动器上的力传感器，称为关节力传感器，用于控制运动中的力反馈。图4.19所示为盘式关节力传感器。

图4.19 盘式关节力传感器

2）十字梁腕力传感器

日本大和制衡株式会社林纯一研制的腕力传感器。它是一种整体轮辐式结构，传感器在十字梁与轮缘联结处有一个柔性环节，在四根交叉梁上共贴有 32 个应变片（图中以小方块表示），组成 8 路全桥输出，如图 4.20 所示。

3）三梁腕力传感器

传感器的内圈和外圈分别固定于机器人的手臂和手爪，力沿与内圈相切的三根梁进行传递，如图 4.21 所示。每根梁上下、左右各贴一对应变片，三根梁上共有 6 对应变片，分别组成 6 组半桥，对这 6 组电桥信号进行解耦可得到 6 维力（力矩）的精确解。

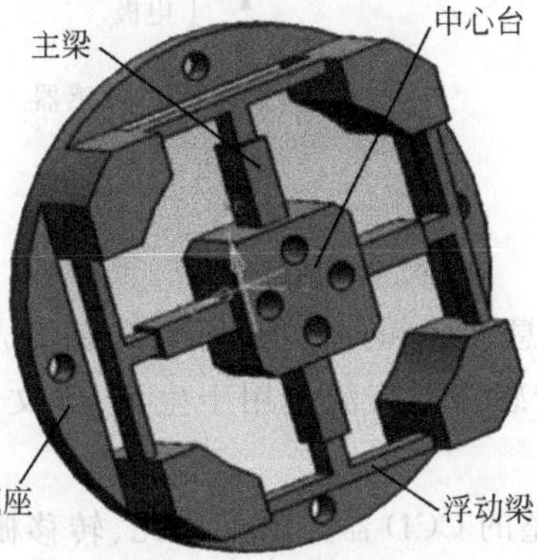

图 4.20　十字梁腕力传感器

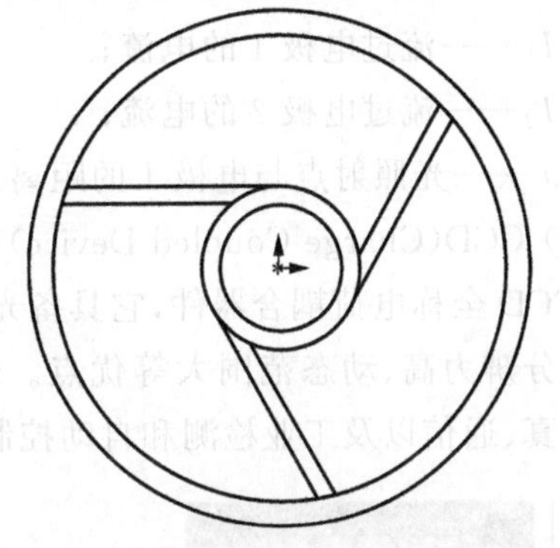

图 4.21　非径向中心对称三梁腕力传感器

4）基座力传感器

传感器装在基座上，在机械手装配时测量安装在工作台上的工件所受的力，如图 4.22 所示。

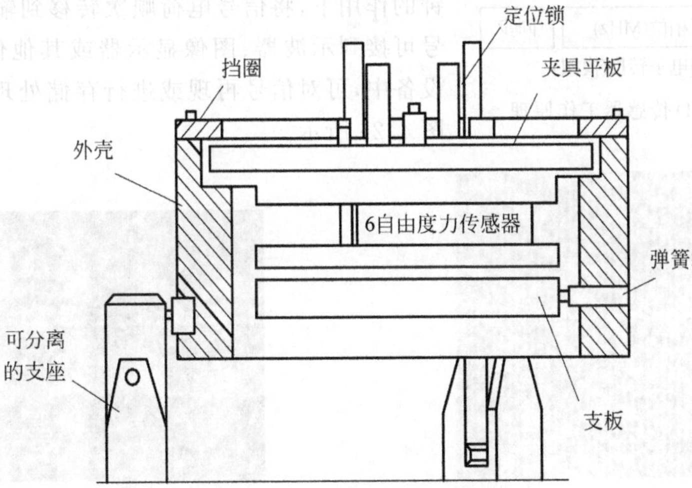

图 4.22　基座力传感器

4. 视觉传感器

1）PSD（Position Sensitive Device）传感器

PSD 传感器的原理是发射管射出红外线（或激光），再由接收器接收反射光并测量反射角继而测出实际距离，如图 4.23 所示。由光量分布确定中心点，并以此点作为物体的位置，但其光量分布容易受周边光线的干扰，会直接影响测量数值。当光束照射到 1 维的线和 2 维的平面时，可检测光照射的位置。

$$x=\frac{L}{1+\frac{I_1}{I_2}} \tag{4.2}$$

式中，L——电极 1 与电极 2 的距离；

I_1——流过电极 1 的电流；

I_2——流过电极 2 的电流；

x——光照射点与电极 1 的距离。

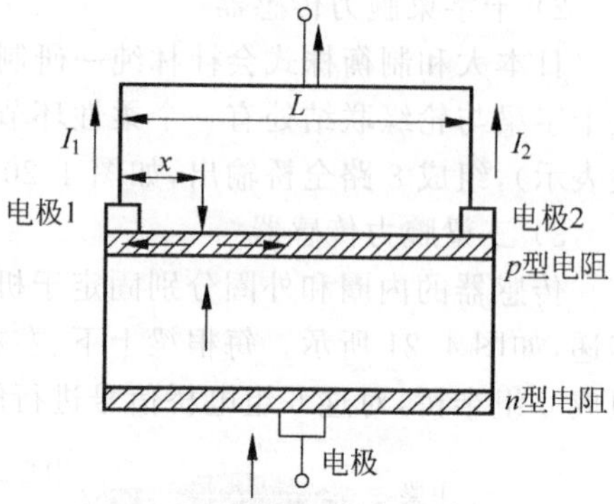

图 4.23　PSD 传感器

2) CCD(Charge Coupled Device)传感器

CCD 全称电荷耦合器件，它具备光电转换、信息存储和传输等功能，具有集成度高、功耗小、分辨力高、动态范围大等优点。CCD 图像传感器被广泛应用于生活、天文、医疗、电视、传真、通信以及工业检测和自动控制系统。

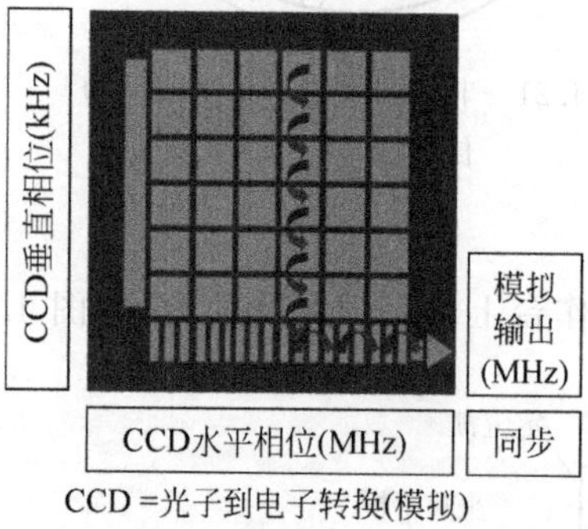

图 4.24　CCD 传感器工作原理

一个完整的 CCD 器件由光敏元、转移栅、移位寄存器及一些辅助输入、输出电路组成。CCD 工作时，在设定的积分时间内，光敏元对光信号进行取样，将光的强弱转换为各光敏元的电荷量。取样结束后，各光敏元的电荷在转移栅信号驱动下，转移到 CCD 内部的移位寄存器相应单元中。移位寄存器在驱动时钟的作用下，将信号电荷顺次转移到输出端。输出信号可接到示波器、图像显示器或其他信号存储、处理设备中，可对信号再现或进行存储处理，如图 4.24～图 4.26 所示。

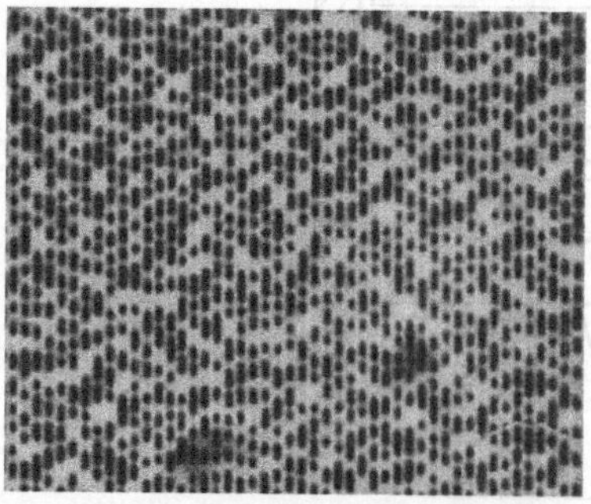

图 4.25　CCD 读出移位寄存器的数据面显微照片

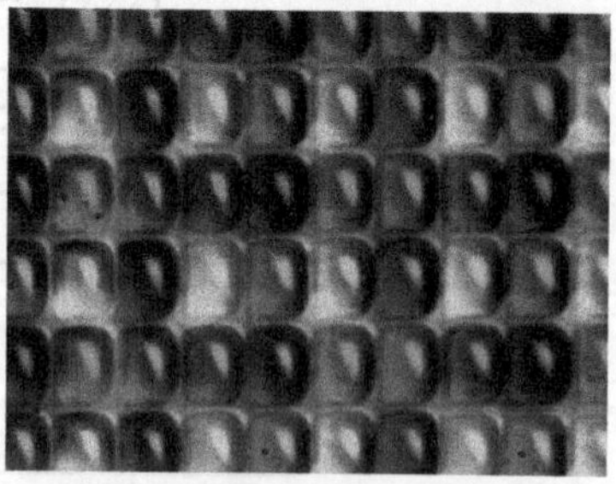

图 4.26　彩色 CCD 显微照片(放大 7000 倍)

(1) CCD 图像传感器的分类。

① 线阵 CCD 外形如图 4.27 所示。

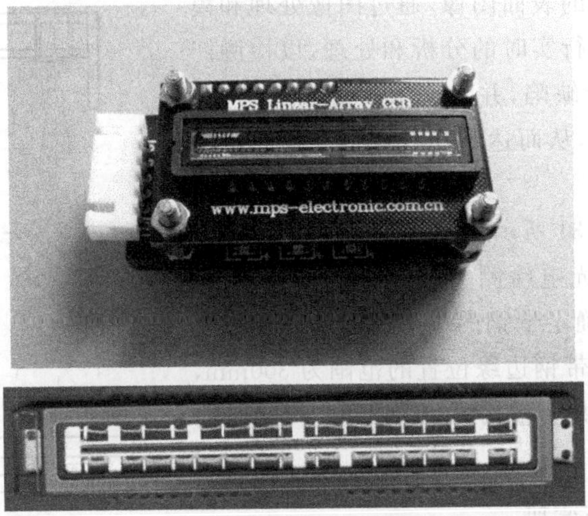

图 4.27　线阵 CCD

② 面阵 CCD 能在 x、y 两个方向实现电子自扫描，可以获得二维图像，如图 4.28 所示。

图 4.28　面阵 CCD

(2) CCD 的基本特性参数。

CCD 基本特性参数包括光谱响应、动态范围、信噪比、CCD 芯片尺寸等。在 CCD 像素数目相同的条件下，像素点大的 CCD 芯片可以获得更好的拍摄效果。大的像素点有更好的电荷存储能力，因此可提高动态范围及其他指标，如图 4.29 所示。

图 4.29　200 万和 1600 万像素的面阵 CCD

(3) CCD 图像传感器的应用。

线阵 CCD 用在轧机系统带钢对中的控制(CPC)，如图 4.30 所示，该系统用 CCD 摄像头采集生产线上带钢的表面图像，通过图像处理和模式识别算法对图像进行实时的分析和处理，以检测产品的表面是否存在着缺陷，并且获取缺陷的尺寸、部位、类型、等级等信息，从而达到在线评估和控制产品表面质量的目的。

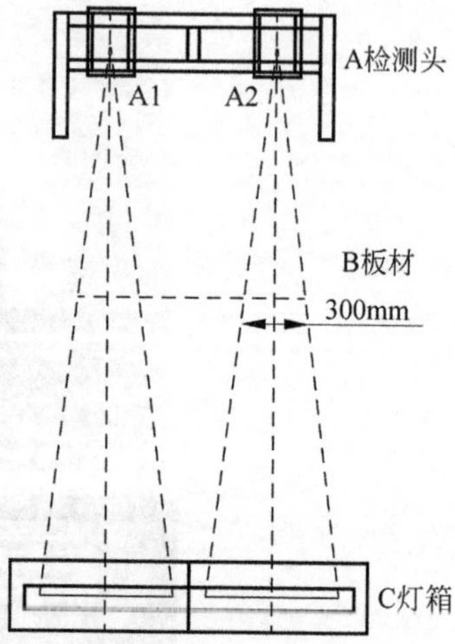

图 4.30 线阵 CCD 用在轧机系统带钢对中控制(CPC)

基本原理如图 4.31 所示，系统采用两只分辨率为 5000 位线线阵 CCD 光电检测头，分别检测操作侧和传动侧带钢边缘，以确定带钢的中心位置。每只线阵 CCD 光电检测头检测带钢边缘位置的范围为 300mm，检测精度为 0.2mm，数字量输出(RS485)。灯箱采用发光二极管。

3）CMOS 图像传感器

CMOS 图像传感器是采用互补金属—氧化物—半导体工艺制作的另一类图像传感器，简称 CMOS，如图 4.32 所示。现在市售的视频摄像头多使用 CMOS 作为光电转换器件。虽然目前的 CMOS 图像传感器成像质量比 CCD 略低，但 CMOS 具有体积小、耗电量小、售价便宜的优点。随着硅晶圆加工技术的进步，CMOS 的各项技术指标有望超过 CCD，它在图像传感器中的应用也将日趋广泛。

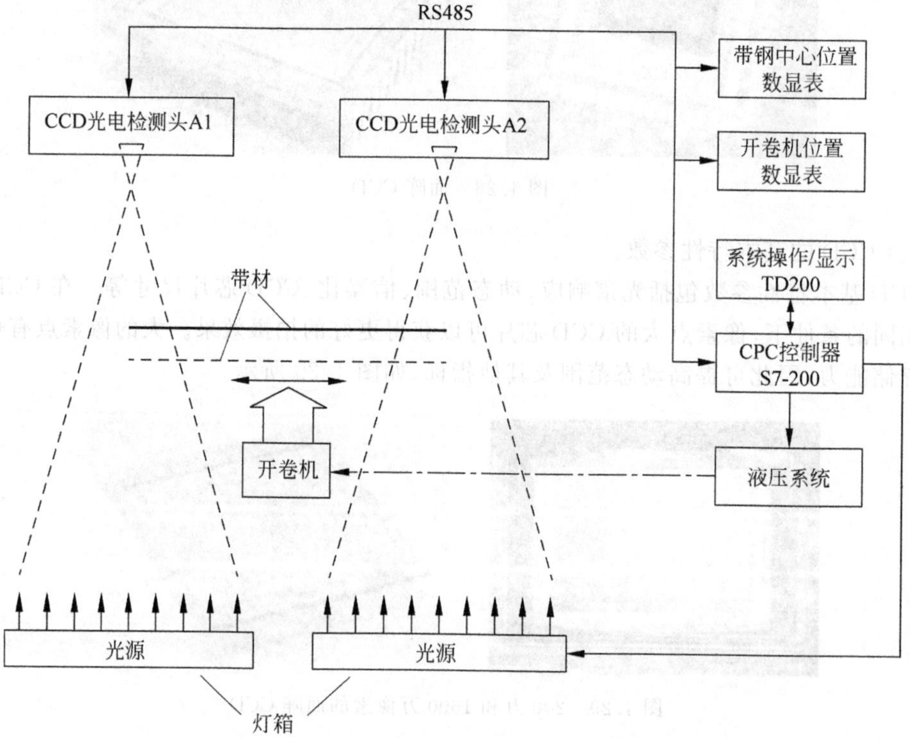

图 4.31 线阵 CCD 用在轧机系统带钢对中控制(CPC)原理

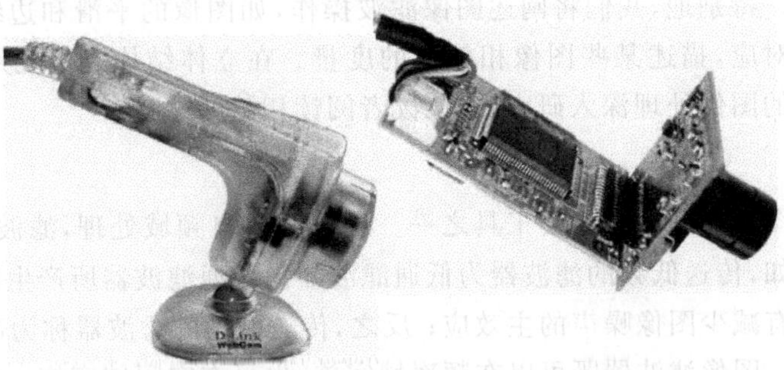

图 4.32　CMOS 视频摄像头的外形及内部结构

4.2　机器人视觉及图像处理

目前，大量的工作与图像处理、机器人视觉系统以及模式识别有关，它们引出了许多与软硬件相关的研究内容，并成为研发的热点和焦点。随着工业和经济的不同领域对这一问题的兴趣持续升温，相关技术也发展得非常迅速。机器人通过其感知工作环境中的信息，并记录这些信息作为决策依据，对其进行分析的系统称作机器人视觉系统；本节主要介绍一些基本的机器人图像处理和分析技术，并概要地介绍机器人视觉技术，本节并没有对所有机器人视觉程序进行完整的分析，而只是做一个概述性的介绍。有兴趣的读者可以参考相关出版书籍以进一步学习。

4.2.1　机器人图像处理技术

图像处理是信号处理的一种形式。这里，输入信号是一个图像（如照片或视频）；输出或是图像，或是与图像关联的一组参数。大多数图像处理技术，将图像处理为一个二维信号 $I(x,y)$。此处，x 与 y 是空间的图像坐标。在任意坐标对 (x,y) 的 I 幅度，称作该点图像的强度或灰度。

图像处理是一个很大的领域，且在许多其他操作中，典型的包含：

（1）滤波、图像增强、边缘检测；

（2）图像恢复与重构；

（3）小波与多分辨率处理；

（4）图像压缩（如 JPEG）；

（5）欧几里得几何变换，如放大、缩小与旋转；

（6）颜色校正，如亮度与对比度调整、定量化，或颜色变换到一个不同的色彩空间图像配准（两幅或多幅图像的排列）；

（7）图像对准（两个或两个以上图像的对准）；

（8）图像识别（例如，使用某些人脸识别算法从图像中抽取人脸）；

（9）图像分割（根据颜色、边缘或其他特征，将图像划分成特征区）。

由于对所有这些技术的综述超越本书的范畴，我们只着重于与机器人学相关的最重要的图像处理操作。特别地，我们将阐述图像滤波操作，如图像的平滑和边缘检测。然后，为寻找图像之间的对应，描述某些图像相似性的度量。在立体结构和运动结构中，这是有用的。至于一般性的图像处理深入研究，建议读者阅读相关的文献。

1. 图像滤波

图像滤波是图像处理中的主要工具之一。滤波器来自频域处理，滤波是指接受或拒绝某频率分量。例如，传送低频的滤波器为低通滤波器。低通滤波器所产生的效应是模糊（平滑）一个图像，它有减少图像噪声的主效应；反之，传送高频的滤波器称为高通滤波器，它典型用作边缘检测。图像滤波器既可以在频率域实施，也可在空间域实施。在后一种情况下，滤波器被称为掩模或核。在本节，我们将介绍空间滤波的基础知识。

如图 4.33 所示，阐明了空间滤波的基本原理。一个空间滤波器包含：①被检验像素的一个邻域（典型为一个小的矩形）；②一个预定的运算 T，它在被邻域包围的像素上执行。令 S_{xy} 表示邻域坐标的集合，邻域中心位于图像 I 中任意一点 (x,y)。空间滤波在输出图像 I' 中在相同的坐标产生一个相应的像素，这里像素的值是对 S_{xy} 中像素进行指定的运算而确定的。例如，假设指定的运算是，对中心在 (x,y)、大小为 $m*n$ 的一个矩形窗口内，计算其所有像素的平均值。图 4.33(a)和图 4.33(b)图解说明了这个过程。我们可以用方程式表示这个运算。

$$I'(x,y)=\frac{1}{mn}\sum_{(r,c)\in S_{xy}} I(r,c) \tag{4.3}$$

式中，r 与 c 是集合 S_{xy} 中像素的行与列坐标。变动坐标 (x,y) 使得窗口在图像 I 中逐个像素地移动，就创建了新图像 I'。例如，图 4.33(d)中的图像就是以这种方式，用一个大小为 21×21 的窗口施加于图 4.33(c)中的图像而创建的。

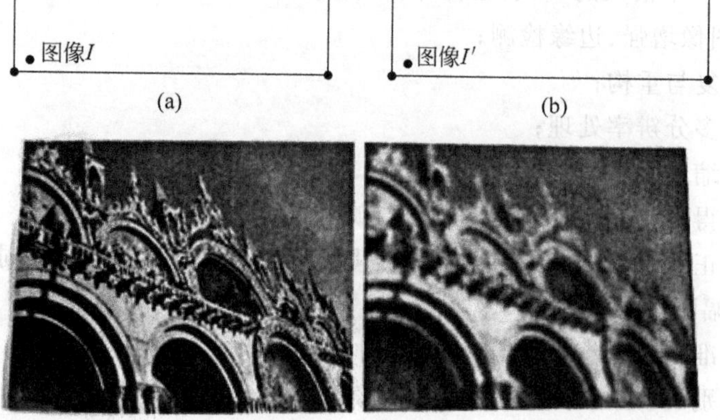

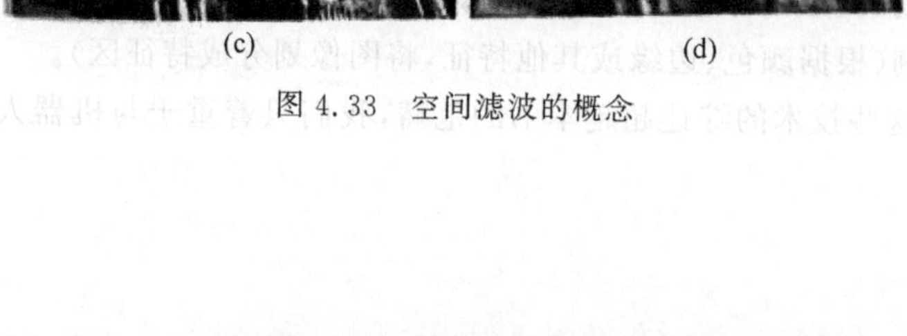

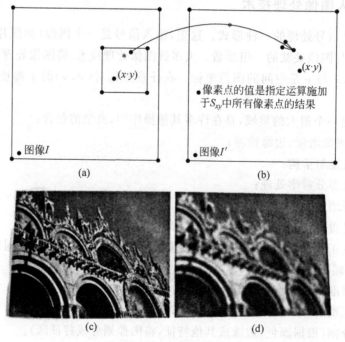

图 4.33 空间滤波的概念

用于说明上述例子的滤波器称为平均滤波器。更一般地，在图像像素上所执行的运算可以是线性的或非线性的。这些情形下，滤波器被称为线性或非线性滤波器。

本节，我们重点关注线性滤波器。一般地，用大小为 $m \times n$ 的滤波器 w，一个图像的线性空间滤波可表示为：

$$I'(x,y)=\sum_{s=-a}^{a}\sum_{t=-b}^{b}w(s,t)\cdot I(x+s,y+t) \tag{4.4}$$

式中，$m=2a+1$ 且 $n=2b+1$，通常假定 m 和 n 为奇整数。滤波器 w 也被称为核、模或窗口。如在方程(4.3)中所见，线性滤波是一个过程，它在整幅图像上移动滤波器掩模，然后在各位置计算乘积和。在信号处理中，这个运算被称为与核 w 关联。

但是，指出等价的线性滤波运算是卷积，是合时宜的：

$$I'(x,y)=\sum_{s=-a}^{a}\sum_{t=-b}^{b}w(s,t)\cdot I(x-s,y-t) \tag{4.5}$$

这里，与相关的唯一差别是出现减号，这意味必须翻转图像。观察到，对称滤波器，其卷积和关联返回相同的结果，因而这两个术语可交换使用。与核 w 的卷积运算，可以更紧凑形式重写为：

$$I'(x,y)=w(x,y)*I(x,y) \tag{4.6}$$

式中 $*$ 表示卷积算子。

产生线性空间滤波器，需要我们指定核的 $m \times n$ 个系数。下一节将讲解如何选择这些系数。

2. 平滑滤波器

平滑滤波器用于模糊和缩减噪声。对于直线或曲线，模糊用在直线和曲线中，去除微小细节或填充小间隙这类任务。用线性或非线性滤波器既可实现模糊也可实现缩减噪声。这里，我们综述某些线性滤波器。

平滑滤波器的输出仅仅是包含在滤波器掩模里像素的加权平均。这些滤波器有时处在平均滤波器或低通滤波器。图像中每个像素，由滤波器掩模所限定的邻域中像素强度的平均值所取代。这过程产生了一个具有缓转变的新图像。于是，图像噪声降低。但是，作为副效应，边缘（通常是图像所希望的一个特征）也产生模糊。适当地选择滤波器系数，可以限制这个副效应。最后，取包含在掩模中像素的中值，也可以容易地实现非线性平均滤波器。中值滤波器对去除校验噪声特别有用。

在前面一节，我们已经看到恒定平均滤波器，它简单地获得掩模中像素的标准平均。假定一个 3×3 的掩模，滤波器可以被写成：

$$w=\frac{1}{9}\begin{bmatrix}1 & 1 & 1\\ 1 & 1 & 1\\ 1 & 1 & 1\end{bmatrix} \tag{4.7}$$

式中，所有系数的和为 1。如果滤波器所乘的部位是均匀的，那么，为保持与原始图像相同的值，这个规格化是重要的。还要注意到，没有 1/9，滤波器的所有系数全是 1。其理念是，首先将像素求和，然后将结果除以 9。从计算上说，这比各个元素乘以 1/9 更有效。

许多图像处理算法使用了图像强度的二阶导数。由于这种高阶导算法对基本信号中亮度变化的敏感性，所以将信号平滑，使得强度的变化是由场景中物体光度的真正变化而引起，而不是由图像噪声的随机变化而引起。标准方法是使用高斯平均滤波器，它的系数由下式给定：

$$G_\sigma(x,y)=e^{-\frac{x^2+y^2}{2\sigma^2}} \tag{4.8}$$

为了从这个函数产生，例如，一个 3×3 的滤波器掩模，我们围绕它的中心采样，取 $\sigma=0.85$，可得：

$$\boldsymbol{G}=\frac{1}{16}\begin{bmatrix}1 & 2 & 1\\ 2 & 4 & 2\\ 1 & 2 & 1\end{bmatrix} \tag{4.9}$$

式中，再次将系数重新调整，使它们的和为 1。还要注意，所有系数都是 2 的幂次，这使得计算极为有效。该滤波器实际应用得较为广泛。这样一个低通滤波器有效地消除了高频噪声，从而也使亮度一阶导数，特别是二阶导数更稳定。由于梯度和导数对图像处理的重要性，此类高斯平滑预处理，实际上成为所有计算机视觉算法流行的第一个步骤。

3. 边缘检测

边缘检测是一类方法和技术的统称。这些技术主要用于确定图像的轮廓线，而这些线条用来表示平面交界线，纹理、线条、色彩的交错以及阴影和纹理的差异导致的数值变化。在这些技术中，有些是基于数学推理的，有些是直观推断得出的，还有些是描述性的。但是所有的技术都是通过使用掩模或者阈值对像素或者像素组之间的灰度级进行差分操作。最后得到的结果是一幅线条图形或者类似的简单图形，这种图形只需要很少的存储空间，其形式也更易于处理，因此，节约了机器人控制器和存储方面的开支。这种边缘检测在后续操作如图像分割、物体识别中是必需的。不进行边缘检测，可能就无法发现重叠的部分，也无法计算物体的某些特征，如直径和面积，更无法通过区域增长技术来确定图像的各个部分。不同的边缘检测技术所得到的结果略微有所不同，应该仔细选择加以使用。

1）最优边缘检测：Canny 边缘检测算子

传统的 Canny 算法是通过 2×2 邻域内求有限差分计算梯度幅值。Canny 算子实现的方式为：图像先用二维高斯滤波模板进行卷积以消除噪声，再对滤波后图像中的每个像素计算其梯度的大小和方向。计算可采用以下 2×2 大小的模板作为对 x 方向和 y 方向偏微分的一阶近似：

$$\boldsymbol{G}_x=\frac{1}{2}\begin{bmatrix}-1 & 1\\ -1 & 1\end{bmatrix}\quad \boldsymbol{G}_y=\frac{1}{2}\begin{bmatrix}1 & 1\\ -1 & -1\end{bmatrix} \tag{4.10}$$

由此得到梯度的大小 M 和方向 θ：

$$M=\sqrt{G_x^2+G_y^2} \tag{4.11}$$

$$\theta=\arctan\left(\frac{G_y}{G_x}\right) \tag{4.12}$$

通过梯度的方向，可以找到这个像素梯度方向的邻接像素：

$$\begin{matrix}3 & 2 & 1\\ 0 & x & 0\\ 1 & 2 & 3\end{matrix} \tag{4.13}$$

最后，通过非最大值抑制以及阈值化和边缘连接。Canny 算子有信噪比准则、定位精度准则和单边缘响应准则。Canny 算法的实质是用一个准高斯函数做平滑运算，然后以带方向的一阶微分算子定位导数最大值，它可用高斯函数的梯度进行近似，在理论上很接近 k 个指数函数的线性组合形成的最佳边缘算子。

2）梯度边缘检测器

梯度对应一阶导数，梯度算子就是一阶导数算子。在边缘灰度值过渡比较尖锐，且在图像噪声比较小时，梯度算子工作的效果较好，而且对施加的运算方向不予考虑。对于一个连续图像函数 $f(x,y)$，其梯度可表示为一个矢量：

$$\nabla f(x,y)=[G_x,G_y]^{\mathrm{T}}=\begin{bmatrix}\dfrac{\partial f}{\partial x} & \dfrac{\partial f}{\partial y}\end{bmatrix}^{\mathrm{T}} \tag{4.14}$$

这个矢量的幅度和方向角分别为：

$$|\nabla f_{(2)}|=\operatorname{mag}(\nabla f)=\left[\left(\frac{\partial f}{\partial x}\right)^2+\left(\frac{\partial f}{\partial y}\right)^2\right]^{1/2} \tag{4.15}$$

$$\phi(x,y)=\arctan\begin{bmatrix}\dfrac{\partial f}{\partial x}\\ \dfrac{\partial f}{\partial y}\end{bmatrix} \tag{4.16}$$

以上各式的偏导数需对每个像素的位置计算，在实际中常用小区域模板进行卷积近似计算。对 G_x 和 G_y 各用一个模板，将两个结合起来就构成一个梯度算子。根据模板的大小和元素值的不同，已提出许多不同的算子，常见的有 Roberts 边缘检测算子、Sobel 边缘检测算子、Prewitt 边缘检测算子、Robinson 边缘检测算子等。

3）灰度直方图边缘检测法

基于灰度直方图门限法的边缘检测是一种最常用、最简单的边缘检测方法。对检测图像中目标的边缘效果很好。图像在暗区的像素较多，而其他像素的灰度分布比较平坦。为了检测出图像物体的边缘，把直方图用门限 T 分割成两个部分，然后对图像 $f(i,j)$ 实施以下操作：

(1) 扫描图像 $f(i,j)$ 的每一行，将所扫描的行中每一个像素点的灰度与 T 比较后得 $g_1(i,j)$；

(2) 再扫描图 $f(i,j)$ 的每一列，将所扫描的列中每一个像素点的灰度与 T 比较后得 $g_2(i,j)$；

(3) 将 $g_1(i,j)$ 与 $g_2(i,j)$ 合并，即得到物体的边界图 $g(i,j)$。

在以上过程中，门限 T 的选择将直接影响边缘检测的质量。由于直方图往往很粗糙，再加上噪声的影响更是参差不齐。这样就使得求图像极大、极小值变得困难。因此，可以用两条二次高斯曲线对目标和景物所对应的峰进行拟合，然后求两者的交点，并作为谷底，选取对应的灰度值为门限 T，或用一条二次曲线拟合直方图的谷底部分，门限 T 可取为 $T=-b/2a$。

4）Laplacian 边缘算子

Laplacian 算子是二阶微分算子，它具有旋转不变性，即各向同性的性质。其表达公式为：

$$\nabla^2 f(x,y)=\frac{\partial^2 f(x,y)}{\partial x^2}+\frac{\partial^2 f(x,y)}{\partial y^2} \tag{4.17}$$

在数字图像中可用数字差分近似为：

$$\nabla^2 f(x,y)=f(x+1,y)+f(x,y+1)+f(x,y-1)-4f(x,y) \tag{4.18}$$

数字图像函数的拉普拉斯算法也是借助各种模板卷积实现的。这里对模板的基本要求是对应中心像素的系数应是正的，而对应中心像素临近像素的系数应是负的，且所有系数的和为零，这样不会产生灰度偏移，实现拉普拉斯运算的几种模板如式(4.19)所示。

$$\begin{matrix} 0 & -1 & 0 \\ -1 & 4 & -1 \\ 0 & -1 & 0 \end{matrix} \qquad \begin{matrix} -1 & -1 & -1 \\ -1 & 8 & -1 \\ -1 & -1 & -1 \end{matrix} \tag{4.19}$$

拉普拉斯边缘算子的缺点是：由于为二阶差分，双倍加强了噪声的影响；另外它产生双像素宽的边缘，且不能提供边缘方向的信息，因此，拉普拉斯算子很少直接用于边缘检测，而主要用于已知边缘像素，确定该像素是在图像的暗区还是在明区。其优点是各向同性，不但可以检测出绝大部分边缘，同时基本没有出现伪边缘，可以精确定位边缘。

4. 图像分割及图像解释

与其他类型传感器提供的信息不同，视觉信息丰富多样，这些信息在用于控制机器人之前，需要进行复杂而大量的变换计算。变换计算的目的在于从图像中提取数字信息，这些数字信息通过图像特征参数，提供对场景中感兴趣的目标的综合而鲁棒的描述。

为实现处理，需要用到两种基本操作，第一种被称作图像分割(segmentation)，其目的是获取适于对图像可测目标识别的表示；第二种处理被称作图像解释，关注图像特征参数的测量问题。

图像源信息以帧存储形式保存在二维存储阵列中，表示的是图像的空间采样。图像函数(image function)定义在像素集上，通常是向量函数，其中的分量以采样和量化的形式表示，表述了与像素相关的一个或多个物理量的值。

以彩色图像为例，定义在坐标(X_I,Y_I)像素上的图像函数有三个分量$Ir(X_I,Y_I)$、$Ig(X_I,Y_I)$与$Ib(X_I,Y_I)$，分别对应于红、绿、蓝三色波长的光强度。对于黑白灰度图像，图像函数为标量，对应灰度$I(X_I,Y_I)$的光强度，也称作灰度级。以下为了简化问题，只考虑灰度图像。

灰度级的数量取决于所采用的灰度分辨率。在所有情况下，灰度的边界值都是黑和白，分别对应于最小和最大的可测量光强度。最通用的采集装置采用256灰度级等级，可以用存储器的一个比特进行表示。

灰度的直方图特别适于后续处理的帧存储表示，提供了图像中每一灰度级所出现的频率，其中灰度级量化为0～255，直方图在特定灰度级$p\in[0,255]$的值$h(p)$为图像像素灰度为p的数目。如果该数目被除以像素的总数，则直方图称作规范直方图。

图4.34表示黑白图像及其对应的灰度直方图。从左到右可以看到三个主要的峰值，对应于最黑的目标、最亮的目标和背景。

1) 图像分割

图像分割基于分组处理，图像由此被分为特定数目的组，称作图像块。这样每一组的组成对于某一个或多个特征来说都是相似的。特别是不同的图像块与环境中的不同目标或者单一目标相对应。

图像分割问题有两种互补的方法：一种基于找到图像中的连通区域；另一种关注于边

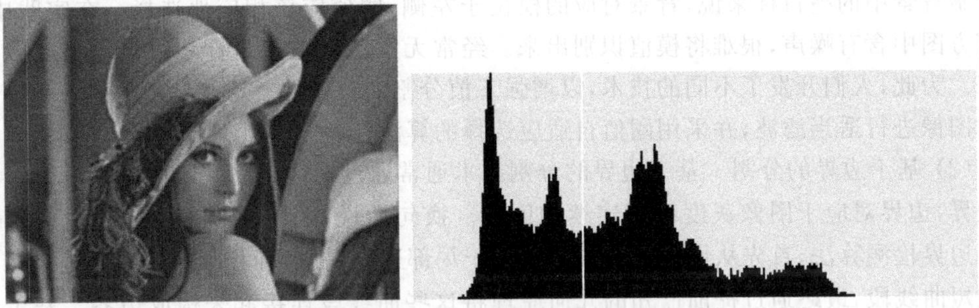

图 4.34 黑白图像与右侧对应的灰度直方图

测。基于区域分割的目的是将具有共同特征的像素分为二维连通区域中的不同组,其中含的假设是所得结果区域与真实世界的表面或目标相对应。另一方面,基于边界分割的目标是识别对应于目标轮廓的像素,并将其从图像其余部分中分离出来。一旦提取出目标边界,就可将边界用于定义目标本身的位置和形状。

两种方法具有互补性的依据是:边界可通过分离区域轮廓得到,而区域只需要简单地考虑包含在封闭边界中的像素集。

分割问题并非微不足道的小问题,其中存在多种解法,一些解法会在下面概要介绍。从内存使用的角度来看,基于边界的分割更方便,因为边界包含的像素点数目少;然而,从计算负担的观点来看,基于区域的分割更快,因为需要较少的内存访问。

(1) 基于区域的分割。基于区域分割技术最主要的思想是通过对初始相邻像素小块的持续合并,组成较大图像块,最后获得连通区域。两个相邻区域中的像素满足共同属性,称为一致性判定(Uniformity Predicate)。经过一致性判定才能对这两个相邻区域进行合并。通常一致性判定需要区域中像素的灰度级属于给定的区间。在很多实际应用中采用的是阈值方法,并且令光强度只有两个值(0 和 1)。这种处理称作二值分割(Binary Segmentation)或图像二值化(Binarization)。相应地,这种方法将每个像素的灰度级与阈值 1 相比较,从而将图像中一个或多个目标从背景中分离出来。对于暗背景中的亮目标,所有像素的灰度级都大于阈值,被认为属于 S_0 集,该集与目标对应,而其他像素认为属于 S 集,该集与背景对应。很明显这种处理也可反过来用于亮背景中的暗目标。当图像中只存在一个目标时,找到表示两个区域的 S' 和 S 集时分割结束。若存在多个目标,需要进一步处理,分离对应于单个目标的连通区域 S'集中所有像素亮度等于 0,S'集中所有像素亮度等于 1,反之亦然,所获图像称作二进制图像。有效二值分割的关键因素是阈值的选择。一种广泛采用的阈值选择方法是基于灰度直方图,假设图中清晰地包含了与目标和背景灰度级相对应的可区分的最小值与最大值。直方图的峰值也称作模。对于亮背景中的暗目标,背景对应的模位于右侧,例如图 4.35 所示的情况,阈值可选为左侧最近的极小值。

图 4.35 对应的二进制图

对于暗背景中的亮目标来说，背景对应的模位于左侧，阈值应该相应地选择。在实践中，灰度直方图中含有噪声，很难将模值识别出来。经常无法清晰地将目标和背景的灰度级分离出来。为此，人们开发了不同的技术，以增强二值分割的鲁棒性。这些技术需要在二值化之前对图像进行适当滤波，并采用阈值自适应选择的算法。

(2) 基于边界的分割。基于边界的分割技术通常通过对很多单一区域边界进行归类得到边界，边界对应于图像灰度级不连续的区域。换句话说，区域边界为光强度锐变的像素集。边界检测算法，首先从原始灰度图像中基于局部边缘提取中间图像，然后通过边缘连接构成短曲线段，最终通过提前已知的几何原理将这些曲线段连接起来构成边界。基于边界的分割算法根据先验知识多少的不同而不同，先验知识被合并到边缘的关联与连接中，其效果明显取决于基于局部边缘的中间图像的质量。区域边缘的位置、方向和“真实性”越可靠，边界检测算法的任务就越容易。注意边缘检测在本质上是滤波处理，通常由硬件实现；而边界检测是更高级别的任务，往往需要用到更为成熟的软件。因此，当前趋势是使用更为有效的边缘检测器以简化边界检测处理过程。在形状简单且易于定义的情况下，边界检测将变得简单直接，而分割退化为单独的边缘提取。目前存在多种边缘提取技术，其中大多需要进行函数 $I(X_I,Y_I)$ 的梯度计算或拉普拉斯计算。因为局部边缘定义为灰度级明显不同的两个区域之间的分界，很明显在接近过渡区边界时，函数 $I(X_I,Y_I)$ 的空间梯度的幅值很大(梯度用于标度灰度的变化率)，因此边缘提取可通过对梯度幅值大于阈值的像素进行分组实现，而且梯度向量的方向应是灰度变化最大的方向。阈值的选择也非常重要。在存在噪声的情况下，阈值是在对丢失正确边缘与检测错误边像之间的可能性进行折中的结果。要完成梯度计算，需要求取函数 $I(X_I,Y_I)$ 沿两个正交方向的方向导数。因为该函数定义在离散的像素集上，所以需要使用近似方式计算其导数。各种基于梯度的边缘检测技术之间的本质区别是导数计算的方向与导数的近似方式、梯度幅值计算方式的不同。梯度计算最常用的算子是使用如下沿方向 X_I 和 Y_I 进行导数近似的一阶差分：

$$\Delta_1 = I(X_I+1,Y_I) - I(X_I,Y_I) \tag{4.20}$$

$$\Delta_2 = I(X_I,Y_I+1) - I(X_I,Y_I) \tag{4.21}$$

对噪声影响较小敏感的其他算子如 Roberts 算子，是沿着像素的(2×2)对角线方阵计算阶差分的：

$$\Delta_1 = I(X_I+1,Y_I+1) - I(X_I,Y_I) \tag{4.22}$$

$$\Delta_2 = I(X_I,Y_I+1) - I(X_I+1,Y_I) \tag{4.23}$$

而 Sobel 算子定义在(3×3)像素方阵上：

$$\begin{aligned}\Delta_1 = &(I(X_I+1,Y_I-1) + 2I(X_I+1,Y_I) + I(X_I+I,Y_I+1)) \\ &-(I(X_I-1,Y_I-1) + 2I(X_I-1,Y_I) + I(X_I-1,Y_I+1))\end{aligned} \tag{4.24}$$

$$\begin{aligned}\Delta_2 = &(I(X_I-1,Y_I+1) + 2I(X_I,Y_I+1) + I(X_I+1,Y_I+1)) \\ &-(I(X_I-1,Y_I-1) + 2I(X_I,Y_I-1) + I(X_I+1,Y_I-1))\end{aligned} \tag{4.25}$$

这样梯度 $G(X_I,Y_I)$ 的近似幅度或范数可用以下两个表达式之一进行求值：

$$G(X_I,Y_I) = \sqrt{\Delta_1^2 + \Delta_2^2} \tag{4.26}$$

$$G(X_I,Y_I) = |\Delta_1| + |\Delta_2| \tag{4.27}$$

方向 $\theta(X_I,Y_I)$ 的关系为：

$$\theta(X_I, Y_I) = \arctan 2(\Delta_2, \Delta_1) \tag{4.28}$$

图 4.36 表示对图 4.35 图像采用 Roberts 和 Sobel 梯度算子，再进行二值化后得到的图像。其中阈值分别设置为 0.02 和 0.0146。

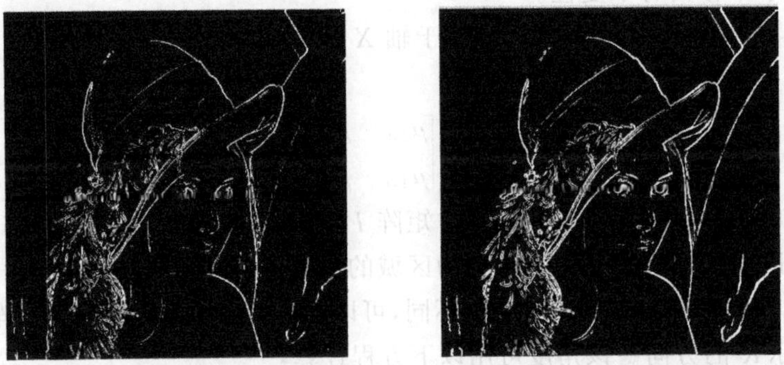

图 4.36　采用 Roberts(左)和 Sobel 算子(右)得到的图像轮廓

另一种边缘检测方法基于 Laplacian 算子，该方法需要计算函数 $I(X_1, Y_1)$ 沿着两个正交方向上的二阶导数。此情况需要用适当算子进行导数的离散化计算。

一种最常用的近似表达式如下：

$$L(X_I, Y_I) = I(X_I, Y_I) - \frac{1}{4}(I(X_I, Y_I + 1) + I(X_I, Y_I - 1) + I(X_I + 1, Y_I) + I(X_I - 1, Y_I)) \tag{4.29}$$

这种情况下，轮廓为 Laplacian 计算结果低于阈值的那些像素点，原因在于在梯度幅值最大点上 Laplacian 计算结果为零。与梯度计算不同，Laplacian 计算并不提供方向信息，而且由于 Laplacian 计算是基于二阶导数计算上完成的，所以对噪声比梯度计算更为敏感。

2) 图像解释

图像解释是从分割图像中计算特征参数的过程，不论这些特征是以区域还是边界的方式表示的。视觉伺服系统应用中所采用的特征参数，有时需要计算所谓的矩(moments)这些参数定义在图像的区域 R 中，被用于表征二维目标相应于区域本身的位置、方向和形状。

帧存储中区域 R 的矩 $m_{i,j}$ 一般定义如下，其中 $i, j = 0, 1, 2, \cdots$。

$$m_{i,j} = \sum_{X_I, Y_I \in R} I(X_I, Y_I) X_I^i Y_I^j \tag{4.30}$$

二值图像情况下，假设区域 R 中所有点的光强度都等于 1，所有不属于区域 R 的点的光强度等于 0，可得如下简化的矩定义：

$$m_{i,j} = \sum_{X_I, Y_I \in R} X_I^i Y_I^j \tag{4.31}$$

根据该定义，矩 $m_{0,0}$ 恰好等于区域的面积，可用区域 R 中的像素总数计算等式：

$$\bar{x} = \frac{m_{1,0}}{m_{0,0}} \quad \bar{y} = \frac{m_{0,1}}{m_{0,0}} \tag{4.32}$$

定义了区域的形心，这些坐标可用于唯一地检测区域 R 在图像平面上的位置。

由机械学做类推，区域 R 可看作二维刚体，其光强度相当于密度。因此，矩 $m_{0,0}$ 对应于刚体的质量，形心对应于刚体的质心。

式(4.31)中矩 $m_{i,j}$ 的值取决于区域 R 在图像平面中的位置。因此，常常要用到所谓中

心矩(central moments),其定义为:

$$\mu_{i,j}=\sum_{X_I,Y_I\in R}(X_I-\bar{x})^i(Y_I-\bar{y})^j \tag{4.33}$$

中心矩对于平移具有不变性。

根据与机械的类比很容易看出,相对于轴 X_I 和 Y_I,二阶中心矩 $\mu_{2,0}$ 和 $\mu_{0,2}$ 分别具有惯性力矩的含义,而 $\mu_{1,1}$ 为惯性积,矩阵:

$$\boldsymbol{I}=\begin{bmatrix}\mu_{2,0} & \mu_{1,1}\\ \mu_{1,1} & \mu_{0,2}\end{bmatrix} \tag{4.34}$$

具有相对于质心的惯性张量的含义。矩阵 I 的特征值定义了主惯性矩,称为区域的主矩,相应的特征向量定义了惯性主轴,称为区域的主轴。

若区域 R 是非对称的,则 R 的主矩不同,可以用对应于最大矩的主轴与轴 X 之间夹角 α 的形式来表示 R 的方向。该角度可用以下方程计算:

$$\alpha=\frac{1}{2}\arctan\left(\frac{2\mu_{1,1}}{\mu_{2,0}-\mu_{0,2}}\right) \tag{4.35}$$

如图 4.37 给出的某二值图像区域的形心点 C、主轴和角 α。

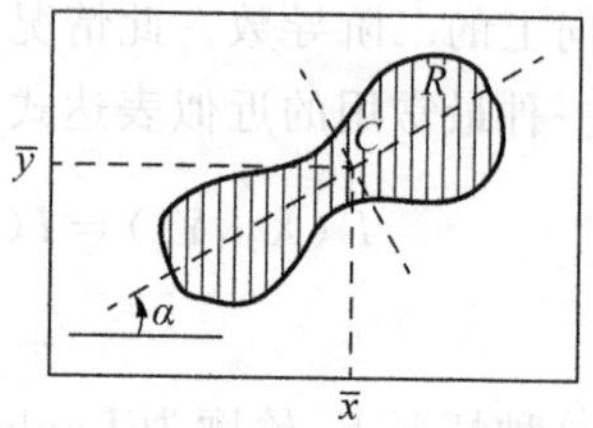

图 4.37 二值图像区域与特征参数

注意矩和相应的参数也可以根据目标的边界计算,而且这些量对表征一般外形的目标会特别有用。场景中出现的目标尤其是加工制造目标,所具有的几何特性在图像解释中通常是很有用的。

例如,在图像平面中,一些目标的边缘符合轮廓直线部分交叉点,或符合高曲率轮廓点特征。这些点在图像平面中的坐标可用鲁棒抗噪算法检测出来,从而用来作为图像的特征参数。这就是所谓的特征点(Feature Points)。

在另一些情况中,算法可能识别出直线、线段或椭圆等基本的几何形状。直线或线段是直线边缘或是旋转体(圆锥、圆柱)的投影,椭圆则是圆或球体的投影,这些基本形状可在像平面中以参数最小集的形式表征。例如,线段可用坐标表示,或用中点(形心)坐标、长度(矩 $m_{0,0}$)及其方向(角度 α)表示,这两种情况下都需要用到四个参数表示线段的特征。

4.2.2 机器人视觉

1. 立体视觉

一个相机提供的二维图像无法给出清楚的深度信息,深度信息即被观测目标到相机的距离。假如目标的几何模型是已知的,深度信息可以根据该几何模型间接获得。

另一方面,当同一场景可以从不同视角获得两幅图像时,点的深度信息可以直接计算得到。这两幅图像可用两个照相机拍摄,或用一个移动相机次序拍摄,这种情况称作立体视觉。

在立体视觉的基本结构中,要对两个基础问题做出规划,第一个是匹配问题(Correspondence Problem),也就是对场景中同一点在两幅图像上的投影点的识别,这些点称作配对(Conjugate)点或匹配(Corresponding)点;这个问题不易解决,解决方法建立在同一点在两幅图像上存在几何约束的基础上，此外场景的某些细节在两幅图像中会表现出相似性。

第二个问题是 3D 重构，下面将在一些基本方面进行描述。3D 重构一般包括对相机(标定或未标定)的相对位姿进行计算，以及由该位姿出发，计算被观察目标上的点在 3D 空间中的位置。

1) 核面几何

假设有两台相机，各自有参考坐标系，表示为坐标系 1 和坐标系 2。且令 $\boldsymbol{O}_{12}^1$ 和 $\boldsymbol{R}_2^1$ 表示坐标系 2 相对于坐标系 1 的位置向量和旋转矩阵，令 $\boldsymbol{T}_2^1$ 表示对应的齐次变换矩阵。点 P 在两个坐标系中的坐标值由以下方程表示：

$$\boldsymbol{p}^1 = \boldsymbol{O}_{1,2}^1 + \boldsymbol{R}_2^1 \boldsymbol{p}^2 \tag{4.36}$$

令 $\boldsymbol{S}_1$，$\boldsymbol{S}_2$ 为 P 点在相机图像平面上投影的坐标，根据透视变换

$$\lambda \begin{bmatrix} X \\ Y \\ 1 \end{bmatrix} = \prod \begin{bmatrix} p_x^c \\ p_y^c \\ p_z^c \\ 1 \end{bmatrix}$$

得

$$\lambda_i \tilde{\boldsymbol{s}}_i = \prod \tilde{\boldsymbol{p}}^i = \boldsymbol{p}^i, \quad i = 1, 2, \cdots \tag{4.37}$$

将式(4.37)代入式(4.36)中得：

$$\lambda_1 \widetilde{\boldsymbol{S}}_1 = \boldsymbol{O}_{1,2}^1 + \lambda_2 \boldsymbol{R}_2^1 \widetilde{\boldsymbol{S}}_2 \tag{4.38}$$

在式(4.38)两边左乘 $\boldsymbol{S}(\boldsymbol{O}_{1,2}^1)$ 得：

$$\lambda_1 \boldsymbol{S}(\boldsymbol{O}_{1,2}^1) \widetilde{\boldsymbol{S}}_1 = \lambda_2 \boldsymbol{S}(\boldsymbol{O}_{1,2}^1) \boldsymbol{R}_2^1 \widetilde{\boldsymbol{S}}_2 \tag{4.39}$$

在式(4.39)两边左乘 $\widetilde{S}_1^T$，可得以下方程：

$$\lambda_2 \widetilde{\boldsymbol{S}}_1^{\mathrm{T}} \boldsymbol{S}(\boldsymbol{O}_{1,2}^1) \boldsymbol{R}_2^1 \widetilde{\boldsymbol{S}}_2 = 0 \tag{4.40}$$

对任意标量值 λ_2，该式都必须满足，因此该式等价于所谓的极线约束(Epipolar Constraint)方程：

$$\widetilde{\boldsymbol{S}}_1^{\mathrm{T}} \boldsymbol{E} \widetilde{\boldsymbol{S}}_2 = 0 \tag{4.41}$$

其中 $\boldsymbol{E} = \boldsymbol{S}(\boldsymbol{O}_{1,2}^1) \boldsymbol{R}_2^1$ 为(3×3)矩阵，称为本质矩阵(Essential Matrix)。式(4.41)以解析形式表示了两台相机的图像平面上相同点投影之间所存在的几何约束。

极线约束的几何解释可以利用图 4.38 得到，其中点 P 在两台相机图像平面上的投影分别表示为光心 O_1 和 O_2，注意 O_1、O_2 和 P 为三角形的顶点，三角形的边 O_1P 和 O_2P 分别落在视线投影点 P 与图像平面坐标点 S_1 和 S_2 连线的延长线上。这些线相对坐标系 1 来表示，分别沿 $\widetilde{\boldsymbol{S}}_1$ 和 $\boldsymbol{R}_2^1 \widetilde{\boldsymbol{S}}_2$ 向量的方向上，线段 O_1O_2 称作基线，由向量 $\boldsymbol{O}_{1,2}^1$ 表示。式(4.41)的极线约束与向量 $\widetilde{S}_1$，$R_2^1 \widetilde{S}_2$ 和 $\boldsymbol{O}_{1,2}^1$ 共面的要求相对应。包含这些向量的平面称为核面。

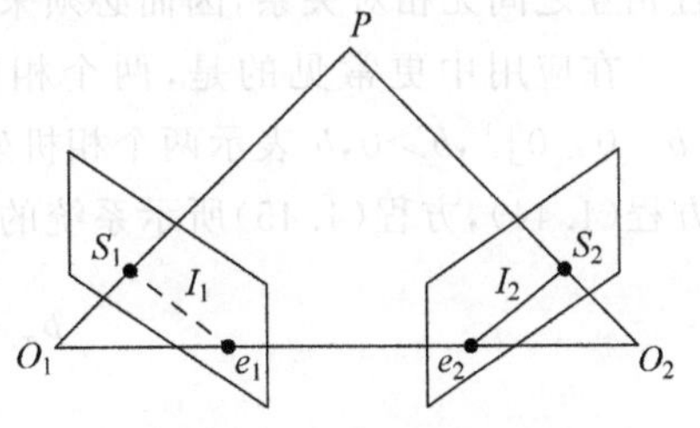

图 4.38　核面几何

注意视线投影在相机 1 图像平面的点 O_2 以及在

相机 2 投影点 O_1 构成了线段 O_1O_2，这些投影坐标分别为 e_1 和 e_2，被称作极点，线 I_1 经过坐标点 S_1 和 e_1，线 I_2 经过坐标点 S_2 和 e_2，这些线称作极线。极线也可以根据极面与两个相机的图像平面交点得到。注意，在 P 点变化情况下，极面描述的是关于基线的平面集，而极点并不变化。

为了计算匹配关系，可应用极面约束降低问题的复杂性，以找到匹配点。实际上，若 S_1 为 O_1 及坐标 S_1 点构成的视线与像平面的交点，对应的相机 2 图像平面上的匹配点必然落在极线 I_2 上，由于极面由 O_1、O_2 以及 S_1 坐标点确定，因此极线 I_2 是已知的。由此，寻找匹配关系简化为搜索沿极线上的点，而不是在整个图像平面上搜索。

在 3D 重构的基本结构中，可能出现不同的场景，3D 重构取决于预先得到信息的类型。

2) 三角测量

在两台相机内参数与外参数都已知的情况下，重构问题采用的是被称为三角测量的几何方法，计算投射在两个图像平面上点在场景中的位置。这种方法可以从 P 点在两个相机图像平面上的投影坐标 $\boldsymbol{S}_1=[X_1\ Y_1]^{\mathrm{T}}$ 和 $\boldsymbol{S}_2=[X_2\ Y_2]^{\mathrm{T}}$ 标准化开始，计算点 P 相对于基坐标系的坐标 $\boldsymbol{P}=[p_x,p_y,p_z]^{\mathrm{T}}$，假设基坐标系与坐标系 1 重合，则 $\boldsymbol{p}^1=\boldsymbol{p}$，$\boldsymbol{O}_{1,2}^1=\boldsymbol{O}$，以及 $\boldsymbol{R}_2^1=\boldsymbol{R}$。

根据式(4.37)和式(4.38)，可推导出以下等式：

$$\boldsymbol{p}=\lambda_1\widetilde{\boldsymbol{S}}_1 \tag{4.42}$$

$$\boldsymbol{p}=\boldsymbol{O}+\lambda_2\boldsymbol{R}\widetilde{\boldsymbol{S}}_2 \tag{4.43}$$

其中，第一个等式是经过点 O_1 和坐标点 S_1 的视线的参数方程，而第二个等式是经过点 O_2 和坐标点 S_2 的视线的参数方程，两个方程都是在基坐标系中表示的。

因此，P 点坐标在两条视线的交点上，可以求解关于 P 的方程(4.42)和方程(4.43)计算得到。为此根据式(4.42)，用第三个方程计算 λ_1，再将其值代入到另两个方程中，可得以下系统：

$$\begin{bmatrix}1 & 0 & -X_1\\ 0 & 1 & -Y_1\end{bmatrix}\boldsymbol{p}=0 \tag{4.44}$$

在式(4.43)两侧左乘 $\boldsymbol{R}^{\mathrm{T}}$，对所得方程进行相似推导，可得以下系统：

$$\begin{bmatrix}\boldsymbol{r}_1^{\mathrm{T}}-X_2\boldsymbol{r}_3^{\mathrm{T}}\\ \boldsymbol{r}_2^{\mathrm{T}}-Y_2\boldsymbol{r}_3^{\mathrm{T}}\end{bmatrix}\boldsymbol{p}=\begin{bmatrix}O_x-O_zX_2\\ O_y-O_zY_2\end{bmatrix} \tag{4.45}$$

其中 $\boldsymbol{R}=[\boldsymbol{r}_1\quad \boldsymbol{r}_2\quad \boldsymbol{r}_3]$ 和 $\boldsymbol{R}^{\mathrm{T}}\boldsymbol{O}=[O_x\quad O_y\quad O_z]^{\mathrm{T}}$，方程(4.44)和方程(4.45)定义了一个由 4 个方程组成的含 3 个未知数的系统，系统对于 $\boldsymbol{P}$ 是线性的。在理想情况下，两条视线交于点 P，这些方程中只有 3 个是独立的。在实际应用中，由于存在噪声，这些方程都是独立的且相互之间无相对关系，因而必须采用基于最小二乘的适当算法计算近似解。

在应用中更常见的是，两个相机平行且图像平面整齐排列，其中 $\boldsymbol{R}=\boldsymbol{I}$ and $\boldsymbol{R}^{\mathrm{T}}\boldsymbol{O}=[b\quad 0\quad 0]^{\mathrm{T}}$，$b>0$，$b$ 表示两个相机坐标系原点之间的距离，此时 $\boldsymbol{P}$ 的计算可以大幅简化。方程(4.44)，方程(4.45)所示系统的解为：

$$p_x=\frac{X_1b}{X_1-X_2} \tag{4.46}$$

$$p_y=\frac{Y_1b}{X_1-X_2}=\frac{Y_2b}{X_1-X_2} \tag{4.47}$$

$$p_z = \frac{b}{X_1 - X_2} \tag{4.48}$$

3) 绝对定向

在由两个相机构成的标定系统观测一个未知形状刚体目标的情形中，由于系统相对于相机存在相对运动，可用三角测量法计算目标或相机系统姿态的变化。这种问题被称作绝对定向(Absolute Orientation)，需要测量一定数量的目标特征点投影位置。

若立体相机系统在移动，而目标是固定的，可令 $\boldsymbol{p}_1,\boldsymbol{p}_2,\cdots,\boldsymbol{p}_n$ 表示被测刚体目标上的 n 个点在时刻 t 的位置向量，令 $\boldsymbol{p}_1',\boldsymbol{p}_2',\cdots,\boldsymbol{p}_n'$ 表示采用三角测量法对相同被测点在时刻 t' 测得的位置向量。这些向量都参考于坐标系 1，在刚性运动的假设条件下，向量满足方程：

$$p_i = \boldsymbol{O} + \boldsymbol{R}\boldsymbol{p}_i' \quad i = 1,2,\cdots,n \tag{4.49}$$

其中向量 $\boldsymbol{O}$ 与旋转矩阵 $\boldsymbol{R}$ 定义了坐标系 1 在时间 t 和时间 t' 上的位置与方向偏移量。绝对定向问题就是由 $\boldsymbol{p}_i$ 和 $\boldsymbol{p}_i'$ 计算 $\boldsymbol{R}$ 和 $\boldsymbol{O}$。

根据刚体机械学可知，这个问题在三点不同线情况下只有唯一解。这种情况下，从式(4.49)可导出 9 个非线性方程，方程中有 9 个表现 $\boldsymbol{O}$ 和 $\boldsymbol{R}$ 的独立参数。不过，因为这些点是采用三角测量法得到的，测量会受到误差影响，系统有可能会无解。这种情况下，较为方便的方式是取 $n>3$ 个点，在 $\boldsymbol{R}$ 为旋转矩阵的约束下，计算 $\boldsymbol{O}$ 和 $\boldsymbol{R}$ 并令如下的线性二次型函数极小：

$$\sum_{i=1}^{n} \| p_i - \boldsymbol{O} - \boldsymbol{R}\boldsymbol{p}_i' \|^2 \tag{4.50}$$

观测到令方程(4.50)极小的 O 值为：

$$\boldsymbol{O} = \bar{\boldsymbol{p}} - \boldsymbol{R}\bar{\boldsymbol{p}}' \tag{4.51}$$

从而 $\boldsymbol{O}$ 的计算问题可以从 $\boldsymbol{R}$ 的计算问题中分离出来，其中 $\bar{\boldsymbol{p}}$ 和 $\bar{\boldsymbol{p}}'$ 是点集 $\{p_i\}$ 和 $\{p_i'\}$ 的矩心，定义为：

$$\bar{\boldsymbol{p}} = \frac{1}{n}\sum_{i=1}^{n}\boldsymbol{p}_i, \quad \bar{\boldsymbol{p}}' = \frac{1}{n}\sum_{i=1}^{n}\boldsymbol{p}_i'$$

由此问题变为计算令如下线性二次型极小的旋转矩阵 $\boldsymbol{R}$：

$$\sum_{i=1}^{n} \| \bar{\boldsymbol{p}}_i - \boldsymbol{R}\bar{\boldsymbol{p}}_i' \|^2 \tag{4.52}$$

其中 $\bar{\boldsymbol{p}}_i = \boldsymbol{p}_i - \bar{\boldsymbol{p}}$ and $\bar{\boldsymbol{p}}_i' = \boldsymbol{p}_i - \bar{\boldsymbol{p}}'$ 为相对矩心的偏移量。

可证明令方程(4.52)极小的矩阵 $\boldsymbol{R}$ 即是令 $\boldsymbol{R}^{\mathrm{T}}\boldsymbol{K}$ 的迹极小的矩阵 $\boldsymbol{R}$，其中 $\boldsymbol{K} = \sum_{i=1}^{n} \bar{\boldsymbol{p}}_i \bar{\boldsymbol{p}}_i'^{\mathrm{T}}$；因此，解的形式为 $\boldsymbol{R}_o^c = \boldsymbol{U}\begin{bmatrix}1 & 0 & 0\\ 0 & 1 & 0\\ 0 & 0 & \sigma\end{bmatrix}\boldsymbol{V}^{\mathrm{T}}$，其中对于该问题而言，$\boldsymbol{U}$ 和 $\boldsymbol{V}$ 分别为 K 的奇异值分解的左正交矩阵和右正交矩阵。只要旋转矩阵 $\boldsymbol{R}$ 已知，可利用式(4.51)计算出向量 $\boldsymbol{O}$。

4) 根据平面单应性实现 3D 重建

当被观测目标的特征点处于同一平面时，会出现 3D 重构另一种有意思的应用，这时的几何特性除了核面约束外，还表示了在两台相机图像平面中每一点的投影之间的附加约束，该约束为平面单应性。

参考坐标系 2,令 $\boldsymbol{p}^2$ 为目标上一点 P 的位置向量。并令 $\boldsymbol{n}^2$ 表示正交于包含特征点的平面的单位向量,平面到坐标系 2 原点的距离 $d_2>0$。由简单的几何关系导出以下方程:

$$\frac{1}{d_2}\boldsymbol{n}^{2\mathrm{T}}\boldsymbol{p}^2=1$$

该方程定义了属于平面的点 p^2 的集合。由于以上等式,方程(4.36)可改写为以下形式:

$$\boldsymbol{p}^1=\boldsymbol{H}\boldsymbol{p}^2 \tag{4.53}$$

其中

$$\boldsymbol{H}=\boldsymbol{R}_2^1+\frac{1}{d_2}\boldsymbol{O}_{1,2}^1\boldsymbol{n}^{2\mathrm{T}} \tag{4.54}$$

将式(4.38)代入式(4.53)得:

$$\overline{S}_1=\lambda\boldsymbol{H}\overline{S}_2 \tag{4.55}$$

其中 $\lambda=\lambda_2/\lambda_1>0$,为任意常数。在式(4.55)两侧左乘 $S(\overline{S}_1)$ 得到方程:

$$S(\overline{S}_1)\boldsymbol{H}\overline{S}_2=0 \tag{4.56}$$

该式表示由矩阵 $\boldsymbol{H}$ 定义的平面单应性关系。

采用可能从平面上 n 个点的坐标开始,其中 $n\geqslant4$,进行矩阵 $\xi\boldsymbol{H}$ 的数值计算,$\xi\boldsymbol{H}$ 小于或等于因子 ξ。

比例因子 ξ 的值可用基于矩阵 $\boldsymbol{H}$ 表达式(4.54)的数值算法计算得到,只要 $\boldsymbol{H}$ 已知,就能计算出式(4.54)中的 $\boldsymbol{R}_2^1$,$\boldsymbol{O}_{1,2}^1/d_2$ 和 $\boldsymbol{n}^2$,实际上可证实存在两种可行解。

这一结果与视觉伺服应用有一定的相关性。例如,当相机相对于目标运动时,若坐标系 1 与坐标系 2 表示相机在两个不同时刻的位姿,由式(4.30)分解计算的 $\boldsymbol{H}$ 可用于估计相机坐标系的方向偏移量和原点的位置偏移量,后者的定义取决于比例因子 d_2,只要特征点都属于同一平面,无须知道目标的几何关系就可实现这个结果。

2. 运动结构

在上一节中,我们阐述了如何从相对位置和方位已知的两个不同摄像机所拍摄的两幅图像中恢复环境结构。本节我们讨论,当摄像机相对姿态为未知时如何恢复结构问题。例如,当两幅图像由同一摄像机,但是在不同的位置和不同的时刻拍摄时,或者换一种办法,由不同的摄像机拍摄时,这意味着,恢复过程必须同时估计结构和运动。运动恢复结构(Structure from Motion,SFM),即通过相机的移动来确定目标的空间和几何关系,是三维重建的一种常见方法。它只需要普通的 RGB 摄像头即可,因此成本更低廉,且受环境约束较小,在室内和室外均能使用。但是,SFM 背后需要复杂的理论和算法做支持,在精度和速度上都还有待提高,所以目前成熟的商业应用并不多。由于篇幅的限制,本节我们仅介绍运动双帧结构问题的解决方案。

通过观察得到,运动结构中图像不必预先标定。这允许 SFM 在困难情况下工作。例如,图像由不同的用户使用不同的摄像机拍摄。事实上,SFM 自身能够自动估计摄像机内在参数。SFM 有时能够完成 3D 重构的结果,它在准确度和点密度方面可与激光测距仪相媲美。但是,这个精度常常以计算功率为代价。

1）双视运动结构

让我们再从立体视觉情况下开始，但现在要记得 R 和 t 表示第一和第二个摄像机位置之间的相对运动。所以，可得出：

$$\lambda_1 \tilde{p}_1 = A_1[I \mid 0]\tilde{P}_w = A_1 P_w \quad \text{（对第一个摄像机位置）} \tag{4.57}$$

$$\lambda_2 \tilde{p}_2 = A_2[R \mid t]\tilde{P}_w \quad \text{（对第二个摄像机位置）} \tag{4.58}$$

为简化问题，假设第一个和第二个位置使用同一个摄像机，且两点之间内在参数不变；因而，$A_1 = A_2 = A$。再假设该摄像机已被标定，所以 A 已知。在这种情况下，用规格化图像坐标工作起来更为方便。令 $\tilde{x}_1$ 与 $\tilde{x}_2$ 分别是 $\tilde{p}_1$ 与 $\tilde{p}_2$ 的规格化坐标：

$$\tilde{x}_1 = A^{-1}\tilde{p}_1, \quad \tilde{x}_2 = A^{-1}\tilde{p}_2 \tag{4.59}$$

且 $\tilde{x}_1 = (x_1, y_1, 1)$，$\tilde{x}_2 = (x_2, y_2, 1)$。进而，方程(4.57)与方程(4.58)可以重写为：

$$\lambda_1 \tilde{x}_1 = P_w \quad \text{（对第一个摄像机位置）} \tag{4.60}$$

$$\lambda_2 \tilde{x}_2 = [R \mid t]\tilde{P}_w = RP_w + t \quad \text{（对第二个摄像机位置）} \tag{4.61}$$

如同以前计算极线所做的一样，将对应于 x_1 的光线映射到第二个图像。因此，将方程(4.60)代入方程(4.61)，得到：

$$\lambda_2 \tilde{x}_2 = \lambda_1 R \tilde{x}_1 + t \tag{4.62}$$

现在，对式(4.62)等式两边用 t 作叉乘，可得：

$$\lambda_2 [t] \times \tilde{x}_2 = \lambda_1 ([t] \times R) \cdot \tilde{x}_1 \tag{4.63}$$

其中，$[t]X$ 是一个反对矩阵，定义为：

$$[t]X = \begin{bmatrix} 0 & -t_z & t_y \\ t_z & 0 & -t_x \\ -t_y & t_x & 0 \end{bmatrix} \tag{4.64}$$

现在，用 x_2 对方程(4.64)两边作点乘，可得：

$$\lambda_2 \tilde{x}_2^{\mathrm{T}} \cdot ([t] \times \tilde{x}_2) = \lambda_1 \tilde{x}_2^{\mathrm{T}} \cdot ([t] \times R) \cdot \tilde{x}_1 \tag{4.65}$$

观察到，$\tilde{x}_2^{\mathrm{T}} \cdot ([t] \times \tilde{x}_2) = 0$。因此，从方程(4.65)我们可得：

$$\tilde{x}_2^{\mathrm{T}} \cdot ([t] \times R) \cdot \tilde{x}_1 = 0 \tag{4.66}$$

此方程称为极线约束。观察到，极线约束对每个共轭点对都成立。

定义本质矩阵 $\boldsymbol{E} = ([t] \times R)$，极线约束可读作：

$$\tilde{x}_2^{\mathrm{T}} \cdot \boldsymbol{E} \cdot \tilde{x}_1 = 0 \tag{4.67}$$

可以证明，本质矩阵具有两个相等的奇异值和另一个为零的奇异值。

计算本质矩阵，给定基本关系式(4.67)，我们如何能恢复以本质矩阵 $\boldsymbol{E}$ 编码的摄像机运动呢？如果我们有 N 个相应的测量 $\{(\tilde{x}_1^i, \tilde{x}_2^i)\}$，那么可以建立 9 个元素（$\boldsymbol{E} = [e_{11}, e_{12}, e_{13}, e_{21}, e_{22}, e_{23}, e_{31}, e_{32}, e_{33}]^{\mathrm{T}}$）的 N 个齐次方程：

$$\tilde{x}_1^i \tilde{x}_2^i e_{11} + \tilde{y}_1^i \tilde{x}_2^i e_{12} + \tilde{x}_2^i e_{13} + \tilde{x}_1^i \tilde{y}_2^i e_{21} + \tilde{y}_1^i \tilde{y}_2^i e_{22} + \tilde{y}_2^i e_{23} + \tilde{x}_1^i e_{31} + \tilde{y}_1^i e_{32} + e_{33} = 0 \tag{4.68}$$

以紧凑形式可以重写为：

$$D \cdot \boldsymbol{E} = 0 \tag{4.69}$$

给定 $N \geqslant 8$ 这样方程，使用奇异值分解(SVD)，可以估计（到一定规模）$\boldsymbol{E}$ 中的实体。所以，方程(4.69)的解，就是相应于最小特征值 D 的特征向量。由于需要至少 8 点对应，该算法被称为 8 点算法，它是计算机视觉领域的里程碑之一。8 点算法的主要优点是非常易于实施，并对未标定的摄像机，即它的内在参数未知时也有效。其缺点是，对退化的点方位，如平面场景，即当所有场景点是共面时，算法无效。

对于已标定的摄像机，至少需要 5 点对应。Nister 提出了至少从 5 点对应计算本质矩阵的一个有效算法。5 点只对已标定的摄像机有效，但实施较为复杂。然而，相对于 8 点算法，它适用于平面场景。

将 $\boldsymbol{E}$ 分解为 $\boldsymbol{R}$ 与 $\boldsymbol{t}$ 现在让我们假定，我们已经从点对应确定了本质矩阵 E，如何确定 $\boldsymbol{R}$ 与 $\boldsymbol{t}$，由于完整地推导证明超出本书内容范围，我们将直接给出最终表达式。

分解 $\boldsymbol{E}$ 之前，必须服从它的两个奇异值相等、第三个为零这个约束。事实上，由于存在图像噪声，现实中该约束从未被确认。为此，计算满足这个约束的最接近的本质矩阵 $\boldsymbol{E}$。一个常见技术是使用 SVD，并强制两个较大的奇异值相等，最小的一个等于零。因而：

$$[\boldsymbol{U},\boldsymbol{S},\boldsymbol{V}]=\mathrm{SVD}(\boldsymbol{E}) \tag{4.70}$$

式中 $\boldsymbol{S}=\mathrm{diag}([S_{11},S_{12},S_{13}])$，$S_{11}\geqslant S_{12}\geqslant S_{13}$。接着，可给出 Frobenius 范数下最接近的本质矩阵 $\hat{\boldsymbol{E}}$：

$$\hat{\boldsymbol{E}}=\boldsymbol{U}\cdot\mathrm{diag}\left(\left[\frac{S_{11}+S_{22}}{2},\frac{S_{11}+S_{22}}{2},0\right]\right)\cdot\boldsymbol{V}^{\mathrm{T}} \tag{4.71}$$

然后，以 $\hat{\boldsymbol{E}}$ 取代 $\boldsymbol{E}$。这时，可以将 E 分解为 $\boldsymbol{R}$ 与 $\boldsymbol{t}$。

E 的分解返回 (R,t) 的四个解，R 有两个，t 有两个。让我们定义：

$$\boldsymbol{B}=\begin{bmatrix}0&1&0\\-1&0&0\\0&0&1\end{bmatrix},\quad[\boldsymbol{U},\boldsymbol{S},\boldsymbol{V}]=\mathrm{SVD}(\boldsymbol{E}) \tag{4.72}$$

其中 $\boldsymbol{U}$、$\boldsymbol{S}$、$\boldsymbol{V}$ 使得 $\boldsymbol{U}\cdot\boldsymbol{S}\cdot\boldsymbol{V}^{\mathrm{T}}=\boldsymbol{E}$。可以证明 R 的两个解为：

$$\boldsymbol{R}_1=\det(\boldsymbol{U}\cdot\boldsymbol{V}^{\mathrm{T}})\cdot\boldsymbol{U}\cdot\boldsymbol{B}\cdot\boldsymbol{V}^{\mathrm{T}} \tag{4.73}$$

$$\boldsymbol{R}_2=\det(\boldsymbol{U}\cdot\boldsymbol{V}^{\mathrm{T}})\cdot\boldsymbol{U}\cdot\boldsymbol{B}^{\mathrm{T}}\cdot\boldsymbol{V}^{\mathrm{T}} \tag{4.74}$$

现在定义：

$$\boldsymbol{L}=\boldsymbol{U}\cdot\begin{bmatrix}0&-1&0\\1&0&0\\0&0&0\end{bmatrix}\cdot\boldsymbol{U}^{\mathrm{T}},\quad\boldsymbol{M}=-\boldsymbol{U}\cdot\begin{bmatrix}0&-1&0\\1&0&0\\0&0&0\end{bmatrix}\cdot\boldsymbol{U}^{\mathrm{T}} \tag{4.75}$$

则 t 的两个解：

$$t_1=\frac{[L_{32}L_{13}L_{21}]^{\mathrm{T}}}{\|[L_{32}L_{13}L_{21}]\|} \tag{4.76}$$

$$t_2=\frac{[M_{32}M_{13}M_{21}]^{\mathrm{T}}}{\|[M_{32}M_{13}M_{21}]\|} \tag{4.77}$$

使用所谓的机前约束可以区分这四个解，机前约束要求重构点地对应位于摄像机的前面。事实上，如果分析 SFM 问题的这四个解，你常常会发现，三个解是这样：重构的点对应至少出现在两个摄像机之一个的后面，而仅有一个保证它们位于两个摄像机之前。因而，测试单点对应，确定它是否被重构在两个摄像机之前，足以辨认四个可能选择的正确解。还有观察到，知道 t 的解为一个规模。事实上，单个摄像机不可能恢复绝对规模。同样的原因，恢复的结构也被视为一个规模。

2）视觉里程计

与运动结构直接关联的是视觉里程计，视觉里程计的特点在于单单使用视觉输入，估计一个机器人或车辆的运动，2004 年 Nister 在其标志性论文中创造了这个名词，在这篇文章里，用单个摄像机或立体摄像机，在不同车辆上展示了成功的结果。支持视觉里程计的基本原理是我们已在前一节看到的双视运动结构的迭代。

与单个摄像机相比，使用立体视觉摄像机的好处是，能够以绝对尺寸直接提供量测。另一方面，当使用单个摄像机时，绝对尺度必须以其他方式进行估计（例如，从场景中一个元件的知识，或摄像机与地平面的距离），或者使用其他传感器，如 GPS、IMU、车轮里程计或激光器等。

视觉里程计的目标仅是恢复车辆的轨迹。但也常看到显示环境的 3D 地图，地图通常是从估计的摄像机姿态位置，其特征点的简单三角剖析。图 4.39 展示了使用单个全向摄像机，视觉里程计结果的一个例子。此例中，尺度是利用车辆的不完备性约束计算而得。在该图中，视觉里程计是在一个 3km 的轨迹上运作，请注意，趋向轨迹的末端可见的漂移。

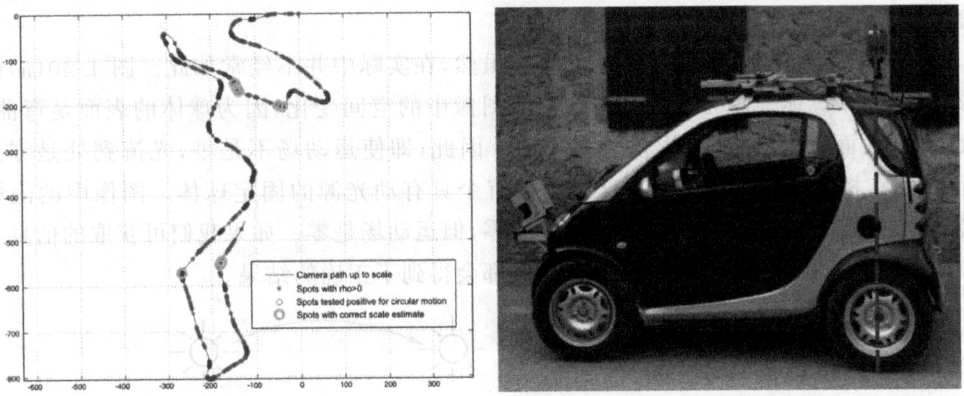

(a)　　(b)

图 4.39　视觉里程计

图 4.39 使用安置在机器人顶部的单个全向摄像机（见图 4.39(a)），得到视觉里程计结果（见图 4.39(b)）的一个例子。利用这样事实：轮式车辆被约束在跟踪一个近似环形、局部地围绕其瞬时旋转中心行走，自动地计算绝对尺度，这个视觉里程计的结果是使用描述的单点 RANSAC 算法得到，与现代先进技术相比，采用这个算法，视觉里程计运行在 400 帧每秒，而标准方法工作在 20～40Hz。

由于连续姿态之间相对位移的积分，所有的视觉里程计算法都遭受运动漂移，这是不可避免地随时间的累积误差。通常在数百米之后，这个漂移变得明显。根据环境中特征的数量、摄像机的分辨率、人或其他过往车辆等运动物体的出现以及光照条件，结果会不同。车轮里程计也产生漂移，但是，视觉里程计在机器人和汽车领域变得越来越盛行，这是因为，如果车辆重访之前已看到过的地方，漂移能够被抵消。相对于其他传感器模块，实行位置识别或地点辨识是视觉传感器的主要优点之一。

最流行的位置识别的方法是视觉方法。一旦机器人第二次访问之前已看到过的一个位置，通过加上约束[在这两个地方(以前访问过和重访)车辆位置实际上应一致]累计的误差可以被削减。显然，这需要一个算法，它修改所有以前机器人的姿态，直到当前和之前访问过的位置间的误差最小。

位置识别问题也称环路检测。因为一个环路，是车辆返回到之前访问过的点的一个闭合轨迹。在环路闭合处的误差最小化问题，被替代称为环路封闭。实施环路封闭的算法有多种。其中的一些由计算机视觉界提出，依赖于所谓的束调整；另外，由机器人学界在求解定位和制图(SLAM)问题时开发。

3. 运动与光流

从一个固定或移动的摄像机记录时变的图像，可以恢复大量的信息。首先，我们区分运动场和光流的差别。

1）运动场

场内将速度向量分配给图像中的每一点。如果环境中各点以速度 u 移动，则在图像平面引起速度 v。可以在数学上确定 u 和 v 之间关系。

2）光流

光流是真实的，图像中亮度模式随着促使它们移动的物体(光源)而运动。光流是这些亮度模式的视在运动。

这里，假定光流模式将对应于运动场。虽然，在实际中并不经常如此。图 4.40(a)说明了该情况，图中球体表示亮度或阴影在球体图像中的空间变化，因为球体的表面是弯曲的。然而，如果表面运动，这个阴影模式将不动。因此，即使运动场不是零，光流到处是零。在图 4.40(b)，相反的情形发生了。这里我们有个具有动光源的固定球体。图像中的阴影随光源运动而改变。在这种情况下，光流是非零，但运动场是零。如果我们可获取的信息只是光流，且依靠它，那么在这两种情况下，我们都会得到不正确的结果。

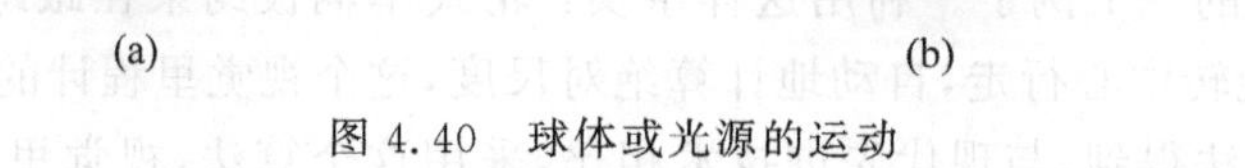

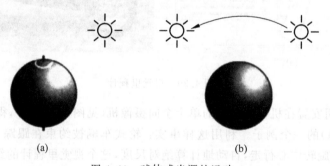

图 4.40　球体或光源的运动

想测量光流并由此得到场景的运动场有许多技术。大多数算法利用局部信息，力图在两个相继的图像中寻求局部光斑的运动。在某种情况下，有关平滑度和一致性的全局信息可以帮助进一步消除这种匹配过程的歧义。下面介绍提出光流约束方程法的细节。

首先，假定相继快照之间的时间间隔是如此的快，以至于我们可以认为同一物体部分的被测强度实际上是恒定的。数学上，令 $I(x,y,t)$ 为在图像点 (x,y) 上，在 t 时刻，图像的辐射照度。如果 $u(x,y)$ 和 $v(x,y)$ 是那点光流向量的 x 和 y 分量，则需要在时刻 $t+\delta t$，为辐射照度是相同的点，即点 $(x+\delta t, y+\delta t)$，搜索一个新图像，式中 $\delta x=u\delta t$，$\delta y=v\delta t$。即对小的时间间隔 δt：

$$I(x+u\delta t, y+v\delta t, t+\delta t)=I(x,y,t) \tag{4.78}$$

通过时间 t,可以获得恒定强度斑片的运动。如果进一步假定图像亮度变化平滑,则可把方程(4.78)的左边展开成泰勒级数,得到:

$$I(x,y,t)+\delta x\frac{\partial I}{\partial x}+\delta y\frac{\partial I}{\partial y}+\delta t\frac{\partial I}{\partial t}+e=I(x,y,t) \tag{4.79}$$

式中 e 包含 δx 中二阶和更高阶的项。在极限情况下,当 δt 趋向零,我们得到:

$$\frac{\partial I}{\partial x}\frac{\mathrm{d}x}{\mathrm{d}t}+\frac{\partial I}{\partial y}\frac{\mathrm{d}y}{\mathrm{d}t}+\frac{\partial I}{\partial t}=0 \tag{4.80}$$

式(4.80)可缩写为:

$$u=\frac{\mathrm{d}x}{\mathrm{d}t};\quad v=\frac{\mathrm{d}y}{\mathrm{d}t} \tag{4.81}$$

和

$$I_x=\frac{\partial I}{\partial x};\quad I_y=\frac{\partial I}{\partial y};\quad I_t=\frac{\partial I}{\partial t}=0 \tag{4.82}$$

所以

$$I_x u+I_y v+I_t=0 \tag{4.83}$$

导数 I_t 表示强度如何快速地随时间而变,而导数 I_x 和 I_y 表示强度变化的空间率(强度变化如何快速地跨越图像)。合在一起就被称为光流约束方程,且给定相继的图像,对各个像素,可以估计出 3 个导数。

对各像素,我们需要计算 u 和 v 两个量。但是光流约束方程只为每一个像素提供一个方程,所以这是不充分的。当人们考虑许多等强度像素本质上可以是含糊时,其不确定性直觉上是显然的。也许不清楚的是:在先验图像中,对一个等强度的原始像素,哪一个像素是最终的位置?

解决这个不确定性需要附加约束。本书假定,一般而言,相邻像素的运动是相似的,因此全部像素的总光流是平滑的。这个约束是有意义的,因为我们知道它受到某种程度的破坏。为了使光流计算易于处理,我们需要加强约束。特别当场景中不同物体相对于视觉系统按不同方向运动时,该约束正好被破坏。当然,这种情况会趋向于包括边缘,且可能引入一个有用的可视提示。

因为我们知道该平滑性约束有些不正确,所以可以在数学上通过计算以下的方程,定义破坏该约束的程度:

$$e_s=\iint(u^2+v^2)\mathrm{d}x\mathrm{d}y \tag{4.84}$$

它是光流梯度幅值平方的积分。我们也可确定光流约束方程中的误差(实际上不会正好是零)。

$$e_c=\iint(I_x u+I_y v+I_t)^2\mathrm{d}x\mathrm{d}y \tag{4.85}$$

这两个方程应尽可能小,所以我们要使 $e_s+\lambda e_c$ 最小,式中 λ 是一个参数,它在相对于偏离平滑的图像运动方程中,对误差加权如果亮度测量准确,应使用大的参数;如果它们是噪声,则用小参数。在实践中,手动和交互地调整参数 λ,以达到最佳的特性指标。

因此,最后的问题实际上是变分计算,得到欧拉方程:

$$\nabla^2 u=\lambda(I_x u+I_y v+I_t)I_x \tag{4.86}$$

$$\nabla^2 v = \lambda(I_x u + I_y v + I_t)I_y \tag{4.87}$$

式中，

$$\nabla^2 = \frac{\partial^2}{\delta x^2} + \frac{\partial^2}{\delta y^2} \tag{4.88}$$

这是拉普拉斯算子。

方程(4.86)和方程(4.87)组成一对可以被重复求解的椭圆二阶偏微分方程。

哪里发生侧影(一个物体挡住另一物体)，哪里就会在光流中产生断续。这显然破坏了平滑性的约束。一个可能性是努力找到预示这种阻挡的边缘，从光流计算中排除这种边缘附近的像素，使得平滑性成为更现实的假设；另一个可能性是随机地利用这些独特的边缘。事实上，拐角可特别容易地跨越后续的图像进行模式匹配，因此凭着它们本身的能力，可以用作光流计算的基准标记。

在联合跨多种算法的联合提示的视觉算法中，光流计算有希望成为其中的一个重要成分。只要提供纹理，光流计算对使用光流的移动机器人特别是飞行机器人的避障和导航的控制系统来讲，已经证明是广泛有效的。

4.3 机器人视觉核心技术

视觉作为机器人智能化最重要的手段之一，掌握其核心技术十分重要，本节主要介绍了机器人的手眼标定、位姿估计以及视觉伺服控制技术。其中，机器人的手眼标定实现了摄像机坐标系与机械手坐标系的空间转换，其标定结果对机器人的工作精度有着直接的影响；机器人的位姿估计是在标定中计算未知的旋转与平移的过程，即在已知环境下的定位；机器人的视觉伺服控制是在控制机器人运动的伺服环内采用视觉数据。

4.3.1 机器人手眼标定

1. 摄像机标定

通过相机标定建立图像像素坐标和空间位置坐标之间的对应关系，是机器视觉在机器人领域应用的关键环节。相机标定，本质上就是根据相机成像的模型求解相机内部参数和外部参数，这些参数是后续求解图像像素坐标系和空间坐标系对应关系的基础。

1) 相机模型

针孔成像模型又叫线性摄像机模型，它是摄像机模型中最简单也是最理想的模型。其原理可概述为：物体在自然光的照射下，经过针孔平面上的某一点，物体的投影被照射在成像平面上，故物点与光心连线与像平面的交点即为像点。相机的针孔模型示意图如图 4.41 所示。

从示意图可知，若要定量描述物体在图像和空间中的对应关系，需定义相应坐标系。

(1) 图像坐标系：图像坐标系又包括图像物理坐标系和图像像素坐标系。图像物理坐标系($o-xy$)：直接用坐标(x,y)表示，其原点位于光轴与成像平面的交点，坐标轴分别平行于相机坐标系的坐标轴，单位为毫米。图像像素坐标系($O-uv$)：原点在图像左上角，坐标轴与图像物理坐标系平行，单位为像素。两个坐标系之间的关系如图 4.42 所示。

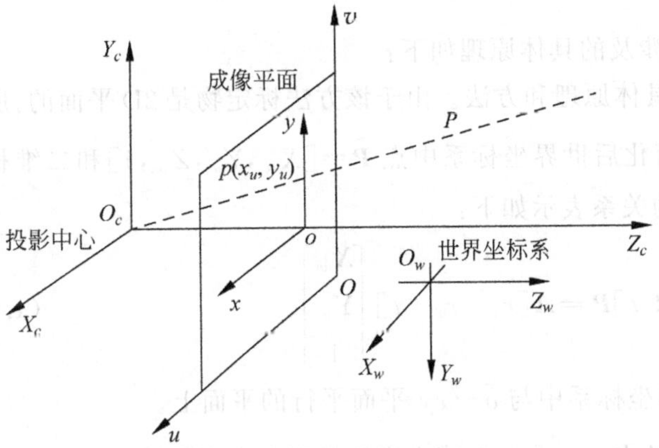

图 4.41　相机针孔模型示意图

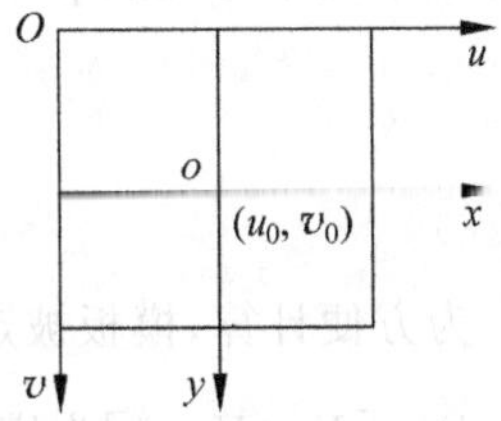

图 4.42　图像坐标系

$$\begin{cases} u=\dfrac{x}{k}+u_0 \\ v=\dfrac{y}{l}+v_0 \end{cases} \tag{4.89}$$

式中，k、l 表示像素点在 x 轴、y 轴方向上的实际物理尺寸，(u_0,v_0) 通常为图像中心，是相机光轴与图像平面的交点，被称为主点。

(2) 相机坐标系 $(O_c-X_cY_cZ_c)$：此坐标系原点建立在摄像机镜头光心 O_c 处，X_c 轴、Y_c 轴分别与图像坐标系的 x 轴、y 轴平行，Z_c 轴方向为相机的光轴方向，Z_c 轴与图像平面交于点 o，坐标为 (u_0,v_0)。

(3) 世界坐标系 $(O_w-X_wY_wZ_w)$：该坐标系用来描述相机的位置，可以设定在环境中任意位置，为了描述和计算的方便，本文将世界坐标系建立在机器人末端执行器的正下方，世界坐标系的 x 轴、y 轴分别和机器人坐标系的 X 轴、Y 轴平行且在同一平面上，即机器人坐标系和世界坐标系只存在平移关系。

2) 张正友标定法

1999 年，张正友提出利用多个平面模板代替传统相机标定块的相机标定方法。从操作方便性和结果的精确性方面考虑，该方法介于传统标定方法和自标定方法之间，兼容了两者的优点，属于一种两步法。与传统标定法相比，这种方法操作简单且易于实现，与自标定法相比，此方法精度有很大提高。总而言之，此方法的提出，很大程度上推动了计算机视觉技术从实验室研究向实际应用的飞速迈进。

张正友法利用 2D 信息计算相机内外参数，只需要相机对一个标定板从不同方位进行拍照，而不必知道标定板的运动方式，所以操作起来相对简单且结果也较为精确。张正友标定法的模型即为针孔模型，其标定过程大致如下：

步骤 1：打印一张标定纸；

步骤 2：移动相机或者标定纸，从不同角度拍摄多幅图像；

步骤 3：检测图像中的角点；

步骤 4：使用形式解(close-form solution)法估计 5 个内参数与所有的外参数；

步骤 5：使用线性最小二乘法估计径向畸变系数；

步骤 6：优化各参数。

张正友相机标定法实现过程中涉及的具体原理如下：

(1) 步骤 4 中求解内外参数的具体原理和方法。由于该方法标定物是 2D 平面的，所以可将 Z_w 坐标方向的值统一为 0。简化后世界坐标系中点 $\widetilde{\boldsymbol{P}}=[X_w, Y_w, Z_w, 1]$ 和二维相机坐标系平面中对应点 $\widetilde{\boldsymbol{p}}=[u, v, 1]$ 的关系表示如下：

$$s\widetilde{\boldsymbol{p}}=A[\boldsymbol{R}\quad t]\widetilde{\boldsymbol{P}}=A[r_1\quad r_2\quad t]\begin{bmatrix}X_w\\Y_w\\1\end{bmatrix} \tag{4.90}$$

为方便计算，模板被定义在世界坐标系中与 $o-xy$ 平面平行的平面上。

$\widetilde{P}=[X_w, Y_w, 1]$ 为模板平面上的点，$\widetilde{\boldsymbol{p}}=[u, v, 1]$ 为模板平面上在图像平面上投影点的对应坐标。

$\boldsymbol{A}=\begin{bmatrix}\alpha & 0 & u_0\\0 & \beta & v_0\\0 & 0 & 1\end{bmatrix}$ 为相机内部参数，$\boldsymbol{R}$ 和 $\boldsymbol{t}$ 分别为旋转矩阵和平移矩阵，s 为放缩因子。

将式(4.90)化简为如下形式：

$$s\widetilde{\boldsymbol{p}}=\boldsymbol{H}\widetilde{\boldsymbol{P}} \tag{4.91}$$

则其中 $\boldsymbol{H}$ 可以化为：

$$\boldsymbol{H}=[h_1\quad h_2\quad h_3]=\lambda A\,[r_1\quad r_2\quad t] \tag{4.92}$$

根据旋转矩阵性质 $r_1^{\mathrm{T}}\cdot r_2=0$，$\|r_1\|=\|r_2\|=1$ 对每幅图像可以得到下面的约束条件：

$$\begin{aligned}&m_1^{\mathrm{T}}\boldsymbol{A}^{-\mathrm{T}}\boldsymbol{A}^{-1}m_2=0\\&m_1^{\mathrm{T}}\boldsymbol{A}^{-\mathrm{T}}\boldsymbol{A}^{-1}m_1=m_2^{\mathrm{T}}\boldsymbol{A}^{-\mathrm{T}}\boldsymbol{A}^{-1}m_2\end{aligned} \tag{4.93}$$

$$\begin{aligned}\boldsymbol{B}=\boldsymbol{A}^{-\mathrm{T}}\boldsymbol{A}^{-1}&=\begin{bmatrix}B_{11} & B_{12} & B_{13}\\B_{21} & B_{22} & B_{23}\\B_{31} & B_{32} & B_{33}\end{bmatrix}\\&=\begin{bmatrix}\dfrac{1}{\alpha^2} & \dfrac{-\gamma}{\alpha^2\beta} & \dfrac{v_0\gamma-u_0\beta}{\alpha^2\beta}\\\dfrac{-\gamma}{\alpha^2\beta} & \dfrac{\gamma^2}{\alpha^2\beta^2}+\dfrac{1}{\beta^2} & \dfrac{-\gamma(v_0\gamma-u_0\beta)}{\alpha^2\beta^2}-\dfrac{v_0}{\beta^2}\\\dfrac{v_0\gamma-u_0\beta}{\alpha^2\beta} & \dfrac{-\gamma(v_0\gamma-u_0\beta)}{\alpha^2\beta^2}-\dfrac{v_0}{\beta^2} & \dfrac{(v_0\gamma-u_0\beta)^2}{\alpha^2\beta^2}+\dfrac{v_0^2}{\beta^2}+1\end{bmatrix}\end{aligned} \tag{4.94}$$

式(4.94)中，$\boldsymbol{B}$ 是对称矩阵，将其写成一个六维向量形式：

$$\boldsymbol{b}=[B_{11}, B_{12}, B_{22}, B_{13}, B_{23}, B_{33}]^{\mathrm{T}} \tag{4.95}$$

把 $\boldsymbol{H}$ 矩阵改写成列向量形式：

$$\boldsymbol{h}_i=[h_{i1}, h_{i2}, h_{i3}]^{\mathrm{T}} \tag{4.96}$$

根据式(4.96)，式(4.95)可以改写成如下形式：

$$\boldsymbol{h}_i^{\mathrm{T}}\boldsymbol{B}\boldsymbol{h}_j=\boldsymbol{v}_{ij}^{\mathrm{T}}\boldsymbol{b}$$

$$v_{ij}=[h_{i1}h_{j1},h_{i1}h_{j2}+h_{i2}h_{j1},h_{i2}h_{j2},h_{i3}h_{j1}+h_{i1}h_{j3},h_{i3}h_{j2}+h_{i2}h_{j3},h_{i3}h_{j3}] \tag{4.97}$$

根据式(4.92)～式(4.97)及内参数的限制条件可得如下方程：

$$\begin{bmatrix} v_{12}^{\mathrm{T}} \\ (v_{11}-v_{22})^{\mathrm{T}} \end{bmatrix} b=0 \tag{4.98}$$

即

$$\boldsymbol{V}b=0 \tag{4.99}$$

由式(4.97)可知矩阵 $\boldsymbol{V}$ 是 2×6 矩阵，即每张照片可以建立两个方程组，包含 6 个未知数。由线性代数相关知识可知，求解所有未知数的充分条件是至少需要 6 个方程，因此至少需要 3 张照片才能解出所有未知数。求得 b 后，利用矩阵分解容易得到相机内部参数矩阵 $\boldsymbol{A}$，然后根据式(4.92)解得每张图片的 R、t：

$$\begin{cases} r_1=\lambda\boldsymbol{A}^{-1}h_1 \\ r_2=\lambda\boldsymbol{A}^{-1}h_2 \\ r_3=r_1\times r_2 \end{cases} \tag{4.100}$$

$$t=\lambda\boldsymbol{A}^{-1}h_3 \tag{4.101}$$

其中，$\lambda=\dfrac{1}{\|\boldsymbol{A}^{-1}h_1\|}=\dfrac{1}{\|\boldsymbol{A}^{-1}h_2\|}$。

(2) 步骤 5 中参数优化。根据上述方法已经求得内部和外部参数，但上述求解过程显然存在误差，将每张图像控制点根据求解的参数重新代回原三维坐标系，求得控制点对应估计坐标，建立真实解和求得的估计解之间的差异，即

$$\sum_{i=1}^{n}\sum_{j=1}^{m}\|m_{ij}-\hat{m}(\boldsymbol{A},\boldsymbol{R}_i,t_i,M_j)\|^2 \tag{4.102}$$

结合 LM 优化算法，求解式(4.102)的最小值，对参数进行优化。

(3) 径向畸变处理。针孔模型下计算得到的各参数是一种理想状态下的参数，而通常情况下相机都会存在一定程度的畸变，其中径向畸变对结果的影响最为明显。径向畸变有多种模型，张正友法使用的模型如下：

$$\begin{cases} \dot{x}=x+x\cdot[k_1\cdot(x^2+y^2)+k_2\cdot(x^2+y^2)^2] \\ \dot{y}=y+y\cdot[k_1\cdot(x^2+y^2)+k_2\cdot(x^2+y^2)^2] \end{cases} \tag{4.103}$$

其中，(u,v)为理想像素坐标，(u',v')为实际像素坐标，相应地，(x,y)为理想图像坐标值，(x',y')为实际图像坐标值；k_1、k_2 为径向畸变系数。由 $u'=u_0+\alpha\cdot x'+c\cdot y'$ 和 $v'=v_0+\beta\cdot y'$ 可得到下式：

$$\begin{cases} u'=u+(u-u_0)\cdot[k_1\times(x^2+y^2)+k_2\cdot(x^2+y^2)^2] \\ v'=v+(v-v_0)\cdot[k_1\times(x^2+y^2)+k_2\cdot(x^2+y^2)^2] \end{cases} \tag{4.104}$$

已知 n 张图像的 m 个点，通过最小二乘法求解式(4.104)的解，一旦得到 k_1、k_2 值后，可利用式(4.104)替代通用处理式(4.102)中的 $\hat{m}(\boldsymbol{A},\boldsymbol{R}_i,t_i,M_j)$ 优化其他参数。反复循环上述过程，直到得到满意的结果。

除此之外，求解出畸变系数 k_1、k_2 后还可以通过极大似然估计来优化参数，此时与式(4.102)相比，目标函数中多了畸变系数：

$$\sum_{i=1}^{n}\sum_{j=1}^{m}\|m_{ij}-\hat{m}(\boldsymbol{A},k_1,k_2,\boldsymbol{R}_i,t_i,M_j)\|^2 \tag{4.105}$$

2. 手眼标定

安装有摄像机的机器人/机械臂就可成为一个手眼系统。常用的手眼系统可分为眼固定(Eye-to-Hand)和眼在手上(Eye-in-Hand)两种类型，这是根据摄像机安装的方式不同进行区分的，它们的模型如图 4.43 所示。

1) 眼固定型

从图 4.44 中可以看出，眼固定型的摄像机与机器人是分离的，摄像机固定安装在某个位置，实时地监测机器人的运动及当前位置，通过反馈目标物体与机器人末端执行器之间的偏差，驱动机器人进行相应的操作，实现末端执行器与目标物体的互动。这类模型最大的优点在于可以观测全局的环境，因此在移动式机器人领域中得到了较为广泛的应用。同时它的缺点也是比较明显的，当机器人运动到目标图像与摄像机之间时，这时候会产生图像遮盖现象，摄像机无法得到图像也就无法反馈有用的特征信息。因此，对于完全依靠图像反馈进行控制的系统不适合使用这种安装方式。

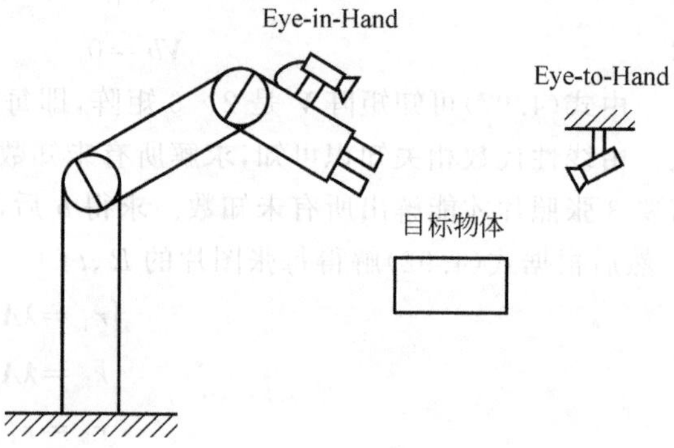

图 4.43 两种手眼系统的示意图

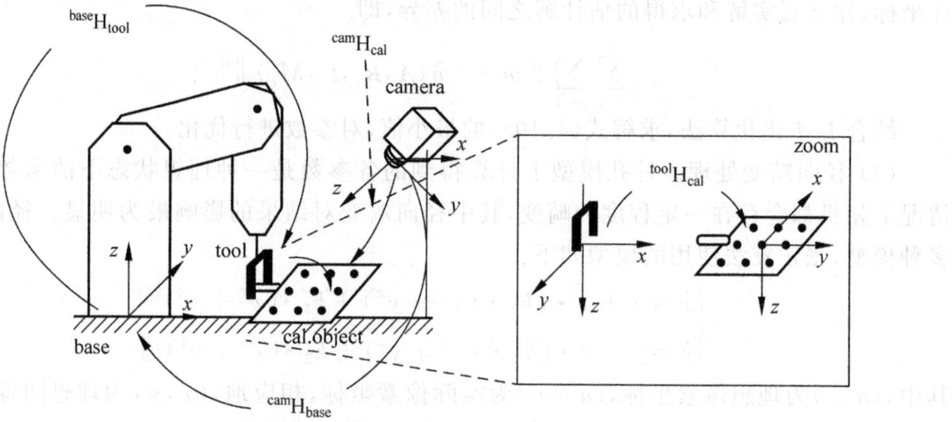

图 4.44 眼固定型示意图

2) 眼在手上型

从图 4.45 中可以看出，眼在手上型的摄像机与机器人是一体的，摄像机固定安装在机器人上，实时地观测摄像机当前视野内的特征图像，提供给机器人下一步要运动的控制量。这类模型较之眼固定型最大的优点在于不会产生图像遮盖，因而比较适合基于图像反馈的控制系统使用。当然这种类型也有缺点，其中比较严重的一点就是在机器人运动过程中会带动摄像机一起运动，这种连带的运动很可能使目标超出摄像机的视野，机器人将无法得到正确的控制量。

3) 手眼标定概况

对于 Eye-to-Hand 系统，手眼标定时求取的是摄像机坐标系相对于机器人的世界坐标

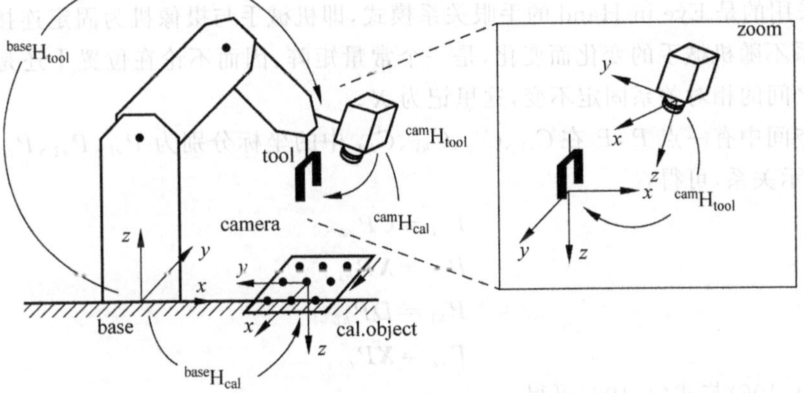

图 4.45　眼在手上型示意图

系的关系。一般来说，Eye-to-Hand 系统先标定出摄像机相对于靶标的外参数，再标定出机器人的世界坐标系与靶标坐标系之间的关系，利用矩阵变换获得摄像机坐标系相对于机器人的世界坐标系的关系。对于 Eye-to-Hand 系统，手眼标定时求取的是摄像机坐标系相对于机器人末端坐标系的关系。通常，Eye-in-Hand 系统在机器人末端处于不同位置和姿态下，对摄像机相对于靶标的外参数进行标定，根据摄像机相对于靶标的外参数和机器人末端的位置与姿态，计算获得摄像机相对于机器人末端的外参数。相对而言，Eye-to-Hand 系统的手眼标定比较容易实现。因此，本节将重点介绍 Eye-in-Hand 系统的常规手眼标定方法。

假设我们在一个手眼系统中使用摄像机观察目标物体，此物体的坐标系为 C_{obj}，我们的摄像机坐标系为 C_e，则观察到的对于目标物体的空间描述都是在 C_e 这个坐标系下的。如果我们知道摄像机坐标系 C_e 在机械手坐标系 C_h 的空间描述，即它们之间的旋转矩阵 R 和平移向量 T，就可以在机械手坐标系 C_h 中准确描述出目标物体，实现跟踪控制。但由于摄像机坐标系是人眼无法观测的，所以 R 和 T 必须经过标定的方法确定，确定 R 和 T 的过程就是手眼标定。

手眼标定的一般性思路是控制机械手运动，在不同的位置对同一标定物进行观测，从而推导计算出手眼系统的 R 和 T。如图 4.46 所示，C_{obj} 表示被观测标定物坐标系；C_{e1}、C_{h1} 分别表示运动前摄像机坐标系和机械手坐标系，如图位置Ⅰ；C_{e2}、C_{h2} 表示运动后摄像机坐标系和机械手坐标系，如图位置Ⅱ。在Ⅰ和Ⅱ位置上使用标定块对摄像机进行内外参数的标定，可得到 C_{obj} 在 C_{e1}、C_{e2} 中的描述，这种转换关系可用 4×4 阶齐次变换矩阵表示，这里分别记为 A 和 B。则 C_{e1} 和 C_{e2} 之间的关系可以描述为 $C=AB^{-1}$；由于机械手的运动是人为控制

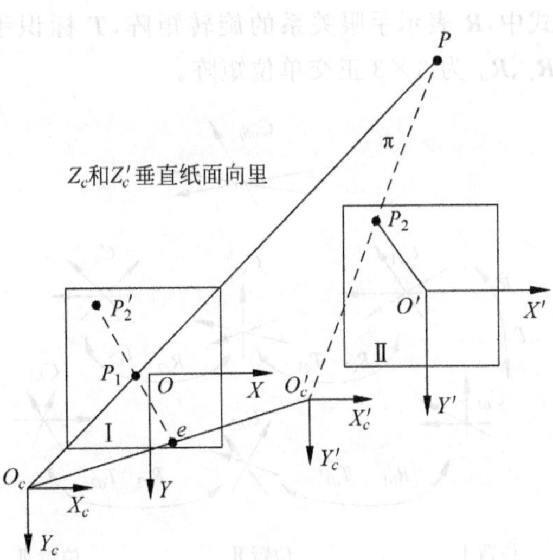

图 4.46　手眼系统运动前后各坐标系示意图

的，其控制量可直接从控制器中读出，所以 C_{h1} 与 C_{h2} 相对关系的描述是已知的，这里记为 D。系统采用的是 Eye-in-Hand 的手眼关系模式，即机械手与摄像机为固定连接，其坐标系之间的关系不随机械手的变化而变化，是一个常量矩阵，因而不论在位置Ⅰ还是位置Ⅱ上，C_e 与 C_h 之间的相对关系固定不变，这里记为 X。

假设空间中有一点 P，P 在 C_{e1}、C_{e2}、C_{h1}、C_{h2} 中的坐标分别为 P_{e1}、P_{e2}、P_{h1}、P_{h2}，根据图 4.46 所示关系，可得：

$$P_{e1}=CP_{e2} \tag{4.106}$$

$$P_{e1}=\boldsymbol{X}P_{h1} \tag{4.107}$$

$$P_{h1}=DP_{h2} \tag{4.108}$$

$$P_{e2}=\boldsymbol{X}P_{h2} \tag{4.109}$$

由式(4.106)与式(4.109)可得：

$$P_{e1}=C\boldsymbol{X}P_{h2} \tag{4.110}$$

由式(4.107)与式(4.108)可得：

$$P_{e1}=\boldsymbol{X}DP_{h2} \tag{4.111}$$

将式(4.110)与式(4.111)联合起来，可得到：

$$C\boldsymbol{X}=\boldsymbol{X}D \tag{4.112}$$

式(4.112)称为手眼标定的基本方程，其中待求解的参数为 $\boldsymbol{X}$，是一个 4×4 的矩阵；由摄像机标定得出；D 可以直接从控制器读出。

若将手眼关系矩阵用旋转矩阵和平移向量展开，则手眼标定的基本方程(4.112)可写成如下形式：

$$\begin{pmatrix}\boldsymbol{R}_c & \boldsymbol{T}_c\\ \boldsymbol{0} & 1\end{pmatrix}\begin{pmatrix}\boldsymbol{R} & \boldsymbol{T}\\ \boldsymbol{0} & 1\end{pmatrix}=\begin{pmatrix}\boldsymbol{R} & \boldsymbol{T}\\ \boldsymbol{0} & 1\end{pmatrix}\begin{pmatrix}\boldsymbol{R}_d & \boldsymbol{T}_d\\ \boldsymbol{0} & 1\end{pmatrix} \tag{4.113}$$

将式(4.113)展开后可得：

$$\boldsymbol{R}_c\boldsymbol{R}=\boldsymbol{R}\boldsymbol{R}_d \tag{4.114}$$

$$\boldsymbol{R}_c\boldsymbol{T}+\boldsymbol{T}_c=\boldsymbol{R}\boldsymbol{T}_d+\boldsymbol{T} \tag{4.115}$$

式中，$\boldsymbol{R}$ 表示手眼关系的旋转矩阵，$\boldsymbol{T}$ 标识手眼关系的平移向量，为未知量待求解量；$\boldsymbol{R}$、$\boldsymbol{R}_c$、$\boldsymbol{R}_d$ 为 3×3 正交单位矩阵。

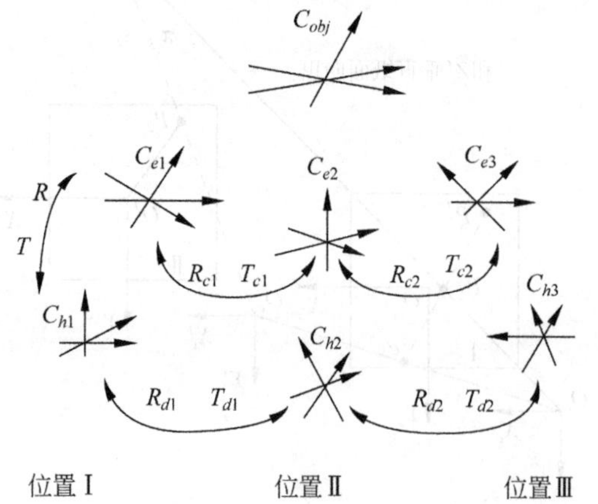

图 4.47　机械手两次运动前后各坐标系相对位置

上述等式(4.114)和式(4.115)的解是不唯一的，Shiu、Tsai 用不同的方法介绍了上述手眼关系方程式解的结构和求唯一解的方法，下面对常用的手眼关系方程求解方法进行介绍。

在标定的过程中，我们控制机械手做两次运动，如图 4.47 所示。

根据式(4.114)、式(4.115)可得：

$$\boldsymbol{R}_{c1}\boldsymbol{R}=\boldsymbol{R}\boldsymbol{R}_{d1} \tag{4.116}$$

$$\boldsymbol{R}_{c1}\boldsymbol{T}+\boldsymbol{T}_{c1}=\boldsymbol{R}\boldsymbol{T}_{d1}+\boldsymbol{T} \tag{4.117}$$

$$\boldsymbol{R}_{c2}\boldsymbol{R}=\boldsymbol{R}\boldsymbol{R}_{d2} \tag{4.118}$$

$$\boldsymbol{R}_{c2}\boldsymbol{T}+\boldsymbol{T}_{c2}=\boldsymbol{R}\boldsymbol{T}_{d2}+\boldsymbol{T} \tag{4.119}$$

式中，$\boldsymbol{R}_{c1}$、$\boldsymbol{T}_{c1}$、$\boldsymbol{R}_{c2}$、$\boldsymbol{T}_{c2}$ 为摄像机运动的参数，可通过摄像机标定来求出；$\boldsymbol{R}_{d1}$、$\boldsymbol{T}_{d1}$、$\boldsymbol{R}_{d2}$、$\boldsymbol{T}_{d2}$ 为机械手运动的参数，可从机器人控制器中读出。以上均为已知量，若要使的解为唯一值，需控制上述两次运动机械手的旋转轴不相互平行，R 的解为：

$$\boldsymbol{R}=(\boldsymbol{k}_{c1}\quad \boldsymbol{k}_{c2}\quad \boldsymbol{k}_{c1}\times\boldsymbol{k}_{c2})(\boldsymbol{k}_{d1}\quad \boldsymbol{k}_{d2}\quad \boldsymbol{k}_{d1}\times\boldsymbol{k}_{d2})^{-1} \tag{4.120}$$

式中，$\boldsymbol{k}_{c1}$、$\boldsymbol{k}_{c2}$、$\boldsymbol{k}_{d1}$、$\boldsymbol{k}_{d2}$ 分别表示 $\boldsymbol{R}_{c1}$、$\boldsymbol{R}_{c2}$、$\boldsymbol{R}_{d1}$、$\boldsymbol{R}_{d2}$ 决定的旋转轴的单位方向矢量。

当两次运动不是纯平移运动时，$\boldsymbol{T}$ 的解也是唯一的，可将式(4.120)解出的 $\boldsymbol{R}$ 代入式(4.117)和式(4.119)中，可得到一个关于 $\boldsymbol{T}$ 的超定方程组，然后取其中 3 个方程或者用最小二乘法均可解出平移向量 $\boldsymbol{T}$。

4.3.2　机器人位姿估计

机器人系统的最终目标是操作世界中的物体对象。为了实现这一目的，就必须知道被操作对象的位置和方向。在本小节中，我们解决如何确定图像中物体的位置和方位这一问题。相机一旦经过标定之后，那么利用这些图像的位置和方向信息，以推断物体对象的三维位置和方向。本小节中将介绍两种常用的位置测量方法：单目视觉测量和立体视觉测量。

1. 单目视觉位置测量

利用单台摄像机构成的单目视觉，在不同的条件下能够实现的位置测量有所不同。例如，在与摄像机光轴中心线垂直的平面内，利用一幅图像可以实现平面内目标的二维位置测量。在摄像机的运动已知的条件下，利用运动前后的两幅图像中的可匹配图像点对，可以实现对任意空间点的三维位置的测量。对于垂直于摄像机光轴中心线的平面内的目标，如果目标尺寸已知，则可以利用一幅图像测量其三维坐标。在摄像机的透镜直径已知的前提下，通过对摄像机的聚焦离焦改变景物点的光斑大小，也可以实现对景物点的三维位置测量。

聚焦离焦需要一定的时间，影响测量的实时性，在机器人控制领域应用较少，在此不做介绍。本小节着重介绍在垂直于摄像机光轴中心线的平面内，对已知尺寸目标的三维测量，以及摄像机倾斜安装时平面内目标的测量。

1) 垂直于摄像机光轴的平面内目标的测量

假设摄像机镜头的畸变较小，可以忽略不计。摄像机采用小孔模型，内参数采用四参数模型，并经过预先标定。假设目标在垂直于摄像机光轴中心线的平面内，目标的面积已知。

摄像机坐标系建立在光轴中心处，其 Z 轴与光轴中心线方向平行，以摄像机到景物方向为正方向，其 X 轴方向取图像坐标沿水平增加的方向。在目标的质心处建立世界坐标系，其坐标轴与摄像机坐标系的坐标轴平行。摄像机坐标系与世界坐标系如图 4.48 所示。

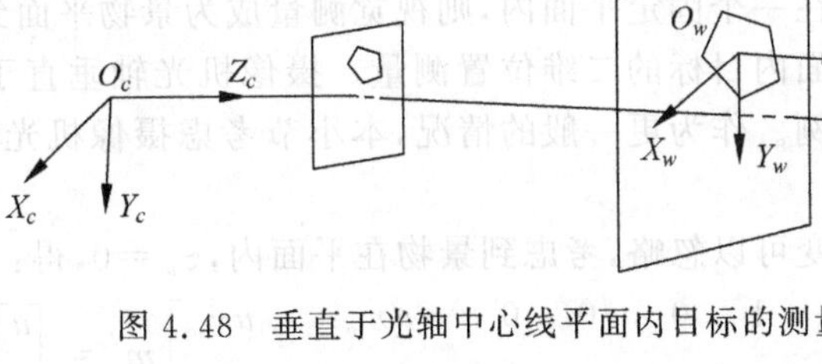

图 4.48　垂直于光轴中心线平面内目标的测量

$$\begin{cases} x_{ci} = \dfrac{u_i - u_0}{k_x} z_{ci} = \dfrac{u_{di}}{k_x} z_{ci} \\ y_{ci} = \dfrac{v_i - v_0}{k_y} z_{ci} = \dfrac{v_{di}}{k_y} z_{ci} \end{cases} \tag{4.121}$$

由于世界坐标系的坐标轴与摄像机坐标系的坐标轴平行，得：

$$\begin{cases} x_{ci} = x_{wi} + p_x \\ y_{ci} = y_{wi} + p_y \\ z_{ci} = p_z \end{cases} \tag{4.122}$$

将目标沿 x_w 轴分成 N 份，每一份近似为一个矩形，见图 4.49。假设第 i 个矩形的 4 个顶点分别记为 P_1^i、P_2^i、P_1^{i+1}、P_2^{i+1}，则目标的面积为：

$$S = \sum_{i=1}^{N} (P_{2y}^i - P_{1y}^i)(P_{1x}^{i+1} - P_{1x}^i) \tag{4.123}$$

式中，P_{1x}^i 和 P_{1y}^i 分别为 P_1^i 在世界坐标系的 X_w 和 Y_w 轴的坐标；S 为目标的面积。目标面积计算示意图如图 4.49 所示。

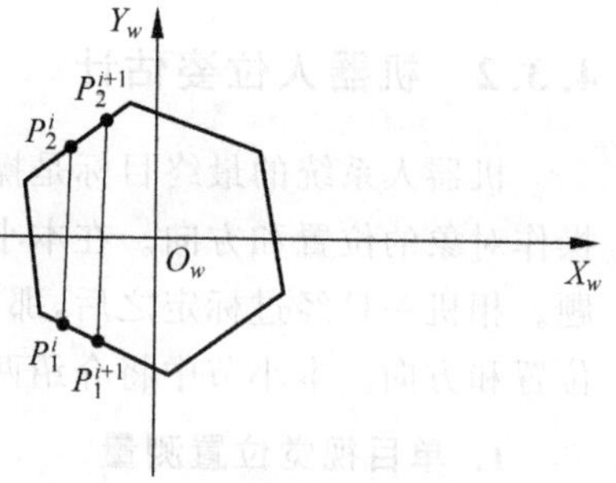

图 4.49 目标面积计算示意图

将式(4.121)和式(4.122)代入式(4.123)，得：

$$S = \left[\sum_{i=1}^{N} (v_{d2}^i - v_{d1}^i)(u_{d1}^{i+1} - u_{d1}^i) \right] \frac{p_z^2}{k_x k_y} = \frac{S_1}{k_x k_y} p_z^2 \tag{4.124}$$

式中，S_1 为目标在图像上的面积。

由式(4.124)可以得到 P_z 的计算公式：

$$p_z = \sqrt{k_x k_y S / S_1} \tag{4.125}$$

对于一个在世界坐标系中已知的点 $P_j(x_{wj}, y_{wj}, z_{wj})$，其图像坐标为 (u_j, v_j)，由式(4.124)，式(4.122)和式(4.125)可以计算出 p_x 和 p_y：

$$\begin{cases} p_x = \dfrac{u_{dj}}{k_x} p_z - x_{wj} \\ p_y = \dfrac{v_{dj}}{k_y} p_z - y_{wj} \end{cases} \tag{4.126}$$

获得 P_x、P_y 和 P_z 后，利用式(4.121)和式(4.122)，可以根据图像坐标计算出目标上任意点在摄像机坐标系和世界坐标系下的坐标。

在垂直于摄像机光轴中心线的平面内，对已知尺寸目标的三维测量，多见于球类目标的视觉测量以及基于图像的视觉伺服过程中对目标深度的估计等。

2) 平面内目标的测量

如果被测量的目标处在一个固定平面内，则视觉测量成为景物平面到成像平面的映射，利用单目视觉可以实现平面内目标的二维位置测量。摄像机光轴垂直于景物平面，属于单目视觉平面测量的一个特例。作为更一般的情况，本小节考虑摄像机光轴与景物平面倾斜时对平面内目标的测量。

假设摄像机的镜头畸变可以忽略，考虑到景物在平面内，$z_w = 0$，得：

$$\begin{bmatrix} x_w & y_w & 1 & 0 & 0 & 0 & -ux_w & -uy_w \\ 0 & 0 & 0 & x_w & y_w & 1 & -vx_w & -vy_w \end{bmatrix} m' = \begin{bmatrix} u \\ v \end{bmatrix} \tag{4.127}$$

式中，$m'=m/m_{34}$，$m=[m_{11}\quad m_{12}\quad m_{14}\quad m_{21}\quad m_{22}\quad m_{24}\quad m_{31}\quad m_{32}]^{\mathrm{T}}$。

由式(4.127)可知，只要求出 m'便可以确定世界坐标系与图像坐标系的转换关系。由于景物平面上的每个点可以提供两个方程，式(4.127)中有8个位置参数，所以仅需4个已知点即可求解出 m'。当然，更多的已知点有利于提高 m'的精度。获得 m'后，将式(4.127)改写为式(4.128)，可以用于测量平面内目标的二维坐标。

$$\begin{bmatrix} m'_{11}-um'_{31} & m'_{12}-um'_{32} \\ m'_{21}-vm'_{31} & m'_{22}-vm'_{32} \end{bmatrix}\begin{bmatrix} x_w \\ y_w \end{bmatrix}=\begin{bmatrix} u-m'_{14} \\ v-m'_{34} \end{bmatrix} \tag{4.128}$$

将平面靶标放置在地面上，固定相机位置，并拍摄图像，图像尺寸为1920×1080像素，如图4.50所示。世界坐标系原点选为标靶左上角第一个黑方格的右下角，x_w 轴选为原点到靶标左下角第一个黑方格的右上角的方向，y_w 轴选为原点到靶标右上角第一个白方格的左下角的方向，z_w 轴垂直地面竖直向上。选取平面靶标上角点作为标定点。靶标长为400mm，每个方格的长度为16.7mm，每行有24个黑白相间的方格。利用 OpenCV 的函数 cvFindChessboardCorners 获取平面靶标角点的图像坐标，结合其平面坐标位置，利用式(4.127)计算出 m'。

图4.50 用于摄像机标定的图像

$$m'=\begin{bmatrix} 1.5817474934144284 \\ -3.4917867760567195 \\ 548.11289572255396 \\ 0.050438674623138356 \\ -1.3703065480824401 \\ 575.49775708658683 \\ 0.0000227409434525918 30 \\ -0.00043866621496217782 \end{bmatrix}$$

获得 m'后，选取地板砖的4个角点 A、B、C、D 作为校验点进行测量。提取4个角点的图像坐标，按照式(4.128)求出 A、B、C、D 点在世界坐标中的坐标，见表4.2。为便于评价，利用表4.2中4个角点的坐标，计算出了地板砖边长。地板砖的4个边的边长均为597mm。由表4.2可见，地板砖的测量长度与实际长度之间的相对误差小于0.3%，说明本节测量方法具有较高的精度。

表4.2 单目视觉平面内目标的测量结果

角点	图像坐标/像素	测量出的位置/mm	地板砖边	测量长度/mm	相对误差/%
A	490,897	−65.3,−331.1	AB	595.9	−0.18
B	1299,911	530.6,−329.4	BC	595.7	−0.22
C	1443,265	528.9,266.3	CD	597.2	0.03
D	394,237	−68.3,264.9	DA	596.0	−0.17

2. 立体视觉位置测量

能够对目标在三维笛卡儿空间内的位置进行测量的视觉系统，称为立体视觉系统。立体视觉比较常见的方式有双目视觉、多目视觉和结构光视觉。本小节主要介绍双目视觉测量。

双目视觉利用两台摄像机采集的图像上的匹配点对，计算出空间点的三维坐标。摄像机坐标系建立在光轴中心处，其 Z 轴与光轴中心线方向平行，以摄像机到景物方向为正方向，其 X 轴方向取图像坐标沿水平增加的方向。假设两台摄像机 C_1 和 C_2 的内参数及相对外参数均已经预先进行标定。摄像机的内参数采用四参数模型，分别用 Min1 和 Min2 表示。两台摄像机的相对外参数用 ${}^{c1}M_{c2}$ 表示，即 C_2 坐标系在 C_1 坐标系中表示为 ${}^{c1}M_{c2}$（见图 4.51）。

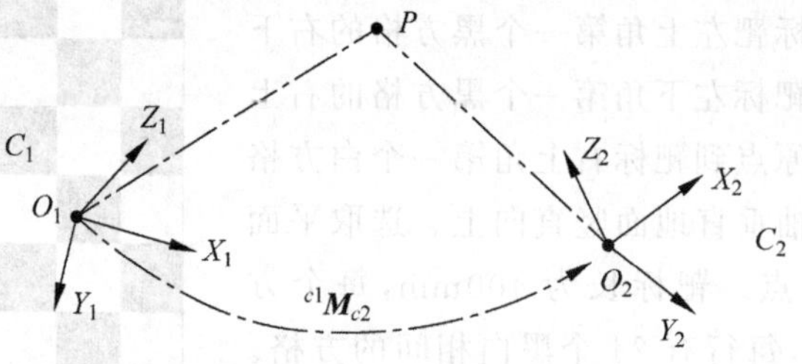

图 4.51 双目立体视觉示意图

由空间点 P 在摄像机 C_1 的图像坐标 (u_1, v_1)，可以计算出点 P 在摄像机 C_1 的焦距归一化成像平面的成像点 P_1c_1 的坐标：

$$\begin{bmatrix} x_{1c1} \\ y_{1c1} \\ 1 \end{bmatrix} = \begin{bmatrix} k_{x1} & 0 & u_{10} \\ 0 & k_{y1} & v_{10} \\ 0 & 0 & 1 \end{bmatrix}^{-1} \begin{bmatrix} u_1 \\ v_1 \\ 1 \end{bmatrix} \tag{4.129}$$

空间点 P 在摄像机 C_1 的光轴中心点与点 P_1c_1 构成的直线上，即符合：

$$\begin{cases} x = x_{1c1} t_1 \\ y = y_{1c1} t_1 \\ z = t_1 \end{cases} \tag{4.130}$$

同样，由空间点 P 在摄像机 C_2 的图像坐标 (u_2, v_2)，可以计算出点 P 在摄像机 C_2 的焦距归一化成像平面的成像点 P_1c_2 的坐标：

$$\begin{bmatrix} x_{2c1} \\ y_{2c1} \\ 1 \end{bmatrix} = \begin{bmatrix} k_{x2} & 0 & u_{20} \\ 0 & k_{y2} & v_{20} \\ 0 & 0 & 1 \end{bmatrix}^{-1} \begin{bmatrix} u_2 \\ v_2 \\ 1 \end{bmatrix} \tag{4.131}$$

将点 P_1c_1 在摄像机 C_2 坐标系的坐标，转换为在摄像机 C_1 坐标系的坐标：

$$[x_{2c11} \quad y_{2c11} \quad z_{2c11} \quad 1]^{\mathrm{T}} = {}^{c1}M_{c2} [x_{2c1} \quad y_{2c1} \quad 1 \quad 1]^{\mathrm{T}} \tag{4.132}$$

空间点 P 在摄像机 C_2 的光轴中心与点 P_1c_2 构成的直线上。而摄像机 2 的光轴中心点在摄像机 C_1 坐标系中的位置向量，即 ${}^{c1}M_{c2}$ 的位置向量。因此，该直线方程可表示为：

$$\begin{cases} x = p_x + (x_{2c11} - p_x) t_2 \\ y = p_y + (y_{2c11} - p_y) t_2 \\ z = p_z + (z_{2c11} - p_z) t_2 \end{cases} \tag{4.133}$$

式中，p_x，p_y 和 p_z 构成 ${}^{c1}M_{c2}$ 的位置偏移量。

上述两条直线的交点，即空间点 P，见图 4.51。对式(4.132)和式(4.133)联立，即可求解出空间点 P 在摄像机 C_1 坐标系中的三维坐标。由于摄像机的内外参数存在标定误差，上述两条直线有时没有交点。因此，在利用式(4.132)和式(4.133)求解点 P 在摄像机 C_1 坐标系中的三维坐标时，通常采用最小二乘法求解。

此外，如果已知摄像机坐标系在其他坐标系中的表示，例如在世界坐标系或者机器人末端坐标系的表示等，则可以由点 P 在摄像机 C_1 坐标系中的三维坐标，利用矩阵变换计算出点 P 在其他坐标系中的三维坐标。

一般地，图像特征点的精度以及摄像机内外参数的标定精度对三维坐标测量结果都具有显著的影响。此外，利用两条直线相交求取三维坐标这种原理，决定了测量精度受图像坐标的误差影响较大，抗随机干扰能力较弱。

4.3.3 机器人视觉伺服控制

视觉测量使机器人可以收集周围环境的信息。对机器人机械手情形而言，这些信息典型的用处是计算末端执行器相对于相机所观测目标的位姿。视觉伺服的目的是保证在实时视觉测量的基础上，末端执行器可达到或保持相对于被观测目标的期望位姿(定常或时变的)。

需要注意的是，视觉系统完成的直接测量与图像平面特征参数有关，而机器人任务是在操作间以末端执行器相对于目标的相对位姿决定的。这就要考虑两种控制方式，即基于位置的视觉伺服和基于图像的视觉伺服，方框图如图 4.52 和图 4.53 所示，前者又称作操作空间视觉伺服，后者又称作图像空间视觉伺服。

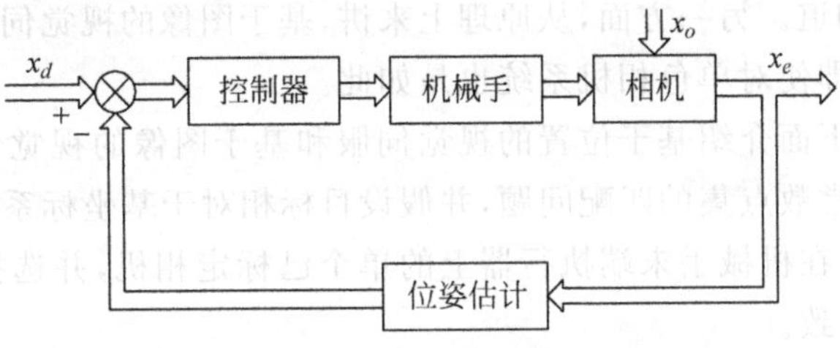

图 4.52　基于位置的视觉伺服的一般方框图

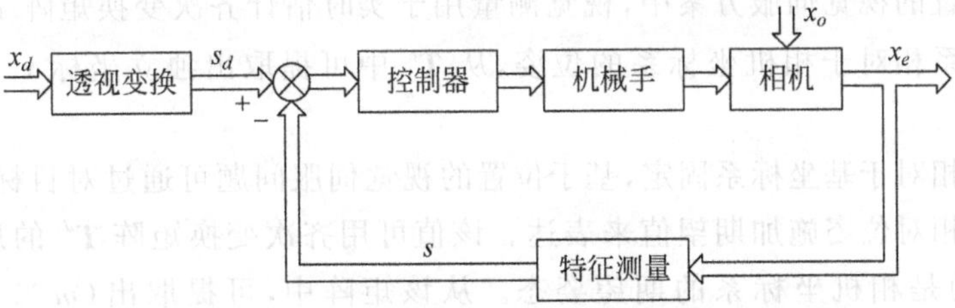

图 4.53　基于图像的视觉伺服的一般方框图

基于位置的视觉伺服方法在概念上与操作空间控制相似，主要的不同在于其反馈是基于采用视觉测量对被观测目标相对相机的位姿进行实时估计完成的。估计既可采用解析方法实现，也可以采用数值迭代算法实现，从概念上看其优点是考虑了对操作空间变量直接进行作用的可能性。这样对稳态和暂态过程，都可以在适当指定的基础上，利用末端执行器运动变量的时间响应来选择控制参数。这种方法的缺点在于，由于缺少对图像特征的直接控制，目标可能在暂态过程中落在相机视野之外，或由于规划误差的结果而落在相机视野之外。从而由于缺少视觉测量值，反馈断开，系统变为开环，可能出现不稳定。

在基于图像的视觉伺服方法中，控制作用在误差的基础上计算。误差的定义是期望位姿下图像特征的参数值(采用透视变换或直接在期望姿态下由相机测得)与当前位姿下相机测量的参数值之间的偏差。这种方法在概念性方面的优点是考虑了并不要求得到目标相对相机的位姿的实时估计。而且由于控制直接作用在图像特征参数上，这种方法能使目标在整个运动中保持在相机视野中。然而，由于图像特征参数与操作空间变量之间的映射是非线性的，机械手可能出现奇异位形，这将引起不稳定或控制作用的饱和；同时，末端执行器的运动轨迹难以超前预测，因而机械手可能产生与干扰之间的冲突或违反关节的运动极限。

若要比较两种控制策略，还需要考虑操作环境，其中相机标定问题特别重要。很容易理解，与基于图像的视觉伺服相比，基于位置的视觉伺服对相机标定误差更为敏感。事实上，对第一种方法，不论对内参数还是外参数，标定参数都存在不确定性，这会造成操作空间变量的估计误差，这些变量的估计误差可以看作作用在控制回路反馈通路上的外部干扰，控制回路的干扰能力降低。另一方面，基于图像的视觉伺服方法，用于控制作用计算的物理量是直接定义在图像平面、以像素为单位进行测量的，而且特征参数的期望值是用相机测量的。这意味着影响标定参数的不确定性可看作作用在控制回路前向通路上的干扰，回路的抗干扰能力较强。

进一步分析则关注目标的几何模型认知。很明显，对基于位置的视觉伺服而言，如果只用一台相机，目标几何形状必须已知，因为这是位姿估计必需的，而采用立体相机系统时，目标几何形状可以不知道。另一方面，从原理上来讲，基于图像的视觉伺服不要求了解目标几何形状的有关信息，即使对单色相机系统也是如此。

基于以上前提，下面介绍基于位置的视觉伺服和基于图像的视觉伺服的方案。在两种方法中，都将介绍与常数点集的匹配问题，并假设目标相对于基坐标系是固定的。不失一般性在研究中考虑安装在机械手末端执行器上的单个已标定相机，并选择末端执行器坐标系与相机坐标系保持一致。

1. 基于位置的机器人视觉伺服

在基于位置的视觉伺服方案中，视觉测量用于实时估计齐次变换矩阵 $\boldsymbol{T}_o^c$，该矩阵用于表达目标坐标系相对于相机坐标系的位姿，从 $\boldsymbol{T}_o^c$ 中可提取出独立坐标 $\boldsymbol{x}_{e,o}$ 的$(m\times 1)$维向量。

假设目标相对于基坐标系固定，基于位置的视觉伺服问题可通过对目标坐标系相对于相机坐标系的相对位姿施加期望值来表达。该值可用齐次变换矩阵 $\boldsymbol{T}_o^d$ 的形式来给定，其中上标 d 指的是相机坐标系的期望姿态。从该矩阵中，可提取出$(m\times 1)$操作空间向量 $\boldsymbol{x}_{d,o}$。

矩阵 $\boldsymbol{T}_o^c$ 和 $\boldsymbol{T}_o^d$ 可用于获取齐次变换矩阵：

$$\boldsymbol{T}_c^d=\boldsymbol{T}_o^d(\boldsymbol{T}_o^c)^{-1}=\begin{bmatrix}\boldsymbol{R}_c^d & \boldsymbol{o}_{d,c}^d\\ \boldsymbol{0}^T & 1\end{bmatrix}\tag{4.134}$$

该矩阵给出了相机坐标系在当前位姿下相对于期望位姿在位置和方向上的偏移量。根据该矩阵可计算操作空间的误差向量，定义为：

$$\tilde{\boldsymbol{x}} = -\begin{bmatrix} \boldsymbol{o}_{d,c}^{d} \\ \boldsymbol{\phi}_{d,c} \end{bmatrix} \tag{4.135}$$

其中$\boldsymbol{\phi}_{d,c}$是从旋转矩阵$\boldsymbol{R}_c^d$中提取的欧拉角向量。向量$\tilde{\boldsymbol{x}}$和目标位姿无关，表示的是相机坐标系的期望位姿与当前位姿之间的偏差；必须注意的是，该向量与$\boldsymbol{x}_{d,o}$和$\boldsymbol{x}_{e,o}$之间的偏差并不相同，而是应用式(4.134)和式(4.135)由相应的齐次变换矩阵计算得到。

因此，必须设计控制量，使操作空间误差$\tilde{x}$渐进趋向于零。

注意，点集$x_{d,o}$的选择并不需要知道目标位姿的有关信息。只要相机坐标系相对于基坐标系的相应于齐次变换阵的期望位姿落在机械手的灵活操作空间中，就能满足控制目标。齐次变换阵形式如下：

$$\boldsymbol{T}_d = \boldsymbol{T}_c(\boldsymbol{T}_c^d)^{-1} = \begin{bmatrix} \boldsymbol{R}_d & \boldsymbol{o}_d \\ \boldsymbol{o}^{\mathrm{T}} & 1 \end{bmatrix} \tag{4.136}$$

如果目标相对其坐标系固定，则该矩阵为常数。

1）重力补偿PD控制

基于位置的视觉伺服可采用重力补偿PD控制实现，与应用于运动控制的方案相比，该控制方案需要做适当修改。

计算式(4.135)的时间导数，对该式的位置部分，有：

$$\dot{\boldsymbol{o}}_{d,c}^{d} = \dot{\boldsymbol{o}}_c^d - \dot{\boldsymbol{o}}_d^d = \boldsymbol{R}_d^{\mathrm{T}}\dot{\boldsymbol{o}}_c$$

而对方向部分，有：

$$\dot{\phi}_{d,c} = \boldsymbol{T}^{-1}(\phi_{d,c})\omega_{d,c}^{d} = \boldsymbol{T}^{-1}(\phi_{d,c})\boldsymbol{R}_d^{\mathrm{T}}\omega_c$$

为计算以上表达式，要考虑等式$\dot{o}_d^d=0$和$\omega_d^d=0$，注意o_d和R_d是常数。因此，$\dot{\tilde{x}}$的表达式为：

$$\dot{\tilde{x}} = -\boldsymbol{T}_A^{-1}(\phi_{d,c})\begin{bmatrix} \boldsymbol{R}_d^{\mathrm{T}} & \boldsymbol{O} \\ \boldsymbol{O} & \boldsymbol{R}_d^{\mathrm{T}} \end{bmatrix} v_c \tag{4.137}$$

因为末端执行器坐标系和相机坐标系重合，有以下等式成立：

$$\dot{\tilde{x}} = -\boldsymbol{J}_{A_d}(\boldsymbol{q},\tilde{\boldsymbol{x}})\dot{\boldsymbol{q}} \tag{4.138}$$

其中

$$\boldsymbol{J}_{A_d}(\boldsymbol{q},\tilde{\boldsymbol{x}}) = \boldsymbol{T}_A^{-1}(\phi_{d,c})\begin{bmatrix} \boldsymbol{R}_d^{\mathrm{T}} & \boldsymbol{O} \\ \boldsymbol{O} & \boldsymbol{R}_d^{\mathrm{T}} \end{bmatrix}\boldsymbol{J}(\boldsymbol{q}) \tag{4.139}$$

基于位置的视觉伺服的重力补偿PD类型表达式为：

$$\boldsymbol{u} = \boldsymbol{g}(\boldsymbol{q}) + \boldsymbol{J}_{A_d}^{\mathrm{T}}(\boldsymbol{q},\tilde{\boldsymbol{x}})(\boldsymbol{K}_P\tilde{\boldsymbol{x}} - \boldsymbol{K}_D\boldsymbol{J}_{A_d}(\boldsymbol{q},\tilde{\boldsymbol{x}})\dot{\boldsymbol{q}}) \tag{4.140}$$

在矩阵$\boldsymbol{K}_P$和$\boldsymbol{K}_D$对称且正定的假设条件下，可采用以下李雅普诺夫函数证明相应于$\tilde{x}=0$的平衡位姿的渐进稳定性。

注意要计算式(4.140)的控制律，需要用到$\boldsymbol{x}_{e,o}$的估计值和$\boldsymbol{q}$与$\dot{\boldsymbol{q}}$的测量值，而且导数项也要选为$-\boldsymbol{K}_D\dot{\boldsymbol{q}}$。

重力补偿PD类型的基于位置视觉伺服的方框图如图4.54所示。注意计算误差的求和框图和计算控制系统输出的求和框图只具有纯概念的意义，并不表示对物理量的代数加法计算。

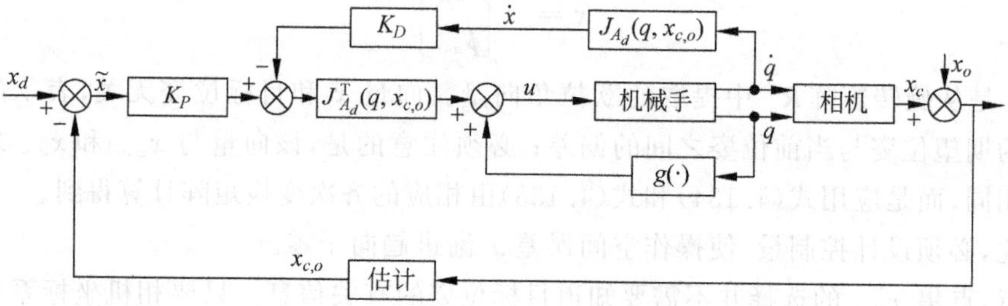

图 4.54 带重力补偿 PD 类型的基于位置视觉伺服系统方框图

2）速度分解控制

对由视觉测量得到的信息进行计算的频率低于或等于相机坐标系的频率，特别是对 CCD 相机，该频率值比机械手运动控制的典型频率至少低一个数量级。其结果是在数字化实现式(4.140)的控制律时，为了保证闭环系统稳定性，控制增益必须比用于运动控制的典型增益值低得多。因此闭环系统在收敛速度和抗干扰能力上的性能变得较差。

如果机械手在关节空间或操作空间配备了高增益运动控制器，则可以避免以上问题，忽略由机械手动力学和干扰引起的跟踪误差影响，被控机械手可被视为一个理想的位置装置。这意味着，在关节空间运动控制的情况下，有以下等式成立：

$$q(t) \approx q_r(t) \tag{4.141}$$

式中，$q_r(t)$是对关节变量施加的参考轨迹。

因此，通过在视觉测量的基础上计算轨迹 $q_r(t)$，可以实现视觉伺服，从而使式(4.135)的操作空间跟踪误差渐进到达零。

为实现该目的，方程(4.138)表明可选择以下的关节空间参考速度：

$$\dot{q}_r = \boldsymbol{J}_{A_d}^{-1}(q_r, \tilde{x})K\tilde{x} \tag{4.142}$$

用该式取代式(4.138)，根据式(4.141)，有以下线性方程：

$$\dot{\tilde{x}} + K\tilde{x} = 0 \tag{4.143}$$

对正定矩阵 K，上式意味着操作空间误差以指数形式渐进趋向于零，其收敛速度取决于矩阵 K 的特征值，特征值越大，收敛速度越快。

以上方案称作操作空间的速度分解控制(Resolved-velocity Control)，因为该方案基于操作空间误差计算速度 $\dot{q}_r$。轨迹 $\dot{q}_r(t)$通过简单积分由式(4.142)计算得到。

基于位置的视觉伺服的速度分解结构图如图 4.55 所示。同样在此情况下，方案中计算误差 $\tilde{x}$ 和计算输出的加法运算只是纯概念意义，并不对应物理量的代数加法计算。

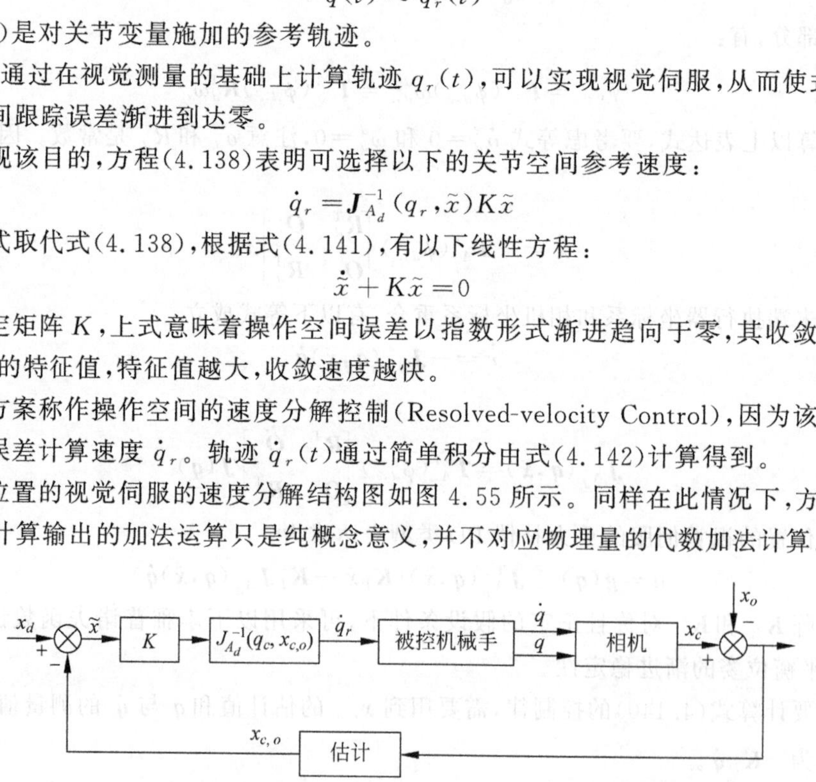

图 4.55 基于位置的速度分解视觉伺服系统方框图

注意 K 的选择会影响相机坐标系轨迹的动态特性,相机坐标系轨迹是微分方程(4.143)的解。如果 K 是对于位置分量具有相同增益的对角阵,相机坐标系的原点将沿着连接起点位置和期望位置的线段变化。另一方面,方向轨迹取决于欧拉角的特定选择以及方向误差,一般情况下更多取决于后者。相机轨迹的先验知识非常重要,因为运动中目标可能离开相机视野,从而使视觉测量不可用。

2. 基于图像的视觉伺服

如果目标相对于基坐标系固定,基于图像的视觉伺服可以通过要求目标特征参数向量具有与相机期望位姿相应的常数值 s_d 表示。这样就隐含地假定存在期望姿态 $x_{d,o}$,使得相机位姿属于机械手的灵活工作空间,以及

$$s_d = s(x_{d,o}) \tag{4.144}$$

而且假定 $x_{d,o}$ 是唯一的。为此,特征参数可选为目标上 n 点的坐标,对共面点(不含三点共线)有 $n \geqslant 4$,非共面点情况下有 $n \geqslant 6$。注意,如果操作空间维数 $m < 6$,如 SCARA 机械手情况一样,则可以减少点的数目。

交互矩阵 $\boldsymbol{L}_s(s, \boldsymbol{z}_c)$ 取决于变量 s 和 $\boldsymbol{z}_c$,$\boldsymbol{z}_c = [z_{c,1}, \cdots, z_{c,n}]^{\mathrm{T}}$,$z_{c,i}$ 为一般目标特征点的第三个坐标。

需要注意的是,任务直接以特征参量 s_d 的形式指定,而姿态 x_d, o 不必已知。实际上,当目标相对于相机处于期望姿态时,s_d 可通过测量特征参数进行计算。

在此必须设计控制律,以保证以下的图像空间误差渐进趋向于零。

$$e_s = s_d - s \tag{4.145}$$

1) 重力补偿 PD 控制

基于图像的视觉伺服可用重力补偿 PD 控制来实现,其中重力补偿定义在图像空间误差的基础上。

为此,考虑以下正定二次型的李雅普诺夫待选函数:

$$V(\dot{q}, e_s) = \frac{1}{2}\dot{q}^{\mathrm{T}} B(q) q + \frac{1}{2} e_s^{\mathrm{T}} \boldsymbol{K}_{Ps} e_s > 0 \quad \forall \dot{q}, e_s \neq 0 \tag{4.146}$$

其中,$\boldsymbol{K}_{Ps}$ 为对称正定$(k \times k)$矩阵。

计算式(4.146)的时间导数,并根据机械手关节空间动力学模型的性质得:

$$\dot{V} = -\dot{q}^{\mathrm{T}} F \dot{q} + \dot{q}^{\mathrm{T}}(u - g(q)) + \dot{e}_s^{\mathrm{T}} \boldsymbol{K}_{Ps} e_s \tag{4.147}$$

由于 $\dot{s}_d = 0$,且目标相对于基坐标系固定,得下式:

$$\dot{e}_s = -\dot{s} = -\boldsymbol{J}_L(s, z_c, q)\dot{q} \tag{4.148}$$

其中

$$\boldsymbol{J}_L(s, z_c, q) = \boldsymbol{L}_s(s, z_c)\begin{bmatrix} \boldsymbol{R}_c^{\mathrm{T}} & \boldsymbol{O} \\ \boldsymbol{O} & \boldsymbol{R}_c^{\mathrm{T}} \end{bmatrix} \boldsymbol{J}(q) \tag{4.149}$$

相机坐标系和末端执行器坐标系重合。

因此选择

$$u = g(q) + \boldsymbol{J}_L^{\mathrm{T}}(s, \boldsymbol{z}_c, q)(\boldsymbol{K}_{Ps} e_s - \boldsymbol{K}_{Ds}\boldsymbol{J}_L(s, z_c, q)\dot{q}) \tag{4.150}$$

其中,$\boldsymbol{K}_{Ds}$ 为对称正定$(k \times k)$矩阵,方程(4.147)变为:

$$\dot{V} = -\dot{q}^{\mathrm{T}} \boldsymbol{F} \dot{q} - \dot{q}^{\mathrm{T}} \boldsymbol{J}_L^{\mathrm{T}} \boldsymbol{K}_{Ds} \boldsymbol{J}_L \dot{q} \tag{4.151}$$

式(4.150)的控制律包含了关节空间中对重力的非线性补偿作用,以及图像空间中的线性 PD 作用。根据式(4.148),最后一项对应于图像空间的微分作用并增大了阻尼。所得方框图如图 4.56 所示。

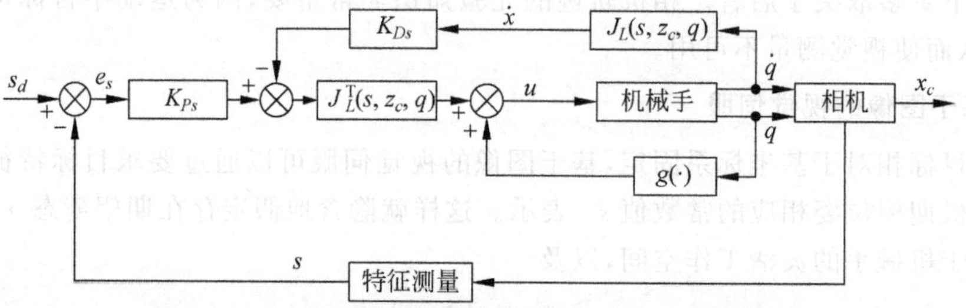

图 4.56 基于图像的视觉伺服的重力补偿 PD 类型方框图

若能直接测量 $\dot{s}$,可按 $-\boldsymbol{K}_{Ds}\dot{s}$ 计算微分项,但这种测量是不可行的。另一种选择是将微分项简单地设为 $-\boldsymbol{K}_D\dot{q}$,其中 $\boldsymbol{K}_D$ 为对称正定的 $(n\times n)$ 矩阵。

方程(4.151)表明对系统所有轨迹,李雅普诺夫函数都会减小,直至 $\dot{q}\neq 0$。这样系统就会到达下式描述的平衡状态:

$$\boldsymbol{J}_L^{\mathrm{T}}(s,z_c,q)\boldsymbol{K}_{Ps}e_s=0 \tag{4.152}$$

方程(4.152)和方程(4.149)表明,如果机械手的交互矩阵和几何雅可比矩阵均为满秩的,则 $e_s=0$,这正是要寻找的结果。

注意,式(4.150)的控制律不仅需要 s 的测量值,还需要向量 z_c 的计算值。在基于图像的视觉伺服理念下应避免计算 z_c。在一些应用中,例如相机相对目标的运动属于某一平面时,z_c 以足够的近似程度已知。另一种情况是 z_c 为常数或者可以被估计,例如在初始位形或在期望位形的值。这等价于应用了交互矩阵的估计值 $\hat{\boldsymbol{L}}_s$。不过,在这些情况下,稳定性的证明变得非常复杂。

2) 速度分节控制

速度分解控制的概念可以很容易地推广到图像空间中。这种情况下,假设矩阵 J_L 可逆,方程(4.148)表明可以按下式选择关节空间的参考速度:

$$\dot{q}_r=\boldsymbol{J}_L^{-1}(s,z_c,q_r)\boldsymbol{K}_s e_s \tag{4.153}$$

该控制律替代式(4.148)可得到如下的线性方程:

$$\dot{e}_s+\boldsymbol{K}_s e_s=0 \tag{4.154}$$

因此如果 $\boldsymbol{K}_s$ 为正定矩阵,方程(4.154)渐进稳定,误差 e_s 以指数形式渐进趋向于零,收敛速度取决于矩阵 $\boldsymbol{K}_s$ 的特征值。图像空间误差 e_s 收敛于零,保证了 $x_{e,o}$ 渐进收敛于期望位姿 $x_{d,o}$。

基于图像的视觉伺服的速度分解方框图如图 4.57 所示。

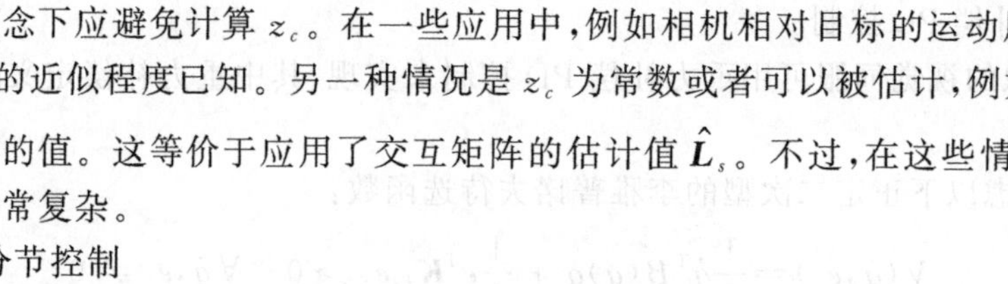

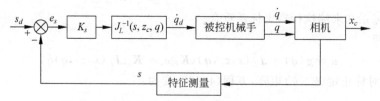

图 4.57 分解速度的基于图像视觉伺服系统方框图

注意，这种控制方式需要计算矩阵 $\boldsymbol{J}_L$ 的逆阵，因此受到该矩阵奇异性相关问题的影响。根据式(4.149)，该矩阵的奇异性问题既是几何雅可比矩阵的奇异性问题，又是交互矩阵的奇异性问题。其中最关键的是交互矩阵的奇异性，因为该矩阵取决于图像特征参数的选择。

因此，可以通过两个步骤来方便地计算式(4.153)的控制律。第一步是计算向量：

$$v_r^c = \boldsymbol{L}_s^{-1}(s, z_c)\boldsymbol{K}_s e_s \tag{4.155}$$

第二步是利用以下关系计算关节空间的参考速度：

$$\dot{q}_r = \boldsymbol{J}^{-1}(q)\begin{bmatrix}\boldsymbol{R}_c & \boldsymbol{O}\\ \boldsymbol{O} & \boldsymbol{R}_c\end{bmatrix} \tag{4.156}$$

与机械手的运动奇异性非常不同，采用特征参数的数目 k 大于最小需求 m 的方法，可以解决交互矩阵的奇异性问题。可以用交互矩阵 $\boldsymbol{L}_s$ 的左广义逆矩阵代替逆矩阵来修改控制律，即

$$v_r^c = (\boldsymbol{L}_s^{\mathrm{T}}\boldsymbol{L}_s)^{-1}\boldsymbol{L}_s^{\mathrm{T}}\boldsymbol{K}_s e_s \tag{4.157}$$

用式(4.157)替代式(4.155)。在式(4.156)和式(4.157)的控制律作用下，应用李雅普诺夫直接法，基于以下的正定函数可以证明闭环系统的稳定性：

$$V(e_s) + \frac{1}{2}e_s^{\mathrm{T}}\boldsymbol{K}_s e_s > \quad \forall e_s \neq 0 \tag{4.158}$$

计算该函数的时间导数，再结合式(4.148)、式(4.149)、式(4.156)、式(4.157)得：

$$\dot{V} = -e_s^{\mathrm{T}}\boldsymbol{K}_s\boldsymbol{L}_s(\boldsymbol{L}_s^{\mathrm{T}}\boldsymbol{L}_s)^{-1}\boldsymbol{L}_s^{\mathrm{T}}\boldsymbol{K}_s e_s \tag{4.159}$$

因为 $N(\boldsymbol{L}_s^{\mathrm{T}}) \neq \phi$，$\boldsymbol{L}_s^{\mathrm{T}}$ 为列数多于行数的矩阵，所以上式半负定。因此闭环系统稳定但并非渐进稳定。这意味着误差是有界的，但一些情况下，系统可在 $e_s \neq 0$ 和 $\boldsymbol{K}_s e_s \in N(\boldsymbol{L}_s^{\mathrm{T}})$ 时到达平衡状态。

另一个与控制律(4.155)或式(4.157)和式(4.156)实现有关的问题是在计算交互矩阵 $\boldsymbol{L}_s$ 时需要 z_c 的信息这一事实。该问题可用矩阵 $\hat{\boldsymbol{L}}_s^{-1}$(或广义逆矩阵)的估计值来解决。这种情况下，采用李雅普诺夫方法可以证明，只要矩阵 $\boldsymbol{L}_s\hat{\boldsymbol{L}}_s^{-1}$ 正定，控制方案的稳定性就能保持不变。注意到 z_c 是唯一取决于目标几何形状的信息。因此还可以看出，在只用一台相机的情况下，基于图像的视觉伺服不需要关于目标几何形状的确切信息。

矩阵 $\boldsymbol{K}_s$ 元素的选择影响到特征参数的轨迹，而特征参数是微分方程(4.154)的解。在特征点情况下，如果设置对角矩阵 $\boldsymbol{K}_s$ 的元素都相等，这些点在图像平面的投影将形成线段。而由于图像平面变量和操作空间变量之间的投影是非线性的，因此相应的相机运动难以被预测出来。

4.4　机器人传感器信息融合

机器人多传感器数据融合是把来自数个不同的传感器的观测数据进行综合，以提供对环境或有趣过程的一个鲁棒和完整的描述。数据融合在机器人学很多领域具有广泛的应用，如物体识别、环境地图创建和定位等。

这一节主要包含三个部分：方法、结构和应用。大多数现有的数据融合方法对观测和过程采用概率性描述，并使用贝叶斯定律将这些信息进行综合。本节调查了主要的概率模型和融合技术，包括了基于栅格的模型、卡尔曼滤波和连续蒙特卡罗技术。还简要介绍了非概率性数据融合方法。数据融合系统常常是集成了传感器设备、处理和融合算法的复杂系统。这一节从硬件和算法的角度提供了对数据融合结构的核心原理的概述。数据融合的应用在机器人学和潜在的如传感、估测和观测之类的核心问题里是无所不在的。我们介绍了两个典型案例的应用，使上述的这些特征显现出来：第一个例子描述了一个自动驾驶交通工具的导航和自我追踪；第二个例子描绘了地图创建和环境建模的应用。

数据融合的关键算法工具已经合理地建立起来了，但是，这些工具在机器人学的实际应用还在发展进化中。

4.4.1 机器人多传感器数据融合方法

在机器人学中应用最广泛的数据融合方法起源于统计学、预测学和控制等几个领域。但是，这些方法在机器人学中的应用具有几个独一无二的特征和难点。特别是，自动化是最常见的目标，而结果必须采用各种形式进行表示和解释，从而可以做出自主决策，例如，在识别和导航的应用。

在这一节，我们将介绍应用于机器人学中主要的数据融合方法。这些方法常基于概率统计方法，现在也的确被认为是所有机器人学应用里的标准途径。概率性的数据融合方法一般是基于贝叶斯定律进行先验和观测信息的综合。实际上，这可以采用以下途径进行实现：通过卡尔曼滤波和延伸卡尔曼滤波器；通过连续蒙特卡罗方法或通过概率函数密度预测方法的使用。我们将对每一种途径进行回顾。除了概率性方法外还有一些替代选择，包括了证据理论和间隔法。这些替代方法没有像之前那样广泛应用，但是它们还是具有一些独特的性质，而这些性质在一些特别问题的解决上具有优势。

多个传感器所获取的关于对象和环境全面、完整的信息，主要体现在融合算法上。多传感器信息融合也要靠各种具体的融合方法实现。目前多传感器数据融合虽然未形成完整的理论体系和有效的融合算法，但在不少应用领域根据各自的具体应用背景，已经提出了许多成熟并且有效的融合方法。

多传感器信息融合的常用方法可以分为以下四类：估计方法、分类方法、推理方法和人工智能方法，如图 4.58 所示。

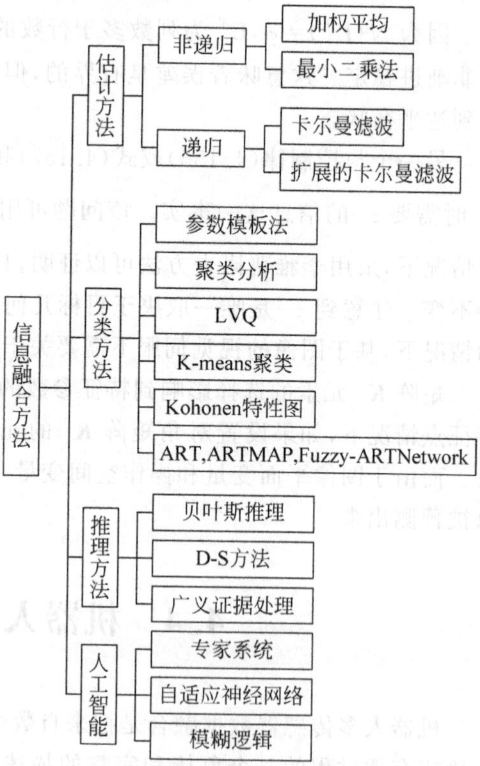

图 4.58 多传感器融合算法分类

1. 加权平均法

该方法是最简单、最实用的实时处理信息的融合方法，其实质是将来自各个传感器的冗余信息进行处理后，按照每个传感器所占的权值来进行加权平均，将得到的加权平均值作为融合的结果。该方法实时处理来自传感器的原始冗余信息，比较适合用于动态环境中，但使用该方法时必须先对系统与传感器进行细致的分析，以获得准确的权值。

2. 卡尔曼滤波法

卡尔曼滤波法主要用于融合低层次实时动态多传感器的冗余数据。该方法用测量模型的统计特性递推，决定统计意义下的最优融合数据估计。如果系统具有线性动力学模型，且系统与传感器噪声是高斯分布的白噪声，卡尔曼滤波则为融合数据提供一种统计意义下的最优估计。

卡尔曼滤波的递推特性使系统处理不需要大量的数据存储和计算。但是，采用单一的卡尔曼滤波器对多传感器组合系统进行数据统计时，存在很多严重的问题：一方面，在组合信息大量冗余的情况下，计算量将以滤波器维数的三次方剧增，实时性不能满足；另一方面，传感器子系统的增加使故障随之增加，在某一系统出现故障而没有来得及被检测出时，故障会污染整个系统，使可靠性降低。

3. 基于参数估计的信息融合方法

基于参数估计的信息融合方法主要包括最小二乘法、极大似然估计、贝叶斯估计和多贝叶斯估计。数理统计是一门成熟的学科，当传感器采用概率模型时，数理统计中的各种技术为传感器的信息融合提供了丰富内容。

极大似然估计是静态环境中多传感器信息融合的一种比较常用的方法，它将融合信息使似然函数达到极值的估计值。

贝叶斯估计为数据融合提供了一种手段，是融合静态环境中多传感器高层信息的常用方法。它使传感器信息依据概率原则进行组合，测量不确定性以条件概率表示，当传感器组的观测坐标一致时，可以直接对传感器的数据进行融合，但大多数情况下，传感器测量数据要以间接方式采用贝叶斯估计进行数据融合。

多贝叶斯估计将每一个传感器作为一个贝叶斯估计，将各个单独物体的关联概率分布合成一个联合的后验的概率分布函数，通过使用联合分布函数的似然函数为最大，提供多传感器信息的最终融合值。融合信息与环境的一个先验模型提供整个环境的一个特征描述。基于参数估计的信息融合法作为多传感器信息的定量融合非常合适。

4. 产生式规则

产生式规则采用符号表示目标特征和相应传感器信息之间的联系，与每一个规则相联系的置信因子表示它的不确定性程度。当在同一个逻辑推理过程中，两个或多个规则形成联合规则时，可以产生融合。应用产生式规则进行融合的主要问题是每条规则的置信因子与系统中其他规则的置信因子相关，这使得系统的条件改变时，修改相对困难，如果系统中引入新的传感器，需要加入相应的附加规则。

5. 模糊逻辑推理

多传感器系统中，各信息源提供的环境信息都具有一定程度的不确定性，对这些不确定信息融合过程实质上是一个不确定性推理过程。模糊逻辑是多值逻辑，通过指定一个 0～1 的实数表示真实度，相当于隐含算子的前提，允许将多个传感器信息融合过程中的不确定性直接表示在推理过程中。如果采用某种系统化的方法对融合过程中的不确定性进行推理建模，则可以产生一致性模糊推理。

模糊逻辑推理与概率统计方法相比，存在许多优点，它在一定程度上克服了概率论所面临的问题，对信息的表示和处理也更加接近人类的思维方式。它一般比较适合于高层次的应用(如决策)，但是，逻辑推理本身还不够成熟和系统化。此外，由于逻辑推理对信息的描述存在很大的主观因素，所以，信息的表示和处理缺乏客观性。

6. 神经网络

神经网络具有很强的容错性以及自学习、自组织及自适应能力，能够模拟复杂的非线性映射。神经网络的这些特性和强大的非线性处理能力，恰好满足了多传感器数据融合技术处理的要求。在多传感器系统中，各信息源所提供的环境信息都具有一定程度的不确定性，对这些不确定信息的融合过程实际上是一个不确定性推理过程。

神经网络根据样本的相似性，通过网络权值表述在融合的结构中，首先通过神经网络特定的学习算法获得知识，得到不确定性推理机制，然后根据这一机制进行融合和再学习。神经网络的结构本质上是并行的，这为神经网络在多传感器信息融合中的应用提供了良好的前景。基于神经网络的多信息融合具有以下特点：

(1) 具有统一的内部知识表示形式，并建立基于规则和形式的知识库；
(2) 神经网络的大规模并行处理信息能力，使系统的处理速度很快；
(3) 能够将不确定的复杂环境通过学习转化为系统理解的形式；
(4) 利用外部信息，便于实现知识的自动获得和并行联想推理。

常用的信息融合方法及特征比较，如表 4.3 所示。通常使用的方法依具体的应用而定，并且由于各种方法之间的互补性，实际上，我们常将两种或两种以上的方法进行多传感器信息融合。

表 4.3 常用的信息融合方法及特征比较

融合方法	运行环境	信息类型	信息表示	不确定性	融合技术	适用范围
加权平均	动态	冗余	原始读数值		加权平均	低层数据融合
卡尔曼滤波	动态	冗余	概率分布	高斯噪声	系统模型滤波	低层数据融合
贝叶斯估计	静态	冗余	概率分布	高斯噪声	贝叶斯估计	高层数据融合
统计决策理论	静态	冗余	概率分布	高斯噪声	极值决策	高层数据融合
证据推理	静态	冗余互补	命题		逻辑推理	高层数据融合
模糊推理	静态	冗余互补	命题	隶属度	逻辑推理	高层数据融合
神经网络	动/静态	冗余互补	神经元输入	学习误差	神经元网络	低/高层
产生式规则	动/静态	冗余互补	命题	置信因子	逻辑推理	高层数据融合

4.4.2 机器人多传感器融合的应用实例

多传感器融合系统已经广泛地应用于机器人学的各种问题中，但是应用最广泛的两个区域是动态系统控制和环境建模，尽管有重合，可将它们一般性地总结为：

1) 动态系统控制

此问题是利用合适的模型和传感器控制一个动态系统的状态，如工业机器人、移动机器人、自动驾驶交通工具和医疗机器人等。通常此类系统包含转向、加速和行为选择等的实时反馈控制环路。除了状态预测，不确定性的模型也是必需的。传感器可能包括力/力矩传感器、陀螺仪、全球定位系统(GPS)、里程计、视觉照相机和距离探测仪等。

2) 环境建模

此问题是利用合适的传感器以构造物理环境某个方面的一个模型。这可能是一个特别的问题，如杯子；可能是个物理部分，如一张人脸；或是周围事物的一大片部位，如一栋建筑物的内部环境、城市的一部分或一片延伸的遥远或地下区域。典型的传感器包括摄像头、雷达、三维距离探测仪、红外传感器(IR)、触觉传感器和探针(CMM)等。结果通常表示为几何特征(点、线、面)、物理特征(洞、沟槽、角落等)，或是物理属性。一部分问题包括最佳的传感器位置的决定。

下面通过多传感器信息融合在移动机器人导航中的应用作为举例。

对于一个移动机器人，尤其是对应用于家庭或者一些公共场所的服务机器人而言，它们所面临的工作环境充斥着大量的动态的不确定的环境因素，并且机器人随时都有可能根据环境的变化去完成相应的任务。因此，机器人导航系统的设计和实现，必须将它们工作环境中的特殊因素考虑进去。机器人导航系统的设计是为了让机器人完成不同的任务，因此任务规划模块和导航系统的设计有密切的联系。

(1) 模块化软件设计。智能移动机器人中拥有大量的传感器节点和电动机驱动器节点，同时要完成不少的功能。在设计阶段，如何对每个功能进行分解，确定正确的时间关系，分配空间资源等问题，都会对整个系统的稳定性造成直接影响。同时，设计过程还应该保证系统具有一定的开放性，确保系统可以在多种行业得到应用，并且能够满足技术更新、新算法验证和功能添加等要求。因此，体系结构是整个机器人系统的基础，它决定着系统的整体功能性和稳定性，合理的体系结构设计是保证整个机器人系统高效运行和高可扩展性的关键所在。

为了满足移动机器人高效可靠运行的需要，必须满足下列条件。

① 实时性。所谓"实时性"是指系统能够在一定时间内，快速地完成对整个事件的处理，并且完成对电动机的控制。

② 可靠性。所谓"可靠性"是指系统能够在长时间内稳定运行，以及一旦发生故障后如何找到故障并解决故障的能力。因此，为了提高系统的可靠性，系统设计时应考虑在整个运行过程中，电动机可能出现的如超速、堵转等一切异常情况。

③ 模块化。因机器人本身的空间有限，所以我们对机器人控制系统的设计要尽可能地越小越好，越轻越好，并且将各个单元之间进行明确的分工，形成模块化系统，每个模块都保持着相对的独立性。

④ 开放性。另外，为了方便以后对控制系统进行改进和优化，并且满足系统多平台之间的移植，这就要求系统具有更高的开放性，同时系统需要具备良好的人机交互接口，满足多模态人机交互的需求。

设计的导航系统软件结构如图 4.59 所示，整个导航系统软件分为感知模块、环境建模模块、定位模块与规划模块四个部分。

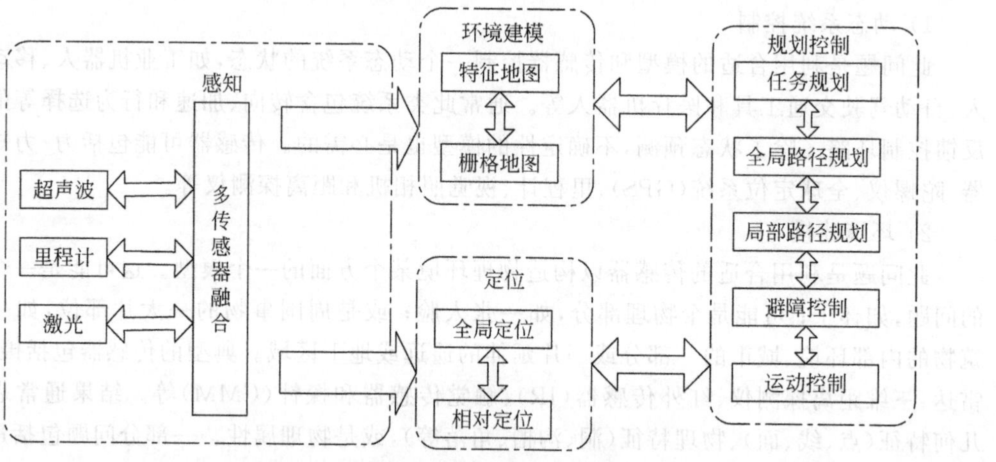

图 4.59 移动机器人导航系统软件结构

① 感知模块。感知模块通过传感器采集卡或者 USB 和端口将各个传感器的数据采集并且融合，生成环境感知模块和定位模块需要的数据，并将它们分别传递给对应的模块。

② 环境建模模块。环境建模模块收到感知模块传递的数据，它需要将这些数据分别生成能够适合路径规划的合格地图和适合定位的特征地图。

采用最小二乘法拟合直线，将得到的数据转化成机器人当前扫描到的局部特征地图，并对全局特征地图进行更新；同时将得到的地图栅格化，以便于进行路径规划。

③ 定位模块。对于典型的双轮差分驱动方式的移动机器人来说，采用里程计航位推算的方法对机器人的位姿进行累加，得到相对定位信息，然后通过对路标的特征匹配来更正机器人的位姿。

④ 规划模块。规划模块按照功能不同可以分为全局路径规划和局部路径规划两个子模块。全局路径规划模块采用基于栅格地图的 A^* 搜索算法，并通过 A^* 搜索算法得到一条从起始点到目标点的最优路径。在全局路径规划中，只考虑如何得到这条最优路径，机器人如何沿着这条轨迹运动以及动态的实时避障问题将在局部路径规划模块中解决。因此，为了提高 A^* 算法的效率，在全局地图范围已知的情况下，我们通过增加栅格粒度的大小来降低栅格的数量，从而降低了 A^* 算法的搜索时间，提高了该算法的效率，在实验中，如果在全局路径规划中考虑机器人的运动轨迹以及动态避障，栅格将会设为 10cm 或者更小。将机器人的运动轨迹以及动态避障问题放在局部路径规划中处理，这样就可以将栅格的大小设为 50cm，从而极大地降低了地图的存储空间以及算法的规划时间。

局部路径规划模块采用基于改进的人工势场法的路径规划方法，这种算法的优势在于它具有很好的实时性，非常适合在动态环境中的路径规划；但它的缺点也很明显，缺少全局信息的宏观指导，容易产生局部最小点。通过全局路径规划模块中 A^* 算法规划出一条子目标节点序列，并将这条子目标节点序列作为局部路径规划的全局指导信息，以引导局部路径规划模块进行运动控制。这样就能避免人工势场法在路径规划中存在的缺陷，并且最终实现了在全局意义上最优的路径规划。

(2) 移动机器人导航系统在实际中的应用。在上述导航系统设计的基础上，开发了一种具有多目标点路径规划功能的移动机器人。多目标点路径规划功能实现的流程图如图 4.60 所示。

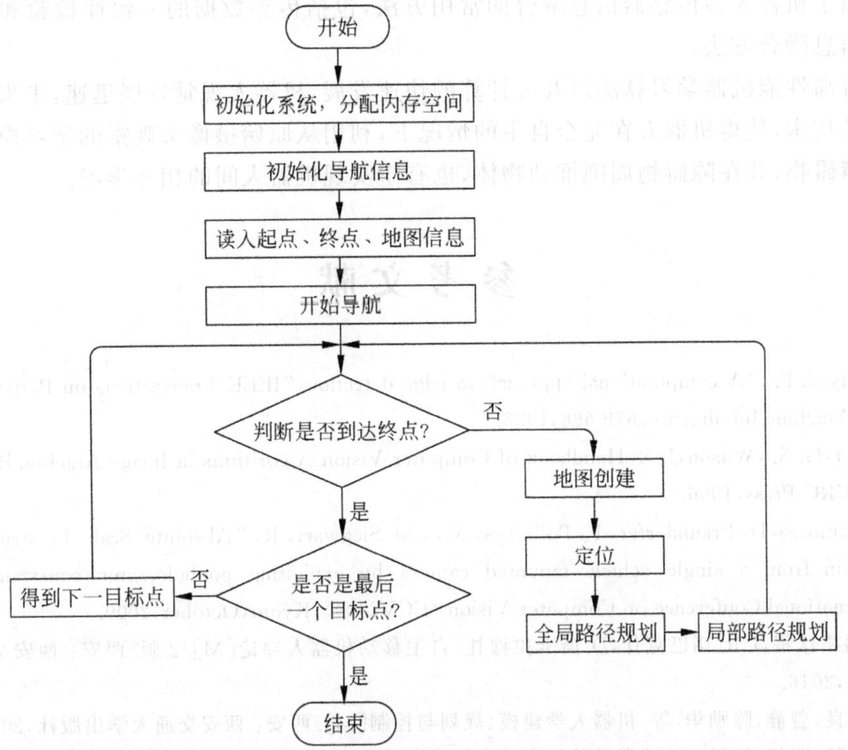

图 4.60　多目标点路径规划功能实现流程图

此方法首先对导航系统进行初始化，并且为每个模块分配内存空间。然后，将地图、起点以及一组目标点的信息导入系统中。从目标点数组中取出第一个目标点，按照上述导航系统控制机器人运动。当机器人到达目标的时候，判断当前目标点是否为最后一个目标点。如果是最后一个目标点，则导航任务结束；否则，重复上述的过程，直到是最后一个目标点为止。

代表性的大规模范例包括智能性的交通工具和公路系统，也包括诸如城市之类的应用环境。而生物原理可能为密集、重复、相关和嘈杂的传感器的开发提供截然不同的途径，特别是被考虑到作为 Gibbsian 结构的一部分，以作为应对环境刺激的行为响应。另一方面是对传感器系统理论理解的开发，该理解针对系统开发、适应性和系统配置中针对特别背景的学习。开发新的理论、系统和应用的坚实基础已经存在了。假以时日，机器人多传感器融合将是一个生机勃勃的研究领域。

本章小结

本章面向机器人传感器与视觉系统，首先介绍了机器人常用的传感器，包括内部传感器及外部传感器；其次介绍了应用机器人系统周围环境性信息的视觉控制，讨论了机器人图像处理、机器人视觉技术、机器人手眼标定以及视觉测量；获得了周围环境信息后，接下来介绍了两种主要的机器人视觉伺服方法，即基于位置的视觉伺服和基于图像的视觉伺服；

最后介绍了机器人多传感器信息融合的常用方法，包括传感数据的一致性检验和基于参数估计的信息融合方法。

随着高性能机器学习算法以及云计算的快速发展，机器人视觉发展迅速，未来可以运用视觉预见技术，使得机器人在完全自主的情况下，利用从原始摄像头观察的学习模型自学如何避开障碍物，并在障碍物周围推动物体，也有望实现机器人间的相互学习。

参考文献

[1] Canny, J. F., "A computational approach to edge detection," IEEE Transactions on Pattern Analysis and Machine Intelligence, 679-698, 1986.

[2] Ritter, G. X., Wilson, J. N, Handbook of Computer Vision Algorithms in Image Algebra. Boca Raton, FL, CRC Press, 1996.

[3] Scaramuzza, D, Fraundorfer, F, Pollefeys, M, and Siegwart, R, "Absolute Scale in structure from motion from a single vehicle mounted camera by exploiting nonholonomic constraints," IEEE International Conference on Computer Vision (CCV2009), Kyoto, October, 2009.

[4] R. 西格沃特，I. R. 诺巴克什，D. 斯卡拉穆扎. 自主移动机器人导论[M]. 2 版. 西安：西安交通大学出版社，2016.

[5] 张国良，曾静，陈励华，等. 机器人学建模、规划与控制[M]. 西安：西安交通大学出版社，2015.

[6] 郭彤颖，张辉. 机器人传感器及其信息融合技术[M]. 北京：化学工业出版社，2017.

[7] 徐德，谭民，李原. 机器人视觉测量与控制[M]. 北京：国防工业出版社，2011.

[8] V Braitenberg：Vehicles：Experiments in Synthetic Psychology(MIT Press, Cambridge 1984).

[9] r. a. Brooks：A robust layered control system for a mobile robot, IEEE Trans. Robot, Autom. 2(1), 14-23(986).

[10] k. p. Valavanis, A L. Nelson, L. Doitsidis, M. Long r. r. Murphy：Validation of a distributed field robot architecture integrated with a matlab based control theoretic environment：A case study of fuzzy logic based robot navigation, CRASAR 25(University of South Florida, Tampa 2004).

[11] r. r. Murphy：Introduction to Al Robotics(MIT Press, Cambridge 2000).

[12] b. a. Draper, a. r. Hanson, S. Buluswar, E M. Rise man：Information acquisition and fusion in the mobile perception laboratory, Proc. SPIE-Signal Processing, Sensor Fusion, and Target Recognition v, vol. 2059(1996) pp. 175-187.

[13] S Nagata, M. Sekiguchi, K Asakawa：Mobile robot control by a structured hierarchical neural network, IEEE Control Syst. Mag. 10(3), 69-76(1990).

[14] M. pachter, P. Chandler：Challenges of autonomous control, IEEE Control Syst. Mag. 18(4), 92-97 (1998).

[15] V. berge-cherfaoui, B. Vachon：Dynamic configuration of mobile robot perceptual system, Proc. IEEE Conference on Multisensor Fusion and Integration for Intelligent Systems, Las Vegas (1994).

[16] A. Makarenko, A. Brooks, S. Williams, H. Durrant-Whyte, B. Grocholsky：A decentralized architecture for active sensor networks, proc. IEEE Int. Conf. Robot. Autom. New Orleans (2004)pp1097-1102.

[17] NISTER D, NARODITSKY O, BERGEN J. Visual odometry [C]//Proceedings of the 2004 IEEE Computer Society Conference on Computer Vision and Pattern Recognition. Piscataway, NJ：IEEE Press, 2004：652-659.

思考题与练习题

思考题

1. 常用的机器人传感器有哪些？

2. 机器人视觉与计算机视觉有什么不同？

3. 机器人视觉系统一般由哪几部分组成？试详细论述之。

4. 认定市场上一个指定的基于数字的 CMOS 摄像机。利用该摄像机的产品说明书，收集并计算下面的值，证明你的推导：

(1) 动态范围；

(2) 分辨率；

(3) 带宽。

练习题

1. 考虑一个全向机器人，它具有一环 8 个 70kHz 的声呐传感器，顺序地发射机器人能够以 50cm/s^2 加速和减速。机器人在环境中移动，该环境充满声呐可检测的固定(不动的)障碍物，障碍物只能在 5m 和更近距离内可测。给定声呐传感器带宽，计算机器人最大速度，确保无碰撞。

2. 对以下的条件：指定 b，设计一个具有最好可能分辨率的光学三角测量(剖析)系统。

(1) 在 2m 范围内，系统必须具有 1cm 灵敏度；

(2) PSD 有 0.1mm 灵敏度；

(3) $f=10$cm。

3. 求解由方程 $\lambda_l \tilde{p}_l = A_l [I|0] \tilde{p}_w$(左边摄像机)和方程 $\lambda_r \tilde{p}_r = A_r [R|t] \tilde{p}_w$(右边摄像机)给定的系统，并寻找最优点$(x,y,z)$，它使穿过 $\tilde{p}_l$ 和 $\tilde{p}_r$ 的光线之间的距离最小。为此，注意到，这两个方程定义了 3D 空间中截然不同的两条直线。问题在于，将这两个方程重写为这两条直线的 3D 点之间的差分方程。然后，使其相对于 λ_l 和 λ_r 的距离的偏导等于零。由此，可得到沿着这两条直线彼此之间最小距离的两个点。最后，找到最优点(x,y,z)为这些点的中点。

4. 从头开始，实现一个基本的双视运动结构(SFM)算法。

(1) 用 MATLAB 实现基本的 Harris 角检测器。

(2) 以不同的视点，拍摄同一场景的两个图像。

(3) 用 SSD 提取和匹配 Harris。

(4) 实施 8 点算法，计算本质矩阵。

(5) 从本质矩阵，计算一定尺度的旋转矩阵和平移向量。使用相机前约束消除 4 个解的歧义。

思考题与练习题参考答案

思考题

1. 答：机器人依赖传感器感知自身的状态和外部环境：机器人的内部传感器用来感知各部分相对于自身的坐标系的状态——位移、位置、速度、加速度、力和应力等；机器人的外部传感器用来感知外部环境和对象的状况——机器人自身在外部坐标系的位移位置等运动参数，对象的形状位置障碍情况。

(1) 机器人常用的内部传感器有位移传感器、角度传感器和姿态传感器等。

常见的位移传感器包括直线移动传感器和角转动传感器，典型的位移传感器是电位计，由一个线绕电阻或薄膜电阻和一个滑动触点组成。常用的角度传感器是旋转编码器，把作为连续输入的轴的旋转角度同时进行离散化和量化处理后予以输出。姿态传感器是用来检测机器人与地面相对关系的传感器，典型的姿态传感器是陀螺仪，其原理是一个旋转物体的旋转轴所指的方向在不受外力影响时，是不会改变的。

(2) 广义而言，机器人外部传感器是具有类似于人类五官感知能力的传感器。常用的外部传感器包括视觉传感器、激光传感器、超声传感器、红外传感器、力觉传感器、触觉传感器和压力传感器等。

视觉传感器是指利用光学元件和成像装置获取外部环境图像信息的传感器，通常用图像分辨率来描述视觉传感器的性能；常用的视觉传感器包括 PSD、CCD 和 CMOS 等。激光传感器是利用激光进行距离和运动测量的传感器，通常由激光发生器、检测器和测量电路组成，借助 TOF 原理完成距离计算；常用的激光传感器包括单线/多线激光雷达、激光跟踪仪等。超声传感器是将超声波信号转换成其他能量信号(通常是电信号)的传感器。超声波是振动频率高于 20kHz 的机械波，具有频率高、波长短等特点，对液体、固体的探测效果好。

红外传感器是利用红外线将目标辐射转换成电信号的传感器，常见应用包括无接触温度测量、红外成像、主动红外测距(部分深度相机)等。力觉传感器实现对机器人的指、肢和关节等运动中所受力的感知，主要包括腕力、关节力、指力和支座力传感器，是机器人重要的传感器之一；力觉传感器主要使用的元件是电阻应变片。触觉传感器分为阵列式和非阵列式，阵列式触觉传感器用来辨识接触面的轮廓，非阵列式触觉传感器用来感知信号的有无。压力传感器用于握力控制与手的支撑力检测，实际是接触觉的延伸。

2. 答：(1) 计算机视觉偏重于深度学习并且偏向软件，机器人视觉偏重于特征识别同时对硬件方面要求也比较高，不过随着对智能识别要求越来越快的发展，这两个方向将互相渗透互相融合，区别也仅仅限于应用领域不同而已。

(2) 技术要求的侧重点不一样：计算机视觉，主要是对质的分析，比如分类识别。机器人视觉，主要侧重对量的分析，比如通过视觉去估计相机运动、测量零件的直径，一般来说，对准确度要求很高。

(3) 应用场景不一样：计算机视觉的应用场景相对复杂，要识别的物体类型也多，形状不规则，规律性不强。机器人视觉尤其是应用于工业机器人领域的视觉，则刚好相反，场景相对简单固定，识别的类型少(在同一个应用中)，规则且有规律，但对准确度，处理速度要求都比较高。

(4) 速度要求不一样：一般机器人视觉的实时性要求高于计算机视觉，处理速度很关键。

3. 答：(1)景物和距离传感器，常用的有 CCD、CMOS 图像传感器\超声波传感器和结构光设备等；

(2) 信号传输数字化设备，将摄像机或者 CCD、CMOS 输出的信号转换成方便计算和分析的数字信号；

(3) 视频信号处理器，视频信号实时、快速、并行算法的硬件实现设备，如 DSP 系统；

(4) 控制器及其设备，根据系统的需要可选用不同的控制器/工控机及其外设，以满足机器人视觉信息处理及其机器人控制的需要；

(5) 机器人或机械手及其控制器。

4. 答：具体型号请读者自行决定。基于 CCD 和 CMOS 图像传感器的数字相机，比如单反、专业摄像机、工业相机等已经广泛应用于等商业和工业领域。动态范围(Dynamic Range)表征设备对拍摄场景中景物光照反射强度的适应能力，常用亮暗程度的比值或对数表示，一定程度上影响了图像的丰富度。分辨率(Resolution)与图像、视频质量、清晰度息息相关，也间接决定了所需的存储空间大小。带宽(Bandwidth)是视觉传感器选型的重要指标，设备带宽应足够多路视频传输的实际需要，应多加注意。

练习题

1. 答：假定超声波在本题空气中传输速度是 340m/s，可知一个传感器测得障碍物距离公式为：$d=\frac{vt}{2}$，d 即为测得障碍物的距离，v 为超声波传播速度，t 为所需时间。

已知 $d=5\text{m}$，计算可得 $t=\frac{1}{34}\text{s}$

又因为全向机器人一环共 8 个声呐传感器顺序发射声波，所以时间为$\frac{8}{34}\text{s}$。

又 $v=at$，$a=0.5\text{m/s}^2$，得出最大速度 $v=\frac{2}{17}\text{m/s}$。

2. 答：

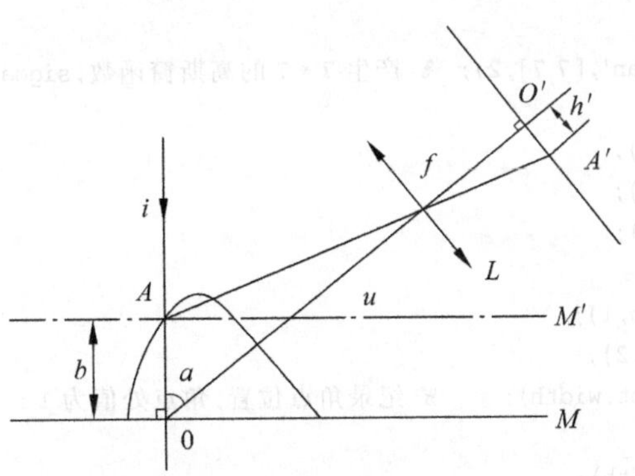

图 4.61　测量原理简图

由图 4.61 可得：

$$b=\frac{uh'}{f\sin\alpha+h'\cos\alpha}$$

据题意，代入 $b=0.01\text{m}$，$u=2\text{m}$，$h'=0.0001\text{m}$，$f=0.1\text{m}$，解得 $\alpha=0.2024°$。

3. 提示：可以注意到，这两个方程定义了三维空间中截然不同的两条直线。解决问题的关键在于将这两个方程重写成为这两条直线的三维点之间的差分方程。然后，使其相对于 λ_l 和 λ_y 的距离的偏导等于零。由此，可得到沿着这两条直线，彼此之间最小距离的两个点。最终可以找到最优点 (x,y,z) 为这些点的中点。

4. 答：(1)

```
%%%%%%%%%%%%%%%%%%%%%%%%%%%%%%%%%%%%%%%%%%%%%%
Harris 角点检测算法 Matlab
%%%%%%%%%%%%%%%%%%%%%%%%%%%%%%%%%%%%%%%%%%%%%%
clear all; clc;tic;

ori_im = imread('1.jpg');                 % 读取图像

if(size(ori_im,3) == 3)
    ori_im = rgb2gray(uint8(ori_im)); %转为灰度图像
end

 % fx = [5 0 -5;8 0 -8;5 0 -5]; % 高斯函数一阶微分,x 方向(用于改进的 Harris 角点提取算法)
fx = [-2 -1 0 1 2];                    % x 方向梯度算子(用于 Harris 角点提取算法)
Ix = filter2(fx,ori_im);               % x 方向滤波
 % fy = [5 8 5;0 0 0;-5 -8 -5]; % 高斯函数一阶微分,y 方向(用于改进的 Harris 角点提取算法)
fy = [-2;-1;0;1;2];                    % y 方向梯度算子(用于 Harris 角点提取算法)
Iy = filter2(fy,ori_im);               % y 方向滤波
Ix2 = Ix.^2;
Iy2 = Iy.^2;
Ixy = Ix.*Iy;
clear Ix;
clear Iy;

h= fspecial('gaussian',[7 7],2);  % 产生 7*7 的高斯窗函数,sigma=2

Ix2 = filter2(h,Ix2);
Iy2 = filter2(h,Iy2);
Ixy = filter2(h,Ixy);

height = size(ori_im,1);
width = size(ori_im,2);
result = zeros(height,width);      % 纪录角点位置,角点处值为 1

R = zeros(height,width);
for i = 1:height
    for j = 1:width
        M = [Ix2(i,j) Ixy(i,j);Ixy(i,j) Iy2(i,j)];    % auto correlation matrix
```

```
        R(i,j) = det(M) - 0.06 * (trace(M))^2;
    end
end
cnt = 0;
for i = 2:height - 1
    for j = 2:width - 1
        % 进行非极大抑制,窗口大小 3 * 3
        if R(i,j) > R(i - 1,j - 1) && R(i,j) > R(i - 1,j) && R(i,j) > R(i - 1,j + 1) && R(i,j) >
R(i,j - 1) && R(i,j) > R(i,j + 1) && R(i,j) > R(i + 1,j - 1) && R(i,j) > R(i + 1,j) && R(i,j) >
R(i + 1,j + 1)
            result(i,j) = 1;
            cnt = cnt + 1;
        end
    end
end
Rsort = zeros(cnt,1);
[posr, posc] = find(result == 1);
for i = 1:cnt
    Rsort(i) = R(posr(i),posc(i));
end
[Rsort,ix] = sort(Rsort,1);
Rsort = flipud(Rsort);
ix = flipud(ix);
ps = 100;
posr2 = zeros(ps,1);
posc2 = zeros(ps,1);
for i = 1:ps
    posr2(i) = posr(ix(i));
    posc2(i) = posc(ix(i));
end

imshow(ori_im);
hold on;
plot(posc2,posr2,'g + ');

toc;
```

(2) 略。

(3) 调用 MATLAB 自带的函数,需要安装相关工具箱,读者也可尝试自行实现

```
clc;clear;close all;

img1 = imread('figure3.jpg');
img2 = imread('figure4.jpg');
img1_gray = rgb2gray(img1);
img2_gray = rgb2gray(img2);
corners1 = detectHarrisFeatures(img1_gray);
corners2 = detectHarrisFeatures(img2_gray);
[features1, corners1] = extractFeatures(img1_gray, corners1);
```

```
[features2, corners2] = extractFeatures(img2_gray, corners2);
boxPairs = matchFeatures(features1, features2);
matched1 = corners1(boxPairs(:, 1), :);
matched2 = corners2(boxPairs(:, 2), :);
showMatchedFeatures(img1, img2, matched1,matched2, 'montage');
```

(4) 归一化 8 点算法，给定 $n\geqslant 8$ 组的对应点 $\{\boldsymbol{x}_i\leftrightarrow\boldsymbol{x}_i'\}$，确定本质矩阵 $\boldsymbol{F}$ 使得 $\boldsymbol{x}_i'\boldsymbol{F}\boldsymbol{x}_i=0$

算法步骤：

- 归一化：根据 $\boldsymbol{x}_i=\boldsymbol{T}\boldsymbol{x}_i$、$\boldsymbol{x}_i'=\boldsymbol{T}'\boldsymbol{x}_i'$，变换图像坐标。其中 $\boldsymbol{T}'$、$\boldsymbol{T}$ 是由平移和缩放组成的归一化变换。
- 求解对应匹配的本质矩阵 $\boldsymbol{F}'$

  i. 求线性解：由对应点集 $\{\boldsymbol{x}_i\leftrightarrow\boldsymbol{x}_i'\}$ 的系数矩阵 $\boldsymbol{A}$，得到最小奇异值的奇异矢量得到 $\boldsymbol{F}$。

  ii. 奇异性约束：用 *SVD* 对 F 进行分解，令其最小奇异值为 0，得到 $\boldsymbol{F}'$，使 $\det(\boldsymbol{F}')=0$。
- 解除归一化：令 $\boldsymbol{F}=\boldsymbol{T}'^{\mathrm{T}}\boldsymbol{F}'\boldsymbol{T}$。矩阵 F 即为本质矩阵(归一化坐标下的基本矩阵)。

(5) 略。

第5章　机器人规划与人机交互

本章主要介绍任务规划、运动规划、路径规划和人机交互等内容。

机器人得到的任务有时是复杂的，无法一步解决，而任务规划的目的就是将某些比较复杂的问题分解为一些比较小的问题，并进一步分解为机器人可执行的动作。本章介绍了任务规划的作用、问题分解途径、规划域的预测、规划的修正以及机器人规划系统的任务与方法。

在实际应用中，机器人工作空间大多存在障碍物，因此必须考虑机器人执行任务和操作作业时的避碰问题，这称为运动规划。对于运动规划问题，机器人机械手和移动机器人都可采用位形空间的概念，采用有效方式进行公式化表示；其求解技术本质上是算数技术，包括确定性方法、随机性方法和启发式方法。本章第5.2节介绍了典型的机器人运动规划方法。

机器人轨迹规划属于机器人底层规划，将介绍在关节空间和工作空间中机器人运动轨迹和轨迹生成方法。所谓轨迹，是指机械手在运动过程中的位移、速度和加速度等项目。例如，在机器人搬运材料的任务中，操作人员只需要指定抓取和放下目标的位置（点对点运动）就可以了，而在加工任务中，末端执行器必须遵循一条期望轨迹（路径运动）。轨迹规划的目的是从对期望运动的简明描述出发，生成相关变量（关节或末端执行器）的时间律，作为运动控制系统的参考输入，以确保机械手完成规划的轨迹。

在机器人规划过程中，任务大多是由人进行下达的。人对机器人下达任务则涉及人与机器人交互的问题。人与机器人的交互（HRI）是和人与计算机的交互（HCI）的发展分不开的。本章5.2节将对现阶段人与机器人的交互方式进行介绍，包括基于人机界面交互的示教盒示教系统以及快速发展的语音交互、视觉交互、脑机接口等新型交互方式。

5.1　机器人任务规划

任务规划是一种重要的问题求解技术，它从某个特定的问题状态出发，寻求一系列的机器人行为动作，并建立一个操作序列，直到求得目标状态为止。机器人规划（Robot Planning）是机器人学的一个重要研究领域；智能化程度越高，规划的层数越多，用户操作越简单。一般的工业机器人，以轨迹规划为主，高层的规划由人工示教或者智能控制算法完成。服务机器人轨迹规划和高层规划都需要自己完成。

5.1.1　任务规划的作用与问题分解

1. 任务规划的概念及作用

在日常生活中，机器人任务规划决定了需要在行动之前决定行动的进程，规划指的是机器人在执行一个任务指令或问题求解程序中的任何一步之前，设计该程序相关步骤的过程。一般一个任务规划是一个行动过程的描述，规划意味着在行动之前决定行动的过程，可用来监控问题的求解过程，并能够在造成较大的危害之前发现错误。

2. 问题分解途径及方法

把某些复杂的问题分解为一些较小的子问题的思想，使应用规划方法求解问题在实际上成为可能。有以下两种实现分解的途径：

(1) 当从一个问题状态移动到下一个状态时，无须计算整个新的状态，而只要考虑状态中可能变化了的部分。例如，一个家庭服务机器人从卧室走动到客厅或厨房，这并不改变两个房屋内门窗的位置。当环境或路径等状态的复杂程度提高时，研究如何决定哪些事物是变化的以及哪些是不变的问题，就显得越来越重要。

(2) 把单一的困难问题分割为若干个较为容易解决的子问题，这种分解能够使困难问题的求解变得容易。但有时候，这种分解是不可行的。替代的方法是，把许多问题看成是待分解的问题，即被分割为只有少量互作用的子问题。

3. 域的预测和规划的修正

任务规划的成功取决于问题的另一个方面，即问题论域的可预测性。如果通过在实际上执行某个操作序列以寻找问题的解答，那么在这个过程的任何一步都能够确信该步的结果。但对于不可预测的论域，如果只是通过模拟的方法求解过程，那么就无法知道求解步骤的结果。

最好能考虑可能结果的集合，这些结果很可能按照它们出现的可能性以某个次序排列，然后产生一个规划，并试图去执行这个规划。但对真实世界的任何方面进行完全的预测几乎是不可能的。因此必须随时准备面对规划的失败，并对其进行修改。

5.1.2 机器人任务规划基本要素

机器人任务规划的基本要素包括状态空间(State)、时间(Time)、操作状态的动作序列(Actions)、初始和目标状态(Initial and goal states)、准据(A criterion)和运动计划(A plan)。

1. 机器人状态空间

(1) 设计问题包括所有可能发生的机器人状态空间。例如，机器人的位置和方向、飞行机器人的位置和速度等。

(2) 离散的和连续的机器人状态空间都是被允许的；应该可以被简洁地用一个计划算法描述。在大多数应用里，状态空间的大小(数目和复杂度)应该尽可能地被简洁描述。

(3) 机器人状态空间是设计问题中最基本的，也是最重要的，应该仔细设计及分析。

2. 时间

(1) 所有的设计问题都包括在时间范围内的一系列决策。

(2) 时间模型一定要设计的简洁，能简单反映事实，以便动作执行。

(3) 特殊的时间设计是不必要的，但简洁的时间序列也要保证正确的动作序列。

(4) 一个简洁的时间设计的例子是 Piano Mover's Problem：解决方案是移动钢琴使其到另一个模拟状态，但是特殊的速度在方案中不被专属对待。

3. 机器人操作状态的动作序列

(1) 一个机器人计划产生一系列可以改变机器人状态的动作。机器人动作这个术语在这里可以理解为人工智能中通用的 operators，在控制理论和机器人理论中的对应术语为 inputs 和 controls。

(2) 在设计规范中，当机器人动作序列执行时，状态如何改变是需要进行细致描述的。这就需要一个状态返回函数来处理离散的时间变化或者可微分的连续时间上的变化。

(3) 对应机器人绝大多数动作设计问题，关于时间的函数设计，需要避免直接在状态空间相邻位置连续变换。

4. 机器人初始和目标状态

(1) 一个计划问题通常包含机器人初始化的状态和目标状态，过程通过一系列设计的机器人中间状态及动作序列组成。

(2) 初始状态是状态空间的一个特殊点，也是动作序列未发生时的全局状态。

(3) 目标状态是设计的一系列动作执行后，决策者期待经过一系列状态变化后的最终状态。

5. 准据

准据是将一个关于机器人状态和动作的计划的输出结果进行编码，形成可执行格式。根据准据的类型，大致有两类方法。

① 可行性：不考虑其效率，只考虑可行性。

② 最佳性：可行的且最优效能，在一些特定条件下，可达到目标状态。

6. 机器人运动计划

(1) 总体来说，一个计划利用一个特殊的策略或者行为施加于决策者。

(2) 机器人的运动计划应该使得其动作序列容易被执行。

(3) 预测未来的机器人状态是困难的，因此更多地关注状态转移的实现。

(4) 若不考虑未来的状态，当前机器人状态的最优方案是可以被设计的。

(5) 当前的方法中，利用反馈和活动计划是有效且广泛被采纳的；但是这样的情况下，有些状态不被精确测量。这将被定义成为信息状态，在此之上计划的动作有条件被执行。

5.1.3 机器人规划系统的任务与方法

在规划系统中，必须执行下列各项任务：

(1) 根据最有效的启发信息，选择应用于机器人下一步的最优规则。

(2) 应用所选取的规则，计算机器人应用于该规则而生成的新状态。

(3) 对所求得的解答进行检验。

(4) 检验空端，以便舍弃它们，使系统的求解工作向着更有效的方向进行。

(5) 检验正确的解答，并运用具体技术使之完全正确。

规划系统必须具有执行以上步骤任务的方法，方法包含如下所述：

1. 选择和应用规则

选择合适的机器人应用规则，最广泛采用的技术是：首先查出机器人的期望目标状态与现有状态之间的差别集合，然后辨识出与减少这些差别有关的规则。如果同时有几种可以使用，则可运用各种启发信息对这些规则加以挑选。

2. 检验解答与空端

当规划系统找到一个能够把机器人的初始问题状态变换为目标状态的操作序列时，此系统就成功地求得问题的一个解答。但如何知道求得了一个解答？对于简单问题的处理比较容易，但是对于一些复杂的问题，例如，如果整个状态不是显示地由一个相关特征集合进行描述，则确定解答要困难得多。

解决上述问题的关键是，问题的表示和描述方法。原则上，问题的任何表示方法及它们的组合都可用来描述系统的状态。

3. 修正殆正确解

一个求解殆可分解问题的办法是：当执行与所提出的解答相对应的操作序列时，检查求得的状态，并把它们与期望目标比较。

修正一个殆正确的解答的较好办法是，注意有关的出错信息，然后直接加以修正。修正一个殆正确的解答的更好办法是，不对解答进行全面修正，而是不完全确定地让它们保留到最后的可能时刻；然后，当由尽可能多的信息可供利用时，再用一种不产生矛盾的方法完成对解答的详细说明。

5.1.4 机器人任务规划的发展现状

机器人任务规划问题(Task Planning)是机器人学科一个重要的研究领域，也是机器人学与人工智能学的一个闪亮结合点。机器人任务规划问题与生活中的规划有类似之处，通常指对机器人任务执行或其他行动的过程进行设计，其目的为制定机器人未来整套行动的一个方案，以达到某种程度的优化。

机器人任务规划是机器人技术研究的重点方向之一，对于提高机器人的智能化水平具有重要意义。机器人领域内的任务规划有两大主要的挑战，第一，机器人工作在非结构化的环境中，任务复杂而多变，难以灵活且有效地对所处的动态环境进行表示和处理。第二，用于描述机器人动作执行序列的构建是任务自主规划的另一个难题。为解决机器人任务规划这两个主要的问题，国内外学者对此展开了广泛而深入的研究。

针对第一个问题，有如下研究。机器人自身具备一定的知识储备，才能更好地提升其任务决策能力。一方面，机器人需要具备语义本体知识。早期，有学者提出基于反应行为的机器人，通过全面预先定义各种反应机制，使没有全局环境知识的机器人做出动作规划；另一方面，机器人需要具备所处空间的环境知识。环境表征的一个主要应用是在本体中通过人工智能推断，处理未知或隐含信息的情况。

针对第二个问题，有如下研究。机器人执行动作序列的构建是决定机器人任务规划是否完整的关键。分层任务规划算法将动作从高层到底层逐层划分，分别使用 STRIPS 结构和 ABSTRIPS 问题解析结构遍历动作序列树生成有效的任务规划。分层任务规划算法因其在构建动作序列方面的高效性和整洁性，成为一直以来高层次任务规划的流行方法。

目前机器人任务规划动作序列的生成大多是通过硬件编码或者预先定义好环境场景，这种方法在灵活性能上具有局限性，因为它需要手动修改源代码，以便对每个任务的动作顺序进行重新编程。总体而言，机器人任务规划目前还基本处于研究阶段，目前机器人规划还没有其他的实用方法，如 STRIPS 是 19 世纪 80 年代的研究成果，但并没有得到实际应用。

5.1.5 典型的机器人任务规划系统

典型的机器人任务规划系统有 STRIPS 规划系统、具有学习能力的规划系统和基于专家系统的机器人规划等。

1. STRIPS 规划系统

STRIPS 是由 Fikes、Hart 和 Nilsson 三人在 1981—1982 年研究成功的，它是夏凯(Shakey)机器人程序控制系统的一个组成部分。

1) STRIPS 系统组成

(1) 世界模型：为一阶谓词演算公式；

(2) 操作符(F 规则)：包括先决条件、删除表和添加表；

(3) 操作方法：应用状态空间表示和中间—结局分析。

对于一个复杂问题，首先做出规划，即制订求解计划步骤，然后再执行。在执行过程中如出现问题，需要对没有执行的部分计划进行修改，再继续执行。

2) STRIPS 系统的规划过程

每个 STRIPS 问题的解答，就是为某个实现目标的操作符序列，也即达到目标的规划。

2. 具有学习能力的规划系统

PULP-Ⅰ机器人规划系统：PULP-Ⅰ机器人规划系统是一种具有学习能力的系统，它采用管理式学习，其作用原理是建立在类比的基础上。

STRIPS 的弱点：需要极其大量的控制器内存和时间等。应用具有学习能力的规划系统能够克服这一缺点。PULP-Ⅰ系统的总体结构如图 5.1 所示。

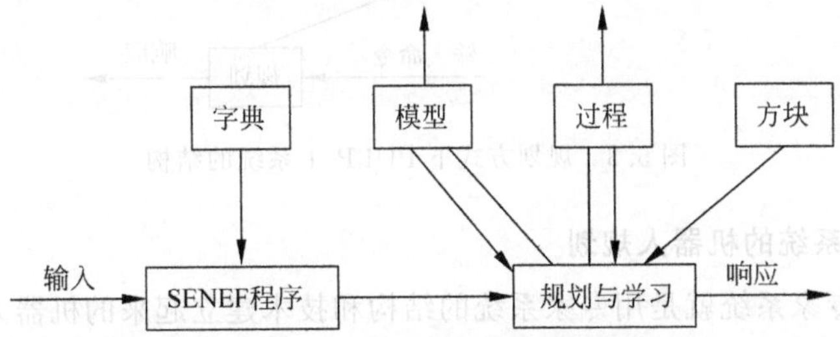

图 5.1 PULP-Ⅰ系统的总体结构

“字典”是英语词汇的集合。

“模型”部分包括模型世界和物体现有状态的事实。

“过程”集中了预先准备好的过程知识。

“方块”集中了 LISP 程序，它配合“规划”对“模型”进行搜索和修正。

PULP-Ⅰ系统的操作方式

PULP-Ⅰ系统具有两种操作方式：学习方式和规则方式。

在学习方式下，输入至系统的知识是由操作人员或者所谓“教师”提供的，如图 5.2 所示。

当某个命令句子送入系统时，PULP-Ⅰ就进入规划方式，如图 5.3 所示。

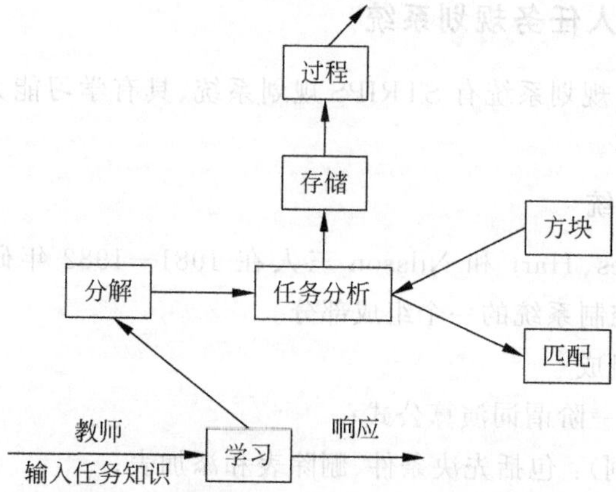

图 5.2 学习方式下 PULP-Ⅰ系统的结构

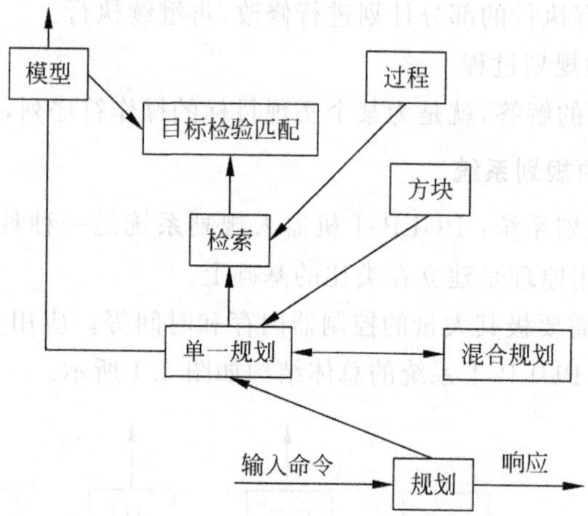

图 5.3 规划方式下 PULP-Ⅰ系统的结构

3. 基于专家系统的机器人规划

机器人规划专家系统就是用专家系统的结构和技术建立起来的机器人规划系统。

管理式学习能力的机器人规划系统的不足：

(1) 表达子句的语义网络结构过于复杂。

(2) 与复杂的系统内部数据结构有关的是，PULP-Ⅰ系统具有许多子系统，而且需要花费大量时间编写程序。

(3) 尽管 PULP-Ⅰ系统的执行速度要比 STRIPS 系统快得多，然而它仍然不够快。

系统结构及规划机理如图 5.4 所示。

基于规划的机器人规划专家系统由 5 个部分组成：知识库、控制策略、推理机、知识获取、解释与说明。

基于规划的专家系统的目标就是要通过逐条执行规划及其有关操作，以逐步改变总数据库的状况，直到得到一个可接受的数据库(称为目标数据库)为止。

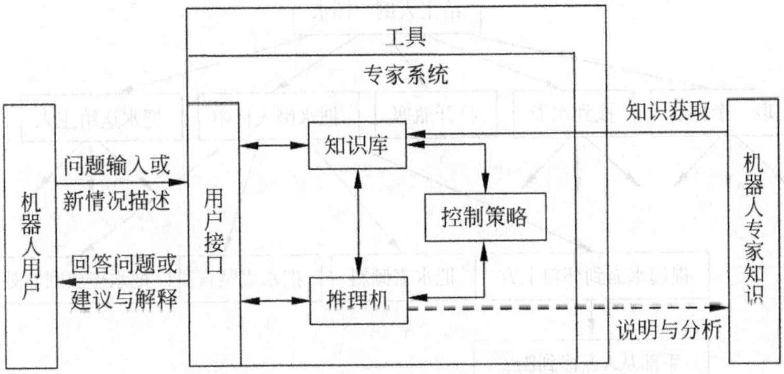

图 5.4 机器人规划专家系统的结构

5.1.6 机器人规划系统的任务举例

为说明机器人规划的概念,我们举下面的两个例子:

例 5.1 在一些老龄化比较严重的国家,开发了各种各样的机器人专门用于伺候老人,这些机器人有不少是采用声控的方式。例如,主人用声音命令机器人"给我倒一杯开水",我们先不考虑机器人是如何识别人的自然语言,而是着重分析一下机器人在得到这样一个命令后,如何来完成主人交给的任务。

首先,机器人应该把任务进行分解,把主人交代的任务分解成为"取一个杯子""找到水壶""打开瓶塞""把水倒入杯中""把水送给主人"等一系列子任务(见图 5.5)。这一层次的规划称为任务规划,它完成总体任务的分解。

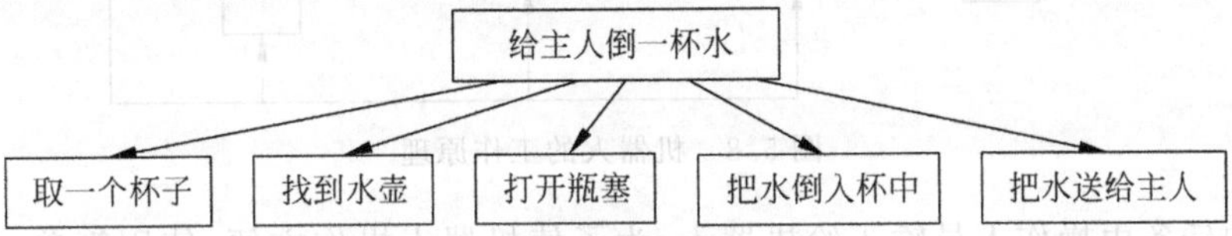

图 5.5 智能机器人的任务分解

然后再针对每一个子任务进行进一步的规划。以"把水倒入杯中"这一子任务为例,可以进一步分解成为一系列动作,这一层次的规划称为动作规划,它把实现每一个子任务的过程分解为一系列具体的动作(见图 5.6)。

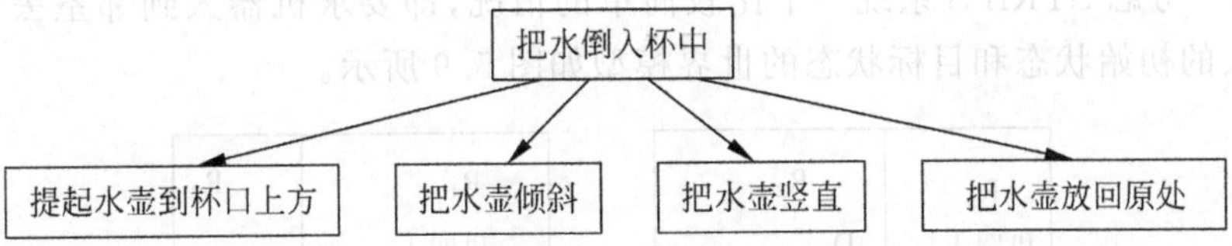

图 5.6 智能机器人的进一步规划

为了实现每一个动作,需要对手部的运动轨迹进行必要的规定,这是手部轨迹规划。

为了使手部实现预定的运动,就要知道各关节的运动规律,这是关节轨迹规划,最后才是关节的运动控制(见图 5.7)。

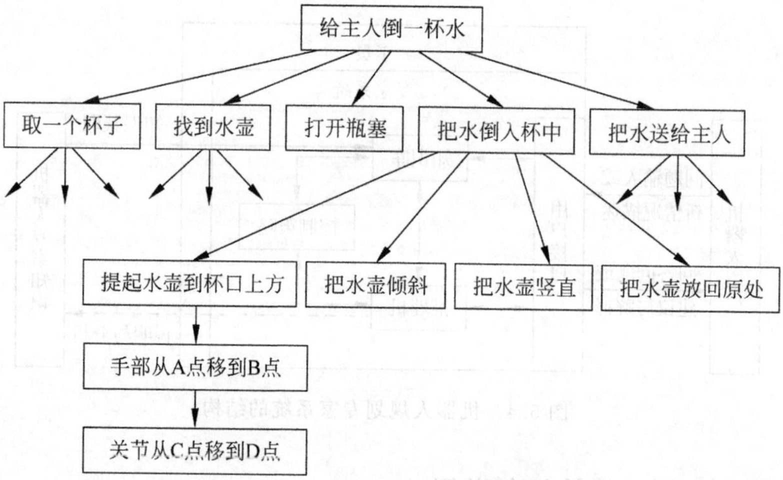

图 5.7 智能机器人的规划层次

机器人的工作过程，就是通过规划将要求的任务变为期望的运动和力，由控制环节根据期望的运动和力的信号产生相应的控制作用，以使机器人输出实际的运动和力，从而完成期望的任务，如图 5.8 所示。机器人实际运动的情况通常还要反馈给规划级和控制级，以便对规划和控制的结果做出适当的修正。

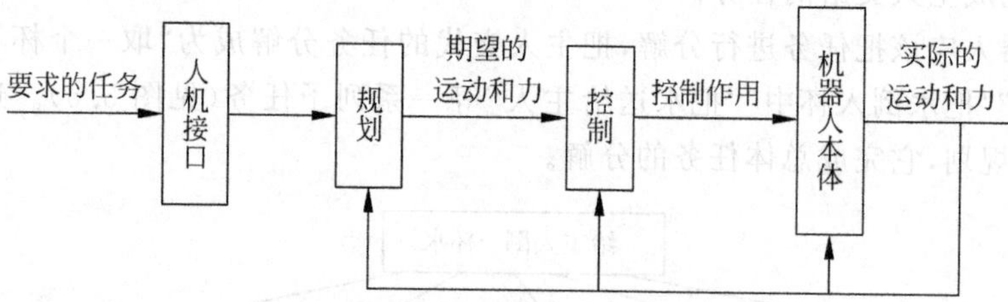

图 5.8 机器人的工作原理

要求的任务由操作人员输入给机器人，为了使机器人操作方便、使用简单，操作人员应该给出尽量简单的描述。

期望的运动和力是进行机器人控制所必需的输入量，它们是机械手末端在每一个时刻的位姿和速度，对于绝大多数情况，还要求给出每一时刻期望的关节位移和速度，有些控制方法还要求给出期望的加速度等。

例 5.2 考虑 STRIPS 系统一个比较简单的情况，即要求机器人到邻室去取回一个箱子。机器人的初始状态和目标状态的世界模型如图 5.9 所示。

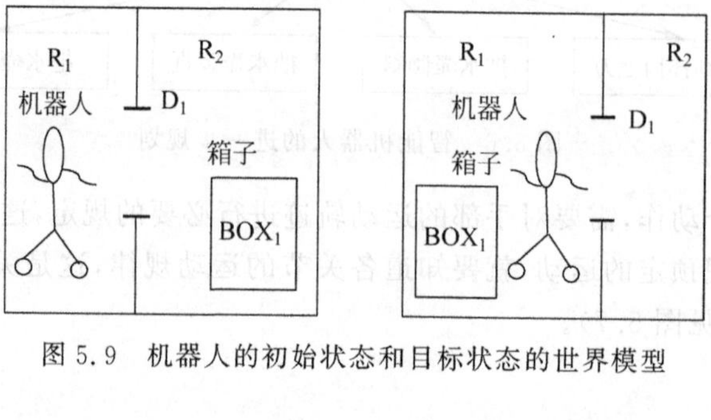

图 5.9 机器人的初始状态和目标状态的世界模型

设有两个操作符，即 gothru 和 pushthru（"走过"和"推过"）。

OP1：gothru(d, r_1, r_2)

机器人通过房间 r_1 和房间 r_2 之间的 d，即机器人从房间 r_1 走过门 d 而进入房间 r_2。

先决条件：INROOM(ROBOT,r_1) ∧ CONNECTS(d,r_1,r_2)；即机器人在房间 r_1 内，而且门 d 连接 r_1 和 r_2 两个房间。

删除表：INROOM(ROBOT,S)；对于任何 S 值。

添加表：INROOM(ROBOT,r_2)。

OP2：pushthru(b,d,r_1,r_2)

机器人把物体 b 从房间 r_1 经过门 d 推到房间 r_2。

先决条件：INROOM(b,r_1) ∧ INROOM(ROBOT,r_1) ∧ CONNECTS(d,r_1,r_2)。

删除表：INROOM(ROBOT,S),INROOM(b,S)；对于任何 S 值。

添加表：INROOM(ROBOT,r_2),INROOM(b,r_2)。

这个问题的差别如表 5.1 所示。

表 5.1　针对差别，须采用标有"×"的操作

差　别	操　作　符	
	gothru	pushthru
机器人和物体不在同一房间内	×	
物体不在目标房间内		×
机器人不在目标房间内	×	
机器人和物体在一房间内，但不是目标房间		×

假定这个问题的初始状态 M_0 和目标 G_0 如下：

M0：INROOM(ROBOT,R_1) ∧ INROOM(BOX1,R_2) ∧ CONNECTS(D_1,R_1,R_2)

G0：INROOM(ROBOT,R_1) ∧ INROOM(BOX1,R_1) ∧ CONNECTS(D_1,R_1,R_2)

采用中间—结局分析方法，逐步求解这个机器人规划：

(1) do GPS 的主循环迭代，until M_0 与 G_0 匹配为止。

(2) begin。

(3) G_0 不能满足 M_0，找出 M_0 与 G_0 的差别。尽管这个问题不能马上得到解决，但是如果初始数据库含有语句 INROOM(BOX_1,R_1)，那么这个问题的求解过程就可以得到继续。GPS 找到它们的差别 d_1：INROOM(BOX_1,R_1)，即要把箱子（物体）放到目标房间 R_1 内。

(4) 选取操作符：一个与减少差别 d_1 有关的操作符。根据差别表，STRIPS 选取操作为：

OP_2：pushthru(BOX_1,d,r_1,R_1)

(5) 消去差别 d_1，为 OP_2 设置先决条件 G_1 为：

INROOM(BOX_1,r_1) ∧ INROOM(ROBOT,r_1) ∧ CONNECTS(d,r_1,R_1)

这个先决条件被设定为子目标。STRIP 发现：

若 $r_1 = R_2$，$d = D_1$，当前数据库含有 INROOM(ROBOT,R_1)

那么此过程能够继续进行。现在新的子目标 G_1 为：

G_1：INROOM(BOX_1,R_2) ∧ INROOM(ROBOT,R_2) ∧ CONNECTS(D_1,R_2,R_1)

(6) GPS(p)；重复第 3～第 5 步骤，迭代调用，以求解此问题。

步骤 3：G_1 和 M_0 的差别 d_2 为 INROOM(ROBOT,R_2)，即要求机器人移到房间 R_2。

步骤 4：根据差别表，对应于 d_2 的相关操作符为 OP_1：gothru(d,r_1,R_2)。

步骤 5：OP_1 的先决条件为 G_2：INROOM(ROBOT,R_1) ∧ CONNECTS(d,r_1,R_2)。

步骤 6：应用置换式 $r_1=R_1$ 和 $d=D_1$，STRIPS 系统能够达到 G_2。

(7) 把操作符 gothru(D_1,R_1,R_2)作用于 M_0

删除表：INROOM(ROBOT,R_1)

添加表：INROOM(ROBOT,R_2)

求出中间状态 M_1：INROOM(ROBOT,R_2)

INROOM(BOX_1,R_2)

CONNECTS(D_1,R_1,R_2)

把操作符 pushthru 应用中间状态 M_1

删除表：INROOM(ROBOT,R_2)，INROOM(BOX_1,R_2)

添加表：INROOM(ROBOT,R_1)，INROOM(BOX_1,R_1)

得到另一中间状态 M_2 为INROOM(ROBOT,R_1)

INROOM(BOX_1,R_1)

CONNECTS(D_1,R_1,R_2)

$M_2=G_0$

(8) end。

求解过程中，用到的 STRIPS 规则为操作符 OP_1 和 OP_2，即 gothru(D_1,R_1,R_2)和 pushthru(BOX_1,D_1,R_2,R_1)。

中间—结局分析法逐步求解机器人规划如图 5.10 所示。

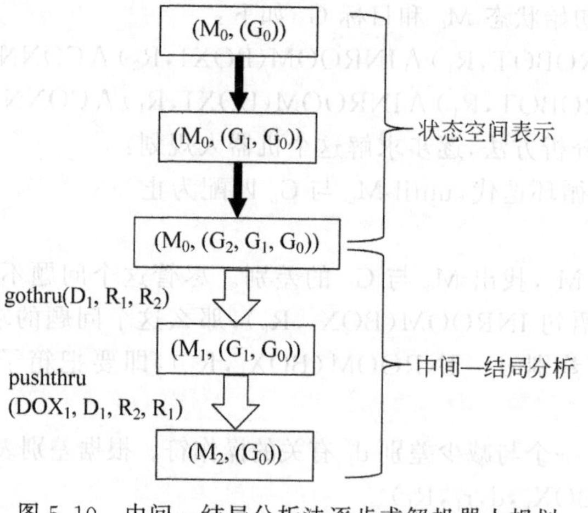

图 5.10 中间—结局分析法逐步求解机器人规划

5.2 机器人运动规划方法

在实际应用中，机器人的工作环境大多是分布着障碍物的。安装在工厂生产线上的机器人系统的工作区域经常会有其他的物体，这些物体的存在对于机器人的运动构成了阻碍。例如，在生产线上一个工位中工作的机械手必须避免与可能靠近的运动物体发生碰撞，包含其他机械手、物流机器人等，同时它也必须避免与其自身结构发生碰撞。在服务机器人领域，例如餐厅中的送餐机器人必须在动态的环境中进行自主导航，避免与固定障碍物(建筑构件、桌椅、各种摆设等)或移动障碍物(工作人员、食客等)发生碰撞。

因此，机器人在完成任务规划后，需要在其工作区域内规划出一条无碰撞的运动路径，以顺利完成其被分配的任务。本节将介绍机器人运动规划的相关内容，包含位形空间、障碍等，并着重介绍多种机器人运动规划方法的原理。

5.2.1 机器人运动规划的概念与发展现状

1. 机器人运动规划的概念

运动规划是决定一条从初始位姿到最终位姿的路径，使机器人能沿这条路径无碰撞地完成作业任务。这需要为机器人赋予自主规划能力，需要从用户提供的任务级高层描述和工作空间的几何特征出发进行自主规划。

根据工作空间是否已知，运动规划分为离线规划和在线规划。离线规划是在工作空间为完全预先已知的条件下进行的运动规划，在线规划则要求机器人在运动过程中借助自身搭载的传感器对工作空间进行实时感知，并以此进行运动规划。

在空间中寻找一条无碰撞的路径对人类来说是一件很简单的事情，但对机器人来说是一项十分艰巨的任务。其主要原因在于，很难将人们本能地安全穿行于障碍中所依赖的空间感进行复制并转化为机器人可以执行的算法。时至今日，机器人运动规划仍然是一个非常活跃的研究方向，并得益于如相关的算法和理论、计算几何和自动控制等不同领域的研究成果。

无论机器人运动规划属于哪种类别，采用何种规划算法，基本上都遵循以下步骤：

(1) 建立环境模型，即对机器人根据所在的现实环境进行抽象后建立相关模型；

(2) 搜索无碰路径，是在某个模型的空间中找到符合条件路径的搜索算法。

移动机器人的运动规划问题，可以形式化地描述为以下的推理机：

$$\langle X, x_{\text{init}}, X_{\text{goal}}, U, f, X_{\text{obst}} \rangle$$

其中，X 是搜索空间；$x_{\text{init}} \in X$，表示初始位置(包括姿态、状态等)；$x_{\text{goal}} \in X$，表示目标区域，即目标位置的集合；对于每一个状态 $x \in X$，$U(x)$是在状态 X 下所有备选控制的输入集合；状态对控制输入响应由状态转换方程 f 确定。一般来说，当时间是离散的，状态转换方程可以用函数 $f: X \times U \rightarrow X$ 表示；当时间是连续的，状态转换方程可以用一个偏微分方程 $\mathrm{d}x/\mathrm{d}t = f(x, u)$表示；$X_{\text{obst}} \subseteq X$ 定义，由一些不允许通行的非法状态组成的集合，也就是 C 空间中的障碍集合。

为定义规划问题的解决方案，考虑一组行为控制序列 $u_1, u_2, \cdots, u_k$，由此序列导出一个状态序列：

$$x_1 = x_{\text{init}},$$

$$x_i = f(x_{i-1}, u_{i-1}) \quad (i = 1, 2, \cdots, k)。$$

如果 $x_{k+1} \in X_{\text{goal}}$ 且 $\{x_1, x_2, \cdots, x_{k+1}\} \cap X_{\text{obst}} = \varnothing$，那么称序列 $u_1, u_2, \cdots, u_k$ 为规划问题的一个解决方案。机器人运动规划的目的就是要找到一组满足一定准则的行为控制序列。

2. 运动规划的发展及现状

运动规划的研究最早集中在移动机器人领域，移动机器人的运动规划一般称为路径规划(Path Planning)。目前对于移动机器人路径规划技术的研究已经取得了大量的成果，一系列的方法被提出，例如可视图法、自由空间法、栅格法、最优控制法、拓扑法、人工势场法、蚁群算法、遗传算法、模糊逻辑算法和神经网络法等。许多问题获得了比较满意的答案。

根据掌握环境信息的完整程度可以分为环境信息完全已知的全局路径规划、环境信息完全未知或部分未知的局部路径规划。全局路径规划的目的是尽量使规划的效果达到最优。对于全局路径规划已经有了许多成熟的方法，包括可视图法、切线图法、Voronoi图法、拓扑法、惩罚函数法、栅格法等。局部路径规划由于对环境信息未知，因此以提高机器人的避障能力为主，代表性算法有人工势场法、模糊逻辑算法、遗传算法、人工神经网络、模拟退火算法、蚁群优化算法、粒子群算法和启发式搜索方法等。

机器人运动规划方法经历了几十年的发展，20世纪70年代，科学界开始了对移动机器人路径规划技术的广泛应用与深入研究，怎样为机器人提供一种高效的工作路径是当时的研究核心。早期的机器人路径规划技术主要面向全局静态已知的环境，路径规划技术的最早研究方法是基于直角坐标空间的假设和检验法，该方法由 Pieper 在1968年提出，可以起到躲避碰撞的作用；同年，Nilsson 提出了用可视图方法为移动机器人寻找一条无碰撞路径的方法，并描述了具有运动规划能力的机器人。20世纪80年代初，基于C空间的自由空间法被麻省理工学院人工智能实验室的 Lozano-Perez 提出，得到了众多研究学者的认可，之后由其拓展的各种几何法和拓扑法也得到了广泛应用。到20世纪80年代末，Fujimura 等提出相对动态的人工势场法，其将时间参量引入到路径规划模型中，在新的模型中动态障碍物是静态表示的，这样动态路径规划就可以用静态的路径规划算法实现。进入21世纪后，机器人运动规划算法取得了快速的发展，在2000年，Ge 等人利用优化的人工势场法解决移动机器人的路径规划问题，明确了吸引势场和排斥势场函数及虚拟合力的方向，该方法可用于足球移动机器人；2009年，Perez 等使用了基于速度场的模糊路径算法解决路径规划问题，该方法处理环境信息不完全已知的情况具有很大优越性。近年来，有许多学者采取模糊逻辑、人工神经网络以及遗传算法等创新的技术解决机器人路径规划的难题，并得到显著的效果。

但对于机械臂的运动规划而言，其规划维度更高。规划维度的增加导致了计算量增加，障碍物更是无法在构型空间(Configuration Space)中进行描述。基于随机采样的规划算法目前是机械臂运动规划领域中最为主流的算法之一，其中以 RRTs 算法最具代表性，RRTs 算法由美国爱荷华州立大学的 Steven M. LaValle 教授在1998年提出，RRTs 算法不考虑障碍物在构型空间中的分布情况，它仅仅通过对位形空间中的采样点进行碰撞检测以获取障碍物信息，并在此基础上进行运动规划；RRTs 对同一个规划问题的表现可能时好时坏，连续出现完全相同的规划结果的概率很低。要判断算法对于某一规划问题的效果，往往需要多次反复的试验，因此对 RRTs 的改进以及与其他算法的融合，仍是当前的研究热点方向。很多用于移动机器人路径规划的算法无法应用于机械臂，目前还没有能够兼顾实时性和最优性的算法，因此，运动规划目前是机器人领域的研究热点之一。

机器人运动规划算法主要应用到移动机器人领域，随着移动机器人应用范围的扩大，移动机器人路径规划对规划技术的要求也越来越高，单个运动规划方法有时不能很好地解决某些规划问题，所以新的发展趋势为将多种方法相结合，如机器人组协同工作的路径搜索算法、静态全局路径搜索算法与动态局部搜索算法相结合、传统规划方法与新的智能方法之间的结合等新方向。

5.2.2　位形空间

解决运动规划问题一个非常有效的策略是在适当的空间中将机器人表示成移动质点，并在其中标明工作区和障碍。机器人上各个位置的一个完整规范被称为位形(Configuration)，而由所有可能位形组成的集合被称为位形空间，用 C 表示位形空间。

以下给出几个位形空间的例子。

(1) 对于一个多边形移动机器人，用在固定参考系下本体上一个代表点(如顶点)的位置和多边形朝向描述其位形空间，由此，$C=IR^2\times SO(2)$，其维数为 3。

(2) 对于一个多面体移动机器人，$C=IR^3\times SO(3)$，其维数为 6。

(3) 对于一个单连杆回转机械臂，它的位形空间只是连杆的姿态角，因此，其位形空间 $C=S^1$，S^1 表示单位圆，也可以表示为 $C=SO(2)$，实际上 S^1 和 $SO(2)$的选择不是特别重要，因为这两种是等价的表示方法。不管哪种情况下，我们都可以用参数对 C 进行参数化。对于双连杆平面机械臂，有 $C=S^1\times S^1=T^2$，T^2 表示环面(torus)，这样可以用关节变量向量 $q=(\theta_1,\theta_2)$表示一个位形。直角坐标型机械臂有 $C=R^3$，用 $q=(d_1,d_2,d_3)$表示其中一个位形。

(4) 对于一个有固定基座的 n 个旋转关节平面机械手，位形空间 C 是$(IR^2\times SO(2))^n$ 的一个子集，维数等于$(IR^2\times SO(2))^n$ 的维数减去因关节带来的约束个数，即 $3n-2n=n$。实际上，一个平面运动链中，每个关节对其后的部分施加了两个非完整约束。

(5) 对于一个有固定基座的 n 个旋转关节空间机械手，位形空间 C 是$(IR^3\times SO(3))^n$ 的一个子集。维数等于$(IR^3\times SO(3))^n$ 的维数减去因关节带来的约束个数，即 $6n-5n=n$。此时每个关节对其后的部分施加了 5 个约束。

如果位形空间 C 的维数为 n，则其中的一个位形可用向量 $q\in IR^n$ 表示。但这样的表示只是局部有效的，这是因为位形空间 C 的几何结构通常比欧几里得空间更加复杂。

5.2.3　障碍

位形空间 C 用来描述无碰撞路径规划的代表性方法，障碍是运动物体在位形空间相应的运动禁区。假设操作空间障碍 $O=\{O_i, i=1,2,\cdots,p\}$是封闭的(包含边界)，但一定有界，每一个障碍物 O_i 在位形空间 C 中定义为：

$$CO_i=\{q\in C: B(q)\cap O_i\neq\varnothing\} \tag{5.1}$$

即 CO_i 表示一个在工作空间中会导致机器人 B 和障碍 O_i 发生碰撞(包括接触)的一个位形空间子集。位形空间中障碍物 O_i 膨胀为 CO_i。

CO 为上述集合的并集：

$$CO=\bigcup_{i=1}^{p} CO_i \tag{5.2}$$

空间 C_{free} 为 CO 的补集：

$$C_{\text{free}}=C-CO=\left\{q\in C: B(q)\cap\left(\bigcup_{i-1}^{p} O_i\right)=\varnothing\right\} \tag{5.3}$$

亦即使机器人不会与障碍碰撞的机器人位形空间子集。如果一条位形空间中的路径完全包含在 C_{free} 中，则称为自由路径。

虽然 C 空间本身是连通的(即给定两形位 q_1 与 q_2，存在一条路径将它们连接起来)，但因障碍引起的影响，自由位形空间 C_{free} 并不是总是连通的。如果一条线路完全在 C_{free} 中，则这是一条自由(可行)线路。

障碍举例

下面将介绍一些典型情况的"C 障碍"产生过程。为简便起见，假设中的障碍具有多边形或多边体外形。

例 5.3 如图 5.11 所示，平面中运动的圆形机器人，其位置用中心原点表示，机器人对障碍物的检测不会因为机器人自身的转动而受到影响，因此位形空间 C 就是此平面，位形空间 C 则由障碍物以机器人的半径做等距生长新生成的包络线构成。

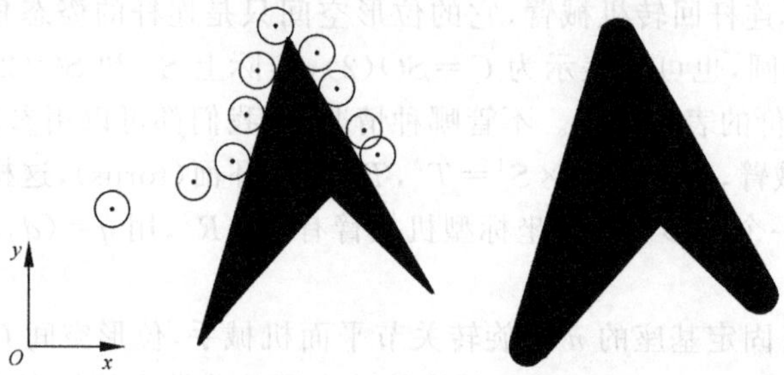

图 5.11 平面中运动的圆形机器人及障碍物

例 5.4 对一个在 IR^N 中既可以旋转和平移的多面体机器人，因为需对其方向自由度进行描述，所以其位形空间的维数相对少一些。考虑一个在 IR^2 中平移和旋转的多边形，其位形可以用一个在参考系中描述机器人朝向的方向角 θ 和一个代表点(如一个顶点)的笛卡儿坐标表示。相应的位形空间是 $IR^2 \times SO(2)$，可以用 IR^3 表示局部。确定一个障碍 O_i 在位形空间 C 中的像，原则上需要对机器人每个可能的朝向角度 θ 重复如图 5.12 中的过程。"C 障碍"CO_i 是由所有恒值方向时得到的阴影切片"堆垒"(在 θ 轴方向上)而成的空间体。

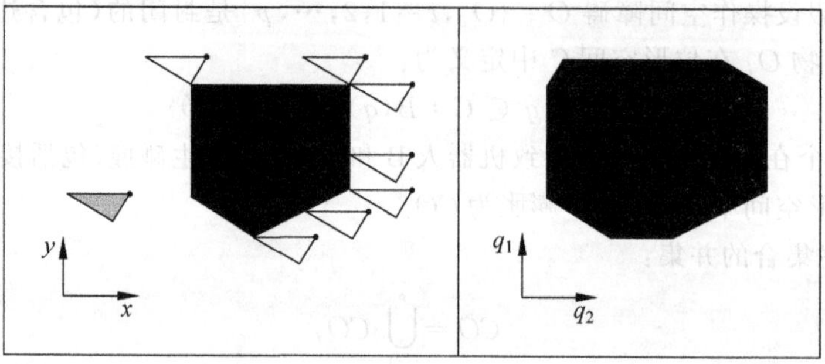

图 5.12 IR^2 中一个平移运动多边形机器人的"C 障碍"

(左图：机器人 B，障碍 O_i，以及建立"C 障碍"的生长过程；右图：位形空间 C 和"C 障碍"CO_i)

5.2.4 图形搜索类规划算法

图形搜索类规划算法的基本思想是按照一些原则将机器人所在的空间用图形的形式加以表示，在给定起始点与目标点后在图形中进行搜索得到连接起始点与目标点的无碰撞路径。根据搜索出的路径是否是随机的，可将图形搜索类算法分为确定性图形搜索和随机图形搜索。图形搜索类规划算法主要有两个步骤：

第一步是图形构建，节点放在何处以及用边将其连接。图形的构建有多种方法。典型的有可视性图法、沃罗诺伊(Voronoi)图法、单元分解法。在可视性图的情况下，道路尽可能地靠近障碍物，且最终最优的路径是极小长度解。在沃罗诺伊(Voronoi)图情况下，路径尽可能地远离障碍物。而单元分解方法的概念是区分自由和被占几何面积的差别，精确的单元分解是无损失的分解，而近似的单元分解代表对原始地图的一个近似。然后，通过单元间的特殊连接关系，形成了图形。第二步是图形搜索，是在以构建的图形中进行(最优)解计算。

而对于随机图形搜索算法，图形的构建与搜索往往是同时进行的，典型的代表有 PRM 算法与 RRT 算法。下面将分别介绍沃罗诺伊图法和单元分解法等算法。

1. 可视性图

可视图法通常以障碍物多边形为环境表示，将起始点 S、目标点 G 和多边形障碍物的各顶点(设 V_O 是所有障碍物的顶点构成的集合)进行组合连接，要求起始点和障碍物各顶点之间、目标点和障碍物各顶点之间以及各障碍物顶点与顶点之间的连线，均不能穿越障碍物，即直线是"可视的"。给图中的边赋权值，构造可见图 $G(V,E)$，点集 $V=V_O\cup\{S,G\}$，E 为所有弧段即可见边的集合。然后采用某种算法搜索从起始点 S 到目标点 G 的最优路径，则规划最优路径的问题转化为从起始点至目标点经过这些可视直线的最短距离问题。

障碍物环境示意图如图 5.13 所示，O_1、O_2 表示的封闭多边形分别代表两个障碍物，S、G 分别表示起始点和目标点。其对应的可视图如图 5.14 所示，由起始点、目标点与各障碍物顶点之间的可视直线构成。

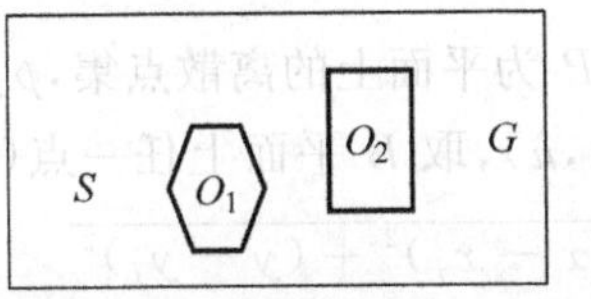

图 5.13　障碍物环境示意图

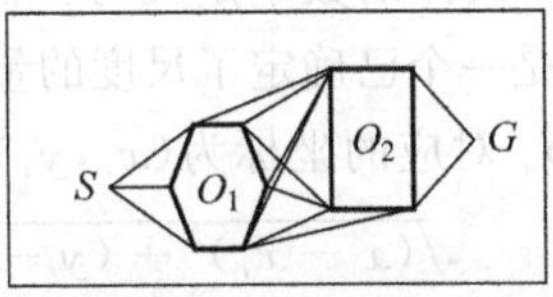

图 5.14　可视图

由此可见，利用可视图法规划避障路径主要在于构建可视图，而构建可视图的关键在于障碍物各顶点之间可见性的判断。判断时主要分为两种情况，同一障碍物各顶点之间可见性的判断以及不同障碍物之间顶点可见性的判断。

(1) 同一障碍物中，相邻顶点可见(通常不考虑凹多边形障碍物中不相邻顶点也有可能可见的情况)，不相邻顶点不可见，权值赋为∞。

(2) 不同障碍物之间顶点可见性的判断则转化为判断顶点连线是否会与其他顶点连线相交的几何问题。如图 5.15 虚线所示，V_1、V_2 分别是障碍物 O_1、O_2

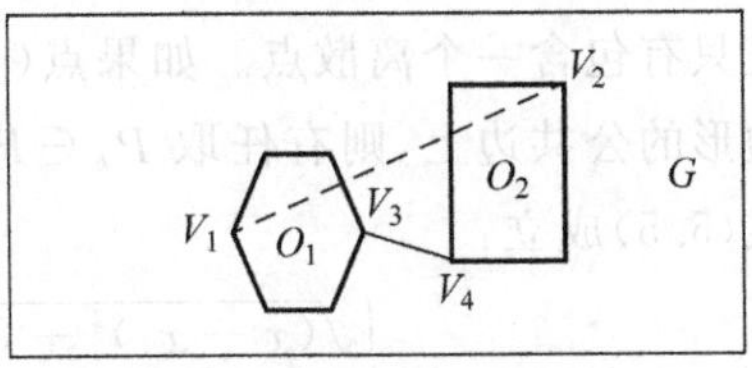

图 5.15　可见性判断示意图

的顶点，但 V_1 与 V_2 连线与障碍物其他顶点连线相交，故 V_1、V_2 之间不可见；而实线所示的 V_3 与 V_4 连线不与障碍物其他顶点连线相交，故 V_3、V_4 之间可见。

可视图的构建是使用搜索策略的基础，其建立的成功与否影响着最终避障路径的规划结果。但是，可视图中的大部分可视直线在生成避障路径时是用不到的，却又占据着较大的存储空间，对搜索算法的运算效率也会产生极大的考验，且如果障碍物发生变化，可视图还需重新生成。可视性图在移动机器人学的路径规划中比较普遍，部分是因为实现比较简单。特别在连续的或离散的空间中，当环境的表示把环境中的物体描述成多边形时，可视性图可容易地使用障碍物的多边形描述。但可视图法忽略了机器人尺寸，容易造成机器人通过障碍物时与障碍物顶点距离非常近，从而产生摩擦，且该方法搜索时间较长。该方法灵活性较差，一旦机器人的起点和终点发生变化，可视图就需要重新构建，所需的工作量较大。

2. 沃罗诺伊图

与可视性图相比，沃罗诺伊图是一种全道路图的方法，它倾向于使图中机器人与障碍物之间的距离最大化。对自由空间中的各点，计算它到最近障碍物的距离。当你离开障碍物而移动时，高度值增加。在离两个或多个障碍物等距离的点上，这种距离图就有陡的山脊，沃罗诺伊图就是由这些陡的山脊点所形成的边缘组成。当方位空间障碍物都是多边形时，沃罗诺伊图仅由直线和抛物线段组成。在沃罗诺伊道路图上寻找路径的算法，像可视性图方法一样，是完备的，因为自由空间中路径的存在意味着在沃罗诺伊图上也存在一条路径(即两种方法都确保完备性)。但是，在总长度的意义上，沃罗诺伊图常常远非最优。

假设在一片林区内设置 n 个火情观察塔 $P_1,P_2,\cdots,P_n$，每个观察塔 $P_i(i=1,2,\cdots,n)$ 负责其附近 $V(P_i)$ 的火情发现及灭火任务。其中 $V(P_i)$ 由距其他 $P_j(j=1,2,\cdots,n,j\neq i)$ 更近的树组成，则 $V(P_i)$ 就是关联于 P_i 的 Voronoi 多边形，由所有的 $P_i(i=1,2,\cdots,n)$ 组成的图就是关于 n 个生成元的沃罗诺伊图。

沃罗诺伊图构建的基本原理为：在一个已确定了尺度的量度平面上，对该平面上分布的离散点集进行区域划分，使划分区域中的点到点集中某一点的距离比其到点集中所有其他点的距离小。具体的数学定义为：

设平面 B 是一个已确定了尺度的量度平面，设 P 为平面上的离散点集，$p_1,p_2,\cdots,p_n\in p$ 且 $p_1,p_2,\cdots,p_n$ 对应的坐标为 $(x_i,y_i)(i=1,2,\cdots,n)$，取 B 平面上任一点 (x,y) 称：

$$\sqrt{(x-x_i)^2+(y-y_i)^2}<\sqrt{(x-x_j)^2+(y-y_j)^2} \tag{5.4}$$

使式(5.4)对于选定点 p_i，任取点 $p_i\in p$ 且 $p_i\neq p_j$ 成立的 (x,y) 点形成的轨迹称为离散点 p_i 的沃罗诺伊区域，如图 5.16 所示。

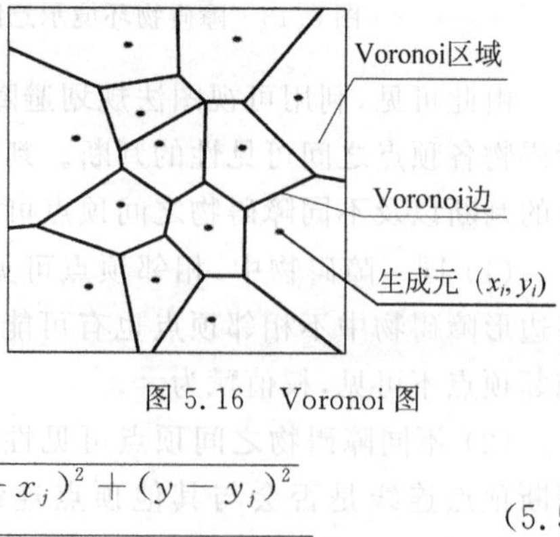

图 5.16 Voronoi 图

经过 Voronoi 区域划分之后，最终把平面 B 划分成 n 个相互邻接的多边形，并且每个多边形中有且只有包含一个离散点。如果点 (x,y) 位于相邻多边形的公共边上，则有任取 $P_k\in P$ 且 $P_i\neq p_j\neq p_k$ 式(5.5)成立：

$$\begin{cases}\sqrt{(x-x_i)^2+(y-y_i)^2}=\sqrt{(x-x_j)^2+(y-y_j)^2}\\ \sqrt{(x-x_j)^2+(y-y_j)^2}<\sqrt{(x-x_k)^2+(y-y_k)^2}\end{cases} \tag{5.5}$$

其中 P_i，P_j 为相邻两多边形包含的离散点。我们称由式(5.5)确定出的点(x,y)形成的轨迹为离散点集 P 的沃罗诺伊边，$p_1,p_2,\cdots,p_n$ 称为沃罗诺伊图的生成元。

点集沃罗诺伊图的一些性质：

在叙述沃罗诺伊图性质之前，假设在沃罗诺伊图的离散生成元中，没有四个点是共圆的。

性质 1：沃罗诺伊图的每一个顶点恰好是图的三条边的公共交点；

性质 2：在生成元点集$\{p_1,p_2,\cdots,p_n\}$中，P_i 的每一个最邻近点，确定沃罗诺伊多边形$V(i)$的一条边；

性质 3：沃罗诺伊边是由相邻的两个生成元间的垂直平分线，或是该直线上的线段或射线构成。

3. 单元分解法

单元分解法的思想是将机器人所在环境空间切分为多个简单相连的区域，每个区域单元分为自由的和被物体占用的两种。然后找出起点和目标位置所在单元，并在连接图中用搜索算法找到一条连接起点和目标单元的路径。单元分解法又分为精确单元分解(Exact Cell Decomposition)和近似单元分解(Approximate Cell Decomposition)。单元分解法的一个重要评价标准是对环境划分的完备程度，如果环境分解后是无损的，那么这种划分法就是精确单元分解。如果分解形成实际地图的近似，则称为近似单元分解。

1) 精确单元分解

这里，单元的边界建立在几何临界性的基础上。最后得到的单元或各自是完全自由的，或各自被完全占用的。支持这种分解的基本抽象概念是：在自由空间的各单元内，机器人的特殊位置无关紧要，重要的是机器人从各自由空间单元走向其相邻自由单元的能力。精确单元分解法包括梯形图法(见图 5.17)、三角剖分法(见图 5.18)等。

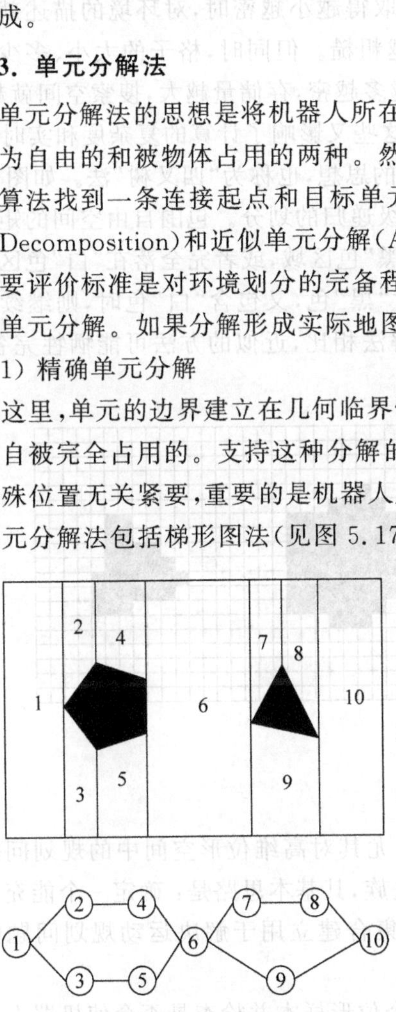

图 5.17 梯形图法

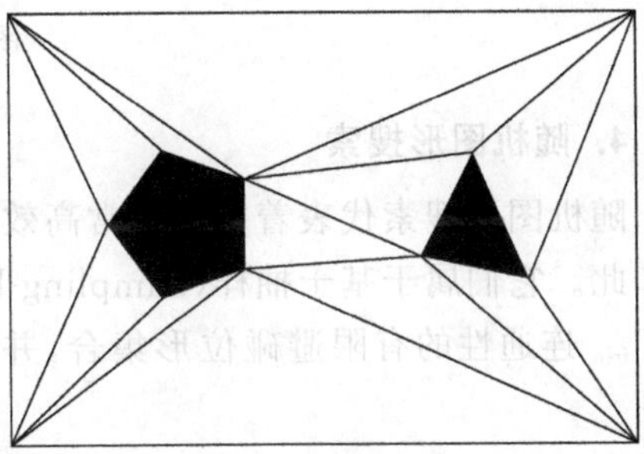

图 5.18 三角剖分法

精确单元分解法的计算效率取决于环境中物体的密度和复杂性，如果在复杂和高密度的环境中，该算法的计算复杂性会增加，而且基于梯形图和三角剖分等算法，很难找到长度最短的路径。

2) 近似单元分解

近似单元分解是移动机器人路径规划中普遍应用的技术之一，这种方法最流行的形式是栅格法。栅格法是一种最直接的对环境描述的方法。如图 5.16 所示，在用栅格法描述环境时，把一系列的格子"镶嵌"到要描述的环境中去，通过格子的状态描述环境信息。假设在环境中，用黑色表示障碍物，用白色表示可行路径，则落在黑色区域的格子不可行，落在白色区域的格子可行。然后，可以利用搜索算法找到一条由起点到终点的只穿越白色可行格子的路径。

栅格法的最大优点是其把整个环境作为一个整体进行描述，而不是对每一个障碍物进行描述。这样一来，就极大地减少了在环境中区分不同障碍物并获取其几何特性的麻烦，从而使其具有特别强的通用性。但是，此种描述环境的方法也有一个明显的不足之处，即对环境描述的精确程度完全取决于格子的大小。当格子取得越小越密时，对环境的描述就越精确。当格子取得越大越稀疏时，对环境的描述也就越粗糙。但同时，格子的大小、多少又直接决定了存储量的大小和搜索空间的大小，即格子越多越密，存储量越大，搜索空间就越大；格子越少越稀疏，存储量越小，搜索空间就越小；而这些又影响了计算的复杂度和实时性。

为了解决这个矛盾，于是有学者提出了分级递归的思想，也称为"四叉树"法。如图 5.19 所示，即在用栅格法描述环境的时候，对环境进行分级递归的划分。包围自由空间的矩形格子被分解成四个相同的矩形，当矩形格子完全落在"黑"色区域，或者完全落在"白"色区域时就停止对其做进一步的划分；否则，当格子中既包含"黑"色，又包含"白"色时，则继续对其进行划分，直至得到某种预定的解。与精确单元分解法相比，近似的方法可能牺牲完备性，但它很少涉及数学几何运算，所以比较容易实现。

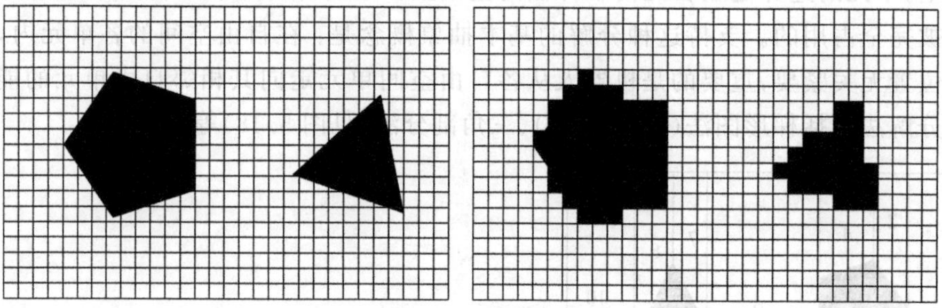

图 5.19 栅格法

4. 随机图形搜索

随机图形搜索代表着一类非常高效的规划方法，尤其对高维位形空间中的规划问题更是如此。它们属于基于抽样(Sampling-based)的方法族，其基本思路是：确定一个能充分表示 C_{free} 连通性的有限避碰位形集合，并利用该位形集合建立用于解决运动规划问题的路径图。

实现该思路的途径是在每步迭代过程中抽取一个位形样本并检查是否会使机器人与工作空间内的障碍发生碰撞。如果结论是肯定的，就丢弃该样本。而对一个不会导致碰撞的位形，则将其加入当前路径图中并与其他已经记录的位形建立可行的连接即可。

1) PRM 方法

PRM 算法将路径规划问题求解分为两个阶段来完成：学习阶段(learning phase)和查询阶段(query phase)。在学习阶段，PRM 算法主要是利用局部规划器，通过对整个位姿空间进行某种方式的采样，构建一张自由空间内的无向路径图 $G(V,E)$，其中 V 是顶点的集

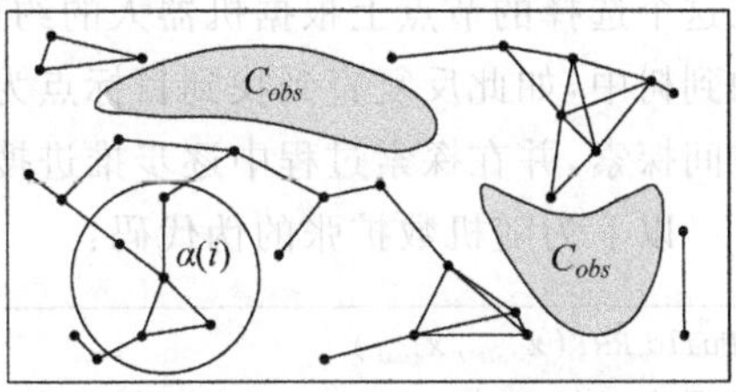

图 5.20 基本 PRM 扩展示意图

合，E 是 C_{free} 中路径的集合。在查询阶段通过图形搜索算法，在构建的路径图中找到一条从起点到终点的连通路径，该路径包含了一系列通过边连接在一起的采样点。PRM 算法的扩展示意图如图 5.20 所示，其具体执行步骤如下：

(1) 初始化路径图 $G(V,E)$、终止循环数 K、最大连接边数 i、步长 λ 等。在终止循环数 K 范围内循环执行(2)～(4)，对 G 进行扩展；

(2) 通过某种采样机制得到一个随机采样点 $\alpha(i)$；

(3) 对 $\alpha(i)$ 进行碰撞检测，若发生碰撞，则进入下一循环，未碰撞则继续当前循环；

(4) 将 $\alpha(i)$ 加入 V 中，找到 V 中与 $\alpha(i)$ 间距离小于设定步长 λ 的点集，对于集合中每个点 q 与 $\alpha(i)$ 之间进行碰撞，若发生碰撞，则检查下一个点，未发生碰撞则新建边 $\alpha(i)$ 并加入 E 中；

(5) 在路径图中导入起始点和终止点；

(6) 利用图搜索算法在 G 中搜索连接起点和终点的可行路径，直到找到最短路径或者搜索失败。

基本 PRM 算法构建路径图的伪代码如下：

```
BUILD_ROADMAP
    G.init(); i←0;
    while i < N do;
        if α(i) ∈ C_free
            G.add_vertex(); i←i+1;
            for each q ∈ neighborhood(α(i), G)
                if (not G.same_component(α(i).q)) and CONNECT(α(i), q)
                    G.add_edge(α(i), q);
```

PRM 算法通过碰撞检测判断采样点和边是否处于自由空间 C_{free}，而不需要精确计算空间，避免了描述位姿空间时进行大量的计算；此外算法具有概率完备性，即对于任意存在可行解的复杂求解空间，当 PRM 算法的采样数量足够多时，一定能够找到一条可行的路径。由于算法在构建路径图的过程中更倾向于探索未知空间，并且把有效的采样点加入路径图中，因此对于具有多个起点或终点的分支路径问题求解来说，PRM 算法可以将尽可能多的路径解包含在路径图中。

PRM 算法进行路径规划的两个阶段中，学习阶段构建的路径图的质量直接关系到查询阶段获得的路径质量的好坏，前者在计算过程中耗费的时间也远比后者多，因此国内外学者对算法学习阶段的改进进行了大量的研究，主要集中在采样点的生成方面，同时在其他方面也有相关的改进。

2) RRT 方法

快速扩展随机树(Rapidly-exploring Random Tree)最初是由美国科学家 S. M. LaVall 在 1998 年提出，此算法可以解决在高维空间内的非完整性约束的问题。他是基于以下设想提出：将机器人的起始点设置为树的根节点，在书中根据某种原则选择一个已有节点，然后在这个选择的节点上根据机器人的约束条件做扩展，产生一个新的节点，然后将此新节点添加到树中，如此反复直到找到目标点为止，算法要保证随机采样可使机器人向未被探索过的空间探索，并在探索过程中逐步推进搜索树。

以下为随机数扩张的伪代码：

```
Build RRT(x_init, x_goal)
T.init(x_init)
for k = 1 to K do
    x_rand ← Random_state()
    Extend(Xrand, T)
        if Reach; break;
return T
```

```
Extend(T, x_rand)
xnear ← Nearest_Neighbor(Xrand, t);
u ← Control_Select(U)
x_new = Newstate(u, x_near)
T.add_vertex(x_new)
T.add_edge(xnear, xnew, unew)
```

基本的 RRT 算法的伪代码如上所示，首先我们要建立一棵树 T，起始点 x_{init} 为其根节点。在状态空间中随机选取某个状态点 x_{rand}，并执行 Extend 函数向此状态点对数进行扩展。首先我们要找到树 T 中离 x_{rand} 最近的点 x_{near}。然后选择一个控制输入量 U，将其作用在 x_{near} 上得到新的状态点，其扩展过程如图 5.21 所示。不考虑运动约束的情况下，状态空间和位姿空间相等，一般情况下，对控制变量的选择为对扩张方向的选择，一般在 x_{near} 和 x_{rand} 的连线上，前进一个步长得到 x_{new}。在非完整型约束下，控制变量可以随机选取，也可以将控制集合中的所以变量都进行尝试(若 U 是一个连续集，则可以先将其进行离散化)。得到 x_{new} 点后将 x_{new} 和 x_{near} 做链接，RRT 算法流程如图 5.22 所示。Extend 有三种可能的结果：

(1) 若 $\| x_{\text{new}} - x_{\text{goal}} \| < \varepsilon$，$\varepsilon$ 为事先设定好的比较小的常数，则可以将 x_{new} 和 x_{goal} 看作是同一点，搜索成功。

(2) 将 x_{new} 添加到树上，但是 $x_{\text{new}} \neq x_{\text{goal}}$。

(3) 通过碰撞检测，发现并不位于自由空间中，或者从点到点的路径与障碍物发生碰撞。

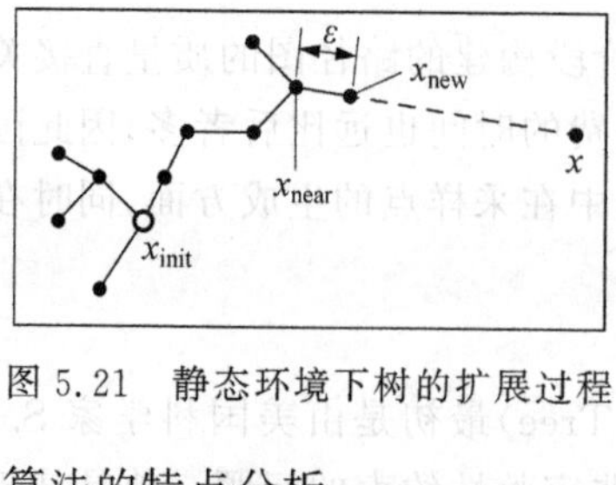

图 5.21　静态环境下树的扩展过程

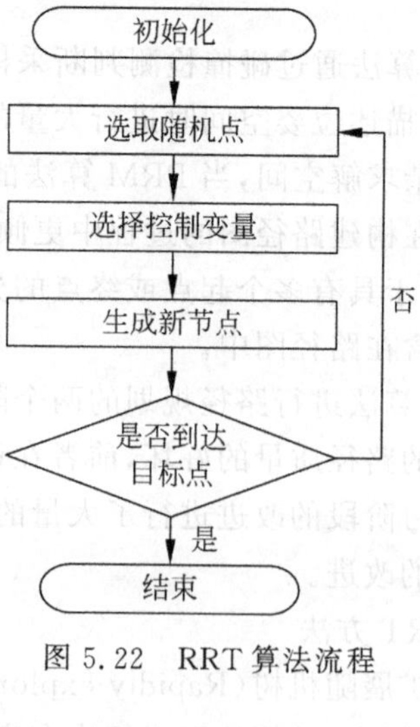

图 5.22　RRT 算法流程

RRT 算法的特点分析：

RRT 作为路径规划的经典算法，主要有以下的特点：

(1) RRT 算法的流程比较简单，只需要进行重复迭代就可以了；

(2) RRT 算法是一种概率完备的算法，即只要时间充足，迭代的次数足够，一定能找到一条合适的路径；

(3) RRT 算法会倾向于像没有被探索过的空间做扩展。

5.2.5 基于人工势场的规划方法

人工势场法在机器人导航和路径规划方面有广泛的应用，最初由 Khatib 在 1985 年提出。人工势场是对机器人运行环境的一种抽象描述，它将物理学中场的概念引入到规划环境的表达中。这种方法的基本思想是引入一个称为人工势场的数值函数描述空间结构，通过势场中的力引导机器人到达目标。这种势场分两种：目标产生的吸引势和障碍产生的排斥势。吸引势使机器人接近目标，排斥势使机器人避开障碍，二者的叠加构成机器人运动的虚拟势场。

人工势场法是一种拟物方法，按势函数的不同选取方法，可以分为牛顿型势场(Newton Potential Field)、圆形对称势场(Circular Symmetry Potential Field)、虚拟力场(Virtual Force Field)、超四次方势场和调和势场(Harmonic Potential Field)。这种方法的实质是使障碍物分布情况及其形状等信息反映在环境每一点的势场值中，机器人依次决定行进方向。

人工势场法的优点是机器人的运行环境可以直接对系统路径的生成起到闭环控制的作用，因此可以加强导航系统的动态避障能力，从而提高导航系统对环境的适用性。人工势场法具有一个不可避免的缺陷，也即局部极小点问题。所谓局部极小点，就是在状态空间中的某些区域内，机器人受到了多个势函数的作用，造成了其所受到的斥力与引力的相等的点，也即在该点处，机器人受到的合力为零，进而产生“死锁现象”，使机器人滞留在该局部极小点处，无法成功地到达目标点。通常情况下，障碍物越密集，机器人所受到的势能函数也就越多，产生局部极小点问题的概率也就越大。

1. 人工势场法的基本原理

假设在位姿空间中，任意一个位姿用 q 表示，势场用 $U(q)$表示，目标状态位姿用 q_g 表示，与目标位姿相关联的吸引势 $U_{att}(q)$及和障碍物相关联的排斥势 $U_{rep}(q)$。那么位姿空间中某一位姿的势场可用下面的公式表示：

$$U_q = U_{att}(q) + U_{rep}(q) \tag{5.6}$$

假定每一个位姿 $U(q)$都是可微的，那么机器人所受的合力为：

$$\vec{F}(q) = -\nabla U(q) = -\nabla U_{att}(q) - \nabla U_{rep}(q) \tag{5.7}$$

$\nabla U(q)$表示势场在 q 点的梯度，该方向是 q 点势场变化率最大的方向。吸引势场和排斥势场采用静电力势场模型进行定义：

$$U_{att}(q) = \frac{1}{2}\xi\rho_g^2(q)$$
$$U_{rep}(q) = \begin{cases} \frac{1}{2}\eta\left(\frac{1}{\rho(q)} - \frac{1}{\rho_0}\right), & \rho(q) \leqslant \rho_0 \\ 0, & \rho(q) > \rho_0 \end{cases} \tag{5.8}$$

由式(5.7)和式(5.8)可以得到机器人所受吸引力、排斥力为：

$$\boldsymbol{F}_{att}(q)=-\xi(q-q_g)$$
$$\boldsymbol{F}_{rep}(q)=\frac{\eta}{\rho^2(q)}\left(\frac{1}{\rho(q)}-\frac{1}{\rho_0}\right)\nabla\rho(q) \tag{5.9}$$

继而可以得到控制机器人运动的加速度：

$$a_k=\frac{\boldsymbol{F}(q_k)}{\|\boldsymbol{F}(q_k)\|}a_0 \tag{5.10}$$

设系统对环境的采样周期为 T_0，系统实际位姿为 $q(k)=(x_k,y_k,\theta_k)$，经过一个采样周期后，系统的位姿变成 $q(k+1)=(x_{k+1},y_{k+1},\theta_{k+1})$，则有：

$$\begin{cases}x_{k+1}=x_k+a_{xk}T_0^2/2\\ y_{k+1}=y_k+a_{yk}T_0^2/2\end{cases} \tag{5.11}$$

利用上述公式计算环境中每一点的势场，机器人作为一个质点，在势场力的引导下从起点开始移动，直到终点结束，其移动轨迹即为规划路径。

梯度势场算法的描述如下：

(1) 输入：受控机器人初始位姿 q_i、目标位姿 q_g 和障碍物信息；

(2) 过程：从 q_i 开始每次计算当前位姿 q_k 的势场力 $\boldsymbol{F}(q_k)$ 并沿其方向前进一个小步长 δ_k，δ_k 根据当前位姿设置不同的值，δ_k 必须足够小，以免在从 q_k 到 q_{k+1} 的过程中碰到障碍物；

(3) 重复步骤(2)，一直到找到 q_g 或无路可走时结束；

(4) 输出：一条连接 q_i 和 q_g 的位姿序列或指出该序列不存在。

人工势场算法的流程图如图 5.23 所示。

势场的形式根据实际需要而定，把机器人等效成质点，使用位置相关的势函数解决机器人的避碰问题，以便在实际系统中得以实现。

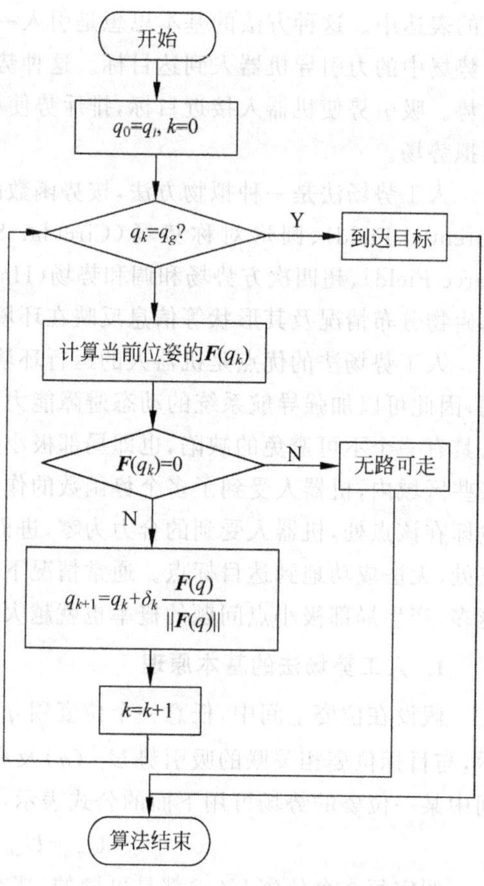

图 5.23 人工势场法路径规划流程图

2. 引力势函数选取

机器人无限接近目标点时，其所受势能为零，表示机器人已经到达了目标点，引力势函数可如下表示：

$$U_a=K_g d \tag{5.12}$$

d 为机器人和目标点之间的距离；K_g 为动态参数；引力函数表示为：

$$\boldsymbol{F}_a=K_g \tag{5.13}$$

障碍物斥力分别为 $\boldsymbol{F}_i(i,\cdots,n)$，$n$ 表示障碍物个数，合力 $\boldsymbol{F}_{\mathrm{r\_totle}}$ 为：

$$\boldsymbol{F}_{\mathrm{r\_totle}}=\sum_{i=1}^{n}\boldsymbol{F}_i \tag{5.14}$$

机器人 R 受到合力为：

$$\boldsymbol{F}=\boldsymbol{F}_{\mathrm{a\_totle}}+\boldsymbol{F}_{\mathrm{r\_totle}} \tag{5.15}$$

经上述分析可知，在机器人的路径规划过程中，可以根据 $\boldsymbol{F}$ 的方向决定机器人的运动方向，进一步调用机器人的底层控制模块，实现机器人避障功能。

3. 斥力势函数选取

由于在人工势场中障碍物 OR_i 产生的势场对机器人 R 将会产生排斥作用，距离越小，排斥作用越大；反之依然。这种势场与电势场比较类似，与距离成反比，一般可以将斥力函数表达为以下形式：

$$U_r=\begin{cases}K_0/\rho, & \rho\leqslant\rho_m\\ K_0/\rho_m, & \rho>\rho_m\end{cases} \tag{5.16}$$

其中，ρ_m 定义为势场最大范围作用域；ρ 表示为障碍物 OR_i 到机器人 R 的距离；k_0 为加权系数。

机器人所受斥力函数可用下式表示：

$$\boldsymbol{F}_r=-\nabla(U_0)=-\mathrm{d}U_0/\mathrm{d}\rho=\begin{cases}k_0/\rho^2, & \rho\leqslant\rho_m\\ 0, & \rho>\rho_m\end{cases} \tag{5.17}$$

此时，斥力方向为背离障碍物。

(1) 当 $\rho\to\rho_0$ 时，$F_r\to\infty$，同时为使 $\boldsymbol{F}_r$ 连续，并且 $\boldsymbol{F}_r$ 可修改为：

$$\boldsymbol{F}_i=\begin{cases}\dfrac{K_0}{(\rho-\rho_0)^2}-\dfrac{K_0}{(\rho_m-\rho_0)^2}, & \rho\leqslant\rho_m\\ 0, & \rho>\rho_m\end{cases} \tag{5.18}$$

(2) 当 $\rho\to0$ 时，$F_r\to\infty$，也即当机器人与障碍物相碰时，机器人受到的斥力将会变成无穷大；要避免机器人与障碍物相碰，则可以设置一个最小安全距离 ρ_0。

ρ_0 和 ρ_m 的取值是由机器人速度、尺寸和实际环境中障碍物的稀疏程度等因素有关。

4. 局部极点的问题处理

实际过程中，采用上述的路径规划算法，通常会存在局部极点的问题，即在机器人尚未到达目标点之前的某个运动位置上，所受合力为零，导致机器人停止不前。局部极点问题表现为以下缺陷：

(1) 当目标附近有障碍物时无法到达目标点；

(2) 在狭窄通道中不能发现路径，也即碰撞问题；

(3) 在障碍物前发生振荡；

(4) 存在陷阱区域。

针对局部极值点问题，许多研究者进行了深入的研究和改进。

目前主要有采用随机势场法，采用随机运动逃脱局部的最小点的方法；引入模拟退火算法和一些启发性知识避免局部极点问题的方法；把人工势场和蚁群算法或神经网络相结合克服局部极点的方法。从本质上讲，上述的克服局部极点的方法的基本思想都是尽量避免机器人在运动途中，产生势场合力为零的情况，或者是在运动到局部极点之后，设计某种规则，使机器人改变运动方向，最终脱离局部极点的位置。

针对局部极点问题提出了如下的解决方案，设某一时刻机器人所处点为 $R(x_i,y_i)$，势力场对机器人的作用点为 $V(x_v,y_v)$，在产生局部极小值情况下，让机器人垂直于受力方向，按逆时针方向移动 a 步长，其算法描述为：

(1) 当机器人处于局部极小值时，机器人的受力方向为：$k=(y_i-y_v)/(x_i-x_v)$；

(2) 机器人的垂直受力方向为：$k'=-(x_i-x_v)/(y_i-y_v)$；

(3) 按逆时针移动后，机器人所在位置：$(x_i+a, k'x_i+k'a+y_i)$。

5.3 机器人轨迹规划

机器人轨迹规划意味着在行动之前决定行动的进程；机器人轨迹规划是一个对机器人行动过程的描述。

机器人自动轨迹规划是一种重要的问题求解技术，它从某个特定的问题状态出发，寻求一系列行为动作，并建立一个操作序列，直到求得目标状态为止。与一般问题求解相比，自动轨迹规划更注重于求解过程。此外轨迹规划要解决的问题往往是真实问题，而不是抽象的数学模型问题。机器人轨迹规划是机器人学的一个重要研究领域，研究机器人各种控制求解问题。

5.3.1 机器人轨迹规划概述与发展现状

1. 机器人轨迹的概念

机器人轨迹泛指机器人在运动过程中的位移、速度和加速度，也可定义为机器人运动构件的位姿和位姿变化情况。多数是指机器人末端执行器的位姿和位姿变化情况。

机器人运动轨迹的描述一般是对其末端执行器位姿变化的描述。控制轨迹也就是按时间控制手部走过的空间路径。在轨迹规划中，也常用点表示机器人在某一时刻的状态，或某一时刻的轨迹，或用它表示末端执行器的位姿，例如起始点、终止点就分别表示末端执行器的起始位姿及终止位姿。

2. 轨迹规划的一般性问题

机器人在作业空间要完成给定的任务，其手部运动必须按一定的轨迹进行。轨迹规划是根据作业任务的要求，计算出预期的运动轨迹。

机器人轨迹的生成一般是先给定轨迹上的若干个点，将其经运动学反解映射到关节空间，对关节空间中的相应点建立运动方程，然后按这些运动方程对机器人关节进行插值，用于机器人关节运动的控制，从而实现作业空间的运动要求，这一过程通常称为机器人轨迹规划。

(1) 机器人的作业可看作是工具坐标系{T}相对于工件坐标系{S}的一系列运动。如

图5.24所示，将销插入工件孔中作业，可以借助工具坐标系的一系列位姿 $P_i(i=1,2,\cdots,n)$ 描述。

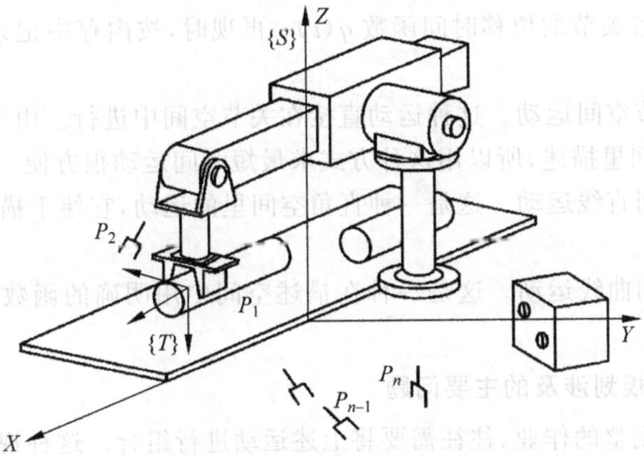

图5.24　机器人将销插入工件孔中的作业描述

(2) 用工具坐标系相对于工件坐标系的运动描述作业路径是一种通用的作业描述方法。它把作业路径描述与具体的机器人、手爪或工具分离开来，形成了模型化的作业描述方法，从而使这种描述既适用于不同的机器人，也适用于在同一机器人上装夹不同规格的工具。把图5.25所示的机器人从初始状态运动到终止状态的作业，看作是工具坐标系从初始位置$\{T_0\}$变化到终止位置$\{T_f\}$的坐标变换。

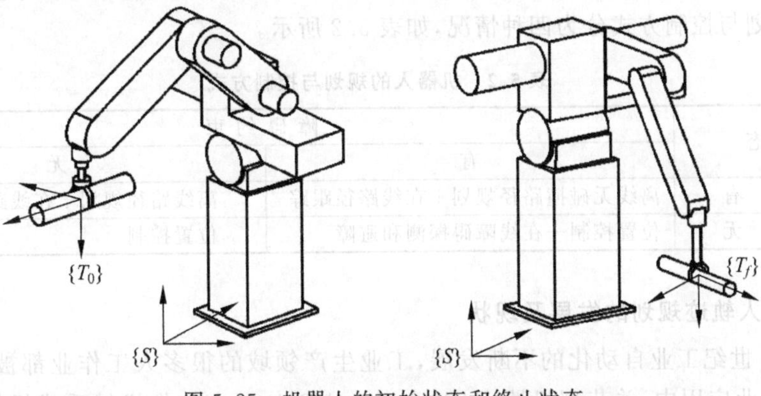

图5.25　机器人的初始状态和终止状态

(3) 更详细地描述运动时不仅要规定机器人的起始点和终止点，而且要给出介于起始点和终止点之间的中间点，也称路径点。这时，机器人运动轨迹除了位姿约束外，还存在着各路径点之间的时间分配问题。

(4) 机器人的运动应当平稳，不平稳的运动将加剧机械部件的磨损，并导致机器人的振动和冲击。为此，要求所选择的运动轨迹描述函数必须连续，且它的一阶导数(速度)，有时二阶导数(加速度)也应该连续。

(5) 轨迹规划既可以在关节空间中进行，也可以在直角坐标空间中进行。在关节空间中进行轨迹规划是指将所有关节变量表示为时间的函数，用这些关节函数及其一阶、二阶导数描述机器人预期的运动；在直角坐标空间中进行轨迹规划是指将手爪位姿、速度和加速度表示为时间的函数，而相应的关节位置、速度和加速度由手爪信息导出。

3. 机器人轨迹的生成方式

(1) 机器人示教—再现运动。这种运动由人手把手示教机器人,定时记录各关节变量,得到沿路径运动时各关节的位移时间函数 $q(t)$;再现时,按内存中记录的各点的值产生序列动作。

(2) 机器人关节空间运动。这种运动直接在关节空间中进行。由于动力学参数及其极限值直接在关节空间里描述,所以用这种方式求最短时间运动很方便。

(3) 机器人空间直线运动。这是一种直角空间里的运动,它便于描述空间操作,计算量小,适宜简单的作业。

(4) 机器人空间曲线运动。这是一种在描述空间中用明确的函数表达的运动,如圆周运动、螺旋运动等。

4. 机器人轨迹规划涉及的主要问题

为了描述一个完整的作业,往往需要将上述运动进行组合。这种规划涉及以下问题:

(1) 用示教方法给出轨迹上的若干个节点。

(2) 用一条轨迹通过或逼近节点,此轨迹可按一定的原则优化,如加速度平滑得到直角空间的位移时间函数 $X(t)$或关节空间的位移时间函数 $q(t)$;在节点之间如何进行插补,即根据轨迹表达式在每一个采样周期实时计算轨迹上点的位姿和各关节变量值。

(3) 以上生成的轨迹是机器人位置控制的给定值,可以据此或根据机器人的动态参数设计一定的控制规律。

(4) 规划机器人的运动轨迹时,尚需明确其路径上是否存在障碍约束的组合。一般将机器人的规划与控制方式分为四种情况,如表 5.2 所示。

表 5.2 机器人的规划与控制方式

状态		障碍约束	
		有	无
路径约束	有	离线无碰撞路径规划+在线路径跟踪	离线路径规划+在线路径跟踪
	无	位置控制+在线障碍探测和避障	位置控制

5. 机器人轨迹规划的发展及现状

随着 21 世纪工业自动化的不断发展,工业生产领域的很多人工作业都被工业机器人所取代,在工业应用中,关节型机器人(Articulated Robot,也称作机械手或机械臂)最为常见,其主要特点是模仿人类身体从腰部到手部的构造,形式上从二自由度到冗余自由度不等。轨迹规划,是机器人设计中一个非常关键的技术模块,轨迹规划的重点是研究满足用户多样化需求的各种轨迹规划算法。工业机器人的轨迹规划在机器人的运动控制中占据着重要的位置,其不但直接控制着机器人末端执行器的工作方式,还对机器人的运动效率、能量消耗、平稳运行和使用寿命有着较大的影响,所以轨迹规划成了机器人学最重要的研究领域之一。

工业机器人的轨迹规划问题经过半个世纪的研究,在基本轨迹规划方面已有了一大批成熟的技术,在最优轨迹规划方面也不乏可以指导工程实践的成果。轨迹规划主要分为笛卡儿空间中的轨迹规划和关节空间中轨迹规划。在众多学者对轨迹规划的研究过程中,关节空间的轨迹规划是大多数学者的研究方向,而笛卡儿空间的轨迹规划并不多见。机器人的轨迹规划大多在关节空间中进行,这种规划方式十分便捷;但是针对某些对空间轨迹要求严格的工况下，则采用笛卡儿空间规划，这是因为虽然笛卡儿空间轨迹规划有着众多的优点，但是之前并没有用于笛卡儿空间坐标测量机器人末端执行器位置的传感器。

近年来，随着图像处理技术的发展以及多轴传感器定位技术的快速研发，使得笛卡儿空间坐标定位的问题得以解决。与此同时，工业加工作业中对机器人执行精度的要求越来越高，如高精度焊接等，所以对笛卡儿空间轨迹规划进行深入研究具有重要意义，例如目前离线编程技术可直接运用计算机仿真，提取工件的模型，生成作业需求的运动轨迹，这时笛卡儿空间轨迹规划就显得更加直观，易于运用。任务级机器人语言（如发出“抓住螺钉”指令）的发展趋势，也需要机器人拥有自动执行并规划任务的能力，能够从空间任务中直接提取出笛卡儿空间的运动路径，并规划运动状态。随着机器人逆解算法的进步和计算芯片性能的提高，笛卡儿空间规划也会越来越多地发挥其显示直观、实时性高的优点。建立在基本轨迹规划上的最优轨迹规划，则是以后轨迹规划的重要发展方向，找到各种工况下的最优轨迹也是学者们研究的热点，但是目前还没有一种通用性的综合优化方法适用于工业机器人。

目前智能轨迹规划算法是机器人研究的热点之一，基于最优化理论的发展，即搜寻最优轨迹的一种算法，如遗传算法、模糊算法、粒子群算法、模拟退火算法和人工神经网络等，并且很多实际应用与实验仿真也表明这些优化算法应用到机器人轨迹规划中，确实能够达到优化的目的，优化的结果包括降低能耗或者缩短时间，实现最优时间或者最优能量的轨迹优化设计，在保证能稳定准确的运行情况下，提高机器人的工作效率。

工业自动化应用中越来越高的精度要求和越来越复杂的工况，也给机器人轨迹规划提出了新的挑战，轨迹规划必须朝着高精度、高效率、模块化、自动化、智能化的方向进化。综上所述，展望工业机器人轨迹规划的最新发展趋势，包含基于机器视觉（Machine Vision）的实时自动轨迹规划、考虑实际工作模式的高可靠性轨迹规划、基于虚拟现实的机器人轨迹规划系统及轨迹规划算法的集成化、可视化、智能化等方面。

5.3.2　机器人关节轨迹的插值

机器人关节空间路径规划，是指给定关节角的约束条件，包括机器人的起点、终点或中间点的位置、速度、加速度等，生成机器人各关节变量的变化曲线的过程。当只给定起点、终点时刻的约束条件时，相应的机器人路径规划称为点到点路径规划；若要求机器人关节变量严格按照指定曲线运动时的规划，称为连续路径规划；当要求经过多个中间点，而对节点间的轨迹没有严格限制时的路径规划，称为多节点路径规划。

实际中，往往是采用介于点到点和连续路径规划之间的机器人多节点路径规划。可以采用三次多项式、过路径点的三次多项式插值、高阶多项式插值、用抛物线过渡的线性插值等插值函数进行关节空间的路径规划。

1. 三次多项式插值

考虑机器人末端在一定时间内从初始位置和方位移动到目标位置和方位的问题。利用逆运动学计算，可首先求出一组起始和终点的关节位置。现在的问题是求出一组通过起点和终点的光滑函数，满足这个条件的光滑函数可以有许多条，如图 5.26 所示。

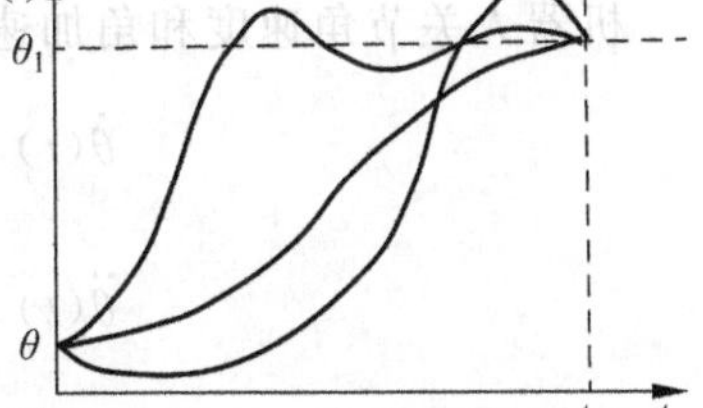

图 5.26　单个关节的不同轨迹曲线

为满足机器人关节运动速度的连续性要求，还有两个约束条件，即在起始点和终止点的关节速度要求。为了满足关节运动速度连续性的要求，起始点和终止点的关节速度可简单地设定为零。

$$\begin{cases}\theta(0)=\theta_0\\ \theta(t_f)=\theta_f\end{cases}\tag{5.19}$$

$$\begin{cases}\dot{\theta}(0)=0\\ \dot{\theta}(t_f)=0\end{cases}\tag{5.20}$$

上述四个边界约束条件式(5.19)和式(5.20)唯一地确定了一个三次多项式：

$$\theta(t)=a_0+a_1t+a_2t^2+a_3t^3\tag{5.21}$$

机器人运动轨迹上的关节速度和加速度则为：

$$\begin{cases}\dot{\theta}(t)=a_1+2a_2t+3a_3t^2\\ \ddot{\theta}(t)=2a_2+6a_3t\end{cases}\tag{5.22}$$

为求得三次多项式的系数 a_0,a_1,a_2 和 a_3，代以给定的约束条件，有方程组：

$$\begin{cases}\theta_0=a_0\\ \theta_f=a_0+a_1t_f+a_2t_f^2+a_3t_f^3\\ 0=a_1\\ 0=a_1+2a_2t_f+3a_3t_f^2\end{cases}\tag{5.23}$$

求解上述线性方程组可得：

$$\begin{cases}a_0=\theta_0\\ a_1=0\\ a_2=-\dfrac{3}{t_f^3}(\theta_f-\theta_0)\\ a_3=-\dfrac{2}{t_f^3}=(\theta_f-\theta_0)\end{cases}\tag{5.24}$$

对于起始速度及终止速度为零的关节运动，满足连续平稳运动要求的三次多项式插值函数为：

$$\theta(t)=\theta_0+\frac{3}{t_f^2}(\theta_f-\theta_0)t^2-\frac{2}{t_f^3}(\theta_f-\theta_0)t^3\tag{5.25}$$

机器人关节角速度和角加速度的表达式为：

$$\begin{aligned}\dot{\theta}(t)&=\frac{6}{t_f^2}(\theta_f-\theta_0)t-\frac{6}{t_f^3}(\theta_f-\theta_0)t^2\\ \ddot{\theta}(t)&=\frac{6}{t_f^2}(\theta_f-\theta_0)t-\frac{12}{t_f^3}(\theta_f-\theta_0)t\end{aligned}\tag{5.26}$$

这里再次指出：这组解只适用于机器人关节起始、终止速度为零的运动情况。

三次多项式插值的机器人关节运动轨迹曲线如图 5.27 所示。由图可知，其速度曲线为抛物线，相应的加速度曲线为直线。

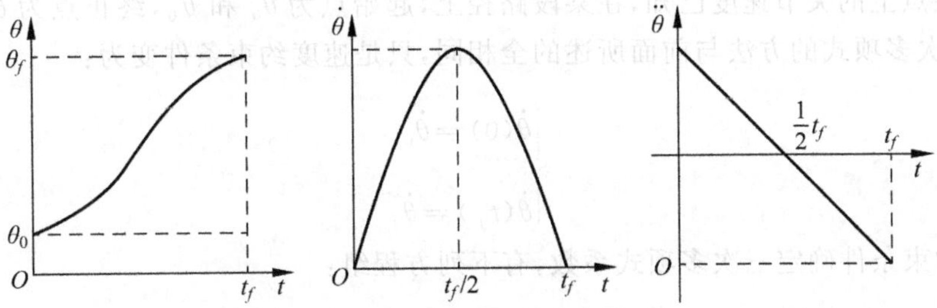

图 5.27 三次多项式插值的关节运动轨迹

可以把所有路径点也看作是"起始点"或"终止点",求解逆运动学,得到相应的关节矢量值。然后确定所要求的三次多项式插值函数,把路径点平滑地连接起来。但是,这些"起始点"和"终止点"的关节运动速度不再是零。

路径点上的关节速度可以根据需要设定,确定三次多项式的方法与前面所述的完全相同,只是速度约束条件变为:

$$\begin{cases}\dot{\theta}(0)=\dot{\theta}_0\\ \dot{\theta}(t_f)=\dot{\theta}_f\end{cases} \tag{5.27}$$

求得三次多项式的系数:

$$\begin{cases}a_0=\theta_0\\ a_1=\dot{\theta}_0\\ a_2=\dfrac{3}{t_f^2}(\theta_f-\theta_0)-\dfrac{2}{t_f}\dot{\theta}_0-\dfrac{1}{t_f}\dot{\theta}_f\\ a_3=-\dfrac{2}{t_f^3}(\theta_f-\theta_0)+\dfrac{1}{t_f}(\dot{\theta}_0+\dot{\theta}_f)\end{cases} \tag{5.28}$$

路径点上的关节速度可由以下三种方法规定:

(1) 在直角坐标空间或关节根据工具坐标系在直角坐标空间中的瞬时线速度和角速度来确定每个路径点的关节速度。

(2) 空间中采用适当的启发式方法,由控制系统自动地选择路径点的速度。

(3) 为了保证每个路径点上加速度的连续,由控制系统按此要求自动地选择路径点的速度。

2. 过路径点的三次多项式插值

对于这种情况,假如末端执行器在路径点停留,即各路径点上速度为 0,则轨迹规划可连续直接使用前面介绍的三次多项式插值方法;但若末端执行器只是经过,并不停留,就需要将前述方法推广。

对于机器人作业路径上的所有路径点可以用求解逆运动学的方法,先得到多组对应的关节空间路径点,进行轨迹规划时,把每个关节上相邻的两个路径点分别看作起始点和终止点,再确定相应的三次多项式插值函数,把路径点平滑连接起来。一般情况下,这些起始点和终止点的关节运动速度不再为零。

设路径点上的关节速度已知，在某段路径上，起始点为 θ_0 和 $\dot{\theta}_0$，终止点为 θ_f 和 $\dot{\theta}_f$，这时，确定三次多项式的方法与前面所述的全相同，只是速度约束条件变为：

$$\begin{cases}\dot{\theta}(0)=\dot{\theta}_0\\ \dot{\theta}(t_f)=\dot{\theta}_f\end{cases} \tag{5.29}$$

利用约束条件确定三次多项式系数，有下列方程组：

$$\begin{cases}\theta_0=a_0\\ \theta_f=a_0+a_1t_f+a_2t_f^2+a_3t_f^3\\ \dot{\theta}_0=a_1\\ \dot{\theta}_f=a_1+2a_2t_f+3a_3t_f^2\end{cases} \tag{5.30}$$

求解方程组可得：

$$\begin{cases}a_0=\theta_0\\ a_1=\dot{\theta}_0\\ a_2=\dfrac{3}{t_f^2}(\theta_f-\theta_0)-\dfrac{2}{t_f}\dot{\theta}_0-\dfrac{1}{t_f}\dot{\theta}_f\\ a_3=-\dfrac{2}{t_f^3}(\theta_f-\theta_0)+\dfrac{1}{t_f^2}(\dot{\theta}_0+\dot{\theta}_f)\end{cases} \tag{5.31}$$

实际上，由上式确定的三次多项式描述了起始点和终止点具有任意给定位置和速度的运动轨迹。剩下的问题就是如何确定路径点上的关节速度，可由以下 3 种方法规定：

(1) 根据工具坐标系在直角坐标空间中的瞬时线速度和角速度确定每个路径点的关节速度。

该方法利用操作臂在此路径点上的逆雅可比，把该点的直角坐标速度“映射”为所要求的关节速度。当然，如果操作臂的某个路径点是奇异点，这时就不能任意设置速度值。按照该方法生成的轨迹虽然能满足用户设置速度的需要，但是逐点设置速度毕竟要耗费很大的工作量。

(2) 在直角坐标空间或关节空间中采用适当的启发式方法，由控制系统自动地选择路径点的速度。

图 5.28 表示一种启发式选择路径点速度的方式。图中 θ_0 为起始点；θ_D 为终止点，θ_A，θ_B 和 θ_C 是路径点，用细实线表示过路径点时的关节运动速度。这里所用的启发式信息从概念到计算方法都很简单，即假设用直线段把这些路径点依次连接起来，如果相邻线段的斜率在路径点处改变符号，则把速度选定为零；如果相邻线段不改变符号，则选取路径点两侧的线段斜率的平均值作为该点的速度。因此，根据规定的路径点，系统就能够按此规则自动生成相应的路径点速度。

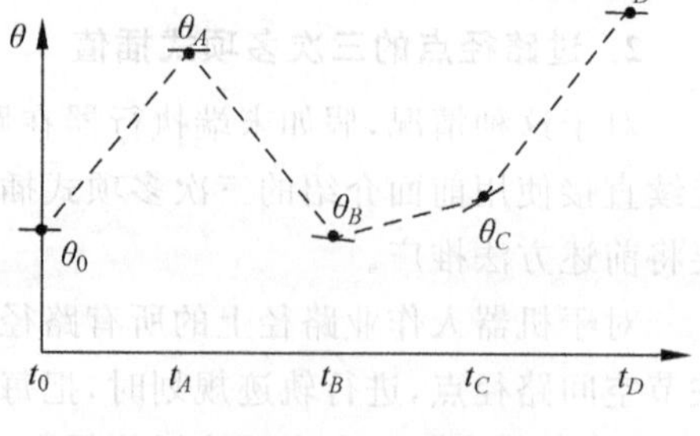

图 5.28 路径点上的速度自动生成

(3) 为了保证每个路径点上的加速度连续，由控制系统按此要求自动地选择路径点的速度。

为了保证路径点处的加速度连续，可设法用两条三次曲线在路径点处按一定规则连接起来，拼凑成所要求的轨迹。其约束条件是：连接处不仅速度连续，而且加速度也连续。

设所经过的路径点处的关节角度为 θ_v，与该点相邻的前后两点的关节角分别为 θ_0 和 θ_g。设其路径点处的关节加速度连续。如果路径点用三次多项式连接，试确定多项式的所有系数。该机器人路径可分为 $\theta_0 \sim \theta_v$ 段及 $\theta_v \sim \theta_g$ 段两段，可通过由两个三次多项式组成的样条函数连接。设 $\theta_0 \sim \theta_v$ 的三次多项式插值函数为：

$$\theta(t)=a_{10}+a_{11}t+a_{12}t^2+a_{13}t^3 \tag{5.32}$$

$\theta_v \sim \theta_g$ 的插值三次多项式为：

$$\theta(t)=a_{20}+a_{21}t+a_{22}t^2+a_{23}t^3 \tag{5.33}$$

上述两个三次多项式的时间区间分别为$[0,t_{f1}]$和$[0,t_{f2}]$。对这两个多项式的约束是：

$$\begin{cases}\theta_0=a_{10}\\ \theta_v=a_{10}+a_{11}t_{f1}+a_{12}t_{f1}^2+a_{13}f_{f1}^3\\ \theta_v=a_{20}\\ \theta_k=a_{20}+a_{21}t_{f2}+a_{22}t_{f2}^2+a_{23}t_{f2}^3\\ 0=a_{11}\\ 0=a_{21}+2a_{22}t_{f2}+3a_{23}t_{f2}^2\\ a_{11}+2a_{12}t_{f1}+3a_{13}t_{f1}^2=a_{21}\\ 2a_{12}+6a_{13}t_{f1}=2a_{22}\end{cases} \tag{5.34}$$

以上约束组成了含有 8 个未知数的 8 个线性方程。对于 $t_{f1}=t_{f2}=t_f$ 的情况，这个方程组的解为：

$$\begin{cases}a_{10}=\theta_0\\ a_{11}=0\\ a_{12}=\dfrac{12\theta_v-3\theta_g-9\theta_0}{4t_f^2}\\ a_{13}=\dfrac{-8\theta_v+3\theta_g+5\theta_0}{4t_f^2}\\ a_{20}=\theta_v\\ a_{21}=\dfrac{3\theta_g-3\theta_0}{4t_f}\\ a_{22}=\dfrac{-12\theta_v+6\theta_g+6\theta_0}{4t_f^2}\\ a_{23}=\dfrac{8\theta_v-5\theta_g-3\theta_0}{4t_f^3}\end{cases} \tag{5.35}$$

一般情况下，一个完整的机器人轨迹由多个三次多项式表示，约束条件(包括路径点处的关节加速度连续)构成的方程组。

3. 高阶多项式插值

如果对于运动轨迹的要求更为严格，约束条件增多，那么三次多项式就不能满足需要，必须用更高阶的多项式对运动轨迹的路径段进行插值。例如,对某段路径的起始点和终止点都规定了关节的位置、速度和加速度,则要用一个五次多项式进行插值,即

$$\theta(t)=a_0+a_1t+a_2t^2+a_3t^3+a_4t^4+a_5t^5 \tag{5.36}$$

多项式的系数 $a_0,a_1,\cdots,a_5$ 必须满足 6 个约束条件:

$$\begin{cases}\theta_0=a_0\\ \theta_f=a_0+a_1t_f+a_2t_f^2+a_3t_f^3+a_4t_f^4+a_5t_f^5\\ \dot{\theta}_0=a_1\\ \dot{\theta}_f=a_1+2a_2t_f+3a_3t_f^2+4a_4t_f^3+5a_5t_f^4\\ \ddot{\theta}_0=2a_2\\ \ddot{\theta}_f=2a_2+6a_3t_f+12a_4t_f^2+20a_5t_f^3\end{cases} \tag{5.37}$$

这个线性方程组含有 6 个未知数和 6 个方程,其解为:

$$\begin{cases}a_0=\theta_0\\ a_1=\dot{\theta}_0\\ a_2=\dfrac{\ddot{\theta}_0}{2}\\ a_3=\dfrac{20\theta_f-20\theta_0-(8\dot{\theta}_f+12\dot{\theta}_0)t_f-(3\ddot{\theta}_0-\ddot{\theta}_f)t_f^2}{2t_f^3}\\ a_4=\dfrac{30\theta_0-30\theta_f+(14\dot{\theta}_f+16\dot{\theta}_0)t_f+(3\ddot{\theta}_0-2\ddot{\theta}_f)t_t^2}{2t_f^4}\\ a_5=\dfrac{12\theta_f-12\theta_0-(6\dot{\theta}_f+6\dot{\theta}_0)t_f+(\ddot{\theta}_0-\ddot{\theta}_f)t_f^2}{2t_f^5}\end{cases} \tag{5.38}$$

4. 用抛物线过渡的线性插值

对于给定了起始点和终止点的机器人关节空间轨迹规划,似乎选择线性函数最为简单,但是最纯线性插值往往会导致在起始点和终止点关节运动速度的不连续,并且加速度无限大,在两端点会造成刚性冲击。

为了改进,在线性插值两端点的邻域内设置一段抛物线形缓冲区段,如图 5.29 所示。由于抛物线函数对于时间的二阶导数为常数,因此在端点的速度平滑过渡,从而使整个轨迹上的位置和速度连续,如图 5.30 所示。

对于这种路径规划存在有多个解,其轨迹不唯一,如图 5.31 所示。但是,每条路径都对称于时间中点 t_h 和位置中点 θ_h。

为了保证机器人路径轨迹的连续、光滑,即要求抛物线轨迹的终点速度必须等于线性段的速度,故有下列关系:

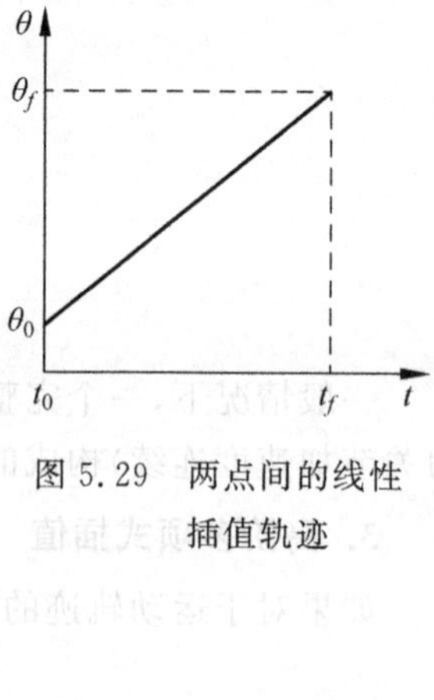

图 5.29 两点间的线性插值轨迹

$$\dot{\theta}_{t_b}=\frac{\theta_h-\theta_b}{t_h-t_b} \tag{5.39}$$

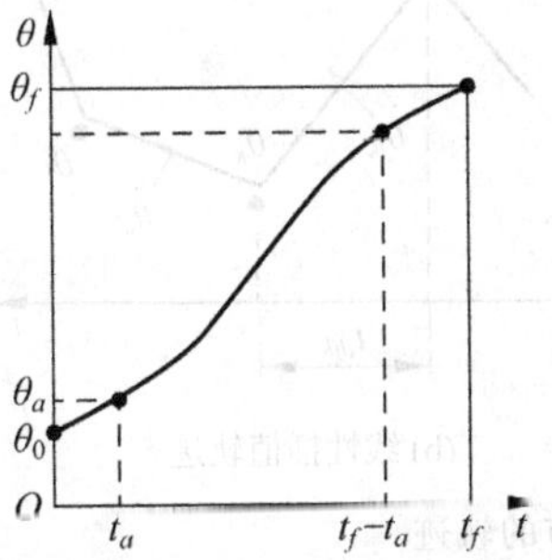

图 5.30 带有抛物线过渡域的线性轨迹

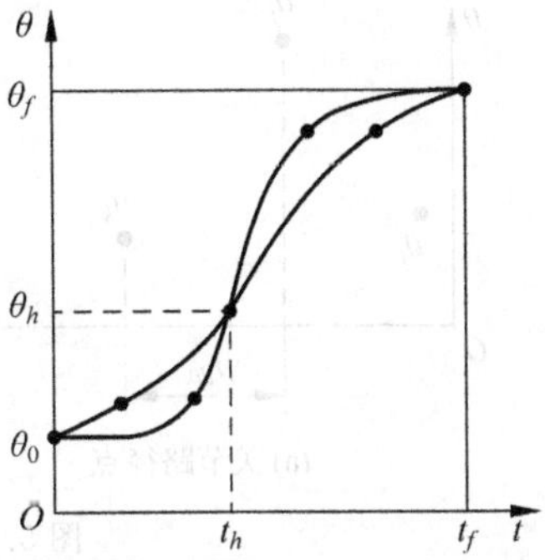

图 5.31 轨迹的多解性与对称性

式中,θ_b 为过渡域终点 t_b 处的关节角度。用 $\ddot{\theta}$ 表示过渡域内的加速度,θ_b 的值可按下式解得:

$$\theta_b=\theta_0+\frac{1}{2}\ddot{\theta}t_b^2 \tag{5.40}$$

令 $t=2t_h$,可得:

$$\ddot{\theta}t_b^2-\ddot{\theta}tt_b+(\theta_f-\theta_0)=0 \tag{5.41}$$

式中,t 为所要求的运动持续时间。

一般情况下,θ_0、θ_f、t_f 是已知条件,这样,根据式(5.41)可以选择相应的 $\ddot{\theta}$ 和 t_b,得到相应的轨迹。通常的做法是先选定加速度 $\ddot{\theta}$ 的值,然后按式(5.42)求出相应的 t_b:

$$t_b=\frac{t}{2}-\frac{\sqrt{\ddot{\theta}^2t^2-4\ddot{\theta}(\theta_f-\theta_0)}}{2\ddot{\theta}} \tag{5.42}$$

由式(5.42)可知,为保证 t_b 有解,过渡域加速度值 $\ddot{\theta}$ 必须选得足够大,即

$$\ddot{\theta}\geqslant\frac{4(\theta_f-\theta_0)}{t^2} \tag{5.43}$$

当式(5.37)中的等号成立时,机器人轨迹线性段的长度缩减为零,整个轨迹由两个过渡域组成,这两个过渡域在衔接处的斜率(关节速度)相等;加速度 $\ddot{\theta}$ 的取值越大,过渡域的长度就越短,若加速度趋于无穷大,轨迹又复归到简单的线性插值情况。

5. 过路径点的用抛物线过渡的线性插值

简单的线性插值会使得机器人在某一路径点处的关节运行速度产生跳变,导致加速度急剧增加,甚至接近于无穷大,如图 5.32 所示。为了避免这种情况的发生,使用线性插值法时,需要在每个路径点附近加入一截使用抛物线拟合的过渡段,使生成的轨迹具有连续的角度值变化和均匀的速度。至于抛物线对时间的二阶导数,因为它是常数,所以对应的路径段具有恒定的加速度,使得该点处的轨迹运动速度平稳而不引起阶跃变化。通过抛物线的拟合,即可得到位移和速度连续的整个轨迹。

机器人某一个关节的一组关节路径点之间使用线性样条相连,而各线性样条与路径点相连的两端都使用了一段抛物线连接,具体如图 5.33 所示。线性样条和抛物线拟合形成的

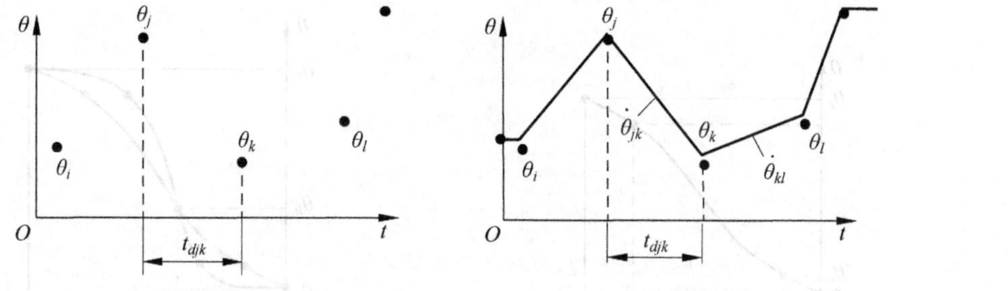

(a) 关节路径点　　　(b) 线性插值轨迹

图 5.32　机器人某一关节的轨迹

轨迹称为带有抛物线拟合的线性轨迹。在图中，关节路径点多余两个，所以有多条路径段，机器人移动到第一个路径段的终点，还会向下一点移动，下一点可以是目标点或者另一个中间点。如前所述，采用带有抛物线拟合的分段线性运动轨迹生成方法，以避免运动速度的不连续。

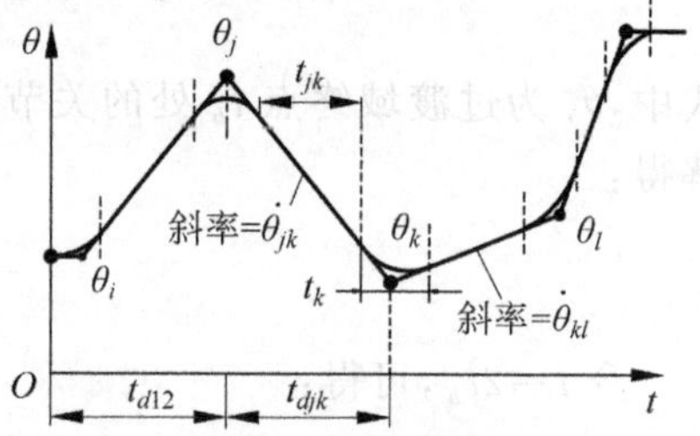

图 5.33　多段带有抛物线过渡的线性插值轨迹

在各路径段进行抛物线拟合时，可利用各个路径点的边界条件得到相应的抛物线拟合函数的系数。例如，如果已知机器人关节某一起始路径点的运动速度，因为下一个中间点处于该点的路径段中，该中间点要有连续的速度和位移，根据这一边界条件，可以计算下一条路径段的系数，以此类推，直到计算出全部路径段并到达目标点。当然，我们还需要根据给定的关节运动速度对各个路径段计算新的时间 t，并且还需检查加速度的值是否大于极限值。

在这里将使用以下符号：用 j，k 和 l 表示三个临近路径点，它们都表示关节在某一时刻的转动角度值。位于路径点 k 处的拟合区段的运行时间间隔为 t_k，位于点 j 和 k 之间的直线段的时间间隔为 t_{jk}，此两点间包括拟合段的总时间间隔为 t_{djk}。此外，j、k 间直线段的速度为 $\dot{\theta}_{jk}$，而在点 j 处拟合区段的加速度为 $\ddot{\theta}_j$。

与只包含首尾两个路径点的单一路径段的情形相似，通过多个中间路径点的带有抛物线拟合的线性插值轨迹可能存在许多不同的结果，而不同结果的产生主要由各个拟合区段的加速度值决定。已知任意一个路径点的位置 θ_k、期望的时间间隔 t_{djk} 以及此路径点处的加速度值为 $|\ddot{\theta}_k|$，那么可以计算出该点相应拟合区段的时间间隔。对于那些不是处于轨迹首或尾的路径段($j,k\neq 1,2$；$k\neq n,n-1$)，可直接使用下列公式计算：

$$\begin{cases}\dot{\theta}_{jk}=\dfrac{\theta_k-\theta_j}{t_{djk}}\\ \ddot{\theta}_k=\operatorname{sgn}(\dot{\theta}_{kl}-\dot{\theta}_{jk})\ |\ddot{\theta}_k|\\ t_k=\dfrac{\dot{\theta}_{kl}-\dot{\theta}_{jk}}{\ddot{\theta}_k}\\ t_{jk}=t_{djk}-\dfrac{1}{2}t_j-\dfrac{1}{2}t_k\end{cases}\tag{5.44}$$

因为一条机器人的路径段包括轨迹首尾端部拟合区段的时间，而首尾端部路径段为拟合区段的一部分，其处理情况与中间路径段有所差异。为求取首部路径段的持续时间，可使此处直线区段的速度相等，即

$$\frac{\theta_2-\theta_1}{t_{d12}-\frac{1}{2}t_1}=\ddot{\theta}_1 t_1 \tag{5.45}$$

用式(5.45)算出起始点拟合区段的持续时间 t_1 之后，进而求出 $\dot{\theta}_{12}$ 和 t_{12}：

$$\begin{cases}\ddot{\theta}_1=\operatorname{sgn}(\dot{\theta}_2-\dot{\theta}_1)\mid\ddot{\theta}_1\mid\\ t_1=t_{d12}-\sqrt{t_{d12}^2-\dfrac{2(\theta_2-\theta_1)}{\ddot{\theta}_1}}\\ \dot{\theta}_{12}=\dfrac{\theta_2-\theta_1}{t_{d12}-t_1-\frac{1}{2}t_2}\\ t_{12}=t_{d12}-t_1-\dfrac{1}{2}t_2\end{cases} \tag{5.46}$$

对于最后一个路径段，路径点 $n-1$ 与终止点 n 之间的参数与第一个路径段相似，即

$$\frac{\theta_{m-1}-\theta_m}{t_{d(n-1)n}-\frac{1}{2}t_n}=\ddot{\theta}_n t_n \tag{5.47}$$

根据式(5.47)便可求出：

$$\begin{cases}\ddot{\theta}_n=\operatorname{sgn}(\dot{\theta}_{n-1}-\dot{\theta}_n)\mid\ddot{\theta}_n\mid\\ t_n=t_{d(n-1)n}-\sqrt{t_{d(n-1)n}^2+\dfrac{2(\theta_m-\theta_{n-1})}{\ddot{\theta}_n}}\\ \dot{\theta}_{(n-1)n}=\dfrac{\theta_n-\theta_{n-1}}{t_{d(n-1)n}-\frac{1}{2}t_n}\\ t_{(n-1)n}=t_{d(n-1)_n}-t_n-\dfrac{1}{2}t_{n-1}\end{cases} \tag{5.48}$$

可使用式(5.44)～式(5.48)的计算轨迹中各拟合段的运行时间以及相应的速度。通常情况下，需要指定的是各个路径点和每个路径段的持续时间，此时，关节轨迹规划将使用机器人的隐式加速度值。有些时候，为了简化计算，可直接使用隐式加速度值求得路径段的持续时间。对于轨迹的各拟合段部分，为了使路径段有较长的直线区段，应选取较大的加速度值以压缩拟合区段。需要注意的是，带有抛物线拟合的线性插值轨迹通常不通过各个中间路径点，除了机器人需要在某个路径点处暂停。如果选定了足够大的加速度值，那么实际生成的轨迹将非常接近提供的已知路径点。如果机器人需要通过一个路径点，可行的方法是将轨迹划分成两个段，该点可以用来作为上一段轨迹的目标点以及下一段轨迹的出发点，而运行的机器人会在此处停止并运行下一段轨迹。

5.3.3 笛卡儿空间规划方法

在笛卡儿空间中,应用机器人轨迹规划的插补算法可求得中间点(插补点)的坐标,把这些插补点的位置和姿态转换成对应的机器人关节角,通过机器人运动学逆解运算,然后沿着规划的轨迹运动使得这些关节角控制机器人末端执行器。一个机器人在笛卡儿空间中的轨迹规划位姿控制如图 5.34 所示。

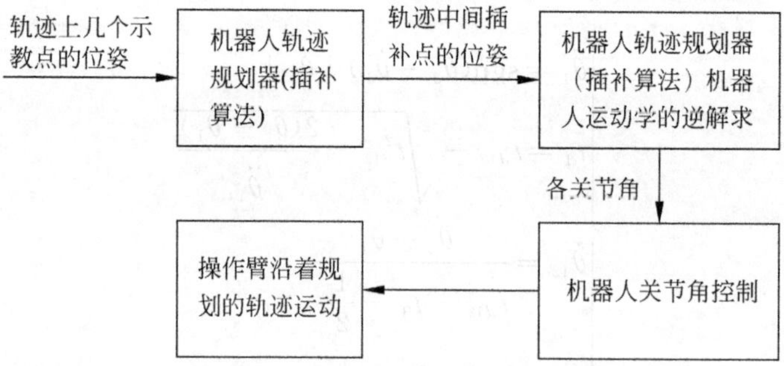

图 5.34 机器人在笛卡儿空间中轨迹规划的控制过程

笛卡儿空间机器人轨迹规划系统中两个最基本的轨迹规划方法,即空间直线和圆弧的轨迹规划,因为空间很多曲线都可以分割为多段直线或圆弧。而在很多情况下会出现空间多段直线连接或者直线与圆弧连接,这就不可避免地会碰到连接处尖角的问题。为能使运动轨迹平滑,本章采用圆弧过渡进行平滑尖角,接下来将介绍空间连续直线和直线—圆弧轨迹规划。

此外,还有一些自由型曲线,只给出一系列路径点,利用一条平滑曲线将这些路径点光滑地连接起来。如果由直线或圆弧分割这些自由型曲线将难以保证精度,而 B 样条曲线能够很好地逼近这些自由型曲线。

1. 直线轨迹规划

直线的轨迹规划是已知直线始末两点的位置和姿态,求直线轨迹上的插补点的位置和姿态。各个插补点的位置和姿态可用以下的公式求出:

$$\begin{cases} x = x_1 + \lambda \Delta x \\ y = y_1 + \lambda \Delta y \\ z = z_1 + \lambda \Delta z \\ \alpha = \alpha_1 + \lambda \Delta \alpha \\ \beta = \beta_1 + \lambda \Delta \beta \\ \gamma = \gamma_1 + \lambda \Delta \gamma \end{cases} \tag{5.49}$$

式(5.49)中,(x_1,y_1,z_1)、$(\alpha_1,\beta_1,\gamma_1)$分别为开始点的位置 RPY 变换姿态角,$(x_1,y_1,z_1)$、$(\alpha_1,\beta_1,\gamma_1)$分别为插补点的位置和 RPY 变换姿态角,$\lambda$ 为归一化因子,$(\Delta x,\Delta y,\Delta z)$、$(\Delta\alpha,\Delta\beta,\Delta\gamma)$为位置和姿态角的增量,其求解如下:

$$\begin{cases}\Delta x = x_2 - x_1 \\ \Delta y = y_2 - y_1 \\ \Delta z = z_2 - z_1 \\ \Delta \alpha = \alpha_2 - \alpha_1 \\ \Delta \beta = \beta_2 - \beta_1 \\ \Delta \gamma = \gamma_2 - \gamma_1 \end{cases} \tag{5.50}$$

式(5.50)中(x_2,y_2,z_2)、$(\alpha_2,\beta_2,\gamma_2)$分别为结束点的位置和姿态角。

采用抛物线过渡的λ归一化因子线性函数，这种方式不仅简单易解，同时也能保证整条轨迹上的位移和速度的连续性要求。抛物线过渡的线性函数对两点的位姿使用线性插值时，两点的领域内增加一段抛物线的缓冲区段。由于相应区段内有恒定不变的加速度且抛物线时间的二阶导数为常数，轨迹的过渡平滑，于是整条轨迹上的位移和速度都具有连续性。为了能够构造出这段轨迹的运动曲线，假设有相等两端的抛物线运动时间，在这两个过渡区域内采用相同的恒加速度值，于是λ归一化因子可按如下的方式求得。

设抛物线过渡的线性函数的直线段速度v，抛物线段的加速度为a。那么抛物线段的运动时间和位移分别为：

$$T_b = \frac{v}{a} \tag{5.51}$$

$$L_b = \frac{1}{2} a T_b^2 \tag{5.52}$$

直线运动总的位移和时间分别表示为：

$$\begin{aligned} L &= \sqrt{(x_2 - x_1)^2 + (y_2 - y_1)^2 + (z_2 - z_1)^2} \\ T &= 2T_b + \frac{L - 2L_b}{v} \end{aligned} \tag{5.53}$$

抛物线段位移、时间、加速度分别归一化处理：

$$\begin{aligned} L_{b\lambda} &= \frac{L_b}{L} \\ T_{b\lambda} &= \frac{T_b}{T} \\ a\lambda &= \frac{2L_{b\lambda}}{T_{b\lambda}^2} \end{aligned} \tag{5.54}$$

则，可得到λ的计算公式：

$$\lambda = \begin{cases} \dfrac{1}{2} a_\lambda t^2 \quad (0 \leqslant t \leqslant T_{b\lambda}) \\ \dfrac{1}{2} a_\lambda T_{b\lambda}^2 + a_\lambda T_{b\lambda}(t - T_{b\lambda}) \quad (T_{b\lambda} < t < 1 - T_{b\lambda}) \\ \dfrac{1}{2} a_\lambda T_{b\lambda}^2 + a_\lambda T_{b\lambda}(t - T_{b\lambda}) - \dfrac{1}{2} a_\lambda (t + T_{b\lambda} - 1)^2 \quad (1 - T_{b\lambda} < t < 1) \end{cases} \tag{5.55}$$

式(5.55)中，$t=(i/N)$，$i=0,1,2,\cdots,N$，$0 \leqslant \lambda \leqslant 1$，当$\lambda=0$时，对应于起点，当$\lambda=1$时，对应于终点。$\lambda$是分段离散函数关于时间$t$来说，$\lambda$和$t$均为无量纲，对称的抛物线线段

$0 \leqslant t \leqslant T_{b\lambda}$ 和 $1-T_{b\lambda} \leqslant t \leqslant 1$。图 5.35 为 λ 和 λ' 随离散时间 t 变化的图形。

设抛物线过渡的线性函数的直线段速度为 v，抛物线段的加速度为 a，而不是给出运动的总时间，主要是考虑机器人的运动速度和加速度都有约束，并且不同的机器人约束也不一样，因此这里把速度和加速度作为输入量。

2. 平面圆弧插补

平面圆弧为与基坐标系三个平面中的任一个重合的圆弧运动轨迹的平面，如 XOY 内的圆弧：平面内有三个不共线的点 P_1, P_2, P_3 与它们相应的机器人末端的位姿，如图 5.36 所示。假设 v 为沿圆弧运动的速度；T_s 为插补周期。由 P_1, P_2, P_3 的坐标，可求出圆弧的半径 R，以及总的圆心角 θ，根据圆的公式可得：

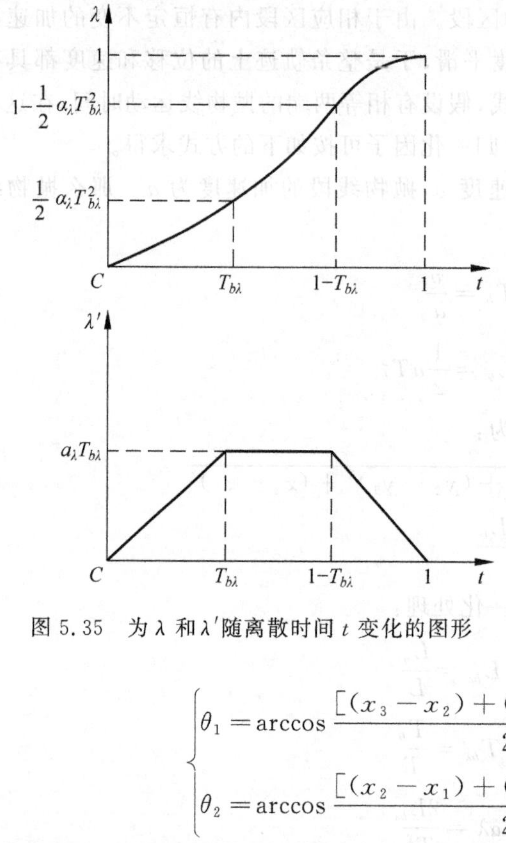

图 5.35　为 λ 和 λ' 随离散时间 t 变化的图形

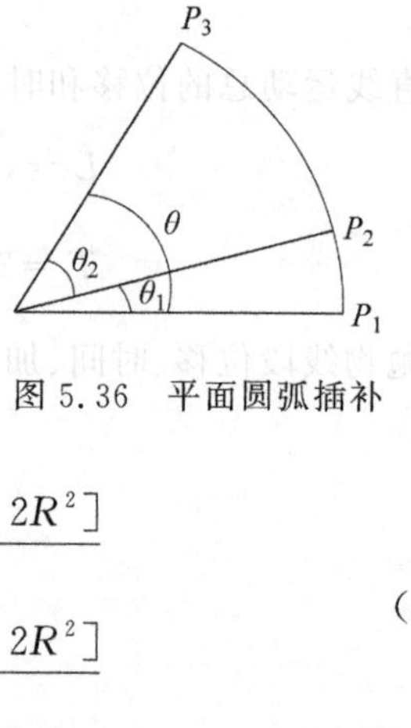

图 5.36　平面圆弧插补

$$
\begin{cases}
\theta_1 = \arccos \dfrac{[(x_3 - x_2) + (y_3 - y_2) - 2R^2]}{2R^2} \\
\theta_2 = \arccos \dfrac{[(x_2 - x_1) + (y_2 - y_1) - 2R^2]}{2R^2}
\end{cases}
\tag{5.56}
$$

根据圆弧上的数学关系可计算各个插补点的坐标值。同直线插补一样，判断插补过程是匀速、匀加速和匀减速阶段，求出总时间 $t = t_1 + t_2 + t_3$。求解插补过程当中的中间点数：$N = t/T_s$。假设插补过程都是匀速阶段，那么插补周期 T_s 内的角位移量 $\Delta\theta = vT_s/R$ 能计算出圆弧上任意插补点 P_{i+1} 的坐标：

$$
\begin{cases}
x_{i+1} = R\cos(\theta_i + \Delta\theta) = x_i \cos\theta - y_i \sin\Delta \\
y_{i+1} = R\sin(\theta_i + \Delta\theta) = y_i \cos\theta + x_i \sin\Delta \\
\theta_{i+1} = \theta_i + \Delta\theta
\end{cases}
\tag{5.57}
$$

3. 空间圆弧插补

给定空间中不共线的三个点 $p_1(x_1, y_1, z_1)$，$p_2(x_2, y_2, z_2)$ 和 $p_3(x_3, y_3, z_3)$，如

图 5.37 所示。

为了求得圆弧上各点的坐标值，必须先求出其圆心的坐标及半径 R。由三个点能够决定唯一的平面，那么 P_1,P_2,P_3 所描述的平面 M 可表示为：

$$\begin{vmatrix} x-x_3 & y-y_3 & z-z_3 \\ x_1-x_3 & y_1-y_3 & z_1-z_3 \\ x_2-x_3 & y_2-y_3 & z_2-z_3 \end{vmatrix} \tag{5.58}$$

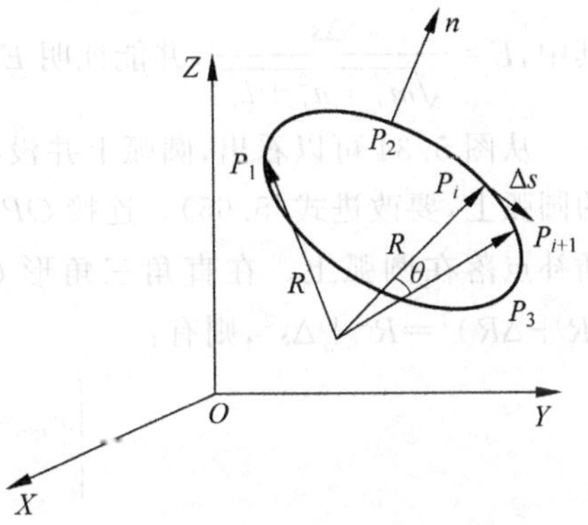

图 5.37 空间圆弧插补算法的原理图

T 是过直线 P_1P_2 的中点并且还垂直 P_1P_2 的平面，那么 T 上的任意直线都垂直 P_1P_2，于是平面 T 的方程可表示为：

$$\left(x-\frac{x_1+x_2}{2}\right)(x_2-x_1)+\left(y-\frac{y_1+y_2}{2}\right)(y_2-y_1)+\left(z-\frac{z_1+z_2}{2}\right)(z_2-z_1)=0 \tag{5.59}$$

同理，过 P_2P_3 中点并垂直于 P_2P_3 的平面 S 的方程为：

$$\left(x-\frac{x_2+x_3}{2}\right)(x_3-x_2)+\left(y-\frac{y_2+y_3}{2}\right)(y_3-y_2)+\left(z-\frac{z_2+z_3}{2}\right)(z_3-z_2)=0 \tag{5.60}$$

所以，平面 M，T 和 S 的交点便是要求的圆心 O，确定 O 的坐标后可求圆弧半径：

$$R=\sqrt{(x_1-x_0)^2+(y_1-y_0)^2+(z_1-z_0)^2} \tag{5.61}$$

一个圆弧的走向可以根据设定的起点、终点与一个中间点来确定，可取 $\boldsymbol{n}=\overrightarrow{AB}\times\overrightarrow{BC}$，则从 $\boldsymbol{n}$ 的正向看去，圆弧的走向为逆时针。

设 $\boldsymbol{n}=\overrightarrow{AB}\times\overrightarrow{BC}=u\boldsymbol{i}+v\boldsymbol{j}+w\boldsymbol{k}$，则：

$$\begin{cases} u=(y_2-y_1)(z_3-z_2)-(z_2-z_1)(y_3-y_2) \\ v=(z_2-z_1)(x_3-x_2)-(x_2-x_1)(z_3-z_2) \\ w=(x_2-x_1)(y_3-y_2)-(y_2-y_1)(x_3-x_2) \end{cases} \tag{5.62}$$

如图 5.33 所示，圆弧上的任一点 $p_i(x_i,y_i,z_i)$ 处在沿前进方向的切向量为：

$$m_i\boldsymbol{i}+n_i\boldsymbol{j}+l_i\boldsymbol{k}=\boldsymbol{n}\times\boldsymbol{OP}_i=\begin{vmatrix} \boldsymbol{i} & \boldsymbol{j} & \boldsymbol{k} \\ u & v & w \\ x_i-x_0 & y_i-y_0 & z_i-z_0 \end{vmatrix} \tag{5.63}$$

可得：

$$\begin{cases} m_i=v(z_i-z_0)-w(y_i-y_0) \\ n_i=w(x_i-x_0)-u(z_i-z_0) \\ l_i=u(y_i-y_0)-v(x_i-x_0) \end{cases} \tag{5.64}$$

经过一个插补周期之后，机器人的末端从 $p_i(x_i,y_i,z_i)$ 沿圆弧切向运动距离 Δs 到 $p_{i+1}(x_{i+1},y_{i+1},z_{i+1})$，则有：

$$\begin{cases} x'_{i+1}=x_i+\Delta x'_i=x_i+Em_i \\ y'_{i+1}=y_i+\Delta y'_i=y_i+Em_i \\ z'_{i+1}=z_i+\Delta z'_i=z_i+Em_i \end{cases} \tag{5.65}$$

其中，$E=\frac{\Delta s}{\sqrt{m_i^2+n_i^2+l_i^2}}$，并能证明 $E=\frac{\Delta s}{R\sqrt{u^2+v^2+w^2}}$ 是常量。

从图 5.34 可以看出，圆弧上并没有点 $p'_{i+1}(x'_{i+1},y'_{i+1},z'_{i+1})$，为了让其能落在此空间的圆弧上，要改进式(5.65)。连接 OP'_{i+1} 交圆弧于点并用 P_{i+1} 代替 P'_{i+1}，这样就可以实现插补点落在圆弧上。在直角三角形 $OP_iP'_{i+1}$ 中，有 $|OP'_{i+1}|^2=|OP_i|^2+|P_iP'_{i+1}|^2$，即 $(R+\Delta R)^2=R^2+\Delta s^2$，则有：

$$\begin{cases} x_{i+1}=x_0+\dfrac{R(x'_{i+1}-x_0)}{\sqrt{R^2+\Delta s^2}} \\ y_{i+1}=y_0+\dfrac{R(y'_{i+1}-y_0)}{\sqrt{R^2+\Delta s^2}} \\ z_{i+1}=z_0+\dfrac{R(z'_{i+1}-z_0)}{\sqrt{R^2+\Delta s^2}} \end{cases} \tag{5.66}$$

令 $G=\frac{R}{\sqrt{R^2+\Delta s^2}}$，并将式(5.65)代入式(5.66)中，可求出插补地推公式为：

$$\begin{cases} x_{i+1}=x_0+G(x_i+Em_i-x_0) \\ y_{i+1}=y_0+G(y_i+Em_i-y_0), \quad (0\leqslant i\leqslant N-1) \\ z_{i+1}=z_0+G(z_i+Em_i-z_0) \end{cases} \tag{5.67}$$

5.3.4 机器人轨迹的实时生成

上面所述的计算结果即构成了机器人的轨迹规划。运行中的轨迹实时生成是指由这些数据，以轨迹更新的速率不断产生 $\theta,\dot{\theta}$ 和 $\ddot{\theta}$ 所表示的轨迹，并将此信息送至操作臂的控制系统。

1. 机器人关节空间轨迹的生成

在使用带抛物线过渡的线性轨迹生成方法时，需要判断当前轨迹位置是处于拟合区段还是直线区段，在直线区段，对每个关节的轨迹计算如下：

$$\begin{cases} \theta=\theta_j+\dot{\theta}_{jk}t \\ \dot{\theta}=\dot{\theta}_{jk} \\ \ddot{\theta}=0 \end{cases} \tag{5.68}$$

式中，t 是自第 j 个路径点算起的时间，$\dot{\theta}_{jk}$ 的值在路径规划时按式(5.68)计算。

在拟合区段：令 $t_{inb}=t-\left(\frac{1}{2}t_j+t_{jk}\right)$，则对各关节的轨迹计算如下：

$$\begin{cases} \theta=\theta_j+\dot{\theta}_{jk}(t-t_{inb})+\dfrac{1}{2}\ddot{\theta}_k t_{inb}^2 \\ \dot{\theta}=\dot{\theta}_{jk}+\ddot{\theta}_k t_{inb} \\ \ddot{\theta}=\ddot{\theta}_k \end{cases} \tag{5.69}$$

其中 $\dot{\theta}_{jk},\ddot{\theta}_k,t_j$ 和 t_{jk} 在轨迹规划时，已由上式当进入新的直线区段时，重新把 t 置成 $1/2t_k$，

利用该路径段的数据，继续生成轨迹。

综上所述，机器人的关节轨迹联合表达式为：

$$\begin{cases}\theta=\lambda(\theta_j+\dot{\theta}_{jk}t)+(1-\lambda)[\theta_j+\dot{\theta}_{jk}(t-t_{inb})+\dfrac{1}{2}\ddot{\theta}_k t_{inb}^2]\\ \dot{\theta}=\lambda\dot{\theta}_{jk}+(1-\lambda)(\dot{\theta}_{jk}+\ddot{\theta}_k t_{inb})\\ \ddot{\theta}=(1-\lambda)\ddot{\theta}_k\end{cases}\tag{5.70}$$

其中，当轨迹曲线处于直线区段时，λ 取 1；当轨迹曲线处于直线区段时，λ 取 0。

2. 笛卡儿空间轨迹的生成

在笛卡儿空间中实时地产生运动轨迹，则需要通过规划的方式实现，从而得到轨迹参数。由于是机器人控制器完成轨迹生成，因此实际上第一步是先实时计算出离散的轨迹点，然后再将这些轨迹点按照一定的采样速率经逆运动学计算转换到关节空间中。

在笛卡儿空间中，由 3 个量(x,y,z)表示路径点位置，另外 3 个量(k_x,k_y,k_z)通过矢量表示姿态。当线性函数插值采用抛物线连接时，则分别可对以上的 6 个变量，通过如式(5.71)～式(5.73)所示的计算公式计算。以其中的一个分量 x 为例，计算公式如下：

$$\begin{cases}x(t)=x_1+\dfrac{1}{2}\ddot{x}_1 t^2\\ \dot{x}=\ddot{x}_1 t\\ \ddot{x}(t)=\ddot{x}_1\end{cases}\quad(0\leqslant t\leqslant t_1)\tag{5.71}$$

$$\begin{cases}x(t)=x_1+\dot{x}_{i(i+1)}\left(t+\dfrac{t_i}{2}\right)\\ \dot{x}(t)=\dot{x}_{i(i+1)}\\ \ddot{x}(t)=0\end{cases}\quad(0\leqslant t\leqslant t_{i(i+1)},i=1,2,\cdots,n-1)\tag{5.72}$$

$$\begin{cases}x(t)=x_{i-1}+\dot{x}_{i(i-1)}\left(t+\dfrac{t_{i-1}}{2}+t_{i(i-1)}+\dfrac{1}{2}\ddot{x}_i t_2\right)\\ \dot{x}(t)=\dot{x}_{i(i-1)}\\ \ddot{x}(t)=\ddot{x}_i\end{cases}\quad(0\leqslant t\leqslant t_i,i=2,3,\cdots,n)\tag{5.73}$$

通过上面相同的公式将其他各分量也进行计算，应该注意到机器人末端的速度或加速度并不与姿态 3 个量的一阶和二阶导数相等。当求得了直角坐标空间的轨迹 $\bar{s},\dot{\bar{s}},\ddot{\bar{s}}$ 后，再利用求解逆运动学的方法，求得关节空间中的轨迹 $q,\dot{q}$ 和 $\ddot{q}$。由于计算 $\dot{q}$ 和 $\ddot{q}$ 的逆运动学需要较大工作量的计算，因此当进行实际计算的时候，只需要根据 $\bar{s}$ 的逆解计算出 q 值，然后再用数值微分的方法计算出 $\dot{q}$ 和 $\ddot{q}$ 的值即可。

$$\begin{aligned}\dot{q}(t)&=\frac{q(t)-q(t-t)}{t}\\ \ddot{q}(t)&=\frac{\dot{q}(t)-\dot{q}(t-t)}{t}\end{aligned}\tag{5.74}$$

采样计算的周期表示为 t。当使用这种方法在直角坐标空间中计算 $\dot{q}$ 和 $\ddot{q}$ 时，可不必计算出各个分量的一阶以及二阶导数，如此可缩短一部分计算的工作量。

当采用圆弧插值时，直接先计算出 $x(t)$、$y(t)$ 和 $z(t)$，并通过类似的公式计算出 3 个姿态量。然后由 $\bar{s}(t)$ 逆解计算出 $q(t)$，再利用式(5.74)的数值微分公式算出 $\dot{q}(t)$ 和 $\ddot{q}(t)$ 的值。

5.4 人机交互

英文中的人机交互有 3 个对应的概念：其一是人与计算机的交互（Human-Computer Interaction，HCI）；其二是人与机器的交互（Human-Machine Interaction，HMI）；其三是人与机器人的交互（Human-Robot Interaction，HRI）。

本节中的人机交互是指人与机器人的交互。这种人与机器人交互也离不开人与计算机之间的交互，其之间互为支撑、互相交叉和融合发展。

5.4.1 人与机器人交互（HRI）概念和发展现状

1. 人与机器人交互的概念

人—机器人交互是指人与机器人之间通过某种特定的传感器和接口，在一定的交互技术支撑下，实现相互理解的信息通信。HRI 的研究目的是使机器人与人类和谐共处、自然高效地完成用户交代的任务，并为用户提供及时有效的反馈。HRI 技术的发展不仅有益于提高人类的工作效率，而且有助于满足人类的生活需求。目前 HRI 技术已经成为机器人应用领域的一个重要研究热点。

一般根据人与机器人交流的方式不同，人与机器人的交互可分为近距离交互和远程交互两类。

(1) 近距离交互：人与机器人在同一个地方，交互在近距离发生，常见的工业机器人与服务机器人多为此种情况。

(2) 远程交互：人与机器人不在同一地方，并且在时间或空间上隔开。远程交互移动机器人通常称为遥控或遥操作，远程交互的物理机械手通常称为遥操作系统。

一般情况下，不同的应用需求驱动不同的人—机器人交互方法。下面介绍用来评价 HRI 方法性能的主要指标：

(1) 鲁棒性。指人—机器人交互系统面对干扰因素影响时的稳定性。

(2) 效率。在人—机器人交互过程中，用户控制和机器人运动在时间上最大限度地实现无缝衔接，减少机器人和用户之间因互相等待出现饥饿现象，导致人机交互系统冗余时间累积的问题。

(3) 交互体验。指人和机器人之间的交互方式最大限度地自然化、直观化、简单化、舒适化，提高人—机器人协作系统的友好性。

(4) 智能性。指在人—机器人交互过程中，机器人对用户语言、情绪、手势等的理解程度，以及是否能做出相应的符合用户习惯的回应。

人—机器人交互技术主要经历了四个发展阶段：

(1) 人—机器人交互发展的早期阶段是在结构化环境中，人—机器人基于命令交互和基于图形化界面交互，即用户通过专业的命令行语言或图形化界面对机器人任务和任务场景进行描述，机器人运动状态也是以命令行语言或图形化界面数据方式反馈给用户。

(2) 人—机器人交互发展的第二个阶段是基于接触式手持传感装置和可佩戴传感装置的交互方式，如数据手套、加速计、陀螺仪、肌电传感器、力反馈器、惯性测量仪、特制抓握工具等。

(3) 人—机器人交互发展的第三个阶段是基于手势的人机交互方式。

(4) 人—机器人交互发展的第四个阶段是智能化人机交互方式，与语音识别等人工智能技术融合发展。

2. 人与机器人交互的发展现状

目前，不论是工业机器人还是服务机器人领域均广泛出现人机共融环境：一方面，近年来服务机器人成为机器人学的炙手可热的研究领域，服务机器人的工作特点决定了其必然要与服务对象(人)进行交互；另一方面，工业机器人也不可避免要与人/环境进行直接接触和交互，尤其是新一代人机协作工业机器人，它定位于辅助工业生产，与人共享工作空间，甚至需要与人协作完成工业生产，人机协作机器人已经成为工业机器人产品中的热点。

人机共融的环境中，机器人需要与人交互甚至协作完成复杂任务，称为人机交互，共融机器人、协作机器人已经成为各国机器人领域的研究重点之一。而不论是共融机器人还是人机协作机器人，均需要工作在人的活动空间内，与人进行人机交互、协作，完成不同的任务。因此，人机共融技术、人机交互技术、人机协作技术成为机器人领域的研究热点之一。

机器人人机交互技术的发展历程可分为两个阶段：以机器人为中心的受限方式、以人为中心的非受限方式。

以机器人为中心的受限方式，要求人在交互过程中将自己的意图按照机器人特有的输入方式进行精确分解，因此人需要耗费大量时间学习和记忆交互系统的使用方法，且操作受到较大限制。传统的人机交互方式如命令语言交互、图形交互界面和直接操纵方式等大都属于此类。传统的人机交互方式在交互设备和交互效率上存在着很多局限，例如使用机器人命令语言对操作者的专业知识要求较高；在图形化的人机交互系统中，操作员使用鼠标和键盘作为交互工具，每次只能通过单击和输入数据来控制机器人，交互效率低下，而且交互方式不够自然和方便。

随着传感器技术的兴起和发展，传统的以机器人为中心的受限式人机交互方式正逐渐退出研究的中心，而基于传感器技术和智能感知技术实现的以人为中心的非受限自然人机交互方式，则成了研究的热点和重点。

近年来，在人机交互领域中，许多公司设计开发了很多新型的交互设备，这些设备改变和促进了新型人机交互方式的产生。基于智能感知的机器人交互方式，通过多种模态感知人类的自然行为，增强机器人的自主决策能力，使得人类可以充分使用诸如手势、表情、语音等多种自然的方式实现人机通信，减少人的学习认知压力，提高人机交互的效率和自然性。

在当前的研究中，机器人主要以触觉、视觉和听觉的方式感知人和周边环境，新型交互方式的提出，促进了很多学者对于新型交互方式的探索，因此近年来在人机交互领域出现了很多创新实用的设计，如新型的交互方式语音交互、脑机交互、穿戴式交互、体感交互等。

随着机器人技术和应用领域的迅猛发展，人们对机器人人机交互方式的要求也越来越高。作为人类体能、智能和感知的延伸，人们希望机器人不再局限于一些简单的流水线任务或完全被动地受人控制，而是能够在一些复杂的、非结构化的甚至危险的环境中发挥主导的作用。因此,研究自然和智能的机器人人机交互技术,显得格外重要和迫切。

智能感知技术是实现机器人人机交互的核心技术之一,重点研究基于生物特征、以自然语言和动态图像的理解为基础、"以人为中心"的智能信息处理和控制技术。利用智能感知技术,机器人能够拥有类似人眼、人耳、鼻子、皮肤等感官的功能,使得机器人和人之间、机器人和环境之间的沟通能够像人和人以及人和环境一样自然。基于智能感知技术的机器人人机交互,将智能感知技术和机器人技术相结合,机器人通过自身携带的或外界辅助的各类传感器感知自身和外界环境信息,机器人基于上述感知的信息,做出相应的运动决策,从而完成特定工作任务。

未来的人工智能技术、人机交互方式,如意念控制、虚拟现实技术等交互方式,将会在人—机器人的交互中大放异彩。

5.4.2 人机交互技术应用

1. 虚拟示教

工业机器人示教是指操作者在实际工作环境中,通过下述方法实现:人手引导机器人末端执行器或引导一个机械模拟装置,或用示教盒操作机器人完成作业所需位姿,并记录下各个示教点的位姿数据,利用机器人语言进行在线编程,程序回放时,机器人便执行程序要求的轨迹运动。

目前,随着机器人应用技术的推广以及为了进一步提高生产效率和操作安全性,迫切需要开发新的示教编程技术;而且随着机器人离线编程技术的出现,虚拟现实技术的飞速发展已经为机器人虚拟示教的实现提供了技术支持。

虚拟现实技术是一种对事件的现实性从时间和空间上进行分解后重新组合的技术。这一技术包括三维计算机图形学技术、多功能传感器的交互接口技术以及高清晰度的显示技术。虚拟现实技术应用于遥控机器人和临场感通信,既可以将人们从危险和恶劣的环境中解脱出来,同时还可以解决远程通信时延等问题。它是一个能使人沉浸其中、超越其上、进出自如、交互作用的环境,与以往的传统仿真环境相比,在这种多维信息空间中所进行的仿真和建模,具有更高的逼真度。例如,北京航空航天大学等高校研制成功的 CRAS-BHI 型机器人与计算机辅助脑外科手术系统,已成功用于临床。

目前虚拟现实技术在机器人学主要应用于以下三个方面:

(1) 作为遥操作界面,可应用于半自主式操作;

(2) 作为机器视觉中自动目标识别和三维场景表示的直观表达;

(3) 建立具有真实感的多传感器融合系统仿真平台。

虚拟现实技术在机器人系统编程与仿真系统中的应用研究,主要集中在以下几方面:

(1) 应用虚拟现实技术提供的新型人机交互设备,寻求更好的机器人编程方式。编程方式主要有两种:一种是在虚拟环境中通过机器人示教生成机器人程序;另一种是采用人的操作示范方式,跟踪人的动作序列,自动生成机器人的动作序列。

(2) 研究虚拟环境内目标对象的建模方式,更加注重对物体物理特性的建模,以实现更趋真实的拟实操作。

(3) 研究虚拟环境与真实环境的建模与映射问题,期望实现虚拟环境下生成的控制程序,可以直接在真实环境中运行。

因而,随着虚拟现实技术研究的深入将为机器人操作、维护、教学和培训等应用提供较好的平台。

例 5.5　仿人神经体系机器人控制体系及人机交互方式。

根据以上多方面的分析和探讨,结合人机交互系统技术,目前世界主流的机器人示教器尚处于图形用户界面的时代,其特点是:桌面隐喻、WIMP 技术、直接操纵和“所见即所得”,很大程度上依赖于菜单选择和交互。同时,也存在着极大的弊端:图形用户界面需要占用较多的屏幕空间,并且难以表达和支持非空间性的抽象信息的交互。

工业机器人示教器尚处于人机交互技术的早期模式,因此可以断定,随着工业机器人产业和技术的发展,虚拟现实技术必将很快地被引入机器人的人机交互系统之中。仿人神经体系机器人控制体系架构如图 5.38 所示,将感觉器官影射为传感器,而把运动器官影射为机器人的驱动电动机,基于脑、脊髓、神经传导通路映射的机器人控制体系,融合人机交互技术的软硬件技术设备,经过映射和优化,建立新型的人机交互体系。从中可以看到,机器人示教器硬件体系更人性化的一个发展方向,更多的虚拟现实技术将会应用在未来的机器人人机交互系统中。

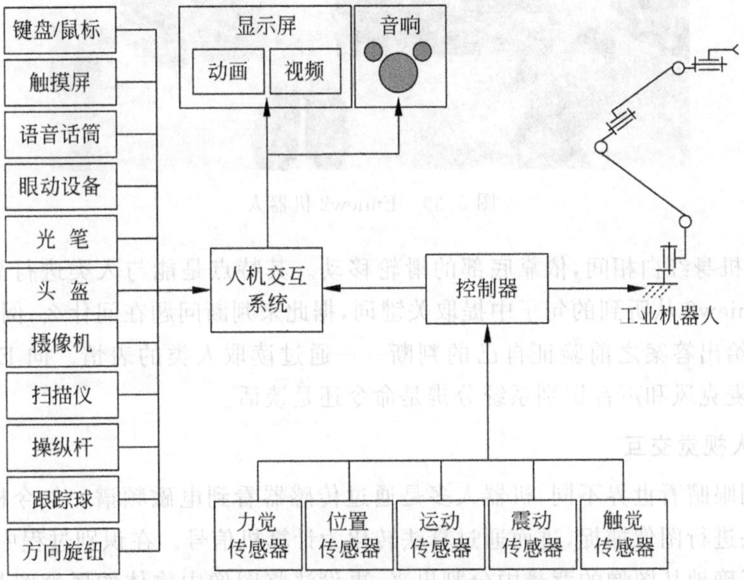

图 5.38　仿人神经体系机器人控制体系

2. 机器人智能语音交互

随着界面设计理论和各种人机交互支撑技术的发展,人机交互技术和方式有了很大的改变,图形对话、形式对话和自然语言对话都从自身的简单形式发展到了复杂形式。图形对话不再局限于简单的单窗口界面,还能够使用多窗口和图标等从各个角度模拟真实环境。基于形式对话的人机交互系统设计越发完美,其应用领域也越来越广。从人机交互的角度来讲,系统使用语音交互技术有两个直接的优点:一是语音输入比键盘输入快速方便;二是语音交互可以拓宽用户的输入通道,方便用户更自然地与计算机进行交互。

目前,语音识别技术已十分成熟,有的语音识别系统甚至已能够识别自然语言,这对于智能机器人产业的发展、人机交互的研究都有重大的意义。语音行业不再局限于嵌入式和固定语法结构识别模式，而是向云端推动，向自然语言识别发展。语音交互的蓬勃发展，使其与智能人机交互机器人的深度整合成为必然。而随着语音识别技术的加入，智能人机交互机器人的想象空间越来越大，应用场景也逐渐增多。

语音交互技术在服务机器人领域获得越来越普遍的应用。

语音识别技术和智能人机交互机器人技术都属于人工智能科学领域，且拥有很高的技术含量，其发展和研究依赖于大量的语料统计和规则累计。对于这两种技术而言，高效的数据积累模型和数据规模尤为重要。

例 5.6 日立 Emiew2 机器人。

2014 年，日本日立公司(Hitachi)推出了名为 Emiew2 的机器人，如图 5.39 所示，不仅会讲笑话，还能读懂听众的表情，判断听众对笑话的反应。

图 5.39 Emiew2 机器人

Emiew2 机身红白相间，依靠底部的滑轮移动。其特点是能与人类进行简短的即兴对话。首先，Emiew2 从听到的句子中提取关键词，据此来判断问题在问什么，例如“多少”；然后，它还能在给出答案之前验证自己的判断——通过读取人类的表情。向 EMIEW2 说话时，它能通过麦克风和声音识别系统分辨是命令还是谈话。

3. 机器人视觉交互

与人类用眼睛看世界不同，机器人多是通过传感器看到电磁频谱。如今机器人开始大量使用摄像头进行图像捕捉，进而通过算法转化为计算机信号。在识别过程中，系统应先将待识别物体正确地从图像的背景中分割出来，再设法将图像中物体的属性图与假定模型库的属性图之间进行匹配，也就是对比相似的特征。在这种情况下，如果要识别准确，则算法要准确，同时也需要大量的图片库作为支撑。谷歌公司依托每天上传的海量图片，建立了人工神经网络。尽管如此，机器人眼里的世界与人类眼中的世界还是有很大的不同。人机交互机器视觉识别过程如图 5.40 所示。

基于视觉的人机交互方式主要是通过彩色图像或者深度图像实时识别人手手势。根据交互方式的不同，基于视觉的手势交互可以分为两类，一类是通过事先定义好的手势姿态，每种手势姿态对应一种不同的运动控制指令，例如向上、向下、向左、向右等。在交互过程中，机器人通过彩色图像识别到操作者的手势姿态，通过相关算法对该手势姿态与系统手势姿态库进行匹配，进而解析为相关的机器人运动控制指令，最后发送指令远程控制机器人的运动。但这种交互方式只能定性交互，无法进行定量交互，因而较大地限制了机器人的工作

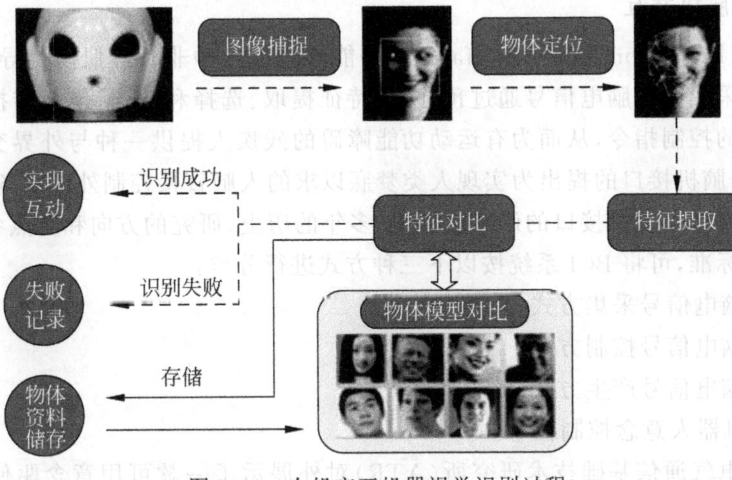

图 5.40　人机交互机器视觉识别过程

效率。另一类是直接操控型,直接通过 Leap Motion、Kinect 等深度传感器,获取操作者手的位置和姿态变化数据,将其转化为机器人的位置和姿态的变化指令,进而控制机器人的运动。这一类交互方式直观便捷,操作者无须记忆复杂烦琐的手势数据库,也无须对操作者进行事前培训,既能定性又能定量地对机器人的运动状态进行控制,因此具有很大的发展前景。

例 5.7　人机协作的智能无人机系统。

2017 年 5 月 20 日,中科院在沈阳科研机构公众科学日,中国科学院沈阳自动化所研制"人机协作的智能无人机系统"首次对外亮相。根据已经公开的资料,该系统是国内第一套基于视觉的智能手势控制无人机系统,如图 5.41 所示。

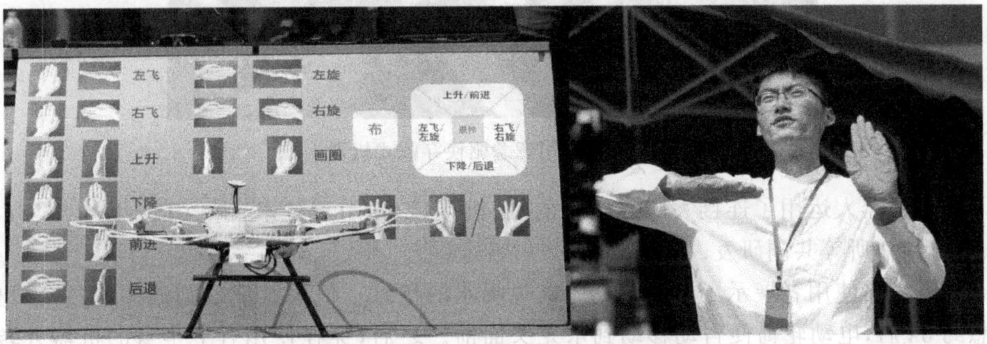

图 5.41　中国科学院沈阳自动化所人机协作的智能无人机系统

基于视觉的智能手势识别技术,使无人机可以根据人的意图完成不同的飞行任务,从而实现了飞行平台上的人机协同作业功能。操控的过程中,操作人员只需要对着摄像头改变相应手势即可。这套系统视觉识别模块,创新性地采用了在线实时特征提取与编程技术,在保证实时性的同时使手势正确识别率达到了 99%以上,同时还具备个性化手势定制功能,用户可以根据自己的习惯与需求,实时采集用户的手势并训练识别系统,实现不同手势功能的灵活定义与切换。

4. 机器人脑机交互

脑机接口(Brain-Computer Interface,BCI)能够提供一种非神经肌肉传导的通道,直接把从人头皮上采集到的脑电信号通过预处理、特征提取、选择和分类,最终转换成机器人或其他外部设备的控制指令,从而为有运动功能障碍的残疾人提供一种与外界交流或控制外部设备的方式,脑机接口的提出为实现人类梦寐以求的人脑直接控制外部设备提供了可能。

国内外学者对于脑机接口的研究已有40多年的历史,研究的方向和重点各有不同。按照不同的分类标准,可将BCI系统按以下三种方式进行分类:

(1) 按照脑电信号采集方式。

(2) 按照脑电信号控制方式。

(3) 按照脑电信号产生方式。

例5.8　机器人意念控制技术。

日本国际电气通信基础技术研究所(ATR)对外展示了一款可用意念驱使的穿戴式机器人,如图5.42所示。该机构希望这款机器人未来与家电、轮椅等组合起来,在老年人或残疾人的日常生活中发挥辅助作用。

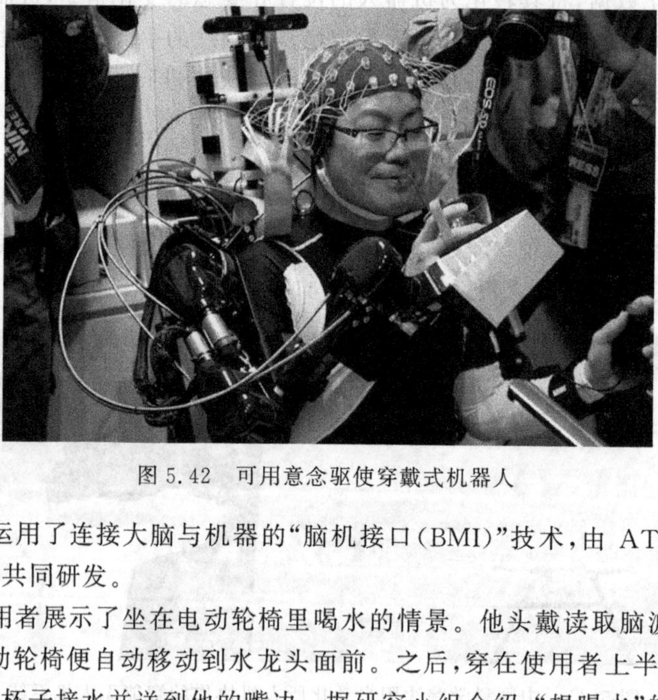

图5.42　可用意念驱使穿戴式机器人

这种机器人运用了连接大脑与机器的“脑机接口(BMI)”技术,由ATR、日本NTT公司、岛津制作所等共同研发。

当天一名使用者展示了坐在电动轮椅里喝水的情景。他头戴读取脑波的设备,不出声默想约6s后,电动轮椅便自动移动到水龙头面前。之后,穿在使用者上半身的机器人转动它的手臂,最终用杯子接水并送到他的嘴边。据研究小组介绍,“想喝水”的脑波不够明确,设备较难解析,因此他们让使用者默念“想活动手”,使之成为一连串动作的开关。实验房间内安装了约3000个传感器,因此成功把握了水龙头和使用者的位置。该机器人有望帮助有脑梗塞后遗症的患者等人群更好地生活。

5. 机器人触觉交互

触觉是机器人获取环境信息的一种仅次于视觉的重要知觉形式,可直接测量对象和环境的多种性质特征。触觉交互主要任务是为获取对象与环境信息和为完成某种作业任务而对机器人与对象、环境相互作用时的一系列物理特征量进行检测或感知。广义地说，它包括接触觉、压觉、力觉、滑觉、冷热觉等，狭义地说，它是机器人与对象接触面上的力感觉。

触觉传感器技术是机器人触觉功能实现的关键，触觉传感器是机器人与环境直接作用的必要媒介，是模仿人手使之具有接触觉、滑动觉、热觉等感知功能。在机器人领域使用触觉传感器的目的在于获取机械手与工作空间中物体接触的有关信息。

类皮肤型触觉传感器具有以下功能和特性：

(1) 触觉敏感能力，包括接触觉、分布压觉、接触力觉和滑觉；

(2) 柔性接触表面，以避免硬性碰撞和适应不同形状的表面；

(3) 小巧的片状外形，以利于安装在机器人手爪上。

例 5.9　自带触觉反馈机器人微创手术。

澳大利亚迪肯大学和哈佛大学联手打造了一款 HeroSurg 机器人，HeroSurg 机器人是为了腹腔镜手术专门打造的，所以它尤其适用于那些需要缝合微小组织的手术中。虽然在患者看来，它的外观可能会有点惊悚，但是研发团队希望它可以让手术更加安全、精准度更高。更重要的是，它可以让外科医生们获得一个重要的感觉——触觉。它可以通过触觉反馈机制，将触觉传递给主刀医生以及 3D 图像处理器，进而，医生可以看到他们的手术刀到底割到了哪里。

HeroSurg 机器人是个主从式的手术系统，如图 5.43 所示，当它处于从属地位时，配置了多重机械臂，上面带有各种手术工具和腹腔镜；而当它处于主导地位的时候，就成了为外科医生提供触觉的操控手柄。

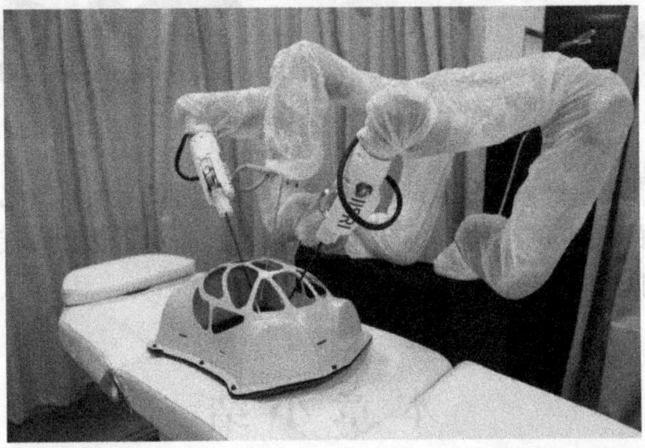

图 5.43　HeroSurg 腔镜手术机器人

有了 HeroSurg 机器人，医生们可以感受到他们在使用器具的过程中，到底给患者施加了多少的力。即当医生通过手术器具抓到了一些东西，或是在切一些身体组织时，他们可以感受到自己对这个组织施加的力气，他们还可以感受到组织的软硬程度，并对组织的性质做出判断。HeroSurg 机器人因为具有触觉反馈能力、避免碰撞的功能以及自动适应患者和床的能力，外科医生根本不用担心在手术过程中，机器人是否会触碰到患者的体内或体外。

6. 触屏交互

触屏技术是一种新型的人机交互输入方式，与传统的键盘和鼠标输入方式相比，触摸屏输入更直观。配合识别软件，触摸屏还可以实现手写输入。触摸屏作为一种最新的计算机、手机等电子类产品输入设备，它是目前最简单、方便、自然的人机交互方式之一。触摸屏主要应用于公共信息的查询、办公、工业控制、军事指挥、电子游戏、点歌点菜、多媒体教学等。

触屏技术在机器人领域主要用于和机器人的信息交互，通过触屏对机器人下达操作指令，机器人收到指令完成相应的工作，并在触屏上反馈工作执行情况。

例 5.10 远程呈现技术。

派宝机器人是映博智能科技公司研发的一款远程呈现机器人，如图 5.44 所示。人们可以利用派宝机器人在不同的地方实时呈现出自己的行为，包括话语、表情和动作。人们可以远程控制派宝机器人前进、后退、左转、右转、抬头和低头。派宝机器人创造了一种崭新的通信方式，通过触屏交互的方式，使人可以不受空间限制进行面对面的沟通。

图 5.44 远程呈现机器人

派宝机器人使用平板电脑作为它的大脑，例如 iPad 或安卓平板电脑。平板电脑通过蓝牙 4.0 技术和机器人的底座进行连接。人们只要将派宝 App 安装到手中的手机或平板上，并连入 WiFi 或 4G 网络，即可远程控制派宝机器人。

本章小结

本章主要介绍了机器人任务规划、运动规划、轨迹规划和人机交互等内容。第 1 节介绍了机器人任务规划的基础知识，主要包含任务规划问题分解途径、规划域的预测与规划修正。第 2 节介绍了运动规划所要解决的问题和位形空间的概念，重点介绍了一些典型的机器人规划方法，包括确定性图形搜索方法、PRM 和 RRT 为代表的随机图形搜索方法和人工势场法。第 3 节阐述了机器人轨迹规划的内容，着重讨论了机器人关节空间轨迹的差值计算方法，包括三次多项式插值、过路径点的三次多项式插值、高阶多项式插值、用抛物线过渡的线性插值和过路径点的用抛物线过渡的线性插值等方法；随后介绍了笛卡儿空间路径轨迹规划方法。第 4 节介绍了人与机器人交互的基本概念，当前主要的交互方式和发展趋势。

参考文献

[1] 布鲁诺·西西里安诺,洛伦索·夏维科,路易吉·维拉尼,等. 机器人学 建模、规划与控制[M]. 张国良,曾静,陈励华,等译. 西安:西安交通大学出版社,2015.

[2] 熊有伦. 机器人技术基础[M]. 武汉:华中科技大学出版社,1996.

[3] Saeed B. Biku 等. 机器人学导论——分析、控制及应用[M]. 孙富春,朱纪洪,刘国栋,等译. 2 版. 北京:电子工业出版社,2013.

[4] 布鲁诺·西西里安诺,欧沙玛·哈提卜. 机器人手册第2卷 机器人基础[M].《机器人手册》翻译委员会,译. 北京:机械工业出版社,2016.

[5] 杜广龙,张平. 机器人自然交互理论与方法[M]. 广州:华南理工大学出版社,2017.

[6] J. F. Canny. The Complexity of Robot Motion Planning. Cambridge, MA: MIT Press, 1998.

[7] J. Barraquand, J. C. Latombe. Robot motion planning: A distributed representation approach. International Journal of Robotics Research. vol. 10, pp. 628-649, 1991.

[8] H. Choset, K. M. Lynch, S. Hutchinson, et al. Principles of Robot Motion: Theory, Algorithms, and Implementations. Cambridge, MA: MIT Press, 2005.

[9] L. E. Kavraki, P. Svestka, J. C. Latombe, et al. Probabilistic roadmaps for path planning in high-dimensional configuration spaces. IEEE Transactions on Robotics and Automation, vol. 12, pp. 566-580, 1996.

[10] O. Khatib. Real-time obstacle avoidance for manipulators and mobile robots. International Journal of Robotics Research, vol. 5, no. 1, pp. 90-98, 1986.

[11] J.-C. Latombe, Robot Motion Planning, Boston, MA: Kluwer, 1991.

[12] J.-P. Laumond. Robot Motion Planning and Control, Berlin: Springer-Verlag, 1998.

[13] S. M. LaValle. Planning Algorithms, New York: Cambridge University Press, 2006.

[14] S. M. LaValle, J. J. Kuffner. Rapidly-exploring random trees: Progress and prospects. New Directions in Algorithmic and Computational Robotics. pp. 293-308, 2001.

[15] 蔡自兴,谢斌. 机器人学[M]. 3 版. 北京:清华大学出版社,2015.

[16] Tian-Miao Wang, Yong Tao, Hui Liu. Current Researches and Future Development Trend of Intelligent Robot: A Review. International Journal of Automation and Computing, Vol. 15, Iss5, pp. 525-546, 2018.

[17] 袁媛. 基于自然语言的服务机器人任务规划与执行研究[D]. 山东大学,2018.

[18] 梁献霞. 室内环境下移动机器人的路径规划研究[D]. 河北科技大学. 2017.

[19] 李达. 工业机器人轨迹规划控制系统的研究[D]. 哈尔滨工业大学,2011.

[20] 刘翔宇. 基于仿人智能的人机交互技术研究[D]. 华南理工大学,2017.

[21] 安徽大学高级人工智能课程 http://www.docin.com/p-974289323.htm.

[22] 机器人的工程及应用轨迹规划、生成与控制技术 http://www.doc88.com/p-9045496433173.html.

[23] 闫宏阳. 基于限定 Delaunay 三角剖分的移动机器人路径规划[D]. 2008.

[24] 黎波. 机器人作业任务规划研究[D]. 2012.

[25] 机器人的轨迹规划 https://wenku.baidu.com/view/6c2bf8172f60ddccda38a0aa.html.

[26] 机器人轨迹规划 http://www.docin.com/p-534767855.html.

[27] 机器人的轨迹规划 http://www.doc88.com/p-5425418773324.html.

[28] 从人体解剖学分析机器人的人机交互及控制系统 https://wenku.baidu.com/view/2df7d160ddccda38376bafd0.html.

[29] 中国首套视觉智能手势控制无人机系统沈阳造 http://www.sia.cn/xwzx/mtjj/201705/t20170522_4794804.html.

[30] 自带触觉反馈的机器人隔空微创手术 so easy
http://tech.sina.com.cn/q/tech/2016-09-30/doc-ifxwkzyh3922996.shtml.
[31] 2015 仿人服务机器人调研报告
https://wenku.baidu.com/view/db7b6eccb52acfc788ebc98c.html.
[32] 基于限定 Delaunay 三角剖分的移动机器人路径规划[D]. 北京工业大学，2008.
[33] 刘娅. 基于可视图法的避障路径生成及优化[D]. 昆明理工大学，2012.
[34] 徐联杰. 机电产品中的管路自动布局设计技术研究[D]. 北京理工大学，2016.
[35] 孔迎盈. 机器人路径规划算法的研究[D]. 复旦大学，2012.
[36] 杨柳. 移动机器人动态路径规划方法研究[D]. 江南大学，2011.
[37] 陈伟华. 工业机器人笛卡儿空间轨迹规划的研究[D]. 华南理工大学，2015.
[38] 周旋. 工业机器人最优轨迹规划问题研究[D]. 沈阳建筑大学，2016.

思考题与练习题

思考题

1. 机器人任务规划的要素是什么？
2. 主要有哪几种典型的机器人任务规划系统？
3. 简述机器人轨迹规划与运动规划的区别。
4. 精确单元分解与近似单元分解的异同点是什么？
5. 机器人的人机交互主要应用于哪些方面？
6. 简述你想象中的未来人机交互方式。

练习题

1. 设要求某个转动关节路径点为 10、35、25。每一段的持续时间分别为 2s、1s 和 3s。如图 5.45 和图 5.46 所示，并设在抛物线段的默认加速度均为 $50°/s^2$。要求计算各轨迹段的速度，抛物线段的持续时间以及线性段的时间。

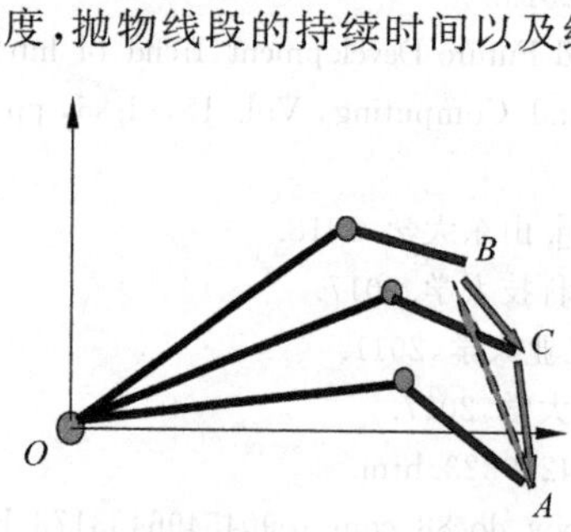

图 5.45 平面机器人动作示意

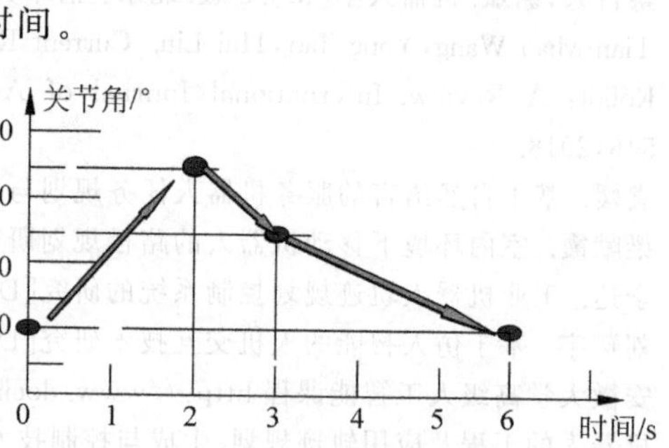

图 5.46 关节角度随时间变化图

2. 要求一个六轴机器人的关节 1 在 5s 内从初始 30°，运动到 75°，且起始点和终止点速度均为零，起始点角加速度和终止点角减速度均为 $5°/s^2$，用五次多项式规划该关节的运动。

3. 设一机器人具有 6 个转动关节，其关节运动均按三次多项式规划，要求经过两个中间路径点后停在一个目标位置。试问要描述该机器人关节的运动，共需要多少个独立的三次多项式？要确定这些三次多项式，需要多少个系数？

4. 单连杆机器人的转动关节，从 $\theta=-5°$ 静止开始运动，要想在 4s 内使该关节平滑地

运动到 $\theta=+80°$ 的位置停止。试按下述要求确定运动轨迹：

(1) 关节运动依三次多项式插值方式规划。

(2) 关节运动按抛物线过渡的线性插值方式规划。

5. 在从 $t=0$ 到 $t=2$ 的时间区间使用一条三次多项式：$\theta(t)=10+5t+70t^2-45t^3$，求其起始点和终点的位置、速度和加速度。

思考题与练习题参考答案

思考题

1. 答：机器人任务规划的基本要素包括状态空间(State)、时间(Time)、操作状态的动作序列(Actions)、初始和目标状态(Initial and goal states)、标准(A criterion)和运动计划(A plan)。

2. 答：典型的机器人任务规划系统有 STRIPS 规划系统、具有学习能力的规划系统和基于专家系统的机器人规划。

3. 答：运动规划是决定一条从初始位姿到最终位姿的路径，使机器人能沿这条路无碰撞地完成作业任务。这需要为机器人赋予自主规划能力，自主规划需要从用户提供的任务级高层描述和工作空间的几何特征出发。

机器人运动轨迹一般是对其末端执行器位姿变化的描述。控制轨迹也就是按时间控制手部走过的空间路径。在轨迹规划中，也常用点表示机器人在某一时刻的状态，或某一时刻的轨迹，或用它表示末端执行器的位姿，例如起始点、终止点就分别表示末端执行器的起始位姿及终止位姿。

4. 答：相同点：

单元分解法的思想是将机器人所在环境空间切分为多个简单相连的区域，每个区域单元分为自由的和被物体占用的两种。然后找出起点和目标位置所在单元，并在连接图中用搜索算法找到一条连接起点和目标单元的路径。

不同点：

单元分解法又分为精确单元分解(Exact Cell Decomposition)和近似单元分解(Approximate Cell Decomposition)。单元分解法的一个重要评价标准是对环境划分的完备程度，如果环境分解后是无损的，那么这种划分法就是精确单元分解。如果分解形成实际地图的近似，则称为近似单元分解。

5. 答：主要应用于虚拟示教、语音交互、视觉交互、脑机交互机、触觉交互、触屏交互等方面，未来还有更多的应用。

6. 答：(本题属于开放题)

伴随着信息物理融合系统、物联网等传感网络技术的不断发展，人—机器人交互将在不久的将来形成集视觉、嗅觉、触觉、推理与情感计算于一体的全方位感知智能时代，而物联网、云计算、大数据处理等新一代信息技术的研究将在不远的未来继续带动信息、生物、医疗等交叉学科的建设，并将人—机器人交互推向心理学、脑科学、认知科学、神经科学与计算技术相融合的灵魂智能时代。

练习题

1. **解**：$\ddot{\theta}_1=\mathrm{sgn}(\theta_2-\theta_1)\,|\ddot{\theta}_1|=50°/\mathrm{s}^2$

$$t_1=t_{d12}-\sqrt{t_{d12}^2-\frac{2(\theta_2-\theta_1)}{\ddot{\theta}_1}}=2-\sqrt{4-\frac{2(35-10)}{50}}=0.27\text{s}$$

$$\dot{\theta}_{12}=\frac{\theta_2-\theta_1}{t_{d12}-\frac{1}{2}t_1}=\frac{35-10}{2-0.5\times0.27}=13.5°/\text{s}^2$$

$$\dot{\theta}_{23}=\frac{\theta_3-\theta_2}{t_{d23}}=\frac{25-35}{1}=-10°/\text{s}^2$$

$$\ddot{\theta}_2=\text{sgn}(\dot{\theta}_{23}-\dot{\theta}_2)|\ddot{\theta}_2|=-50°/\text{s}^2$$

$$t_2=\frac{\dot{\theta}_{23}-\dot{\theta}_{12}}{\ddot{\theta}_2}=\frac{-10-13.5}{-50}=0.47\text{s}$$

$$t_{12}=t_{d12}-t_1-\frac{1}{2}t_2=2-0.27-\frac{1}{2}\times0.47=1.5\text{s}$$

$$\ddot{\theta}_4=\text{sgn}(\theta_3-\theta_4)|\ddot{\theta}_4|=50°/\text{s}^2$$

$$t_4=t_{d34}-\sqrt{t_{d34}^2-\frac{2(\theta_4-\theta_3)}{\ddot{\theta}_4}}=3-\sqrt{9+\frac{2(10-25)}{50}}=0.102\text{s}$$

$$\dot{\theta}_{34}=\frac{\theta_4-\theta_3}{t_{d34}-\frac{1}{2}t_4}=\frac{10-25}{3-0.5\times0.102}=-5.1°/\text{s}^2$$

$$\ddot{\theta}_3=\text{sgn}(\theta_{34}-\theta_{23})|\ddot{\theta}_3|=50°/\text{s}^2$$

$$t_3=\frac{\dot{\theta}_{34}-\dot{\theta}_{23}}{\ddot{\theta}_3}=\frac{-5.1-(-10)}{50}=0.098\text{s}$$

$$t_{23}=t_{d23}-\frac{1}{2}t_2-\frac{1}{2}t_3=1-\frac{1}{2}\times0.47-\frac{1}{2}\times0.098=0.716\text{s}$$

$$t_{34}=t_{d34}-t_4-\frac{1}{2}t_3=3-0.102-\frac{1}{2}\times0.098=2.849\text{s}$$

2. **解**：把 θ_0 和 θ_f 的值代入式(5.38)中

$$\begin{cases} a_0=\theta_0 \\ a_1=\dot{\theta}_0 \\ a_2=\dfrac{\ddot{\theta}_0}{2} \\ a_3=\dfrac{20\theta_f-20\theta_0-(8\dot{\theta}_f+12\dot{\theta}_0)t_f-(3\ddot{\theta}_0-\ddot{\theta}_f)t_f^2}{2t_f^3} \\ a_4=\dfrac{30\theta_0-30\theta_f+(14\dot{\theta}_f+16\dot{\theta}_0)t_f+(3\ddot{\theta}_0-2\ddot{\theta}_f)t_t^2}{2t_f^4} \\ a_5=\dfrac{12\theta_f-12\theta_0-(6\dot{\theta}_f+6\dot{\theta}_0)t_f+(\ddot{\theta}_0-\ddot{\theta}_f)t_f^2}{2t_f^5} \end{cases}$$

可得五次多项式的系数：

$a_0=30.0,\quad a_1=0.0,\quad a_2=2.5,\quad a_3=1.6,\quad a_4=-0.58,\quad a_5=0.0464$

确定操作臂为：

$$\theta(t)=30+2.5t^2+1.6t^3-0.58t^4+0.0464t^5$$

$$\dot{\theta}(t)=5+4.8t^2-2.32t^3+0.232t^4$$

$$\ddot{\theta}(t)=5+9.6t-6.96t^2+0.928t^3$$

3. 答：该机器人路径可分为 $q_0\sim q_r$ 段和 $q_r\sim q_s$ 段及 $q_s\sim q_5$ 段三段。可通过由三个三次多项式组成的样条函数连接。

设从 $q_0\sim q_r$ 的三次多项式插值函数为：$\theta_1(t)=a_{10}+a_{11}t+a_{12}t^2+a_{13}t^3$

从 $q_r\sim q_s$ 的三项多项式插值函数为：$\theta_2(t)=a_{20}+a_{21}t+a_{22}t^2+a_{23}t^3$

从 $q_s\sim q_5$ 的三项多项式插值函数为：$\theta_3(t)=a_{30}+a_{31}t+a_{32}t^2+a_{33}t^3$

上述三个三次多项式的时间区间分别为$[0,t_{f1}]$和$[0,t_{f2}]$及$[0,t_{f3}]$，若要保证路径点处的速度及加速度均连续，即存在下列约束条件：

$$\dot{\theta}_1(t_{f1})=\dot{\theta}_2(0)$$

$$\dot{\theta}_2(t_{f2})=\dot{\theta}_3(0)$$

$$\ddot{\theta}_1(t_{f1})=\dot{\theta}_2(0)$$

$$\ddot{\theta}_2(t_{f2})=\ddot{\theta}_3(0)$$

根据约束条件建立方程组，为：

$$\theta_0=a_{10}$$

$$\theta_r=a_{10}+a_{11}t_{f1}+a_{12}t_{f2}^2+a_{13}t_{f3}^3$$

$$\theta_r=a_{20}$$

$$\theta_s=a_{20}+a_{21}t_{f2}+a_{22}t_{f2}^2+a_{23}t_{f2}^3$$

$$\theta_s=a_{30}$$

$$\theta_5=a_{30}+a_{31}t_{f3}+a_{32}t_{f3}^2+a_{33}t_{f3}^3$$

$$a_{11}=0$$

$$a_{21}+2a_{22}t_{f2}+3a_{23}t_{f2}^2=0$$

$$a_{11}+2a_{12}t_{f1}+3a_{13}t_{f1}^2=a_{21}$$

$$a_{21}+2a_{22}t_{f2}+3a_{23}t_{f2}^2=a_{31}$$

$$2a_{12}+6a_{13}t_{f1}=2a_{22}$$

$$2a_{22}+6a_{23}t_{f2}=2a_{32}$$

显然上述约束条件含有 12 个未知数的 12 个线性方程。

综上所求解知：需要三个独立方程，12 个系数。

4. **解**：过渡域：$[t_0,t_b]$。

由于过渡域$[t_0,t_b]$终点的速度必须等于线性域的速度，所以

$$\dot{\theta}_{tb}=\frac{\theta_h-\theta_b}{t_h-t_b}\tag{1}$$

其中，θ_b 为过渡域终点 t_b 处的关节角度。用 $\ddot{\theta}$ 表示过渡域内的加速度，θ_b 的值可按下式求解，$\theta_b=\theta_0+\frac{1}{2}\ddot{\theta}t_b^2$ (2)

且：$t=2t_h$

$$\ddot{\theta}t_b^2-\ddot{\theta}tt_b+(\theta_f-\theta_0)=0 \tag{3}$$

其中 t 为运动持续时间，此处为 4s。

对于给定的 $\theta_f=+80°$，$\theta_0=-5°$，$t=4\text{s}$ 可根据(3)选择相应的 $\ddot{\theta}$ 和 t_b，得到路径曲线。通常的做法是先选择加速度 $\ddot{\theta}$ 的值，然后按(3)算出相应的 t_b，

$$t_b=\frac{t}{2}-\frac{\sqrt{\ddot{\theta}^2t^2-4\ddot{\theta}(\theta_f-\theta_0)}}{2\ddot{\theta}} \tag{4}$$

为了保证 t_b 有解，过渡域加速度值 $\ddot{\theta}$ 必须选得足够大，即

$$\ddot{\theta}\geqslant\frac{4(\theta_f-\theta_0)}{t^2} \tag{5}$$

此处不妨取：$\ddot{\theta}=\frac{4(\theta_f-\theta_0)}{t^2}=\frac{4\times[80°-(-5°)]}{4^2}=21.25$。代入(4)可求得：

$$t_b=\frac{t}{2}-\frac{\sqrt{\ddot{\theta}^2t^2-4\ddot{\theta}(\theta_f-\theta_0)}}{2\ddot{\theta}}=\frac{4}{2}-\frac{\sqrt{21.25^2\times4^2-4\times21.25\times[80-(-5)]}}{2\times21.25}=2$$

按照(2)式可求得 θ_b 得：

$$\theta_b=\theta_0+\frac{1}{2}\ddot{\theta}t_b^2=(-5)+\frac{1}{2}\times21.25\times2^2=37.5°$$

综上求解可得(1)式：

$$\dot{\theta}_{tb}=\frac{\theta_h-\theta_b}{t_h-t_b}=\frac{\theta_h-37.5°}{t_h-2}$$

5. **解**：由已知有下述条件：

时间区域：[0,2]。

$$a_0=10°,\quad a_1=5°,\quad a_2=70°,\quad a_3=-45°$$

由条件可得：

$$a_0=\theta_0=10°$$

$$\theta_f=10+5\times2+70\times2^2-45\times2^3=-60°$$

$$\dot{\theta}(t)\mid_{t=0}=5+140t-135t^2=5$$

$$\ddot{\theta}(t)\mid_{t=0}=140-270t=140$$

$$\dot{\theta}(t)\mid_{t=2}=5+140t-135t^2=-255$$

$$\ddot{\theta}(t)\mid_{t=2}=140-270t=-400$$

问题得解。

第 6 章　机器人典型控制算法

人工智能技术正在被越来越多地用于机器人控制过程。本章重点介绍 PID 控制方法、自适应模糊控制算法、遗传算法、神经网络算法、自学习/深度学习算法等人工智能相关基础知识及其在机器人控制中的典型应用，并对机器人遥操作与人机交互算法进行简要分析。

6.1　PID 控制方法

机器人的伺服传动性能决定了控制的稳定性和精度。在伺服电路中引入补偿网络是常见的方法，其中，具有测速反馈的测速补偿属于反馈控制，多用于直流电动机控制。常用的补偿有 3 种：比例—微分补偿(PD)、比例—积分补偿(PI)和比例—积分—微分补偿(PID)，这里：P、I 和 D 分别代表比例(Proportion)、积分(Integral)和微分(Differential)。PID 控制算法是工业控制中应用最广泛也是最成熟的控制算法。该算法简单可靠，易于实现。

6.1.1　PID 控制算法原理

PID 控制属于闭环控制，因此，要实现 PID 算法，必须在硬件上具有闭环控制环节，即反馈环节。PID 控制器就是根据系统的误差具体调节 3 项系数(P、I 和 D)。大部分工业控制系统均可以通过调节系数获得良好的闭环调节性能。PID 控制算法的原理框图如图 6.1 所示。

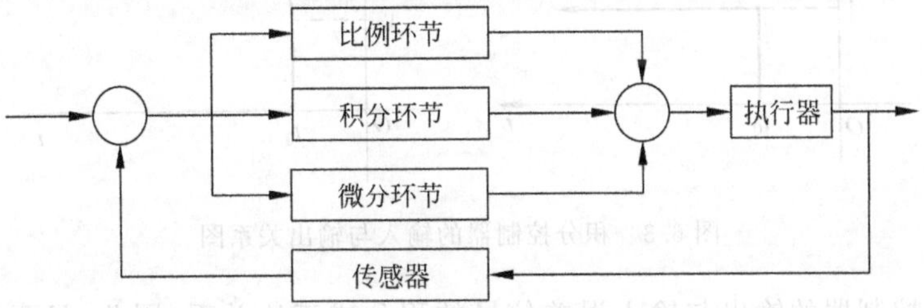

图 6.1　PID 控制算法的原理框图

1. 比例控制(P)

比例控制是最简单的控制方式。其特点是控制器的输出 y 与控制偏差 $e(t)$ 成线性比例关系。其控制规律为：

$$y = K_P * e(t) + y_0 \tag{6.1}$$

式中，y 是比例控制器输出；K_P 是比例系数；$e(t)$ 是系统偏差；y_0 是在 $e(t)$ 为 0 时调节器的输出值。系统一旦出现偏差，比例控制就会产生控制作用来减小这种偏差。图 6.2 给出了比例控制器的输入与输出关系图。

当控制系统中产生偏差时，比例控制器会自动调节控制器输出值 y 的大小，使控制偏

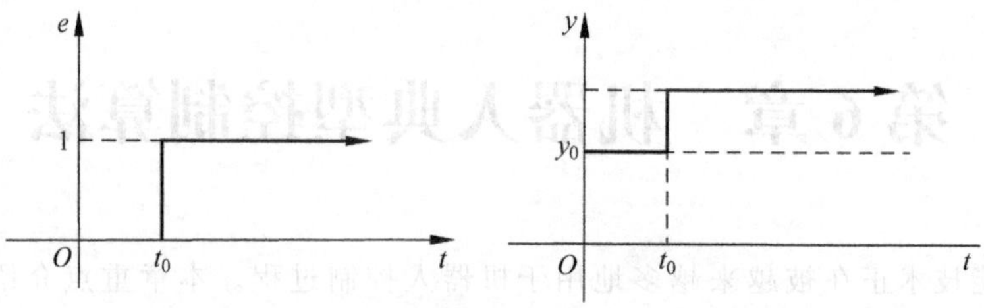

图 6.2　比例控制器的输入与输出关系图

差 $e(t)$ 趋向减小。比例控制器的调节速度与比例系数 K_P 的值呈正相关。K_P 越大，比例控制器的调节速度越快；但调节速度过快易导致系统振荡次数增多，使得系统输出量大于稳态值，出现严重超调现象。K_P 越小，比例控制器的调节速度越慢，但调节速度过慢易导致系统振荡次数减小，使得控制器起不到调节作用。

比例控制器的作用是调整系统的开环增益，提高系统的稳态精度，降低系统的惰性，加快响应速度。其缺点是只能在一种负载情况下实现无静态误差的调节。当系统负载变化时，除非重新调整相应的 y_0 值大小；否则，控制系统将产生无法消除的静态误差。

2. 积分控制(I)

对控制系统而言，如果进入稳态后仍存在误差，则称这个控制系统有"稳态误差"(该系统也被称为"有差系统")。比例控制器的主要缺点是不能消除系统中存在的稳态误差。为了消除控制系统的这种稳态误差，提高调节精度，在比例控制器(P)的基础上进一步引入积分控制器(I)，则构成了比例—积分控制器(PI)。图 6.3 给出了积分控制器的输入与输出关系图。

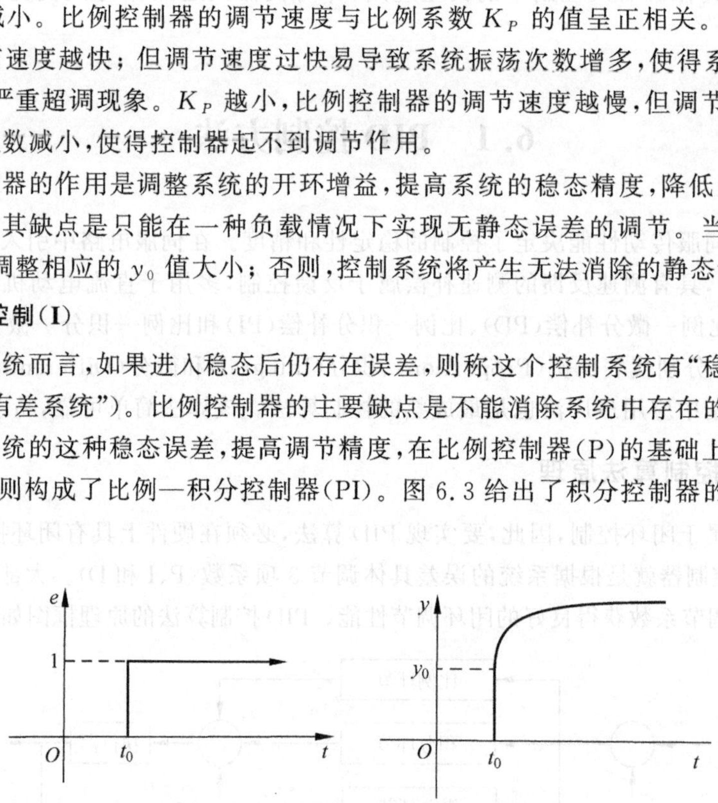

图 6.3　积分控制器的输入与输出关系图

比例积分控制器的输出与输入误差信号的积分成正比关系，因此，只要系统中存在误差，积分调节就会进行，直至消除系统的稳态误差。其控制规律为：

$$y = K_P\left(e + \frac{1}{T_I}\int_0^t e\,\mathrm{d}t\right) + y_0 \tag{6.2}$$

式中，T_I 为积分常数，其物理意义是当控制器积分调节作用与比例调节作用的输出相等时所需的调节时间。积分控制器的调节效果取决于 T_I。T_I 越小，积分调节作用越强；但 T_I 过小，易出现持续振荡，使调节器的输出不稳定。T_I 越大，积分调节作用越弱，不易出现系统振荡现象；但 T_I 过大，消除系统偏差 $e(t)$ 所需的时间就会越长。由式(6.2)可知：积分调节对系统偏差 $e(t)$ 有累积作用。只要存在 $e(t)$，积分的调节作用就会不断增强，直至消除控制系统中存在的稳态误差。

3. 微分控制(D)

比例积分控制虽然可以消除系统稳态误差,但仍存在以下问题:

(1) 由于控制器输出值的大小与偏差值 $e(t)$的持续时间成正比,所以控制系统消除静态误差的调节时间比较慢,导致系统的静态性能变差。当系统中存在较大的惯性组件或者滞后组件时,会出现抑制误差的作用,其变化总是落后于误差的变化。解决办法是使抑制误差的作用的变化"超前",即在误差接近零时,抑制误差的作用就应该是零。

(2) 如果控制系统在调节过程中出现振荡,会给实际输出带来严重的后果。解决办法是引入微分控制(D),构成比例　积分　微分控制器(PID)。微分控制器的作用是反映偏差信号的变化率,能够预见偏差的变化趋势,产生超前的控制作用。偏差在没有形成之前,就被微分控制器消除。因为微分控制反映的是偏差信号的变化率,所以在输入信号没有变化的情况下,微分控制器输出为零,可以避免控制器出现严重超调现象,改善控制器在调节过程中的动态特性。图 6.4 给出了微分控制器的输入与输出关系图。

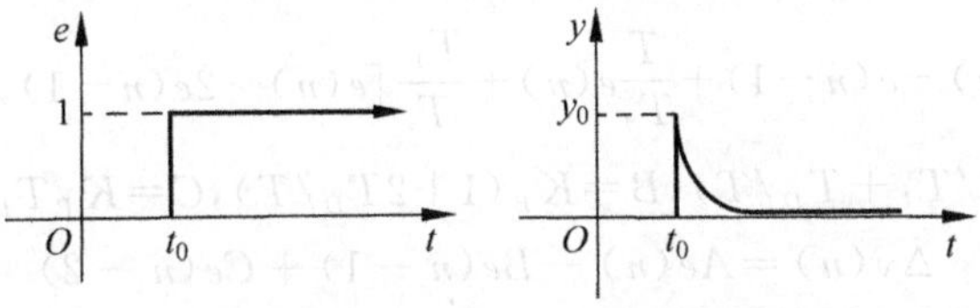

图 6.4　微分控制器输入与输出关系图

在微分控制中,控制器的输出与输入误差信号的微分成正比关系。其控制规律为:

$$y = K_P\left(e + \frac{1}{T_I}\int_0^t e\,\mathrm{d}t + T_D\frac{\mathrm{d}e}{\mathrm{d}t}\right) + y_0 \tag{6.3}$$

式中,T_D 为微分常数,其物理意义是当控制器微分调节作用与比例调节作用的输出相等时所需要的调节时间。加入微分控制后,当偏差 e 瞬间波动过快时,微分调节器会立即产生冲激式响应,抑制偏差的变化。而且偏差变化越快,微分调节作用越大,从而使系统更加趋于稳定,避免振荡现象的发生,改善系统的动态性能。

6.1.2　PID 控制算法分类

1. 位置式 PID 控制

位置式 PID 控制是一种二阶线性控制器。算法的微分方程为:

$$y = K_P\left(e(t) + \frac{1}{T_I}\int_0^t e(t)\,\mathrm{d}t + T_D\frac{\mathrm{d}e}{\mathrm{d}t}\right) + y_0 \tag{6.4}$$

离散化后,得到:

$$y(n) = K_P\left\{e(n) + \frac{T}{T_I}\sum_{i=0}^{k} e(n) + \frac{T_D}{T}\left[e(n) - e(n-1)\right]\right\} + y_0 \tag{6.5}$$

式中,$e(n)$是第 n 次采样周期内所获得的偏差信号; $e(n-1)$是第$(n-1)$次采样周期内所获得的偏差信号; T 是采样周期; $y(n)$是调节器第 n 次控制变量的输出。

位置式 PID 控制算法适用于不带积分元件的执行器。由于执行器的动作位置与控制系统的输出变量值 $y(n)$呈一一对应关系,所以称为位置式 PID 控制。位置式 PID 算法的优点是不需要建立数学模型,控制系统的稳定性较好。其缺点是当前采样时刻的输出量和以前的任何状态都有关联，不是独立的控制量，运算时要使用累加器累计 $e(n)$ 的量，计算量非常大；而且控制器的输出 $y(n)$ 对应的是执行器的实际位置，$y(n)$ 的大幅波动会直接引起执行器位置的大幅波动，具有一定风险。

2. 增量式 PID 控制

增量式 PID 控制的输出是控制量的增量(用 $\Delta u(k)$ 表示)。算法在执行时，增量 $\Delta u(k)$ 相对的是本次执行器的位置增量，而不是相对执行器的现实位置，因此该算法需要执行器累积控制量增量才能实现对被控系统的控制。系统的累积功能可以采用硬件电路实现，也可以通过软件编程实现(如采用算式 $\Delta u(k)=u(k)-u(k-1)$ 编程实现)。

增量式 PID 控制算法可以表示为：

$$y(n-1)=K_P\left\{e(n-1)+\frac{T}{T_I}\sum_{i=0}^{n-1}e(n)+\frac{T_D}{T}[e(n-1)-e(n-2)]\right\}+y_0 \tag{6.6}$$

式(6.5)减去(6.6)，可得：

$$\Delta y(n)=K_P\left\{e(n)-e(n-1)+\frac{T}{T_I}e(n)+\frac{T_D}{T}[e(n)-2e(n-1)+e(n-2)]\right\} \tag{6.7}$$

记 $A=K_P(1+T/T_I+T_D/T)$，$B=K_P(1+2T_D/T)$，$C=K_PT_D/T$，则有：

$$\Delta y(n)=Ae(n)-Be(n-1)+Ce(n-2) \tag{6.8}$$

式中，B 和 C 是与系统的采样频率、比例参数、积分参数、微分参数相关的参数。

增量式算法的优点：

(1) 算式中不需要累加。增量 $\Delta u(k)$ 仅与最近 3 次的采样值有关，使用加权处理即可达到比较好的控制效果；

(2) 计算机每次只输出控制增量，即对应执行器的位置变化量，发生故障时的影响范围小；

(3) 当控制从手动向自动切换时，可实现无扰动切换。

增量式算法的缺点：由于其积分截断效应大，有静态误差，溢出影响大。

3. 微分先行 PID 算法

控制系统将 PID 算法的微分运算提前进行。微分动作是建立在对未来时刻误差大小的估计基础之上的：当控制器的设定值不变时，微分不起作用；当设定值调整时，属于阶跃突变，因此微分不具有预测作用，还可能对控制过程造成冲击。在大多数调节系统中，微分操作仅作用于测量值，而不作用于设定值。

1) 对输出量进行微分

当给定量变化次数较多时，控制系统可能因为给定值的变化而出现严重超调现象或者振荡现象，这会极大影响控制器的控制结果。为避免上述现象，控制系统可以对系统输出量进行微分，以改善系统的性能。当给定的输入值改变时，控制系统的输出不会发生剧烈变化。因为被控量通常不会跃变，所以即使系统给定的输入值发生变化，被控量也不会突变，而是进行缓慢地变化，从而避免微分项发生突变。

2) 对偏差进行微分

控制系统对系统输入量与偏差值都进行微分。这种方法主要用于串联控制系统的副控制回路，为了确保主控制回路赋值给副控制回路的给定值的准确性，必须对其做微分处理，即在副控制回路中采用PID的偏差控制。输出量的微分就是常见的微分先行PID算法。

6.1.3 改进型PID控制器

PID控制方法应用广泛，并拥有一套完整的参数设定与设计方法，易于掌握。但PID控制也存在一些不足：

(1) 在比例控制环节，如果比例系数 K_P 过大，则控制系统易出现振荡或者严重超调现象，难以获得理想的控制效果；

(2) 在积分控制环节，虽然对偏差值积分可以消除系统的稳态误差，但如果积分常数 T_i 过大，就会降低系统的响应速度，使得参数整定不良，影响控制器的性能；

(3) 在微分控制环节，控制系统对输入信号的噪声十分敏感，易受到干扰。随着智能控制技术的发展，出现了许多改进型的PID控制算法及智能PID控制器。图6.5列举了代表性的改进型PID控制系统，包括模糊PID控制、专家PID控制、基于遗传算法的PID控制、灰色PID控制以及神经PID控制等。

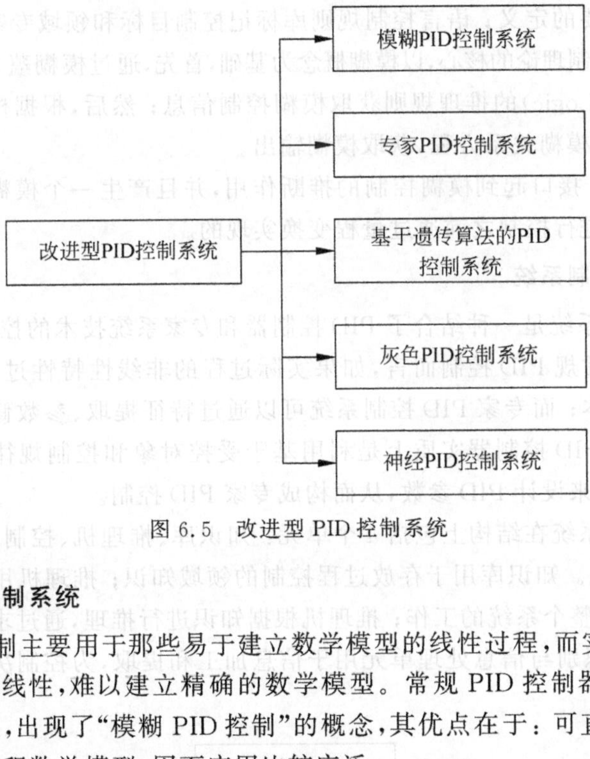

图6.5 改进型PID控制系统

1. 模糊PID控制系统

传统的PID控制主要用于那些易于建立数学模型的线性过程，而实际的控制过程较为复杂，存在明显的非线性，难以建立精确的数学模型。常规PID控制器无法实现对此类过程的精确控制，因此，出现了“模糊PID控制”的概念，其优点在于：可直接用于复杂过程的控制，而无须建立过程数学模型，因而应用比较广泛。

模糊控制是一类基于模糊集合理论的智能控制方法(详见第6.2.1节)。模糊PID控制就是将PID控制策略引入模糊(Fuzzy)控制器，构成模糊PID复合控制。模糊控制器在结构上主要包括4个部分：模糊化接口、知识库、推理机和模糊判决接口(见图6.6)。

模糊化接口：此接口测量模糊PID控制系统的输入和输出变量，然后将它们映射到一个合适的响应论域的量程。将精确的输入数据转化为适当的语言值或者模糊集合的标识符。

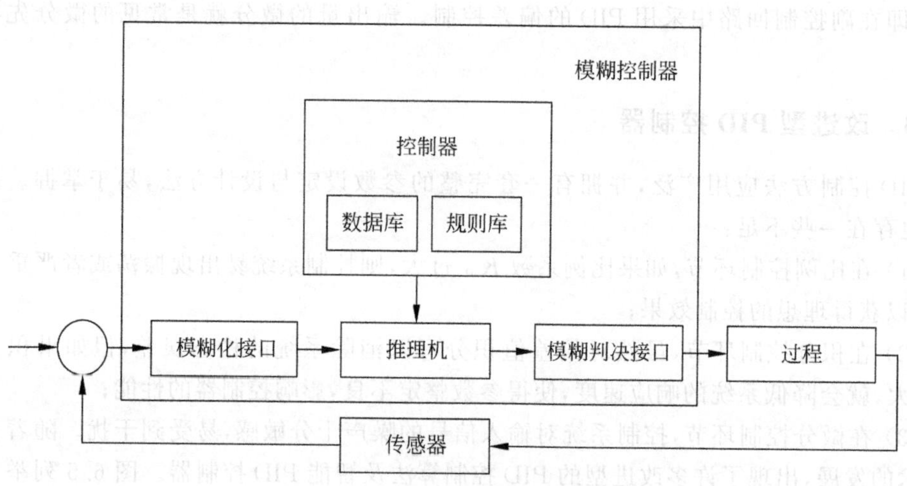

图 6.6 模糊控制系统的基本结构

知识库：该库由数据库和语言控制规则库组成。数据库为语言控制规则的论域离散化和隶属函数提供必要的定义；语言控制规则库标记控制目标和领域专家的控制策略。

推理机：模糊控制理论的核心，以模糊概念为基础，首先，通过模糊蕴含(Fuzzy Implication)和模糊逻辑(Fuzzy Logic)的推理规则获取模糊控制信息；然后，根据模糊输入和模糊控制规则，模糊推理求解模糊关系方程，获取模糊输出。

模糊判决接口：接口起到模糊控制的推断作用，并且产生一个模糊控制作用。这一作用是在对受控过程进行控制之前通过量程变换实现的。

2. 专家 PID 控制系统

专家 PID 控制系统是一种结合了 PID 控制器和专家系统技术的控制系统，以期实现最佳的系统控制。对常规 PID 控制而言，如果实际过程的非线性特性过于复杂，会显著增加计算时间和硬件成本；而专家 PID 控制系统可以通过特征提取、参数修正等一系列技术克服上述缺点。专家 PID 控制器实质上是利用基于受控对象和控制规律的各种知识设计控制器，利用专家经验来设计 PID 参数，从而构成专家 PID 控制。

专家 PID 控制系统在结构上包括 4 个单元：知识库、推理机、控制规则集、特征识别与信息处理(见图 6.7)。知识库用于存放过程控制的领域知识；推理机用于记忆所采用的规则和控制策略，协调整个系统的工作；推理机根据知识进行推理，通过求解模糊关系方程获取模糊输出；特征识别与信息处理单元用于信息加工和提取，为控制决策和学习适应提供依据。

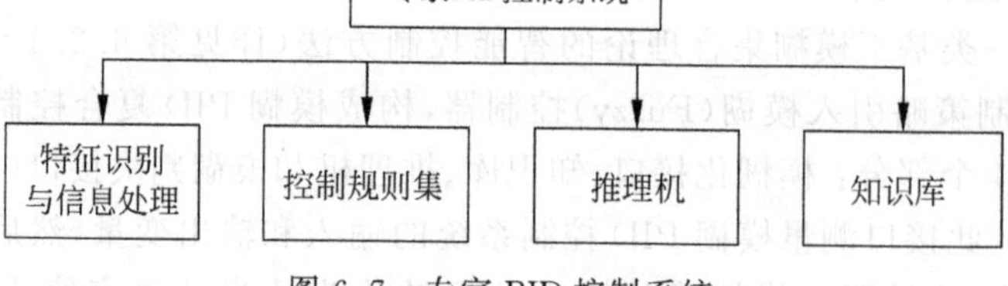

图 6.7 专家 PID 控制系统

常用的专家 PID 控制规律如下：

$$Y(n)=Y(n-1)+K_P[e(n)-e(n-1)]+K_Ie(n)+K_D[e(n)-2e(n-1)+e(n-2)] \tag{6.9}$$

式中，$Y(n)$为第 n 个采样时刻的输出控制值，n 为采样序号（$n=1,2,\cdots$）；$e(n)$为第 n 个采样时刻的偏差信号；$K_I=K_PT/T_I$ 为积分系数，$K_D=K_PT/T_D$ 为微分系数。

可以根据控制器的误差变化情况设计具体的专家 PID 控制器。用 M_1 和 M_2 表示设定的误差界限（设 $M_1\geqslant M_2$），按照以下 4 种情况设计控制器：

(1) 若$|e(n)|\geqslant M_1$，表明设定值与实际值偏差较大，控制器应该按照最大或最小输出控制，以快速调整误差，使误差绝对值迅速减小。

(2) 当 $e(n)\Delta e(n)\geqslant 0$，$|e(n)|\geqslant M_2$ 时，说明偏差值较大，且正在朝着增大或者保持不变的方向发展，此时，控制器应该按照最强输出控制，才能使偏差值尽快减小。从而有：

$$\begin{aligned}Y(n)=Y(n-1)+K_I\{&K_P[e(n)-e(n-1)]+K_Ie(n)\\&+K_D[e(n)-2e(n-1)+e(n-2)]\}\end{aligned} \tag{6.10}$$

(3) 若 $e(n)\Delta e(n)<0$，$\Delta e(n)\Delta e(n-1)>0$ 或 $e(n)=0$，说明偏差值正在朝着减小的方向变化，此时可保持控制器输出不变。当 $e(n)\Delta e(n)<0$，$\Delta e(n)\Delta e(n-1)<0$ 时，说明偏差值处于极值状态。此时

若$|e(n)|\geqslant M_2$，控制器应实施较强的控制作用，有：

$$y(n)=y(n-1)+k_1K_Pe(n) \tag{6.11}$$

若$|e(n)|<M_2$，控制器应实施较弱的控制作用，有：

$$y(n)=y(n-1)+k_2K_Pe(n) \tag{6.12}$$

上述两式中，$y(n)$和 $y(n-1)$分别是第 n 和第$(n-1)$次控制器的输出；k_1 和 k_2 是增益放大系数，且 $k_1>1$，$k_2<1$。

(4) 如果$|e(n)|\leqslant\varepsilon$（$\varepsilon$ 是一任意小的正实数），说明误差的绝对值很小，此时应在控制系统中加入微分，减小稳态误差。

3. 基于遗传算法的 PID 控制系统

遗传算法是模拟自然界遗传机制而建立的一种并行随机搜索最优化算法（详见第 6.3 节）。遗传算法或多或少地隐含了反馈原理，把适应度函数（Fitness Function）作为控制理论中的性能目标函数，根据给定的目标信息和作用效果的反馈信息，经过评判比较指导进化操作。

将 PID 控制与遗传算法相结合，就构成了遗传算法 PID 控制。基于遗传算法的 PID 控制器（见图 6.8）是将遗传机制作用于被控系统模型的一种学习控制器，通过基于闭环反馈的进化控制，使得系统的后一步遗传算法控制性能优于前一步。

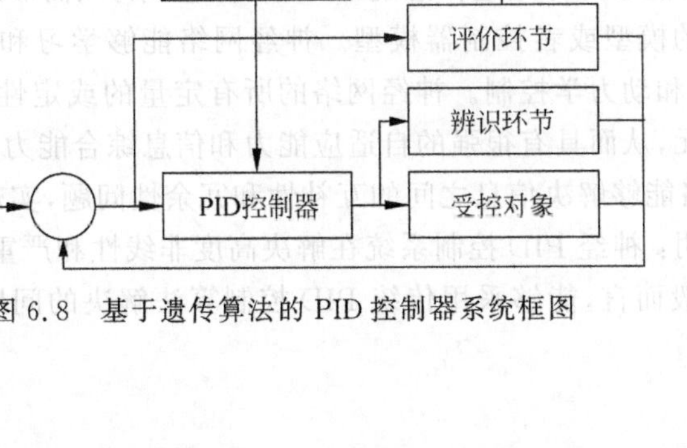

图 6.8　基于遗传算法的 PID 控制器系统框图

4. 灰色 PID 控制系统

按照被控信息的可知程度,被控系统一般被分为白色系统、黑色系统以及灰色系统三类(习惯上,人们常用颜色的深浅形容信息的明确程度)。白色系统是指系统的被控信息全部已知;黑色系统是指系统的被控信息全部未知;灰色系统则是指系统的被控信息部分已知,是一类"外延明确、内涵不明确"的控制系统。

灰色系统建模着重于系统行为数据之间、内在关系之间的挖掘量化,实际上是一种"以数找数"的方法:根据系统的一个或几个离散数列的规律,找出系统的变化关系;然后,据此建立系统的连续变化模型。

灰色系统理论形成于 20 世纪 80 年代,其灰色模型 GM(1,1)已广泛应用于工业工程等多种系统的预测。GM(1,1)模型可以依据系统中已知的多种因素,采用微分方程去拟合系统的时间序列,以逼近时间序列所描述的动态过程;再进一步外推,达到预测的目的。这种拟合得到的模型是时间序列的一阶微分方程。

灰色 PID 控制系统在结构上包括 3 部分:PID 控制器、被控对象和灰色控制模块,其中:灰色控制模块是整个控制系统中最重要的部分,用来调节 PID 控制器的参数以改善控制器的性能,如图 6.9 所示。

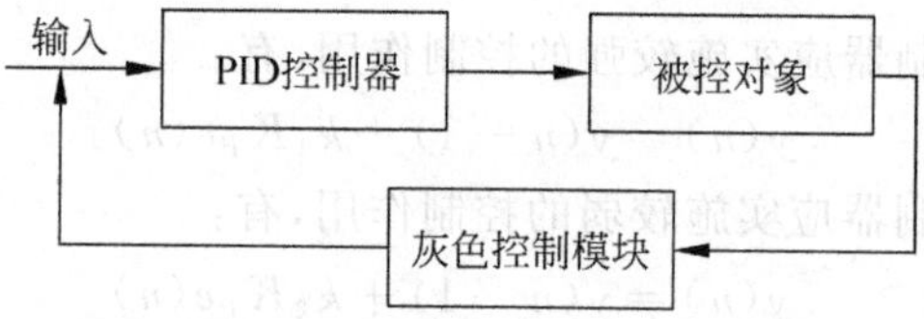

图 6.9 基于灰色理论的 PID 系统框图

5. 神经 PID 控制系统

基于人工神经网络的控制是智能控制的新兴方向之一。神经网络 PID 控制就是将神经网络(详见第 6.4 节)与传统 PID 控制相结合而产生的一种改进型控制方法,是对传统的 PID 控制的一种改进和优化,如图 6.10 所示。

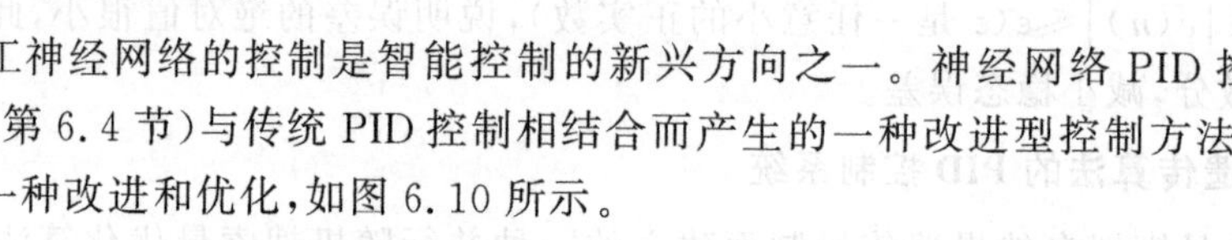

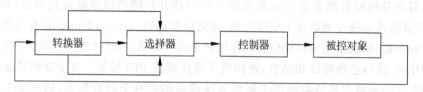

图 6.10 基于神经网络的 PID 控制系统框图

神经网络的优点在于:

(1) 神经网络能够充分逼近任意复杂的非线性关系,从而形成非线性动力学系统,有利于表达被控对象的模型或者控制器模型。神经网络能够学习和适应不确定系统的动态特性,适合实时控制和动力学控制。神经网络的所有定量的或定性的信息都分布存储于网络内的各种神经单元,从而具有很强的自适应能力和信息综合能力。

(2) 神经网络能够解决信息之间的互补性和冗余性问题,实现信息融合处理,计算能力强。这些特点说明:神经 PID 控制系统在解决高度非线性和严重不确定性系统的控制方面有巨大潜力。一般而言,能够采用传统 PID 控制算法解决的问题,都可以用神经网络 PID

控制算法来解决；而那些很难用传统 PID 控制算法求解的复杂的过程控制问题(非线性、不确定)，使用神经网络控制方法不失为一种有效的解决途径。

6.1.4　PID 控制方法的参数整定与自整定

1. PID 控制方法的参数整定

实际应用中，当常规 PID 控制系统达不到预期控制效果时，需要通过 PID 参数整定(调节控制器的比例系数 K_P、积分时间常数 T_I 和微分时间常数 T_D)来获得系统的最佳控制性能。整定的实质是根据被控对象的实时反馈信息来调整控制系统的参数，以改善系统的动态和静态指标，使控制系统达到理想的控制状态。PID 参数整定方法主要分为两类：基于模式识别的参数整定方法(基于规则)和基于继电反馈的参数整定方法(基于模型)。

实际中应用较多的是工程整定法，即通过实验方法和经验方法来整定 PID 的调节参数，其最大优点在于整定参数不必依赖被控对象的数学模型，简单易行，适于实时控制。工程整定法主要包含 Ziegler-Nichols 参数整定法、临界比例度参数整定法、衰减曲线法和试凑法。这些整定方法扩展了 PID 控制器的应用范围，有效提升了 PID 控制器的性能，被统称为"自适应智能控制技术"。以下分别介绍这些工程整定法的特点和适用范围。

1) Ziegler-Nichols 参数整定法

这种方法由 Ziegler 和 Nichols 于 1942 年提出，是一种开环的整定方法，也是工程上最常用的快速 PID 参数整定方法，也被称为动态特性参数法、Z-N 阶跃响应法。Ziegler-Nichols 法根据被控系统的瞬态响应来整定 PID 控制器的 3 个控制参数，即在被控系统开环、带负载并处于稳定的状态下，给系统输入一个阶跃信号，获取系统的输出阶跃响应曲线，然后整定 PID 控制器的 3 个控制参数。Ziegler-Nichols 法适用于具有纯延迟的一阶惯性环节，即

$$G(s)=\frac{K\mathrm{e}^{-\tau s}}{Ts+1} \tag{6.13}$$

其中，T 为惯性时间常数；τ 为纯延迟时间常数；K 为比例系数。

$$K=[\Delta y/(y_{\max}-y_{\min})]\Big/[\Delta u/(u_{\max}-u_{\min})] \tag{6.14}$$

使用 Ziegler-Nichols 法的一个前提是：被控系统的单位阶跃响应曲线应满足 S 形曲线的形状要求。

2) 临界比例度参数整定法

这种方法是将控制器置于纯比例作用下，从大到小逐渐改变控制器的比例度，直到系统出现等幅振荡的过程。此时的系统比例度称为临界比例度。采用临界比例度参数整定法，被控系统产生临界振荡的条件是系统阶数应为 3 阶及以上。与 Ziegler-Nichols 法的开环参数整定不同，临界比例度法是一种闭环的参数整定方法。

临界比例度法适用于已知对象传递函数的场合。它的被控系统响应曲线包括两个数据：临界比例度 δ_k、临界振荡周期 T_k(相邻两个波峰间的时间间隔)。在闭环控制系统中，临界比例度法的具体步骤如下：①将控制器的积分时间 T_I 置于最大($T_I=\infty$)，微分时间置为 0($\tau=0$)，使控制器在纯比例环节作用下运行；比例度 δ 调整到适当值，平衡一段时间，将系统调整为自动运行。②从大到小逐渐改变比例度 δ，直到系统出现等幅振荡过程，得到

临界比例度δ_k和临界振荡周期T_k的值；根据得到的δ_k和T_k值，利用表6.1给出的经验公式，可以计算出控制器的最佳整定参数，即比例度系数δ、积分时间T_I和微分时间T_D的值。

表6.1 临界比例度法整定PID控制器参数

控制器类型	比例度δ/%	积分时间T_I	微分时间T_D
P	2δ	∞	0
PI	2.2δ	$0.833T_k$	0
PID	1.7δ	$0.50T_k$	$0.125T_k$

3）衰减曲线法

衰减曲线法也是一种闭环的参数整定方法，根据衰减频率特性整定PID控制器的3个参数。当被控系统处于纯比例环节作用时（积分时间$T_I=0$，微分时间$T_D=0$），衰减曲线法利用被控系统过渡过程响应曲线的衰减比为4∶1的实验数据，整定出最佳参数值。其具体步骤是：

（1）将控制系统中的调节器参数设置为纯比例环节作用，使系统处于运行状态；

（2）从大到小逐渐改变比例度系数δ，直到系统出现4∶1衰减过程曲线。

使用衰减曲线法时应注意：

（1）控制过程按“先比例，后积分，最后微分”的操作程序执行，将求得的整定参数设置在控制器上，实时观察系统的响应曲线；若控制效果不能满足要求，可进一步进行适当调整。

（2）对于反应较快的被控系统，锁定4∶1的衰减曲线段并且得到此衰减比下的衰减振荡周期T是比较困难的；此时，可以用记录指针来回摆动两次就可以稳定到4∶1衰减过程。

（3）实际控制过程中，系统的负荷变化会影响过程特性，前期整定的PID控制参数有可能已不适用于变化后的被控系统，因此，当负荷发生较大变化时，必须重新整定调节器参数值，直到满足新环境下的控制要求。

（4）对于有些被控系统，若4∶1比率下衰减太慢，可采用10∶1衰减过程。10∶1衰减比下的衰减曲线法整定控制器参数的步骤与上述完全相同，其区别仅在于计算公式有所不同。

衰减曲线法得到开环系统纯比例环节的操作与Ziegler-Nichols法是相同的，不同的是：Ziegler-Nichols法得到的是S形单位阶跃响应曲线，而衰减曲线法需要的是具有一定衰减比的衰减过程曲线。根据被控系统的响应特征曲线效果不同，这里的衰减比可选取4∶1或10∶1。

4）试凑法

试凑法又称经验法，是根据被控系统过渡过程中被调参数变化的情况进行PID参数再调整的方法，借助于对被控系统运行特征的认知，在初步的PID参数基础上进行试验调节，通过改变给定值和对控制系统施加扰动，分析研究系统的输出响应曲线，同时修改PID参数，反复进行试凑，直到整定出最佳参数值为止，如图6.11所示。

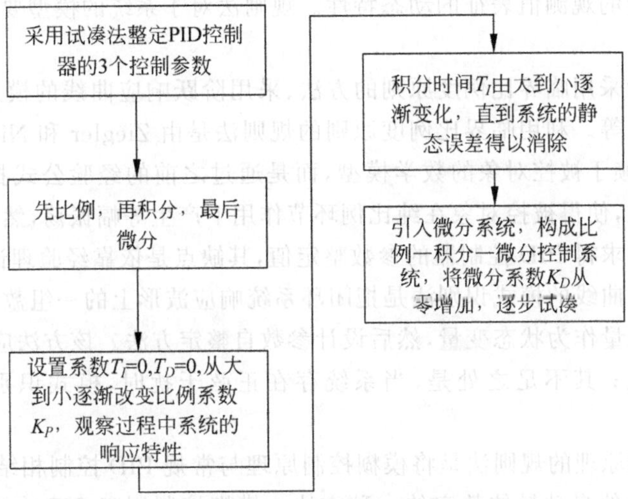

图 6.11　试凑法整定 PID 控制器的 3 个控制参数

2. PID 控制方法的参数自整定

实际的控制系统在控制调节期间，系统动态变化(模型参数和结构)可能使得前期整定的 PID 控制器参数不能满足当前控制效果。因此，PID 控制器参数的在线自动修正功能就显得尤为重要，可以根据被控系统操作环境的变化及时地改变调整 PID 控制器的参数值。PID 控制器的参数自整定有两方面的含义：参数的自动整定和参数在线自动校正。

PID 控制器参数自整定方法可分为基于模型的 PID 参数自整定、基于规则的 PID 参数自整定、智能 PID 参数整定等方法，下面主要介绍前两种方法的优点和不足。

1) 基于模型的 PID 参数自整定

这种方法综合了自适应控制理论和系统辨识，也被称为"辨识法"。模型辨识法包括两个步骤：①辨识模型——辨识出被控系统的数学模型；②参数设计——利用已获得的系统模型，求算出控制器的参数并进行整定。在具体实现上，这种方法主要有 3 种：改进的 Ziegler-Nichols 参数整定法、基于互相关度的自整定方法、由 Astrom 和 Hagglund 提出的继电反馈方法。

在模型辨识法中，传统的整定参数法是离线状态进行的，即首先通过实验测量出被控对象的特征参数，然后根据得到的 PID 值设计合适的 PID 控制器，最后再把 PID 控制器应用于被控系统。当被控对象发生动态变化、原有 PID 控制参数不能满足系统要求时，需重复上述实验过程以重新整定 PID 的特征参数值。当被控对象的环境发生变化、PID 参数须重新整定时，需要重新测试系统，找到合适的 PID 参数后再回到常态下以组建新的 PID 控制器进行动态控制。

模型辨识法适用于模型结构已知而模型参数未知的被控系统，能够得到较理想的控制效果。但是，该方法要求被控系统是线性的、非时变的、较简单的系统，并不适用于复杂的、不易建立精确数学模型的被控系统；并且，由于模型辨识过程的计算量和计算难度都很大，该方法并不利于 PID 控制参数的实时调整。

2) 基于规则的 PID 参数自整定

这种方法(简称"规则法")是基于类似有经验的操作者手动整定的规则，借助控制器输出和过程输出变量的观测值表征的动态特性。规则法对于系统的模型要求较少,容易执行,鲁棒性强。

规则法可分为采用临界比例度原则的方法、采用阶跃响应曲线的模式识别法和基于模糊控制原理的方法等。利用临界比例度原则的规则法是由 Ziegler 和 Nichols 在 1942 年提出,其优点是不依赖于被控对象的数学模型,而是通过之前的经验公式找到 PID 控制器的近似最优整定参数,使得被控对象在纯比例环节作用下产生等幅振荡,然后根据临界放大倍数和临界振荡周期求得 PID 控制器的参数整定值,其缺点是依靠经验理论支撑较少。

采用阶跃响应曲线的模式识别法是把闭环系统响应波形上的一组数据量较少而又能表征过程特性的特征量作为状态变量,然后设计参数自整定方法。该方法应用简单,不需要设定数学模型的阶次;其不足之处是,当系统存在正弦干扰时,模式识别法的设计会比较复杂。

基于模糊控制原理的规则法是将模糊控制原理与常规 PID 控制相结合,用模糊控制器实现 PID 参数的在线自动最佳整定的一种方法。模糊控制用于 PID 参数自整定时有两种途径:

(1) 构造具有 PID 控制功能的模糊控制器;

(2) 用模糊原理监督完成 PID 参数的在线校正。这种具有 PID 控制功能的模糊控制器还可以进一步通过调整量化因子、比例因子等实现类似于 PID 参数的在线自校正功能。

6.2 自适应模糊控制算法

美国科学家 Lotfi A. Zadeh 在 1965 年建立了模糊控制集合论(Fuzzy Set),并在 1974 年给出了模糊逻辑控制的定义和相关定理。由于模糊控制规则及隶属函数都是依靠经验获取,所以模糊控算法有很大的局限性。随着机器人控制技术的持续发展,模糊控制与自适应控制相结合,出现了自适应模糊控制算法。

6.2.1 基本概念

模糊逻辑控制(Fuzzy Logic Control)简称模糊控制,是一种以模糊集合论、模糊语言变量和模糊逻辑推理为基础的智能控制技术。自适应(Self-adaptive)算法是指在数据处理和分析过程中,根据待处理数据的特征自动调整处理方法、处理顺序、处理参数、边界条件和约束条件等,使得算法能够适应所处理数据的统计分布特征和结构特征,从而得到较好的处理效果。而自适应模糊控制(Adaptive Fuzzy Control)同时结合模糊控制算法与自适应算法,形成了性能优良的具有自适应能力的控制系统。

模糊控制方法简单,不要求获得被控系统的精确数学模型;并且,当系统输入信号变化较大时,模糊控制器可以通过参数调节维持系统的稳定性,使得控制系统具有良好的动态性能;但是,模糊控制也存在一些不足:

(1) 模糊控制规则多是基于操作者的既有知识和经验,难以获得对系统的最优控制规则;

(2) 控制过程中如果存在外界干扰,参数变化幅度会比较大,影响控制结果;

(3) 当系统存在不确定性或者系统状态变量不可测时，常规的模糊控制器达不到期望目标；

(4) 当系统状态变量之间的耦合关系不易表征时，控制器设计困难。

自适应模糊控制在一定程度上弥补了上述不足，使得控制过程更加符合人类的思维特点。自适应模糊控制算法可以充分发挥其描述不精确控制行为和不受数学模型限制的优势，提高了过程控制的动态适应性和抗干扰能力，实现了对复杂系统的有效控制，如图 6.12 所示。

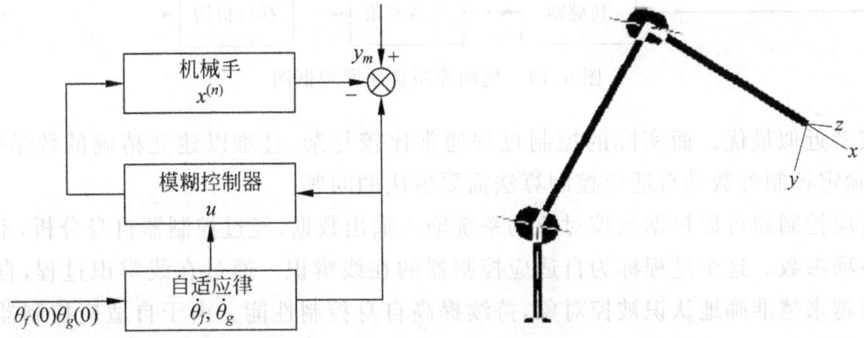

图 6.12 应用自适应模糊控制算法的双关节刚性机械手

6.2.2 基本原理

1. 模糊控制算法

模糊控制系统是以模糊数学、模糊语言形式的知识表示和模糊逻辑的规则推理为理论基础，利用计算机控制技术构成的一种具有反馈调节能力的闭环结构的智能控制系统。模糊控制系统一般由输入输出的模拟量/数字量转换器、模糊控制器、系统的执行机构、被控对象以及传感器 5 个部分组成。

模糊控制器是模糊控制的核心。一般包括 4 个组成部分：模糊化、规则库、模糊推理和解模糊。

(1) 模糊化：首先，测量输入变量和被控系统的输出变量，并把它们映射到一个合适的响应论域的量程；然后，将输入数据变换为适当的语言值或模糊集合的标识符。

(2) 规则库：由数据库和语言控制规则库组成。数据库为语言控制规则的论域离散化的隶属函数提供必要的定义，语言控制规则库标记控制目标和领域专家的控制策略。

(3) 模糊推理：模糊控制的核心。以模糊概念为基础，模糊控制信息可通过模糊蕴含和模糊逻辑的推理规则获取，并且可以实现对人的决策过程的模拟。根据模糊输入和模糊控制规则，模糊推理求解模糊关系方程，获得模糊输出。

(4) 解模糊：将模糊控制量通过模糊控制关系进行解模糊，使之转变为数字量；再通过数/模转换器输出为模拟量，传送给相应的被控装置。模糊控制过程的算法流程如图 6.13 所示。

2. 自适应控制算法

自适应控制器能够根据外界环境的变化修正自己的特性，使得控制性能指标达到并保

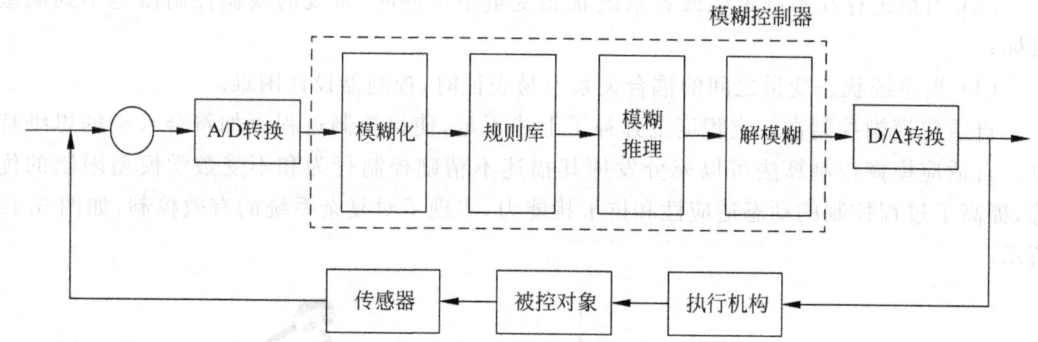

图 6.13 模糊控制算法原理框图

持最优或者近似最优。而实际的控制过程通常比较复杂,且难以建立精确的数学模型,因此,如何确定控制参数是自适应控制算法需要解决的问题。

自适应控制器可以根据被控对象的系统输入输出数据,经过控制器自身分析,不断地辨识模型各项参数。这个过程称为自适应控制器的在线辨识。通过在线辨识过程,自适应控制器可以越来越准确地认识被控对象,持续提高自身控制性能。由于自适应控制器在不断地改进,所以基于这种模型综合出来的控制作用也将随之不断的改进。在这个意义下,控制系统具有一定的适应能力。

自适应控制算法和常规反馈控制算法在实现最优控制时的原理基本相似,但自适应控制算法可以根据被控系统的输出信息进行反馈分析,通过调整控制器的各项参数获得良好的控制性能。因此,自适应控制算法需要在控制过程中不断提取被控对象的有关模型的信息,逐步完善被控对象模型。

3. 自适应模糊控制算法

自适应模糊控制系统是指具有自适应学习算法的模糊逻辑系统。自适应模糊控制器一般包括参考模型、被控对象、模糊控制器、自适应规则等 4 部分,可以由 1 个或若干个单一的自适应模糊系统组成。

与模糊控制器相比,自适应模糊控制器使被控系统具有更强的适应性和稳定性。在自适应模糊控制的过程中,自适应规则的设计是依据控制性能指标来设计的。自适应模糊控制器可以根据系统输入量的动态变化或者外界环境变化,通过不断修正控制器中的参数进行自适应调整,使得系统的适应能力大大提高。而在传统的模糊控制系统中,模糊控制器是预先设计好的,控制器的各项性能参数无法随着控制器的性能变化进行调整,这就可能导致传统的模糊控制器不能对外界环境变化进行适当的动态响应,使得模糊控制在控制过程中的应用具有很大局限性。相比较而言,自适应模糊控制器具有较好的动态控制性能。

与传统的自适应控制器相比,自适应模糊控制器的最大优势在于:自适应模糊控制器可以利用系统中提供的语言性模糊信息进行模糊学习,而传统的自适应控制器则无法做到。这对于存在不明确信息或者不能建立明确数学模型的系统尤为重要,当模糊控制系统给出的专家经验不适用于被控系统时,可以通过自适应模糊控制系统输出的动态响应不断修正控制参数改善。自适应模糊控制系统为有效利用模糊信息提供了一种工具。基于模糊基函数的模糊逻辑系统具有万能逼近的特性。由单一自适应模糊控制系统实现的自适应模糊控

制算法原理框图如图 6.14 所示

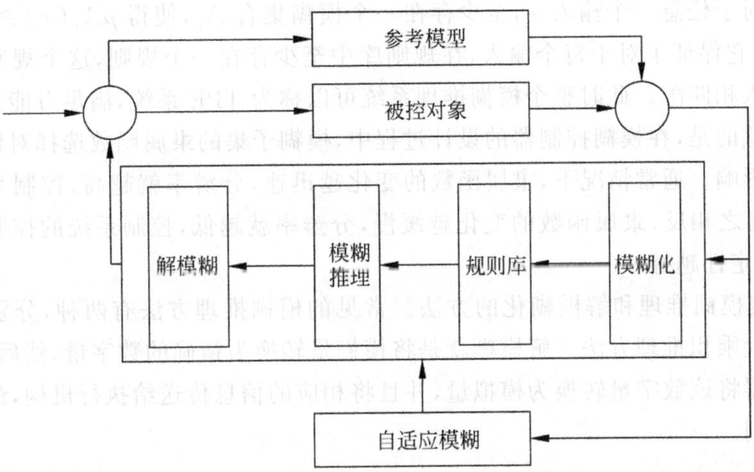

图 6.14　自适应模糊控制算法原理框图

6.2.3　模糊控制器的设计

模糊控制器是模糊控制系统的核心部分。模糊控制系统的性能主要取决于模糊控制器的结构、系统所采用的模糊控制规则、合成推理算法、模糊决策算法等多种因素。模糊控制器的基本设计过程以及需要解决的问题如图 6.15 所示。具体设计步骤如下：

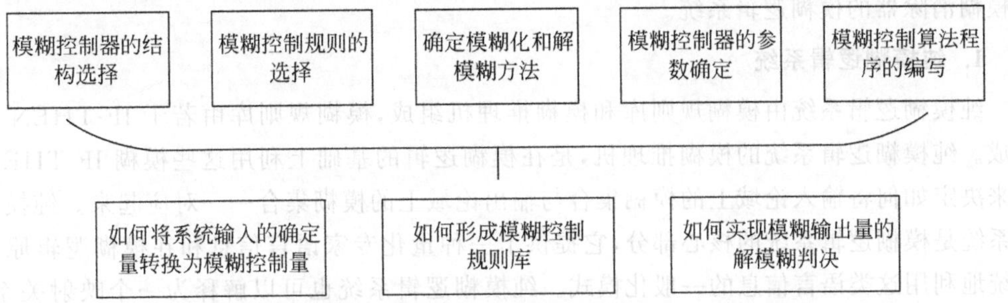

图 6.15　模糊控制器的基本设计过程以及需要解决的问题

(1) 选定模糊控制系统的输入输出变量。设精确量 x 的变化范围为 $[a,b]$，一般情况下要将其转换为 $[-n,n]$ 上的离散量 y，也就是想要求得的模糊量。

(2) 确定各变量模糊语言取值及相应的隶属函数。为了设计方便，可将输入精确量的变化区间定义为以 0 为中心的对称区间，即 $a=-b$，这样可以化简为 $y=kx$，式中：k 称为量化因子。一般情况下，设模糊控制器的输入量为误差 e 和误差变化率 e_c，误差和误差变化率的量化因子分别为 k_e 和 k_{e_c}。再由 e、e_c 和模糊控制规则 R 根据推理合成规则进行模糊决策，得到模糊控制量 U，最后将模糊控制量 U 进行解模糊化为精确量 u，作用于被控系统，这样一直循环下去，实现对被控系统的模糊控制。

(3) 建立系统的模糊控制规则或者控制算法。模糊控制隶属函数 $\mu(x)$ 采用三角形隶属函数，通过模糊化方法，分别将误差 e、误差变化率 e_c、输出量 u 规范化到 $[-1,1]$。将区间 $[-1,1]$ 分割为一定数量的模糊子集。模糊区间的分割既可以是非等间距的，也可以是等间距的。当区间分割是等间距时,每个模糊子集将构成等腰三角形。按照这样的模糊分割可以保证对于任意一个输入 x,至少存在一个模糊集合 A_i,使得 $\mu A_i(x) \geqslant 0.5$。这称为 0.5 完备性;它保证了对于每个输入,在规则库中至少存在一个规则,这个规则的"条件"可以和这个输入相匹配。此时整个模糊推理系统可以称为 TPE 系统,满足万能逼近定理。

需要注意的是,在模糊控制器的设计过程中,模糊子集的隶属函数选择对模糊控制器的性能有一定影响。通常情况下,隶属函数的变化越迅速,分辨率就越高,控制系统的灵敏度也就越高;与之相反,隶属函数的变化越缓慢,分辨率就越低,控制系统的控制性能较为平缓,系统的稳定性越好。

(4) 确定模糊推理和解模糊化的方法。常见的模糊推理方法有两种,分别是最大最小推理法和最大乘积推理方法。解模糊就是将模糊量转换为精确的数字量,然后通过数字量/模拟量转换器将该数字量转换为模拟量,并且将相应的信息传送给执行机构,最终实现对被控对象的控制。

6.2.4 自适应模糊控制器的设计

在介绍自适应模糊控制器的设计之前,应先了解一下模糊逻辑系统。模糊逻辑系统(Fuzzy Logic System)是指与模糊概念和模糊逻辑有直接关系的系统。当模糊逻辑系统被用来充当控制器时,就称为模糊逻辑控制器(Fuzzy Logic Controller)。由于实际中可以根据自身需要随意选择模糊概念和模糊逻辑,所以构造出的模糊逻辑系统也多种多样。最常见的模糊逻辑系统有 3 类:纯模糊逻辑系统、高木—关野模糊逻辑系统、具有模糊产生器以及模糊消除器的模糊逻辑系统。

1. 纯模糊逻辑系统

纯模糊逻辑系统由模糊规则库和模糊推理机组成,模糊规则库由若干 IF-THEN 规则构成。纯模糊逻辑系统的模糊推理机,是在模糊逻辑的基础上利用这些模糊 IF-THEN 规则来决定如何将输入论域上的模糊集合与输出论域上的模糊集合一一对应起来。纯模糊逻辑系统是模糊逻辑系统的核心部分,它提供了一种量化专家语言信息和在模糊逻辑原则下系统地利用这类语言信息的一般化模式。纯模糊逻辑系统也可以解释为一个映射关系,其核心部件具有类似于线性变换中变换矩阵的映射功能,如向系统中输入变量 A,则通过模糊逻辑系统变量 A 映射为输出变量 B,即 $B=A$。纯模糊逻辑系统也存在一定的缺点:其输入和输出均为模糊集合,难以直接用于实际的复杂过程控制。但纯模糊逻辑系统提供了一个可借鉴的基本模板,由此出发可以构造出其他具有实用性质的模糊逻辑系统(如高木—关野模糊逻辑系统)。

2. 高木—关野模糊逻辑系统

高木—关野模糊逻辑系统(简称 T-S 模糊逻辑系统)由日本学者高木(Takagi)和关野(Sugeno)首先提出,是在纯模糊逻辑系统的基础上,将纯模糊逻辑系统中的每一条模糊规则的后一部分(即 IF-THEN 规则中 THEN 以后的部分)加以定量化而形成的。也就是说,T-S 模糊逻辑系统中的模糊规则,其前一部分是模糊的,后一部分是确定的。T-S 模糊逻辑系统已经在实际应用中展现了较为优良的性能。其优点是系统的输出为精确值,其中的参数也可以用参数估计、系统阶数等方法加以确定。但这种系统难以利用更多的语言信息、模糊原则以及专家经验，缺乏自由性和灵活性。

3. 具有模糊产生器以及模糊消除器的模糊逻辑系统

这种模糊逻辑系统由 Mamdani 首先提出，并已经在多种控制过程中得到了实际应用。顾名思义，这种系统就是把纯模糊逻辑系统的输入端和输出端分别接上模糊产生器和模糊消除器后构成的。该模糊逻辑系统主要有 3 个特点：

(1) 提供了一种描述专家经验的模糊规则的一般化方法；

(2) 可以根据自身需要灵活设计最合理的模糊逻辑系统；

(3) 系统的输入输出均为精确值，更适合复杂的实际控制过程。

有效利用专家经验以及人的模糊语言信息，对智能控制至关重要。模糊逻辑系统的"万能逼近特性"恰好符合这一要求。万能逼近特性是指模糊逻辑系统在任意精度上一致逼近任何定义在一个致密集上的非线性函数的能力，即对于任何定义在一个致密集 $U \in R^n$ 上的连续函数 $g(x)$，以及任意的 $\varepsilon > 0$，一定存在一个模糊逻辑系统，使得

$$\sup_{x \in U} \left| f(x) - g(x) < \varepsilon \right| \tag{6.15}$$

此即模糊逻辑系统的万能逼近特性。这一特性已经得到了科学家们的证明。

对于一些数学模型不确定的被控对象，模糊逻辑系统可以利用万能逼近特性，通过系统输出量的反馈信息，不断逼近正确数学模型的方向，反复调整自身的控制参数，从而改善控制器的控制性能。

自适应模糊控制器的设计方法很好地结合了模糊控制算法和自适应控制算法，从而拓展了智能控制算法的应用范围。下面介绍一种具有连续监督控制的综合性稳定自适应模糊控制器的设计方法。

考虑如下 n 阶非线性连续系统：

$$\begin{aligned} x^{(n)} &= f(x;\ x^{(1)}, \cdots, x^{(n-1)} + g(x;\ x^{(1)}, \cdots, x^{(n-1)})u) \\ y &= x \end{aligned} \tag{6.16}$$

其中，f 和 g 是未知的非线性连续函数，u 和 y 分别为系统的输入和输出。制定如下控制规律：

$$u = a u_I + (1 - \alpha) u_D + u_S \tag{6.17}$$

其中，$u_I = \frac{1}{g'}(-f' + y_m^{(n)} + K^T e)$，$f'$ 和 g' 为模糊逻辑系统，u_D 是基本控制，u_S 是连续监督控制，$\alpha \in [0,1]$ 是加权因子。当模糊规则的重要性和可靠性均大于模糊描述信息时，应该选取较小的 α；反之，选取较大的 α。K 和 e 构成切换函数。

设计被控系统的监督函数时，应通过对系统输出量的反馈信息进行分析监督来实时调节相应的控制参数。如果误差 e 较大，则持续优化控制系统，使之不断学习以达到较优的控制性能；反之，e 较小，在被控对象预定的界限之内，并且误差变化率 e_c 也较小，则可以固定网络权值，将经过训练的自适应模糊控制器加入进实际控制过程。常见的自适应模糊控制器设计主要分为 3 类：

(1) 基于 H^∞ 跟踪性能的间接自适应模糊控制器；

(2) 基于 H^∞ 跟踪性能的直接自适应模糊控制器；

(3) 倒立摆系统的自适应模糊控制器。每一类自适应模糊控制器都有其自身的优缺

点,可根据自身需要选择合适的设计方法。

具有连续监督控制的稳定综合性自适应模糊控制器,具有以下特性:

(1) 无须知道被控对象准确的数学模型;

(2) 能够直接利用模糊控制规则;

(3) 在所有信号一致有界的意义上,能最终保证闭环系统具有全局稳定性。

工程实践表明:自适应控制器响应速度快,能够避免被控系统由于输入量的改变或者外界环境变化出现振荡现象;自适应模糊控制算法在实际控制过程中能够获得比较满意的系统响应性能,并且具有较好的抗干扰能力;自适应模糊控制器能够实时响应各种干扰,自动调节控制系统参数,达到比较理想的控制效果。

6.2.5 常见的模糊控制器

模糊控制应用了隶属度函数和模糊合成法则等思想,并结合人类的直觉经验,实现了智能控制。而模糊控制必须具有完备的控制法则,经过反复的训练调节才能被用于实际控制过程。但对某些复杂的控制系统而言,很难总结出完整的控制规则;同时,量化因子和比例因子的选择也极大地影响着模糊控制器的性能。当被控系统的输入变量发生动态变化或者外界环境出现干扰时,都会对模糊控制器的控制效果产生影响。基于以上问题,在实际应用中,模糊控制算法经常与其他智能控制算法相结合。下面介绍几种常见的模糊控制器。

1. PID 模糊控制器

常规的模糊控制器不具有积分环节,在模糊控制过程中很难消除稳态误差,导致在控制平衡点附近经常出现振荡现象。而模糊控制器无须建立精确的数学模型即可实现对被控对象的控制,因此,实际中经常将模糊控制器与常规 PID 控制结合使用。PID 控制器的积分作用在理论上可以将系统的误差控制为零,消除稳态误差。当系统的控制误差大于阈值时,可采用 PID 控制器的积分作用提高系统的响应速度和稳态性能;反之,可采用模糊控制提高被控系统的阻尼性能,减少被控系统的超调和振荡现象,使控制器获得很好的瞬态性能。

PID 模糊控制器的缺点在于,被控对象的数学建模过程常使用凑数法或者依赖于专家经验,这导致 PID 模糊控制器的应用范围受到一定限制。

2. 自校正模糊控制器

首先要对控制器输入一个控制规则,然后确定寻优函数;通过控制规则优选修正因子,使指标函数达到最小。带有修正因子的自校正模糊控制器可以应用于被控过程模型不精确并且控制规则不完善的系统。在应用过程中,需要选择一个初始控制规则,然后通过系统的输出与指标函数进行对比,优化修正因子,最终得到在该指标下的一组优化控制规则。带有修正因子的自校正模糊控制器的优点在于,当被控对象的参数发生变化时,控制器可以通过在线自动整定,获得适应变化参数后的优化控制规则。自校正模糊控制器的应用较广,特别是在被控对象的精确数学模型未知或对象参数在一定范围内波动的情况下,其控制效果尤为显著。在实际的模糊控制中加入自校正算法,既避免了常规自适应控制的计算烦琐,又能得到很好的控制效果。另外,如果在自校正模糊控制器中引入线性前馈,则可实现对多种干扰的校正作用;这样,在提高系统输出响应速度的同时,还可以保证被控系统具有较小的超调震荡和较高的稳态精度。

自校正模糊控制器的缺点在于，在线参数整定过程需要大量的实验反馈数据；否则，其在线整定的控制模型可能不可靠。

3. 神经网络模糊控制器

神经网络控制与模糊控制都能够模拟人的智能行为，解决控制过程中的不确定、非线性、复杂的自动化问题。结合这两种控制算法的智能控制器，能够充分发挥各自的优点，具有广阔应用前景。模糊控制着眼于可以用语言和概念表达的宏观人脑控制功能，用模糊逻辑推理去处理各种模糊性的信息；而神经网络着眼于人脑的微观控制结构功能，通过自主学习、自主适应等非线性控制算法持续改进控制器参数和性能。因此，综合这两种控制算法的神经网络模糊控制器，可以把模糊控制的抽象的经验规则转化为神经网络的一组输入输出样本，进行学习记忆。神经网络模糊控制器具有结构简单、易于实现的特点。

神经网络模糊控制器的缺点是，其建模(学习)过程需要大量的实验数据；否则，很难实现对被控对象的精确建模。如果建模不准确，直接影响控制器的控制性能。

4. 自适应模糊控制器

自适应模糊控制可以对模糊控制规则进行自动的修改、改进和完善，以提高控制系统的性能。模糊控制器控制的性能主要取决于模糊控制规则的设定，对于无法确定精确数学模型的系统，可以利用专家经验和知识制定模糊控制规则。对于较复杂的且易受外界环境影响的非线性系统，传统的模糊控制达不到比较满意的控制效果。这种情况下，可以使用自适应模糊控制器。自适应控制能够在不确定或者局部变化的环境中，保持与环境的自动适应，并能够结合传感系统执行不同的循环操作。自使用模糊控制器可用于非线性复杂的控制过程，应用范围广泛。

利用自适应控制算法优化常规模糊控制器的设计，可以让常规模糊控制器具有自适应、自组织、自学习的能力，从而在控制过程中自动地调整、修改和完善模糊控制参数及规则，不断地完善系统的控制性能，达到较理想的控制效果。目前，已出现了多种不同性能的自适应模糊控制器。

6.2.6 自适应模糊控制器分类

自适应模糊控制器多种多样，可按不同的规则进行分类。

1. 根据控制器的结构进行分类

可以分为直接自适应模糊控制器和间接自适应模糊控制器。

(1) 直接自适应模糊控制器(见图 6.16)：将自适应模糊控制器中的模糊逻辑系统作为控制器使用(可以直接利用模糊控制规则)。

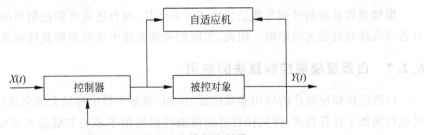

图 6.16　直接自适应模糊控制器

(2) 间接自适应模糊控制器(见图 6.17)：将自适应模糊控制器中的模糊逻辑系统用于被控对象建模(无法直接利用模糊控制规则)。

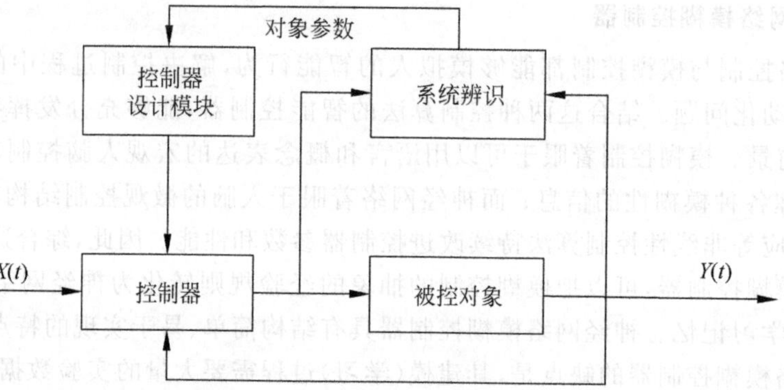

图 6.17　间接自适应模糊控制器

2. 根据模糊逻辑系统的可调参数进行分类

按照可调参数是否线性,可以分为两类。

(1) 第一类自适应模糊控制器：控制器中的模糊逻辑系统的可调参数呈线性。此类控制器中,通过系统的反馈信息进行自适应学习,很容易获得一个最优的模糊逻辑控制系统。但最优解空间只限于可调参数呈线性的模糊逻辑系统,获得的最优逻辑控制系统的实际效果可能并不令人满意。

(2) 第二类自适应模糊控制器：控制器中的模糊逻辑系统的可调参数呈非线性。与第一类自适应模糊控制器正好相反,此类控制器中,很难通过系统的自适应学习获得最优的模糊逻辑控制系统。不过,系统最优解的空间是非线性的,这代表着更大的系统寻优空间,因此,在非线性解空间中找到的最优逻辑控制系统性能更为理想。

当控制过程相对复杂时,被控系统容易受到输入量动态变化和外界环境变化的干扰,更适合采用非线性自适应模糊控制器(第二类)。非线性自适应模糊控制器常被用于机器人路径规划的智能控制等。

非线性自适应模糊控制器的控制矩阵的求解,常采用线性矩阵不等式。在被控数学模型已知的情况下,闭环系统趋于稳定。也就是说,控制器可以通过系统输出量的反馈进行分析学习,然后根据控制效果自动整定各项控制参数,使控制器获得较为理想的控制效果。这种控制器的优点在于,能够在保障系统性能的情况下,补偿参数不确定性,并能够有效去除外界干扰给系统带来的不利影响。

模糊逻辑系统的可调参数呈线性或者非线性,对自适应模糊控制器的性能、复杂程度和自适应规律具有较大的影响。因此,实际的控制系统中需要根据具体需求进行选择和设计。

6.2.7　自适应模糊控制算法的应用

自适应模糊控制器的应用非常广泛,例如,将基于单个神经元的自适应模糊控制器用于机械切削加工过程控制,将间接自适应模糊控制器用于多关节机器人跟踪控制等。下面详细介绍间接自适应模糊控制在力控多关节机器人跟踪控制中的应用。

在机器人轨迹追踪控制问题中,机器人关节间的强耦合和动力学方程呈高度非线性。当被控机器人系统无法建立较为精确的数学模型时,多关节的机器人轨迹追踪问题变得非常棘手。利用现有的模糊控制、神经网络PID控制等智能控制方法可以达到一定的控制性能,但并不理想。此时,可以采用自适应模糊控制算法。

自适应模糊控制分为直接型和间接型,在机器人模型完全未知的情况下,可以采用间接型自适应模糊控制算法对被控机器人进行建模。其具体实现步骤如下:

(1) 对多关节机器人数学模型进行描述。给定多关机器人的动力学方程,定义轨迹误差为:

$$e(t)=q_d(t)-q(t) \tag{6.18}$$

其中,$q_d(t)$是给定期望轨迹;$q(t)$为被控机器人的实际运动轨迹。通过自适应模糊控制算法希望实现两个控制目标:系统所涉及的变量有界;系统轨迹误差满足跟踪性能。

(2) 设计自适应模糊控制器。"变换1"把机器人期望运动空间轨迹变换为各关节的角度运动;"变换2"则将各关节的角度运动变换为空间运动。在力外环自适应模糊控制部分,k_{e_c} 和 k_u 分别为模糊控制器的量化因子和比例因子,模糊控制器的控制规则由可调整因子 α 改变,其解析式为:

$$U=[\alpha e-(1-\alpha)e_c] \tag{6.19}$$

式中,U 为模糊控制输出量;e 和 e_c 分别为误差和误差变化的模糊量;α 为可调整因子,且 $\alpha\in(0,1)$。

控制系统工作过程为:首先,力外环由单纯的模糊控制完成。对于机器人末端执行器所接触的不同刚性环境及给定力,由时间乘误差绝对值积分性能准则进行优化,获取一组使控制系统得到满意性能的模糊控制规则调整因子,并作为神经网络的训练样本,供神经网络进行离线训练。当误差在可接受的范围内时,将由神经网络训练模糊控制规则的自适应模糊控制的自适应模糊控制器投入实时控制。

在机器人系统中使用自适应模糊控制器,就是根据机械手的动力学方程及其状态方程,求得系统的时变非线性状态模型。机器人自适应控制器分为模型参考自适应控制器、自校正自适应控制器和线性摄动自适应控制器等。机器人的数学模型具有非线性、强耦合等特点,并包含诸如摩擦、负载变化等不确定因素,使得机器人的路径规划和追踪问题变得较为复杂,传统的基于对象模型的智能控制方法很难达到令人满意的控制效果。自适应模糊控制无须建立被控对象的精确的数学模型,能够有效抑制外界环境变化带来的干扰,鲁棒性强;并且,克服了神经网络的系统实时动态响应差的缺点,提升了系统的动静态响应性能、自适应能力和稳定性,在机器人轨迹跟踪控制中的应用越来越广泛。

6.3 遗传算法

根据达尔文生物进化论的自然选择和遗传学机理的生物进化过程,科学家们提出了遗传算法,遗传算法是一种通过模拟自然进化过程搜索最优解的方法。相比于传统控制算法,遗传算法设计简单,鲁棒性更强,应用范围更加广泛。

6.3.1 遗传算法发展过程

1. 基本概念

遗传算法(Genetic Algorithm,GA)是一种能够进行全局随机搜索和优化的控制算法，首见于美国 John Henry Holland 教授于 20 世纪 70 年代发表的论文 *Adaptation in Natural and Artificial Systems*。该算法是基于达尔文的“物竞天择，适者生存”遗传进化理论，通过模拟生物界中自然选择和遗传学机理的生物进化过程而提出的一种计算模型。遗传算法求解问题的基本思想是，通过对一定量的个体组成的生物种群进行选择、交叉、变异等遗传操作，得到所求问题的最优解或近似最优解(见图 6.18)。

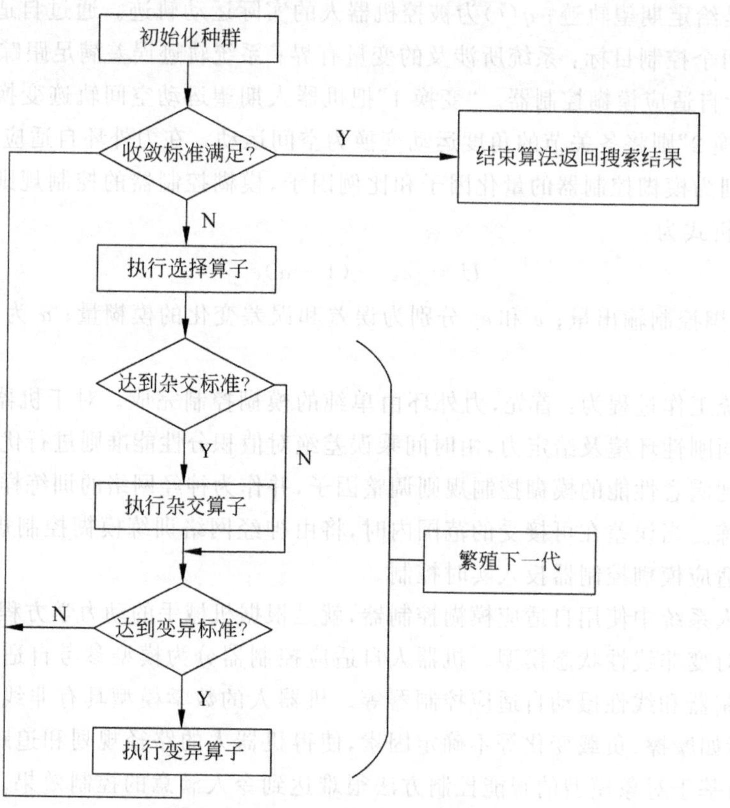

图 6.18 遗传算法流程图

遗传算法的设计过程比较简单，鲁棒性较强，应用范围比较广泛。

2. 发展现状

遗传算法在 20 世纪 90 年代开始受到关注并迅速发展。由国际遗传算法学会组织的 ICGA(International Conference on Genetic Algorithms)、FOGA(Workshop on Foundation of Genetic Algorithms)等学术会议为研究和应用遗传算法提供了重要契机，使之日益成为一个集人工智能、生命科学、计算机科学以及统计学于一体的交叉研究领域。

遗传算法的当前热点包括：

(1) 遗传算法与机器学习相结合。机器学习的本质是一个最优化问题，将机器学习用于求取遗传算法最优解，在已有的解空间和结构中会得到一个更有效快速的求解路径。

(2) 遗传算法与其他智能算法相结合。如第 6.1 节，将遗传算法和 PID 控制相结合构建遗传算法 PID 控制。在传统的控制理论当中，PID 控制的好坏主要取决于 3 个控制参数的调节好坏，而遗传算法的出现则提供了一种优化参数调节的可行方法。利用遗传算法对 PID 控制参数进行寻优并寻找合适的控制参数，使得设定的性能指标达到最优化，这就是基于遗传算法的 PID 控制的基本思想。遗传算法也经常和神经网络、模糊算法以及自适应控制算法等其他智能算法结合使用，充分发挥各自优势，近年来已取得显著成果。

3. 遗传算法的优缺点分析

遗传算法的优点包括：

(1) 遗传算法从问题的所有可能解(而不是单个解)开始搜索，这是与传统优化算法的最大区别。传统优化算法是从单个初始值迭代求优，得到的最优解只是相对于某一局部可能解集；而遗传算法的求解覆盖面大，利于在所有可能解集中求得最优解。

(2) 遗传算法具有自适应和自主学习性，可以在进化过程中根据适应度函数对所求解进行实时分析和评价。适应度大的个体具有更高的生存概率，并获得更适应问题最优解的基因结构。

遗传算法的缺点主要是：

(1) 相对于其他智能控制算法，遗传算法的最优解搜索过程耗时较长，效率较低。自然界中的基因变异通常需要经过很多子代的遗传繁衍，历经成百上千年的时间；与之类似，遗传算法在全局搜索过程中，也需要利用适应度函数不断地构建接近于最优解的结构。

(2) 遗传算法容易收敛到局部最优解，即“早熟收敛”。遗传算法的解集范围非常广泛，而算法对新空间的探索能力是有限的，极易出现局部最优解。早熟收敛使得算法的求解搜索性能不高，很难达到全局收敛。

6.3.2 遗传算法原理

1. 遗传算子

遗传算法有 3 个基本的遗传算子(Genetic Operator)，分别为选择算子、交叉算子和变异算子。下面分别做简要介绍。

1) 选择算子(Selection Operator)

自然界中，生物体为了更好地繁衍和生存，会根据周围环境进行生物群体优良个体的环境适应性选择：更适应周围环境的基因会被保留并遗传给下一代，从而不断优化生物群体。遗传算法，为了模拟这种自然选择法则，引入了选择算子。如前所述，利用遗传算法求解问题最优解的过程有一个适应度函数，可以对所求解进行评价。选择算子就是根据适应度函数对所有可能解集当中的个体进行选择，然后根据种群中适应度大小把种群中更接近问题最优解的个体特征选择到下一代的个体中。选择算子主要有适应度比例选择算子、随机遍历抽样选择算子、局部选择算子。

轮盘赌选择方式是传统选择算子最常用的选择手段，简单直观。其过程是：针对一个种群，首先，把该种群中所有个体的适应度值累加起来，得到该种群的总适应度值；然后，计算该种群中每个个体的相对适应度，即个体的适应度值除以该种群的总适应度值。可见，种群中所有个体的相对适应度的累加值必然是1。在选择操作之前，首先给出一个大于0小于1的随机数；然后同已得到的每个个体的相对适应度进行比较运算，确定该个体是否被选择。在这种选择方式中，适应度越大的个体，被选择的机会或概率就越大。这种选择方法非常类似于轮盘赌中的大转盘，即某个个体的适应度越高，它所对应的小扇区部分就越大，被选中的机会也就越大。因此。轮盘赌选择能够形象地模拟这一自然选择操作。

选择算子的重要性主要表现在两个方面：①选择算子在一定程度上可以确定遗传算法的收敛性以及收敛速度；②选择算子的选择功能可以保持种群中个体的多样性。为了使遗传算法具有良好的收敛性和理想的收敛速度，设计一个有效的选择算子尤为重要。

2）交叉算子(Crossover Operator)

在生物体的有性繁殖过程中，控制生物体不同性状的基因会重新组合，这个过程被称为“基因重组”。基因重组的过程，就是通过两条母链DNA染色体的交叉实现部分遗传信息的重组或者交换；新DNA染色体的遗传性状全部来自母链DNA但又与母链DNA的性状存在一定差别。为了模拟自然界的这一基因重组过程，遗传算法中引入了交叉算子。交叉算子使得遗传算法能够有效地避免过早收敛，从而提升算法的全局搜索性能。交叉算子的编码策略通常分为两类：二进制或十进制编码、浮点数编码。

常用的二进制编码交叉算子主要有单点交叉、两点交叉以及均匀交叉等。单点交叉（又称“简单交叉”）是指在个体编码串中随机设置一个交叉点，在该点相互交换两个配对个体的部分染色体。两点交叉是指在相互配对的两个个体编码串中随机设置两个交叉点，然后交换两个交叉点之间的部分基因。将单点交叉与两点交叉加以推广，即可得到多点交叉，是指在个体编码串中随机设置多个交叉点，然后进行基因互换。均匀交叉（又称“一致交叉”）是指两个相互配对的个体的每一位基因都以相同的概率进行交换，从而形成两个新个体。总结来看，单点交叉适合个体数比较多的种群；相反，均匀交叉在个体数较少的种群中能够很好地发挥作用。

浮点数编码方法用一个浮点数表示个体的每个基因值，个体的编码长度等于其决策变量的个数。常用的浮点编码交叉算子有算术交叉、离散交叉、部分映射交叉等。算术交叉是指由两个个体的线性组合而产生出新的个体。离散交叉是指在个体之间交换变量的值，子个体的每个变量可按等概率随机地挑选父个体。部分映射交叉则是先对父代进行常规的两点交叉，再根据交叉区域内各基因值之间的映射关系来修改交叉区域之外的各个基因的值。

3）变异算子(Mutation Operator)

变异是生物繁衍后代的自然现象，是遗传结果之一。生物变异的表现形式主要有基因重组和基因突变两种。为了模拟基因突变这一过程，遗传算法中引入了变异算子。与交叉算子相似，变异算子也是在求得问题最优解的过程中生成新个体方式，被认为是能够克服遗传算法局部收敛的最有效方法。

传统的变异算子主要包括基本位变异算子、均匀变异算子和高斯变异算子等。基本位变异算子是指对个体的每一个基因座，依变异概率对变异点的基因值进行反转或用其他等位基因值代替。均匀变异算子是指用符合某一范围内均匀分布的随机数，以某一较小的概率替换个体编码串中各个基因座上的原有基因值。高斯变异算子是指进行变异操作时，用符合均值为μ、方差为σ的正态分布的一个随机数来替换原有基因值。

自然界中，生物的基因重组发生的概率远远大于生物基因变异的概率。与之类似，交叉算子对遗传算法的影响更大一些，决定了遗传算法的全局搜索能力；而变异算子只起到辅助作用，但是它能够决定遗传算法的局部搜索能力。在实际应用中，遗传算法可以组合使用两种算子，在交叉算子产生的新个体的基础上应用变异算子，不断地微调，增加种群的多样性，有效实现对搜索空间的全局搜索和局部搜索，获得最优解。

2. 遗传算法的运算步骤

自然界中，生物体通过对染色体的基因作用寻找能够适应周围环境、利于繁衍生存的基因。遗传算法基本原理与之类似：首先，对算法产生的每个染色体进行评价；然后，根据适应度函数的反馈信息来自主选择染色体，让适应性更好的染色体通过遗传给下一代个体进行保存。遗传算法的原理如图 6.19 所示。

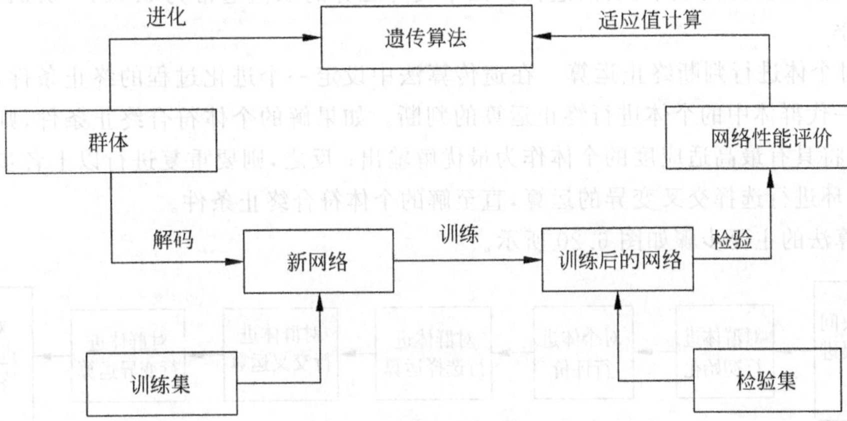

图 6.19 遗传算法的原理

算法实现上，首先，系统通过随机方式产生若干个所求解问题的数字编码(即染色体)，形成初始种群，然后，通过适应度函数给每个个体赋予一个评价值，选择高适应度的个体参加遗传操作，适应度低的个体被淘汰，经过遗传操作后的个体集合形成新种群(下一代)。最后，再对这个新种群进行新一轮进化。经过若干次反复迭代，逐步收敛于待解问题的最优解或者近似最优解。遗传算法的主要步骤如下：

(1) 根据待解决问题的参数集进行编码。将待解问题的所有可能解组成一个参数集，并进行编号，形成一个生物种群。这样，每个可能解都是一串基因的组合。

(2) 对群体进行初始化。从参数集中随机产生 N 个初始串基因，构成一个问题的可能解集。每个初始串基因称为一个个体；N 个初始串基因构成一个群体。遗传算法以一个具体群体作为起点进行训练。

(3) 对个体进行评价。对上一步产生的具体群体(包含 N 个初始串基因)中的每一个体，计算其适应度函数的值，并反馈给遗传算法系统。适应度函数的作用是度量群体中个体优劣的指标值。个体的适应度就是特征组合的判据的值；这个判据的选取是遗传算法的关键问题。

(4) 对群体进行选择运算。选择的目的是从群体中选出优良的个体，让生物个体更适合在周围的环境中生存繁衍。遗传算法选择运算的基本思想是，高适应值的个体的基因更有利于下一代生存，从而被选择的概率大一些。选择运算体现了达尔文的适者生存原则。

在遗传算法中选取具有最大适应度的前 N 个个体作为下一代进行繁殖，显而易见，当前群体是所有搜索过的解中最优的前 N 个的集合。

(5) 对群体进行交叉运算。交叉运算是遗传算法中最主要的运算步骤。首先，对上一步选择出的最优的前 N 个集合进行适应度函数的评价；然后，随机组合出两个个体作为母代，将两个母代的部分不相同的基因进行交换并繁衍遗传给下一代，这样就产生了新的个体。新的个体是上一代优良基因的组合产物，因此，新个体的基因更适应周围的生存环境。

(6) 对群体进行变异运算。将变异算子作用于群体，也就是对群体中的个体上的某些基因做适度改变。首先，在群体中随机选择一定数量的个体，并以一定的概率随机地为这些个体赋予某个被选定基因的值。与交叉运算类似，变异也是产生新个体的过程。考虑到自然界中出现生物变异的概率极低，遗传算法中变异运算的取值通常为 0.001～0.01，以适应这种低概率。

(7) 对个体进行判断终止运算。在遗传算法中设定一个进化过程的终止条件，对前面产生的新一代群体中的个体进行终止运算的判断。如果解的个体符合终止条件，则立即终止运算，并将具有最高适应度的个体作为最优解输出；反之，则要重复进行以上各步骤的求解过程，循环进行选择交叉变异的运算，直至解的个体符合终止条件。

遗传算法的主要步骤如图 6.20 所示。

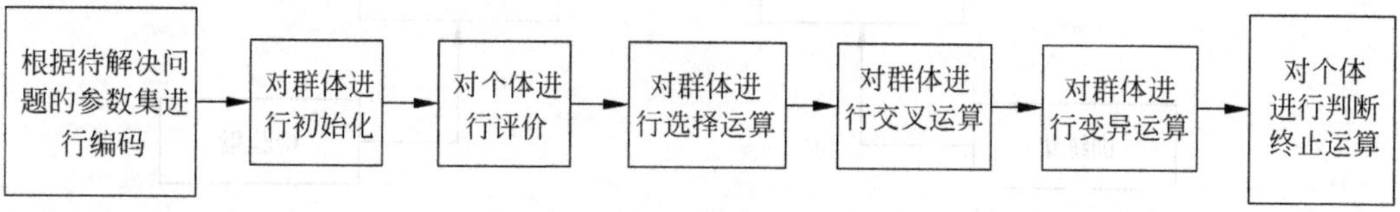

图 6.20　遗传算法的主要步骤

6.3.3　遗传算法改进

传统的遗传算法在多个领域表现出了惊人效果，但仍存在过早收敛和易陷入局部最小等问题。为了解决这些问题，人们从遗传算法的 3 个基本遗传算子入手，改善遗传算法的性能和搜索速度，在一定程度上解决了传统遗传算法的弊端。

1. 基于选择算子的改进

轮盘赌选择方式作为选择算子的典型实现方式，依存在两个问题：

(1) 在进化初期，适应度很高的个体被选择的概率非常大，有可能复制出很多后代，出现个体单一而无法继续进化的现象，搜索陷入局部最优；

(2) 在进化后期，当各个个体的适应度差距不大时，该方法将不再具有选择能力，无法区分个体的优劣。

针对以上问题，人们提出了几种改进方法：

随机遍历抽样。此方法是轮盘赌选择法的一种改进。它采用均匀分布且个数等于种群规模的旋转指针，等距离选择个体，其中第一个指针位置由 $[0,1/M]$ 的均匀随机数决定(M 是每个种群的规模)，提供了零偏差和最小个体扩展。随机遍历抽样只要进行一次轮盘旋转，但存在随机操作误差。

随机联赛选择。每次选取几个个体之中适应度最高的个体遗传到下一代群体中。这种方法对个体适应度取正值或负值无严格要求，随机性更强，随机误差更大，但有较大概率保证最优个体被选择，最差的个体被淘汰。每次进行适应度大小比较的个体数目，被称为联赛规模(用 N 表示)，一般情况下取 $M=2$。过程如下：

(1) 从群体中随机选择 N 个个体进行适应度大小比较，将其中适应度最高的个体遗传到下一代；

(2) 重复上述过程 M 次，可得到下一代群体中的 M 个个体。

确定式采样选择。针对传统选择算子对最优个体保留的不确定性问题，这种方法按照种确定的方式对整个群体进行选择操作，可以确保适应度较大的一些个体一定能够被遗传给下一代群体。如图 6.21 所示，具体操作方法如下。

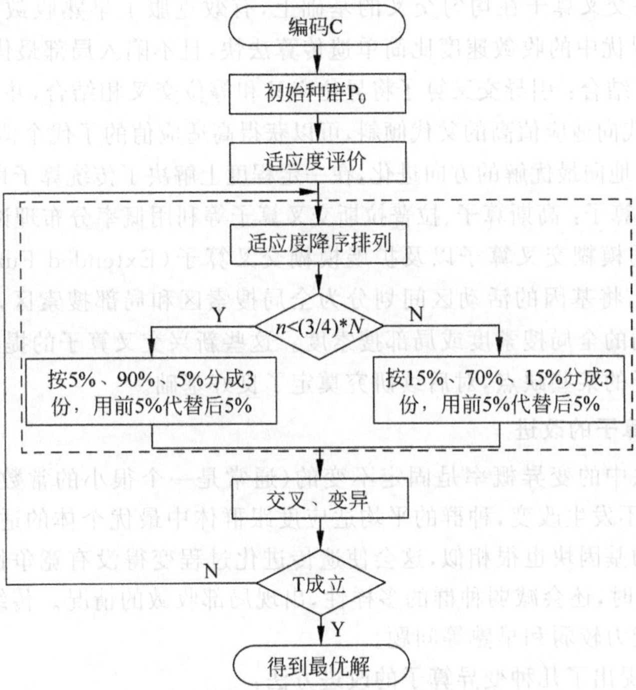

图 6.21　确定式采样选择流程图

(1) 对种群中的全部个体进行排序：按照个体的适应度值进行降序输出。

(2) 将排序好的所有个体依次划分成三等份。

(3) 把适应度最低的那段个体集合淘汰掉；适应度中等的个体集合全部复制一份，选择到下一代中；剩下的适应度最高的个体集合全部复制两份，都选择到下一代当中。因此，下一代种群大小不变。

确定式采样选择方法具有以下优势：

(1) 适应度非常低的个体直接被淘汰，没有机会进入下一代，可提升算法的收敛速度。

(2) 能够快速增加种群中适应度较好的个体的数量，提高了算法效率。这种选择方法对于前面提到的传统选择算子易陷入局部最优、后期最适个体难以筛选等问题有较好的处理效果。

2. 基于交叉算子的改进

一个设计优良的交叉算子，不仅要具备良好的收敛特性，还应有较快的收敛速度，从而提升遗传算法的性能。前述的二进制编码交叉算子和浮点数编码交叉算子，都是采用固定的交叉概率、随机配对的方式进行的配对后交叉。采用这些交叉算子，在遗传算法前期，优秀基因有可能直接被替代而得不到保留，影响算法的收敛速度；在后期，生存下来的少量的优良个体往往具有相同或高度近似的基因，近亲繁殖很难产生出新的个体，使得遗传算法容易出现早熟现象，无法跳出局部极值点。

针对这些问题，人们从几个方面进一步改进交叉算子。

(1) 改进既有算子：智能交叉算子在传统交叉算子的基础上，建立了新的、简单的遗传运行机制；均匀块交叉算子在均匀交叉的基础上，有效克服了早熟收敛等问题；多点正交交叉算子在参数寻优中的收敛速度比简单遗传算法快，且不陷入局部最优点。

(2) 多个算子结合：引导交叉算子将异位交叉和等位交叉相结合，并加入个体反码表示形式，所产生的子代向适应值高的父代倾斜，可以获得高适应值的子代个体；有向交叉算子使交叉的子代大概率地向最优解的方向进化，在一定程度上解决了传统算子盲目搜索的缺陷。

(3) 新兴交叉算子：高斯算子、拉普拉斯交叉算子等利用概率分布理论的算子相继实现。基于模糊集理论的模糊交叉算子以及扩展模糊交叉算子(Extended Fuzzy Recombination Operator，EFRO)，将基因的活动区间划分为全局搜索区和局部搜索区，通过参数调节，使交叉算子产生不同的全局搜索度或局部搜索度。这些新兴交叉算子的提出在不同程度上克服了传统交叉算子的某些缺点，对后续研究奠定了良好基础。

3. 基于变异算子的改进

基本遗传算法中的变异概率是固定不变的(通常是一个很小的常数)。在遗传进化后期，如果变异概率不发生改变，种群的平均适应度跟群体中最优个体的适应度非常接近，并且种群中的个体的基因块也很相似，这会使遗传进化过程变得没有竞争性，降低进化速度，甚至停滞不前；同时，还会减弱种群的多样性，出现局部收敛的情况。传统的变异算法也普遍存在局部搜索能力较弱和早熟等问题。

基于此，人们提出了几种变异算子的改进方法：

(1) 基于细分变异算子的遗传算法，将变异算子细分为最优调教算子和大步前进算子，加速算法收敛的同时，增强了局部搜索能力。

(2) 双变异算子遗传算法，将所有产生的子代个体与父代个体混合作为初始的下一代种群，在种群选择前对适应度值较低的个体进行一次变异，然后通过选择、交叉，再一次变异产生新种群，再利用自适应算法改变交叉和变异率及最优保存策略来保护历代最优个体，能够最大限度提升种群多样性，易于突破局部收敛的局限而达到全局最优。

(3) 基于双变异率的改进遗传算法，在进化过程中引入广义海明距离(Generalized Hamming Distance)概念，当由广义海明距离控制的交叉操作产生的个体数达不到种群规模时，对原种群进行局部小变异，这样在避免近亲繁殖的同时又可扩大搜索空间，增加了种群多样性，有效地抑制了早熟收敛。随后进行全局大变异，保证整个过程全局收敛。

(4) 基于位变异的算法，通过种群熵判断过早收敛的发生。当发生过早收敛时，在单调系数的指导下进行有针对性的位变异，从局部最优解的范围内摆脱出来，使得算法重新具有进化能力。

上述几种变异算子的改进，从不同方面优化了传统变异算子，提高了变异算子的效率，也加强了变异算子对传统遗传算法的作用，改善了遗传算法的运行效率。

6.3.4　遗传算法应用

遗传算法作为一种高效的搜索方法，提供了一种求解复杂问题的通用框架，并且不依赖问题的领域，具有很强的泛化能力，已经应用于多种控制工程领域。典型应用包括：

(1) 函数优化。函数优化是指对函数运行效率的优化，通过对函数的结构进行改进，使得优化的函数运行效率得到提升。函数优化是遗传算法的经典应用领域，也是对遗传算法进行性能评价的常用算例。人们构造出了各种各样的复杂形式的测试函数。有连续函数也有离散函数，有凸函数也有凹函数，有低维函数也有高维函数，有确定函数也有随机函数，有单峰值函数也有多峰值函数等。用这些几何特性显著的函数来评价遗传算法的性能，更能反映算法的本质效果。而对于一些非线性、多模型、多目标的函数优化问题，用其他优化方法较难求解，而遗传算法却可以很方便地得到良好结果。

(2) 组合优化。组合优化是指在有限的可解集合中找出最优解的方法。传统的组合优化问题可以用多项式算法、近似算法、枚举法等找到有限集合中的精确最优解，但随着问题规模的增大，组合优化的搜索空间也急剧扩大。用枚举法很难甚至无法求其精确最优解。对这类复杂问题，遗传算法是寻求满意解的最佳工具之一。实践证明，遗传算法已经在求解旅行商问题、背包问题、装箱问题、布局优化、图形划分问题等各种具有 NP 难度的问题上得到了成功应用。

(3) 数据挖掘。数据挖掘是近几年出现的数据库技术，能够从大型数据库中提取隐含的、先前未知的、有潜在应用价值的知识和规则。许多数据挖掘问题可看成是搜索问题，数据库看作是搜索空间，挖掘算法看作是搜索策略。因此，应用遗传算法在数据库中进行搜索，对随机产生的一组规则进行进化，直到数据库能被该组规则覆盖，从而挖掘出隐含在数据库中的规则。

遗传算法在工程控制中有着不可或缺的作用。遗传算法的应用，可以完善人工神经网络结构，优化模糊控制器的参数辨识及其控制规则，提升工程控制系统的学习能力。以机器人视觉处理为例，遗传算法已经在模式识别、图像恢复、图像边缘特征提取等方面得到了有效应用。

机器人运动路径规划也是遗传算法的传统应用之一。机器人路径规划主要包括两步：仿真环境构建、路径搜索模型构建。根据环境是否确定，路径规划可分为全局路径规划和局部路径规划。针对全局路径规划提出的方法有栅格法、可视图法和人工势场法等。可视图法的主要缺点是缺乏灵活性；栅格法构造简单，缺点在于分辨率、时间复杂度不够高；人工势场法是路径规划研究的常用方法，易于实现，但在相近障碍物之间不能发现路径，存在振荡现象。而对于环境未知的局部路径规划问题，以上方法并不能很好地规划路径。而引入遗传算法，可以初始化大量不同路径，利用优胜劣汰的原则选出最优的路径，并通过变异算子发现新的路径，很好地解决机器人运动路径的规划问题，如机器人利用遗传算法进行路径规划，找到走出迷宫的最佳路线，如图 6.22 所示。

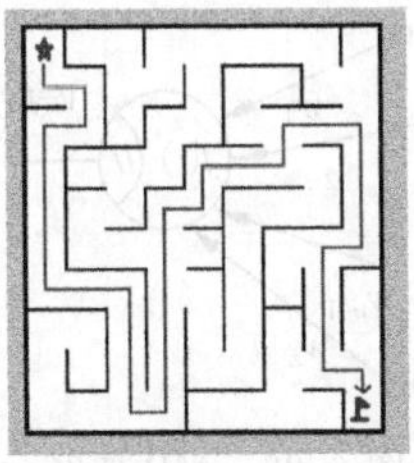

图 6.22　遗传算法机器人路径规划

此外，遗传算法在关节机器人运动轨迹规划、机器人逆运动学求解等方面也有重要应用。对于关节机器人运动轨迹规划，遗传算法可以生成不同的规划路径，通过选择算子进行选择，并通过变异算子增加新的运动轨迹，达到寻求最优轨迹的目的。对于机器人逆运动学求解，遗传算法可以利用已知的机器人位置和姿态，生成多种不同的机器人关节的可能状态，并根据选择算子选出最优的机器人关节参数，达到实现逆运动求解的目的。

遗传算法作为一类求解复杂问题的通用优化算法，具有全局搜索、最优求解的强大能力，能够为机器人控制技术的未来发展提供大量的算法支持。

6.4 神经网络算法

在机器人控制领域中，不仅传统算法起着至关重要的作用，新型的算法也逐渐在该领域大放异彩。其中，神经网络算法就是其中最受瞩目的算法。2017 年，“阿尔法狗”(AlphaGo)的消息充斥着我们的眼球。作为一个人工智能程序，在被誉为“人类智能最后的堡垒”——对弈复杂度在 10^{171} 以上的围棋上成功击败了人类，打破了人工智能无法在无穷大问题上搜索最佳路径的传言。AlphaGo 的工作原理即为人工神经网络，那么，什么是人工神经网络呢？本节将进行阐述和介绍。

6.4.1 神经元模型

对于生物意义上的神经网络而言，其主要由无数神经元(Neuron)构成，各个神经元之间通过突触、树突等结构相互连接并传递信息。当神经元被激活时，其突触就会传递化学物质到相邻神经元，改变其电位形成刺激，一旦形成的电位大于阈值时，相邻神经元也将被激活，从而继续传递化学物质到下一神经元，达到信息传递和信息处理的目的。人工神经网络的出现借鉴了自然神经网络的工作原理，利用网络中不同“神经元”之间的相互作用，实现对输入信息的计算。神经网络的定义多种多样，目前为止最为广泛传播的一种神经网络的定义为 1988 年芬兰教授 Teuvo Kohonen 提出的定义：“神经网络是由具有适应性的简单单元组成的广泛并行互联的网络，它的组织能够模拟生物神经系统对真实世界物体所做出的交互反应。”而本书介绍的神经网络都为人工神经网络(区别于自然神经网络)学习，即利用人工神经网络实现机器学习。

与生物神经网络的基本组成为神经元一样，人工神经网络的实现同样以神经元模型为基础。1943 年，由 Warren McCulloch 和 Walter Pitts 提出的 MP 神经元模型成功实现了第一个人工神经网络并沿用至今，如图 6.23 所示。MP 神经元接收多个神经元传来的输入，这些不同的输入通过经过不同的权重 ω 处理后传入神经元，对神经元产生影响。神经元在收到总输入后，与其自身设置的阈值进行比较，决定是否激活，并通过“激活函数”(Activation Function)产生最终的输出。

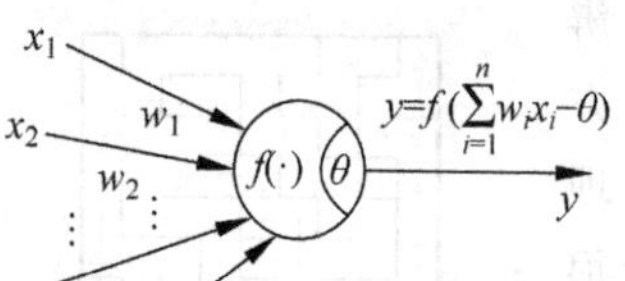

图 6.23 MP 神经元模型

当人们用神经网络解决复杂的现实问题时，只具有线性模型的神经网络难以胜任，需要引进激活函数加入非线性因素，解决线性模型所不能解决的问题。最基本的激活函数是阶跃函数，如图 6.24(a)所示。所有输入值经过阶跃函数后将会产生两种可能的值：1或0；产生1时意味着神经元激活；产生0时意味着神经元抑制。但是，阶跃函数不具有连续性，在实际应用中效果不佳。如图 6.24(b)所示，sigmoid 函数输入一个实值的数，然后将其压缩到0～1的范围内。其具有阶跃函数所不具备的平滑性和连续性。然而，当输入非常大或非常小时，容易造成梯度消失，导致权重的更新几乎不受输入的影响。如图 6.24(c)所示，ReLU 函数(Rectified Linear Unit)是近几年最受欢迎的激活函数，相较于 sigmoid 函数而言，使用 ReLU 函数的神经网络收敛速度快，且计算复杂度低很多，大大提高了神经网络的运算速度。

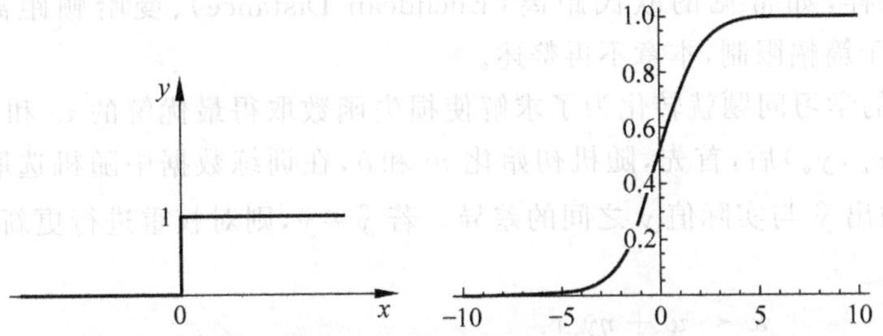

(a) 阶跃函数 $y=\begin{cases}1 & x\geqslant 0\\ 0 & x<0\end{cases}$　(b) sigmoid函数 $y=\dfrac{1}{1+e^{-x}}$　(c) ReLU函数 $y=\begin{cases}x & x\geqslant 0\\ 0 & x<0\end{cases}$

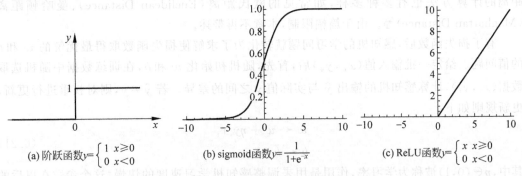

图 6.24 几种典型的激活函数

多个神经元通过不同的激活函数按照以上结构模型进行构造，就形成了神经网络模型。

虽然人工神经网络的复杂度仍然远不如自然神经网络，如自然神经网络的环状结构，自然神经网络信号的强弱、缓急之分等方面，但人工神经网络具有其他机器学习算法所不具有的优点。从计算科学的角度来看，神经网络可以看作是一个包含了许多参数的数学模型，理论上可以得出任意输入的最优解。

6.4.2 感知机算法及多层神经网络

1957年，美国心理学家 Frank Rosenblatt 提出了感知机算法，奠定了神经网络搭建的基础。在机器学习中，感知机(Perceptron)是二分类的线性分类模型，其输入为实例的特征向量，输出为实例的类别，取+1和−1两值。感知机是由两层神经元构成，输入层接收外来信息，处理后传入输出层。输出层即为MP神经元。感知机通过形成分离超平面(Hyperplane)将输入的数据划分为正负两个不同类，因此，可将其看作一个线性的分类器(Classifier)。为实现感知机的分类功能，方法需要引入损失函数的概念，并通过梯度下降等方法找到损失函数的最小值，从而得到最优的分离超平面。

当感知机的输入空间为 $x\subseteq R$，输出空间为 $\{+1,-1\}$ 时，感知机模型可由以下函数表示：

$$f(x)=\text{sign}(w*x+b) \tag{6.20}$$

其中，模型参数 w 和 b 分别是权重(Weight)和偏置(Bias)。通过调整 w 和 b 的值，使得感知机的输出值不断逼近输入训练数据的实际值，达到正确分类的目的。

为了使感知机输出一个能够将输入的正实例和负实例完全区分开的超平面，需要对感知机的参数 w 和 b 的更新制定一个策略，使得感知机能够在实例空间上解出最佳分类方案。感知机通过定义损失函数和最小化损失函数达到这个目的。

损失函数就是一系列表现机器预测的实例值与实际实例值之间差距的函数，其可以用多种不同的变量表示。对于感知机来说，最简单的损失函数可以设为被错误分类的点的个数，当被错误分类点的个数为零时，感知机得到最优超平面。但是这种损失函数不是参数 w 和 b 的连续函数，也不能进行求导和进一步分析，对参数进行更新优化的难度大，所以实际应用中并不采用这种方法。另一种损失函数的表示方法为所有分类点到分类超平面的距离之和，当距离之和取得最小时，感知机得到的超平面为最佳。利用距离的方式来描述损失函数使得 w 和 b 能够从数学的角度进行更新，如利用导数计算损失函数的最优值等。基于距离的计算方法也有多种多样，如常见的欧氏距离(Euclidean Distance)、曼哈顿距离(Manhattan Distance)等。由于篇幅限制，本章不再赘述。

有了损失函数后，感知机的学习问题就转化为了求解使损失函数取得最优解的 w 和 b 的值问题。给定一批输入值 (x_n, y_n) 后，首先，随机初始化 w 和 b，在训练数据中随机选取数据 (x_i, y_i)，计算感知机的输出 $\hat{y}$ 与实际值 y 之间的差异。若 $\hat{y} \neq y$，则对权重进行更新，更新规则如下：

$$\begin{aligned} w &\leftarrow w + \eta y_i x_i \\ b &\leftarrow b + \eta y_i \end{aligned} \tag{6.21}$$

其中，$\eta \in (0,1)$ 被称为学习率，作用是用来调整感知机学习速度的快慢，这个参数在以后的神经网络的学习中将占据十分重要的作用。更新完参数之后，继续在训练数据中选取数据，直到更新出来的参数使得感知机产生的分离超平面完全正确分类了训练数据中的所有点。

从几何的角度解释感知机的学习算法如下：训练集的所有点分布在一个平面上，随机画一条线将平面分成两个部分，然后对划分结果进行检查。每一个被错误划分的点都会对分割线进行调整，多次迭代之后，使得分割线完美划分出了所有的数据，此时，感知机的学习就已经完成。

值得注意的是，感知机虽然能够很容易地实现逻辑与、或、非的运算，但是面对 XOR(异或)问题，感知机并不能得到有效解。因为感知机只有一层功能神经元(输出层神经元)，学习能力有限，只能解决线性可分的问题，而利用感知机解决异或问题会使得感知机的学习不能收敛，得不出分隔超平面。麻省理工学院的 Marvin Minsky(被称为"人工智能之父")和 Seymour A. Papert 企图从理论上证明这个结论，在其合著的经典书籍《感知机：计算几何学》(*Perceptrons: An Introduction to Computational Geometry*)中已经证明："单层神经网络不能解决 XOR 问题。"XOR 是一个基本逻辑问题，如果这个问题都解决不了，那神经网络的计算能力实在有限。

解决此类问题的方法就是使用多层的神经元，单层的神经网络(感知机)只能产生一个线性的超平面，而多层的神经元，经过使用激活函数后，能够产生非线性的超平面，这就是人工神经网络的雏形。人工神经网络与感知机的不同在于其在输入层和输出层之间加入了隐藏层，隐藏层的构造与输出层一样，都是具有激活函数的神经元。神经网络被建模成神经元的集合，神经元之间以无环图的形式进行连接。也就是说，一些神经元的输出是另一些神经元的输入。通常神经网络模型中神经元是分层的，而不是像生物神经元一样聚合成大小不一的团状。对于普通神经网络，最普通的层的类型是全连接层(Fully-connected Layer)。全连接层中的神经元与其前后两层的神经元是完全成对连接的，但是在同一个全连接层内的神经元之间没有连接。图 6.25 所示的两个神经网络都使用了全连接层，其中，左侧是一个两层神经网络，隐层由 4 个神经元组成，输出层由两个神经元组成，输入层是 3 个神经元。右侧是一个 3 层神经网络，两个含 4 个神经元的隐层。在每一个隐藏层的神经元中都具有一个 w 和 b，在神经网路的学习过程中，每个神经元中的参数都会进行更新，当神经网络的训练达到最佳时，这些神经元里的参数就将学习到的“特征”存储起来，成为神经网络“知识”的一部分。

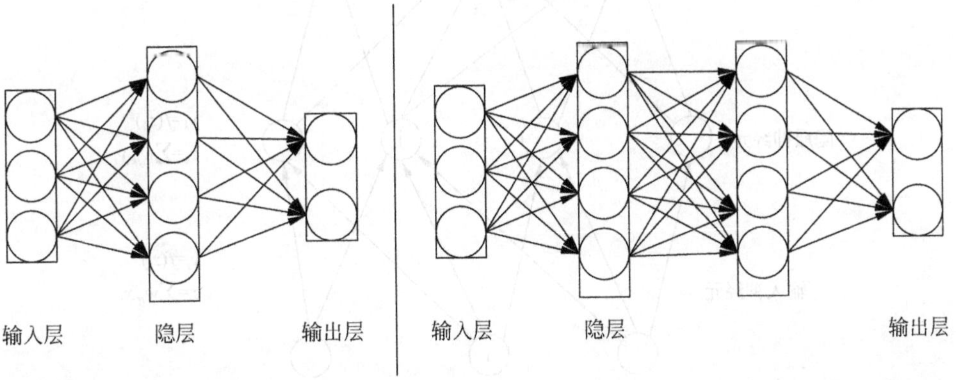

图 6.25 多层前馈神经网络

1991 年，Kurt Hornik 等证明了如果一个神经网络拥有足够多的隐藏层，每个隐藏层中具有足够多的神经元，那么神经网络将能以任意精度逼近任意复杂度的连续函数。也就是说，无论神经网络的输出层与输入层之间具有怎样的函数关系，都可以通过设置隐藏层将其表示出来。这为神经网络的学习能力提供了理论证据。虽然神经网络具有很强的拟合能力，如何更好地设置隐藏层的层数、神经元的个数等仍是一个未解决的问题。在工程实际中，往往只能凭借经验设置层数等参数，并采用损失函数最小化方案，并使用反向传播更新神经元中的权重和偏置。

6.4.3 前向传播与反向传播算法

多层神经网络的学习能力明显强于单层感知机；而且，适用于感知机的学习策略已无法满足多层神经网络的需求，因此，出现了前向传播与反向传播算法。这类算法是迄今为止最成功的神经网络学习算法，在当今的各种神经网络训练中，绝大部分都是用前向传播与反向传播算法进行训练，求解参数的最优值。下面，将介绍前向传播与反向传播算法究竟是怎样工作的，为何其具有如此大的魅力，能够在神经网络的学习算法中独占鳌头。

首先，介绍前向传播的工作原理。前向传播的思想比较简单，2015 年，Yann LeCun 和 Geoffrey Hinton 在 Nature 杂志上发表的深度学习文章中详细介绍了前向传播的传播准则，如图 6.26 所示。

假设上一层节点$(i,j,k,\cdots)$与本层的节点 w 有连接，那么节点 w 的值就是通过上一层的 i,j,k 等节点以及对应的连接权值进行加权和运算，最终结果再加上一个偏置项（图中为了简单省略了），最后再通过一个非线性函数，即激活函数，如 ReLU、sigmoid 等函数，最后得到的结果就是本层节点 w 的输出。通过这种方法不断地逐层运算，可以得到输出层结果。

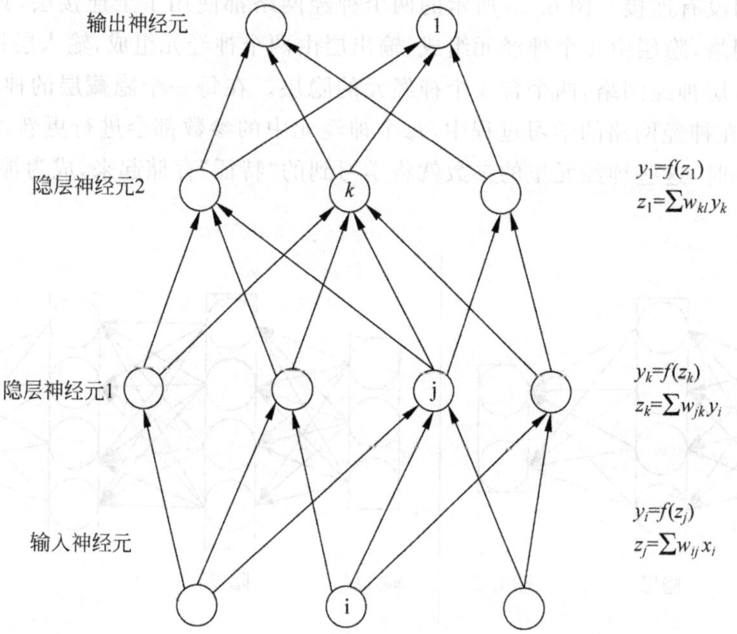

图 6.26 前向传播过程

在通过前向传播求得神经网络的输出之后，同样需要计算输出层与实际值之间的误差，并通过调整参数缩小误差值，也即最小化神经网络的损失函数。由于神经网络具有比感知机复杂得多的结构和参数数量，并不能通过感知机的优化方法计算神经网络，更新神经网络的参数值。这时，反向传播算法应运而生。

在介绍反向传播算法之前，首先要了解梯度下降(Gradient descent)的概念。梯度下降法又称最速下降法，它是一种经典的一阶优化方法，通常用于无约束问题中的最大或最小值的求解。若一个多元函数为连续可微函数，那么其梯度方向即为函数增大最陡的方向，具体来说，函数在某一点的梯度方向也可理解为函数的导数在该点的值。找到了梯度方向就找到了函数增长最快的方向。然后，若想求函数的局部极小值，需要根据梯度的反方向更新，更新规则如下：

$$a_{k+1}=a_k-\eta\,\nabla f(a_k) \tag{6.22}$$

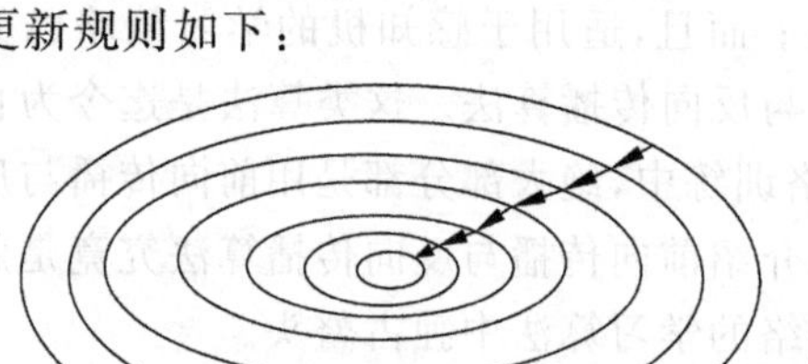
图 6.27 梯度下降流程

其中，$f'(a_k)$为梯度方向；η 为学习率，也可称为搜索步长。经过多次迭代，当梯度方向达到零时，说明算法已计算出了函数的极小值。需要注意的是，当目标函数为凸函数时，局部极小值就对应着函数的全局最小点，此时梯度下降算法可确保收敛到全局最优解(见图 6.27)。

反向传播算法在梯度下降的原理上加入了链式求导法则，使得神经网络能够根据损失函数从后到前一层一层更新所有的参数值。图 6.28 给出了其传播规则。

设最终总误差为 E，那么 E 对于输出节点 y_l 的偏导数是 y_l-t_l，其中 t_l 是真实值，$\partial y_l/\partial z_l$ 是指激活函数，z_l 是上面提到的加权和，那么这一层的 E 对 z_l 的偏导数为$\partial E/\partial z_l=(\partial E/\partial y_l)(\partial y_l/\partial z_l)$。同理，下一层也是这么计算(只不过$\partial E/\partial y_k$ 计算方法变了)，一直反

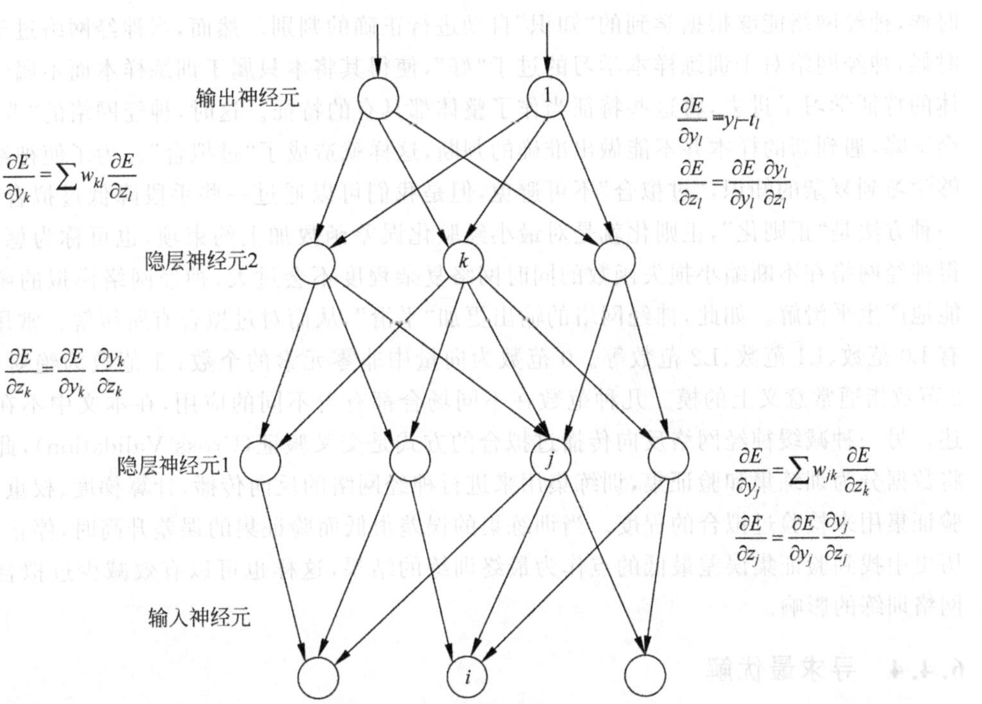

图 6.28　反向传播过程

向传播到输入层，最后有$\partial E/\partial x_i=(\partial E/\partial y_j)(\partial y_j/\partial z_j)$，且$\partial y_j/\partial z_i=\omega_i j$。经过以上步骤，不断迭代更新参数，就能得到一个使神经网络收敛的结果。

从图形的角度考虑，可以将神经网络看作是一个具有多个门单元的路图。在整个计算线路图中，神经网络的每个门单元都会得到一些输入并立即计算两个值：这个门的输出值、其输出值关于输入值的局部梯度。门单元完成这两件事是完全独立的，不需要知道计算线路中的其他细节。然而，一旦前向传播完毕，在反向传播的过程中，门单元将最终获得整个网络的最终输出值在自己的输出值上的梯度。链式法则指出，门单元应该将回传的梯度乘以它对其的输入的局部梯度，从而得到整个网络的输出对该门单元的每个输入值的梯度。

传统的反向传播算法每次只对一个样例进行更新，被称为标准反向传播算法，这种方法每次更新都需要遍历整个网络，需要的计算量很大。不仅如此，其对不同的样例进行更新可能会出现参数改变相互抵消的情况，因此，在达到极小点的过程中需要更多次的迭代。针对以上问题，人们又推导出了基于累积误差最小化的更新规则，即累积反向传播算法。累积反向传播算法每次更新都针对的是整个训练集，因此其训练次数相较于标准反向传播算法所需要的计算量要小很多，在训练的初期算法收敛的速度也会十分快，但是当累积误差下降到了一定程度之后，基于累积误差的反向传播算法更新速度将大大减慢，此时，标准反向传播算法反而对神经网络训练后期的收敛有着很好的效果。

反向传播算法能够有效地计算神经网络中的参数，并拟合出与实际问题相似的输出。然而，其过于强的表达能力也造成了一定的问题，例如神经网络中常见的过拟合问题(Overfitting)。一般来说，我们希望神经网络学习到的知识具有“普适性”，即神经网络能够通过训练样本学习到所有与训练样本一类的潜在样本的内在规律。这样在遇到新的问题的时候，神经网络能够根据学到的“知识”自动进行正确的判别。然而，当神经网络过于复杂的时候，神经网络对于训练样本学习的过于“好”，使得其将本只属于训练样本而不属于这类整体的特征学习了进去，将这些特征当作了整体都具有的特征。这时，神经网络的“普适性”将会下降，遇到新的样本并不能做出准确的判断，这样就造成了“过拟合”。为了使神经网络能够学习到复杂的知识，“过拟合”不可避免，但是我们可以通过一些手段降低过拟合的影响。一种方法是“正则化”，正则化就是对最小经验化误差函数加上约束项，也可称为惩罚项，使得神经网络在不断缩小损失函数的同时网络复杂程度不会过大，神经网络模拟的函数尽可能地产生平滑解。如此，神经网络的输出更加“平滑”，从而对过拟合有所缓解。常用的范数有 L0 范数、L1 范数、L2 范数等。0 范数为向量中非零元素的个数；1 范数为绝对值之和；2 范数指通常意义上的模。几种范数在不同场合都有着不同的应用，在本文中不在过多描述。另一种减缓神经网络反向传播过拟合的方式是交叉验证(Cross Validation)，此种方法将数据分为训练集和验证集，训练集用来进行神经网络的反向传播，计算梯度、权重及偏置，验证集用来检验过拟合的程度。当训练集的误差很低而验证集的误差升高时，停止训练，从历史中找到验证集误差最低的点作为最终训练的结果，这样也可以有效减少过拟合对神经网络训练的影响。

6.4.4 寻求最优解

由前文可知，感知机算法、前向传播与反向传播算法都是基于梯度下降算法实现的。在梯度下降算法中，随机选取初始值，求出损失函数的梯度，并根据梯度的方向确定搜索方向。当利用反向传播算法计算解析梯度时，神经网络的训练就可以看成是一个参数寻优的问题，此时梯度方向就被应用起来进行参数更新。然而，当神经网络拟合的函数不是凸函数时，梯度下降算法找到的是损失函数的局部极小值，而不一定是全局最小值。因为参数空间中梯度为零的点，只要损失函数的值小于其周围点的损失函数值，就可称其为局部极小点。在一个非凸复杂函数中，函数可以有多个局部极小点，但是任何函数都只有一个全局最小点，也就是说，通过梯度下降找到的极小值并不一定是全局的最小值，也不一定是损失函数的最优解。

损失函数就如同一座高山，梯度下降算法的目的就是寻找路径快速到达“山脚”。然而，由于梯度下降算法不能够获取整个“高山”的信息，只能每次朝向“下山”最快的方向走一步。这样，如果山中存在峡谷或者坑洞，梯度下降算法就很容易到达这些地域，并误认为这些区域为山脚。此时，梯度下降算法就掉进了“局部最小陷阱”。

为避免梯度下降算法陷入局部极小值，需要采取一定的策略跳出“局部极小陷阱”。一种方法是对神经网络的参数初始值进行多次随机，由于每次神经网络的初始值不同，其到达的局部极小值也极有可能不同。选取损失函数局部极小值最小的神经网络作为最终结果，使得使局部最小值尽量接近全局最小值。

另一种思路是使用随机梯度下降算法。随机梯度下降不同于梯度下降算每次选取所有的训练数据进行计算，它每次随机选取一部分的数据进行梯度下降，又称为小批量梯度下降。由于数据选取的特征，随机梯度下降算法即使陷入了局部最小值，所计算的梯度仍然不为零，这样就有机会跳出“局部极小陷阱”。

1987 年，Aarts 等人提出了模拟退火算法，这也是一种解决局部最优问题的常见算法。

模拟退火算法是模拟热力学系统中的退火过程。在退火过程中是将目标函数作为能量函数。大致过程如下：

“初始高温=>温度缓慢下降=>终止在低温(这时能量函数达到最小，目标函数最小)”

这里，模拟退火算法最重要的是引入了概率的概念，当算法计算出了最优值后，并不一定将此最优值看作是最好的结果，而是会以一定的概率接受一个比当前解要差的解，这样，梯度下降算法就可以接受“坑洞”周围比“坑洞”底部要差的值，从而有机会爬出坑洞，继续搜索全局最小值。

在得到损失函数的最优值(或逼近最优值)之后，还需要考虑算法的性能问题，1992 年 Blum 等人的理论证明了任何针对神经网络的优化算法都具有性能限制。一些理论结果仅适用于神经网络单元输出离散值的情况，而大部分的神经网络输出的是连续的平滑函数值；而另一些理论结果表明了利用给定规模下的神经网络解决所有问题的方案是不存在的，但是可以通过增大神经网络规模、增加可解参数的方法来方便地寻求问题的解。更多的，在神经网络的训练中需要考虑的不仅仅是损失函数的精确最小点，而是使其收敛到足够小以获得一个很好的泛化误差。在神经网络的收敛过程中，还需要关注网络收敛的快慢，因为神经网络收敛的快慢也是评价神经网络优劣的一个重要因素。在计算机科学中，一个优秀的算法可以提升十倍、百倍甚至千万倍的运算效率。在神经网络的训练中，优秀的算法更加重要，因为一般神经网络的学习都会有一个很大的训练集以保证神经网络学习的准确度，如果使用的算法不好，会使训练的周期大大增强。

下面介绍几种常用于神经网络参数更新的算法。

1. 随机梯度下降

随机梯度下降(Stochastic Gradient Descent，SGD)是标准梯度下降算法的一个变种，也是当今机器学习领域特别是深度学习中广泛传播的一种算法。随机梯度下降算法每次从训练整体中随机选取一个样本，并针对此随机样本进行梯度下降。相较于传统批量梯度下降算法每次迭代都训练的是总体样本而言，随机梯度下降每次只训练一个值，这样就大大加快了机器计算的速度，并且在训练初期算法收敛的速度很快。不仅如此，由于随机梯度下降每次的样本都是随机选取的，这样就为整体的迭代过程加入了噪声，能够避免进入局部最小，寻找到更多的局部极小值，使整体最优的可能增大。但是当训练样本很大，训练到后期时，单个样本对整体参数的更新影响很小，这时，随机梯度下降算法收敛很慢，甚至不收敛。

2. 动量

虽然梯度下降的方法能够找到损失函数的最优值，然而其在神经网络中训练速度过慢。当训练样本过多、神经网络过于复杂时，需要采取新型的算法加速网络的收敛。动量方法(Monument)就是一种能够加速算法下降速度的优化方法。动量方法可以看成是从物理角度上针对最优化问题的解释。损失值可以理解为是山的高度，用随机数字初始化参数等同于在某个位置给质点设定初始速度为 0。这样最优化过程可以看作是模拟参数向量(即质点)在地形上滚动的过程。因为作用于质点的力与梯度的潜在能量有关，质点所受的力就是损失函数的(负)梯度。还有，因为 $F=ma$，所以在这个观点下(负)梯度与质点的加速度是成比例的，而质点的加速度表达的就是梯度下降的值。动量方法的更新规则如下：

$$a_{k+1}=a_k+[\mu v-\eta\nabla f(a_k)] \tag{6.23}$$

相较于传统的方法，动量方法引入了初速度 v 作为初始的动量，并且设定超参数 μ。μ 的物理意义可以理解为摩擦系数，其值一般设定为小于 1 的数(如 0.9、0.95 等)。这个变量能够有效地抑制速度，降低系统动能。从算式中也可看出在多次迭代的过程中使得速度 v 会越来越小，保证了算法能够在找到最小值时停止迭代，而不是反复振荡。

动量算法在处理高曲率的梯度或者带有噪声的梯度时具有极好的效果，而且由于算法迭代的路径比梯度下降算法更加有效，加入速度初始值后梯度更新的速度也会更快，动量算法大大加强了神经网络的收敛速度。不仅如此，由于动量算法本身具有一个初速度，在算法进入"局部最小陷阱"时，也能够通过"惯性"冲出坑洞。

3. Nesterov 动量

Nesterov 动量更新算法是 Ilya Sutskever 等在 2013 年根据 Nesterov 加速梯度算法提出的关于动量算法的一个变种。在理论上对于凸函数它能得到更好的收敛，在实践中也确实比标准动量表现得更好一些。Nesterov 动量更新算法的更新规则如下：

$$\begin{aligned} v_{k+1} &= \mu v_k - \eta \nabla f(a_k) \\ a_{k+1} &= a_k - \mu v_k + (1+\mu) v_{k+1} \end{aligned} \tag{6.24}$$

Nesterov 动量和标准动量之间的区别体现在梯度计算上。Nesterov 动量中，梯度计算在施加当前速度之后。因此，Nesterov 动量可以解释为往标准动量方法中添加了一个校正因子。Nesterov 动量更新算法在更新动量时，不仅仅考虑到了初始速度，还考虑到了速度变化的趋势。也就是说，在每一次的迭代过程中，算法都会向着梯度下降更快的方向偏移，初始速度方向对算法的影响将逐渐小于梯度方向对算法的影响。如此一来，算法收敛的速度相较于标准动量算法就会越来越快。

4. 学习率随时间衰减

在神经网络的训练过程中，学习率的设置及其重要。如果学习率过大，系统虽然收敛得很快，但容易在最小值区域形成振荡，不能稳定到损失函数的最优值处，如果学习率过小，系统的整体收敛速度又会过慢，神经网路的训练将变得十分困难。因此，学习率随时间衰减的方法就应运而生，从表面意思来看，学习率随时间衰减的意思就是随着训练的进行，学习率会变得越来越小。这种方法的好处是既保证了神经网络在训练初期收敛的速度，又能够避免在极小值附近的振荡。学习率衰减快慢的设定也是一个非常重要的步骤：慢慢减小它，可能在很长时间内只能是浪费计算资源地看着它混沌地跳动，实际进展很小。但如果快速地减少它，系统可能过快地失去能量，不能到达原本可以到达的最好位置。现在最常用的学习率衰减的方法有以下 3 种：

(1) 随训练步数衰减。在神经网络的训练过程中，每进行几个周期就根据一些因素降低学习率。典型的值是每过 5 个周期就将学习率减少一半，或者每 10 个周期减少到之前的 0.2。在实践中我们经常会这样做：使用一个固定的学习率来进行训练的同时观察验证集错误率，每当验证集错误率停止下降时，就乘以一个小于 1 的常数(如 0.7)来降低学习率。

(2) 指数衰减。从字面上看就是以指数速率进行衰减。衰减公式为 $n=n_0\,\mathrm{e}^{-kt}$，其中：t 为衰减时间，k 为衰减系数。

(3) 线性衰减。即衰减与训练时间(或迭代步数)成正比。这种衰减方式最易理解，但衰减的效果相对较差。

在实践中最常用的衰减方式还是随训练步数衰减，因为这种方法会根据训练结果对学习率进行调节，可靠性更强，得到的结果也更容易解释。

5. 二阶方法

前文介绍的梯度下降等方法都是利用函数的一阶导数进行计算的，本小节将要介绍二阶梯度方法，相较于一阶方法，二阶方法具有更优秀的特性。最常用的二阶梯度下降算法是牛顿法，该方法利用函数的二阶平方矩阵(Hessian 矩阵)描述了损失函数的局部曲率，从而使得可以进行更高效的参数更新。具体来说，就是乘以 Hessian 转置矩阵可以让最优化过程在曲率小时大步前进，在曲率大时小步前进。需要注意的是，二阶梯度下降算法并不需要学习率这个超参数，这相较于一阶方法是一个巨大的优势。

然而，计算(以及求逆)Hessian 矩阵操作非常耗费时间和空间。因此，相对于一阶方法而言，二阶方法需要更大的计算量，特别是面对大型的神经网络时(如有几百万个参数的神经网络)，利用二阶方法进行梯度更新的代价太大。所以在实际应用中大型项目很少用到这种更新方法。

6. 自适应学习率算法

在深度学习的研究中，人们发现学习率的参数是一个十分难以设置的超参数，大部分情况只能根据经验来取值。而学习率的值又十分重要，其对神经网络模型的性能有着显著的影响。学习率的调参是一个极其耗费计算资源的过程，我们并不希望过多的计算资源浪费在这个步骤上。根据以上问题，人们提出了随参数变化的学习率算法，又称为自适应学习率算法。

Adagrad 算法能够独立地适应所有模型参数的学习速率，其更新规则如下：

$$\begin{gathered} n = n + \nabla f(a_k)^2 \\ a_{k+1} = a_k - \frac{\eta \nabla f(a_k)}{(n^2 + exp)} \end{gathered} \tag{6.25}$$

其中，exp 是一个很小的实数，为防止出现一阶导为零时分式除以零的情况。

通过式(6.25)可知 Adagrad 算法追踪了每个参数的梯度平方和，也就是说，函数下降过程中的每个参数都会对最新一次更新产生影响。各种参数梯度被赋予的权重不同，具有损失最大偏导的参数相应地有一个快速下降的学习速率，而具有小偏导的参数在学习速率上有相对较小的下降。

Adagrad 算法在一些凸优化损失函数中具有较好的训练结果，然而，在实践中发现，这种算法从训练开始时就开始积累梯度平方，在学习过程中会导致有效的学习速率减小过快或者减小步幅过大，导致训练还没有达到最优值时就已经停止。

RMSprop 算法是 Geoffrey Hinton 在一次公开课上对 Adagrad 算法的修改，其将 Adagrad 算法根据平方梯度收缩学习率的方法改为了学习率随指数衰减的方式，这样有效地避免了历史因素的过多影响。RMSprop 算法的更新规则如下：

$$\begin{gathered} n = \rho n + (1-\rho) \nabla f(a_k)^2 \\ a_{k+1} = a_k - \frac{\eta \nabla f(a_k)}{(n^2 + exp)} \end{gathered} \tag{6.26}$$

其中，ρ 为衰减率，是人为设定的超参数，一般取值为 0.9、0.99 等。

与 Adagrad 算法的更新规则进行对比可知，RMSprop 算法在逐步寻找最优值的过程中单调地降低了学习率，使用了一个梯度平方的滑动平均并引入了超参数 ρ 来控制移动平均的长度范围。在实际应用中，这种算法已被证明是一种极其有效的神经网络优化算法，现在也是最常用的几种优化算法之一。

2014 年，Diederik P. Kingma 等将自适应学习率的算法与动量更新算法结合起来，提出了 Adam 算法(Adaptive Moment Estimation)，这种算法直接将动量并入 RMSprop 算法中的梯度估计中，应用动量于缩放后的梯度，然后对梯度和参数进行更新。完整的 Adam 算法还包含一个偏置，比 RMSprop 算法多了一个修正因子。Adam 算法在实际运动中优化神经网络的能力比 RMSprop 算法略好，更重要的是，其对参数优化稳定性要高于其他算法。

6.4.5 常见的神经网络

在神经网络的发展过程中，人们提出了各种各样的神经网络建立方法。但无论神经网络怎样变化，其都是由一个个神经元组成的，只是神经元间连接方式、神经层结构等有所不同。下面，就对几种常见的神经网络结构进行介绍。

1. 前馈神经网络

前馈神经网络(Feed Forward Neural Networks，FFNN)是最基础，也是最经典的神经网络，在前文中提到的神经网络结构就是以前馈神经网络的结构进行介绍的。前馈神经网络的结构非常简单，其中的信息从前向后单向流动，分别对应输入和输出。前馈神经网络中最重要的就是层的概念，即相互平行的输入层、隐藏层或者输出层神经结构。单独的神经细胞层内部，神经元之间互不相连；而一般相邻的两个神经细胞层则是全连接，一层的每个神经元和另一层的每一个神经元相连。一个最简单却最具有实用性的神经网络由两个输入神经元和一个输出神经元构成，也就是一个感知机模型。给神经网络一对数据集，分别是输入数据集和期望的输出数据集，又称为标签，一般通过反向传播算法训练前馈神经网络。这就是所谓的监督学习的概念。与此对应的是无监督学习：只给输入，然后让神经网络去寻找数据当中的规律。反向传播的误差往往是神经网络当前输出和给定输出之间差值的函数，例如损失函数。如果神经网络具有足够的隐藏层神经元，那么理论上它总是能够建立输入数据和输出数据之间的关系。在实践中，前馈神经网络的使用具有很大的局限性，但是，它们通常和其他神经网络一起组合成新的架构。

2. 霍普菲尔网络

不同于前馈神经网络同一层之间神经元不会相互连接的结构，霍普菲尔网络(Hopfield Network，HN)的每个神经元都跟其他神经元相互连接。霍普菲尔网络就像一团绞在一块的棉线团，其中每个神经元都担任一样的角色。训练前的每一个节点都是输入神经元，训练阶段是隐神经元，输出阶段则是输出神经元，如图 6.29 所示。

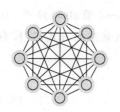

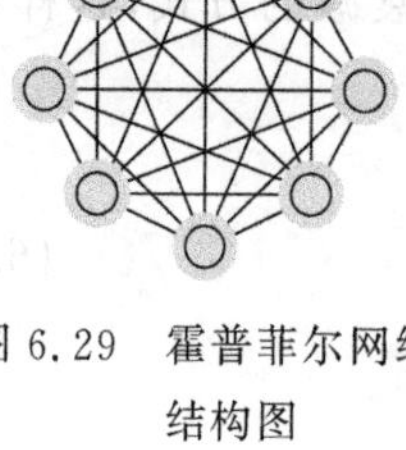

图 6.29 霍普菲尔网络结构图

该神经网络的训练，是先把神经元的值设置到期望模式，然后计算相应的权重。在这以后，权重将不会再改变了。一旦网络被训练包含一种或者多种模式，这个神经网络总是会收敛于其中的某一种学习到的模式,因为它只会在某一个状态才会稳定。需要注意的是,网络并不一定会收敛到设定的期望值,它之所以会稳定下来的部分原因是在训练期间整个网络的“能量”会逐渐地减少。每一个神经元的激活函数阈值都会被设置成这个能量值,一旦神经元输入的总和超过了这个阈值,那么就会让当前神经元选择状态,一般为 0 或 1。

在神经网络的训练过程中,多个神经元可以同步更新,也可以逐个更新。一旦所有的神经元都已经被更新,并且它们再也没有改变,整个网络就算稳定了,那就可以说这个网络已经收敛了。这种类型的网络被称为“联想记忆”(Associative Memory),因为它们会收敛到和输入最相似的状态。举个例子,人类看到一头牛的一面,就能联想到其的另一面,霍普菲尔网络也具有这样的能力,如果输入“一半噪声+牛的一侧”,整个网络就能收敛到整头牛。

3. 玻尔兹曼机

玻尔兹曼机(Boltzmann Machines,BM)的结构和霍普菲尔网络很接近,所有神经元之间都能连接在一起,不同的是,玻尔兹曼机的神经元会分为两层:显层和隐层,显层用于表示数据的输入和输出,而隐层则用来描述数据的内在特征。不仅如此,玻尔兹曼机中的神经元都是二元模式,即只有激活(1)和抑制(0)两种状态,如图 6.30 所示。

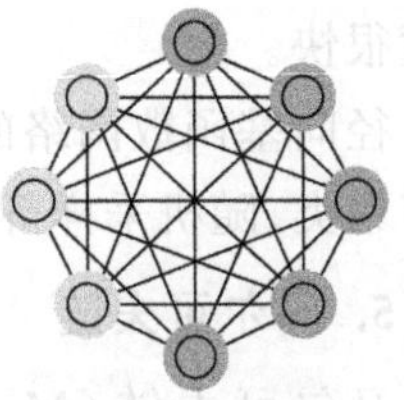

图 6.30　玻尔兹曼机网络结构图

玻尔兹曼机是一种“基于能量的模型”。在利用玻尔兹曼机进行优化计算时,可构造目标函数为网络的能量函数,为防止目标函数陷入局部最优,采用模拟退火算法进行最优解的搜索,开始时温度设置很高,此时神经元状态为 1 或 0 概率几乎相等,因此网络能量可以达到任意可能的状态,包括局部最小或全局最小。当温度下降,不同状态的概率发生变化,能量低的状态出现的概率大,而能量高的状态出现的概率小。当温度逐渐降至 0 时,每个神经元要么只能取 1,要么只能取 0,此时网络的状态就凝固在目标函数全局最小附近。对应的网络状态就是优化问题的最优解。

标准玻尔兹曼机是一个全连接图,训练它所需要的计算资源十分巨大,想要利用其解决现实任务非常困难。因此,受限玻尔兹曼机(Restricted Boltzmann Machine,RBM)应运而生。受限玻尔兹曼机去除了层内部神经元之间的连接,仅保留了显层和隐层之间的连接,将完全图简化为了二分图,这样就大大减少了训练网络的难度。

4. 径向基函数网络

径向基函数网络(Radial Basis Function,RBF)是一种以径向基核函数作为激活函数的单隐层前馈神经网络,如图 6.31 所示。它的输出函数是对神经元输出的线性组合。径向基函数网络在隐层神经元足够多的情况下,能够逼近任意的非线性函数,可以处理系统内的难以解析的规律性,具有良好的泛化能力,并有很快的学习收敛速度,已成功应用于非线性函数逼近、模式识别、信号处理、图像处理等领域。

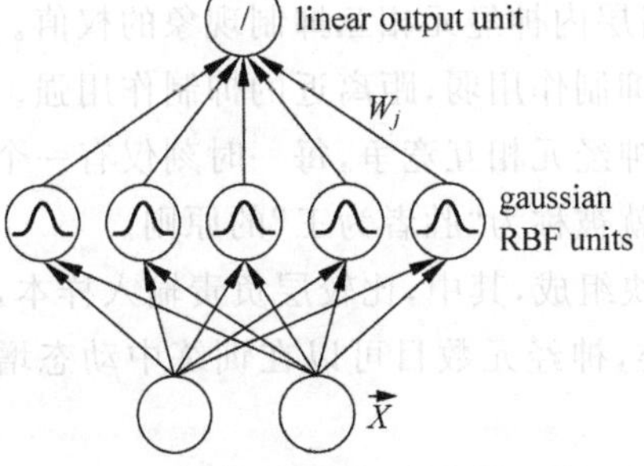

图 6.31　径向基函数网络结构图

RBF网络的结构与多层前向网络类似,它是一种三层前向网络。输入层由信号源节点组成;第二层为隐含层,隐单元数视所描述问题的需要而定,隐单元的变换函数是RBF径向基函数,它是对中心点径向对称且衰减的非负非线性函数;第三层为输出层,它对输入模式的作用做出响应。从输入空间到隐含层空间的变换是非线性的,而从隐含层空间到输出层空间变换是线性的。

径向基函数网络的收敛速度比传统神经网络要快很多,其原因是当网络的一个或多个可调参数(权值或阈值)对任何一个输出都有影响时,这样的网络称为全局逼近网络。由于对于每次输入,网络上的每一个权值都要调整,从而导致全局逼近网络的学习速度很慢,传统前馈神经网络就是一个典型的例子。而如果对于输入空间的某个局部区域只有少数几个连接权值影响输出时,则该网络称为局部逼近网络。径向基函数网络就是一种局部逼近网络的例子,局部逼近网络每次更新的计算量要比全局逼近网络小很多,因此收敛的速度很快。

径向基函数网络的训练过程通常有两步:第一步,计算出每一个隐层的神经元中心,方法有聚类、随机采样等;第二步,利用反向传播算法计算出权重和偏置。

5. 马尔可夫链

马尔可夫链(Markov Chain,MC)或离散时间马尔可夫链(Discrete Time Markov Chain,DTMC)在某种意义上是玻尔兹曼机和霍普菲尔网络的前身。马尔可夫链以马尔可夫过程构成了一系列神经元的结构:在独立链中,前面语言符号对后面的语言符号无影响,是无记忆没有后效的随机过程,在已知当前状态下,过程的未来状态与它的过去状态无关,这种形式就是马尔可夫过程。而马尔可夫链则指的是在随机过程中,每个语言符号的出现概率不相互独立,每个随机试验的当前状态依赖于此前状态,这种链就是马尔可夫链。可以理解为:从我当前所处的节点开始,走到任意相邻节点的概率是多少呢?它们没有记忆(所谓的马尔可夫特性):你所得到的每一个状态都完全依赖于前一个状态。

马尔可夫链的神经元之间并不是全连接的,其也不能够称为是一个完全的神经网络模型,但是它也具有神经网络的性质,如拥有神经元、具有学习能力等,因此本章也将其归为神经网络中进行介绍。

6. ART网络

ART网络全称为"自适应谐振网络"(Adaptive Resonance Theory,ART),是竞争型学习的典型代表。在介绍ART网络之前,首先要介绍一下竞争型学习的概念。竞争型学习是常用的一种无监督学习策略。它模拟生物神经网络层内神经元相互抑制现象的权值。这类抑制性权值通常满足一定的分布关系,如距离远的抑制作用弱,距离近的抑制作用强。这种权值在学习算法中通常固定。在神经网络中,输出神经元相互竞争,每一时刻仅有一个获胜的神经元被激活,其他神经元都被抑制。这种机制就被称为"胜者为王"的原则。

ART网络由比较层、识别层、识别阈值和重置模块组成,其中,比较层负责输入样本,并将其传给识别层。识别层每个神经元对应一个模式类,神经元数目可以在训练中动态增长以适应新的模式类。

ART网络的训练规则是当网络接收新的输入时,按照预设定的识别阈值检查该输入模式与所有存储模式类典型向量之间的匹配程度以确定相似度,对相似度超过阈值的所有模式类,选择最相似的作为该模式的代表类,并调整与该类别相关的权值,以使后续与该模式相似的输入再与该模式匹配时能够得到更大的相似度。这一步的目的就是让识别层的神经元之间相互竞争以产生获胜神经元,并使获胜的神经元在之后的竞争中更有可能获胜。若相似度都不超过阈值,就在网络中新建一个模式类,即增加一个神经元,同时建立与该模式类相连的权值,用于代表和存储该模式以及后来输入的所有同类模式。在网络输出时,每个输出神经元可以看作一类相近样本的代表,每次最多只有一个输出神经元,保证了输出的稳定性。

在 ART 网络中,识别阈值至关重要,甚至影响了整个网络的结构。当识别阈值较高时,输入样本将会被分得更多、更细,而当识别阈值较低时,则分成的样本较少、较粗糙。

ART 网络的特点是非离线学习,即不是对输入样本反复训练后才开始运行,而是边学习边运行的实时方式。它不仅具有良好的学习新知识的能力,也能够在学习新知识的同时保持对旧知识的记忆,防止以前学习到的东西被覆盖,很好地解决了传统竞争学习中的“可塑性——稳定性窘境”。

7. 深度信念网络

深度信念网络(Deep Belief Network,DBN)由 Geoffrey Hinton 于 2006 年提出。它是一种生成模型,通过训练其神经元间的权重,可以让整个神经网络按照最大概率生成训练数据。该网络由受限玻尔兹曼机(RBM)组成,所以深度信念网络也是由显层和隐层组成。显层用于接收输入,隐层用于提取特征。因此,隐层也被称为特征检测器(Feature Detectors)。最顶上的两层间的连接是无向的,组成联合内存。较低的其他层之间有连接上下的有向连接。最底层代表了输入数据向量,其中每一个神经元代表数据向量的一维。

深度神经网络的训练是一层一层地进行的。在每一层中,用数据向量推断隐层,再把这一隐层当作下一层(高一层)的数据向量。这样每一个受限玻尔兹曼机只需要学习如何编码前一神经元层的输出。这种训练技术也被称为贪婪训练,这里贪婪的意思是通过不断地获取局部最优解,最终得到一个相当不错解,但可能不是全局最优的。

深度信念网络能够在训练的过程中自我学习,以一种概率模型表征数据,根据这个特征,我们不仅可以使用它来识别特征、分类数据,还可以用它来生成新的数据。

8. 级联相关网络

在介绍级联相关网络之前,首先要了解结构自适应网络的概念。一般的神经网络通常都假定网络结构事先固定,训练的目的主要是确定权重、偏置、神经元个数、阈值等参数。而自适应网络将网络结构也设为未知,将其作为学习目标之一,并希望能找到最适应输入数据特点的网络结构。

级联相关网络是自适应结构网络的典型代表,它从一个小网络开始,自动训练和添加隐含单元,最终形成一个多层的结构。在刚开始训练时,网络只有输入层与输出层,随着训练的进行,隐层神经元逐渐加入网络中,形成隐藏层。隐藏层节点通过最大化新神经元的输出与网络误差之间的相关性与输入输出层相连接,同时通过这个相关性训练权重、偏置等参数。

级联相关神经网络具有以下优点:学习速度快;自己决定神经元个数和深度;训练集变化之后还能保持原有的结构;不需要后向传播错误信号。然而,当训练数据集过小时,级联神经网络很容易陷入过拟合,泛化能力不强。

6.5 自学习/深度学习算法

虽然神经网络算法在面对一些机器人应用场景中有着很好的效果,然而在场景复杂,要求多变的环境下,浅层的神经网络已经不能够满足实际的需求。从理论上讲,模型复杂度越高,意味着需要完成的学习任务就越复杂。随着云计算和大数据时代的到来,对于复杂模型的要求也越来越高。因此,以深度学习为代表的复杂模型开始受到人们的关注。

6.5.1 深度学习发展史

深度学习虽然近几年才被人们所熟知,但是其历史可以追溯到20世纪40年代。目前为止深度学习已经经历了三次发展浪潮:20世纪40年代—20世纪60年代,深度学习的概念第一次出现在控制论中,这个阶段随着生物学习理论的发展,人们发明出了感知机模型,单个神经元的训练得以实现;20世纪80年代—20世纪90年代,联结主义兴起,深度学习构成了其中重要的部分,这时,反向传播算法第一次被提出来,用于训练具有一两层隐藏层的神经网络;到了2006年,随着计算机计算能力的飞跃,深度学习才作为一门单独的科学被大众所熟悉。

早期深度学习被认为是深层次的人工神经网络,依然没有脱离自然神经网络的局限,而现代深度学习的含义已被认为超越了传统机器学习中的神经科学观点,更多地将原理建立于数学基础之上,比如"多层次组合"这一更普适的理论。这一理论不仅适用于神经网络,现在也可以应用于许多不依赖神经网络的机器学习框架。

在20世纪40年代,深度学习的第一次研究热潮出现。人们通过神经科学的角度设计出了简单的线性模型,这些模型拥有 n 个输入,通过 n 个权重 w 使输入线性组合得到输出 y,这种方法被称为控制论。20世纪50年代,感知机模型在MP神经元的基础上被提出来,成为首个能够根据输入样本学习权重的模型。在第一次研究热潮期间,随机梯度下降的方法也被初次提出来,到现在为止仍是当今深度学习的主要训练方法。

然而,线性模型具有很大的局限性,如前文提到的它不能处理异或问题等。在研究者们发现线性学习的这个缺陷后,人们对深度学习的热情大大衰减,因为如果机器连最基本的"异或"问题都无法解决,所谓的"机器智能"将无从谈起。

在仿自然神经网络的线性模型遭受到失败后,人们依赖生物神经科学领域解决神经网络问题的思想开始转变。一方面是因为大脑的构成过于复杂,人类对大脑的研究仍处于最初级的阶段,无法获取足够的信息对深度学习的研究提供指导;另一方面,研究发现,真实的神经元的运算函数与现代整流线性单元的函数有很大不用,而更接近真实神经网络的系统并没有导致机器学习性能的提升。因此,现代深度学习从其他领域获取灵感,特别是应用数学的基本内容如线性代数、概率论和数值优化等。所以虽然神经科学被视为是深度学习的重要的灵感来源,但它已不是该领域的核心思想。许多深度学习科学家甚至已经将深度学习完全独立出来,认为神经科学已不能为深度学习领域提供革命性的指导

在20世纪80年代,联结主义的理论风靡全球,深度学习也借着这股潮流迎来了第二次的热潮。联结主义的中心思想是,当网络将大量简单的计算单元连接在一起时可以实现智

能行为。这种见解由生物神经系统中的神经元衍生而出,并扩展到人工智能领域,因为生物神经元和计算模型中隐藏单元起着类似的作用。在这次热潮的过程中,相关概念被提出并一直应用到今天的深度学习研究中。

分布式表示是深度学习中的一个重要概念,其思想如下:系统的每一个输入都应该由多个特征表示,并且每一个特征都会参与到输入或输出的构建中去。这种思想衍生为当今的特征选择思想,为深度学习在图像处理方面的应用提供了理论支持。

反向传播算法也诞生于深度学习的第二次热潮中。反向传播的主要原理在前文中已经详细介绍过,这种算法至今为止仍然是深度学习训练的主要算法。

在 20 世纪 90 年代中期,由于深度学习训练需要巨大的计算资源,而当时现有的硬件设备并不能跟上深度学习的要求。不仅如此,机器学习的其他领域,如支持向量机(核函数)等算法采用很低的计算资源在许多重要的领域取得了很好的效果,使得第二次深度学习的热潮逐渐衰退。

2006 年,Geoffrey Hinton 研究组表明,名为"深度信念网络"(Deep Belief Network,DBN)的神经网络可以使用一种称为"贪婪逐层预训练"的策略有效地训练,这种策略大大加强了神经网络的泛化能力。再加上机器硬件方面的突破,现在神经网络可以通过 GPU 轻松训练大型数据。至今,深度学习的第三次热潮到来。

当今时代,深度学习在人们的研究和生活中发挥着越来越重要的作用,一方面是由于深度学习理论和算法的发展及计算资源的大大增加;另一方面则是因为当今时代数据量爆炸式的增长。深度学习是一门及其依赖数据的科学,数据量越大,精度越高,数据越复杂,深度学习就能从中学习到更多的知识,数学中的统计学原理证明了这个观点。而随着处理数据量的增加,深度神经网络的结构也越来越庞大,处理复杂的人工智能问题也越来越成为可能。迄今为止,深度学习在图像分割、语音识别和目标检测等领域都取得了巨大的成功,并在其中的很多方面都取得了超越人类的表现。

总而言之,深度学习在几十年的发展中,取得了长足的进步,也逐渐能应用于实际研究中去,为许多科研问题提供新的解决方法。深度学习作为机器学习的一部分,同样具有"学习"的能力,它大量借鉴了神经、统计学和应用数学的知识,逐渐形成了一套自己的体系,取得了长足的发展。相信在未来,深度学习会有着更广泛的应用,帮助人类解决许多新的问题和挑战。

6.5.2　深层全连接神经网络搭建

深度学习中最经典的网络就是前馈神经网络,这种网络以感知机模型为原型,通过建立隐藏层来加深网络的复杂度,并通过反向传播算法对网络进行收敛,该网络在前文中有着详细的介绍。

深层全连接神经网络就是具有多个隐藏层的前馈神经网络,各个隐藏层之间的神经元的连接方式都为全连接,也可以将其理解为较为复杂的前馈神经网络。从前文对多层感知机模型的介绍可以发现,神经网络的层数直接决定了它对现实的刻画能力:层数越多,就利用每层更少的神经元拟合更加复杂的函数。从理论上来说,神经网络中隐藏层的层数越多,神经网络的学习效果就越好。然而,经研究发现,随着神经网络层数的加深,损失函数越来越容易陷入局部最优解,并且这个"陷阱"越来越偏离真正的全局最优。利用有限数据训练的深层网络,性能甚至还不如较浅层的网络。产生这种问题的原因是神经网络的训练是同步完成的，每一次更新所有的参数都会根据损失函数的结果进行改变。当神经网络变得很深的时候，一旦神经网络在末端学习到了错误的信息后，经过反向传播之后整个网络的错误就会放大，使得网络的最优解产生巨大的偏差。而且层数多了以后，梯度下降的优化过程就变成非凸优化过程，使得损失函数容易陷入局部极值。2006 年，Hinton 设计了 DBN，利用预训练方法缓解了局部最优解问题，使深度全连接神经网络的层数达到了 7 层。这时，神经网络才真正意义上有了“深度”。深度信念网络的结构在前文已经介绍，在此不再赘述。

深层全连接神经网络的第二个问题是当数据量不是很大，而待学习的参数过多的时候，会出现严重的过拟合现象，使得神经网络的泛化能力大大降低，学习的效果很差。

另一个深层神经网络中不可避免的问题是随着神经网络层数的增加，“梯度弥散”的问题变得越来越严重。“梯度弥散”的意思是当在神经网络中使用反向传播方法计算导数的时候，随着网络的深度的增加，反向传播的梯度（从输出层到网络的最初几层）的幅度值会急剧地减小。结果造成了整体的损失函数相对于最初几层的权重的导数非常小。这样，当使用梯度下降法的时候，最初几层的权重变化非常缓慢，以至于它们不能够从样本中进行有效的学习。为了克服“梯度弥散”的问题，ReLU、maxout 等激活函数被提出来，代替了 sigmoid 函数，降低梯度弥散的影响。然而，改变激活函数并不能从根本上解决这个问题，神经网络依然不能构建过深的隐藏层。

2015 年，深度残差网络（ResNet）被提出来，进一步避免了梯度弥散问题，使神经网络的层数达到了前所未有的一百多层（152 层）；作者引入一个深度残差学习框架解决梯度弥散的问题，通过让这些网络层去拟合残差映射，而并没有期望每一堆叠层去直接拟合一个期望的潜在映射（拟合函数）。相较于最优化最初的无参照映射，最优化残差映射是更容易的。在极限情况下，如果残差映射是最优化的，相较于通过一堆非线性层去拟合恒等映射，将残差逼近为 0 是更容易的，这样，就能在深层的神经网络中尽可能地找到全局最优值。

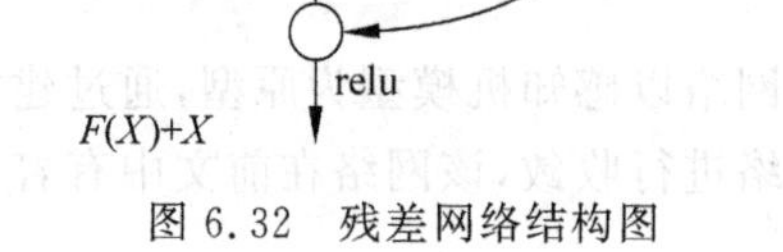

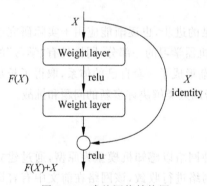

图 6.32　残差网络结构图

通过图 6.32 可以更加直观地理解残差网络的原理，作者在神经网络的隐藏层之间加入了许多的“捷径”。在反向传播的过程中，当梯度随着传播的层数增加变得过小的时候，残差网络就可以直接将前几层的梯度传递下来，如此一来，来自深层的梯度能直接畅通无阻地通过，去到上一层，使得浅层的网络层参数得到有效的训练。

经过上文提到的各种方法，深度全连接网络的实现成为可能，但是，在实际应用中，利用单个全连接神经网络处理问题的情况越来越少见，多种网络混合使用的情况越来越多。这时，全连接神经网络经常作为输出层嵌入在神经网络中，或作为不同网络之间的连接存在于大型神经网络。

6.5.3　卷积神经网络

全连接神经网络能应用于生活中的许多方面，但是面对大尺寸的图像，其处理结果仍然不尽如人意。20 世界 90 年代，卷积神经网络（Convolutional Neural Network，CNN）被提出来，并在 21 世纪初被 Krizhevsky 等人完善。深层次的卷积神经网络一出现便以惊人的准确性在图像处理领域碾压了其他形式的神经网络,并一直被人们沿用至今。

卷积神经网络和常规全连接神经网络非常相似:它们都是由神经元组成,神经元中有具有学习能力的权重和偏差。每个神经元都得到一些输入数据,进行内积运算后再进行激活函数运算。整个网络依旧是一个可导的评分函数:该函数的输入是原始的图像像素,输出是不同类别的评分。在最后一层(往往是全连接层),网络依旧有一个损失函数,如 SVM 或 Softmax,并且在神经网络中实现的各种方法和要点依旧适用于卷积神经网络。

在介绍卷积神经网络之前,首先要了解卷积运算的概念。卷积运算是一种与加减乘除类似的基础数学运算,其公式如下:

$$s(t)=\int f(x)\omega(t-x)\mathrm{d}x \tag{6.27}$$

卷积运算可以用"∗"表示:

$$s(t)=f(x)*\omega(x) \tag{6.28}$$

对于线性时不变系统,如果知道该系统的单位响应,那么将单位响应和输入信号求卷积,就相当于把输入信号的各个时间点的单位响应加权叠加,得到输出信号。卷积运算具有一个重要的性质,那就是互相关性,而具有这种性质的函数被称为互相关函数。在深度学习的应用中,许多网络会应用到互相关函数,但是一般都将其统称为卷积。

卷积神经网络将权重与输入之间的计算变为卷积运算,将结构调整得更加合理,使得网络能利用更少的权重取得更好的学习结果。具体的,在处理图像输入问题时,由于输入的图像一般都是三个尺寸(长、宽、像素通道),如果利用全连接神经网络进行处理,那么每一个神经元需要有"长×宽×像素通道"个权重。可见,利用全连接神经网络处理图像问题会使得参数数量大大增加,并且,这种全连接的方式效率低下,参数的增加不仅对学习的效果好处不明显,反而会增加过拟合的概率。卷积神经网络重新设计了神经元的形式,与常规神经网络不同,卷积神经网络的各层中的神经元是三维排列的:宽度、高度和深度,这里的深度指的是激活数据体的第三个维度,一般指的是滤波器的个数而不是整个网络的深度。这些神经元每一次只与前面一层中的一小块区域相连,而不是采取全连接的方式,卷积神经网络与全连接神经网络连接的区别如图 6.33 所示。

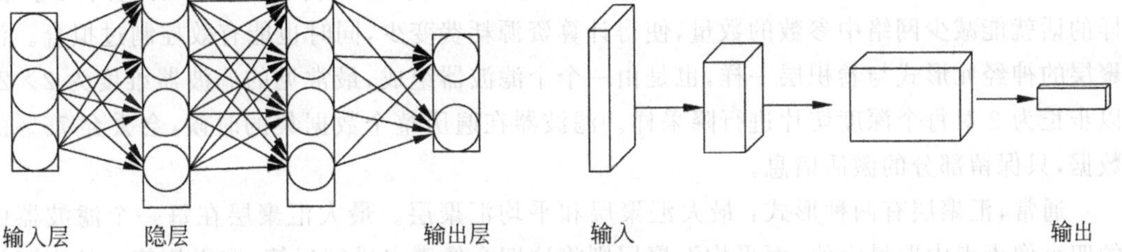

图 6.33 全连接网络与卷积网络连接区别

卷积神经网络的这种连接方式被称为稀疏连接,这种连接方式可以使神经元中滤波器的规模远小于输入数据的规模。例如,当进行图像处理时,输入的图像可能包含百万甚至千万个像素点,但是我们可以通过只占用几十到上百个像素点的滤波器探测一些小的有意义的特征,如图像的边缘。这意味着我们需要存储的参数更少,不仅减少了模型的存储需求,而且提高了它的统计效率。这也意味着为了得到输出我们只需要更少的计算量。

不仅如此，卷积神经网络还具有参数共享的特点。参数共享指的是在不同的函数中使用，在传统的全连接神经网络中，权重等参数只使用一次，当它将特征或数据传到下一层后就不在起作用了。而在卷积神经网络中，每一个卷积神经元，或者叫滤波器，都能作用于输入的每一个位置上，因为卷积核会遍历输入的每一个位置。这样，卷积核中的参数就可以作用于整个输入上，大大降低了学习所需要的参数和运算量。

一个完整的卷积神经网络不仅仅全是由具有卷积功能的网络层构成，而是由各种层按照顺序排列组成，网络中的每个层使用一个可以微分的函数将激活数据从一个层传递到另一个层。卷积神经网络主要由三种类型的层构成：卷积层、汇聚(pooling)层和全连接层。通过将这些层叠加起来，就可以构建一个完整的卷积神经网络。

卷积层是卷积神经网络的核心层，它是由一系列可学习的滤波器构成，每个滤波器的长度和宽度都一致。例如，第一层中一个滤波器的大小为 3×3×3，指的就是，长和宽都为 3，深度为颜色通道，所以也为 3。在前向传播的时候，让每个滤波器都在输入数据的宽度和高度上滑动(更精确地说是卷积)，然后计算整个滤波器和输入数据任一处的内积。当滤波器沿着输入数据的宽度和高度滑过后，会生成一个二维的激活图(Activation map)，激活图给出了在每个空间位置处滤波器的反应，即激活图中记录了输入图中的一些特征，如边缘形状等。当再次遇到这类特征时，激活图就会被激活，从而完成神经网络的“记忆”功能。

在每一层卷积层上，一般有多个滤波器(如 10 个)，这些滤波器分别对输入图像进行卷积，得到不同的激活图。这些不同的激活图叠加在一起就构成了卷积层的输出。总的来说，卷积层的输出是长和宽为滤波器遍历输入得到的激活图，深度为滤波器个数的三维向量，而下一层卷积层又以这个三维向量为输入进行卷积。这样，经过一次又一次的训练输入图像中所蕴含的特征就被一层一层的卷积层剥离，并存储在“激活图”中，同样有一堆权重和偏置等参数组成，从而达到神经网络学习的目的。

一般来说，为了控制输出数据的尺寸，为了控制输出层尺寸和输入层一致，人们一般会对输入数据的边缘进行零填充。当滤波器尺寸为 3×3，每次移动步长为 1 时，只需要在输入周围填上一圈零，即可保证输入和输出尺寸的大小一致。

在卷积神经网络中，除了要加入核心的卷积层对输入进行处理外，还需要加入汇聚层(Pooling layer)，汇聚层的作用是，当输入数据过于庞大时，逐渐降低数据体的空间尺寸，这样的话就能减少网络中参数的数量，使得计算资源耗费变少，同时也能有效控制过拟合。汇聚层的神经元形式与卷积层一样，也是由一个个滤波器组成，最常见的滤波器维度为 2×2，以步长为 2 对每个深度切片进行降采样。滤波器在遍历整个数据集的时候，会丢弃 75%的数据，只保留部分的激活信息。

通常，汇聚层有两种形式：最大汇聚层和平均汇聚层。最大汇聚层在每一个滤波器中的四个像素点中取最大值，而平均汇聚层则将这四个像素点进行运算，取平均值。从实际效果来看，最大汇聚层的效果要比平均汇聚层好很多，所以现在大部分卷积神经网络都采用最大汇聚层进行降采样。

汇聚层一般插在多个卷积层之间进行降采样，这种降采样在深度学习中又被称为池化运算。经过卷积层和汇聚层的处理后，数据一般都被处理完毕，但是输出的结果为一个三维数据，机器并不能识别它，所以一般在输出之前，还要添加一层全连接层，将输出的数据转化为机器能够识别的数据。

除此之外，卷积神经网络中还需要激活函数（如 ReLU 函数）对各层神经元进行激活操作，也可将激活函数这一步单独称为激活层。有了这些隐藏层之后，卷积神经网络就能完整的搭建起来。卷积神经网络最常见的形式就是将一些卷积层和 ReLU 层放在一起，其后紧跟汇聚层，然后重复如此直到图像在空间上被缩小到一个足够小的尺寸，在某个地方过渡成全连接层也较为常见。最后的全连接层得到输出，如进行分类、回归等操作。卷积神经网络的结构如图 6.34 所示。

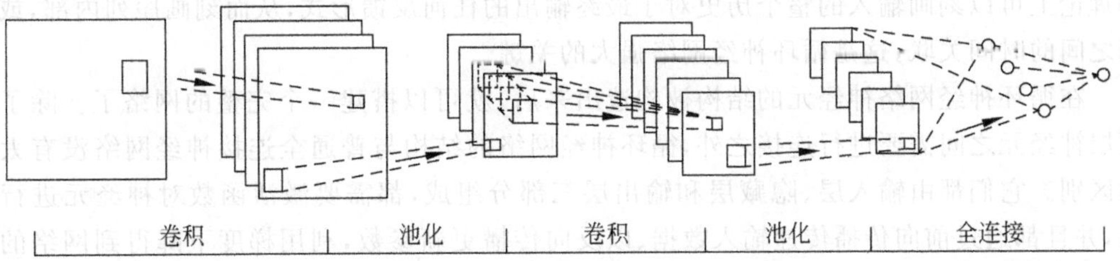

图 6.34　卷积神经网络结构

在卷积神经网络的结构被搭建起来后，即可用前文提到的处理全连接网络的算法对卷积神经网络进行处理，如梯度下降、前向传播和反向传播等。令人惊讶的是，反向传播算法在卷积神经网络中甚至能取得比在全连接网络中更好的效果。

深度卷积神经网络在图像处理、视频、语音和文本中都取得了突破。仍然还有很多工作值得进一步研究。首先，鉴于最近的卷积神经网络变得越来越深，它们也需要大规模的数据库和巨大的计算能力，以展开训练。人为搜集标签数据库要求大量的人力劳动。所以，无监督式的卷积神经网络学习方式逐渐成为人们的需求。其次，关于卷积神经网络，依然缺乏统一的理论。目前的卷积神经网络模型运作模式依然是黑箱，从数学的角度对其原理进行解释更有利于我们对它的研究，如调整学习率、卷积层数的设定等。

6.5.4　循环神经网络

循环神经网络（Recurrent Neural Network，RNN）是一类应用于处理序列信号的神经网络。如同卷积神经网络是专门用于处理空间多维数据的神经网络一样（如图像数据），循环神经网络是专门用于处理具有时间序列数据（如语音数据）的神经网络。它能够通过历史出现过的数据对未来的数据进行推断，具有“预测未来”的功能。那么，循环神经网络的结构是什么样的？为什么对时间序列数据的处理具有如此好的效果？

循环神经网络中的“循环”两字，点出了该网络的特点：系统的输出会保留在网络里，和系统下一刻的输入一起共同决定下一刻的输出。即此刻的状态包含上一刻的历史，又是下一刻变化的依据。不同于全连接神经网络中神经元只在层与层之间有连接，在循环神经网络中，隐藏层之间的节点也是有连接的，并且隐藏层的输入不仅包括输入层的输出还包括上一时刻隐藏层的输出。理论上，循环神经网络能够对任何长度的序列数据进行处理。但是在实践中，为了降低复杂性往往假设当前的状态只与前面的几个状态相关。

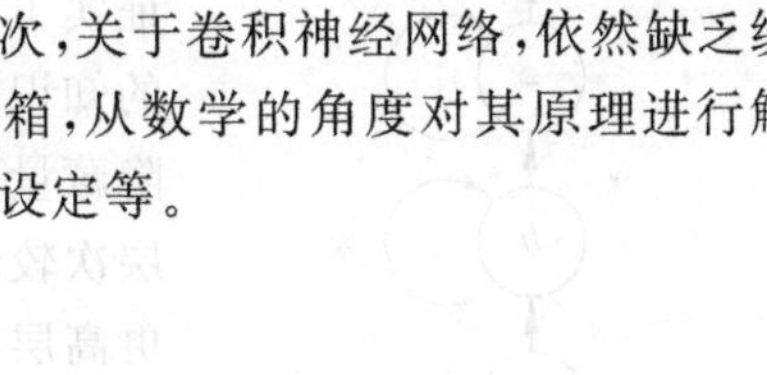

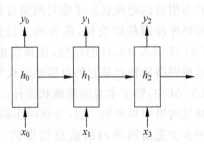

图 6.35　循环神经网络神经元结构

循环神经网络中神经元的结构，如图 6.35 所示。

在循环神经网络的神经元中,不仅有输入 x 和输出 y 的概念,还有一个隐变量 h,这个变量指的是网络中每个神经元的状态,也可认为是神经元的本体。它是循环得以实现的基础,因为隐变量如同一个可以存储无穷历史信息的池子,一方面会通过输入矩阵吸收输入序列 x 的当下值,另一方面通过层间神经元网络连接矩阵进行内部神经元间的相互作用,因为其网络的状态和输入的整个过去历史有关,最终的输出又是两部分加在一起共同通过激活函数 tanh。整个过程就是一个循环神经网络"循环"的过程。隐藏层间神经元的连接矩阵理论上可以刻画输入的整个历史对于最终输出的任何反馈形式,从而刻画序列内部,或序列之间的时间关联,这是循环神经网络强大的关键。

在循环神经网络神经元的结构被构造出来后,就可以搭建一个完整的网络了。除了隐藏层神经元之间需要进行连接之外,循环神经网络的结构与普通全连接神经网络没有太大的区别。它们都由输入层、隐藏层和输出层三部分组成,都需要激活函数对神经元进行激活,并且都通过前向传播传递输入数据、以反向传播更新参数,利用梯度下降得到网络的最优解。不同的是,在循环神经网络中的反向传播在使用梯度下降算法中,每一步的输出不仅依赖当前步的网络,并且还依赖前面若干步网络的状态。这种算法被称为 BPTT(Back Propagation Through Time)。从每层隐藏层的细节来看,循环神经网络可以分成三块进行计算:从输入到隐藏的状态、从前一隐藏状态到下一隐藏状态、从隐藏状态到输出。在网络进行计算时,这三块内容分别进行计算,得到每一层的输出。

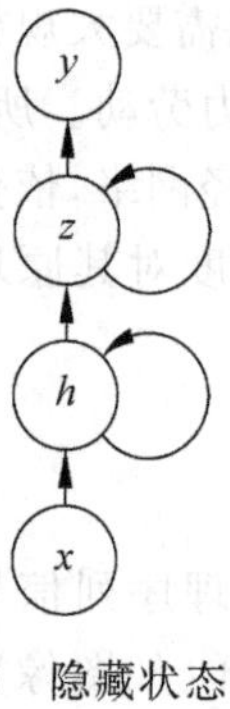

图 6.36 隐藏状态被分成两个层次

循环神经网络有几种扩展方式。一种是深度循环网络。1996 年,Schmidhuber 等率先开展了深度循环网络的研究,他们证实了在隐藏层中提供足够的深度能够有效地学习到更加复杂的知识。2013 年,Graves 等第一次将循环神经网络的状态(即隐藏量 h)分为多层,如图 6.36 所示,从中可以看出,隐藏状态中层次较低的层对原始输入进行了进一步的计算,使其转化为对更高层的隐藏状态更合适表示的状态。

另一种循环神经网络的扩展被称为递归神经网络。不同于循环网络的链状结构,递归神经网络采用树结构搭建网络。目前递归神经网络已在语音识别、计算机视觉等方面取得了很好的效果,在本文中不再对该网络进行详细描述。

在实际应用中,人们发现,虽然理论上循环神经网络可以处理很长的时间序列,但是由于梯度弥散的原因,距离当前位置越远的信息消失的越快,这是因为反向传播过程中,距离输出越远的神经元权重越小。这样,循环神经网络的"记忆"会变得非常短,只有在当前隐藏状态附近的隐藏状态才能对网络有较为明显的影响。为了解决这个问题,人们提出了一种循环神经网络的变体,称为基于长短期记忆的网络(Long Short-term Memory,LSTM)。LSTM 引入自循环的思想,使梯度能够长时间的持续流动,而不会产生梯度消失或爆炸。这种网络的特点是它的自循环的权重可以根据其前后的隐藏状态而定,而不是固定的。在 LSTM 中,除了本身的隐藏状态外,又增加一个隐藏状态作为记忆单元,然后在之前一层的神经网络中再增加三层,分别叫作输入门、输出门、遗忘门,这三层门就如同信息的闸门,控制多少先前网络内的信息被保留,多少新的信息进入。这三层门的形式都是可微分的 sigmoid 函数,可以通过训练得到最佳参数。

有了这些信息阀门后，隐藏状态的传递就受到了控制。这些信息阀门又可被称为遗忘门，前层的隐藏状态传入当前层时会经过这个遗忘门，有多少信息能够到达下一隐藏状态是由这个门决定的。具有遗忘门的最小 LSTM 结构如图 6.37 所示。

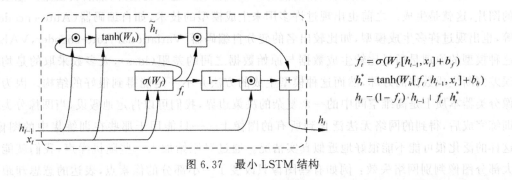

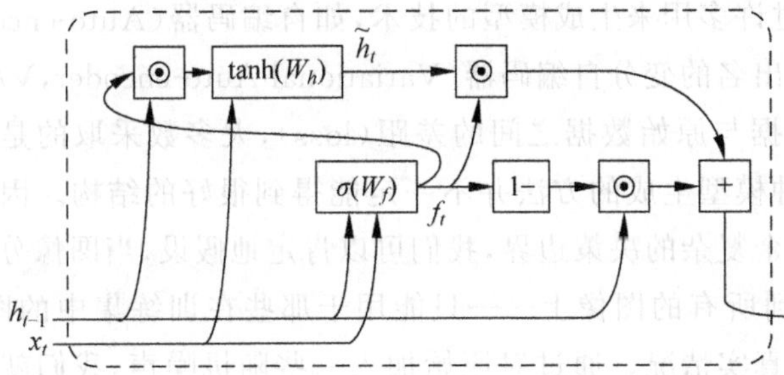

$$f_t = \sigma(W_f[h_{t-1}, x_t] + b_f)$$

$$h_t^* = \tanh(W_h[f_t \cdot h_{t-1}, x_t] + b_h)$$

$$h_t = (1 - f_t) \cdot h_{t-1} + f_t\, h_t^*$$

图 6.37　最小 LSTM 结构

图 6.37 中，方程一即为遗忘门，方程二用来让遗忘门控制每个神经元放多少之前信息出去（改变其他神经元状态）；方程三则是决定每个神经元保留多少之前的值（改变本神经元的状态）。通过以上方程和图中的结构，LSTM 网络的原理就被清晰地展示出来。用通俗的话来讲，LSTM 网络在遇到新的输入时，首先会进行记忆和保存，判断哪些信息是能够被使用或者有用的信息，如果输入中没有有效信息，就不会将信息保存下来；然后，网络会有一个遗忘的机制，当网络中有新的输入时，它会忘掉不常用的长期记忆信息，并将新的信息加入到长期记忆中去；最后，网络能知道哪些长期信息对当前的工作有帮助，在运行时不会使用完整的长期记忆，而是挑重点部分进行使用。总的来说，LSTM 网络在拥有“记忆”的基础上能够判别记忆的优先级，能够将重要的记忆作为长期记忆保存下来，这样就完成了对长时间以前信息的“记忆功能”。

LSTM 网络比简单的循环架构更易于学习长期序列的输入，它首先用于测试长期依赖学习能力的人工数据集，然后是在长时间序列信息处理的任务上获得了优异的表现。

循环神经网络已在实践中被认为对于自然语言处理问题是非常成功的，如词向量表达、语意标注等。它在该领域的许多方向都取得了令人满意的进展，下面介绍一些循环神经网络在自然语言处理领域的应用。

（1）文本生成。输入一个单词序列，我们需要根据前面的单词预测每一个单词的可能性。可能性越大，语句越正确。通过预测得到文本的生成模型，文本生成就是使用生成模型预测下一个单词的概率，从而根据输出概率的采样生成新的文本。

（2）机器翻译。机器翻译是将一种源语言语句变成意思相同的另一种源语言语句，如将英语语句变成同样意思的中文语句。实现机器翻译需要将源语言语句序列输入后，才进行输出，即输出第一个单词时，便需要从完整的输入序列中进行获取。

（3）图像描述生成。这是目前一个非常有趣的深度学习应用。该应用利用卷积神经网络识别图像并利用循环神经网络生成文本对图像的特征进行描述。这也是 CNN 和 RNN 结合起来处理问题的一个实例。

6.5.5　生成对抗网络

2014 年，Ian Goodfellow 等提出了生成对抗网络（Generative Adversarial Networks，GAN）。通过自我学习的策略，将博弈论的思想引入机器学习中，在图像生成、模型建立等领域产生了巨大的影响，成为最近几年的热点神经网络模型之一。

在了解生成对抗网络之前，首先介绍“生成”(Generation)的概念。生成是指模型通过学习一些数据，然后生成类似的数据的能力。让机器看一些动物图片，然后自己来产生动物的图片，这就是生成。之前也出现过许多用来生成模型的技术，如自编码器(Auto-encoder)等，也出现过许多生成模型，如比较出名的变分自编码器(Variational Auto-encoder，VAE)。这种模型的原理是通过比较生成数据与原始数据之间的差距(loss)，大多数采取的是均方误差判断生成数据的好坏，然而这种模型生成的方法并不一定能得到很好的结构。因为图像分类器本质上是高维空间中的一个复杂的决策边界，我们可以肯定地假设，当图像分类器训练完成后，得到的网络无法泛化到所有的图像上——只能用于那些在训练集中的图像。这样的泛化很可能不能很好地近似真实情况。通过对原始加入一些随机噪声，我们就能使大部分图像判别网络失效：例如有些图像只改变了一小部分的像素点，表达的意思却跟原始图像完全不一样，但是由于该图像与原始图像之间的 loss 非常小，对于 VAE 等模型来说，会认为两张图像一样。这些问题使得之前的许多生成模型并没有很好地应用，而 GAN 则能很好地解决这个问题。

生成对抗网络的原理十分简单，以生成图片为例，假设有两个网络 G(Generator)和 D(Discriminator)，其作用分别为：

G：生成图片模型。它能够接收一个随机的噪声 z，并通过这个噪声生成图片，记作 $G(z)$。

D：一个判断网络，判断一个图片是生成的还是真实的。它的输入参数是 x，x 代表一张图片，输出 $D(x)$ 代表 x 为真实图片的概率，如果为 1，就代表 100% 是真实的图片，而输出为 0，就代表不可能是真实的图片。

在网络训练的过程中，生成网络 G 的目标就是尽量生成真实的图片去欺骗判别网络 D。而 D 的目标就是尽量把 D 生成的图片和真实的图片分别开来。这样，两个网络之间就形成了“博弈”的过程，用语言表示出来：生成网络生成一些图片→判别网络学习区分生成的图片和真实图片→生成网络根据判别模型改进自己，生成新的图片→……

整个训练过程持续到生成网络和判别网络都无法再提升自己的时候停止，这时，两个网络都达到了最佳的状态。在理想状态下，G 可以生成足以“以假乱真”的图片 $G(z)$。对于 D 来说，它难以判定 G 生成的图片究竟是不是真实的，因此 $D(G(z))=0.5$。如此一来，我们就达到了目的：得到了一个生成模型的网络 G，能够生成非常接近于真实的图片。

如果从数学的角度理解生成对抗网络，可以引用 *Ian Goodfellow* 论文中的公式来进行解释：

$$\min_G \max_D V(D,G)=E_{x\to p_{data}(x)}[\log D(x)]+E_{z\to p_z(z)}[\log(1-D(G(z)))] \quad (6.29)$$

式中，x 表示真实图片；z 表示输入 G 网络的噪声；而 $G(z)$ 表示 G 网络生成的图片；$D(x)$ 表示 D 网络判断真实图片是否真实的概率(因为 x 就是真实的，所以对于 D 来说，这个值越接近 1 越好)。而 $D(G(z))$ 是 D 网络判断 G 生成的图片是否真实的概率。对于 G 网络来说，它希望 $D(G(z))$ 尽可能的大，因为 G 网络希望自己生成的图片越接近真实越好。这时 $V(D,G)$ 会变小，因此式子对 G 来说是求最小($\min_G$)。对于 D 网络来说，它希望 $D(x)$ 应该尽可能大，$D(G(z))$ 尽可能小。这时 $V(D,G)$ 会变大。因此式子对于 D 来说是求最大($\max_D$)。

在得到了生成对抗网络的结构之后，就可以对网络进行训练了，该网络的训练依然是用随机梯度下降算法实现。由于整个生成对抗网络是由两个网络组成的，所以在训练的过程中，我们也需要对两个网络分别进行训练。最开始，初始化两个网络 G 和 D。首先，我们固定 G，训练 D 网络，D 网络希望 $V(D,G)$ 越大越好，所以是加上梯度(Ascending)。然后，将 D 网络固定，训练 D 网络时，$V(D,G)$ 越小越好，所以是减去梯度(Descending)。这两个过程交替进行，直到整个网络收敛，我们就得到了训练好的生成对抗网络。

虽然 GAN 网络具有很多的优点，但是在该理论刚出来的一年中，生成对抗网络的模型并不稳定，需要大量的参数调整才能工作，而且其识别和生成模型的效果也不尽如人意。2015 年，Radford 等人发表了题为“用深度卷积生成对抗网络的无监督表征学习”(*Unsupervised Representation Learning With Deep Convolutional Generative Adversarial Networks*)的论文，提出了 DCGAN 模型，真正地将生成对抗网络用于实际中，并取得了显著的效果。

DCGAN 将卷积神经网络与生成对抗网络结合起来，形成了一个类似反卷积的生成对抗网络。其网络结构如图 6.38 所示。图中，网络采用一个随机噪声向量作为输入，如高斯噪声。输入通过与 CNN 类似但是相反的结构，将输入放大成二维数据。在细节上，原生成对抗网络中的 G 网络和 D 网络都被换成了卷积神经网络。G 网络中使用转置卷积(Transposed Convolutional Layer)进行上采样，D 网络中用加入步长的卷积层代替池化层。不仅如此，网络中还去掉了全连接层，使网络变为全卷积网络，并在两个网络中加入批标准化的过程，这些措施有利于提高样本的质量和收敛的速度。通过采用转置卷积结构的生成模型和卷积结构的判别模型，DCGAN 在图片生成上可以达到相当可观的效果。

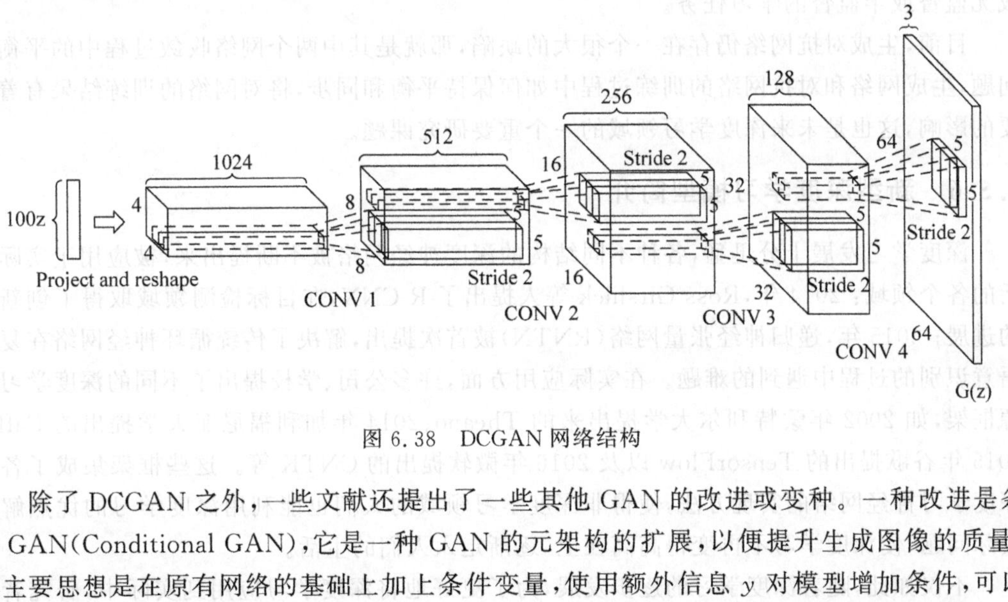

图 6.38　DCGAN 网络结构

除了 DCGAN 之外，一些文献还提出了一些其他 GAN 的改进或变种。一种改进是条件 GAN(Conditional GAN)，它是一种 GAN 的元架构的扩展，以便提升生成图像的质量。其主要思想是在原有网络的基础上加上条件变量，使用额外信息 y 对模型增加条件，可以指导数据生成过程。这些条件变量 y 可以基于多种信息，例如类别标签，用于图像修复的部分数据等，这种方法相当于给生成对抗网络加上了更多的约束条件，这样会使网络生成的模型更接近于真实的模型。另一种生成神经网络的改进被称为 WGAN，该方法的作者提出，生成对抗网络的本质其实是优化真实样本分布和生成样本分布之间的差异，并最小化这个差异。需要指出的是，传统 GAN 的优化目标函数是两个分布上的 Jensen-Shannon 距离，但这个距离有这样一个问题，如果两个分布的样本空间并不完全重合，这个距离是无法定义的。作者使用 Wasserstein 距离代替 Jensen-Shannon 距离，并依据 Wasserstein 距离设计了相应的算法，即 WGAN。新的算法与原始 GAN 相比，参数更加不敏感，模型更加稳定，训练过程更加平滑。

生成对抗网络的提出，对于深度学习领域具有重要意义。它采用的神经网络结构能够整合各类损失函数，增加了设计的自由度。不仅如此，生成对抗网络的训练过程创新性地将两个神经网络的对抗作为训练准则，将数学中的"博弈论"引入神经网络的实际训练中，并且可以使用反向传播进行训练，不需要使用传统生成模型(自编码器等)使用的效率较低的马尔科夫链方法，也不需要做各种近似推理，大大改善了生成式模型的训练难度和训练效率。

由于生成对抗网络的特性，该网络在训练过程中对数据的体量并没有太大的要求。它可以直接进行新样本的采样和推断，提高了新样本的生成效率。对抗训练方法摒弃了直接对真实数据的复制或平均，增加了生成样本的多样性。

生成对抗网络对于生成式模型的发展具有重要的意义。它作为一种生成式方法，有效解决了可建立自然性解释的数据的生成难题。尤其对于生成高维数据，所采用的神经网络结构不限制生成维度，大大拓宽了生成数据样本的范围。

生成对抗网络对半监督、无监督学习等领域的研究也产生了影响，由于 GAN 的训练过程不需要标签，可以用它实施半监督学习中无标签数据对模型的预训练过程。也就是说，可以先用无标签数据对 GAN 网络进行训练，再通过训练好的 GAN 网络训练分类器，从而完成无监督或半监督的学习任务。

目前，生成对抗网络仍存在一个很大的缺陷，那就是其中两个网络收敛过程中的平衡性问题，生成网络和对抗网络的训练过程中如何保持平衡和同步，将对网络的训练结果有着重要的影响，这也是未来深度学习领域的一个重要研究课题。

6.5.6 新型深度学习模型简介

深度学习发展十分迅猛，各种不同结构的深度神经网络被不断提出来，被应用于实际生活的各个领域：2014 年，Ross Girshick 等人提出了 R-CNN，在目标检测领域取得了创新性的进展；2015 年，递归神经张量网络(RNTN)被首次提出，解决了传统循环神经网络在复杂语意识别的过程中遇到的难题。在实际应用方面，许多公司、学校提出了不同的深度学习开源框架，如 2002 年蒙特利尔大学提出来的 Theano、2014 年加利福尼亚大学提出的 Caffe、2015 年谷歌提出的 TensorFlow 以及 2016 年微软提出的 CNTK 等。这些框架集成了各种深度学习神经网络的实现方法，使得非深度学习领域的人们也能利用深度学习的优点解决实际问题，使深度学习不再变得高高在上，逐渐走入人们的生活。

不仅如此，随着深度学习的逐步发展，为了更好地将深度学习应用到实际中，研究者们设计了各种新型的深度学习集成模型。下面，就针对几个比较典型的深度学习模型进行介绍。

AlexNet 是 Hinton 和他的学生 Alex Krizhevsky 在 2012 年 ImageNet 比赛中使用的模型结构，刷新了图片分类的正确率纪录，如图 6.39 所示，从此，深度学习在图像这块领域开始一次次超过传统机器学习方法，甚至达到了打败人类的地步。

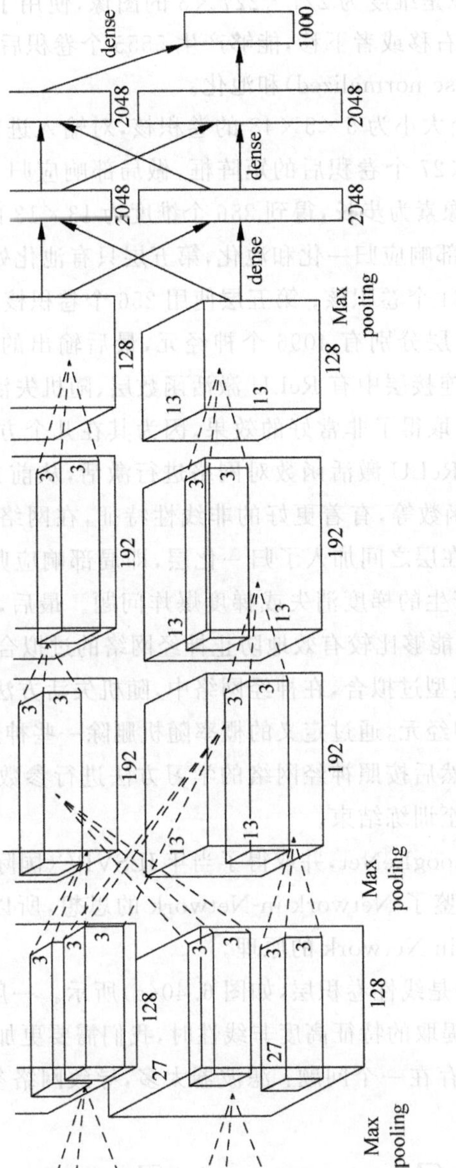

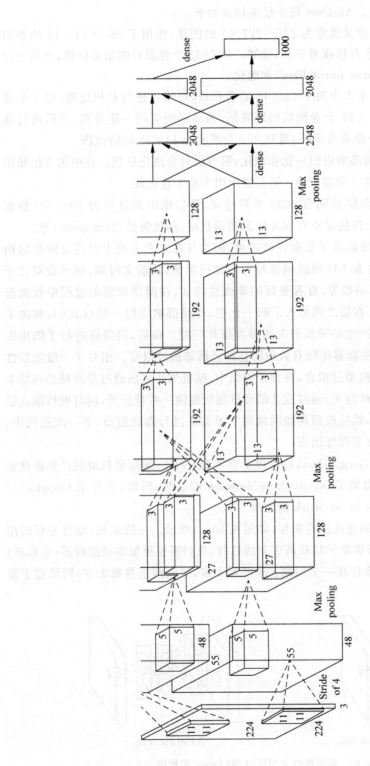

图 6.39 AlexNet 网络结构

AlexNet 一共分为 8 层，其中 5 层是卷积层，3 层是全连接层，减少其中任何一个层都会导致训练的结果变得很差。AlexNet 每一层的构成如下：

第一层卷积层输入的图像是维度为 227×227×3 的图像，使用了 96 个 11×11 的卷积核，以 4 个像素为一个单位来右移或者下移，能够产生 5555 个卷积后的矩形框值，然后进行局部响应归一化(local response normalized)和池化。

第二层卷积层使用 256 个大小为 5×5×48 的卷积核，对输入进行卷积处理，以 1 个像素为单位移动，能够产生 27×27 个卷积后的矩阵框，做局部响应归一化处理，然后进行池化，池化以 3×3 矩形框，2 个像素为步长，得到 256 个维度为 13×13 的特征图。

第三层、第四层都没有局部响应归一化和池化，第五层只有池化处理。其中第三层使用 384 个卷积核；第四层使用 384 个卷积核；第五层使用 256 个卷积核。

对于 3 层全连接层，前两层分别有 4096 个神经元，最后输出的分类为 1000 个(根据 ImageNet 比赛决定)，这些全连接层中有 ReLU 激活函数层、随机失活层(dropout)等。

AlexNet 在图像处理领域取得了非常好的效果，因为其在几个方面上对传统网络结构进行了优化：首先，网络使用 ReLU 激活函数对网络进行激活，从前文可知，该函数对比于之前的 sigmoid 函数和 tanh 函数等，有着更好的非线性特征，在网络训练的过程中收敛速度要快数倍。其次，AlexNet 在层之间加入了归一化层，即局部响应归一化(LRN)，解决了以梯度下降进行权重传播时产生的梯度消失或梯度爆炸问题。最后，网络还进行了随机失活(dropout)的处理，这种方法能够比较有效地防止神经网络的过拟合。相对于一般如线性模型使用正则的方法来防止模型过拟合，在神经网络中，随机失活方法通过修改神经网络本身结构来实现。对于某一层神经元，通过定义的概率随机删除一些神经元，同时保持输入层与输出层神经元的个数不变，然后按照神经网络的学习方法进行参数更新，下一次迭代中，重新随机删除一些神经元，直至训练结束。

2014 年，Google 提出了 GoogLeNet，并取得了当年 ILSVRC(国际最权威的计算机视觉竞赛)的冠军。GoogLeNet 借鉴了 Network-in-Network 的思想，所以，在介绍 GoogLeNet 之前，我们需要了解 Network-in-Network 的原理。

传统卷积神经网络采用的是线性卷积层，如图 6.40(a)所示。一般来说，线性卷积层用来提取线性可分的特征，但所提取的特征高度非线性时，我们需要更加多的滤波器(卷积核)提取各种潜在的特征，这样就存在一个问题：滤波器太多，导致网络参数太多，网络过于复杂，对于计算压力太大。

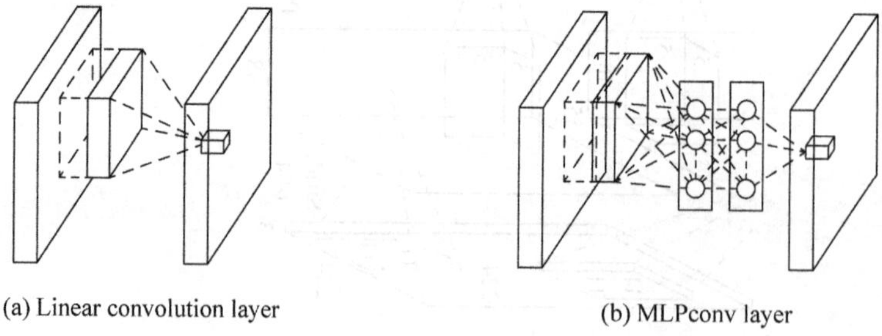

图 6.40　传统线性卷积层与 MLPconv 卷积层

Network-in-Network 主要从两个方面来进行了一些改良：

(1) 卷积层的改进：利用 MLPconv 代替线性卷积层，MLPconv 在每个输入局部会进行比传统卷积层复杂的计算，如图 6.40(b)所示，提高每一层卷积层对于复杂特征的识别能力。传统的卷积神经网络，每一层的卷积层相当于一个只会做单一任务，你必须增加海量的滤波器来达到完成特定量类型的任务，而 MLPconv 的每层隐藏层具有更加大的能力，每一层能够做多种不同类型的任务，在选择滤波器时只需要很少量的部分。

(2) 采用全局均值池化来解决传统卷积神经网络中最后全连接层参数过于复杂的问题，而且全连接会造成网络的泛化能力差，Network-in-Network 中也使用了随机失活来提高网络的泛化能力。

GoogLeNet 在 Network-in-Network 的基础上进行了不同尺度的卷积核并联，增加了网络的宽度，如图 6.41 所示。但是网络宽度的增加会产生新的问题，比如计算复杂度会大大增加。GoogLeNet 提出了 Inception Module 的结构。在这种结构中，作者提出了采用小卷积核和大卷积核级联的方法来压缩模型的参数量，即先用 1×1 的卷积核将特征维度降下来，再采取 3×3 的卷积核进行处理。这样，在不损失模型特征表示能力的前提下，整个网络就能尽量减少滤波器的数量，达到减少模型复杂度的目的。

type	patch size /stride	output size	depth
convolution	7×7/2	112×112×64	1
max pool	3×3/2	56×56×64	0
convolution	3×3/1	56×56×192	2
max pool	3×3/2	28×28×192	0
inception(3a)		28×28×256	2
inception(3b)		28×28×480	2
max pool	3×3/2	14×14×480	0
inception(4a)		14×14×512	2
inception(4b)		14×14×512	2
inception(4c)		14×14×512	2
inception(4d)		14×14×528	2
inception(4e)		14×14×832	2
max pool	3×3/2	7×7×832	0
inception(5a)		7×7×832	2
inception(5b)		7×7×1024	2
avg pool	7×7/1	1×1×1024	0
dropout(40%)		1×1×1024	0
linear		1×1×1000	1
softmax		1×1×1000	0

图 6.41　GoogLeNet 的网络层结构

VGGnet 是牛津大学的计算机视觉课题组在 2014 年提出的一个网络，其主要工作是证明了增加网络的深度能够在一定程度上影响网络最终的性能；通过逐步增加网络深度来提高性能，虽然看起来没有特别多技巧性的成分，但是确实有效，很多预训练的方法就是使用 VGG 的模型(主要是 16 和 19)，VGG 相对其他的方法，参数空间很大，最终的模型有 500m，AlexNet 只有 200m，GoogLeNet 更少，所以训练一个 VGGnet 模型通常要花费更长的时间，但是，网络上有预训练好的 VGGnet 模型，当我们想用该模型处理自己的问题时，只需要在预训练的模型上进行微调(Fine-tuning)，即可用于自己的问题上。VGGnet 中的几种模型如图 6.42 所示。

type	patch size /stride	output size	depth
convolution	3×3/1	224×224×64	2
max pool	3×3/2	112×112×64	0
convolution	3×3/1	112×112×128	2
max pool	3×3/2	56×56×128	0
convolution	3×3/1	56×56×256	3
max pool	3×3/2	28×28×256	0
convolution	3×3/1	28×28×512	3
max pool	3×3/2	14×14×512	0
convolution	3×3/1	14×14×512	3
max pool	3×3/2	14×14×7	0
avg pool	7×7/1	1×1×4096	0
linear		1×4096	2
softmax		1×1×1000	0

图 6.42 VGGnet 不同模型的网络结构

VGG 主要的优势在于：

(1) VGG 利用多个小卷积核代替大的卷积核，减少了网络训练所需要的参数。例如，利用三个叠加的 3×3 的卷积核代替一个 7×7 的卷积核，其对于网络的作用一致，但是所需参数减少了将近一半。通过这种方法，能够大大减轻神经网络训练所需的计算资源。

(2) VGG 在网络结构中去掉了 LRN 层，减少了内存的小消耗和计算时间。

除了以上介绍的几种网络之外，还有前文提到的深度残差网络(ResNet)、增加网络宽度的 Inception 网络、始祖级网络模型 LeNet 等。这些网络模型使深度学习从理论的殿堂走了出来，转化为了实际的应用，为人们在日常生活中提供了许多便利。

本节介绍了深度学习的发展历史、几种经典的深度学习算法以及一些近几年提出的常用深度学习模型。在未来中，深度学习依然有着很大的发展空间。

首先，深度学习的发展主要归功于三大因素——大数据、大模型、大计算。现在可以利用的数据特别是人工标注的数据非常多，使得我们能够从数据中学到以前没法学习的东西。另外，计算资源的增加使得训练大模型成了可能。但是，这些因素也成了深度学习进一步发展的隐患：如果没有足够的数据，仅有有限的计算资源，如何利用深度学习学到很好的效果？这将是深度学习领域亟需解决的问题。

从小的方向来讲，深度学习仍有着以下方面的发展空间：

(1) 从无标注的数据里学习。这个方向针对标签标准的昂贵性和有标签学习庞大的数据量提出，致力于通过无标签数据学习到令人满意的结果。

(2) 降低模型大小。近年来出现的模型虽然在许多方面都取得了可喜的成果，但是模型大小都十分庞大，无法在移动设备上使用。因为移动设备不仅仅是内存或者存储空间的限制，更多是因为能耗的限制，不允许我们用太大的模型。如何把大模型变成小模型也是当前的一个研究重点。

(3) 从小样本中进行有效学习。现在的深度学习主要是从大数据进行学习,就是输入很多标注的数据,使用深度学习算法学习得到一些模型。这种学习方式和人的智能是非常不一样的,人往往是从小样本进行学习。人对图像进行分类,如果人想知道一个图像是不是苹果,只需要很少几个样本就可以做到准确分类。如何改善深度学习算法,使其能够模仿人类智能,在小样本的前提下依旧能够学习到很好的效果,也是深度学习的重点研究方向之一。

随着深度学习算法的发展与成熟,深度学习算法在机器人领域取得了越来越广泛的应用。在机器人物体识别和物体定位领域,利用深度学习中的卷积神经网络进行机器人的物体识别和位姿估计已经成为 Amazon Picking Challenge(APC)比赛的主流。在机器人控制和规划领域,强化学习与深度学习相结合的方法已经取得了显著的成绩:卡内基梅隆大学无人机成功实现穿越森林障碍,如图 6.43 所示;波士顿机器人实现自动打开房门,如图 6.44 所示;等等。

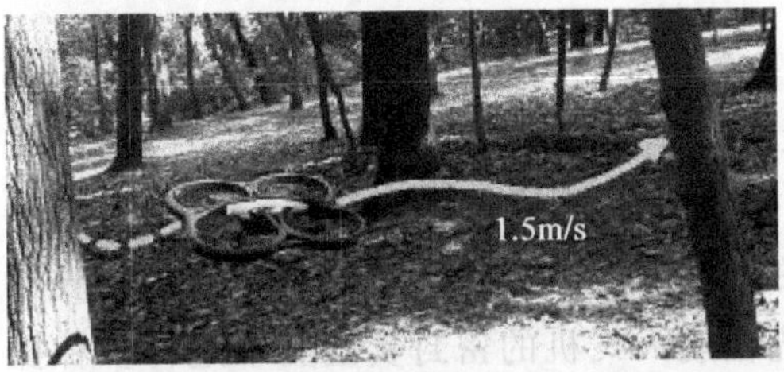

图 6.43 卡内基梅隆大学的无人机穿越森林

图 6.44 波士顿机器人自动打开房门

以上这些最新成果都表明了深度学习在机器人领域产生的重要作用。相信深度学习在未来会与机器人控制与运动结合得更加紧密。

6.6 遥操作与人机交互算法

遥操作使得人类可以不必亲临现场,通过多传感器即可采集实验对象的有关数据、图像和语音,经过适当的处理,有效可靠地将有关信息从现场传送到远端,远端操控中心经过通信网络传输给有关实验专家,在虚拟现实技术的帮助下,将远距离进行的实验场景生动复现出来,并克服传输过程中的时延,使实验者犹如身临其境般得心应手地在本地对远端操作器进行操作,操作指令及控制信息将实时传输到实验平台,进而作用在操作现场实现交互式地控制操作对象的目的。

6.6.1 遥操作技术发展

1959 年,第一台工业机器人诞生,机器人技术获得了广泛的关注,此后,随着自身和相关边缘学科的完善发展,机器人科学取得了长足的进步,遥操作机器人系统作为机器人学的一个分支,逐渐得到了人们的重视。

早在 20 世纪 40 年代,美国阿贡实验室就研制了力反馈遥操作机械手 M-1,用于原子堆的操作,来代替人在危险环境下的作业。1970 年,苏联向月球发送了"月面车 1 号"机器人,远程命令机器人进行土壤采样、物质分析、观测摄像等任务,并探讨了遥操作的一些控制技术问题,如碰到石头等障碍物的避障等。自 1981 年起,美国哥伦比亚号航天飞机遥操作机器人系统在空间多次成功进行了轨道飞行器的组装、维修、回收与释放等操作，如1984年利用该系统帮助修复了马克希姆太阳观测仪，1997年利用该系统成功地修复了哈勃望远镜。德国宇航局(DLR)也于1987年提出了遥科学试验计划。意大利MARS中心也采用探空火箭和太空实验室开展了一系列空间遥操作实验。随着美、日、德、意等各国纷纷投巨资开展大量的遥操作科学方面的研究，人类已取得了多项有重大意义的研究成果，一些成果已走向实际应用并发挥着不可替代的重大作用。近年来，随着信息、机器人、通信等技术的快速发展，基于虚拟现实的多维人机交互遥操作技术也得到了各国研究机构的重视，逐步被应用于工业、航空航天、军事、家庭娱乐、医疗教育等各个方面。

遥操作的目标是通过网络实现增强的远程临场操作感。本小节从空间遥操作机器人、军用遥操作机器人、民用遥操作机器人和基于网络的遥操作机器人等方面着手，对遥操作机器人的应用和研究现状进行概述。

1. 空间遥操作机器人

遥操作机器人科学在空间领域的应用起步最早，尖端技术含量高，研究挑战性强，因此研究和应用亦最为广泛，这其中以美国NASA的火星探测器(Mars Pathfinder)索杰纳(Sojourner)成功登陆火星并进行科学研究、日本的ETS-VII卫星机器人系统成功地完成了空间交会对接和德国的ROTEX空间机器人系统在航天飞机的密封实验舱中进行多种操作实验为代表，向世人展现了人类进军太空的远大理想和成就。在航天大国中，美国NASA Ames的智能体机器小组(IME)和JPL(Jet Propulsion Laboratory)，日本宇宙开发事业集团(NASDA)和DLR均长期致力于机器人遥操作研发。同时，其他一些科研院所和公司也展开了相应研究，如美国阿拉巴马大学开发了一种用于空间研究的“驻留与操控专家系统”(Docking and Maneuvering Expert System, DAMES)；斯坦福大学开发了一种利用全球定位系统GPS进行漫游导航的遥操作机器人系统；美国“阿波罗12号”向月球发送了“探测者3号”机器人，它在空中实验室人员的遥操作控制下可以伸出约1.5m的机械手，采集月球岩石的样品。

2. 军用遥操作机器人

遥操作机器人在军事领域中的应用也是它的一个重要的应用领域，机器人既可以用来在战场上进行侦察、监视、目标搜索和救护，又可以监视对方活动，而且不必暴露自己就可昼夜观察敌情，所以遥操作机器人在遥控自主战车、遥控潜艇、排雷机器人、水下鱼雷、敌情警备等很多方面都发挥着巨大的作用，并显示着人类无法比拟的优势。早在1984年9月美国高级研究计划局就与陆军合作，研制了世界上第一台自主军用车辆(ALV)，之后，在高速计算机、三维视觉、先进的传感器技术和卫星导航技术的发展和推动下，研制成功了真正的机器人战车(SSV)，并于1995年进行了四辆战车的攻防演示。由于英国与北爱尔兰长期处于对峙状态，不断受到爆炸物的威胁，因此英国研究机构较早研制出了手推车(Wheelbarrow)爆炸物处理机器人。法国国防部于1991年研制开发了DARDS自主侦察演示车，既可自主行驶，又可远距离遥控，时速达到了80km/小时。2000年，日本一教授向公众展示了它最新研制出的一架蜘蛛形远程遥操作探雷机器人COMET，据悉这架机器人已于2000年3月在柬埔寨执行探雷任务。

3. 民用遥操作机器人系统

机器人作为人类的工具，有着广泛的应用前景，在医疗、建筑、消防、深海探测、水下打捞、教育、保安等众多领域，遥控机器人应用于民、造福于民已经成为现实，如美国研制成功的 REV 遥控挖掘机，可在 1600m 外通过无线电或光缆控制挖掘操作。影片《泰坦尼克号》中水下遥控机器人从事打捞沉船工作的场景，给我们留下了深刻的印象，今天这种设备已经有产品销售。美国国防高级研究计划局负责的"先进生物医学系统"，实际上就是远距离外科手术系统，在斯坦福大学菲利普·格林的带领下，研究人员开发了著名的临场感远距离外科手术系统"格林系统"。2001 年 9 月 7 日，法国斯特拉斯堡大学的医学中心，一架名为"宙斯"(Zeus)的遥操作声控机器人成功地为一位患者实施了胆囊切除手术，手术持续了 45min，两天后患者出院(此即著名的"林白手术")。世界上许多著名机器人公司都在致力遥操作机器人的实际应用。

4. 基于互联网的遥操作机器人系统

最早开展这方向研究的是 1994 年美国南加州大学的 Ken Goldberg 与 Michnel Masha，他们将一个简单的二连杆运动装置连入 Internet 网，提供了非常简单的网站访问和操作，但该系统过于简单，仅仅实现了网上的通信控制，许多有关通信时延和人机交互的技术没有深入研究。意大利米兰工业大学 Rovetta 教授与美国加州理工大学 JPL 的 Beijcy 教授共同研究了一种远程医疗机器人系统，但此系统人机交互信息传输是通过与 NASA 合作租用专用卫星完成的，研究及实验成本很高，对基于 Internet 网上的具有一般性的遥操作控制技术没有开展工作。华盛顿大学的谈自忠教授于 1995 年进行了超远距离遥操作实验；同年 Rovetta 采用多种通信媒体实现了远程医疗机器人系统，但他对基于 Internet 的遥操作控制并未进行进一步探讨。1997 年 MIT 的 Goldenburg 教授在 Internet 上建立了"遥花园"(Tele-garden)网上实验室，为世界各地的机器人爱好者提供了一个有益的机器人网站，但它只是一个面向爱好者的简单的实验平台。1998 年 JPL 实验室专为火星探测器建立了基于 Internet 的远程规划和遥操作界面，它是面向社会普通爱好者开放的，可以在有限程度上通过 Internet 规划和控制机器人仿真图像的运动，但不能实际控制实物。1999 年西澳大利亚大学机械与材料工程系 Ken Taylor 教授在 Internet 上推出了机器人遥操作网站，客户可以通过身份认证后登录网站对机器人进行控制，但此系统控制方式简单，实时性较差，基于多媒体信息辅助遥操作和虚拟现实遥操作的真实感不强。

另一方面，人们也逐渐展开了基于 Internet 的遥操作机器人科学研究，1995 年 Anderson 用 Internet 开发了 SMART(Sequential Moduler Architecture for Robotics and Tele-robotics)结构，以处理遥操作过程中存在确定性时延问题。Wakita 等人设计了"智能监测"远程遥控机器人系统，集成了视觉监视器和高级命令集，于 1995 年 8 月在日本 Tsukuka 的 ETL Lab 和美国洛杉矶的 Jet Propulsion Lab(JPL)之间进行了实验，并研究了带宽对遥控机器人作业系统的影响。1996 年华盛顿大学的谈自忠和席宁教授提出了一种应用于 Internet 的基于事件的遥操作机器人控制系列算法，可以达到用 Internet 网络来控制远程机器人系统的目的。1997 年麻省理工学院的 Slotine 教授应用波变理论提出了网络时延遥操作系统的稳定性方程，并用被动性理论对系统的稳定性进行了分析。Oboe 和 Fiorini 于 1998 年提出了一种双边控制结构，讨论了 Internet 的时变特性和遥控机器人的非线性特性。Alessandro

和 Claudio Melchiorri 对具有时变时延的力反馈遥操作系统的稳定性进行了分析并讨论了相应的控制法则。同年美国 Case Western Reserve 大学过程控制和自动化实验室的网络服务器成功地在 Internet 上提供了远程实验控制操作功能，为进行遥操作机器人的一般研究创造了条件。

遥操作技术实质上是在操作人员与机器人设备之间存在远距离跨度的约束下，实现人与机器人的同步交互操作，从而帮助人类实现感知能力和行为能力的延伸，作为一种"桥梁"，跨越空间距离而将人与设备闭合到一个环路中；更简捷地说，它实际上是一种以遥现场信息为基础的面向应用目标进行遥操作的技术，应用前景非常广阔。

遥操作机器人系统发挥着越来越重要的作用，进而推动了遥操作控制技术理论以及其实践应用的发展。随着信息网络技术、各种传感器及数据处理技术、虚拟现实技术的飞速发展，基于网络的遥操作人机交互机器人技术必将进一步应用于工业、军事、航空航天、家庭娱乐、医疗教育等各个方面，其中面向 Internet 遥操作人机交互系统在如下方面显示了光明而广泛的应用前景：①Internet 多媒体网上机器人教学，开创机器人网上实验室，包含贵重设备共享等；②普及高精尖的现代机器人技术到家庭；③辅助人类进行航天空间遥操作；④遥操作的军事应用；⑤远距离遥操作生产线装配；⑥遥操作与民用技术相结合，如远程医疗、远程救护、远程勘探和开采等；⑦人机交互式虚拟现实互动式游戏。

5. 未来发展趋势

远程遥操作机器人技术在一定程度上将人从一些危险、极限和不确定性环境下解放出来，人们希望能在远距离遥操作机器人完成一些人类不易或不能完成的有关操作，如核辐射、有毒、易爆，深海、空间、太空，高温、高压、缺氧等极端环境。受现有机器人技术水平的制约，由机器人自主地完成所有的任务是不可能的，在这种情况下，将人作为控制系统中的一个环节参与到机器人的控制中，采用人的智慧和综合判断能力对机器人实行遥操作，既可发挥机器人的绝对执行能力，又能发挥人类智能的关键性决策作用，因此采用宏观人工监控和局部自主结合的遥操作机器人控制结构，便自然成为一种有效的遥控手段为人类所采用。

6.6.2 基于网络的遥操作机器人系统体系结构

遥操作系统中，体系结构的确定对整个系统的实现功能和稳定性起着至关重要的作用，同时遥操作者在整个遥操作系统中处于核心和灵魂的地位，如何配置大系统中各分散的子系统的协调关系和结构，如何最大限度地发挥遥操作者的思维和判断推理能力，如何克服时延对系统稳定性的影响，以及如何布置整个系统的软硬件结构，都要依赖于遥操作体系结构的确立，因此遥操作体系结构的研究是决定系统成败的关键所在。随着机器人远距离遥操作技术与局部自主控制技术的广泛结合，机器人遥操作体系结构的研究也逐渐得到了人们的重视。

遥操作机器人的控制特别是高层控制技术水平，要求机器人具有较高的智能，即具有知识检索、规划推理能力和对外界环境的感知反应能力，如视觉、听觉、触觉、力觉等。前者是一种有意识的行为(Deliberative Behavior)，依靠存储知识(Stored Knowledge)和规划推理器(Planner and Reasoner)；后者是反射行为(Reactive or Adaptive Behavior)，称为基于传感器的智能(Sensor-based Intelligence)。这二者的结合相当于感知(Sensing)与思考(Thinking)的结合，其实现由自主控制完成，其输出用于控制机器人的驱动机构，使机器人产生动作，从而构成一个完善的遥操作机器人系统。由于人工智能技术的成熟欠缺，所以机器人感知和思考过程都还相对低级，而人恰好可以作为遥操作控制过程中的一个环节弥补这种不足，所以在当前技术水平下的遥控主从控制方式是一个切实可行的遥操作控制系统实现方案。

随着遥操作空间机器人控制系统的发展和应用工作的不断深入，国内外对遥操作系统体系结构的认识也逐渐趋于一致，一般认为遥操作系统体系结构应具有以下共同特征：

(1) 层次型控制结构，由最高层人—机接口设定和给出的任务描述，经过分层规划和仿真，逐层分解成机器人各关节及手爪能够直接完成的各项任务。

(2) 基于知识库的"感知—推理(建模)—动作"模式，根据各种传感器获得的外界信息和基于知识库的推理，建立机器人的作业环境模型，以便理解任务命令，并将其分解和执行。

(3) 可作用于各个层次的操作员接口。它包括从最高层的总体任务输入到最低层次的伺服关节位置、速度、力控制，以便发挥人的监控作用。

(4) 机器人执行任务的方式为自主和遥控两种：自主方式指机器人根据传感器对外界的感知和基于知识的推理自动地完成；而遥控方式通常指操作员利用主手去控制机器人从手完成任务，操作员可以在远程观察到机器人从手及其所处环境的场景，如果距离很远(如空间操作)，由于信息传输时延导致主/从因果关系的丧失，必须具备遥控现场或临场感技术。一个典型的例子是，地面上的操作人员根据空间从机械臂行为及周围环境的视觉图像，通过地面上的主机械臂控制从机械臂完成遥操作空间作业，控制命令由地面传送给远端机器人，远端的图像传送至本地。另外遥操作系统还存在一个重要的必须解决的时延问题，通常的空间遥操作的时延是在秒数量级上。研究表明：当时延大于 1s 时，因果关系就会丧失，操作人员无法预见其发出的命令在从手产生的结果，从手的力觉信号也因时延无法及时地返回主手，必须采取控制策略克服时延以及数据包丢失问题对系统稳定性造成的影响。而在遥控主/从控制下，操作人员具有最高智能，通过让其充当感知和思考的核心角色，可利用较为成熟的机器人执行装置协同控制远端机器人系统完成操作任务。

1. NASREM 遥操作控制系统模型

遥控机器人控制系统结构标准参考模型 NASREM(NASA/NIST Standard Reference Model for Telerobot Control System Architecture)是针对具有多个机器人的航天器空间环境的，其特点表示为 6 个水平方向的层次描述、3 个纵向方向的层次描述，以及通信结构、操作者接口和全局数据库，主要用于结构复杂的遥操作空间环境。

NASREM 的控制系统结构模型如图 6.45 所示，它包括一个具有三条腿(Leg)和六个层次(Level)的模块结构，以及通信系统和全局数据库，用于具有多服务舱、多机器人的远程航天飞行器空间环境。在 NASREM 结构中，第一条腿——任务分解模块 H 执行实时规划和任务监控功能，能在时间和空间上进行任务分解，将高层目标分解成低层动作。第二条腿——环境建模 M 模块对环境的状态进行建模(即记忆、估计、预测)和评价，回答查询，进行预测。全局数据库(Global Memory)包含对外部环境状态的最优估计，而环境建模模块保持其实时性和一致性。第三条腿——传感器处理模块 G 在时间上和空间上对传感器信息进行滤波、相关、检测和集成，以便对模式、特征、物体、事件和外部环境关系等进行识别和测量。NASREM 在每一层上均有操作员接口(Operator Interface)，通过该接口，操作员无论是在空间站中还是在地面上，均可观察和监控机器人系统，任务分解的每一层都提供一个接口，以便操作员进行控制。

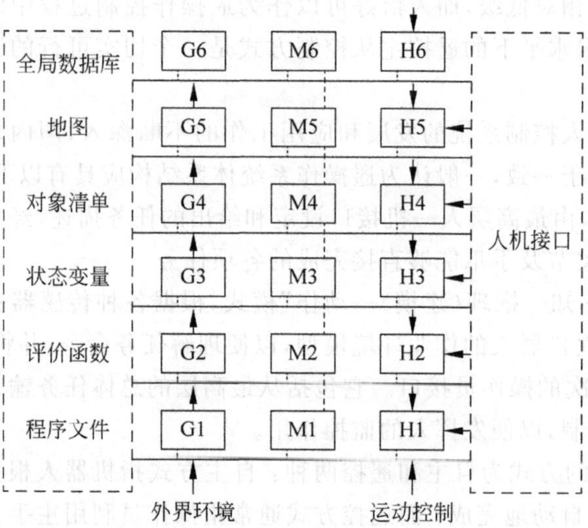

图 6.45 遥操作空间机器人控制系统参考模型

2. 遥操作机器人系统分布式共享体系结构

在遥科学大系统中,安全的人机交互协调操作是远程控制的一大难点。同时,由于遥操作系统中存在通信时延,因而克服时延对整个系统的不利影响便成为遥操作体系结构设计中不可回避的问题。在认真分析比较了国内外先进的遥操作控制系统的基础上,我们系统的总体设计从实际应用出发,吸收利用了共享控制的思想用以解决多点分布式子系统的协调交互控制问题,在基于过去工作的基础上,充分考虑我们自己的条件和作业环境,本着结构化、模块化、智能化、柔性化的思想,以先进和安全可靠性为实验准则,建立了自己的遥操作机器人实验系统,采用上层协调规划与底层分布式智能自主相结合的集散化分层控制体系,提出了基于任务的共享控制体系结构模型,整合机器人系统的自主智能和远端操作者的监控遥操作于一体。系统在允许底层传感器的融合结果对高层控制规划和预测仿真模型进行修正的同时,通过分布式通信介质将操作者和远端机器人系统实时统一在一个有机整体中,并将通信大时延离散化,从而实现具有一定局部自主行为控制能力的远端监控遥操作,解决了遥操作的不确定性、安全自主、系统庞大以及传输时延的控制等关键问题,整个系统完成了如下子任务:远端视频图像监控遥操作;虚拟现实人机交互控制;基于国际互联网时延条件下的遥操作控制;预测仿真和视频图像匹配叠加;上层规划和底层智能自主控制的协调;多传感器数据融合决策和基于多传感器的局部自主控制;各子模块间的网络实时通信传输;遥操作系统多媒体信息的实时 Internet 网络传输。

3. 基于任务的分层控制逻辑结构

分层控制逻辑结构模型如图 6.46 所示:系统采用的是一种基于任务的调度算法,各个任务模块之间互相隔离,由分布式通信结构将各部分有机融合在一起,通过对任务模块的划分和优化,使得系统具有通用性、开放性和可移植性好的特点,且能保持系统实现所需要的时序和任务流调控。操作者对基于网络的遥操作机器人系统的现场传感器数据和视频信息进行分析和融合,采用遥操作机器人系统中人机交互的新模式,发出对机器人系统的控制命令,同时使遥操作机器人不再局限于被动地执行遥操作指令,而且能主动理解、预测操作者的行为,并向操作者提供有关反馈信息,包括现场传感器数据和现场实时声音图像。另一方面,系统本身又具有一定程度的智能,在特殊情况下可以自主协调,自动停车,保护现场,从而保障实际操作系统安全可靠地完成任务。

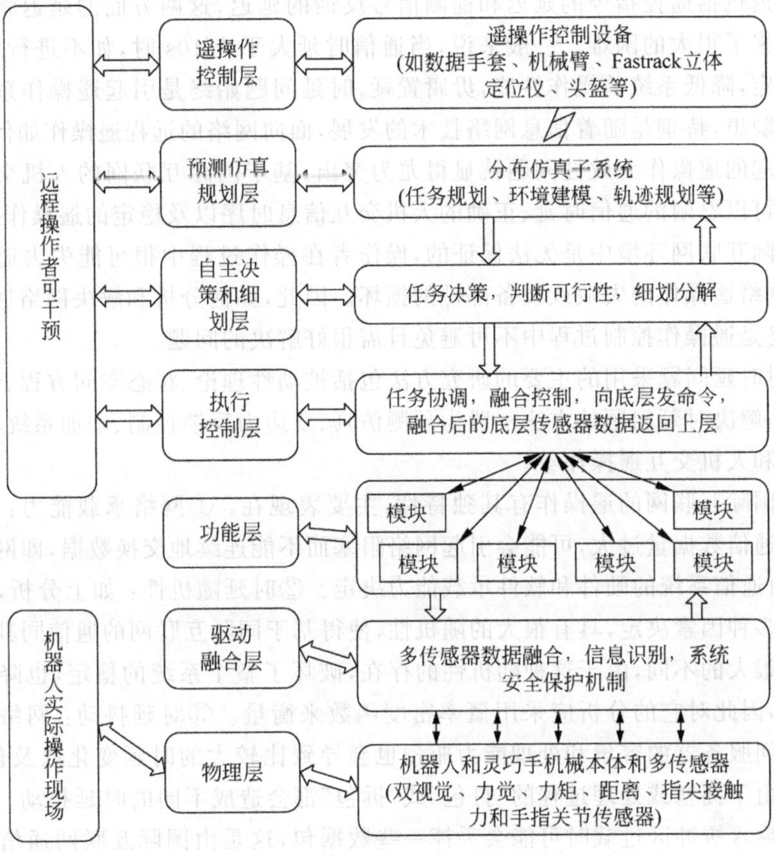

图 6.46　基于任务的分层控制逻辑结构图

此系统包括多个具有自组织、自规划和自适应能力的机器人子系统,如机器人局部自主子系统、底层传感器子系统、仿真规划子系统、网络通信子系统、遥操作控制子系统等,其中每个子系统又包括不同的外围控制和驱动设备,如远程遥操作控制设备、机器人本体及控制器、灵巧手及其控制器、数据手套和遥操作机械臂等虚拟现实人机交互设备等,各子系统和单元设备间保持一种协调有序的连接关系,以保证实验系统层次分明、结构简单、分工明确。

基于任务的分层共享控制体系结构是非常有意义的现实工作,可为遥操作控制技术的实用、人机双向交互遥操作和多机器人的协调控制奠定理论基础,提供有效技术实现途径和保障。在分层控制的体系结构思想指导下,遥操作机器人系统的各个子系统也自成模块,具有相应程度的智能自主和规划能力,且可任意拆装组合,单独完成操作任务,既可统一规划,资源共享完成整体作业,又可分散独立自成体系。

6.6.3　遥操作机器人系统时延

采用互联网将机器人与操作者联结起来,可以完成真正意义上的遥控操作,并可通过信息共享方便地实现在全球范围内的广义协作。但在主从式遥操作机器人系统中,由于遥操作者与机器人系统的分离远置，有时相距很远，如太空空间和深海作业，因而两地传感和控制信息的双向传输就会有时延，时延具有很大的随机性，随着不同的应用背景和通信媒体，时延由毫秒到十几秒不等，例如在空间站应用中，通信延迟一般为 3～10s。

通信延迟包括遥控指令的延迟和遥测信号反馈的延迟，这两方面的延迟将给实现平稳的遥操作带来了很大的困难。一般来说，当通信时延大于 1/10s 时，如不进行补偿，便会引起系统不稳定，降低系统的操作性能，毋庸置疑，时延问题始终是引起遥操作系统不稳定和出现故障的隐患，特别是随着信息网络技术的发展，面向网络的远程遥操作如何克服由于通信时延而引起的遥操作无效性问题就显得尤为突出，基于国际互联网的人机交互遥操作要求系统具有可以忍耐的通信时延、正确的人机交互信息时序以及稳定的遥操作控制，这些条件在现有国际互联网环境中是无法保证的，操作者在操作过程中很可能失去遥操作的因果关系，造成网络遥操作的失败或设备部件的损坏。因此，如何分析和解决网络通信环节的时延问题，始终是遥操作控制过程中不可避免且需很好解决的问题。

目前，对时延问题采用的主要的研究方法包括被动性理论、状态空间方程、卡尔曼滤波、波变理论等，解决时延问题的方法一般为预测仿真、双边力反馈控制、增加系统响应时间、虚拟现实仿真和人机交互遥操作等。

而基于国际互联网的遥操作有其独特性，主要表现在：①网络承载能力：一个应用程序如果一次通信数据量过大，可能会引起网络阻塞而不能连续地交换数据，即网络吞吐量有限，这主要由通信系统的硬件和软件承载能力决定。②时延随机性：如上分析，时延由网络通信状况等多种因素决定，具有很大的随机性，使得基于国际互联网的通信同其他的通信手段相比具有很大的不同，由于这种随机性的存在，破坏了整个系统的稳定，也降低了遥操作系统的性能，因此对它的分析应采用概率密度函数来衡量。③时延抖动：网络负载的不确定性以及访问服务器的容量和处理能力瓶颈也会导致比较大的时延变化以及包的丢失，数据包的传输由于拥塞或处理过程的“打包”或“拆包”都会造成不同的时延抖动。④丢包：网上的节点在输入缓冲区过载时可能会丢掉一些数据包，这是由国际互联网通信状况和不同站点所选用的路由和优化策论决定的，在遥操作控制过程中需采取冗余和检验措施予以解决。

1. 时延控制分析

在国际互联网遥操作系统中，基于 Client/Server 结构的简化遥操作控制模型如图 6.47 所示，操作者位置指令通过机械臂、通信环节和臂手系统作用于环境，而环境对臂手系统的作用力经过这些模块返回操作者。

图 6.47 Internet 遥操作系统控制模型

在理想情况下，不考虑通信时延影响，臂手系统工作稳定，臂手的位置变化 $\boldsymbol{X}$ 应等于操作者控制机械臂的位置变化，而环境对臂手的作用力 $\boldsymbol{F}$ 应能实时复现给操作者，即$\boldsymbol{X}_m=\boldsymbol{X}_s$ 和$\boldsymbol{F}_m=\boldsymbol{F}_s$。但实际远不是这种理想状况，国际互联网时延和丢包是不可避免的，是遥操作系统不稳定因素的主要来源，因此，应分析网络传输存在变时延、乱序、丢包的情况下怎样实现机器人对机械臂运动轨迹的跟踪和稳定控制。

我们知道，时延是有方向的，一个方向为操作者流向（从遥操作者端流向机器人端），我们不妨定义它为 $T_{sm}(t)$；另一个方向为机器人流向（从机器人端流向遥操作者），我们不妨定义为 $T_{ms}(t)$，基于此给出具有传输时延的国际互联网遥操作系统模型，如图 6.48 所示。

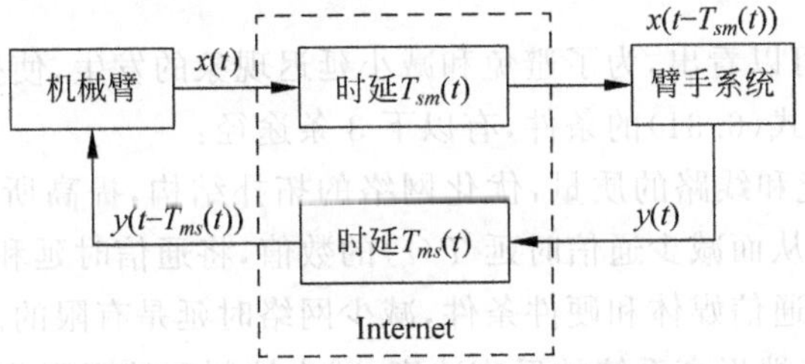

图 6.48　具有时延的 Internet 遥操作模型

假设由遥操作机械臂到机器人臂手系统方向的时延为 $T_{sm}(t)$，则遥操作者位置信息 $x(t)$ 经过时延后作用到臂手系统的位置为 $x(t-T_{sm}(t))$；假设由机器人臂手系统到遥操作机械臂方向的时延为 $T_{ms}(t)$，则机器人臂手系统运动位置信息 $y(t)$ 经过时延后复现到遥操作者端的位置为 $y(t-T_{ms}(t))$。

定义在遥操作端操作者从接受事件到做出反应的时间间隔为 T_{rm}，在机器人臂手系统端对信息的诊断处理、融合决策和发出命令的自主响应时间间隔定义为 T_{rs}。因此，事件在机器人臂手系统端发出后经过机器人流向和操作者流向的整个系统事件响应时延为：

$$T(t)=T_{sm}(t)+T_{rm}+T_{ms}(t) \tag{6.30}$$

对于遥操作者来说，由于人对事件的反应非常迅速，几乎可以不需要对信息的诊断和处理时间 T_{rm}，所以在此可假定 $T_{rm}=0$。而对于机器人端来说，由于运算处理和判断决策需要占用机器时间，故事件响应时延 T_{rs} 是固定存在的，可分为融合、决策、编码、压缩等时延，取决于所采用的算法，这些功能可以通过硬件，也可以通过软件来实现。

经过以上的分析，不难得到，在整个遥操作系统中，如果满足条件：

$$T(t)<T_{rs} \tag{6.31}$$

即整个系统的事件响应时延小于机器人系统的自主响应时延，则时延对系统的正常运行不会造成影响，因为机器人端在下一个命令到达之前，本次事件行为还没有结束，系统的运行是连续和协调的。

当不满足式(6.31)时，即 $T(t)\geqslant T_{rs}$ 时，则时延就会对系统造成影响，机器人端的连续运动的闭环就会出现缺口，产生动作落后状态变化的行为，造成系统时序的错乱和因果关系的丧失，严重时会造成重大事故。

2. 互联网通信时延模型

通信时延 $T(t)$ 由四个部分组成：

$$T(t)=T_c+T_l+T_d(t)+T_b \tag{6.32}$$

式中，T_c 代表一固定的时延数值，它表示信号在没有其他干扰的情况下经由通信介质从源端到目的端所需的时间，它是由一些物理因数决定的，不会随着时间的变化而变化；T_l 为网络负载变化而引起的传输时延变化，它随网络负载的状况和网络拥塞程度的增大而增加，由于网络负载状况变化不定，只能以概率密度函数的方式测定；T_d 为受网络干扰所引起的时延变化和抖动，受网络环境不确定性限制，干扰必然存在，而且随着时间的变化而变化；T_b 为由于网络带宽的限制而可能引起的加载时延，它是指将数据发送到通信信道时，在信道上加载数据所需的时间。速率越低，在信道上加载数据所需的时间就越长。在遥操作系统中控制数据的传输可不计 T_b 时延，但图像和声音的传输过程需在算法中对此部分时延进行考虑。

从上述时延模型可以看出，为了避免和减小延迟现象的发生，使整个系统处于实时的状态，使遥操作系统满足式(6.31)的条件，有以下 3 条途径：

(1) 改善网络环境和线路的质量，优化网络的拓扑结构，提高所用网络的带宽，并尽量避免网络高峰期上网，从而减少通信时延 $T(t)$ 的数值，将通信时延和信号丢失降到最低点。但是，对于确定的网络通信媒体和硬件条件，减少网络时延是有限的。

(2) 在机器人系统端提高系统的反应速度，减少控制和处理环节的时间损耗，这要以机器人完成任务的复杂程度和系统自主程度决定。

(3) 改变遥操作系统的实验要求和条件，增大机器人端的响应时间 T_{rs}，这是一种可行的方案。在遥操作控制过程中，虽然系统的整体运行速度可能降低了，但克服了时延的不利影响，这对遥操作机器人系统响应速度并不要求极快的情况下是可行的，可很好地达到提高效率的目的。如索杰纳火星探测器的一个控制周期为 22min，目的就是给远端机器人系统留下足够的响应时间。

3. 时延控制策略

在成熟的遥操作系统中，克服时延影响有以下几种策略：

(1) 采用 step-by-step 的控制方式，保证遥操作的平稳性。此方式下系统的动态性能差，操作者每次做一个小的移动，然后停下来等待看到所操作的结果。操作员在每步完成后必须等待系统异地端与本地端的同步，这种完成等待的方式虽然可以一定程度上避免时延引起的操作不确定性，但对于那些时延达到好几秒的应用中，如在跨星球的一些系统中，“运动—等待”策略变得很不稳定，难以实现连续操作和精细作业。

(2) 采用监测控制方式，把时间延迟排除于控制回路之外。此方式强调操作器的智能化程度，由操作器本身自主完成所有任务，操作员在远端只起到有限的监测和控制作用，由于本地端与异地端的数据交换很有限，因此时延的影响也降低了，但是这种方式的局限性在于控制不灵活，难以适应复杂多变的环境。

(3) 采用预测显示技术，使得操作员可以进行连续规划与操作。单纯的预测显示没有操作器的反馈环节，其有效性依赖于对操作环境的准确建模，如果建模准确，预测显示端能准确完成对远端操作器的控制，但是在实际情况下远端环境是难以被模型环境完全准确描述的。

为了克服大时延对机器人遥操作的影响，可以采用虚拟现实预测仿真和视频叠加技术，克服时延对系统稳定性造成的影响，缓解操作人员的紧张和疲劳；也可以采用适当的控制策略，在上层监控协调和底层局部自主相结合的共享控制的条件下，可通过调整系统响应时间和增加系统的自主智能程度，建立本地和远端的可靠连接，减小时延对机器人系统的影响。

6.6.4 基于虚拟现实的预测仿真与视频融合技术

机器人图形仿真是研究先进机器人技术的一个重要而有效的手段，它不仅可以应用于机器人系统的设计和验证，而且可以应用于机器人的规划、控制和教学等领域。近年来，随着计算机图形学技术和仿真技术的不断发展，机器人的图形仿真也得到了很大的发展，使得机器人的机械本体设计、控制、编程、规划以及与之相关的工业生产线的配置、规划等任务都可以在计算机上通过图形仿真进行模拟、验证、分析。

在远程机器人的遥操作中，通信大延时是不可避免的，如果不采取相应的措施，在时延情况下直接通过遥操作设备遥控机器人显然是非常困难的。为了解决这个问题，人们进行了多方面的努力和研究，其中一个有效的途径是利用机器人实时图形仿真，建立一个虚拟现实仿真环境，操作人员通过操作虚拟环境中的机器人来实现控制远端的真实机器人。由于操作人员与仿真图形之间基本不存在时延，因而这种控制是非常容易的，而实际的机器人则在几秒后跟着仿真图形的动作而动作，从而实现了远端控制人员对本地机器人的遥操作，有效地解决了遥操作大时延问题。

1993 年 4 月 26 日—5 月 6 日，以德国机器人控制委员会主席 Hirzinger 为首实施的空间机器人实验，将 ROTEX 在美国“哥伦比亚”航天飞机上完成搭载实验时，采用了图形仿真的预测显示技术来克服大延时问题。1993 年 5 月，美国 NASA 的 JPL 和远在 2500 英里外的 NASA 的 Goddard 太空飞行中心(GSFC)联合完成了一次大规模的实验演示，由 JPL 的 W. S. Kim 等研制的高逼真度预测与预现显示技术与由 GSFC 提供的具有共享柔顺控制的遥操作机械手在存在传输时延的情况下，共同完成了 ORU 的更换作业任务，其中 Bejczy 提出将虚拟预测机器人与环境模型和反馈回的具有时延的连续图像叠加起来，用人的智能来消除时延的影响。在该项目中 JPL 通过图形仿真实现了近地点的预测/预现显示接口，高逼真度仿真图形可以以线框及实体图的方式显示，并且通过三维仿真图形与远端视频图像的叠加技术对三维图形进行标定和空间定位，便于操作者安全、高效地完成操作任务，但这种虚拟环境和计算预测则需要具有有关工作环境结构和动力学的先验知识。日本 NASDA 的 M. Oda 等人在 ETS-VII 实验中，为了完成机器人的遥操作也采用了预测仿真的方法来克服遥操作中高达 6s 的通信时延，除采用图形预测仿真技术外，他们还引入了“虚拟通道”和“虚拟墙”等概念来辅助操作，通过采取这些措施较好地克服了大时延的影响。大量研究表明，作为人机接口的图形仿真，不但是克服大时延的有效手段，也为人的监控和机器人系统局部自主共享控制的实现提供了人机交互界面。由此，可以看出，研究结合仿真和视频融合的预测显示技术，对于基于国际互联网的机器人遥操作系统实际应用具有非常重要的意义。

虚拟现实的目标是利用计算机图形学实现三维视觉，采用多媒体技术实现三维听觉、触觉、嗅觉、味觉等感觉，建造一个人造的世界。在这个世界中，人们可以像在真实世界中一样，从不同的角度观察一个物体，或对其进行抓取、移动等操作，同时感受到和物体交互的信息，克服操作者与实际环境之间的通信延迟。实现这一目标常用的典型设备有头部跟踪显示器(HMD)、数据手套、遥操作机械臂以及全身数字衣等，这些设备的主要用途是跟踪并检测人体各部位(头、颈、手及其他身体部位)的位置和姿态，形成视觉临场感及产生对身体各部位器官的感觉刺激。VR 技术的应用十分广泛，除了可以应用在遥控机器人中实现遥操作，还可以设计成仿真平台，对那些由于危险、代价高或耗时等原因不易达到的实验进行模拟或为人类提供不易得到的体验。

当机器人遥操作系统工作在非结构化环境中时，大体上会有两种情况，一方面，机器人的工作环境和操作环境中物体的许多信息是不变的，并且是可以预先知道的，操作过程也是可以预先设计的，这时可以预先设计操作任务，工作过程中人的监控仅是在发生异常情况时才需要，这里所说的异常情况是指可能发生在系统中或发生在远端环境中的紧急情况；另一方面，机器人的操作环境是不确定的，虽然操作任务是可以预先设计的，但是环境约束在变化，并且存在大量的不确定因素，这时需要有人作为监控环节加入系统中进行任务规划，完成遥控机器人的高层次控制，将相关的环境信息传送给机器人，在人的指导下，机器人依靠所获得的丰富环境模型知识和本身的自主能力，完成远距离操作的低层控制，同时支持操作者的上层控制。为了获得远端环境的真实感觉，需要高精度的控制、逼真的视觉、听觉以及触觉，还需要多种传感器信息生成并修正环境模型，提高机器人的自主能力。将虚拟现实技术应用在机器人遥操作领域，正是利用 VR 技术，结合多传感器信息，构造虚拟视觉、虚拟力觉（触觉）、虚拟听觉等，为操作员提供实时的、逼真的现场信息，建立精确的环境模型，提高系统的可操作性和作业精度。

1. 预测显示与视频融合的概念

通过在客户端建立虚拟现实仿真环境，模拟远端机器人的声音图像和工作空间场景，建立工作机器人的位姿和运动状态与仿真机器人模型的对应关系，那么当我们移动仿真机器人模型完成工作任务的同时便可获得数据控制远端工作机器人完成同样的动作。由于仿真图像位于本地客户端，本地的操作不存在时延的影响，工作人员可以精确地操作仿真图像完成工作任务，同时仿真图像再控制远端工作机器人的行动。在实际应用中，仿真图像的运动预现了远端即将开始的运动。

北京航空航天大学机器人研究所提出了一种仿真和视频融合的概念。所谓预测仿真，是指操作人员通过操作仿真图形，预先从图形预测实际机器人的运动位置和姿态，通过操作图形控制实际系统的变化，并预测具体操作环境的状态，它需要综合运用各种 VR 手段，例如环境建模、人机交互、模式识别、视觉图像的采集和压缩等。所谓视频融合，是指虚拟操作环境下的仿真图形与真实操作环境下视觉图像的融合，它的目的是克服时延，消除遥操作者紧张和疲劳的感觉，减少误操作，同时，还可以实时校准仿真操作所带来的误差和不匹配现象，从而指导遥操作。其中涉及的关键技术有图形图像叠加、摄像头标定、视点选择、误差补偿等。在我们系统中，虚拟现实预测仿真和视频融合的作用如下：①提供人机图形接口，实现传感器信息的仿真和可视化。②遥操作的输入命令在仿真系统上先进行预览，克服时延，并验证操作的可行性和安全性。③通过仿真技术对空间机器人运动进行预测和预现，实现视觉和力觉临场感。④和远端机器人系统的局部自主控制、本地的遥操作一起通过相互协调和切换构成共享控制。⑤在仿真图像和实际视频图像叠加的情况下，操作者实时观察两幅图的对应关系和状态，减小操作者的误操作和紧张，引导操作。

2. 预测显示与视频融合的结构

在预测显示仿真系统中，图形仿真的首要基本任务是机器人系统的建模，它也是提高机器人图形仿真精度的重要环节，包括机器人系统的几何实体建模、运动学建模等部分，以及机械本体、控制器、传感器的建模与仿真。但是，仅有的仿真环境系统是一个开环的控制结构，是不稳定的，必须加入闭环的控制环节。引入视频作为反馈环节，把操作人员的判断引入闭环反馈环节，利用人的智力和判断完成遥操作控制。其基本的控制结构如图 6.49 所示。

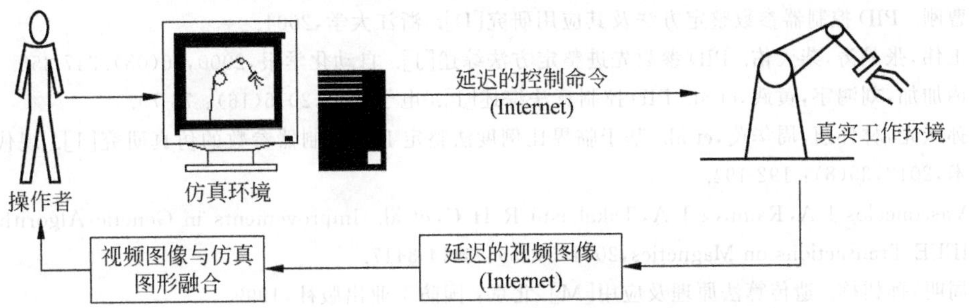

图 6.49　预测显示控制结构

由于遥控机器人大多工作在非结构化环境中，人与机器人之间的交互界面对机器人系统的操作性能有很大影响，所以人们采用各种方法增加人机交互信息，提高作业能力。利用虚拟现实技术，在计算机屏幕上构造出与远端机器人相同的虚拟机器人及机器人工作的虚拟环境，使用位置检测装置检测操作员身体各部位的位置，获取操作员利用身体位置变化所发出的指令，使用位置传感器获取操作员利用本地机器人位置及姿态变化所发出的指令，用这些指令操纵虚拟机器人，再将虚拟机器人的操作信息发送给远端机器人，对远端机器人进行操作。在远端机器人运动及作业过程中，以上的多种传感器可以感知位姿信息、力/力矩信息和距离信息，传送给本地的虚拟机器人，用来更新虚拟机器人的位置、姿态和修正虚拟环境模型，通过 VR 界面，大量的信息在人机之间进行交互，不仅有可视性信息，还包括力信息、声音信息等，使操作者能更好地了解现场情况，提高可操作性，减小劳动强度。

本章小结

本章主要介绍了机器人控制领域的典型控制算法、自适应模糊控制，机器人控制领域经典算法、神经网络算法、深度学习算法、遥操作技术等内容。第 1 节介绍了机器人控制领域的典型控制算法——PID 控制算法。第 2 节介绍了自适应模糊控制器相关知识以及自适应控制算法在机器人轨迹追踪方面的应用。第 3 节主要介绍了机器人控制领域的经典算法——遗传算法，针对传统遗传算法的不足，介绍了不同方面的改进，最后介绍了遗传算法在机器人控制领域的应用方向。第 4 节介绍了神经网络算法的基本结构——神经元模型，并且通过介绍前向传播与反向传播算法，详细介绍了神经网络算法的工作原理、常见的神经网络类型。第 5 节介绍了深度学习算法的发展历史，通过对几种典型深度学习算法的介绍，加强了对深度学习网络的认识。第 6 节介绍了遥操作技术的发展现状，进而介绍了基于网络的遥操作机器人系统体系结构，遥操作机器人系统时延的关键技术，以及基于虚拟现实的预测仿真与视频融合技术。

参考文献

[1]　Bennett S. Development of the PID controller[J]. Control Systems IEEE,1973,13(6): 58-62.

[2]　刘玲玲. PID 参数整定技术的研究及应用[D]. 郑州大学,2010.

[3] 曹刚. PID控制器参数整定方法及其应用研究[D]. 浙江大学,2004.
[4] 王伟,张晶涛,柴天佑. PID参数先进整定方法综述[J]. 自动化学报,2000,26(03). 347-355.
[5] 谭加加,刘鸿宇,黄武,et al. PID控制算法综述[J]. 电子世界,2015(16): 78-79.
[6] 孙跃光,林怀蔚,周华茂,et al. 基于临界比例度法整定PID控制器参数的仿真研究[J]. 现代电子技术,2012,35(8): 192-194.
[7] Vasconcelos J A, Ramirez J A, Takahashi R H C, et al. Improvements in Genetic Algorithms[J]. IEEE Transactions on Magnetics, 2001, 37(5): 3414-3417.
[8] 周明,孙树栋. 遗传算法原理及应用[M]. 北京:国防工业出版社,1999.
[9] 马永杰,云文霞. 遗传算法研究进展[J]. 计算机应用研究,2012,29(4): 1201-1206.
[10] Kim E. Output Feedback Tracking Control of Robot Manipulators With Model Uncertainty via Adaptive Fuzzy Logic[J]. IEEE Transactions on Fuzzy Systems, 2004, 12(3): 368-378.
[11] Park J H, Seo S J, Park G T. Robust adaptive fuzzy controller for nonlinear system using estimation of bounds for approximation errors[J]. Fuzzy Sets and Systems, 2003, 133(1): 19 36.
[12] 马克 W. 斯庞. 机器人建模和控制[M]. 北京:机械工业出版社,2016.
[13] Pitts W. A logical calculus of the ideas immanent in nervous activity[J]. Bulletin of Mathematical Biology, 1943, 5(4): 115-133.
[14] 蔡自兴. 机器人学[M]. 北京:清华大学出版社,2009.
[15] 田东平,赵天绪. 基于sigmoid惯性权值的自适应粒子群优化算法[J]. 计算机应用,2008,28(12): 3058-3061.
[16] 周志华. 机器学习[M]. 北京:清华大学出版社,2016.
[17] Le Q V, Ngiam J, Coates A, et al. On optimization methods for deep learning[C]//Proceedings of the 28th International Conference on International Conference on Machine Learning. OmniPress, 2011: 265-272.
[18] Schmidhuber J. Deep learning in neural networks: An Overview[J]. Neural Netw, 2015, 61: 85-117.
[19] Ackley, D. H., Hinton, G. E., and Sejnowski, T. J. (1985). A learning algorithm for Boltzmann machines. Cognitive Science, 9, 147-169. 486, 559.
[20] Kingma, D. and Ba, J. (2014). Adam: A method for stochastic optimization. arXiv preprint arXiv: 1412.6980. 262.
[21] Krizhevsky, A., Sutskever, I., and Hinton, G. (2012a). ImageNet classification with deep convolutional neural networks. In NIPS'2012. 20, 21, 88, 174, 317.
[22] Goodfellow, Yoshua Bengio, and Aaron Courville. (2016). *Deep Learning*. Cambridge: MIT Press.
[23] Lu, L., Zhang, X., Cho, K., and Renals, S. (2015). A study of the recurrent neural network encoder-decoder for large vocabulary speech recognition. In Proc. Interspeech. 392.
[24] Barlow, H. B. (1989). Unsupervised learning. Neural Computation, 1, 295-311. 128.
[25] Mnih V, Kavukcuoglu K, Silver D, et al. Human-level control through deep reinforcement learning[J]. Nature, 2015, 518(7540): 529.
[26] Goodfellow I J, Pouget-Abadie J, Mirza M, et al. Generative Adversarial Networks[J]. Advances in Neural Information Processing Systems, 2014, 3: 2672-2680.
[27] Rumelhart D E, Hinton G E, Williams R J. Learning internal representations by error propagation[R]. California Univ San Diego La Jolla Inst for Cognitive Science, 1985.
[28] Lecun Y, Boser B, Denker J S, et al. Backpropagation applied to handwritten zip code recognition[J]. Neural Computation, 2014, 1(4): 541-551.
[29] Lecun Y, Bengio Y, Hinton G. Deep learning[J]. Nature, 2015, 521(7553): 436.

思考题与练习题

思考题

1. PID 控制算法改进经历了怎样的过程？

2. 模糊控制器的设计一般有哪几个步骤？

3. 感知机算法如何判断学习效果的好坏？

4. 玻尔兹曼机是一种经典的神经网络算法，其相对于其他神经网络结构有何优缺点？能否进一步对其改进？

5. 深度学习研究在发展过程中经历了几次大的起伏？分别是什么原因？

6. 神经网络能否搭建得很深？如果能，在搭建深层神经网络的过程中会出现哪些问题？

7. 深度学习算法在机器人学领域有哪些应用？可能会为该领域哪些方面带来突破性的进展？

练习题

1. PID 控制算法分为哪几类？在比例控制环节中，控制器的输出 y 与控制偏差 $e(t)$ 有什么关系？可以从哪些方面对 PID 控制方法进行参数整定？

2. 模糊控制器具体实现步骤是什么？自适应模糊控制器主要分为哪几类？自适应模糊控制算法主要应用在哪些方面？

3. 推导神经网络前向传播与反向传播过程。

4. 简述 CNN 的工作原理。

5. 目前有哪些主流的深度神经网络框架？

思考题与练习题参考答案

思考题

1. 答：PID 控制算法改进经历了以下过程：模糊 PID 控制、专家 PID 控制、基于遗传算法整定的 PID 控制、灰色 PID 控制以及神经 PID 控制。早期的模糊 PID 控制可用于复杂过程的控制，不需要建立数学模型；但是其效率较低，不能精确地提高控制性能。专家 PID 控制系统依靠专家的工作经验计算 PID 的控制参数，通过特征值提取、参数修正等来克服常规 PID 控制的计算时间长和硬件成本高等缺点；但是其依据的专家经验可能并不可靠和准确。基于遗传算法整定的 PID 控制是基于闭环反馈原理形成进化控制系统，后一步遗传算法控制性能优于前一步。灰色 PID 控制采用微分方程去拟合系统的时间序列，来逼近时间序列所描述的动态过程，进而外推，达到预测的目的。将被控系统分为白色系统（系统的被控信息全部已知）、黑色系统（系统的被控信息全部未知）以及灰色系统（系统的被控信息部分已知、部分未知的不明确系统）三类。

2. 答：模糊控制系统的性能主要取决于：模糊控制器的结构、系统所采用的模糊控制规则、合成推理算法、模糊决策算法等多种因素。模糊控制器的基本设计过程如下：(1)选定模糊控制系统的输入输出变量；(2)确定各变量模糊语言取值及相应的隶属函数；(3)建立系统的模糊控制规则或者控制算法；(4)确定模糊推理和解模糊化的方法。

3. 答：感知机通过定义损失函数和最小化损失函数判断学习效果的好坏。损失函数就是一系列表现机器预测的实例值与实际实例值之间差距的函数，其可以用多种不同的变量来表示。对于感知机来说，最简单的损失函数可以设为被错误分类的点的个数，当被错误分类点的个数为零时，感知机得到最优超平面。另一种损失函数的表示方法为所有分类点到分类超平面的距离之和，距离之和取得最小时，感知机得到的超平面为最佳。

4. 答：标准玻尔兹曼机是一个全连接图，训练它所需要的计算资源十分巨大，想要利用其来解决现实任务非常困难。受限玻尔兹曼机是对其的进一步改进。受限玻尔兹曼机去除了层内部神经元之间的连接，仅仅保留了显层和隐层之间的连接，将完全图简化为了二分图，这样就大大减少了训练网络的难度。

5. 答：在20世纪40年代，深度学习的第一次研究热潮出现。人们通过神经科学的角度设计出了简单的线性模型，这些模型拥有 n 个输入，通过 n 个权重 w 使输入线性组合得到输出 y，这种方法被称为控制论。20世纪50年代，感知机模型在MP神经元的基础上被提出来，成为首个能够根据输入样本学习权重的模型。在第一次研究热潮期间，随机梯度下降的方法也被初次提出来，到现在为止仍是当今深度学习的主要训练方法之一。

然而，线性模型具有很大的局限性，如前文提到的它不能处理异或问题等。在研究者们发现线性学习的这个缺陷后，人们对深度学习的热情大大衰减，因为如果机器连最基本的“异或”问题都解决不了，所谓的“机器智能”将无从谈起。

在20世纪80年代，联结主义的理论风靡全球，深度学习也借着这股潮流迎来了第二次的热潮。联结主义的中心思想是，当网络将大量简单的计算单元连接在一起时可以实现智能行为。这种见解由生物神经系统中的神经元衍生而出，并扩展到人工智能领域，因为生物神经元和计算模型中隐藏单元起着类似的作用。

在20世纪90年代中期，由于深度学习训练需要巨大的计算资源，而当时现有的硬件设备并不能跟上深度学习的要求。不仅如此，机器学习的其他领域，如支持向量机(核函数)等算法采用很低的计算资源在许多重要的领域取得了很好的效果，使得第二次深度学习的热潮逐渐衰退。

2006年，Geoffrey Hinton研究组表明名为“深度信念网络”的神经网络可以使用一种称为“贪婪逐层预训练”的策略来有效地训练，这种策略大大加强了神经网络的泛化能力。再加上机器硬件方面的突破，现在神经网络可以通过GPU轻松训练大型数据。至今，深度学习的第三次热潮到来。

6. 答：能，但是在搭建的过程中易产生梯度消失和梯度爆炸等问题。

7. 答：机器人物体识别和物体定位领域、机器人控制和规划领域等。可能会对机器人的自动化和智能化方面带来突破性的进展。

练习题

1. 答：(1) PID控制算法分为位置式PID控制、增量式PID控制、PID控制算法微分先行。

(2) 在比例控制环节中，控制器的输出 y 与控制偏差 $e(t)$ 的关系为：

$$y = K_P * e(t) + y_0$$

其中，y 是比例控制器输出；K_P 是比例系数；$e(t)$ 是系统偏差；y_0 是在 $e(t)$ 为0时调节器的输出值。

(3) PID 控制方法的参数整定主要为：Ziegler-Nichols 整定法、临界比例度法、衰减曲线法和试凑法。

2. 答：(1) 模糊控制系统一般由输入输出的模拟量/数字量转换器、模糊控制器、系统的执行机构、被控对象以及传感器等 5 个部分组成，其中：模糊控制器又分为对输入变量的模糊化、进行规则库的选择、根据上一步选择的模糊规则进行模糊推理、最后将已经模糊化的变量解模糊等 4 个实现步骤。

(2) 纯模糊逻辑系统、高木—关野模糊逻辑系统、具有模糊产生器以及模糊消除器的模糊逻辑系统。

(3) 自适应模糊控制器的应用非常广泛，例如，将基于单个神经元的自适应模糊控制器用于机械切削加工过程控制，将间接自适应模糊控制器用于多关节机器人跟踪控制等。

3. 答：前向传播。

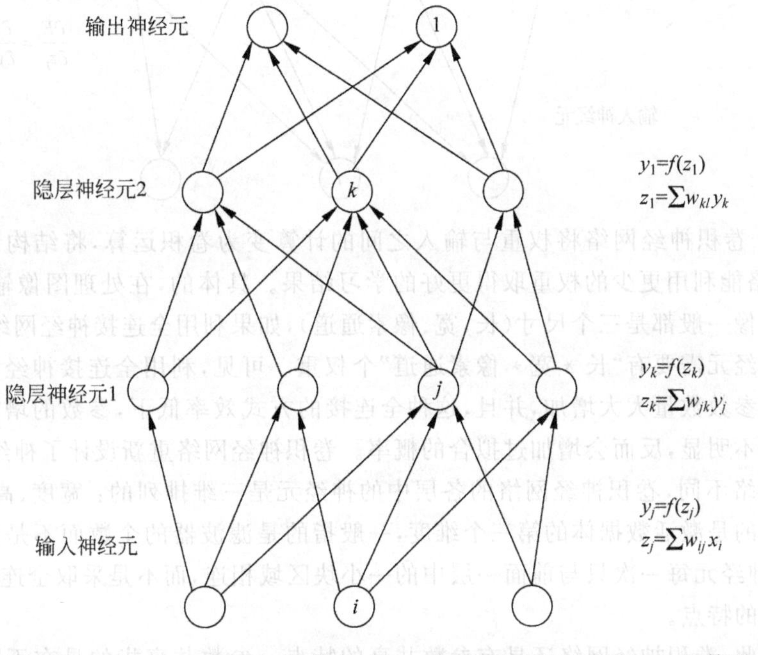

假设上一层节点($i,j,k,\cdots$)与本层的结点 w 有连接，那么节点 w 的值就是通过上一层的 i,j,k 等节点以及对应的连接权值进行加权和运算，最终结果再加上一个偏置项(图中为了简单省略了)，最后再通过一个非线性函数(即激活函数)，如 ReLU、sigmoid 等函数，最后得到的结果就是本层节点 w 的输出。通过这种方法不断地逐层运算，可以得到输出层结果。

反向传播：

设最终总误差为 E，那么 E 对于输出节点 y_l 的偏导数是 y_l-t_l，其中 t_l 是真实值，$\partial y_l/\partial z_l$ 是指激活函数，z_l 是上面提到的加权和，那么这一层的 E 对 z_l 的偏导数为$\partial E/\partial z_l=(\partial E/\partial y_l)(\partial y_l/\partial z_l)$。同理，下一层也是这么计算(只不过$\partial E/\partial y_k$ 计算方法变了)，一直反向传播到输入层，最后有$\partial E/\partial x_i=(\partial E/\partial y_j)(\partial y_j/\partial z_j)$，且$\partial y_j/\partial z_i=\omega_i j$。经过以上步骤，不断迭代更新参数，就能得到一个使神经网络收敛的结果。

输出神经元

$$\frac{\partial E}{\partial y_k} = \sum w_{kl} \frac{\partial E}{\partial z_l}$$

$$\frac{\partial E}{\partial y_l} = y_l - t_l$$

$$\frac{\partial E}{\partial z_l} = \frac{\partial E}{\partial y_l} \frac{\partial y_l}{\partial z_l}$$

隐层神经元2

$$\frac{\partial E}{\partial z_k} = \frac{\partial E}{\partial y_k} \frac{\partial y_k}{\partial z_k}$$

隐层神经元1

$$\frac{\partial E}{\partial y_j} = \sum w_{jk} \frac{\partial E}{\partial z_k}$$

$$\frac{\partial E}{\partial z_j} = \frac{\partial E}{\partial y_j} \frac{\partial y_j}{\partial z_j}$$

输入神经元

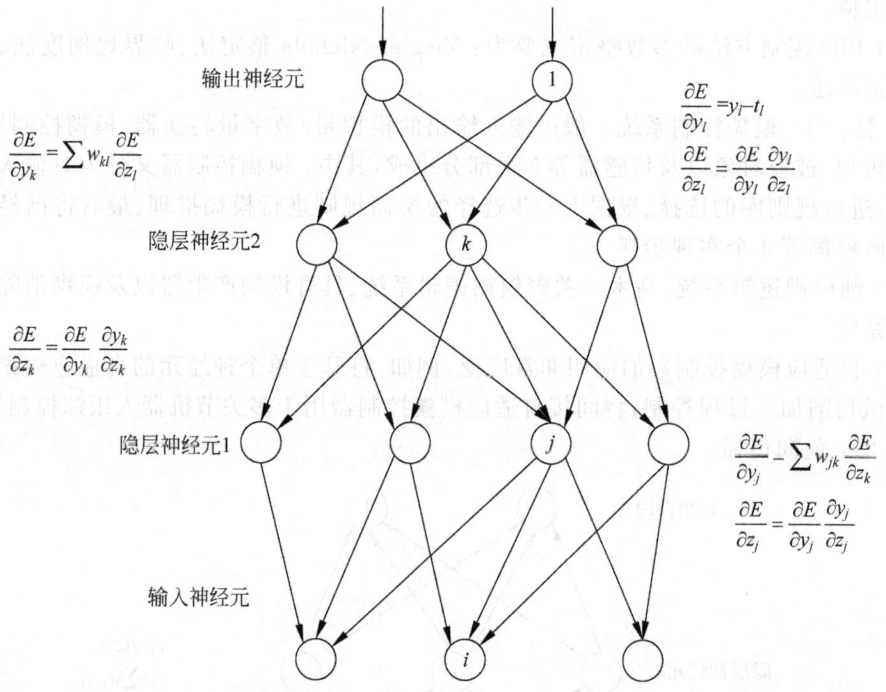

4. 答：卷积神经网络将权重与输入之间的计算变为卷积运算,将结构调整得更加合理,使得网络能利用更少的权重取得更好的学习结果。具体的,在处理图像输入问题时,由于输入的图像一般都是三个尺寸(长、宽、像素通道),如果利用全连接神经网络进行处理,那么每一个神经元需要有"长 * 宽 * 像素通道"个权重。可见,利用全连接神经网络处理图像问题会使得参数数量大大增加,并且,这种全连接的方式效率低下,参数的增加不仅对学习的效果好处不明显,反而会增加过拟合的概率。卷积神经网络重新设计了神经元的形式,与常规神经网络不同,卷积神经网络的各层中的神经元是三维排列的:宽度、高度和深度(这里的深度指的是激活数据体的第三个维度,一般指的是滤波器的个数而不是整个网络的深度)。这些神经元每一次只与前面一层中的一小块区域相连,而不是采取全连接的方式。具有稀疏连接的特点。

不仅如此,卷积神经网络还具有参数共享的特点。参数共享指的是在不同的函数中使用,在传统的全连接神经网络中,权重等参数只使用一次,当它将特征或数据传到下一层后就不再起作用了。而在卷积神经网络中,每一个卷积神经元,或者称为滤波器,都能作用于输入的每一个位置上,因为卷积核会遍历输入的每一个位置。这样,卷积核中的参数就可以作用于整个输入上,大大降低了学习所需的参数和运算量。

5. 答：Tensorflow、pytorch、caffe、mxnet、fastai 等。

第7章 机器人的典型应用

随着社会的发展和技术的进步，智能机器人在人类的生产和生活中起到越来越重要的作用。近年来机器人在感知、决策、效率等方面能力提升的同时，在行为、情感和思维等方面逐渐发展为模拟人的智能机器系统。智能机器人具有发达的“大脑”，既可听从人类的指令，按照程序运行完成任务，又可与人友好交互，并在交互过程中不断学习和改进。机器人不仅代替人类从事危险、有害、繁重、重复、高精度操作等人类难以胜任的工作，也是人工智能技术的综合试验场，可全面地验证人工智能各个领域的技术。机器人和人工智能是紧密结合、相辅相成的关系。智能机器人的应用在人们的生活中将会扮演越来越重要的角色。

随着全球机器人市场规模的持续扩大，工业机器人、服务机器人和特种机器人在各领域的应用持续开拓，全球机器人产业正迎来新一轮快速增长。据IFR统计，2019年全年全球工业机器人安装量为37.3万台，比上年减少12%，但也是史上第三高。截止到2019年底，全球工业机器人累计安装了270万台套，年增长12%。亚洲仍然是工业机器人发展最强劲的区域，新安装的机器人的份额约为全球的三分之二。2019年中国工业机器人新安装近14.05万台，比上年下降9%，低于2018年和2017年的创纪录水平，但仍比5年前(2014年：57000台)销量翻了一番。根据IFR《2019年全球机器人：服务机器人报告》，2018年全球服务机器人销售129亿美元。其中，专用服务机器人的销售额达到92亿美元，较上年增长了32%。在专用服务机器人市场，物流系统用自动导引车(AGV)销量占比最大，占到41%；第二大类是巡检机器人，占到39%，这两个细分市场占专用服务机器人总市场份额的80%。个人和家用服务机器人市场销量主要是家用机器人，如吸尘清洁和草坪修剪机器人，销售额达到37亿美元，较上年增长了15%。根据IFR预测，未来(2019—2022年)专用和个人服务机器人市场销售将强劲增长。市场需求的不断扩大和应用场景的不断丰富，极大地扩展了机器人的应用领域。

本章将通过丰富的实例介绍智能机器人在各领域的典型应用，涵盖了工业机器人、服务机器人和特种机器人的关键核心技术、前沿科技以及典型的应用案例。

7.1 工业机器人的典型应用

现今大多数机器人的起源均可追溯到早期工业机器人。在工业机器人的制造过程中，产生了很多使机器人更友好以及适合不同应用的技术。而工业机器人是迄今为止机器人技术最重要的商业应用，工业机器人是机器人家族中的重要一员，也是目前在技术上发展最成熟、应用最多的一类机器人。

7.1.1 工业机器人概述

世界各国对工业机器人的定义不尽相同。美国工业机器人协会(RIA)的定义：机器人是设计用来搬运物料、部件、工具或专门装置的可重复编程的多功能操作器，并可通过改变程序的方法来完成各种不同任务。日本工业机器人协会(JIRA)的定义：工业机器人是一种装备有记忆装置和末端执行器的且能够完成各种移动来代替人类劳动的通用机器。德国工程师协会标准(VDI 标准)中的定义：工业机器人是“具有多自由度的且能进行各种动作的自动机器，它的动作是可以顺序控制的。轴的关节角度或轨迹可以不靠机械关节，而由程序或传感器加以控制。工业机器人具有执行器、工具及制造用的辅助工具，可以完成材料搬运和制造等操作”。

最初，所有机器人应用的重要基础都是随着工业应用建立起来的，工业机器人将一直是值得我们特别关注的对象之一。

1. 工业机器人发展概况

工业机器人是指应用在工业生产领域如汽车装配、焊接、搬运等行业的一类机器人。其外形通常类似人类的手臂，因此有时称工业机器人为机械手臂。工业机器人有多关节联结并且允许在平面或三维空间进行运动或使用线性位移移动。这种自动装置机械以完成“腕部以及手部”的动作为主要目标，当熟练的操作者将作业顺序输入后，机器人就能依此执行且反复完成无数次的正确运作。第一台专门应用于工业生产的工业机器人是由具有“机械手臂之父”之称的约瑟夫·恩格伯格(Joseph F. Engelberger)发明的，他创立了 Unimation 有限公司，1956 年利用乔治·迪沃尔(George Devol)所授权的专利技术，研发出第一台工业机器人，名为“Unimate”。这台机械手臂第一次应用是在美国通用汽车旗下新泽西州工厂的压铸作业中，这个时期世界各国的工业机器人研究正处在萌芽发展阶段。1963 年，日本不二输送机工业株式会社制造出专门应用于栈板装载(Palletizing)的工业机器人，研发出针对栈板专用的搬运工具，随后，工业机器人技术开始迅速发展。一开始工业机器人多为三个关节轴，随着加工方式的多元化与复杂化，工业机器人也开始采用更多关节轴。1973 年，德国库卡机器人集团就研发出第一台采用电动机驱动的 6 轴工业机器人。从此，随着驱动与控制技术的不断进步，产业用机器人也从单点加工，发展到多点同时加工、搬运。这对于生产线的自动化，乃至于整厂自动化的影响都非常大。

1978 年，日本山梨大学的牧野洋(Hiroshi Makino)发明了选择顺应性装配机器手臂(Selective Compliance Assembly Robot Arm，SCARA)。SCARA 机器人具有四个轴和四个运动自由度(包括 X、Y、Z 方向的平动自由度和绕 Z 轴的转动自由度)。SCARA 系统在 X、Y 方向上具有顺从性，而在 Z 轴方向具有良好的刚度，此特性特别适合于装配工作。SCARA 的另一个特点是其串接的两杆结构，类似人的手臂，可以伸进有限空间中作业然后收回，适合于搬动和取放物件，如集成电路板等。20 世纪 80 年代，为了追求质量轻且结构坚硬的目标，并联结构的机器人被催生出来并大规模推广，并联机器人通过 3～6 个并联支架将其末端执行器与机器基本模块连接起来，具有刚度高、速度快、柔性强、重量轻等优点，非常适合要求高速度、高精度或者处理高负荷的场合，与串联机器人一起构成工业机器人的重要部分，并联机器人在食品、医药、电子等领域中应用最为广泛，在物料的搬运、包装、分拣等方面有着较大优势。

到了 20 世纪 80 年代，工业机器人已成功地应用于汽车制造业等产业，是应用范围最广泛的自动化机械装置之一，许多危险或繁重工作如组装、喷漆、焊接、高温铸锻等，也开始逐渐以工业机器人取代人工作业。

对机器人速度和质量的严格要求，催生了新颖的机器人运动学和传动设计。从早期开始,减少机器人结构的质量和惯性就是研究的一个主要目标。2006 年,德国库卡公司(KUKA)开发出第一台轻量级机器人,由库卡公司与德国宇航中心(DLR)机器人及机电一体化研究所共同合作开发,该机器人的外部结构全部由铝制成,有效载荷 7kg; 机器人安装了集成传感器,因此具有高度敏感性,使它适用于处理和装配任务,其重量只有 16kg,因此它的便携性较强,可执行多种不同的任务。

双臂的精巧操作对复杂的装配任务、操作和加工是至关重要的。2005 年,日本 Motoman 公司研制出第一台商用的同步双臂操作机器人,作为一个模仿人类手臂伸展能力和敏捷度的双手机器人,它可被放在以前工人工作的地方。因此,成本可被降低。该机器人的特色是 13 轴运动: 每个手 6 个,加上一个基础旋转的单轴。DA20 是一款配备两个 6 轴驱动臂型机器人的"双臂"机器人,DA20 在仿造人类上半身的构造物上配备了两个 6 轴驱动臂型机器人,上半身构造物本身具有绕垂直轴旋转的关节,尺寸与成年男性大体相同,并实现了接近人类两臂的动作及构造,可从事紧固螺母以及部件的组装和插入等作业。另与协调控制两个臂型机器人相比,这种机器人设置面积更小,单臂负重能力为 20kg,双臂可最大搬运 40kg 的工件。

工业机器人自动导航车(AGV)移动机器人可以移动工作空间或用于点对点的设备装载。在自动柔性制造系统理念中 AGV 已经成为路径柔性的重要一部分。最初 AGV 依赖于事先准备好的平台如嵌入线或磁铁等进行运动导航; 同时,自主导航的 AGV 被用于大规模制造业和物流中。通常其导航以激光扫描仪为基础,能提供当前实际环境精确的二维地图,用于自主定位和避开障碍物。最初,AGV 和机器人手臂的组合就被认为应当可自动装卸机器的工具,但实际上只有在某些特定场合,如半导体行业的装卸装置上,这些机械手臂才有经济和成本上的优势。

目前工业机器人除了应用于工业制造领域以外,在商业、农业、医疗救援、军事安保、太空探索等领域具有很高的实用价值。今天的工业机器人主要是资本密集化、大容量生产的行业产物,如汽车、电子和电力行业。未来的工业机器人将不仅仅着重于特征和性能数据的设计拓展,而是随着全新的设计理念开拓更为广阔的应用领域。与此同时,新技术尤其是大数据、物联网、人工智能、云计算等新技术的快速发展,将会对未来工业机器人的设计、性能和成本产生重大的影响。

2. 工业机器人的组成部分

一台完整的工业机器人由操作机、驱动系统、控制系统以及可更换的末端执行器等部分组成。图 7.1 所示 4 种老牌的工业机器人。

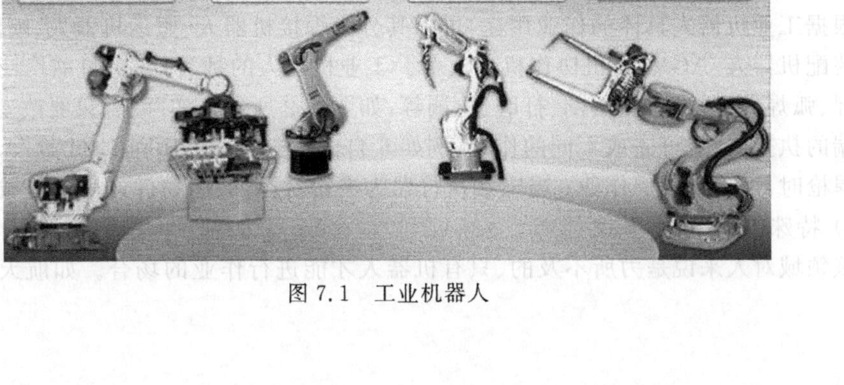

图 7.1　工业机器人

1）操作机

操作机是工业机器人的机械主体，是用来完成各种作业的执行机械。它因作业任务不同而具有各种结构形式和尺寸。工业机器人的“柔性”除体现在其控制装置可重复编程方面外，还与机器人操作机的结构形式有很大关系，如机器人中普遍采用的关节型结构，具有类似人的腰、肩和腕等仿生结构。

2）驱动系统

工业机器人的驱动系统是指驱动操作机的运动部件动作的装置，也就是机器人的动力装置。机器人使用的动力源有：压缩空气、压力油和电能。因此相应的动力驱动装置就是气缸、油缸和电动机。这些驱动装置大多安装在操作机的运动部件上，因此要求它的结构小巧紧凑、重量轻、惯性小、工作平稳。

3）控制系统

工业机器人的控制系统是机器人的“大脑”，它通过各种控制电路硬件和软件的结合操纵机器人，并协调机器人与生产系统中其他设备的关系。普通机器设备的控制装置多注重自身动作的控制，而机器人的控制系统还要注意建立自身与作业对象之间的控制联系。一个完整的机器人控制系统除了作业控制器和运动控制器外，还包括驱动系统的伺服控制器以及检测机器人自身状态的传感器反馈部分。现代机器人的电子控制装置由可编程控制器、工控计算机构成。控制系统是决定机器人功能和水平的关键部分，也是工业机器人系统中更新和发展最快的部分之一。

4）末端执行器

工业机器人的末端执行器是指连接在操作机腕部的直接用于作业的机构。它可以是抓取搬运的手部(爪)，也可以是喷漆的喷枪，或是用于焊接的焊枪、焊钳、打磨用的砂轮及检查用的测量工具等。工业机器人操作手臂的手腕上有用于各种末端执行器的机械接口，根据作业内容选择不同的手爪或工具装在其上，进一步扩大了机器人作业的柔性。

3. 工业机器人的应用领域及优势分析

工业机器人主要应用在以下两个方面：

1）自动化生产领域

早期工业机器人在生产上主要用于机床上下料、点焊和喷漆作业。随着柔性自动化的出现，机器人扮演了更重要的角色，如焊接机器人、搬运机器人、检测机器人、装配机器人、喷涂机器人、打磨抛光机器人以及其他诸如密封和粘接、熔模铸造和压铸、锻造等过程应用的机器人。

综上所述，工业机器人的应用给人类带来了许多好处，如减少劳动力费用、提高生产率、改进产品质量、增加制造过程的柔性、减少材料浪费控制、加快库存的周转、降低生产成本、替代了危险和恶劣的劳动岗位等。我国工业机器人的应用前景十分广阔，亟需开发符合我国国情的机器人，推动和加快我国工业机器人的发展和应用。

根据工业机器人具体的作业用途，可将其分为焊接机器人、搬运机器人、喷漆机器人、加工及装配机器人、AGV、人机协作机器人等。工业机器人的种类众多，目前广泛应用的领域有点焊、弧焊、搬运、装配、切割、打磨、检测等，如图 7.2 所示。实际上，只要改变安装于机器人末端的执行器，就可完成不同的作业，例如 6 自由度、负载为 10kg 的机器人，当末端执行器为焊枪时，可进行弧焊作业；当末端执行器为夹钳时，可搬运物件或用于机械加工等。

2）特殊作业场合

该领域对人来说是力所不及的、只有机器人才能进行作业的场合。如航天飞机上用于

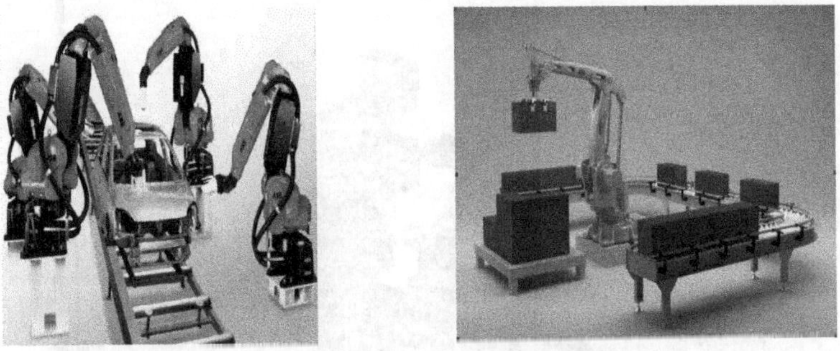

(a)　(b)

图 7.2　工业机器人的主要应用

回收卫星的操作装置，是具有 7 个自由度的机械臂，在狭小容器内进行检查、维护和修理作业。微米级电动机、减速器、执行器等机械装置及显微传感器组装的微型机器人的出现，拓宽了机器人特殊作业的用途。

7.1.2　焊接机器人

1. 焊接机器人概述

焊接在工业制造的连接工艺过程中是最重要的应用。手工焊接需要高技术的工人，因为焊接中出现的微小瑕疵都将导致严重的后果。现代的焊接机器人有以下特征，可胜任如此关键的工作：

(1) 计算机控制使得任务序列编程、机器人运动、外部驱动装置、传感器以及和外部设备通信成为可能。

(2) 对机器人位置/方向、参考系和轨迹进行自由的定义和参数化。

(3) 轨迹具有高度的可重复性和定位精度。典型的重复运动精度在±0.1mm，定位精度在±1.0mm。

(4) 末端执行器可具有高达 8m/s 的高速度。

(5) 典型情况下，关节型机器人有 6 个自由度，这样命令的方向和位置在其工作范围内均能到达。通过将机器人放在一个线性轴上，可实现 7 个自由度，尤其是在焊接大型的结构件时，对工作区间进行延展是很常见的应用形式。

(6) 典型的有效载荷包括从 6～100kg。

(7) 具有先进的可编程逻辑控制器(PLC)，例如高速输入输出控制器和机器人单元内部的协同动作。

(8) 在智能工厂可通过现场总线、Ethercat 总线、以太网等连接方式进行控制。

焊接机器人系统工作时，至少需要一个工作台，将工件装卡在上面，并运送到机器人焊接的合适位置。这样，构成了一个简单的机器人焊接系统，称为机器人焊接工作站。如果机器人组成一个焊接生产线，则这个系统就变得更为复杂。机器人要完成焊接作业，必须依赖于控制系统与辅助设备的支持和配合。完整的焊接机器人系统一般由机器人操作手、变位机、控制器、焊接系统(专用焊接电源、焊枪或焊钳等)、焊接传感器、中央控制计算机和相应的安全设备等组成，如图 7.3 所示。

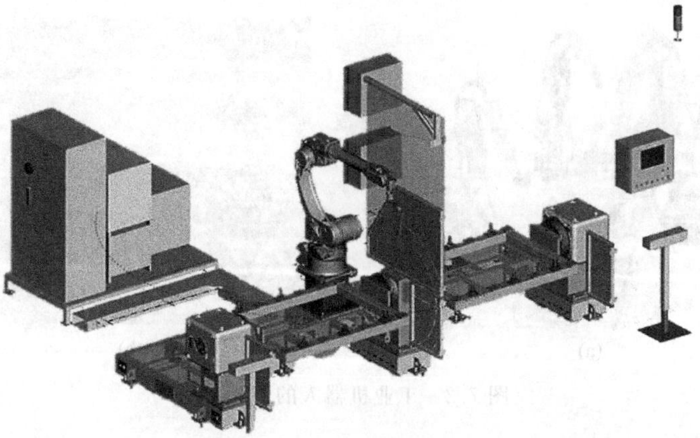

图 7.3　焊接机器人系统图

常见的焊接机器人主要包括弧焊机器人和点焊机器人。弧焊机器人的应用范围很广，除汽车行业之外，在通用机械、金属结构加工等许多行业中均有应用。弧焊机器人应是包括各种焊接附属装置在内的焊接系统，而不只是一台以规划的速度和姿态携带焊枪移动的单机。图 7.4 所示焊接机器人系统的一个应用场景。

图 7.4　焊接机器人

2. 弧焊机器人技术的发展趋势

1）光学式焊接传感器

当前最普及的焊缝跟踪传感器为电弧传感器，但在焊枪不宜抖动的薄板焊接或对焊时，上述传感器有局限性。因此检测焊缝采用以下方法：(1)把激光束投射到工件表面，由光点位置检测焊缝；(2)让激光透过缝隙后投射到与焊缝正交的方向，由工件表面的缝隙光迹检测焊缝；(3)用 CCD 摄像机直接监视焊接熔池，根据弧光特征检测。目前光学传感器有若干关键技术难点尚待解决，例如光源投光与弧光、飞溅、环境光源的隔离技术等。

2）标准焊接条件设定装置

为了保证焊接质量，在作业前应根据工件的坡口、材料、板厚等情况正确选择焊接条件，包括确定焊接电流、电压、速度、焊枪角度以及接近位置等；以往的做法是按各组件的情况凭经验试焊，找出合适的条件，这样时间和劳动力的投入都比较大。近期，一种焊接条件自动设定装置已经问世并逐渐进入应用阶段，其利用上位机提前将各种焊接对象的标准焊接条件进行存储，作业时采用人机交互的形式从中加以选择。

3）离线示教

通常有两种离线示教的方法：(1)在生产线外另安装一台所谓主导机器人，用它模仿焊接作业的动作，然后将制成的示教程序传送给生产线上的机器人；(2)借助计算机图形技术，在 CRT 上按工件与机器人的配置关系对焊接动作进行仿真，然后将示教程序传给生产线上的机器人，但还需攻克工件和周边设备图形输入的简化，机器人、焊枪和工件焊接姿态检查的简化，焊枪与工件干涉检查的简化等关键技术。

4）逆变电源

在弧焊机器人系统的周边设备中有一种逆变电源，由于它靠集成在机内的微机控制，因此能极精细地调节焊接电流。它将在加快薄板焊接速度、减少飞溅、提高起弧率等方面发挥作用。

3. 典型点焊机器人的规格

1）点焊机器人的典型应用领域

汽车工业是点焊机器人的典型应用领域。通常装配每台汽车车体需要完成3000～4000个焊点，而其中的60％是由机器人完成的。在某些大批量汽车生产线上，服役的机器人数甚至高达150余台。引入机器人会取得下述效益：

（1）改善多品种混流生产的柔性；

（2）提高焊接质量；

（3）提高生产率；

（4）把工人从恶劣的作业环境中解放出来。

2）点焊机器人的性能要求

最初点焊机器人只用于增焊作业，即在已拼接好的工件上增加焊点。随着发展的需要，为了保证拼接精度，机器人也需要完成定位焊作业。这样，点焊机器人逐渐被要求具有更全面的作业性能，具体包括：

（1）安装面积小，工作空间大；

（2）快速完成小节距的多点定位，例如每0.3～0.4s移动30～50mm节距后定位；

（3）定位精度高（±0.25mm），以确保焊接质量；

（4）夹持质量大（50～100kg），以便携带内装变压器的焊钳；

（5）示教简单，节省工时；

（6）安全可靠性好。

3）点焊机器人的分类

生产现场中使用的点焊机器人的分类、特征和用途如表7.1所示。在驱动形式方面，由于电动机伺服技术的迅速发展，液压伺服在机器人中的应用逐渐减少，甚至大型机器人也在向着电动机驱动方向过渡。随着微电子技术的发展，机器人技术在性能、小型化、可靠性以及维修等方面的进步日新月异。在机型方面，尽管主流仍是多用途的大型六轴多关节型机器人，但是出于机器人加工单元的需要，一些汽车制造厂家也在进行开发立体配置的3～5轴小型专用机器人。

表7.1 点焊机器人的分类、特性和用途

分　类	特　征	用　途
垂直多关节型（落地式）	工作空间/安装面积之比大，持重多数为100kg左右，有时还可以附加整机移动自由度	主要用于焊接工作
垂直多关节型（悬挂式）	工作空间均在机器人的下方	车体的拼接作业
直角坐标型	多数为三、四、五轴，适合于连续直线焊接，价格便宜	车身和底盘焊接
定位焊接用机器人（单向加压）	能承受500kg加压反力的高刚度机器人，有些机器人本身带有加压作业功能	车身底板的定位焊

图 7.5 六轴垂直多关节机器人

以持重 100kg，最高速度 4m/s 的六轴垂直多关节机器人为例，如图 7.5 和表 7.2 所示，为了缩短滞后时间，得到高的静态定位精度，该机采用低惯性、高刚度减速器和高功率的无刷伺服电动机。由于在控制回路中采取了加前馈环节和状态观测器等措施，控制性能得到大大改善，50mm 短距离移动的定位时间被缩短到 0.4s 以内。表 7.3 所示为该工业机器人控制器的控制功能，该控制器不仅具备机器人所应有的各种基本功能，而且也涵盖了焊机的接口功能，还带有焊接条件的运算、设定以及与焊机定时器的通信功能。最近，点焊机器人与 CAD 系统的通信功能变得重要起来，这种 CAD 系统主要用于离线示教。

表 7.2 点焊机器人主机规格

自由度	六轴	
持重	100kg	
最大速度	腰回转	100°/s
	臂前后	
	臂上下	
	腕前部回转	180°/s
	腕弯曲	110°/s
	腕根部回转	120°/s
重复定位精确	±0.25mm	
驱动装置	无刷伺服电动机	
位置检测	绝对编码器	

表 7.3 焊接机器人控制器的控制功能

驱动方式控制轴数	晶体管 PWM 无刷伺服六轴、七轴
动作形式	各轴插补、直线、圆弧插补
示教方式	示教盒离线示教、磁带、软盘输入离线示教
示教动作坐标	关节坐标、直角坐标、工具坐标
存储装置	IC 存储器(带备用电池)
存储容量	6000 步
辅助功能	精度和速度调节、时间设定、数据编辑、外部输入输出、外部条件判断
应用功能	异常诊断、传感器接口、IAN 连接、焊接条件设定、数据交换

4. 点焊机器人技术的发展趋势

新型的点焊机器人系统，将焊接技术与 CAD、CAM 技术完美结合，提高生产准备工作的效率，缩短产品设计投产的周期，使整个机器人系统取得更高的效益。汽车行业中点焊机器人系统拥有关于汽车车体结构信息、焊接条件信息和机器人机构信息的数据库，CAD 系

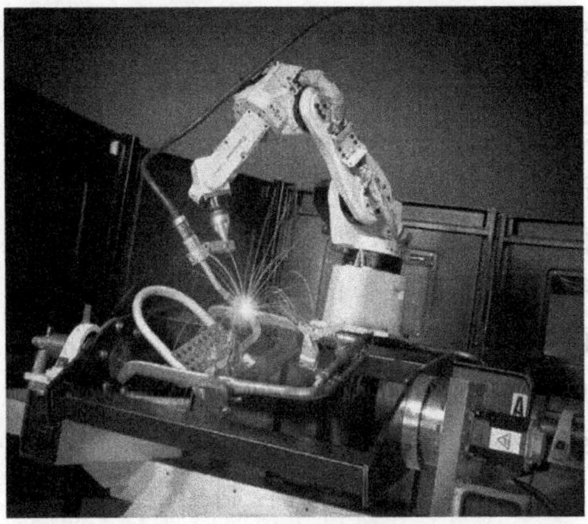

图 7.6　点焊机器人

统利用该数据库可方便地进行焊枪选择和机器人配置方案设计。至于示教数据，则通过计算机输入到机器人控制器。控制器具有很强的数据转换功能，能针对机器人本身不同的精度和工件之间的相对几何误差及时进行补偿，以保证足够的工程精度。该系统与传统的手工设计、示教系统相比，可以节省 50%的工作量，把设计至投产的周期缩短两个月。现在，点焊机器人正在向汽车行业之外的电动机、建筑机械行业普及。图 7.6 所示点焊接机器人工作。

7.1.3　喷涂机器人

对人类操作员而言，危险的工作条件成为 Trallfa 公司的研发目标与动力。这个挪威公司在 1969 年开发了一种简单的盘式喷涂机器人，用于汽车的保险杠和汽车工业中的其他塑料部件的喷涂作业。最开始气压泵是为了防止爆炸用的，但现在极大改进的盘状焊枪带来了全电气化的机器人设计；机器人配备了钩子和钳子，在喷涂过程中用来打开车棚和车门。能容纳气体的中空手腕允许喷涂缆绳快速敏捷的移动。机器人的喷枪得到明显改进，从而可以利用很少的喷漆和溶剂得到统一的质量，并且可在不同喷漆颜色间切换。最初，盘式喷涂机器人用于模仿工人进行重复性移动。现在，大部分可编程喷涂机器人可以利用新的编程系统提出集成化的过程仿真，以此优化喷漆沉积、厚度以及覆盖面，如图 7.7 所示。

图 7.7　喷涂机器人

喷漆机器人广泛用于汽车车体、家电产品和各种塑料制品的喷漆作业。与其他用途的工业机器人比较，喷漆机器人在使用环境和动作要求方面具有如下特点：工作环境包含易爆的喷漆剂蒸气；沿轨迹高速运动，途经各点均为作业点；多数被喷漆件都搭载在传送带上，边移动边喷漆。所以需要一些特殊性能，下面介绍两种典型的喷漆机器人。

1. 液压喷漆机器人

1）概述

浙江大学研制开发的液压喷漆机器人如图 7.8 所示，该机器人由本体、控制柜、液压系统等部分组成。机器人本体又包括基座、腰身、大臂、小臂、手腕等部分。腰部回转机构采用直线液压缸作驱动器，将液压缸的直线运动通过齿轮齿条转换成为腰部的回转运动。大臂和小臂各由一个液压缸直接驱动，液压缸的直线运动通过连杆机构转换成为手部关节的旋转运动。机器人的手腕由两个液压摆动缸驱动，实现腕部两个自由度的运动，这样提高了机器人的灵活性，可以适应形状复杂工件的喷漆作业。

图 7.8 液压喷漆机器人

液压喷漆机器人的控制柜由多个 CPU 组成，分别用于：

(1) 伺服及全系统的管理；

(2) 实时坐标变换；

(3) 液压伺服系统控制；

(4) 操作板控制。

示教有直接示教和远距离示教两种方式。远距离示教方式具有较强的软件功能，如可以在直线移动的同时保持喷枪头姿态不变，改变喷枪的方向而不影响目标点等。还有一种所谓的跟踪再现动作，只允许在传送带静止的状态示教，再现时则靠实时坐标变换连续跟踪移动的传送带进行作业。这样，即使传送带的速度发生变化，也总能保持喷枪与工件的距离和姿态一定，从而保证喷漆质量。为了便于在作业现场实地示教，出现了一种便携式操作板，它实际就是把原操作板从控制柜中取出来自成一体。这种机器人系统配备丰富的软硬件实现条件转移、定时转移等连锁功能，还配有周边设备和机器人的联动运行的控制系统。现在，喷漆机器人所具备的自诊断功能已经可以检查出高达 400 种的故障或误操作项目。

2) 高精度伺服控制技术

多关节型机器人运动时，随手臂位姿的改变，其惯性矩的变化很大，因此伺服系统很难得到高速运动下的最佳增益，液压喷漆机器人也不例外；再加上液压伺服阀死区的影响，使它的轨迹精度有所下降。通过高精度软件伺服系统可解决该问题，具体控制措施如下：

(1) 在补偿臂姿态、速度变化引起的惯性矩变化的位置反馈回路中，采用可变 PID 控制。

(2) 在速度反馈系统中进行可变 PID 控制，以补偿作业中喷漆速度可能发生的大幅度变化。

(3) 实施加减速控制，以防止在运动轨迹的拐点产生振动。

3) 液压系统的限速措施

遥控操作进行示教和修正时，需要操作者靠近机器人作业，为了安全起见，不但应在软件上采取限速措施，而且在硬件方面也应加装限速液压回路。具体地，可以在伺服阀和油缸间设置一个速度切换阀，遥控操作时，切换阀限制压力油的流量，把臂的速度控制在 0.3m/s 以下。

4) 防爆技术

喷漆机器人主机和操作板必须满足本质防爆安全规定。这些规定归根结底就是要求机器人在可能发生强烈爆炸的危险环境中也能安全工作。在日本，产业安全技术协会负责认定安全事宜；在美国，FMR(Factory Mutual Research)负责安全认定事宜。相关机器人产品进入国际市场，必须经过这两个机构的认可。为了满足认定标准，在技术上可采取两种措施：一是增设稳压屏蔽电路，把电路的能量降到规定值以内；二是适当增加液压系统的机械强度。

5）汽车车体喷漆系统应用举例

一个汽车车体的机器人喷漆系统如图7.9所示。两台能前后、左右移动的台车，备载两台液压机器人组成该系统。为了避免在互相重叠的工作空间内发生运动干涉，机器人之间的控制柜是互锁的。这个应用例子中，为了缩短示教的时间，提高生产线的运转效率，采用离线示教方式，即在生产线外的某处示教，生成数据，再借助平移、回转、镜像变换等各种功能，把数据传送到在线的机器人控制柜里。

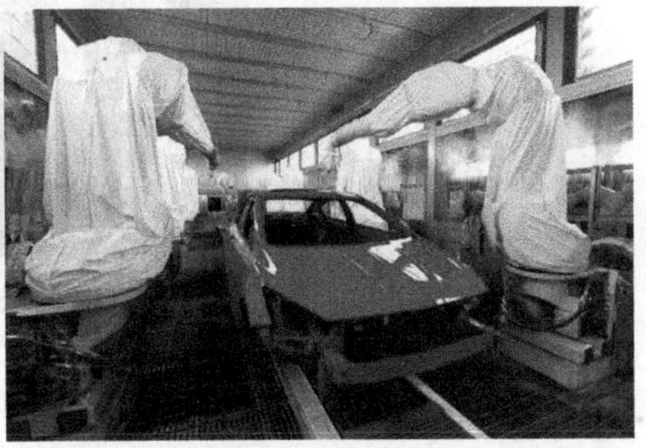

图7.9 汽车车体喷漆系统的应用

2. 电动喷漆机器人

1）概述

喷漆机器人之所以一直采取液压驱动方式，主要是从它必须在充满可燃性溶剂蒸气环境中安全工作进行考虑。近年来，由于交流伺服电动机的应用和高速伺服技术的进步，在喷漆机器人中采用电驱动已经成为可能。现阶段，电动喷漆机器人多采用耐压或内压防爆结构，限定在1类危险环境（在通常条件下有生成危险气体介质之虞）和2类危险环境（在异常条件下有生成危险气体介质之虞）下使用。

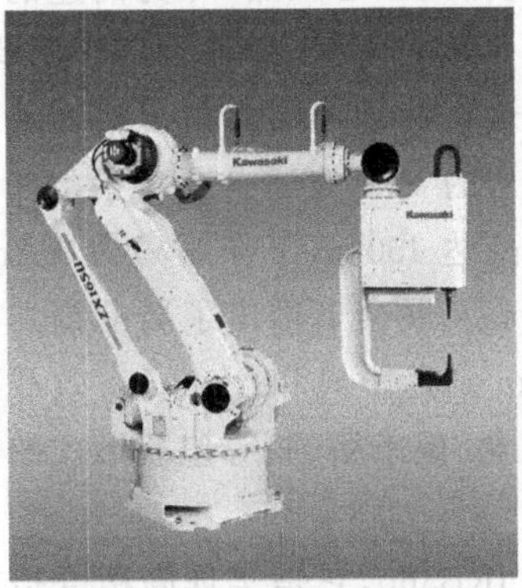

图7.10 电动喷漆机器人

日本由川崎重工研制的电动喷漆机器人及工作空间如图7.10所示。图示机器人和前述液压机器人一样，也有六个轴，但工作空间大。在设计手臂时减轻了质量和简化了结构，降低了惯性负荷，提高了高速动作的轨迹精度。

2）防爆技术

电动喷漆机器人采用所谓内压防塌方式，这是指往电气箱中人为地注入高压气体的做法，注入的高压气体比易爆危险气体介质的压力高。在此基础上，进一步采用无火花交流电动机和无刷旋转变压器，则可组成安全性更好的防爆系统。为保证绝对安全，电气箱内装有监视压力状态的压力传感器，一旦压力降到设定值以下，它便立即感知并切断电源，使机器人停止工作。

3）办公设备喷漆系统的应用举例

办公设备喷漆系统由两台电动喷漆机器人及其周边设备组成，如图7.11所示。喷漆动作在静止状态示教，示教完成后的动作再现时，机器人可根据传送带的信号实时地进行坐标变换，一边跟踪被喷漆工件，一边完成喷漆作业。由于机器人具有与传送带同步的功能，因此当传送带的速度发生变化时，喷枪相对工件的速度仍能保持不变，即使传送带停下来，也可以正常地继续喷漆作业直至完工，使涂层质量能够得到良好的控制。

图 7.11 办公设备喷漆机器人系统

7.1.4 搬运及码垛机器人

1. 概述

机器人根据结构形式不同可分为两大类：一是串联机器人；二是并联机器人。串联机器人因具有结构简单、工作范围大、占用空间小等优点而获得广泛应用；并联机器人由于具有动作频率快、定位精度高、刚度大等优点也越来越受到人们的关注。

在串联机器人的应用方面，搬运机器人已广泛应用于汽车零部件制造、汽车生产组装、机械加工、电子电气、橡胶及塑料、木材与家具制造等行业中，同时也应用于医药、食品、饮料、化工等行业的输送、包装、装箱、搬运、码垛等工序。搬运机器人的轴数一般为 6 轴和 4 轴，以 ABB 公司产品为例，2011 年 ABB 在"工博会"展示了两款全球最快的码垛机器人 IRB460 和 IRB760，IRB460 是 ABB 在华团队研制的第二款机器人核心产品，专为高速的码垛线末端处理设计，不仅可用于高速的包袋码垛，还可用于紧凑的生产线末端箱子码垛，IRB460 的操作最高可达每小时循环 2190 次，可承载 110kg，运行速度比同类常规机器人提升了 15%，作业覆盖范围为 2.4m，占地面积为一般码垛机器人的 4/5，更适合在狭小空间高速作业。IRB760 机器人专为整层码垛应用而设计，有效荷重高达 450kg，工作距离为 3.2m，尤其适合码垛饮料、化工产品等。2012 年 ABB 公司在 Interpack 展会上推出了新的第二代码垛机器人 IRB660，采用最先进的轴设计，是一款具有 3.15m 到达距离和 250kg 有效载荷的高速机器人，操作区域更大，速度更快，非常适合应用于袋、盒、板条箱、瓶等包装形式的物料的堆垛。

针对不同行业的需求，ABB 还开发了特殊规格的机器人 IRB360，它是实现高精度拾放料作业的并联机器人，范围可达 1600mm。最新研发的大功率机器人 IRB7600，最大承重能力高达 650kg，用于重载场合，具有大惯性、大转矩以及卓越的加速性能，且配有易于使用的离线编程和模拟软件。图 7.12 所示 ABB 搬运机器人。

其中 6 轴机器人主要用于各行业的重物搬运作业，尤其是重型夹具、车身的转动、发动机的起吊等；4 轴机器人由于轴数少，运动轨迹近似于直线，所以速度明显提高，特别适合高速包装、码垛等工序。

除了以上所述结构外，还有一种名为 SCARA 的机器人，该机器人具有 4 个轴，可用于高速轻载的工作场合，其结构如图 7.13 所示。

图 7.12　ABB 搬运机器人

高速并联机器人一般以 2～4 个自由度居多，其中以 Delta 机械手为代表。1987 年，瑞士 Demaurex 公司首先购买了 Delta 机构的专利权并将其产业化，先后开发了 Pack-Placer、Line-Placer、Top-Placer 和 Presto 等系列产品，主要用于巧克力、饼干、面包等食品的包装。1999 年，ABB 公司推出了如图 7.14 所示的 4 自由度 IRB 340Flex Picker Delta 机器人，并配置了 Cognex 公司的计算机视觉系统，用于食品、医药和电子行业，该机器人末端加速度可达 10GW，每分钟可完成 150 次抓取操作。目前 ABB 公司最新产品加速度可达 15G，每分钟抓取次数可达 180 次。天津大学于 2001 年在国内率先开展关键技术研究与工程应用工作，于 2002 年发明了一种称为 Diamond 的二平动自由度高速并联机器人，获得多项专利，如图 7.15 所示；此后，天津大学又发明了一种类 Delta 机构机器人 Delta-S，其结构如图 7.16 所示，并在医药和饮料包装中进行了应用。

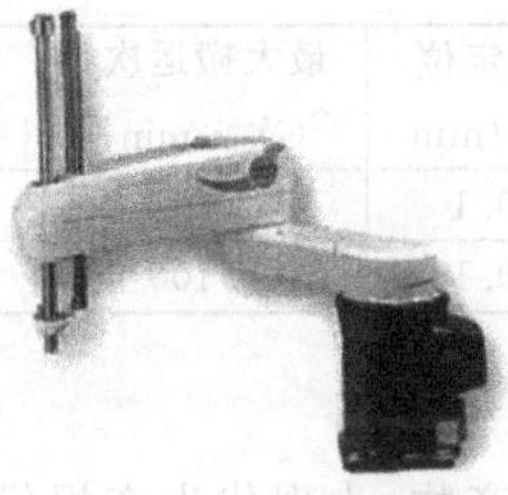

图 7.13　SCARA 机器人

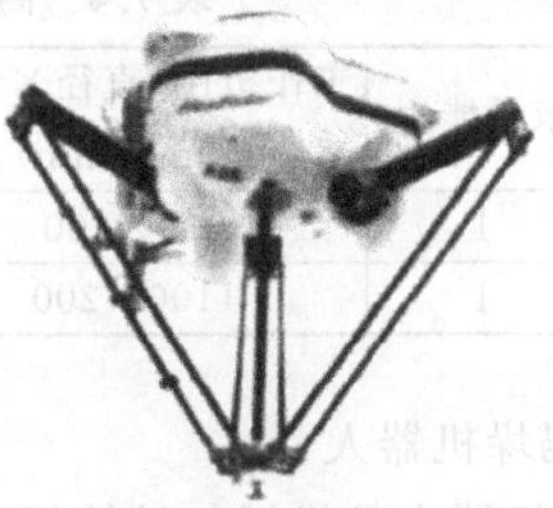

图 7.14　Flex Picker 机器人

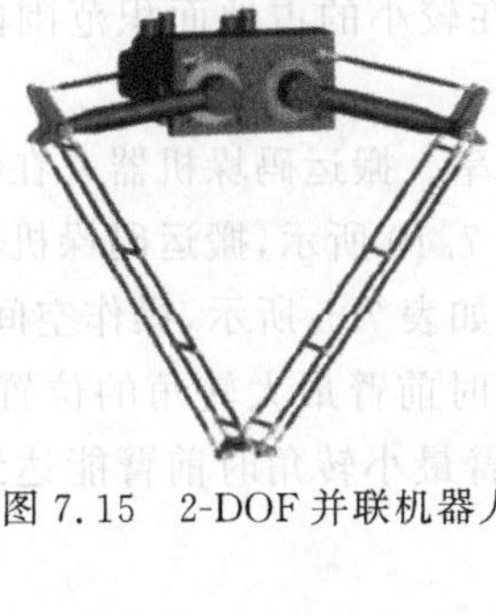

图 7.15　2-DOF 并联机器人

图 7.16　Delta-S 并联机器人

2. 应用举例

1）高速并联机器人

高速并联搬运机器人具有4个自由度，主要由静平台、动平台、3根主动杆、3组平行四边形从动支链以及中间转动杆和末端执行器组成，如图7.17所示。其工作空间如图7.18所示，其中标注的圆柱体为实际要求的工作空间。

图7.17 高速并联机器人

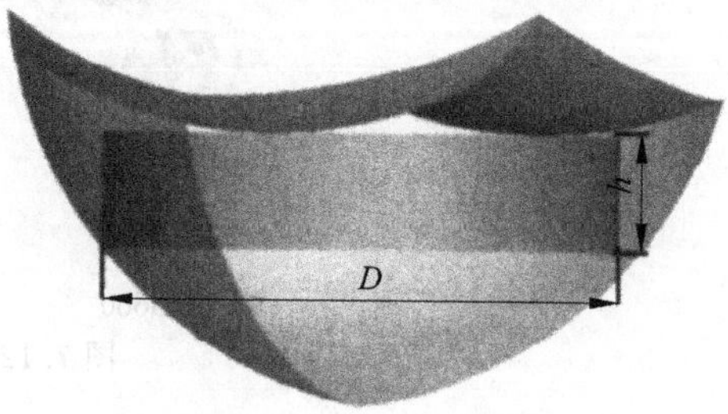

图7.18 工作空间

从图7.17中可以看到，静平台的3组驱动单元通过3条相同的运动链分别与运动平台的3条边铰接，每条运动链中有1个由4个虎克铰与杆件组成的平行四边形闭环，此闭环再与1个带转动关节的驱动臂相串联，驱动臂的一端固定在静平台上，在电动机的驱动下做一定角度的摆动，这3条运动链决定了运动平台的运动特性。运动平台不能绕任何轴线旋转，但可以在直角坐标空间沿 X、Y、Z 3个方向平移运动，末端执行器安装于动平台上；同时，中部电动机通过万向连轴节带动可伸缩的转动杆，使末端执行器有了绕 Z 轴旋转的第4个自由度。高速并联机器人主要技术指标如表7.4所示。

表7.4 高速并联机器人主要技术要求

机器人型号	承受能力	工作范围(直径×高)/(mm×mm)	轴数	重复定位精度/mm	最大搬运次数/(次·min^{-1})	最大加速度/(m·s^{-2})
Delta-Ⅰ	1	600×200	4	±0.1	120	100
Delta-Ⅱ	1	1100×200	4	±0.1	100	100

2）搬运码垛机器人

搬运码垛机器人是机械与计算机程序有机结合的产物，为现代生产提供了更高的生产效率。搬运码垛机器人在码垛行业有着相当广泛的应用。搬运码垛机器人系统中采用专利技术的坐标式机器人的安装占用空间灵活紧凑，使得在较小的占地面积范围内建造高效节能的全自动砌块成型机生产线的构想变成现实。

搬运码垛机器人为现代生产提供了更高的生产效率。搬运码垛机器人在物流行业有着相当广泛的应用，大大节省了劳动力，节省空间。如图7.19所示，搬运码垛机器人运作灵活精准、快速高效、稳定性高，作业效率高，主要技术参数如表7.5所示，操作空间如图7.20所示。其中 O 点为大臂转动中心，A 点为大臂最大转角时前臂最大转角的位置，B 点为小臂最大转角时末端能达到的最远点，C 和 D 点分别为大臂最小转角时前臂能达到的最大转角和最小转角位置。

图 7.19 搬运码垛机器人

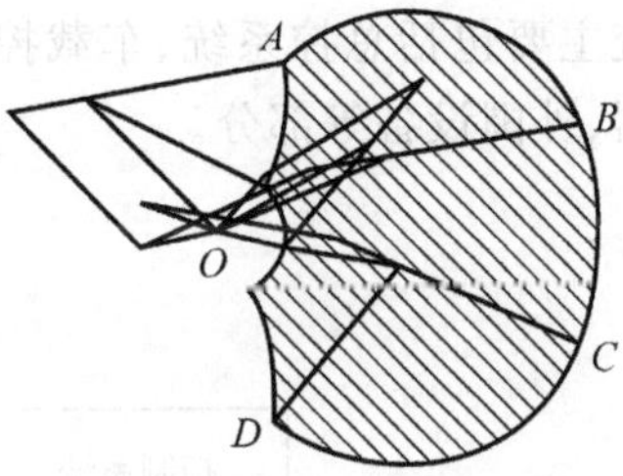

图 7.20 操作空间示意图

表 7.5 搬运码垛机器人主要技术要求

机器人型号	承受能力/kg	到达距离/m	轴 数	重复定位精度/mm	最大搬运次数（次·h^{-1}）
120 型	120	2.30	4	±0.5	1200
300 型	300	3.15	4	±0.5	800

该机器人具有 4 个自由度，包括腰关节、肩关节、肘关节、腕关节 4 个旋转关节，并引入了 3 组平行四边形机构，如图 7.21 所示。通过这种构型和布置，实现以下功能：图 7.21 中平行四边形机构Ⅰ可以实现大臂和前臂驱动电动机同时安装在底座上，通过驱动小臂间接地驱动前臂，从而大大减少了前臂重量，提高了机构的动力学性能；图 7.22 中平行四边形机构Ⅱ、Ⅲ实现了末端执行器在运动过程中平行于水平面这一特殊位姿要求。

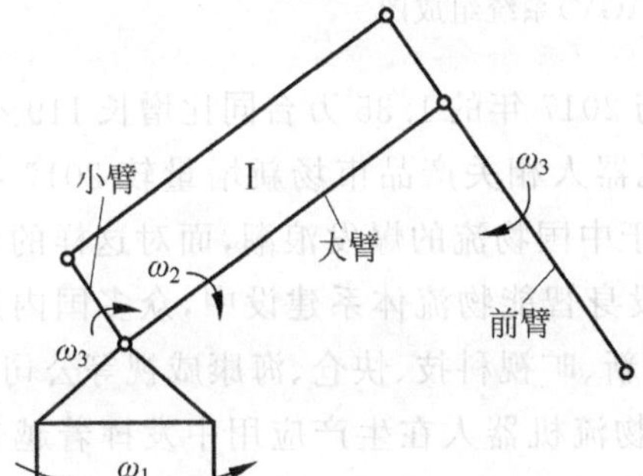

图 7.21 码垛机器人结构示意图 平行四边形机构Ⅰ

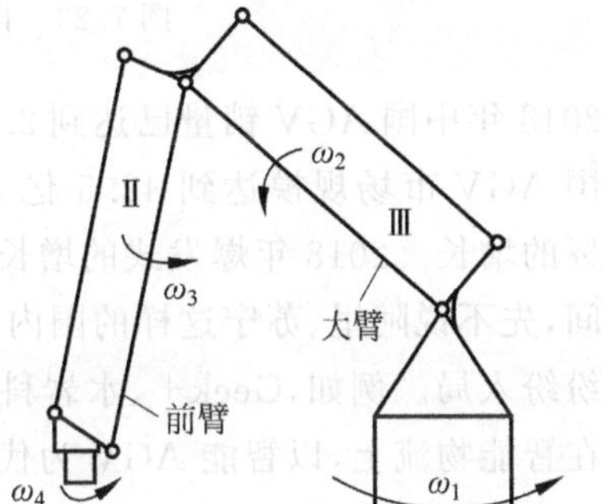

图 7.22 码垛机器人结构示意图 平行四边形机构Ⅱ、Ⅲ

7.1.5 自动导向车

自动导向车（Automated Guided Vehicle，AGV）是指装备有磁性或光学等自动导引装置，能沿规定的导引路径行驶，具有安全保护以及各种移载功能的运输小车。因具有良好的柔性和较高的可靠性，能够减少工厂和仓库对劳动力的需求，且安装容易、维护方便，近年来得到越来越广泛的应用。目前中国 AGV 机器人的需求旺盛，需求领域较为集中，AGV 在生产制造、物流、巡检等行业的应用日益广泛。

随着我国智能制造战略的全面推进，以及电子商务的迅猛发展，企业对高效、灵活、节能的自动化物流系统的需求越来越强烈，对AGV技术也提出了更高的要求。

AGV系统的构成主要包括两大部分，即控制系统和基础硬件（见图7.23）。其中，控制系统主要包括总控系统、车载控制器和导航系统等部分；基础硬件主要包括车体、动力、驱动器、外围设备等部分。

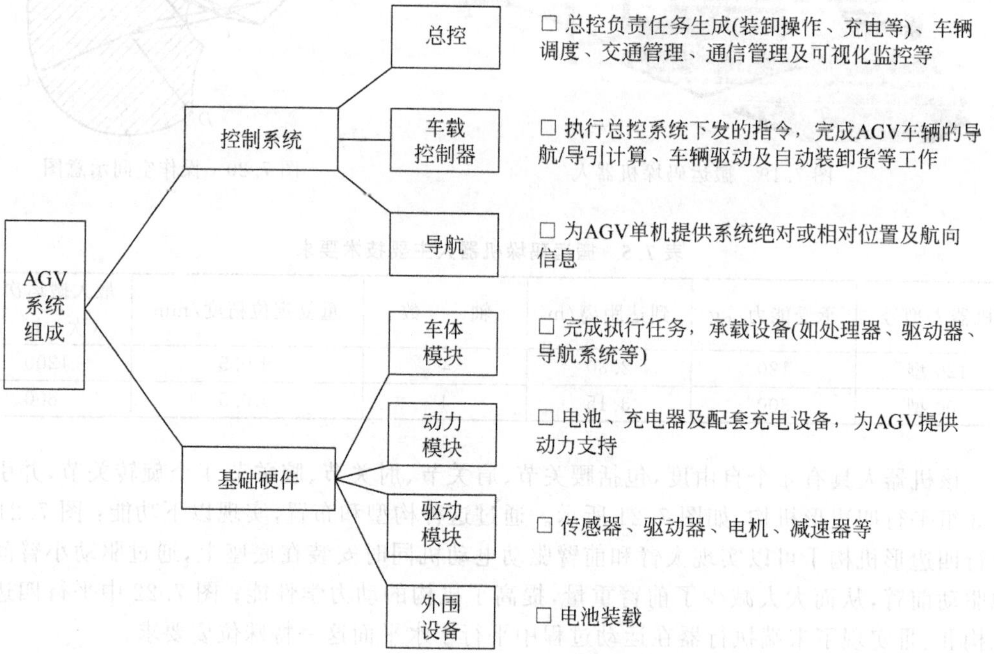

图7.23　自动导引车（AGV）系统组成图

2018年中国AGV销量已达到2.96万台，与2017年的1.35万台同比增长119%，2018年中国AGV市场规模达到42.5亿元，AGV机器人相关产品市场新增量较2017年实现42.5%的增长。2018年爆发式的增长还是归咎于中国物流的爆发浪潮，面对这样的百亿市场空间，先不说阿里、苏宁这样的国内龙头企业投身智能物流体系建设中，众多国内产业公司也纷纷入局。例如，Geek+、水岩科技、马路创新、旷视科技、快仓、海康威视等公司。

在智能物流上，以智能AGV为代表的仓储物流机器人在生产应用中发挥着越来越大的作用。传统的AGV利用电磁轨道设立行进路线，根据简单的传感器进行避障，保障系统在不需要人工引导的情况下沿预定路线自动行驶；而现代仓储机器人融合了RFID自动识别技术、激光引导技术、无线通信技术和模型特征匹配技术，使机器人更加精确地完成定位、引导和避障操作。结合大数据、物联网技术与智能算法，路径规划和群体调度的效率也大大提高。

2012年，美国亚马逊公司以7.75亿美元收购了物流机器人公司Kiva Systems，并在各个仓库大规模部署Kiva。Kiva可自动分拣货物，将货架从仓储区自动移动到拣货的仓库员工面前，减少他们在仓库中的走动距离，机器人的运行速度可达48km/h，工作准确率能够达到99.99%，颠覆了电商物流中心作业“人找货、人找货位”的传统模式，实现了“货找人，货位找人”的新模式，大大降低了人力成本，提高了物流效率。根据2013年的一份报告显示，亚马逊在当时普通订单的交付成本为 3.50～3.75 美元，而使用 Kiva 机器人将使这一成本下降 20%～40%，预计每年在仓库分拣环节中，机器人能为亚马逊节省 9 亿美元左右。

而在国内，天猫、京东、申通等公司也纷纷尝试应用仓储机器人。天津的阿里菜鸟仓库部署了 50 台由北京极智嘉科技开发的 Geek＋仓储机器人用于协助商品分拣工作，日出货能力超过 20 000 件，节约人力 40 多人。阿里菜鸟业务更是在 2017 年进军日本，打开了国际市场。上海快仓智能科技公司在完成 B 轮融资后成为国内最大的仓储机器人公司，并与唯品会、京东等公司合作，推出和应用了快仓机器人系统，单仓超过 100 台，日出货量达 4～5 万单，单仓最大日出货能力超过了 100 000 件，在中通公司临沂 2000m^2 的仓库分拣区，投入了由杭州海康机器人设计开发的智能分拣机器人和"阡陌"智能仓储系统，与工业相机的快速读码技术及智能分拣系统相结合，实现 5kg 以下得到小件快递包裹称重/读码后的快速分拣，并根据机器人调度系统的指挥，基于二维码和惯性导航，以最优路径投递包裹。海康的机器人能实现每小时处理包裹 2 万单。

据 Tractica 预测，2021 年全球仓储和物流机器人市场将达到 224 亿美元，无疑这是仓储和物流机器人快速增长的爆发期。除以上企业外，目前国内外其他加入竞争的仓储机器人公司还包括：印度的 GreyOrange，法国的 Exotec，美国的 Fetch Robotics，Clearpath Robotics，Locus Robotics，德国的 Magazino 和瑞士的 Swisslog，国内的深圳欧铠机器人、新松机器人、北京水岩科技、杭州南江机器人等。

另外，除了在物流仓储方面的应用，亚马逊公司于 2016 年 12 月完成了首次商用无人机送货。

"AGV＋机械臂"智能化跨越期已来临。国外，KUKA 推出 KMR iiwa；优傲机器人结合移动小车自动构建地图导航，实现大范围空间内的物料抓取和物流传递。图 7.24 所示 KUKA 公司推出 KMR iiwa 机器人。

国内，大族推出移动机器人 Star，通过 AGV 与机械臂、视觉软件的整合，使得机器人可以同时拥有移动、视觉识别、抓取、搬运等功能；新松复合型机器人集成了智能移动机器人、通用工业机器人，融入视觉系统、多样化的导航配置。他们打通了数字化工厂仓库到生产线的最后一环。图 7.25 为移动机器人 Star。

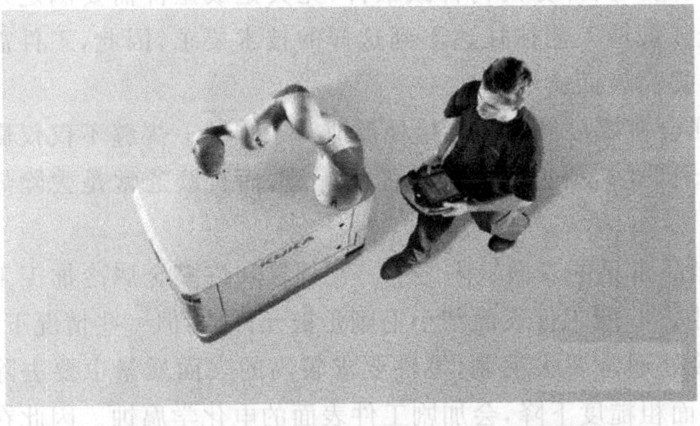

图 7.24 KUKA 公司推出 KMR iiwa 机器人

图 7.25 移动机器人 Star

在 2017 年 CeMAT Asia 展会上，SLAM 导航 AGV 引起大家的高度关注。新松机器人公司最新研发的"移动搬运平台"便是采用先进的激光 SLAM 技术，导航精度高，可在高度动态环境下提供迅速的、可追踪的输送流程，进行智能化的自动导航，躲避障碍和选择最佳路径完成任务。图 7.26 所示新松机器人公司的“移动搬运平台”。

图 7.26 新松机器人公司的“移动搬运平台”

7.1.6 机械加工机器人

相对于车床或铣床，工业机器人具有较少的刚度，但具有更好的灵活性。一个串联机器人的刚度通常在其整个工作空间是非均质的，一个典型的重型模型在 200～700N/mm 范围内变化。因此，工业机器人对于一个给定机械手可以在制造工件，如研磨、抛光时，提供可以降低至可接受的程度的工具力量。这种增量加工方法，特别是切割合成型，可产生良好的效果。然而，这些连续的机器人动作必须是自动生成的，这需要结合带有工件的几何形状的进程信息。下面将对打磨机器人和切削机器人进行介绍。

1. 打磨机器人

打磨去毛刺是金属冷加工中常见的一道工序，通常是许多零件入库前的必不可少的一步。工件打磨的主要目的包含：

(1) 提高工件的精度和表面质量。大部分的铸件或锻件，尤其是成型件需要满足一定的精度和表面粗糙度要求，而铸造或锻造工艺往往达不到这样的技术要求，因此，工件需要通过打磨加工修正几何尺寸偏差，提高表面质量。

(2) 去除焊缝。焊接工艺往往会在焊接件表面焊接处形成一条焊缝。焊缝不仅仅影响美观，还会严重影响零件表面质量，因此需要去除零件表面的焊缝，而打磨通常是去除焊缝的主要手段。

(3) 去除毛刺。毛刺是金属制品常见的表面缺陷之一。在焊接和许多金属冷加工工艺如切削加工后均会有大量毛刺产生。一般工件表面细小毛刺是被允许的，但一些情况下，如工件下一步需要进行焊接，在焊接处通常要去毛刺，零件要求较高的表面质量也要去除毛刺。此外，毛刺的存在会使工件表面粗糙度下降，会加剧工件表面的电化学腐蚀。因此在打磨加工中，去除毛刺也是一项重要任务。

现在，虽然已经出现许多自动化程度较高的可应用于打磨的机床，如抛光机、研磨机等。但是由于需打磨的工件种类繁多，受装夹等因素制约，大多数打磨环节的工作还需要劳动者手工完成。手工打磨是一项非常繁重的工作，操作者的手常常会受伤，此外，打磨作业场所的粉尘和噪声也会极大损害从业者的身心健康。而打磨机器人的问世无疑将会为传统手工打磨业带来翻天覆地的变化。较之手工打磨，打磨机器人的效率更高，打磨质量更好，且只需要改变相应控制程序就可以适应很多种类、外形各异的工件，相比一些打磨机床，有更好的柔性和适应性，可将大量的劳动者从危险繁重的打磨作业中解放出来。

随着工业机器人技术的逐渐成熟，工业机器人开始应用到越来越多的工业领域。目前虽然打磨机器人占整个工业机器人应用总量的比重并不多，但处于不断上升态势。在工业机器人技术较为发达的国家，如日本、德国，从 20 世纪 90 年代起就已开始运用打磨机器人进行一些金属制品如汽车零件、水龙头等的打磨加工。

打磨抛光机器人能够实现高效率、高质量的自动化打磨，为代替人工打磨提供了一种有效的解决方案。打磨机器人的核心为力控制技术，通过控制加工轨迹和打磨工具末端的力保证打磨质量，即对机器人的位置和力进行控制。目前，打磨机器人已经可以打磨外形复杂，包含大量曲线、曲面的零件。

打磨机器人由主体、驱动系统和控制系统三个基本部分组成。主体即机座和执行机构，包括臂部、腕部和手部。传统的打磨机器人采用示教再现编程的方式对工件进行打磨抛光，通过工人现场示范，并记下轨迹，方便后续工件的加工，实现批量化生产，但是这种编程技术仍然存在着一些严重的缺点：如生产效率低，生产成本高；完成复杂的运动轨迹十分困难；对工作在有毒、粉尘、辐射等环境下的机器人进行示教有害操作者的健康；操作者易受到现场环境的干扰；无法使用数据库资源等。另外一种方式则是离线编程的方法。

机器人离线编程的方法，在提高机器人工作效率、复杂运动轨迹规划、碰撞和干涉检验、直观地观察编程结果、优化编程等方面存在优势，已引起了人们的极大兴趣，并成为当今机器人学中一个十分活跃的研究方向。然而在机器人参与机械各类加工过程中，由于机器人系统比 CNC 系统刚度低，不确定因素多，直接通过 CAD/CAM 离线编程出来的轨迹，在实际中具有较大误差，通常需要在线示教进行修改。而当零件本身在具有较大误差的情况下，获得好的加工效果就变得十分困难。

随着科学技术的发展，很多先进控制和优化控制理论纷纷被应用于工业机器人控制系统。然而，不管是在先进控制策略的应用过程中还是对产品质量的直接控制过程中，一个最棘手的问题就是难以对产品的质量或加工参数进行在线实时测量。因此研究和开发具有一定智能水平的、能够感知外界环境变化的智能型工业机器人成了摆在机器人学研究人员面前的一个难题。

在加工的过程中引入在线实时测量技术，将会对产品的质量有一个大的提升，也大大减少了工人在生产车间的活动。基于力传感器路径规划的去毛刺工业机器人，将力传感器应用到工业机器人检测领域，不仅提高了产品的质量和可靠性，更保证了工业机器人生产的效率，可以更好地实现高效的在线检测，提高了工件生产线上的柔性及自动化程度。

打磨机器人系统由工业机器人本体、机器人控制柜、路径规划计算机、打磨工具、六维力—力矩传感器及打磨工作台等组成(见图 7.27)，六维力—力矩传感器安装在机器人六轴末端法兰盘上，用来测量在传感器坐标系下 X、Y、Z 3 个方向所受力和力矩大小。打磨工具通过连接件安装在力—力矩传感器的测量面。路径规划计算机用来规划打磨工具在待加工工件上的打磨路径，其输出和机器人控制柜相连。打磨机器人的加工过程为：首先路径规划计算机对打磨工具在工件上的打磨路径进行规划，并将规划完的机器人位置信息传递给机器人位置控制器，机器人位置控制器驱动机器人到达相应位置开始打磨，力—力矩传感器测量打磨工具和加工件之间的力大小，再将测量的信息传递给力控制器，力控制器对机器人进行调节以保持打磨工具和加工件之间的力相对恒定，从而保证打磨的效果。

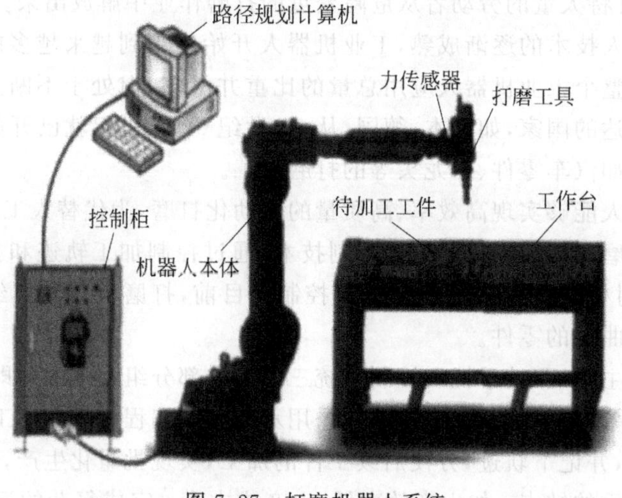

图 7.27　打磨机器人系统

图 7.28 为埃夫特打磨机器人，该型号为 ER50-C20；图 7.29 为精密加工零件去毛边抛光前后对比图；图 7.30 为离线编程软件界面图。

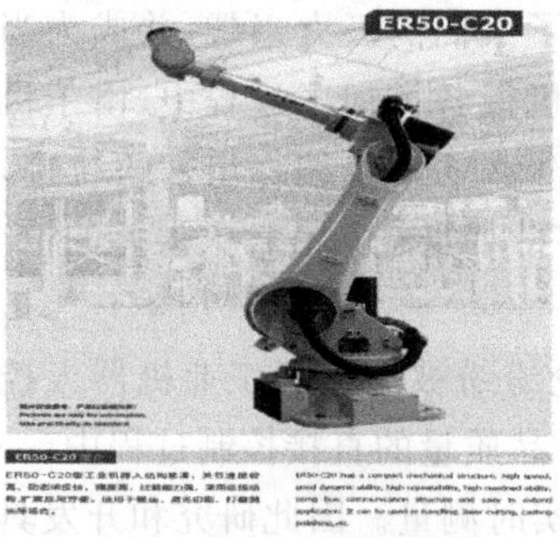

图 7.28　埃夫特打磨机器人

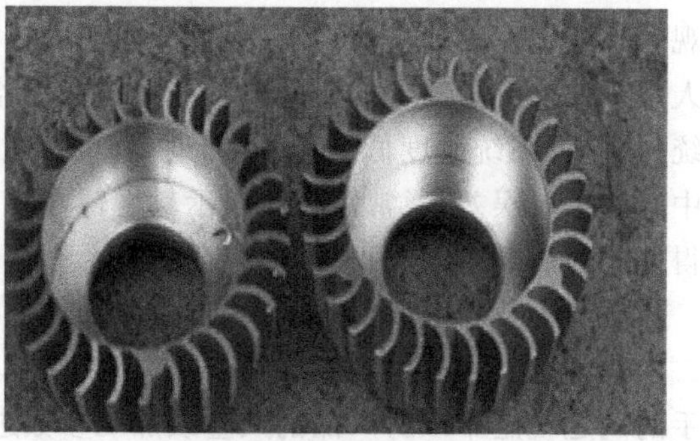

图 7.29　精密加工零件去毛边抛光前后对比

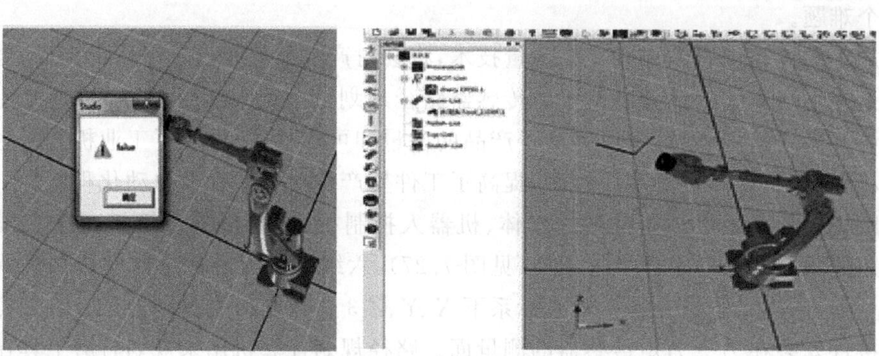

图 7.30　离线编程软件界面图

2. 切削机器人

工业机器人具有较强的通用性，被广泛地应用于各个领域，从 20 世纪 60 年代开始，便常常与数控机床系统结合为一体，提供上下料服务，成为整个数控柔性制造系统的一个单元。在机加工领域，工业机器人与数控加工设备相比，工业机器人自身制造代价较小，工作半径及灵巧性都远远高于数控设备，将机器人应用在切削加工领域可以加工大直径、曲面更为复杂的零件，可有效地降低成本，提高自动化程度，提高生产线的柔性。对于具有复杂曲面的工件来讲，机器人与变位机的组合，大大提高了系统的灵巧性，几乎可以达到任何位姿，能够满足对于复杂零件的切削加工要求。工业机器人在实际应用中存在臂杆刚性不足从而导致弹性变形，关节减速器磨损产生误差等缺点，但通过误差补偿的方法可以提高加工精度。相比于通过提高机器人自身精度与刚度来提高加工精度，误差补偿的方法是比较廉价的。在切削加工机器人系统中，有效合理地利用工业机器人与辅助设备的协调运动，可使得机器人在工作空间中具有更好的灵巧性，对于加工复杂曲面的工件具有更强的适应性。

相比一般的焊接、喷涂机器人，切削加工机器人的精度要求较高，机器人本体刚度是决定精度的主要因素。目前市面上主流工业机器人皆为悬臂梁结构，这种结构优点在于增大了工作空间，能够提供更大的末端速度，但是也降低了机器人整体的刚度，特别是在臂杆的垂直面内，承载能力差，刚性表现得较为糟糕，为了提高机器人的刚度，在结构上许多机器人厂家采用了混联结构，即轴与轴间采用平行四边形结构，这种结构在欠自由度重载搬运机器人中较为常见。机器人关节中的减速器是影响机器人精度的主要因素之一，有效地提高减速器的精度、刚度及使用寿命，将提高机器人的整体精度。就机器人切削加工来讲，如何提高本体的刚度进而提高精度成为问题的焦点。

在机械加工领域，工业机器人与数控机床联系相对紧密，彼此之间的双向发展也有助于工业自动化水平的提升。目前在机加工行业，用户不仅仅是购买机床，往往要求企业提供相关的成套解决方案。从运动控制的角度，机器人与数控机床并无本质的区别，而数控机床厂家生产工业机器人也是水到渠成，国内广州数控、南京埃斯顿均属此类企业。工业机器人与数控机床的协同工作主要体现在上下料这一领域，图 7.31 为一台工业机器人配套的数控加工中心。对于机器人切削加工，国外公司均有此类专用机器人，但是结合具体应用领域，如塑性材料、木材、石料、金属材料的切削加工还需要去设计相关工装及研发相应的切削加工工艺，图 7.32 为机器人切削塑料车模。德国的 KUKA 公司研制的机器人可用于切削加工，负荷 60/45/30kg，附加负荷 35kg，重复定位精度小于 0.05mm，如图 7.33 所示。

图 7.31　数控加工中心机器人上下料

图 7.32　KUKA 机器人切削加工

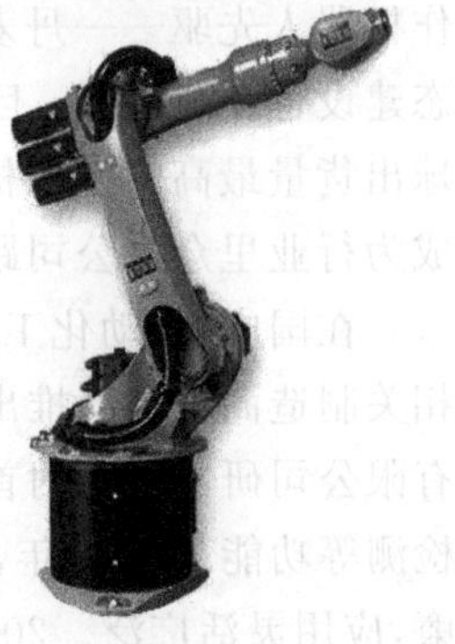

图 7.33　KUKA KR60HA 机器人

7.1.7 新一代人机协作机器人

在生产制造中，有许多工序在人与机器合作的情况下最为高效，例如工业机器人对工件完成相应自动化工序后，再通过人工的方式完成机器难以完成或自动化成本高昂的工序，这种情况下要求机器人与人存在于同一个工作空间；而对传统的工业机器人而言，在作业中为避免伤害事故的发生是不允许人员进入工作区的，自然也就无法进行人机协作。因此，能够保证工人安全，可便捷地实现人机协作的智能协作机器人应运而生。

智能协作机器人作为新一代工业机器人，是集成视觉感知、力感知、自主避障、自主路径规划、自主能耗评估、AR交互、App示教的新型机器人，也是工业机器人智能化最好的载体。相较于传统工业机器人，智能协作机器人主要具有能够通过最优策略进行自主避障的末端悬停能力，实现被动安全的碰撞检测能力，有效控制成本和降低使用难度的简化示教能力，以及基于力反馈的拖动示教能力。智能协作机器人以其重量轻、适应性强、安全性高的特点特别适用于3C装配、智能物流分拣、医疗、制药、教育、新零售等领域。

作为机器人自动化的全球领导者，瑞士ABB公司发布了一款双臂协作机器人YuMi，旨在满足消费电子产品行业对于柔性生产和灵活制造的需求，融合了双臂设计、多功能智能双手、基于机器视觉的部件定位、引导式编程、精密运动控制和防碰撞安全机制等技术，能够实现基于视觉引导式装配及力控式装配。德国KUKA公司推出智能型工业助手LBR iiwa，采用了七轴和流线型设计，轴中集成关节力矩传感器，具有碰撞检测功能，可实现人机协作以完成高敏感度的任务需求。日本YASKAWA公司开发出小型六轴机器人MotoMINI，其小型轻量的设计能够让工作人员直接抱起搬走，可实现人机协同作业的高度自由性。日本FANUC公司则发布了当时全球负载最大的协作机器人CR-35iA，该机器人负载可达35kg，并且内置力传感器，具有牵引示教能力，适用于搬运、组装等工作。

协作机器人先驱，美国知名机器人企业Rethink Robotics公司是一家来自美国波士顿的机器人公司，由麻省理工学院知名教授Rodney Brooks于2008年创建，曾经在2011年推出了一款名为Baxter的协作机器人产品，称得上是协作机器人行业的领军人物。但Baxter没能大卖，而且2015年推出的更为先进的单臂机器人Sawyer也在销售上惨遭滑铁卢；最终由于产品销售业绩未达预期目标，Rethink Robotics公司在2018年10月4日宣布倒闭关门。Rethink Robotics公司的倒闭对整个机器人行业产生了巨大的震动，但是另外一家协作机器人先驱——丹麦的Universal Robots公司(UR公司)，却保持了明显的竞争优势，生态建设也相对完善；目前，UR公司机器人的销量稳步增长，年销量已是万台级别，成为全球出货量最高的协作机器人，占据了这个领域的大部分市场，且UR机器人的产品形态也已成为行业里众多公司跟随的对象。

在国内，自动化工业领域正进行着智能制造的升级，智能协作机器人的需求急速上升，相关制造商也相继推出一系列性能优秀的智能协作机器人。2015年，沈阳新松自动化股份有限公司研制了国内首款高端七轴协作机器人，集成了快速配置、视觉引导、牵引示教、碰撞检测等功能。2016年，大族电动机推出Elfin六轴协作机器人，其采用模块化组装，成本低廉，应用灵活广泛。2017年，艾利特科技有限公司携七轴协作机器人EC75和人工智能演示系统亮相第19届中国国际工业博览会，如图7.34所示，EC75是一种冗余度协作机器人，可利用其冗余自由度实现躲避空间障碍物、回避奇异构型、回避关节角位置极限、优化各关节力矩等众多独特功能；艾利特还推出了“人工智能+协作机器人”这样极具前瞻性的概念，通过人工智能技术的嵌入真正实现人机配合、人机协作，拓展了协作机器人的应用范围。

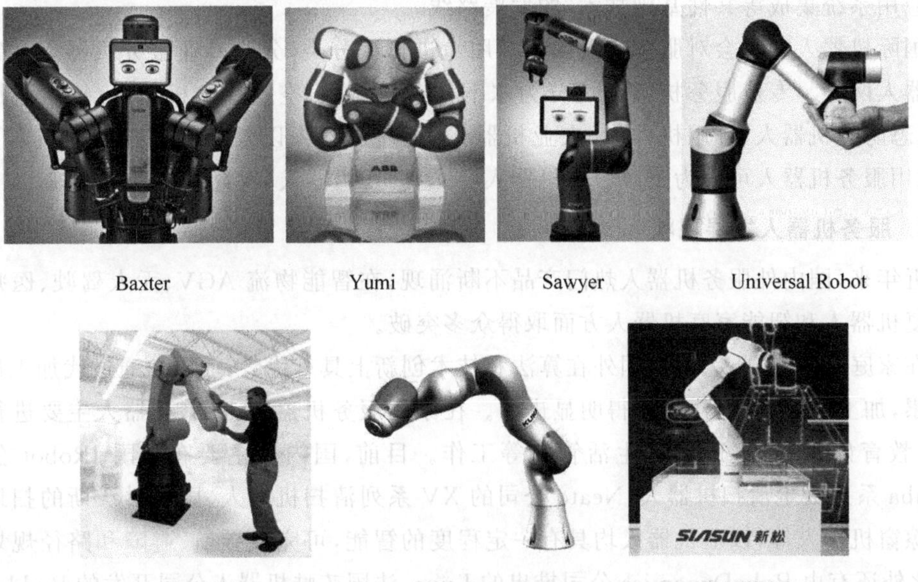

图 7.34　世界知名人机协作机器人

智能协作机器人在高新技术领域取得了成功，面对广阔的市场前景，科技企业及科研机构加快了研发步伐，将继续在人机交互、安全性能、动力学、与特定产品结合等方面进行深入研究。未来，智能协作机器人将会像人类一样工作，给工厂车间带来革命性的改变。

7.2　服务机器人的典型应用

服务机器人技术具有综合性、渗透性的特点，着眼于利用机器人技术完成有益于人类的服务工作，同时具有技术辐射性强和经济效益明显的特点，具有广阔应用前景。服务机器人技术不仅是国家未来空间、水下与地下资源勘探、武器装备制高点的技术较量，而且将成为国家之间高技术激烈竞争的战略性新兴产业，包括家庭服务、助老助残、危险作业、教育娱乐等，它是未来先进制造业与现代服务业的重要组成部分，也是世界高科技产业发展的一次重大机遇。

7.2.1　服务机器人概述

1. 服务机器人定义和分类

国际机器人联合会（International Federation of Robotics，IFR）给出了服务机器人的定义：服务机器人是一种半自主或全自主工作的机器人，它能完成有益于人类的服务工作，但不包括从事生产的设备。在我国《国家中长期科学和技术发展规划纲要（2006—2020 年）》中对智能服务机器人给予了明确定义——“智能服务机器人是在非结构环境下为人类提供必要服务的多种高技术集成的智能化装备”,并明确指出将服务机器人作为未来优先发展的战略高科技技术,并提出以“服务机器人应用需求为重点,研究设计方法、制造工艺、智能控制和应用系统集成等共性基础技术”的发展路线。

国际机器人联合会对服务机器人按照用途进行了分类,分为专业服务机器人和家用服务机器人两类。专业服务机器人可分为水下作业机器人、空间探测机器人、抢险救援机器人、反恐防爆机器人、军用机器人、农业机器人、医疗机器人以及其他特殊用途机器人;个人/家用服务机器人可分为家政服务机器人、助老助残机器人、教育娱乐机器人等。

2. 服务机器人发展现状

近年来,国内外服务机器人热门产品不断涌现,在智能物流 AGV、无人驾驶、医疗手术及康复机器人和智能家庭机器人方面取得众多突破。

在家庭服务机器人方面,国外在算法和技术创新上具有优势,而国内通过代加工进行技术积累,加上运营上的努力,取得明显进步。在家庭服务机器人方面,机器人主要进行打扫清洁、教育娱乐、家庭助理和生活管家等工作。目前,国内外主要有美国 IRobot 公司的 Roomba 系列吸尘清扫机器人、Neato 公司的 XV 系列清扫机器人、国内科沃斯的扫地机器人和擦窗机器人等,以上机器人均具有一定程度的智能,可完成导航、避障和路径规划的任务;此外还有由 RoboDynamics 公司推出的 Luna,法国蓝蛙机器人公司开发的 Buddy,国内的小鱼在家推出的智能陪伴机器人等,可完成传递东西、照顾老人和儿童、事件提醒和巡逻家庭的任务。

在娱乐教育机器人方面,法国机器人公司 Aldebaran Robotics 研发了教育机器人 Nao, Nao 配备了丰富的传感器,采用开放式编程框架,开发者对 Nao 进行开发,使其完成踢球、跳舞等复杂动作。此外,Nao 拥有一定程度的人机交互能力,所以除了人工智能,它还被用于治疗自闭症患者的项目中;随后 Aldebaran Robotics 与软银集团合作研发了新一代的“情感机器人”Pepper,该款机器人配备了语音识别和面部识别技术,可通过人类的面部表情和语调,阅读人的情感,完成与人的交流和表情的变化。

英国谢菲尔德大学机器人研究中心研制出的先进类人型机器人 iCub,拥有触觉和手眼配合能力,配备有复杂的运动技能和感知能力,通过与周围的环境交互可以学习语言、动作以及协作能力。目前全球已有超过 20 个科学实验室引进了 iCub 项目,以 iCub 为平台探索智能机器人领域。全球首款家庭社交型机器人 Jibo,不仅可以以类人的方式与人交流,还可以为家庭拍照,充当家庭助理的角色。

在国内,360 公司为儿童打造的 360 儿童机器人,基于搜索大数据和语音交互功能为儿童提供拍照、儿歌和教育服务。在央视春晚上表演舞蹈大放光彩的 Alpha1 机器人由深圳优必选公司推出,如今已推出系列化产品。由北京康力优蓝公司开发的商用机器人“优友”,在深度语音交互、人脸情绪识别、运动控制、自动避障等方面取得进展,可完成导购咨询、教学监护等操作和任务。图 7.35 所示服务机器人主要产品系列。

此外,在短程代步功能机器人方面,美国 Segway 公司发明了第一台智能自动平衡的交通工具,在机场、会议展览中心、高档社区和运动场馆等大型空间被用于代步功能。近几年来,国内短途交通领导企业 Ninebot(纳恩博)正式完成了对 Segway 公司的全资收购,其推出的 WindRunner 系列及 Ninebot 系列无论在市场还是技术上均处于世界领先地位。

Roomba

iCub

Jibo

Buddy

Luna

Nao

Pepper

Yoyo

图 7.35　服务机器人主要产品系列

在医疗外科机器人方面，医疗机器人手术具有出血少、精准度高及恢复快的优势，市场潜力巨大。1985 年 Puma 560 完成了机器人辅助定位的神经外科脑部活检手术，这是第一次机器人被用于手术。美国直观外科手术公司(Intuitive Surgical Inc.)率先突破外科手术机器人 3D 视觉精确定位和主从控制技术，使手术视野和精度大大提升，于 1999 年首次发布 da Vinci 外科手术机器人，至今已推出第四代，全球累计安装近 4000 台，完成手术 300 万例，是目前世界上最成功的医疗外科机器人。此外还有由德国 DLR 公司开发的 DLR Miro，用于整形外科和骨科，整个系统小于 10kg，具有便携的特点。2015 年由以色列 Microbot Medical 公司研发推出的 ViRob，可由远程应用电磁场控制的自动爬行微型机器人，将摄像机、药物或器材运送到身体细窄弯曲的部位，如血管、消化道等，协助医生实行微创手术。图 7.36 所示国外主要医疗外科机器人应用案例图。

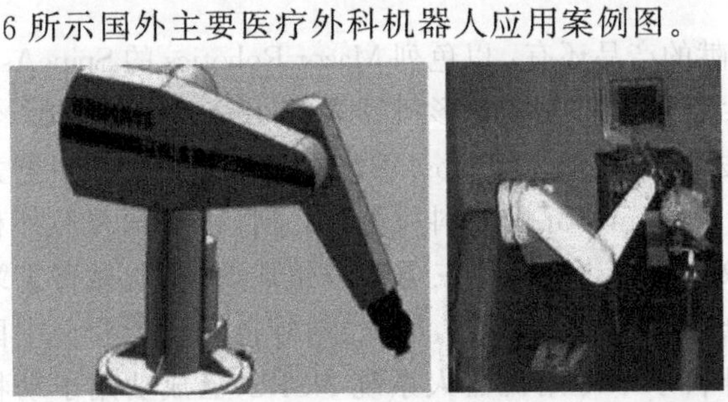
(a) Puma 560

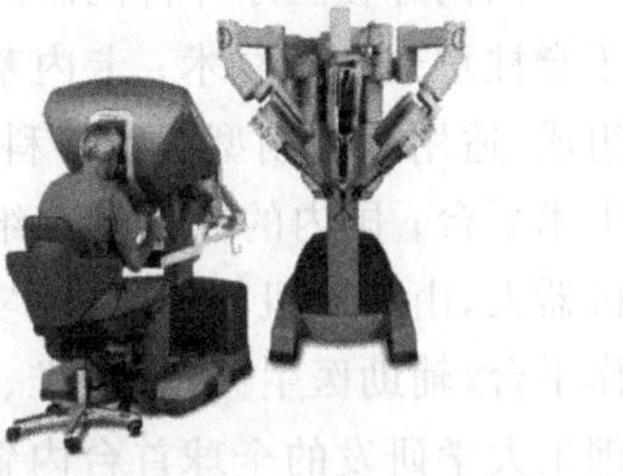
(b) da Vinci外科手术机器人

(c) DLR Miro

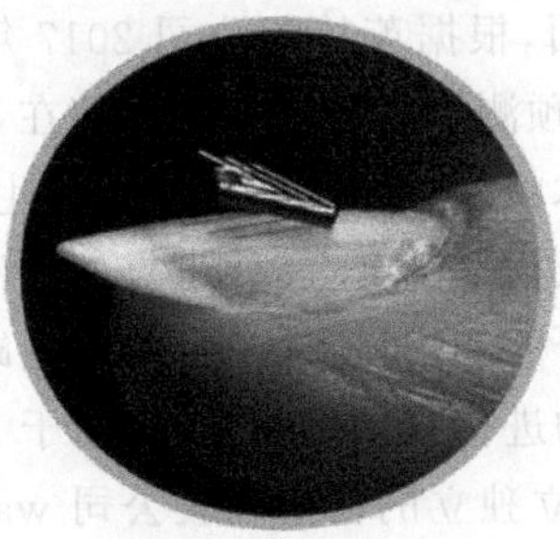
(d) ViRob

图 7.36　国外主要医疗外科机器人应用案例图

在国内，北京航空航天大学机器人研究所联合海军总医院，率先进行医疗脑外科机器人研究，突破了机器人机构综合与优化、医学图像处理、导航定位、手术规划等关键技术，并且可以通过互联网远程进行手术，2003年设计出了适合辅助脑外科手术的机器人，目前已经完成第五代的研制与临床应用。2013年，国家“863”计划资助项目“微创腹腔外科手术机器人系统”，由哈尔滨工业大学机器人研究所研制成功，在手术机器人系统的机械设计、主从控制算法、三维腹腔镜与系统集成等关键技术取得了重要突破。2014年4月，在中南大学湘雅三医院使用由天津大学研发的具微创外科手术机器人系统“妙手S”顺利完成了3例手术，这是我国自主研制的手术机器人系统首次应用于临床。重庆金山科技公司专注于研发胶囊内窥镜，新推出的OMOM胶囊机器人具有主动推进功能，使医生获得更灵活的视野。北京天智航公司则是目前国内领先的骨科医疗机器人公司，推出的第一代骨科手术机器人(GD-A)于2010年2月获得了骨科机器人产品注册许可证，填补了国内相关领域的空白。图7.37所示国内医疗机器人应用案例图。

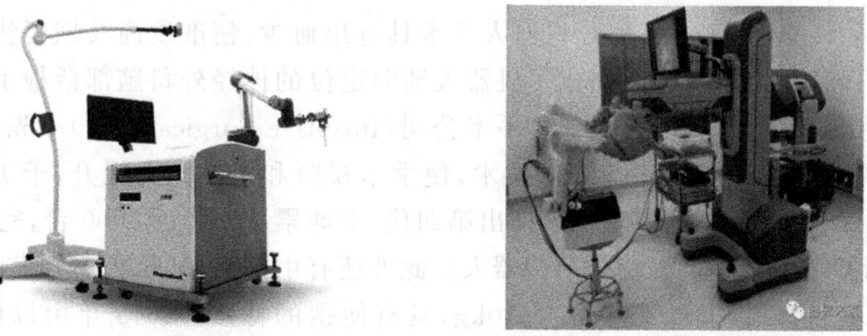

(a) Remebot医疗机器人　(b) 微创外科手术机器人系统“妙手S”

图7.37　国内医疗机器人应用案例图

国内外在医疗外科机器人做出贡献的产品还有：以色列Mazor Robotics的SpineAssist，用于脊柱重建及修复术；卡内基梅隆大学研发的主从蛇形机器人CardioArm，由102个关节组成，适用于微创型心脏外科手术；法国Medtech的Rosa Brain和Rosa Spine机器人辅助手术平台；国内的北京柏惠维康公司的Remebot脑外科机器人，是国内首款神经外科医疗机器人，由计算机软件系统、实时摄像头和自动机械臂三个部分组成，借助机械臂末端的操作平台，辅助医生微创、精准、高效完成活检、抽吸、毁损、植入、放疗等手术治疗。中国香港理工大学研发的全球首台内置马达外科手术专用机器人系统NSRS，已成功用于动物临床试验，即将推向市场。

在无人驾驶方面，根据英特尔公司2017年6月1日发布的一项由Strategy Analytics执行的研究，该研究预测自动驾驶车辆价值在2050年将增加到70 000亿美元。此外，安全可靠的自动驾驶技术将挽救大量驾驶人员的生命，并且极大地解放人们的通勤时间。人类未来的出行方式将极大地改变，高效可靠的算法、雄厚的工程与资源实力及政策的支持，对于无人驾驶技术的研究和推广极为重要，三者缺一不可。

谷歌公司较早的进行自动驾驶的布局，于2015年就成功实现上路测试，并已将自动驾驶部门分拆出来，成立独立的自动驾驶公司waymo，如今，累积的行驶里程已经超过了300万英里。国际领先的电动汽车厂家——美国特斯拉公司于2015年10月启用Autopilot系统，该系统中集成了雷达、多个摄像头和超声波雷达传感器以及NVDIA公司研发DRIVE

PX2 处理器,可实现完全自动驾驶,推广应用以来,已经积累了 1.6 亿 km 以上的行驶里程。2016 年 9 月,移动出行巨头——Uber 公司与汽车厂商沃尔沃汽车集团达成战略协议,联合开发下一代自动驾驶汽车技术,并于 2017 年 2 月正式在美国亚利桑那州推出自动驾驶打车服务试点项目,同年在 7 月份宣布以 6.8 亿美元高价收购 Otto,提供面向货运卡车的自动驾驶运营服务,全新的自动驾驶套件中加入了 64 线可旋转激光雷达(LiDAR)阵列,将车辆周围的环境通过高精度点云进行描述,大大提升自动驾驶系统的数据收集和处理能力。

2017 年,美国苹果公司 CEO 蒂姆·库克首次表明了 Apple 在汽车市场上的定位:专注丁自动驾驶技术。4 月 15 口,美国加州政府机动车管理部门表示,苹果首次获得了自动驾驶汽车进行道路测试的资格。2017 年 3 月,英特尔公司以 153 亿美元收购研发无人驾驶等技术的以色列公司 mobileye,并与德国宝马公司合作开发无人驾驶车辆。图 7.38 所示无人驾驶汽车案例图。

(a) 谷歌、优步、百度早早布局无人驾驶

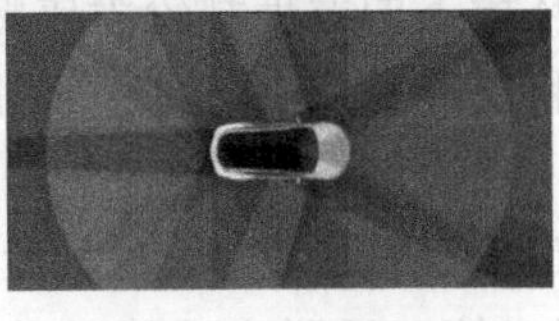

(b) 特斯拉的Autopilot技术

图 7.38　无人驾驶汽车案例图

而在国内,百度公司无人车计划也已执行多年,于 2013 年起步,在 2016 年与北汽新能源公司合作开发出可达"L4 级无人驾驶"的智能汽车 EU260,前不久甚至更进一步,推出开源的"阿波罗计划",宣布开放自动驾驶平台,希望解决传统汽车厂商的转型之痛。2017 年 3 月,地平线机器人公司在上海成立自动驾驶研发中心,致力于提供面向自动驾驶的高性能、低功耗、低成本的嵌入式人工智能软硬件解决方案,其核心是自动驾驶软件系统"雨果",跨越感知、预测、定位和决策层级,运行于异构计算平台 CPU+GPU 或 CPU+FPGA。近年来,越来越多的公司和科研团队加入到了无人驾驶技术的竞争中,相信不久的未来,具有真正完全自动驾驶功能的汽车将会融入人们的生活。

7.2.2　清洁机器人

1. 概述

清洁机器人是为人类服务的特种机器人,主要从事家庭卫生的清洁、清洗等工作。传统的清洁机器人在欧美韩日普及度非常高，在中国大陆最近几年也以每年倍增的速度在普及，但传统的清洁机器人只是属于家用电器类别，真正的智能化无从谈起。相对传统清洁机器人，智能清洁机器人包括双模免碰撞感应系统、自救防卡死功能、自动充电、自主导航路径规划、配备广角摄像头、15组感应红外装置、加入路由WiFi等功能。用户可以通过手机App直接远程操控机器人，同时还能拍照视频分享。仅仅几年前，家庭服务机器人的概念还和普通老百姓的生活相隔甚远，广大消费者还体会不到家庭服务机器人的科技进步给生活带来的便捷；而如今，越来越多的消费者正在使用家庭服务机器人产品，概念不再是概念，而是通过产品让消费者感受到了实实在在的贴心服务。

2. 关键技术

制造自动清洁器，除了经济形势与市场方面的挑战，技术方面也要求较高。从科学的角度看，很多技术难题似乎已经解决，但绝大多数只不过是对理论概念的证明而已。这些结论基本是在实验室条件下进行的，而没有考虑现实环境。所以，在拿到技术方案之后，生产商不得不根据真实环境对机器人再开发，以满足实际需要。由于大多数清洁机器人都是在地板环境下工作，所以下面的内容主要涉及地板条件下的技术问题。

1）机器人绝对定位

在一个上千平方米的复杂工作环境中，服务机器人应该实时获得它的准确位置。不论机器人走过的路程长短，它必须能够较精确地定位。一个不能定位的机器人并不可靠。对于用户来说，不能稳定可靠运行的机器人不实用。其他的可靠性问题也类似。

绝对定位的方法有很多，其中包括基于被动式人造地标或自然地标的位置估计和主动式位置估计(利用超声波、红外线、无线电)。这两种方法都特别适用于任意距离内的准确定位。虽然定位技术在室内和室外环境下的发展都较为成熟，但是理论总比实用的技术多，这和性价比是一个道理。稍后部分将简要介绍一些基于智能传感器网络和无线射频识别技术(RFID)的方法。

这里值得提及的是，现有的家用清洁机器人基本上没有绝对定位信息。在没有可靠位置信息的情况下，机器人只能按照碰撞—反弹方式运动或执行硬编码程序模式。碰撞—反弹运动方式是指当机器人碰到障碍物时，会像球一样反弹回来，并转动朝向，向相反方向运动，这种方法下的清扫区城全覆盖性较差。

2）机器人清扫区域覆盖

动态未知环境下的路径规划和绝对定位估计在系统清洁工作中都十分关键。区域覆盖本质上是几何学问题。在未知环境下的解决方案最难解决的是把这些区域覆盖得到的结论从2D环境转换到3D环境，尤其是在2D环境中假设都是理想环境的前提条件下。

现有的家用清洁机器人不提供工作区域的系统覆盖。它们是结合了碰撞反射方法和硬编码程序模式来达到最小的区域覆盖。运用该区域覆盖方式的机器人价格适中，大多数家庭用户可以接受。但是对于专业清洁机器人，运用这种方法测定区域覆盖就远远达不到要求了，虽然不需要100%的准确度，但碰撞—反弹方法是行不通的。

3）机器人传感器覆盖

感知周围环境对于机器人的安全、机器人避障和未知环境探测都十分重要，同样也保证了周围环境中个体的安全，并使机器人顺利完成任务。覆盖问题包括感知小范围的工作环境，以及感知周围环境中已知和未知的障碍、危险等。从学术角度讲，这个问题也已经解决，并有大量相关文献。3D 环境中传感器覆盖问题可运用立体视觉或 3D 激光测距。

但是，随着每天光照的变化、环境条件的变化加之物体表面反射光强度不同等不利因素，传感器覆盖问题还有待解决。以上讨论是针对专业清洁机器人而言的，对于家用机器人，几乎不需要安装太多的传感器。一个 20 美元的传感器对于只售 300 美元的机器人来说，是一笔不小的费用，所以增加传感器会增加机器人的成本，这对于家用机器人来说并不划算。

4）机器人出错恢复

每个运行中的系统都会产生错误，这是无法避免的，所以需要通过机械设计让机器人从可能发生或已发生的错误中恢复正常，或转入保护模式。最常见的错误是避障死区，控制系统应当能够准确判断并利用机械手段或策略避免该情况的发生。其他常见的错误还有传感器信息读取错误，这种情况下机器人需要识别不能正常工作的传感器并将其关闭。

出错恢复对于所有的机器都很重要，不只是清洁机器人。产品拥有出错恢复功能不仅是一种系统属性，更具有重要的商业价值，因为当产品出现故障而无法恢复时，顾客就会要求售后维修了。

5）机器人安全性

在公共环境中运行一个像清洁机器人一样的自动导航机器需要遵守一定的规章制度，例如，根据由欧洲标准委员会制定的欧洲标准 EN954 标准，所有自动导航机器都要在主要运动方向上安装前保险杆，如果机器可以倒退，则还需安装后保险杆。对于家用清洁机器人，由于它们的重量轻，工作电压低，一般不会对自身或周围环境造成威胁，所以其安全性要求比专业清洁机器人低。有些家用清洁机器人也有安全预防措施，防止坠落、翻倒和恶意移动。

6）机器人人机交互与操作接口

操作接口的复杂度对产品的认可度有很大影响。大多数使用者都是非技术人员，他们更希望可以像操作普通的清洁设备一样操作家用清洁机器人。如果使用家用清洁机器人需要额外的培训，那么它的市场占有率将会大大降低。所以家用和专业清洁机器人的操作接口都需要简单、直观。

当然，对于某些用户，他们拥有较高的技术水平，那么操作接口也应为这类用户提供更高级的设置，例如对设备的高级编程。但是需要注意的是，这些高级操作应是可选的，而不是必选的。操作接口的设计根据不同的用途而异。一个全自动的设备只要有一个开关和一个紧急情况按钮即可远程控制设备，这需要远程遥控器和成熟的图形用户界面设计。

7）多机器人协作

在大型工作环境下，一个机器人由于供电量、清洁剂容量、时间等有限，很难单独胜任工作，所以自然地想到了多机器人协作。那么，问题就产生了。

第一个问题是多机器人的任务规划和协作。首先需要一个中心管理者，而不同的中心管理者分配任务的自动化程度也不同。例如，一个优秀的中心管理者自行把整个任务分解，并将分解后的任务分配给每个机器人。同时，中心管理者还要充当任务执行的监督者，也就是说，监督每个机器人的工作并及时调整错误。在自动化程度较低的系统里，中心管理者由操作人员来担任，如何规划分配任务都由操作员完成。同时，中心管理者还是机器人和周围环境设施的沟通者。例如，中心管理者可以为其他机器人操作电梯或发指令给电梯操作员。

另外一个问题是主动式传感器出现错误。例如使用超声波、红外线或激光测距仪时，个机器人有可能把其他个体发射出的信号当作自身的反射信号，这种错误信息读取会严重影响定位、绘图和避障。因此，不同机器人的传感器信号应当同步传输或者通过标记对每个信号进行识别。

8）机器人电源

区域覆盖不仅仅是一个数学问题。机器的运行距离越远，就需要消耗越多的电量。由于自主运动的工作环境是不规则的，不可能用电源线供电，而需要用电池。电池的容量有限，加之机器本身的重量，所以供电量是有限的。下面介绍的家用清洁机器人电池的平均供电时间为 30～60min。专业清洁机器人一般使用车载 24V 铅酸蓄电池。它们每次充电都能运行更长的时间，然而价格也随着电池的重量明显增长，这些都相应地增加了安全防护措施需求。

在目前的电池技术下，普通电池有限的电量对自主清洁机器人清洁技术有一定的影响。比如，不可能设计一个真正的真空吸尘器适用于大区域的专业清洁工作，因为真空吸尘器的电池消耗就是其中一个关键的制约因素。电池的重量和每次充电后难以持久的续航时间使得真空清洁技术在清洁机器人上的应用变得很难。工业吸尘器极少采用电池驱动，通常都带有电源线。

3. 应用案例

1）地板清洁机器人

2001 年，瑞典的伊莱克斯公司推出家用清洁机器人 Trilobite 1.0（三叶虫一代），如图 7.39 所示。它的出现是自动清洁机器人史上划时代的事件。20 世纪 90 年代初，家用清洁机器人经过第一轮的开发，衍生了更多的升级版本，但是专业清洁机器人却遭遇寒冬。三叶虫自动真空吸尘器是世界上第一台智能的全自动真空吸尘器。它后来成功走向市场，开始被大批量生产。

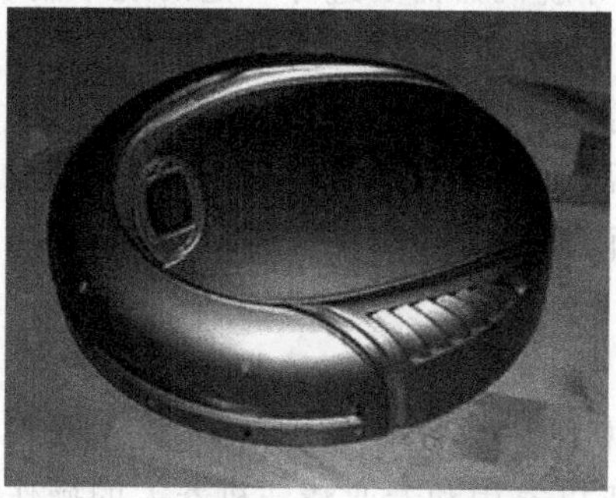

图 7.39 Trilobite 清洁机器人

三叶虫采用精密的超声波传感器系统导航。通过这个精密的超声波传感器系统，机器人可以感知周围环境，可以察觉到障碍物并且绕开前进。这种能力是下面即将提到的几个廉价系统所不具备的。超声波传感器系统也会让三叶虫全自动吸尘器沿着障碍物的边缘行走，譬如说沿着墙壁。当三叶虫从充电座启程后，开始沿着划定“墙壁”的边界，在它的工作区域内进行巡航、吸尘，直到它返回出发点。三叶虫在它的巡航过程中汇集了自带传感器采集的所有信息，把自己的工作区域绘制成一张地图。它会根据工作区域信息让自己的巡航路线覆盖整个区域，比起纯粹的随机运动路线来说显得更有效。但是三叶虫并不能可靠地定位，因此它的巡航路线并没有真正系统化地覆盖整个工作区域。特定的磁条可以把三叶虫锁定在房间里面。安全磁条可以起到一堵墙的作用，阻挡三叶虫通过。把它们放置在门口或者是其他你不想让三叶虫去的地方。它配备的红外传感器可以告知三叶虫是否有台阶和楼梯。

目前市面上常见的自动吸尘器大部分是 irobot 公司开发的 Roomba（鲁姆巴）自动吸尘器，如图 7.40 所示。据官方报道：“截止到 2017 年 7 月，irobot 公司自从 2002 年推出 Roomba 自动吸尘器以来，已经成功销售了 2000 万台。”Roomba 在 2002 年面世的第一个版本和 4 年以来销售的总数量，这两件事情被理所当然地认为是家庭服务机器人史上的里程碑。

这些压倒性的成功，最主要不是因为Roomba本身优秀的实用性，而是因为其价格低廉的缘故。Roomba有以下版本：Roomba red、Roomba Discovery、Roomba Discovery SE、Roomba Scheduler。Roomba系列的价格从150美元到330美元不等(2006年7月统计)。不考虑性能参数的话，Roomba是第一款比人工操作吸尘器更具有优越性价比的全自动吸尘器。

图7.40 Roomba机器人

Roomba的工艺技术比较简单，它具有差速驱动装置，采用两个橡胶轮和一个小脚轮，提供了良好的可操作性。它的底盘是悬挂型的，如果它被拿起来，电动机将被关闭以此来保护整个设备不被破坏。它的清洁机构包括底部的一个转动圆柱形滚刷和右侧的一个旋转侧刷。清洁结构对头发、地毯流苏，以及此类容易造成堵塞的东西比较敏感。

Roomba有四个红外台阶传感器。这些传感器可以保护它不会从楼梯上或台阶上滚落下来。它甚至还有一个可以感知在它右侧障碍物距离的红外传感器，可以帮助它沿着墙壁或家具的边缘行走。此外，Roomba还在身体前方有一个悬浮的防护罩。这个防护罩是一个触觉传感器，可以用来发现障碍物。Roomba最新版本还有垃圾传感器，可以检测发现哪些地方脏得比较严重。

Roomba整合了以下几种启发式的运动来覆盖整个区域：利用自身红外传感器来沿着墙壁或障碍物的边缘行走；硬缤码螺旋运动；Z形随机运动，也可以避障。Roomba附带着许多配件，它的工作区域可以通过称为虚拟墙的方法来界定。从各个不同虚拟墙体发射出去的红外光束可以被Roomba感知到，并识别为障碍物。最近研发出的更多Roomba版本都带着一个充电座，这样当机器人的电量过低时，它就会自动回来充电。

2) 水池清洁机器人

家用清洁机器人尽管有很好的销售数据，但还是无法摆脱“奇怪的装置或玩具”的名声，成为一般的家用电器。水池清洁机器人则没有这样的问题。水池清洁机器人已经销售了多年。这是因为清洁矩形水池的挑战性和用到的技术难度较低。在液体环境中，不需要太多传感器，不用在避撞中实时监测机器人的状态。下面我们介绍几种已经发布的水池清洁机器人。

Aquabot是一款家庭水池自动清洁机器人，如图7.41所示。它用了两个密封的高性能电动机：第一个电动机用来驱动车体运动，同时也带动前后部的擦洗刷来清洁水池表面、池壁和台阶；第二个是泵用电动机，可驱动泵产生强大的吸力，使Aquabot不但具有过滤水的功能，

图7.41 Aquabot机器人

而且使它能顺着池壁爬到水面上。Aquabot 通过浮筒电源线为其提供电能。

Aquabot 和 Aquabot turbo 在两种清洁模式下调整。一种是 Z 形运动，这时池壁可用来辅助导航。当 Aquabot 碰到池壁时，它就会以一定角度转变运动方向向池中心运动。一个过程它能大约清洁水池区域的 60%。另一种模式是矩形蜿蜒模态，这时池壁仍辅助导航。Aquabot 用传感器来探测如池壁或水池底部等障碍。一旦可能碰撞，它会转变方向向相反方向运动。Aquabot 能够在一小时之内清洁 $315m^2$，售价大约 850 美元。

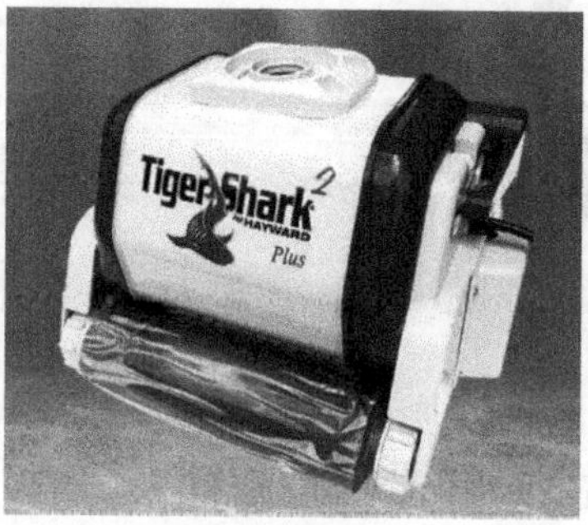

图 7.42 TigerShark 水池清洁机器人

TigerShark 是 Shark 产品系列的基本款式，如图 4.42 所示。其基本设计与 Aquabot 十分相似。装备有两个聚氨酯传动轨道，两个电动机：一个用于驱动机体运动，另一个用于驱动抽吸泵。其理论地面速度是 15m/s，工作周期为 5h。TigerShark 的清洁模块包括一个吸水速度为 300L/s 的抽吸泵和一个可替换、可重复使用的筒式过滤器。TigerShark 能产生足够大的附着力，使其爬上水池壁。TigerShark 装备了适应性寻求控制逻辑的微处理器，能够检测水池外形和计算更有效的运动模式，使其清洁覆盖率更高。

3）窗户清洁机器人

水池清洁机器人和家用地面清洁机器人已成为实用的产品，同属家用清洁自动化领域的窗户清洁机器人则仍处于婴儿期。其原因不难理解。窗户在家中被清洁的频率远远小于地面。地面清洁机器人不需要考虑重力和摔落，除非它们非常靠近楼梯。重力对于窗户清洁机器人来说是关键问题，解决方案通常也不那么方便。为实现安全的运动，需设计特殊的机械结构。典型的系链结构能够防止机器人摔落。特殊的运动结构需要产生足够大的附着力，使机器人能够附着在平滑、垂直、易损的表面(如玻璃)，同时能够上下、左右运动。这些机械结构要求小而轻，能够产生足够大的附着力，并且能耗低。能够爬上垂直表面的机器人通常用装备带有活跃被动吸盘的履带驱动前进。采用被动吸盘驱动能耗较低，但有一个非常严重的缺陷：在一定时间内会失去吸附力。原因是绕重心有一个转矩，由于这个转矩的存在，才有吸引力作用于上面的吸盘，同时压力作用于下面的吸盘。如果没有吸引力作用于上面的吸盘，附着力将变得越来越弱，最终机器人坠落。所以被动吸盘很少能够实际应用。一个明显的解决方法是用主动吸盘泵，使上面的吸盘形成真空，从而可以防止机器人坠落。Fraunhofer IPA 的研究人员已经发明了一种用被动吸盘的巧妙方法，解决了吸附力减小的问题，这种方法是在行进机构的后面加一个平衡装置，抵消被动吸盘系统中的转矩，从而产生作用于上面吸盘的吸引力。窗户清洁机器人如图 7.43 所示。

图 7.43 窗户清洁机器人

7.2.3　教育机器人

1. 概述

近年来，机器人已经渗透到了教育市场，或作为研究项目的科研平台或实验工具，或作为现实世界的具体部署，都充分展示了机器人技术的发展水平。教育机器人是面向教育领域专门研发的以培养学生分析能力、创造能力和实践能力为目标的机器人，具有教学适用性、开放性、可扩展性和友好的人机交互等特点。

最新的教育机器人、娱乐机器人，在某种程度上都具有与公众进行人机交互的显著特征。与太空探索机器人或核废料清理机器人相比，这些最新的交互式机器人并不仅仅和训练有素的专家一起工作，还以激发学习兴趣、提供娱乐活动甚至治疗价值为目标，与普通个人和团体进行交互。

机器人在教育背景下扮演三个角色，其中第一个角色是程序设计。机器人系统是完成作业的核心，即通过编程来创造计算机程序设计艺术的具体物理表现形式的黑箱。机器人编程项目能够将编码问题变成现实，再反过来用那些技能推动科学发展，因此取得了一定程度的重视和参与。

教育机器人的第二个角色是专注学习。机械电子学类课程本身的目标是强调创造和使用机器人。机器人通过激发公众对科学、技术和工程的兴趣来实现这目标，从而引导学生未来在技术实现上发挥积极的作用。美国国家工程院发表的报告指出，全国技术素养不断下降的趋势令人担忧。重新让学生和复杂机电系统联系在一起的项目可以加强学生与技术产品之间的终身且积极的联系。实际上社会已彻底依赖于技术产品，因而这些项目将可能是阻止这种危险趋势发展的一种途径。

教育机器人的第三个角色是充当学习合作者。在这种情况下，学生并不设计机器人，而是在此期间与高性能机器人充当同伴、助手甚至智力陪衬者的角色。就这一点而言，具有社会能力的机器人非常适合。在任何情况下交互本身都是一种发现和参与的形式，这是一种完全不同于传统的固定不变的教育方法，因而交互更能接近娱乐机器人应用领域。

2. 关键技术

1）教育机器人的关键影响因素

教育机器人的关键影响因素如表 7.6 所示。

表 7.6　教育机器人的 7 个关键影响因素

外观	听觉能力	视觉能力	认人能力	口说能力	同理心与情绪	长期互动
脸型 体型 移动方式 性别 人格特质	语者辨识 语音识别 语意了解	人脸侦测 人脸辨识 人脸追踪 姿势辨识 手势辨识 物体辨识 物体追踪	RFID 语者辨识 人脸辨识 多模辨识	语音合成 情绪、语音合成	情绪侦测 同理回应	长期记忆 持续行为渐进行为

(1) 教育机器人的外观：外观是教育机器人设计的重要问题。特别是对儿童而言，外观会影响儿童对机器人好恶的评判，不良的外观甚至会让儿童产生恐惧感，从而直接反映在教学效果上。

(2) 教育机器人的听觉能力：听觉组件是教育机器人常见的核心组件，相较于一般的服务机器人，教育机器人的应用环境具有特殊性。教育机器人的语音识别技术包括通过远程控制由人类来辨识学习者的语音、采用商业公司的语音识别软件或应用于特定情境，仅需具备有限词汇和句型的辨识功能。

(3) 教育机器人的视觉技术：基本做法是选取颜色、形状、纹路等特征值，通过机器学习算法学习辨识模型，搭配光流等技术实现视频的连续追踪。教育机器人的视觉技术除了人脸识别和动作辨识等技术之外，还要能辨识学习者的脸部情绪。

(4) 教育机器人的认人能力：机器人可通过人脸辨识、语音辨识和多模辨识等技术来提高认人能力，教育机器人如果能像实体课堂一样认出学生并叫出学生的名字，往往能够获得学习者的好感和信任，从而激发学习者的学习兴趣和学习热情。

(5) 教育机器人的口说能力：机器人口说能力的关键技术是语音合成技术。目前主流的做法是串接合成法，由语料库中选取对应的单位音频，再将单位音频串接合成，辅以韵律参数调整声调、语气、停顿方式和发音长短，通过语音合成算法输出语音。

(6) 教育机器人的同理心与情绪侦测能力：机器人需要对学习者的情绪状态做出响应，将学习者的认知和情绪状态评估纳入其教学和学习动机策略中，从而促使学习者积极投入、增强自信、提升学习兴趣、优化学习效果。

(7) 教育机器人的长期互动能力：长期互动包括长期记忆、持续行为和渐进行为三类。长期记忆将学习者的互动行为记录下来并在适当的时间响应给学习者，通过长期互动等持续行为增进学习者与机器人的信任关系，结合数据探勘领域的个性化技术，机器人可以了解学习者的互动风格，进而调整与学习者的互动。

2) 教育机器人的关键技术

教育机器人的未来发展目标是希望如同"真人"一般的思考、动作和互动。人工智能、语音识别和仿生科技等是未来发展教育机器人的关键技术，是评估教育机器人实现应用的标准。

(1) 人工智能技术(Artificial Intelligence，AI)：人工智能技术是教育机器人的关键技术之一，其主要目标是模仿人脑所从事的推理、证明和设计等思维活动，使机器能够完成一些需要专家才能完成的复杂工作，并扮演各种角色与使用者互动并提供反馈。在互动方面，教育机器人须达到如同真人般通过口语进行互动和沟通的能力；在智能方面，教育机器人须扮演教师、学习同伴、助理等多重角色，并与使用者进行互动和提供反馈。

(2) 语音识别技术：语音识别是近年来信息技术领域的重要科技之一，已被应用于信号处理、模式识别和人工智能等众多领域。语音识别技术以语音为研究对象，通过编码技术把语音信号转变为文本或命令，让机器能够理解人类语音，并准确识别语音内容，实现人与机器的自然语言通信。比较知名的语音识别技术包括 IBM 公司推出的 Via Voice、苹果公司的 Siri 语音助理，国内的科大讯飞公司的 **InterReco 语音**识别系统、思必驰公司的一站式对话定制 DUI 平台等。自然语言作为人与教育机器人进行信息交互的重要手段之一将起到越来越重要的作用。

(3) 生物仿生技术：生物仿生是工程技术与生物科学相结合的交叉学科。当前仿生技术发展迅速，应用范围广泛，智能机器人技术是其主要的结合和应用领域之一。教育机器人中运用仿生技术模仿自然界中生物的外部形状或某些技能，使机器人具有人一般的外形，做出如同真人一般细腻的动作，包括人体结构仿生、功能仿生和材料仿生等。人形机器人正是仿生科技在机器人领域的典型应用。在感知与行为能力方面，为了达到如同真人一般的感知与行为能力，整合生物、信息科技以及机械设计的仿生技术，是发展教育机器人的关键核心技术之一。

3. 应用案例

1) 教育机器人平台

教育机器人平台分为两大类。其中，第一类是研究型平台。这些昂贵且精密的机器人平台用来支持机器人技术及相关学科的研究，或者它们本身就被当作研究项目。第二类教育平台是低成本的机器人平台，或者称为平台组件，这些平台并不昂贵，而且数量众多被学校和兴趣爱好者广泛使用。

20 世纪 80 年代初，随着美国希斯(Heathkit)公司 Hero-1 机器人的出现，教育机器人才真正开始投入应用，如图 7.44(a)所示。Hero 机器人以组件形式出售，既降低了价格，又可鼓励使用者学习如何制作机器人。遗憾的是，20 世纪 80 年代初出现的机器人，无论是 Hero 机器人，还是其他一些类似大小和售价的个人机器人，性能都不够好而且使用不方便，无法吸引经济上承受得起的消费者。因此，希斯公司和其他几家公司都已经被迫停业了。在此期间，另外一些公司设法制造个人机器人系统。多数公司从制造性能更加优良的研究型机器人开始。除少数公司外，这些公司要么已经消失，要么进入其他市场。

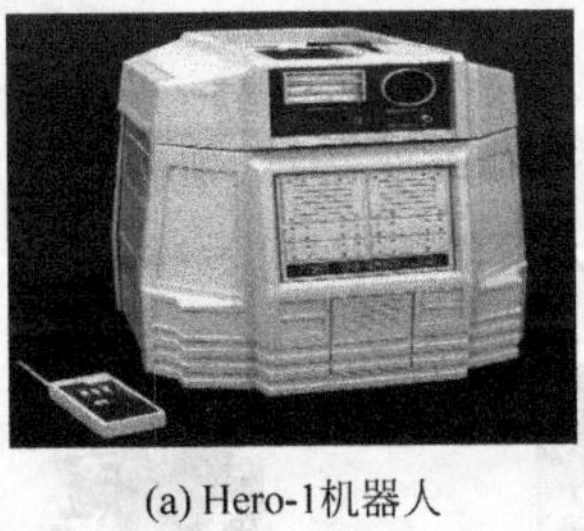
(a) Hero-1机器人

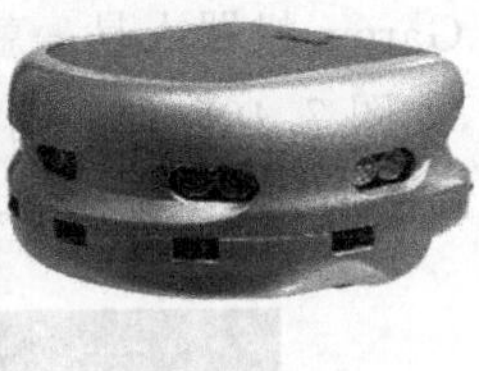
(b) Hemisson机器人

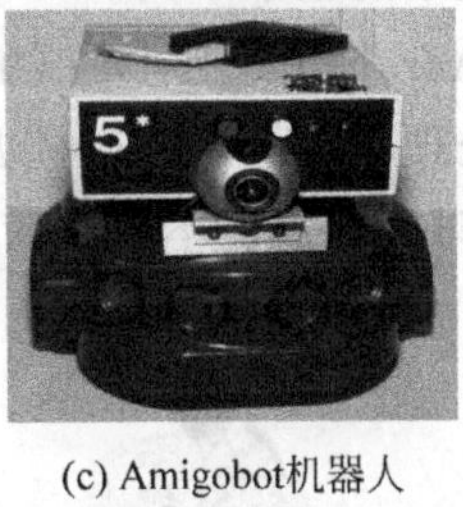

(c) Amigobot机器人

图 7.44　教育机器人(一)

瑞士 K-Team 是专门为教育市场制造机器人平台的少数公司之一。该公司生产的 Hemisson 机器人是 Khepera 系列研究型机器人的一种低成本、非紧凑型版本，如图 7.44(b)所示。相较于大多数研究型机器人，Hemisson 机器人拥有精简的计算能力和少量的传感器，但它是面向中学以及大学的机器人课程进行设计和定价的。Activemedia 公司是另外一家研究型机器人公司，它也生产低成本教育机器人，其中一款 Amigobot 机器人如图 7.44(c)所示。

丹麦乐高(LEGO)公司生产的第一款机器人平台是 Mindstorms RCX，在全世界拥有广泛的吸引力。早在乐高公司引入自己的控制器之前，乐高积木已经是机器人的机械原型系统，乐高方块使用的 RCX 控制器已成为早期快速机器人探索的好工具；最新发布的乐高机器人系统 Mindstorms nxt 采用了新的处理器和一些新的传感器，但所有的机械部件仍旧依赖于深受欢迎的乐高技术建造系统，如图 7.45(a)所示。

(a) LEGO NXT机器人

(b) PPPK机器人

(c) E-puck机器人

图 7.45　教育机器人(二)

美国卡内基梅隆大学研发的 PPRK 机器人平台 15421 是一款低成本组件(见图 7.45(b))，包含了一个移动基站和一台个人数字助理(PDA)设备，最初叫作掌上电脑(PALM Pilot)。掌上电脑为机器人控制提供计算能力和图形用户界面设计，并通过串口与底层驱动电路进行通信。该机器人平台是由一个非常紧凑的全方向移动平台和三个距离传感器组成的一个工具包，它是为了人们方便采用配套部件而搭建出自己的机器人。

瑞士联合科技学院研发的 E-puck 是第一款基于开放式硬件概念的台式机器人，如图 7.45(c)所示。其基本配置包括多种传感器组件(三维加速度传感器、接近式传感器、三个传声器、彩色摄像头)、几个执行器(步进电动机、扬声器、多个发光二极管)、蓝牙通信和具备信号处理能力且性能优良的处理器，由于机械结构简单，因此价格并不昂贵。它是一套适合技校和大学的教学工具。

美国 Acroname 公司研制的 Garcia 机器人是一款小尺寸开发平台，可通过基于英特尔 Xscale 微处理器的板卡进行扩展，如图 7.46(a)所示。该平台非常小，适合在小型环境下开展实验，同时完全适应不同载荷，包括小的操作机构和大量的传感器。

(a) Garcia机器人

(b) ERI机器人

(c) KHR-1机器人

图 7.46　教育机器人(三)

美国 Evolution robotics 公司的 ERI 机器人包含了一套制作底盘的冲压成型铝制构件，用来支撑笔记本电脑，并且配备了步进电动机和轮子，如图 7.46(b)所示。该机器人采用笔记本电脑实现交互功能，既能完成计算，也能通过基于通用串行总线(USB)接口的摄像头采集视频。虽然这套机器人系统已经停产，但它带有复杂的软件环境，用来避障导航，并且对机器人视野范围内的目标进行识别。日本 KHR-1 是第一台价格可接受的仿人机器人，包含了 17 个伺服电动机，如图 7.46(c)所示。虽然不断壮大的仿人机器人家族要依靠大量的伺服执行器和少量的传感器，但由于仿人机器人的吸引力，这些组件仍然是激发积极性的好工具。

Robosapien 机器人是一款广受欢迎的仿人机器人玩具。这是一款红外控制的玩具，因而使用计算机或掌上电脑上的红外接口是相当简单的。一些兴趣爱好者对 Robosapien 机器人系统进行了深入研究，以便它能被用作一个计算机控制的成熟的机器人平台。

2）交互式教育机器人

2004 年，法国图卢兹 Mi1 ssion Biosapcc 展览会上部署了导游机器人 Rackham。该机器人由图卢兹建筑和系统分析实验室(LAAS)研制，拥有增强的视听输出系统，通过触摸屏获取使用者的命令。动画头盔和触摸屏是这个机器人吸引眼球的焦点。一旦参观者被头盔上的云台摄像头侦测到，机器人就会讲解用法并提供服务。这个装置也可以作为进一步研究提供所需的实验环境。

最近的导游机器人平台正朝着更强的人机交互和更像人类的外形的方向发展。Brion 机器人就是其中一个例子，它能够通过增强的对话系统从人身上学习环境设置。语音识别和姿势识别是实现人机交流的主要输入方式，都以有限状态机(FSM)为基础。仿人展览机器人 Repliee Q1 已被日本大阪大学研制成功，它由人造的上肢和逼真的外观组成，如图 7.47 所示。Repliee Q1 机器人通过语音、增强的面部表情和肢体语言与人进行交流，整个身体包裹了层触觉皮肤，能够感知触摸并且做出相应的反应。在 2005 年日本举办的世博会上，Repliee Q1 机器人在信息展台提供了服务。下一代 Repliee 机器人将拥有可活动的双腿。更高级的机器人即将被部署到非正式场所，充当导游和教师的角色。它们有潜力提供更加吸引人的、持久的学习体验，但是仍需要研究和科技上的重大进步。在此之前，机器人仍然只能在一定程度上与人类导游竞争。

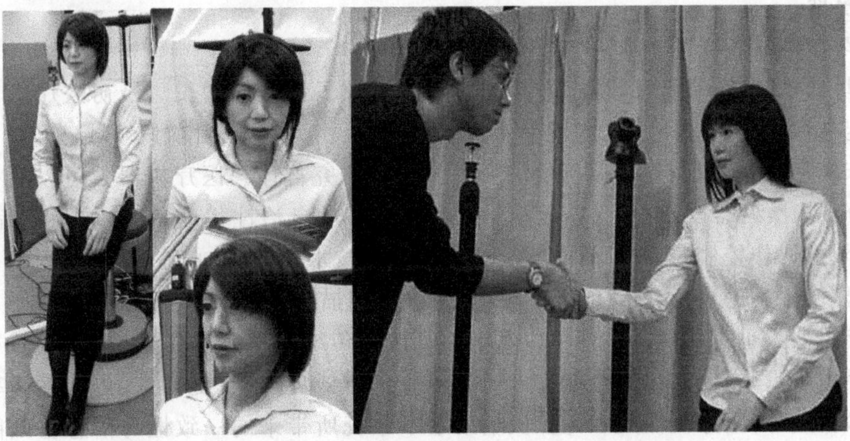

图 7.47　日本导游机器人 Repliee Q1

我国的科大讯飞公司，其前身是安徽中科大讯飞信息科技有限公司，成立于 1999 年 12 月 30 日，2014 年 4 月 18 日变更为科大讯飞股份有限公司，专业从事智能语音及语言技术研究、软件及芯片产品开发、语音信息服务及电子政务系统集成。拥有灵犀语音助手，讯飞输入法等优秀产品。阿尔法大蛋智能机器人作为科大讯飞主打的一款儿童陪伴教育机器人

(见图 7.48),基于科大讯飞人工智能技术研发,搭载了讯飞淘云 TY OS 智能系统,拥有“类人脑”。其理解能力、表达能力、智商都会随着深度自我学习,不断成长,从传统机器人的“能听会说”到“能理解会思考”,实现了智能教育机器人新的飞跃。作为国内语音识别领域的绝对霸主,讯飞机器人产品的市场地位无可替代。目前人工智能风头正劲,科大讯飞在教育机器人行业中必然大有可为。

图 7.48 儿童陪伴教育机器人

ROBOO 成立于 2014 年,致力于成为全球领先的人工智能解决方案提供商。总部位于北京,旗下产品包括智能机器人系统 ROSAI、智能语音神经网络处理芯片 CI006,以及 PUDDINGS、PUDDING BEANQ、JELLY、DOMGY、FARNESE 等机器人。ROBOO 坚定打造高度智能化机器人及硬件产品的企业方向。布丁豆豆是 ROBOO 在 CES2017 上对全球发布的智能机器人,采用迷你蛋型外观人体学设计,手感舒服适合儿童持握,搭配卡通风格色彩也深得儿童喜爱。其功能上,布丁豆豆拥有智能交互系统、人工智能浸入式场景英文教学、多元智能启蒙教育功能和亲子互动功能。

7.2.4 医疗及康复机器人

1. 概述

1) 医疗机器人概述

20 世纪 80 年代中期后,医疗机器人的研究出现了惊人的增长。最初医疗机器人仅涉及立体定位脑手术、整形手术、内镜手术、显微手术及相关领域,目前该领域已经扩展到商业化的临床实用系统,以及规模以指数级膨胀的相关研究群体。医疗机器人可以从很多角度进行划分:从操纵器设计角度(如运动学、驱动器);从自治性程度角度(如预编程设定、遥操作、受限的协作控制);从目标的解剖对象和相应技术角度(如心脏的、血管内的、经皮的、微创的、显微手术的);从预计的操作环境角度(如扫描装置内、传统手术室)。

医疗机器人也有相似的潜能可以从根本上改变传统的手术。机器人可以看成一种信息驱动的手术工具,它使外科医生能够以比其他手术方式更安全、更高效、更低发病率的模式进行手术。此外,医疗机器人和计算机辅助手术系统所带来的一致性与信息基础能够使计算机集成手术对健康的作用如同计算机集成制造对工业生产的作用一样。

从广义上来说,医疗机器人助手可以划分成两类:第一类称为医生扩展机器人。这类机器人由医生直接控制,用来操作医疗器械。医生通过远程操作或者通过人机协作接口控制机器人。这些系统的主要价值在于它们能够克服外科医生的认知和操作方面的限制,例如,这些系统能够通过消除人手的自然颤抖,从而实现人类不能达到的精度;在患者体内灵活自如地进行手术;使得医生能够对患者实施远程手术。术前准备时间仍然是外科医生扩展系统引人关注的地方，但是由于这类系统更易于操纵，因此有可能缩短手术时间。

目前最为先进的医生扩展系统当属“达芬奇”机器人系统，该系统如图 7.49 所示。

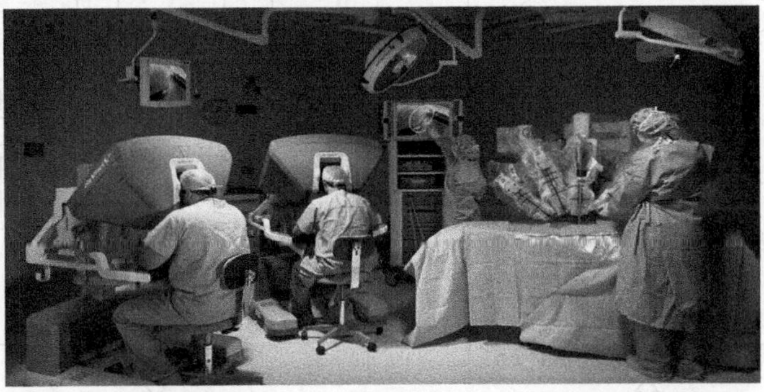

图 7.49　“达芬奇”手术机器人在微创手术环境中具有良好的灵活性

第二类医疗机器人称为辅助外科手术机器人。这一类机器人通常与医生并肩工作，执行如组织回缩、四肢定位、内窥镜扶持等任务。这一类机器人的显著特点就是能够减少手术室内所需的人员数量。但是这种优势的前提条件是，辅助人员所有的日常工作都能够实现自动化。此外，该类系统还有其他的优势，如能够提高性能(如扶持的内窥镜更加稳定)、更加安全(如消除了过大的回收力)、增强医生对手术过程的控制感。常见的控制接口包括操作手柄、头部跟踪器、语音识别系统和医生及器械的视觉跟踪系统，如 Aesop 内窥镜定位仪使用一个脚驱动操作杆和一套语音识别系统作为人机交互接口。值得指出的是，外科 CAD/CAM 和手术辅助是互相补充的概念，它们并不互相排斥，许多系统兼有这两个方面的设计。

计算机集成手术系统的概貌如图 7.50 所示。这个过程开始于与患者相关的信息，包括医学影像[如计算机断层扫描(Computed Tomography，CT)、核磁共振成像(Magnetic Resonance Imaging，MRI)、正电子断层扫描(Positron Emission Tomography，PET)等]、实验室测试结果和其他信息。这些患者特征信息将会和一些关于人体解剖学、心理学、疾病学相关的统计信息组合在一起，从而形成一个对患者的综合表述。这个计算机表述可以用来指定最优的介入治疗方案。在手术室内，手术前患者模型和手术方案必须和实际患者进行配准。典型的情况是，配准过程通过鉴别手术前患者模型与实际患者上的相应标记来实现，配准过程需要利用额外成像(X 射线、超声、影像)或跟踪定位设备，或者利用机器人本身。

如果患者解剖体改变，那么必须恰当地更新模型和方案，并由机器人辅助实现计划的手术流程。在手术进行时，额外的成像和传感设备被用来监控手术的进度，更新患者模型，验证计划流程是否执行成功。当手术完成后，将执行进一步的成像、建模和计算机辅助评估来完成患者的术后事宜，并在需要的时候制定后续的介入治疗方案。在手术方案制定、执行和术后事宜中产生的患者的所有特征数据都会被保存下来。这些数据将会被统计分析，用于优化未来的手术流程和方法。

外科手术通常需要实时交互，许多决策是医生在手术过程中做出并立即执行的，通常有视觉反馈或力反馈。多数情况下，手术机器人并不是用来代替医生进行手术，而是帮助医生提高技能。手术机器人是种由计算机控制的手术器械，医生和计算机通过某种方式共同控制机器人。因此，我们通常将医疗机器人称为医生的助手。

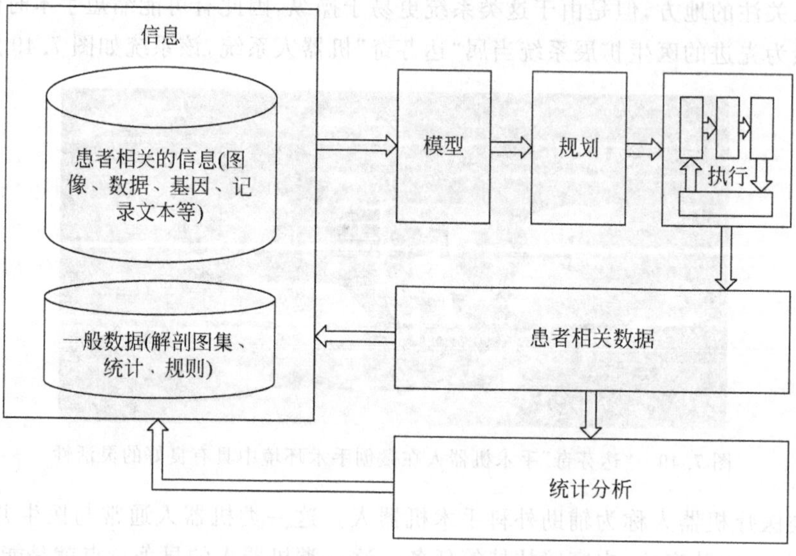

图 7.50 计算机集成外科手术的基本信息流

2）康复机器人概述

开发机器人系统以帮助那些日常活动有障碍的人，或者给他们提供治疗并改善他们的身体或认知功能，这就是康复机器人的研究领域。当我们自己或者我们的家人、朋友或邻居由于肢体受伤或者疾病而不能自由活动时，我们会寻求技术方案，利用它们帮助我们重新学习，从而完成日常活动；如果损伤严重而无法再学习的话，就直接利用它们来帮助我们完成所需要的活动。尽管临床医生和护理人员可以提供这样的帮助，但是在中国、日本等国家，处于工作年龄的成年人日益缺乏。由于老龄化引起的残疾会迅速增多，这将导致很多老年人和残疾人无人照顾。没有可行的以家庭为基础的解决方案的现状增加了对寄居机构的需求。个人机器人、机器人治疗、智能假肢、智能床、智能家庭以及远程康复服务等的研究在过去 10 年有所加速，并将继续提高医疗保健能力。这些进步以及手术和药物介入治疗的改进，共同抵抗疾病并进而延长人的寿命。康复机器人尽管只有 40 年的历史，但预计会在未来的几十年得到迅速发展。

康复机器人的研究领域通常分为治疗机器人和辅助机器人两类。另外，康复机器人包括智能肢体(假肢)、功能性神经刺激(FNS)以及诊断和监控人类日常活动的技术。

治疗机器人通常同时拥有至少两个用户：一个是需要接受治疗的残疾患者；另一个是设置并监控患者与机器人交互过程的临床医师。上肢和下肢的运动治疗得益于机器人的辅助治疗，可以让患有孤独症的孩子进行交流，也可以让患有大脑麻痹或其他发育性残疾的孩子接受教育。对于物理治疗师或职业治疗师的实际手动治疗来说，机器人是一个好的替代品。

辅助机器人通常根据它们是侧重于操作、移动还是认知来进行分类。操作辅助机器人又可以进一步分为固定平台、便携平台和移动自主平台几种类型。固定平台机器人可以在厨房、桌面或者床边执行任务。便携式机器人通常是安装在电子轮椅上的机械臂，可以抓取或移动物体，可以和其他设备进行交互，例如开门。移动自主式机器人可以通过语音或其他方式的控制，在家里或工作场所工作。移动辅助系统分为带导航系统的电子轮椅和移动机器人。移动机器人担当智能机动步行者,运动残疾的患者可以依靠它们防止摔倒或利用它们提供稳定支撑。第三种主要类型是认知帮助机器人,可以帮助患有痴呆、孤独症或其他影响交流和身体健康疾病的患者。

假肢和功能性神经刺激是与康复机器人紧密相连的两个方向。假肢被穿在用户身上用来替代被切除的肢体的人工手、人工胳膊和人工脚。假肢逐渐地也具有机器人的特征。功能性神经刺激系统致力于通过电刺激神经或肌肉来使身体虚弱的人或残疾人的肢体恢复运动功能。功能性神经刺激控制系统和机器人控制系统相似,只是功能性神经刺激系统的驱动器是人的肌肉。另一个相关领域是,患者进行日常活动时,监控和诊断他们的医疗保健问题。

随着材料、控制软件、传感器以及驱动器的发展,机器人的应用在数量上继续增加,设计者可以尝试使用新的机电一体化技术来提高残疾人的生活质量。

2. 关键技术

1) 医疗外科机器人关键技术

(1) 机械设计:在机械设计方面,手术机器人的机械设计很大程度上取决于该机器人的应用场合,例如,高精度、刚性好且灵活性不强的机器人通常适合用来进行骨科整形或穿刺针的定位,此类医疗机器人通常具有较大的减速比,因此运行速度通常较低;另一方面,应用于软组织复杂、微创手术的机器人要求结构紧凑、动作灵活、反应灵敏,这些系统通常运行速度比较高,具备一定的柔性,并且能够反向驱动。考虑样机的快速成型和研究,许多医疗机器人由工业机器人改装而成,然而外科应用的多样化需求趋向于需要更多的专业设计,例如,腹腔镜手术及穿刺安置手术,一般要通过患者身体上的一个共同的入口点插入医疗器械或操作患者体内的医疗器械。通常有两种设计方法:第一种方法是使用一个被动关节,使得进入患者的器械能够绕着与患者皮肤的接触点转动。这种方法已经应用于商业手术机器人如 Aesop 和 Zeus 机器人和其他的用于研究的机器人系统。第二种方法机械地限制手术工具只能够绕远端旋转中心(Remote Center of Motion,RCM)旋转。在手术过程中,机器人的 RCM 与患者皮肤开口点重合。这种方式已经应用于商业机器人(如 Davinci 机器人系统)。微创手术的出现促进了对机器人系统的需求。机器人可以在患者身体内部非常有限的空间内实现较多的自由度,操作灵巧。图 7.51 展示了目前集中典型的末端执行器。它包括电缆驱动手腕、蛇形制动器、形状记忆合金制动器、微液压制动器和电活性聚合物等。同样,对于如何让机器人进入体内手术部位的问题,许多研究小组开发了半自助移动机器人应用于心外膜或腔内手术。

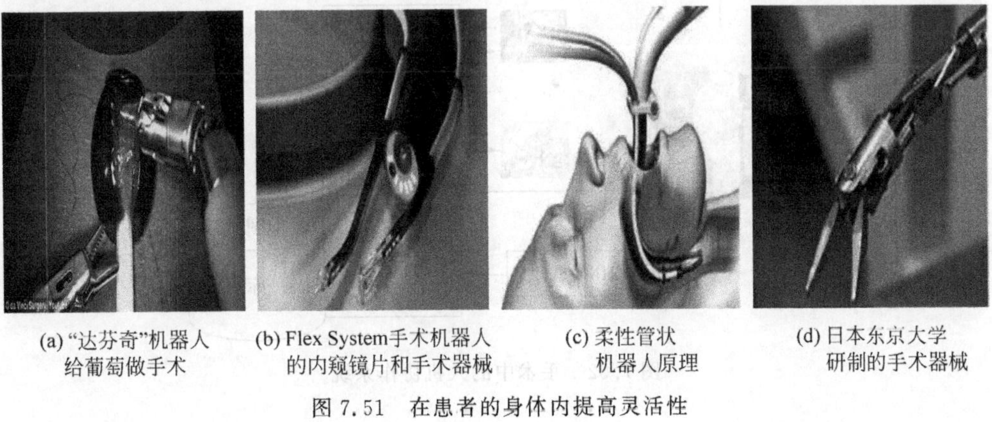

(a)"达芬奇"机器人给葡萄做手术　(b) Flex System手术机器人的内窥镜片和手术器械　(c) 柔性管状机器人原理　(d) 日本东京大学研制的手术器械

图 7.51　在患者的身体内提高灵活性

(2) 智能控制与人机交互：在控制方法方面，医生通过以下三种方式控制机器人的移动。

① 预先设定、半自主的运动机器人末端工具的期望路径由医生根据医学影像进行设定。例如，经皮治疗时穿刺目标点和穿刺点的选择、骨科矫正时工具的路径。

② 外科医生通过远程控制一个单独的人机交互设备设定机器人的期望轨迹，而机器人立即执行相应的动作，如“达芬奇”机器人的远程控制。

③ 医生用手动柔顺控制抓住手术工具，而手术工具安装在机器人的末端。力传感器用来感觉医生移动手术工具的意愿，并将相应的信息发送至计算机，计算机给机器人发送相应的运动指令。术前规划机器人运动能从相对简单的特定任务得到相对复杂的机器人运动路径。这种情况在涉及 2D 或 3D 医学影像的外科 CAD/CAM 中经常碰到。例如，医生在手术前规划了针头到达的位置，然后再往患者血管内插针或对伤口进行缝合。但是，根据看到的变形规划机器人轨迹是一件很困难的事情。远程控制能够给交互性的手术提供更多的选择，如灵活的微创手术或远程手术。该技术使得医生的操作运动能够放大或缩小，并且方便主手和从手之间的力反馈。其主要的缺点是它十分复杂、昂贵，干扰标准手术室的工作流程，并且还有分离的主从机器人。手动柔顺控制结合了精度、强度、除颤的机器人装置的徒手手术操作。与远程控制的机器人系统相比，这些系统因为所需的硬件较少，通常成本较低，并且更易于整合到现有的系统。这些系统能发掘医生的手眼协作能力，并且能够对作用力进行缩放。这种控制方式的最大缺陷是医生不能够远程操作手术器械。此外，医生不能够灵活地控制器械的末端。

在人机交互方面，可通过设置安全障碍，将机器人的运动范围限制在其工作空间中的某一范围内。这一概念可延伸到主动协作控制中，在这些控制方法中，机器人和医生共同或协商地控制机器人完成一些外科手术。随着计算机对外科手术的建模和处理能力的提高，以上的控制方法将变得越来越重要。如图 7.52 所示，介绍了应用于外科手术的人机协作系统中的相关技术；如图 7.53 所示，介绍了使用配准的解剖模型产生限制机器人运动的虚拟夹具。

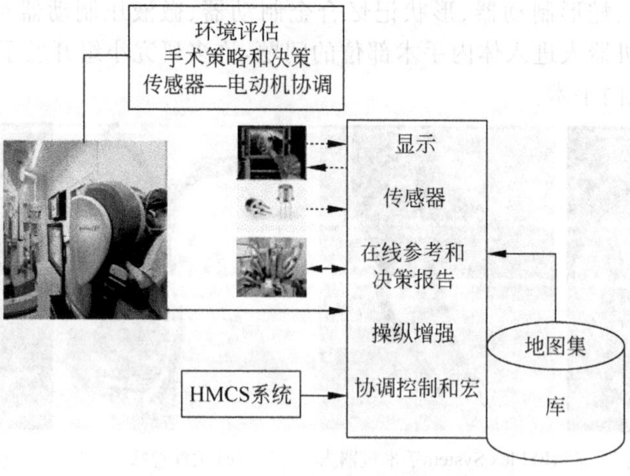

图 7.52 手术中的人机协作系统

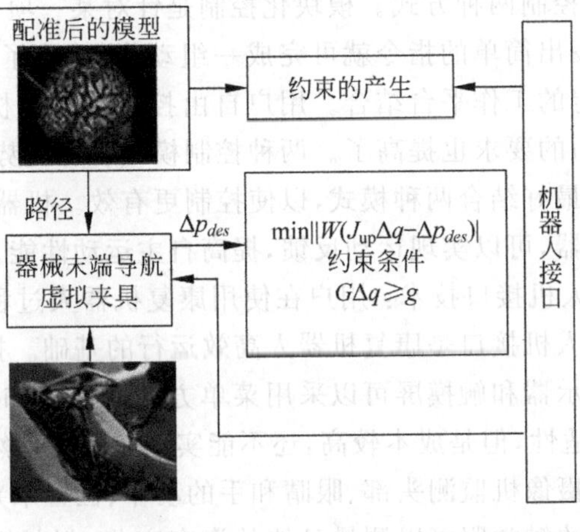

图 7.53 使用基于约束的虚拟夹具的人机协作

(3) 安全性：在安全性方面，机器人系统的硬件和控制软件需要有较多的冗余度，并且具有多种一致性条件。这主要出于如下考虑：不能因为一个问题导致整个机器人系统的失效或对患者造成伤害。虽然关于如何协调存在多种意见，但是医疗机器人通常都装有冗余的位置传感器，并且能够从机械方面限制机器人的运动速度以及施加力的大小。如果某一个一致性条件不满足，通常采取如下两种措施：一种是停止机器人的运动；另一种是使操纵器反应迟缓。这两种方式孰优孰劣取决于机器人所应用的场合。可消毒性和生物相容性也是十分重要的因素。同样地，具体的细节也是取决于机器人的应用场合。通常采取的消毒方式主要有 Gamma 射线消毒、高压灭菌、浸泡或气体消毒、使用无菌窗帘覆盖未消毒的部件。浸泡或气体消毒对机器人的损伤较少，但是需要仔细清洁，以防从灭菌剂等带入其他杂质。在医疗影响与建模方面，研究集中在利用影像建立患者相关的模型、通过实时影像或其他传感器信息动态更新患者的模型、利用所建立的患者模型规划手术或监视手术过程。相关的研究包括：①通过医学影像的分割和融合建立和更新患者的解剖模型。②通过生物力学建模来分析和预测组织的变形，以及影响手术规划、控制和康复的功能性因素。③利用最优化方法来规划治疗方案和交互地控制系统。④研究如何将虚拟现实的影像和模型与患者的实际情况进行匹配。⑤治疗方案和具体的手术步骤，以及用于规划、监控、控制和智能辅助的肢体操纵的表征方法。⑥实时数据融合，利用术中影像动态更新患者的模型。⑦人机交互方法的研究，包括实时数据的显示、自然语言的理解、手势识别等。⑧表征数据、模型和系统中的不确定性，并利用这些信息规划手术和控制方法。

2) 康复机器人关键技术

(1) 康复机器人手臂技术：康复机器人的机械臂(或称为操作器)要求结构精巧，运动灵活，有较大的工作空间，一般为多自由度串联机器人结构。针对不同的应用，研究出现了 4～8 个自由度结构。康复机器人的手臂以旋转自由度为主，有的带有可伸缩的基座以增加手臂的工作范围。为了增加手爪的灵活性，一般在手臂末端设计 3 个回转自由度。由于不需要拿过重的物体，所以机械臂的有效载荷一般比较小，从 0.5～2kg。除了电动机驱动的机械手臂，也出现了气动肌肉手臂，具有结构简单、紧凑和节能等特点。嵌入式手臂将驱动器、控制器都集成到手臂内，实现了模块化，是主要的手臂形式。康复机器人手臂的控制有模块化控制和用户自由控制两种方式。模块化控制是针对某一项具体任务预先编制好控制程序模块,用户只需要发出简单的指令就可完成一组动作,简化了操作,能更有效地完成任务,但是通常需要与固定的工作平台结合。用户自由控制方式使机器手臂有了更大的灵活性,对用户本身控制能力的要求也提高了。两种控制模式各有优势,所以对于要执行各种多样化任务的康复机器人最好结合两种模式,以使控制更有效。机器臂上通常配置了编码器、力觉和视觉等多种传感器,可以实现运动反馈,提高自主运动性能。

(2) 康复机器人的人机接口技术:用户在使用康复机器人过程中需要不断地与机器人沟通,灵活、简便易用的人机接口是康复机器人高效运行的基础。操纵杆和功能键盘是最常用的接口形式。平板显示器和触摸屏可以采用菜单方式操作,同时还可以显示机器人的反馈信息;语音接口有普适性,但是成本较高,还不能实现完整的自然语言交流。针对有语言障碍的用户还出现了以摄像机监测头部、眼睛和手的动作、位置来判断意图并形成控制命令的接口方式。穿在身上的触觉服可以测量身体的姿态变化,判断用户意图。手臂或脖颈等部位的肌电信号也能用作驱动命令。鹰眼系统通过测量眼电压(EOG)来确定眼睛和颅骨的相对位置,用户通过移动头部或眼睛来移动屏幕上的光标选择操作项目。通常一个康复机器人系统需要同时设计多个人机接口方式以方便选用。

(3) 康复机器人的多传感器融合技术:可移动的康复机器人是在移动机器人技术的基础上发展起来的,也需要实现自主定位、导航和路径规划任务,所以需要借鉴和发展移动机器人的相关技术,其中传感器信息融合技术和导航技术对康复机器人来讲又有其特殊性。移动康复机器人除了带有各种环境感知传感器以外,还携带有人机接口用的各种传感器。因而对这些数据的更准确的融合和综合分析是机器人做出正确决策的基础。近年来研究人员提出许多传感器信息融合算法,能够比较完整地反映环境特征和识别用户指令,提高机器人运动能力和精度。导航系统用来引导移动机器人和智能轮椅的运动,通常是由其中的一种或几种方式结合起来构成,通过各种传感器检测环境信息,建立环境模型,确定机器人的位置和方向,然后规划出安全有效的运动路径。

(4) 康复机器人系统的集成及通信技术:复杂的康复机器人系统需要将多个执行器、各种传感器集成在一起,因而系统集成的安全性和可靠性尤为重要。另外还要求系统有良好的扩展能力。CAN总线因成本低,数据传输速度快,具有可靠的错误处理和检错机制等优点,已被应用到一些康复机器人中。另外,TIDE项目研究的M3S是专门用于康复机器人的通信总线规范。它将轮椅的电动机控制器、操纵器、机器人工作站、环境控制器和语音合成器等都作为末端执行器,可以方便地直接连接到总线上;M3S也采用CAN通信协议,并另加了两条信号线以增加安全性和整体性。

3. 应用案例

1) 伊索机器人

真正走向商业化道路的手术机器人,是由美国Computer Motion公司开始研发的伊索系列机器人——一种可由手术医师声控的"扶镜"机械手,以避免由于扶镜手生理疲劳所造成的镜头不稳定。

王友仑最初研究二十世纪八九十年代的机器人市场。有幸获得NASA的资助,他开始利用这些资源来观察不同行业的机器人需求。王友仑在和医生交谈中,了解到了腹腔镜微创手术。在20世纪90年代初,这个行业还处于起飞阶段。在微创手术中,医生通过内窥镜等设备在患者体内开展治疗，在电视屏幕上就可以看到病理构造，这项技术极大地提高了外科手术的成功率。微创手术成为 Computer Motion 公司的主题。王友仑在 1989 年开始研究“伊索”(AESOP，自动最优定位内窥镜系统)，如图 7.54 所示，并于 1997 年研制成功。

图 7.54 伊索机器人

该机器人可以模仿人手臂功能，实现声控设置，取消了对辅助人员手动控制内窥镜的需要，提供比人为控制更精确一致的镜头运动，为医生提供直接、稳定的视野。1997 年，伊索在比利时布鲁塞尔完成了第一例腹腔镜手术。伊索成为美国药物与食品管理局(FDA)批准的第一个微创手术机器人，直到 2014 年，外科医生应用伊索已在全球做了超过 7.5 万例次微创手术。

2）宙斯机器人

到 1998 年，伊索配备了腹腔镜，逐渐进化成了宙斯，如图 7.55 所示。它可以遥控操作，是一个完整的手术器械机器人系统。宙斯分为 Surgeon-side 系统和 Patient-side 系统。Surgeon-side 系统由一对主手和监视器构成，医生可以坐着操控主手手柄，并通过控制台上的显示器观看由内窥镜拍摄的患者体内情况。

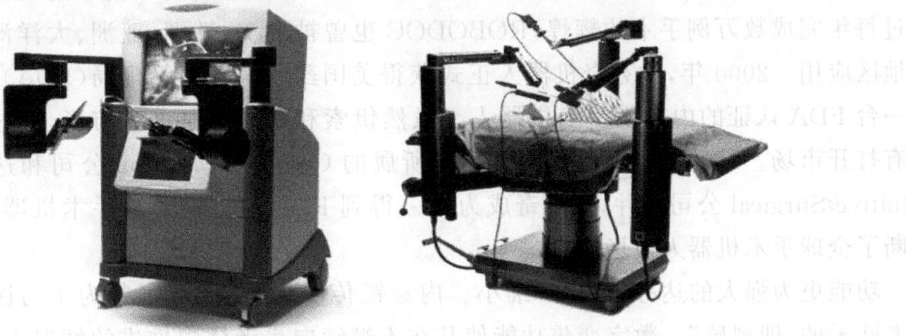

图 7.55 宙斯机器人

Patient-side 由用于定位的两个机器人手臂和一个控制内窥镜位置的机器人手臂组成。医生可以声控操作腹腔镜的手臂，同时用手操作其他两个机械手臂进行手术。宙斯在一台输卵管重建手术中就已初现微创优势，通过患者腹部只有几个筷子粗细的小切口供内窥镜和机械臂出入。

2001 年 9 月 7 日，身在纽约的著名外科学家雅克·马雷斯科和美国纽约的著名外科医生米歇尔博士在两地协同合作，利用宙斯系统完成了对身在法国斯特拉斯堡的 68 岁女患者的胆囊摘除手术。整台手术耗时仅 48min，患者术后 48 小时内恢复排液，无并发症出现。马雷斯科教授认为，这是外科史上继微创技术及计算机辅助应用后的第三次变革，成功引入“全球外科技术共享”理念，无论医生在何处都能参与任何地方的手术。

3）达芬奇机器人

达芬奇手术机器人是目前全球最成功及应用最广泛的手术机器人，如图 7.56 所示。它由美国 Intuitive Surgical 公司于 1999 年研制成功，目前已推出四代产品。达芬奇机器人代表着当今手术机器人最高水平，它主要由三部分构成：医生控制系统、三维成像视频影像平台以及拥有机械臂、摄像臂和手术器械组成移动平台。实施手术时，主刀医师不与患者直接接触，通过三维视觉系统和动作定标系统操作控制，由机械臂以及手术器械模拟完成医生的技术动作和手术操作。

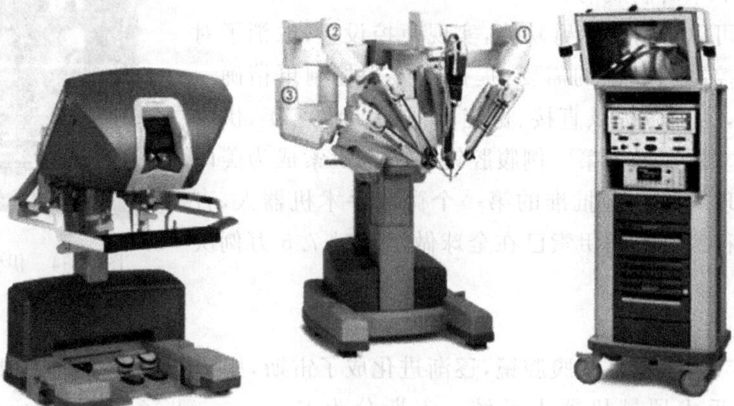

图 7.56 达芬奇机器人

除了宙斯，当时技术上几乎并驾齐驱的各个手术机器人都得到过很好的运用。伊索曾有过每年完成数万例手术的辉煌，ROBODOC 也曾被北美、欧洲，亚洲、大洋洲的多个国家和地区应用。2000 年，达芬奇机器人正式获得美国药物与食品管理局(FDA)的认证，成为第一台 FDA 认证的内窥镜手术机器人。虽然伊索和宙斯更早进入市场，不过其产品迟迟没有打开市场。2003 年专利纠纷后，宙斯所属的 Computer Motion 公司和达芬奇所在的 Intuitive Surgical 公司合并，达芬奇成为唯一得到 FDA 认证的外科手术机器人产品，几乎垄断了全球手术机器人市场。

功能更为强大的达芬奇，切口细小。内窥镜传回的高清 3D 视频为主刀医生创造钻进患者肚子的“即视感”。数字变焦功能使其在不继续向患者体内推进的情况下，将手术视野放大 10 倍以上。普通的内窥镜手术不是也能让医生“身临其境”吗？还真不一样。首先，内窥镜剥夺了医生直接使用工具的直觉，却没给他们 3D 立体感；其次，腹腔镜技术难度远超预期，学习曲线很长。达芬奇在视觉上拓展医生视野的同时，3D 影像弥补了 2D 平面影像欠缺的距离感。此外，身高近两米的达芬奇，“手艺”却精细得可以操作绣花针。

4) Remebot 神经外科机器人

神经外科手术一直存在手术空间小、定位困难等痛点。立体定向仪的发明是为了辅助医生准确定位患者头部病灶，同时充当手术操作平台。医生用四颗螺钉将框架固定在患者头部，通过空间坐标换算出病灶位置，手术器械则装载于框架结构上。该技术已被广泛应用于脑肿瘤、脓肿和血肿的手术治疗中，由于手术创伤较开颅手术而言小一些，患者多数愿意接受这种治疗方法。

我国研发的神经外科手术机器人 Remebot(见图 7.57)是基于立体定向的思路，手术中机器人的计算机软件系统、机械臂和摄像头分别充当“脑”“手”“眼”。协作实现两个核心功能：一是将医学影像三维呈现，辅助医生更加清晰全面地观察病灶，完成手术规划；二是按命令轨迹运动将安装在其末端的手术器械准确送达患者头部病灶点；三是按指令轨迹带动手术器械运动完成辅助操作任务。通过机器人自动定位，无须再使用框架定位，减轻患者痛苦，提高手术精准度。

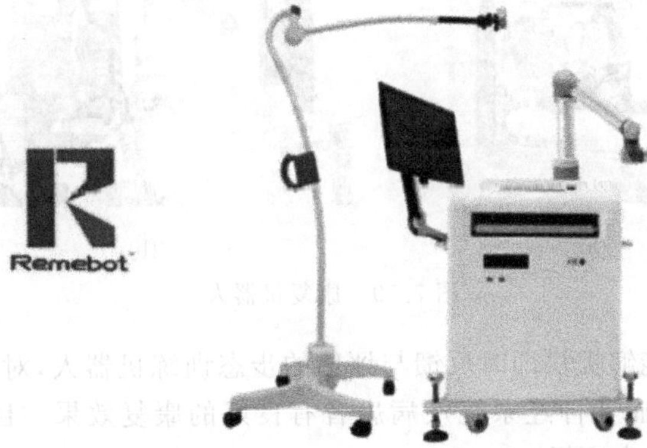

图 7.57　Remebot 医疗机器人

目前，Remebot 已成功应用于临床，搭载不同的手术器械可进行活检、抽吸、毁损、移植、放疗等操作，适用于 12 类近百种神经外科疾病，涵盖脑出血、脑囊肿、帕金森、癫痫、三叉神经痛等。

5）ReWalk Robotics

以色列外骨骼系统提供商 ReWalk Robotics 于 2014 年 9 月在纳斯达克上市，如图 7.58 所示。该公司制造可穿戴外骨骼动力设备，帮助腰部以下瘫痪者重获行动能力，ReWalk 于 2012 年获得欧盟认证，进入欧洲市场，2014 年 6 月 ReWalk 的外骨骼产品通过了美国药物与食品管理局(FDA)的审批，是首款也是唯一一款获得 FDA 批准的外骨骼产品。

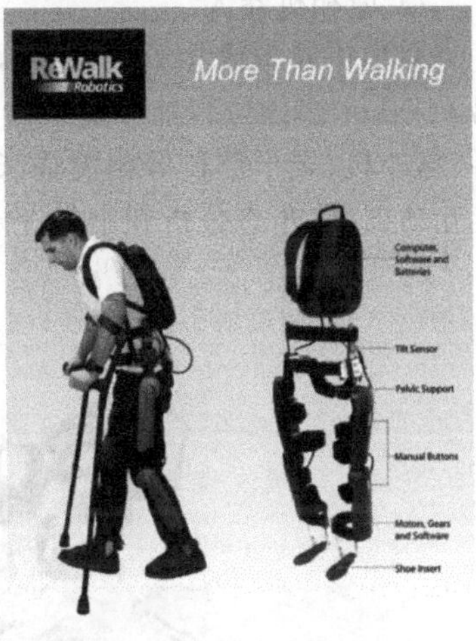

图 7.58　ReWalk Robotics

该公司旗下共有两款产品，分别是 ReWalk Personal 和 ReWalk Rehabilitation，前者主要适合家庭、工作或社交环境中使用，通过传感器和监控器，使患者站立、行走和爬楼；后者则是用于临床修复，为瘫痪患者提供物理治疗方式，包括减缓瘫痪导致的肢体疼痛、肌肉痉挛、帮助肠道消化系统、加速新陈代谢等；中风和脑瘫患者也是 ReWalk 未来的目标人群。

6）HOCOMA AG 公司

瑞士 HOCOMA AG 公司成立于 1996 年，与欧美多国高校合作研发高端康复治疗与训练产品。作为国际知名的医疗康复机器人公司，其医疗康复机器人在人体工程学、电子传感器、计算机软硬件和人工智能等众多方面具备先进技术。该公司主要提供四款康复机器人产品，如图 7.59 所示(部分展示)。

(a)

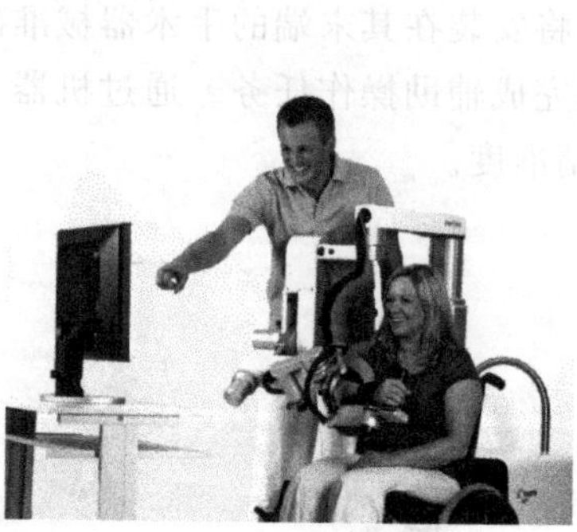

(b)

图 7.59 康复机器人

Lokomat 是一款能够提供即时反馈与评估的步态训练机器人，对中风、脊髓损伤、创伤性脑损伤、多发性硬化症等神经系统疾病患者有良好的康复效果。目前，Lokomat 几乎垄断了中国高端康复机器人市场。

Armeo 是一款能够提供即时反馈与评估的上肢康复机器人，支持从肩膀到手指的完整的运动链治疗，能够根据患者的情况自动提供协助。即使是症状严重的患者，也能用此款设备进行高强度的早期康复治疗。

Erigo 是一款集成的倾斜机器人系统，用于长期卧床患者的早期神经康复训练。

Valedo 系列产品用于背部疼痛治疗，包括 Valedoshape、Valedomotion 和 Valedo 三款产品，分别用于脊柱评估、诊所治疗和家庭治疗。

7）璟和机器人

璟和机器人成立于 2012 年，总部位于上海，专业研发康复训练机器人。目前，公司已推出 Flexbot 多体位智能康复机器人系统，适用于各级医疗机构的康复医学科、骨科、神经内科、脑外科、老干部科等相关临床科室用以开展临床步态分析，具有机器人步态训练、虚拟行走互动训练、步态分析和康复评定等功能，如图 7.60 所示。

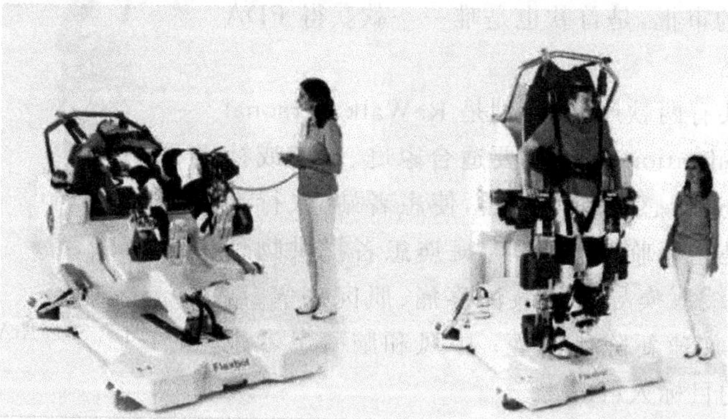

图 7.60 璟和机器人的 Flexbot 系统

7.2.5 陪护机器人

1. 概述

随着我国老年人数量的增加，养老引起了越来越多的社会关注。调查显示：全国有

35%的家庭要赡养 4 位老人,49%的城市家庭要赡养 2～3 位老人。当前我国 60 岁以上老年人数量已超过 2 亿人,占总人口的 14.9%。到 2020 年,我国老年人数量将达到 2.43 亿人,占比将超过 17.2%,到 2050 年,中国 60 岁以上老年人口将增加到 4.8 亿人,临终无子女的老年人将达 7900 万左右,独居和空巢老年人将占 54%以上。并且,我国养老方式主要为居家养老,比例高达 96%。国家统计局公布的最新数据显示,我国 2018 年 60 岁以上人口比 2017 年增加 886 万人。这意味着每天增加 24 000 人,几乎不到 4 秒钟就有一人迈入 60 岁。

老龄化的加剧和典型的"421"中国家庭结构,为能够提供情感交流、老年、儿童陪伴等服务功能的智能陪伴机器人奠定了巨大的市场基础。针对老龄化社会的潜在需求,老年陪护机器人应运而生。调查显示,当前世界上许多发达国家都面临着社会人口老龄化的问题。随着人们生活水平的显著提高和医疗条件的不断改善,针对老年人的各种服务机器人已经出现在了我们生活中。面对空巢的老年家庭和单身的老年人,如何使用服务机器人对患病或有障碍的老年人进行康复训练、心理陪护、生活辅助和日常监护等,已成为当前老年服务机器人研究的重点。

陪护机器人主要具有以下优点:

(1) 缓解老人的孤独感,提醒记忆力减退的老人定时定量吃药。

(2) 可以提供全天候的服务。不像人类,它们可以一周七天,一天 24 个小时,随时待命。在家里,它们可以帮助老人居家养老。而且,使用设备不等同于向别人求助,依赖于陪护机器人可以比请人类护工更少地让老人产生丧失自主能力的感觉,给生活增添很多色彩与乐趣。

(3) 可以在情感上陪伴老人,成为他们的朋友和家人。

老年陪护机器人需要实现以下功能:

(1) 生活需要。老年陪护机器人能满足老年人的日常生活需要,帮助老年人日常的衣、食、住、行等。例如,帮助行动不便的老年人穿衣、吃饭以及正常行走等,提醒甚至帮助有需求的老年人按时服用药品等。

(2) 安全需求。老年陪护机器人能够实时诊断用户的身体健康情况,包括血压测量、血糖测量等常规检查,并且具有一定的防御措施和知识信息,以维护用户的财产安全和社会保障等。

(3) 社交需要。老年陪护机器人能通过某些手段和方法增加用户与外界的交流。

(4) 尊重需要。老年陪护机器人的所有语言行为要能满足老年人被尊重的需求。

(5) 自我实现的需要。老年陪护机器人能提供适宜老年人的社会行为,并使老年人产生实现社会价值的体验。

日本面临老龄化社会的压力较重,因此投入了大量的人力物力进行陪护型助老机器人的研究,并取得了一定的成果。例如,日本产业技术综合研究所(AIST)的柴田崇德研制出面向老人的海豹型陪护机器人 PARO,该陪护机器人可以感受到主人对不同部位的触摸,产生相应的交互反应,调整动作,并可以感受外界的声响以及辨识主人的声音和命令;日本索尼公司的机器宠物狗"爱宝"(AIBO),能够精确感知与外界物体的距离,具备发声、声音处理能力;日本名古屋市商业设计研究所开发的"ifbot"机器人能够理解人的感情并能与人沟通;松下电器开发了面向老年人的宠物机器人"泰迪(Teddy)熊",可与老人进行连续性的对话；日本欧姆龙公司开发了完全仿真的、能够与人交流的人工毛皮新型机器人宠物猫——尼克罗(NeCoRo)，集成了机器人传感、控制和人工智能技术，能够对主人的触摸产生反应并表达自己的感受。美国密歇根大学、匹兹堡大学和卡内基梅隆大学组成的联合研究小组开发的专门照料老人的机器人护工"珀尔"会适时提醒、建议老人做各种事情，还可担当老人的引路员。

2. 关键技术

陪护机器人属于服务机器人，其关键技术及发展趋势与服务机器人的关键技术大体相同。老年陪护机器人主要由机械结构、控制系统、传感器、基于神经网络信息融合的智能系统等构成。其主要内容体现在以下几个方面：

1) 自主移动技术

自主移动技术是服务机器人的关键技术之一，也是陪护机器人的关键技术之一。机器人的导航技术是自主移动技术的重要方面。移动机器人通过传感器感知环境和自身状态，实现在有障碍物的环境中面向目标的自主运动，即导航。当前室内机器人的导航技术主要包括 RFID 导航、磁导航、超声波和雷达导航、语音导航和视觉导航等。

2) 感知技术

老年陪护机器人是针对老龄人的特殊服务机器人，因此其使用的各种传感器共同构成它们的感知系统，包括：压力传感器，在老年陪护机器人上用来感知触摸；烟雾和有害气体传感器来感知室内环境的情况；光电传感器，用来感觉室内光线强弱；速度传感器，用来测量移动速度和距离；接近传感器，用来短距离精确移动定位；语音传感器，实现人机对话，完成语音指令；视觉传感器，感知室内的空间环境，更好完成物体的识别、定位和抓取等。

3) 智能决策控制技术

智能决策和控制是指在无人干预的情况下能自主地驱动智能机器进行智能决策和实现控制目标的自动决策控制技术。老年陪护机器人的智能决策控制包括了在自主移动、精确定位、识别抓取物体、人机交互、网络控制等过程中的自动和智能化的决策和控制。智能决策和控制主要用以解决控制对象无法精确建模的复杂控制问题情况，具有非线性等特点。

基于神经网络信息融合的智能系统。由于陪护机器人对机器人的反应能力要求很高，需要机器人在接收到老人的情绪变化的信息后迅速做出反应，因此需要人工神经网络。人工神经网络进行信息存储的最大优势在于大规模的并行处理和分布式信息存储、良好的自适应性、自组织性，以及很强的学习功能与容错能力。

3. 应用案例

1) 多用途老年人陪护机器人 MeRA

2016 年年末，IBM 与美国莱斯大学发布了一款"多用途老年人陪护机器人"(Multi-Purpose eldercare Robot Assistant，MeRA)，它是在原有的 Pepper 机器人基础上开发的一个定制版本。Pepper 由日本软银机器人公司(SoftBank Robotics)开发，身体为象牙色，高度与一个 7 岁儿童相当，能够通过语音和面部表情识别人类的情绪并做出回应，已经可以在日本的商场和家庭中为人类提供服务。MeRA 则是专门为待在家里的老年人设计的陪护机器人，能够记录、分析人的面部表情，计算出心率、呼吸频率等关键生命体征。

MeRA 身上还集成了 IBM 人工智能沃森 Watson，能够与患者交流，回答有关健康的问题，如图 7.61 所示。

2）日本海豹形陪护机器人“帕罗”

日本的一款海豹形机器人“帕罗”走进了老人们的生活，它可陪伴老人游戏、唱歌、跳舞等，当听到有人夸奖它时，小海豹机器人还会眨眨眼、转个圈、叫几声以表示很高兴，如图 7.62 和图 7.63 所示。

机器人“帕罗”的身材、智力与人类婴儿相近。“帕罗”机器人安装了包括触觉、听觉等多种传感器，使得能够在与人互动时，根据外部刺激做出诸如兴奋、撒娇等带有情感的反应。实验表明，“帕罗”充满“人情味儿”行为能够唤醒老人的深层记忆，缓解老年认知障碍。

该款老人陪护机器人已经进驻了日本近 60 家养老机构，为许多老人带去了欢乐。日本老年人心理专家表示，老人们非常信任机器人，认为它们不会说谎，是值得信赖的朋友。

图 7.61 机器人“Pepper”

图 7.62 敬老院的海豹型老人陪护机器人“帕罗”

图 7.63 海豹型老人陪护机器人“帕罗”

7.3 特种机器人的典型应用

特种机器人是指应用于特殊危险环境下的专业领域的机器人总称，也称作专用服务机器人，根据不同的应用领域和应用场景，它包括水下机器人、空中机器人、空间机器人、军用机器人、农林机器人、建筑机器人、危险作业机器人、采矿机器人及搜救机器人。随着科技的发展，特种机器人已经“入侵”到了生活和科学研究的各个领域，并且扮演着重要的角色，使我们的生活更加的方便、快捷，在一定程度上甚至成了我们生活的一部分。其中军用机器人和野外机器人是其中最大的两个消费市场，本节将重点列举特殊空间机器人、军用机器人和搜救机器人的关键技术和典型应用案例。

7.3.1 特种机器人的概述

特种机器人是除工业机器人之外的、用于非制造业并服务于人类的各种机器人总称。

在野外机器人方面，机器人被视作替代人在危险、恶劣环境下作业必不可少的工具，可以辅助完成人类无法完成的如空间与深海作业、精密操作、管道内作业等任务的关键技术装备。美国在野外机器人方面处于世界领先地位，我国在政策鼓励下进步明显，尤其是在水下机器人方面具有突出贡献。

中国船舶重工集团公司702所、中国科学院沈阳自动化研究所和声学研究所等多家国内科研机构与企业联合攻关，完成了中国在深海技术领域的近底自动航行和悬停定位、高速水声通信、充油银锌蓄电池容量等一系列技术突破，设计完成了7000m级深海载人潜水器“蛟龙号”，如图7.64所示，创造了下潜7062m的世界载人深潜纪录。这是目前世界上下潜能力最深的作业型载人潜水器。2017年7月，“向阳红10号”科学考察船搭载了由我国自主研发的“潜龙二号”AUV，在大洋43航次航行中累计开展了8次作业，作业时间累计达到170小时，总航程456km，最大下潜深度3320m，充分证明，“潜龙二号”在洋中脊复杂地形环境下工作的稳定性和可靠性。

(a)　　(b)

图7.64　蛟龙号

军用机器人方面，由美国Recon Robotics公司推出的战术微型机器人Recon Scout和Throwbot系列具有重量轻、体积小、无噪声和防水防尘的特点，并配有红外光学系统，可以在它们进入危险区后自动校正，这些危险区如屋顶、地下室和可疑建筑，并能向位于安全距离以外的操作者返回侦察视频，这些微型机器人在白天或黑夜都可以获取可见光或红外视频。美军及全球其他军事力量已经部署超过2200台上述机器人用以保护作战的步兵部队。Recon Robotics公司的微型机器还有其他用途，如检查汽车底盘；清理房间、建筑物、屋顶和有围墙的大院；进行暗渠、掩体和洞穴的快速侦察；远程观测室外环境；以及评估可疑简易爆炸装置(IED)等。

美国波士顿动力公司致力于具有高机动性、灵活性和移动速度的先进机器人，将传感器融合和动力学控制运用到了极致，先后推出了用于全地形运输物资的BigDog，拥有超高平衡能力的双足机器人Atlas和具有轮腿结合形态并拥有超强弹跳力Handle，如图7.65所示。由Berkeley bionics公司开发的HULC(Human Universal Load Carrier)轻量级外骨架辅助装置，通过电力和液压驱动，可将负载平均到外骨骼，大大提高了军人的负载量，增强士兵的力量和耐力以及减少运输负荷造成的损伤。

在抢险机器人方面，由Sarcos公司最新推出的蛇形机器人Guardian S，可以在狭小空间和危险领域打前哨，并协助灾后救援和特警及拆弹部队的行动，如图7.66所示。在常规

图 7.65　波士顿动力公司生产的机器人

的监控模式下可以运行 18 小时，持续跑动则能维持 4 小时，可以将头上摄像头的音视频传到用户端。此外，用户还可以给这款 6kg 重的机器人配备 4.5kg 重的传感器：气体传感器、震动传感器等。操控员通过游戏柄一样的控制器控制机器人，还能用无线、LTE 等射频系统进行通信。Guardian S 的身体坚实耐用，而且防水，可以应付复杂的地形和环境，而且后期将加入 SLAM 功能，实现自我调节操作。

图 7.66　蛇形机器人 Guardian S

2009 年，沈阳新松研制了我国首台具有生命探测功能的井下探测救援机器人，融合了防爆技术和光纤通信技术，可参与事故现场的抢险救援。由沈阳自动化所在“十一五”863 计划重点项目“救灾救援危险作业机器人技术”中研发的废墟搜救可变形机器人可进入废墟内部，利用自身携带的红外摄像机、声音传感器将废墟内部的图像、语音信息实时传回后方控制台，供救援人员快速确定幸存者的位置及周围环境，如图 7.67 所示。同时，还能为实施救援提供救援通道的信息。在 2013 年 4 月四川芦山地震救援行动中，废墟可变形搜救机器人和另外一款机器人化生命探测仪在震区实现了多种典型环境的搜索与排查，徒步 10km，实现了 20 余处废墟环境排查，圆满完成了芦山地震救援任务。

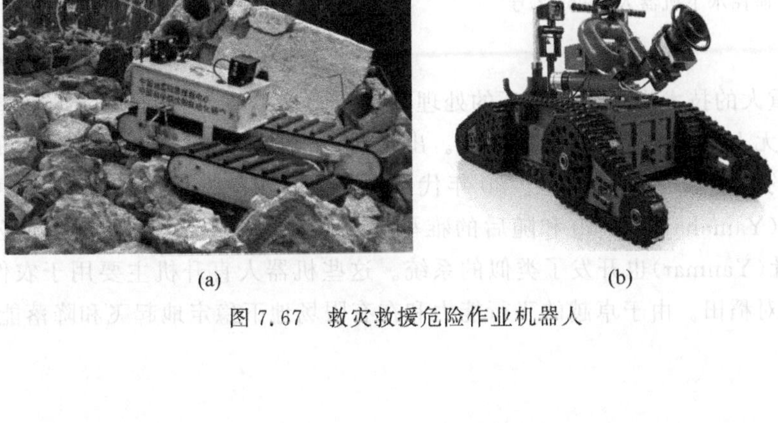

(a)　(b)

图 7.67　救灾救援危险作业机器人

7.3.2 特殊空间机器人

1. 概述

野外机器人包括应用于采矿、货物装卸、农业、水下勘探和开采、高速公路、行星探测、空中任务等场合中的特种机器人，应用场所和任务种类对机器人提出了各种严苛的要求，往往研究这些机器人，需要对机器人的使用环境进行大量的信息采集和建模，针对复杂多变的环境来解决相关的问题。本小节将分别对最常见的水下机器人、空中机器人和空间机器人进行应用案例的讲解。

美国伍兹霍尔海洋研究所(Woods Hole Oceanographic Institution)开发并用于海底科学研究的 Jason 2 号遥控水下机器人如图 7.68 所示。

自主水下机器人(AUV)，是一种无人无缆可自主航行的水下航行器，它克服了遥控水下机器人所携带的脐带缆带来的局限性。自身装备有能源储备，如传统蓄能电池或将来可能采用的燃料电池。

在空中机器人方面，"空中机器人"一词由 Robert Michelson 提出，目的在于概括一类新的高度智能化的小型飞行器。在航天术语中，飞行机器人通常被称为无人机，而整个基础设施、系统和为了达到给定操作目的而操作这些机器的人类部分，往往被称为无人驾驶系统。最初的空中机器人多被设计用于执行军事打击任务，通过将陀螺仪和机械装置耦合达到自主导航的效果，但普遍精度较差，如 20 世纪 50 年代开发并在美国驱逐舰上使用的无人直升机 Gyrodyne QH-50 DASH，它能够执行侦察和投放鱼雷的任务，但是这些机器仍然算不上智能，如图 7.69 所示。

图 7.68 遥控水下机器人 Jason 2 号

图 7.69 QH-50 DASH 无人直升机的最终进场(美国海军)

下一个重大的技术推动者是轻巧的处理器和传感器系统，连同全球导航卫星系统的到来，它们能使无人机执行日益复杂的任务。出于对粮食自给自足的政策和庞大的农业劳动力短缺问题的考虑，日本在 20 世纪 80 年代引领了无人机的发展，研制了高度可靠的直升机，如雅马哈(Yamaha)的 R-50 和随后的雅马哈 R-Max，如图 7.70 所示，其他公司如日本洋马株式会社(Yanmar)也开发了类似的系统。这些机器人直升机主要用于农作物喷粉的应用，特别是对稻田。由于卓越的飞行能力和在有限场地下稳定地起飞和降落能力，这些无人机在大学和其他研究机构也被证明是非常受欢迎的。

图 7.70　自主无人直升机雅马哈的 R-Max

在空间机器人方面，空间机器人较机器人航天器而言具有更强的能力，可作为助手，在轨辅助宇航员进行操作、装配和服务；或者能作为在遥远行星上人类探险者的替身，拓展探险领域和探险能力。

空间机器人主要分为轨道机器人和表面机器人两种。其中，轨道环境中首次应用机械臂的是航天飞机的遥操作系统。它于 1981 年 STS-2 任务中得到成功应用，这一机器人成功开辟了轨道机器人技术的新时代，激发出了研究机构的许多任务概念。

月球表面机器人方面，人类对表面探测漫游者的研究始于 20 世纪 60 年代中期，初衷是美国为了研究勘探者号登月飞行器进行无人漫游以及登陆器(月球探险车)的载人漫游。20 世纪 90 年代勘探目标已扩大到火星，1997 年火星探路者号成功地部署了一个名为旅居者号的微型探测车，利用自主避障技术安全穿越着陆点附近的岩石场。这次成功之后，如今自主机器人车辆被认为是行星探索所不可缺少的技术。美国机遇号火星探测漫游者于 2003 年发射升空，在火星恶劣环境下坚持工作长达 4 年之久，已经取得了卓越成功。每个探险车运行距离均超过 5000m，并通过使用机载仪器协助研究人员取得了重大科学发现，如图 7.71 所示。

图 7.71　Lunokhod 无人驾驶月面自动车

2. 关键技术

1) 水下机器人关键技术

水下机器人是一种技术密集性高、系统性强的工程，涉及的专业学科多达几十种，主要包括仿真、智能控制、水下目标探测与识别、水下导航(定位)、通信、能源系统等六大技术。

(1) 仿真技术：由于水下机器人的工作区域为不可接近的海洋环境，环境的复杂性使得研究人员对水下机器人硬件与软件体系的研究和测试比较困难。因此在水下机器人的方案设计阶段，研究人员进行仿真技术研究的内容分为两部分。其一，平台运动仿真。按给定的技术指标和水下机器人的工作方式，设计机器人平台外形，并进行流体动力试验，获得仿真用的水动力参数。一旦建立了运动数学模型、确定了边界条件后，就能用水动力参数和工况进行运动仿真，解算各种工况下平台的动态响应。如果根据技术指标评估出平台运动状态与预期存在差异，则通过调整平台尺寸、重心浮心等技术参数后再次仿真，直至满足要求为止。其二，控制硬、软件的仿真。控制硬、软件装入平台前，先在实验室内对单机性能进行检测，再对集成后的系统在仿真器上做陆地模拟仿真试验，并评估仿真后的性能，以降低在水中对控制系统调试和检测所产生的巨大风险。其内容包密封、抗干扰、机电匹配、软件调试。另外，上述所需的仿真器主要由模拟平台、等效载荷、模拟通信接口、仿真工作站等组成。

(2) 智能控制技术：智能控制技术旨在提高水下机器人的自主性，其体系结构是人工智能技术、各种控制技术在内的集成，相当于人的大脑和神经系统。软件体系是水下机器人总体集成和系统调度，直接影响智能水平，它涉及基础模块的选取、模块之间的关系、数据(信息)与控制流、通信接口协议、全局性信息资源的管理及总体调度机构等问题。

(3) 水下目标探测和识别技术：目前，水下机器人用于水下目标探测与识别的设备仅限于合成孔径声呐、前视声呐和三维成像声呐等水声设备。合成孔径声呐是用时间换空间的方法、以小孔径获取大孔径声基阵的合成孔径声呐，非常适合尺度不大的水下机器人，可用于侦察、探测、高分辨率成像及大面积地形地貌测量等作业。前视声呐组成的自主探测系统，是指前视声呐的图像采集和处理系统，在水下计算机网络管理下，自主采集和识别目标图像信息，实现对目标的跟踪和对水下机器人的引导。通过不断的试错，系统找出用于水下目标图像特征提取和匹配的方法，建立数个目标数据库。特别是在目标图像像素点较少的情况下，较好地解决数个目标的分类和识别。系统对目标的探测结果，能提供目标与机器人的距离和方位，为水下机器人避碰与作业提供依据。三维成像声呐，用于水下目标的识别，是一个全数字化、可编程、具有灵活性和易修改的模块化系统，可以获得水下目标的形状信息，为水下目标识别提供了有利的工具。

(4) 水下导航与定位技术：用于自主式水下机器人的导航系统有多种，如惯性导航系统、重力导航系统、海底地形导航系统、地磁场导航系统、引力导航系统、长基线、短基线和光纤陀螺与多普勒计程仪组成的推算系统等。由于价格和技术等原因，目前被普遍看好的是光纤陀螺与多普勒计程仪组成的推算系统。该系统无论从价格上、尺度上和精度上都能满足水下机器人的使用要求，目前国内外都在加大力度研制。

(5) 高可靠的通信技术：目前的通信方式主要有光纤通信、水声通信。光纤通信由光端机(水面)、水下光端机、光缆组成。其优点是传输数据率高(100Mbit/s)且具有很好的抗干扰能力，缺点是限制了水下机器人的工作距离和可操纵性，一般用于带缆的水下机器人。水声通信是水下机器人实现中远距离通信唯一的，也是比较理想的通信方式。实现水声通信最主要的障碍是随机多途干扰，要满足较大范围和高数据率传输要求，需解决多项技术难题。

(6) 能源系统技术：水下机器人、特别是续航力大的自主航行水下机器人，对能源系统的要求是体积小、重量轻、能量密度高、多次反复使用、安全和低成本。目前的能源系统主要包括热系统和电—化能源系统两类。热系统是将能源转换成水下机器人的热能和机械能，包括封闭式循环、化学和核系统。其中由化学反应(铅酸电池、银锌电池、锂电池)给水下机器人提供能源，是如今一种比较实用的方法。电—化能源系统是利用质子交换膜燃料电池来满足水下机器人的动力装置所需的性能。该电池的特点是能量密度大、高效产生电能，工作时热量少，能快速启动和关闭。但是该技术目前仍缺少合适的安静泵、气体管路布置、固态电解液以及燃料和氧化剂的有效存储方法。随着燃料电池的不断发展，它有望成为水下机器人主导性能源系统。

2) 空中机器人关键技术

(1) 互操作性和模块化：传感器和武器技术快速成熟，处理能力和算法的发展常常超过国防部能力升级和将重大进步转化为实战平台的速度。由于利用了商业性的处理和电子标准技术，当前无数的传感器、通信和武器系统不断发展。加上过去几年美国国防部主要系统进行技术更新时，在平台内部的模块化和平台之间的互操作性面临着诸多挑战。提高模块化程度、增加跨域数据分享的可互操作界面有利于实现未来全寿命周期成本的最小化，减少部队结构需求，可快速适应新的威胁和技术。

(2) 通信系统、频谱和弹性：所有无人机需要面临的挑战包括通信链路的可用性、通信链路支持的数据量、通信频谱的认证、RF(射频)系统对干扰(如电磁干扰)的适应弹性。

(3) 研究和情报/技术保护(RITP)：无人机在执行任务时，常涉及关键程序信息和敏感、保密数据，因此需要研究和情报/技术保护。无人机必须包含合适的安全措施，不仅可以阻止未授权的接入/控制，未授权的或者无意的数据披露，保持技术优势，还可以使新的传感器、武器和操作软件更快地适应。

(4) 持续弹性：无人机由于在燃料/重量比方面的显著优势使其更具可持续性，而且可以更好地利用无人机的设计提供更长的有效驻留时间。另外，未来航空电子、动力和推进系统、存储管理系统等方面的小型化将使系统更小，再加上更好的可持续性，可以将投资最小化。增加可持续性需要在可靠性、维修性和生存力方面进行改进。因此，当尺寸、重量、动力和冷却(SWaP-C)等性能的改进已经成为未来所有系统(包括无人机)的特征时，它们对系统的可靠性、可维护性和生存性也提出了更高要求，以确保各种用途下的战时效率。

(5) 自主性和认知行为：几乎所有的无人机都需要对其基本设备操作和影响通信、人力和系统效率的行为进行主动控制。美国国防部预算中最大的成本之一是人力。作战时，大量的人力资源投入到任务性能、数据收集和分析、规划和再规划期间对无人机的指挥上。因此，对美国国防部来说，最重要的是发展那些不仅可以获取重要信息，而且可以形成/记录/重放/规划和分析这些信息、传递“可执行”情报而非原始信息的系统/传感器和分析自动化技术。这样可以大大减少人力需求和人员伤亡的风险，增加行动的有效性。

(6) 新型武器相关技术：为了充分利用各种无人机，需要用武器方面的技术进步来升级各种无人机。扩展无人机的武器投递选项，包括新型军火选项，在无人部队架构上集成新能力，增加其他武器平台，利用特定武器相关技术领域的重大突破实现武器性能跃升。

（7）传感器空投：无人传感器在越战时被广泛使用，大大减少人员和设备在越南南部地区的使用。多种传感器的使用可以进行指示告警、通信中继、天气预报、活动鉴别、高价值的人员/目标的侦查、动力武器信号指示、接近实时告警，能够通过阵列布置进行预测活动。使用无人海洋系统安装传感器可以增加持续时间、判断/识别活动和目标，这种方法无须投入人力，也不需在敌方领域开展多次高要求的出击，就可以实现对指定区域或指定点的侦测。许多无人平台已经配备了外部设备，可以进行受控的掩护或自主隐蔽活动。无人地面传感器技术正在快速发展，并能采集和报告特殊信息，使用坐标寻址能力提供准确的隐蔽安装位置。在无人机上，一般配置了功能可相互补充的传感器，在提供准确安装位置的同时，提供图像信息以支持任务规划和路径跟踪。未来，无人机平台是穿越战场区域、准确投送传感器和非动能武器的理想工具。其未来的能力也包括部署“粘贴机器人”，可以对通过某区域的人员进行跟踪和识别。

（8）天气感知：许多军事任务需要准确和及时的天气预报，帮助指挥员改进传感器规划和数据采集，避免发生与天气相关的潜在事故。无人机平台可以在不同高度、全天候、在作战区域上空飞行，便于获得气象数据。准确的天气报告也支持互补性的地面和飞行规划的同步。未来的天气报告几乎可以从分布式公共地球站天气应用软件和美国大陆天气中心实时获取，并通过其他天气信息进行修正，从而可以更准确地为战术指挥官提供预测。天气传感器信息将自动格式化并通过平台数据链以自动化路径向作战指挥官和其他合适的天气预测和报告地点发送报告。随着无人机续航时间的显著增加，天气预测变得越来越重要，准确的预报可以保证发射、恢复、距离极限更准确，避免与天气相关的潜在事故，提高飞行和地面作战的协调性。

（9）高性能计算：超高容量、高清晰传感器带来带宽的问题。每个传感器和通信系统均有独立的元件对各种信息进行处理。这种“个人主义”导致了大范围的非标准化部件、元件接口和 SWaP-C 配置。未来技术将为大多数无人机提供标准化、系列化的高性能计算(High Performance Computing，HPC)能力。高性能计算能力可以使通用的硬件—定义结构与通用的软件—定义结构相一致，形成一套统一的即插即用的标准性能和应用结构，在一个小型化的底板上进行计算处理。无人机系统提供商可以得到通用的结构，这样可以大大降低集成的成本。高性能计算系列或者通用硬件也可以支持技术插入，如多个可能的元件中的一个在处理器、内存或者其他电子设备之间进行互换。它也能进一步提高软件下载能力。高性能计算在无人机中可以应用到多个子系统上，应对云计算和多层安全、通信、开放式标准、数据存储、成本、技术插入、SWaP-C 等方面的挑战。

3）空间机器人关键技术

从技术发展的角度来看，空间机器人的未来广泛应用，不仅要解决理论问题，而产品实现的工程技术问题同样是未来空间机器人必须优先解决的问题。

（1）空间环境适应性：耐空间环境及长寿命、高可靠设计技术空间机器人是在航天器上使用的特种机器人，因此，空间环境适应性设计是空间机器人设计的核心内容之一，设计时需兼顾航天器发射段环境、轨道环境、行星表面环境等约束条件。此外，空间机器人作为航天器上的一类特殊载荷，不仅要支持航天器多任务的实现，还需满足无维护条件下长期服役的高可靠要求，因此，空间机器人系统设计一方面需充分考虑航天器上的有限资源进行优化设计，另一方面需在航天器可承担的前提下，通过冗余、裕度、降额等设计手段提高系统可靠性。

(2) 轻量化、高精度：空间机器人轻量化、高精度实现技术对于空间产品而言，确保性能的前提下实现轻量化是最终目标。高比刚度、高比强度材料的应用是优先采用的设计方法，同时，基于数值计算的各种优化设计方法，也是轻量化设计的重要手段之一。机电产品的高精度实现除了提高加工精度要求之外，还需要精密装配作保证，确保良好的工艺性是高精度机电产品实现的前提。

(3) 自主规划和控制：空间机器人控制系统是智能化的空间系统，可依据所获得的感知信息进行自主规划和控制。控制算法的设计首先要考虑航天器上计算资源的限制，同时要充分考虑空间机器人轻质、重载导致的大柔性特点，以及在轨操作对力、位的高精度要求。对于未来性能先进的空间机器人来说，不仅需要研究鲁棒性好的高速控制算法，也需要研究可支持高速实时计算、高可靠性的控制电路，例如解决适应空间环境的高速总线专用芯片问题。

(4) 多传感器融合：空间机器人系统地面验证技术。空间机器人的多自由度、多任务性和特殊应用环境给地面验证带来了极大的困难。如机器人必需的视觉和力觉传感器在空间环境下的可靠成像和稳定测量验证问题，大负载机器人的零重力、低重力环境下三维操作验证问题，星表探测机器人的低重力、真空、高低温、粉尘多因素耦合下的移动性能测试问题，以及行星特殊环境采样操作验证问题等。这些问题都是空间机器人任务成功的前提条件，需要技术人员加以重点考虑和解决。

3. 应用案例

1) SAUVIM 水下机器人

SAUVIM 是夏威夷大学于 1997 年开始研制的一款半自助水下机器人，如图 7.72 所示。SAUVIM 共有 6 个电子舱和 8 个推进器，其中 4 个垂推，2 个侧推，2 个主推，推进器围绕质心布置。垂推控制载体的垂直移动、横滚及纵倾，侧推控制载体的横向移动及艏向，主推控制载体的纵向移动。

图 7.72　夏威夷大学的 SAUVIM 水下机器人

2) 大疆 Spark 无人机

大疆是全球最大的民用无人机生产商，2017 年大疆发布了小型折叠无人机 Mavic Pro 重新定义了消费级无人机，如图 7.73 所示，随后推出了更小型的掌上无人机 Spark。Spark 是大疆目前发布的最小型无人机，尺寸规格为 143mm×143mm×55mm，轴距为 170mm。在 Spark 下方有一个深度摄像头，在无人机前方则采用了 TOF 传感器。云台方面采用两轴机械云台，同时采用了电子增稳技术。

人脸识别开机是 Spark 的一大亮点，这也是大疆首次引入了该功能。开机后，将 Spark 放上手掌，检测到人脸后即可解锁并从掌上起飞，升空悬停。全部准备工作能在开机后 25s 内完成。手势控制飞行是 Spark 引入的一种全新互动方式——此款产品可识别用户手势，只需挥挥手就能实现近距离控制飞行器、拍照、让飞行器回到身边并在掌上降落等一系列操作。由此，航拍变得像用手机拍照一样简单，并且更加有趣。

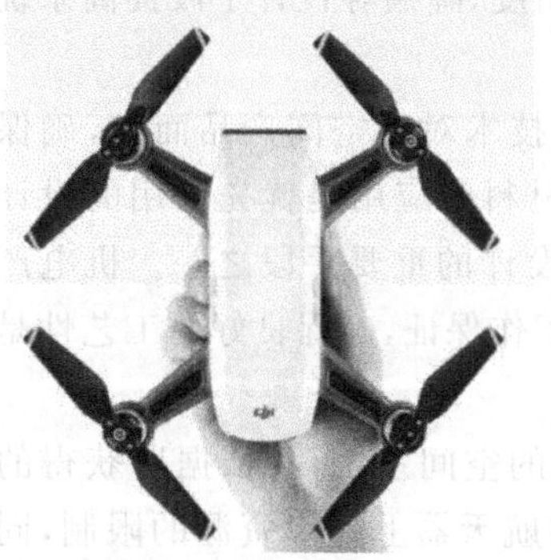
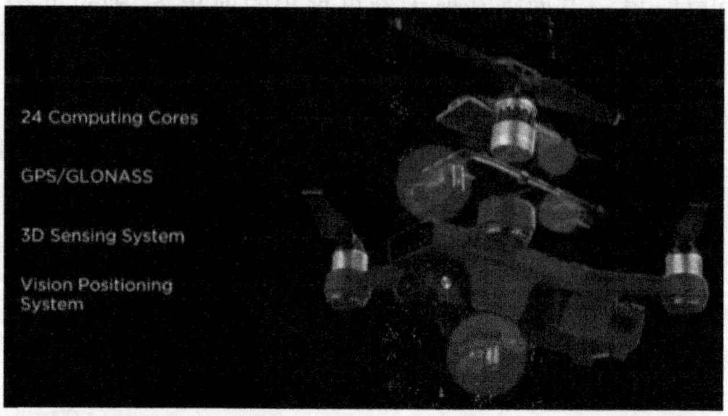

图 7.73　大疆无人机

Spark 丰富的智能功能可帮助用户随手飞出精妙航线，实现个性化航拍需求。除了延续已有的"指点飞行"功能外，Spark 新增坐标指点模式，用视觉技术极大简化了操作流程——在执行指点飞行任务过程中，用户随时在画面中点击选择新目的地，便能即刻改变航向，自动飞出平滑曲线。此外，基于视觉技术的智能跟随功能在日常生活拍摄中也能大显身手。无论是在室内拍摄宠物还是在户外跟拍骑行，Spark 都能自动锁定被拍摄的主角。

"徘徊者号"遥控机器人飞行器实验中的中性浮力测试如图 7.74 所示。

图 7.74　"徘徊者号"遥控机器人飞行器实验中的中性浮力测试

3）火星探险车漫游者——机遇号

"机遇号"火星探测器是美国宇航局在火星上执行勘测任务的两个探测器之一。另一个火星探测器为"勇气号"，"机遇号"于 2003 年 7 月 7 日发射 2004 年 1 月 25 日安全着陆火星表面。截至 2018 年 1 月 25 日，"机遇号"火星漫游车已在火星漫游 14 年之久，取得了很大的成绩：完成 90 个火星日的任务，发现了火星上的第一个陨石、防热护盾岩（Heat Shield Rock）（在子午线高原），以及超过两年的时间研究维多利亚撞击坑，如图 7.75 所示。

计算机帮助探测车进行能源管理、图像处理、发动机控制和仪器设备管理，另外还负责导航任务。探测车有 3 对共 6 台导航摄像机，每组摄像机得到的立体图像都要交由计算机处理。利用双目视觉算法，计算机能够辨认出视野中不同岩石的大小以及距离。利用这些信息，计算机可以绘制出包含附近所有障碍物的地图，并操纵探测车在移动时避开障碍物。

图 7.75　机遇号

7.3.3　智能无人驾驶汽车

1. 概述

机器人应用的一个重要领域出现在最近的 20～25 年，是以汽车为中心，称为智能车辆。智能车辆定义为一种具有更强感知、推理和执行设备的车辆，可以实现驾驶任务的自动化，开发智能车辆的整体目标是使汽车更安全、更方便、更快捷。作为智能交通系统的重要组成部分，智能汽车利用先进的传感、通信、计算和控制技术来获悉驾驶环境与状态，用以辅助车辆运行、交通控制、服务管理及其他相关事项。汽车已经过了 100 多年的发展历史，从诞生的那一天起，它就从未停止过智能化发展的步伐。在汽车问世不久之后，发明家们就开始研究自动驾驶汽车了。

2009 年，美国谷歌公司在 DARPA 的支持下，开始了自己的无人驾驶汽车项目研发。当年，谷歌通过一辆改装的丰田普锐斯在太平洋沿岸行驶了 1.4 万英里，历时一年多。许多在 2005—2007 年期间在 DARPA 研究的工程师都加入到了谷歌的团队，并且使用了视频系统、雷达和激光自动导航技术。2013 年，包括通用汽车、福特、奔驰、宝马在内的大型汽车公司都在研发自己公司的自动驾驶汽车技术。特斯拉、优步和苹果等公司也开始积极地探索自动驾驶技术，至此无人驾驶技术进入发展的黄金时期，如图 7.76 所示。

图 7.76　智能无人驾驶汽车

2. 关键技术

无人驾驶技术是传感器、计算机、人工智能、通信、导航定位、模式识别、机器视觉、智能控制等多门前沿学科的综合体。按照无人驾驶汽车的职能模块，无人驾驶汽车的关键技术包括环境感知、导航定位、路径规划、决策控制等。

1）环境感知技术

环境感知模块相当于无人驾驶汽车的眼和耳，无人驾驶汽车通过环境感知模块来辨别自身周围的环境信息，为其行为决策提供信息支持。环境感知包括无人驾驶汽车自身位姿感知和周围环境感知两部分。单一传感器只能对被测对象的某个方面或者某个特征进行测量，无法满足测量的需要。因而，系统必须采用多个传感器同时对某一个被测对象的一个或者几个特征量进行测量，将所测得的数据经过数据融合处理后提取出可信度较高的有用信号。按照环境感知系统测量对象的不同，检测方法主要有两种：(1)无人驾驶汽车自身位姿信息主要包括车辆自身的速度、加速度、倾角、位置等信息。这类信息测量方便，主要用驱动电动机、电子罗盘、倾角传感器、陀螺仪等传感器进行测量。(2)无人驾驶汽车周围环境感知以雷达等主动型测距传感器为主，被动型测距传感器为辅，采用信息融合的方法实现。因为激光、雷达、超声波等主动型测距传感器相结合更能满足复杂、恶劣条件下执行任务的需要，最重要的是处理数据量小，实时性好。同时进行路径规划时可以直接利用激光返回的数据进行计算，无须知道障碍物的具体信息。而视觉作为环境感知的一个重要手段，虽然目前在恶劣环境感知中存在一定问题。但是在目标识别、道路跟踪、地图创建等方面具有其他传感器所无法取代的重要性，而在野外环境中的植物分类、水域和泥泞检测等方面，视觉也是必不可少的手段。

2）导航定位技术

无人驾驶汽车的导航模块用于确定无人驾驶汽车其自身的地理位置，是无人驾驶汽车的路径规划和任务规划的支撑。导航可分为自主导航和网络导航两种。自主导航技术是指除了定位辅助之外，不需要外界其他的协助即可独立完成导航任务。自主导航技术在本地存储地理空间数据，所有的计算在终端完成，在任何情况下均可实现定位，但是自主导航设备的计算资源有限，导致计算能力差，有时不能提供准确、实时的导航服务。现有自主导航技术可分为三类：相对定位，主要依靠里程计、陀螺仪等内部感受传感器，通过测量无人车相对于初始位置的位移来确定无人车的当前位置；绝对定位，主要采用导航信标，主动或被动标讽地图匹配或全球定位系统进行定位；组合定位：综合采用相对定位和绝对定位的方法，扬长避短，弥补单一定位方法的不足。组合定位方案一般有 GPS＋地图匹配、GPS＋航迹推算、GPS＋航迹推算＋地图匹配、GPS＋GLONAss＋惯性导航＋地图匹配等。

网络导航能随时随地通过无线通信网络、交通信息中心进行信息交互。移动设备通过移动通信网与直接连接于 Internet 的 Web GIs 服务器相连，在服务器执行地图存储和复杂计算等功能，用户可以从服务器端下载地图数据。网络导航的优点在于不存在存储容量的限制、计算能力强。能够存储任意精细地图，而且地图数据始终是最新的。

3）路径规划技术

路径规划是无人驾驶汽车信息感知和智能控制的桥梁，是实现自主驾驶的基础。路径规划的任务就是在具有障碍物的环境内按照一定的评价标准，寻找一条从起始状态包括位置和姿态到达目标状态的无碰路径。路径规划技术可分为全局路径规划和局部路径规划两种。全局路径规划是在已知地图的情况下，利用已知局部信息如障碍物位置和道路边界，确定可行和最优的路径，它把优化和反馈机制很好地结合起来。局部路径规划是在全局路径规划生成的可行驶区域指导下，依据传感器感知到的局部环境信息来决策无人平台当前前方路段所要行驶的轨迹。全局路径规划针对周围环境已知的情况，局部路径规划适用于环境未知的情况。路径规划算法包括可视图法、栅格法、人工势场法、概率路标法、随机搜索树算法、粒子群算法等。

4) 决策控制技术

决策控制模块相当于无人驾驶汽车的大脑，其主要功能是依据感知系统获取的信息来进行决策判断，进而对下一步的行为进行决策，然后对车辆进行控制。决策技术主要包括模糊推理、强化学习、神经网络和贝叶斯网络等技术。决策控制系统的行为分为反应式、反射式和综合式三种方案：反应式控制是一个反馈控制的过程，根据车辆当前位姿与期望路径的偏差，不断地调节方向盘转角和车速，直到到达目的地。

3. 应用案例

1) 美国谷歌版：无人驾驶汽车

Google Driverless Car 是谷歌公司的 Google X 实验室研发中的全自动驾驶汽车，如图 7.77 所示，不需要驾驶者就能启动、行驶以及停止。目前正在测试，已驾驶了 48 万公里。项目由 Google 街景的共同发明人塞巴斯蒂安·特龙(Sebastian Thrun)领导，谷歌的工程人员使用 7 辆试验车，其中 6 辆是丰田普锐斯，一辆是奥迪 TT。这些车在加州几条道路上测试，其中包括旧金山湾区的九曲花街。这些车辆使用照相机、雷达感应器和激光测距机来"看"其他的交通状况，并且使用详细地图来为前方的道路导航。

图 7.77　谷歌无人驾驶汽车

2012 年 5 月 8 日，在美国内华达州允许无人驾驶汽车上路 3 个月后，美国机动车驾驶管理处(Department of Motor Vehicles)为 Google 的无人驾驶汽车颁发了一张合法车牌。出于警醒的目的，无人驾驶汽车的车牌用的是红色。

2014 年 4 月 28 日，无人驾驶汽车项目的负责人表示，谷歌无人驾驶汽车的软件系统，可以同时"紧盯"街上的"数百个"目标，包括行人、车辆，做到万无一失。谷歌无人驾驶汽车曾经在谷歌总部所在的加州山景城长期行驶，已经记录到了数千英里的数据。

2014 年 5 月 28 日 Code Conference 科技大会上，Google 也拿出了自己的新产品——无人驾驶汽车。和一般的汽车不同，Google 无人驾驶汽车没有方向盘和刹车。

Google 的无人驾驶汽车还处于原型阶段，不过即便如此，它依旧展示出了与众不同的创新特性。和传统汽车不同，Google 无人驾驶汽车行驶时不需要人来操控，这意味着方向盘、油门、刹车等传统汽车必不可少的配件，在 Google 无人驾驶汽车上通通看不到，软件和传感器取代了它们。

不过 Google 联合创始人谢尔盖·布林(Sergey Brin)说，这辆无人驾驶汽车还很初级，Google 希望它可以尽可能地适应不同的使用场景，只要按一下按钮，就能把用户送到目的地。

2015 年 11 月底，根据谷歌提交给机动车辆管理局的报告，谷歌的无人驾驶汽车在自动模式下已经完成了 130 万多英里。

2）百度公司无人车

百度公司无人驾驶车项目于2013年起步，由百度研究院主导研发，其技术核心是"百度汽车大脑"，包括高精度地图、定位、感知、智能决策与控制四大模块。其中，百度自主采集和制作的高精度地图记录完整的三维道路信息，能在厘米级精度实现车辆定位。同时，百度无人驾驶车依托国际领先的交通场景物体识别技术和环境感知技术，实现高精度车辆探测识别、跟踪、距离和速度估计、路面分割、车道线检测，为自动驾驶的智能决策提供依据。

百度无人驾驶汽车可自动识别交通指示牌和行车信息，具备雷达、相机、全球卫星导航等电子设施，并安装同步传感器。车主只要向导航系统输入目的地，汽车即可自动行驶，前往目的地。在行驶过程中，汽车会通过传感设备上传路况信息，在大量数据基础上进行实时定位分析，从而判断行驶方向和速度。

2015年12月，百度公司宣布，百度无人驾驶车国内首次实现城市、环路及高速道路混合路况下的全自动驾驶。百度公布的路测路线显示，百度无人驾驶车从位于北京中关村软件园的百度大厦附近出发，驶入G7京新高速公路，经五环路，抵达奥林匹克森林公园，并随后按原路线返回。百度无人驾驶车往返全程均实现自动驾驶，并实现了多次跟车减速、变道、超车、上下匝道、调头等复杂驾驶动作，完成了进入高速（汇入车流）到驶出高速（离开车流）的不同道路场景的切换。测试时最高速度达到100km/小时，如图7.78所示。

图7.78　百度无人车

2016年7月3日，百度与乌镇旅游举行战略签约仪式，宣布双方在景区道路上实现Level4的无人驾驶。这是百度无人车继和芜湖、上海汽车城签约之后，首次公布与国内景区进行战略合作。

2016年百度世界大会无人车分论坛上，百度高级副总裁、自动驾驶事业部负责人王劲宣布，百度无人车刚获得美国加州政府颁发的全球第15张无人车上路测试牌照。

2017年4月17日，百度宣布与博世正式签署基于高精地图的自动驾驶战略合作，开发更加精准实时的自动驾驶定位系统，同时在发布会现场也展示了博世与百度的合作成果——高速公路辅助功能增强版演示车。

2018年2月15日，百度Apollo无人车亮相央视春晚，在港珠澳大桥开跑，并在无人驾驶模式下完成"8"字交叉跑的高难度动作。

3）红旗HQ3无人车

中国自主研制的无人车——由国防科技大学自主研制的红旗HQ3无人车（见图7.79），2011年7月中旬它从京珠高速公路长沙杨梓冲收费站出发，历时3小时22分钟到达武汉，总距离286km。实验中，无人车自主超车67次，途遇复杂天气，部分路段有雾，在咸宁还遭降雨。红旗HQ3全程由计算机系统控制车辆行驶速度和方向，系统设定的最高时速为110km。在实验过程中，实测的全程自主驾驶平均时速为87km。国防科技大学方面透露，该车在特殊情况下进行人工干预的距离仅为2.24km，仅占自主驾驶总里程的0.78%。

图 7.79 红旗 HQ3 无人车

从 20 世纪 80 年代末开始，在贺汉根教授带领下，2001 年研制成功时速达 76km 的无人车，2003 年研制成功中国首台高速无人驾驶轿车，最高时速可达 170km；2006 年研制的新一代无人驾驶红旗 HQ3，则在可靠性和小型化方面取得突破。此次红旗 HQ3 无人车实验成功创造了中国自主研制的无人车在复杂交通状况下自主驾驶的新纪录，这标志着中国在该领域已经达到世界先进水平。

7.3.4 军用机器人

1. 概述

军用机器人是一种用于军事领域的具有某种仿人功能的自动机器。从物资运输到搜寻勘探以及实战进攻，军用机器人的使用范围广泛，它可以在特殊环境下代替军人执行特殊任务，到达人力所不及的地方，代替军人深入险境、避免军人伤亡，具有完成任务的隐蔽性和高效性的特点。机器人从军虽晚于其他行业，但自 20 世纪 60 年代在印支战场崭露头角以来，日益受到各国军界的重视。作为一支新军，眼下虽然还难有作为，但其巨大的军事潜力，超人的作战效能，预示着机器人在未来的战争舞台上是一支不可忽视的军事力量。

军用机器人的多样性决定了军用机器人的分类方法的多样性。

(1) 按照工作环境，军用机器人可以分为陆地军用机器人、水中军用机器人、空中军用机器人和空间军用机器人等。

(2) 按照使用方式，军用机器人可以分为固定式机器人和机动式机器人两种。固定式机器人主要执行防御任务，它被固定在防御阵地内截获和识别目标，并根据目标性质使用适当武器进行射击，如反坦克武器、火炮、枪榴弹或机枪等。机动式机器人包括轮式、履带式和步行式机器人，它们可在战场上随意执行运输、侦查和歼灭等多种任务。

(3) 按照控制方式，军用机器人可以分为遥控式机器人和自主式机器人两种。遥控式由远处的操纵人员通过电缆、无线电或光缆进行控制。操纵人员可根据机器人配有的电视摄像机所反映出的机器人行走路线和方向，对机器人进行监视和控制。自主式机器人，是不需要操纵人员而依靠其自身的人工智能系统来完成预定的动作和任务。它配有调整计算机系统和各种先进而又可靠的传感系统等。通过预存的和新采集的信息自主选择最佳行驶路线并完成其他指定任务。

(4) 按照作战任务方式，军用机器人可以分为直接执行战斗任务、侦察与观察、工程保障等类型。直接执行战斗任务的机器人有先锋机器人、哨兵机器人、榴炮机器人、飞行助手机器人、海军战略家机器人等，它可大大减少作战人员的伤亡和流血。执行侦察与观察任务的机器人有战术侦察机器人、三防侦察机器人、地面观察员—目标指示员机器人、便携式电子侦察机器人、铺路虎式无人驾驶侦察机等，因侦察历来是勇敢者的行业，危险系数高，机器人是最理想的代理人。执行工程保障任务的机器人有多用途机械手、排雷机器人、布雷机器人、烟幕机器人、便携式欺骗系统机器人等，机器人从事艰巨的修路、架桥和危险的布雷、排雷工作比人员更有能耐。此外，机器人还可用于指挥控制、后勤保障、军事教学和军事科研等诸多任务。

军用机器人是机器人发展的一个重要方面。由于现代武器系统正在朝着自动化、智能化、发射后不用管、杀伤力更大的方向发展，战争更加激烈、残酷、多变，破坏性更强，消耗更大，人员生命在战争中受到的威胁也更大。因而，用机器人代替真人，在战争中从事最危险的工作，已成为目前各国军用机器人发展的重点方向。这就为机器人在军事领域内的应用提供了广阔的前景，并成为加速军用机器人发展的强大推动力。目前，军用机器人在外国陆、海、空三军中应用已非常广泛，在陆上有用于武器、弹药搬运、装卸、站岗、放哨、警戒、巡逻、侦察用机器人；用于在恶劣地形与危险情况下抢救、防化、布雷、排雷和处理爆炸物的机器人；用于在核、生物、化学战争环境下维修车辆、驾驶坦克和其他战斗车辆进行战斗的机器人；在海上有用于深水打捞、水下探测、海上救援、海上巡逻、布设水雷和排除水雷的机器人；在空中有用于情报侦察、照相、电子战、对地攻击和执行试验等任务的机器人(一般称为无人驾驶飞行器)等。

军用机器人的实用性研究是从研究假肢起步的。进入20世纪70年代，特别是到了20世纪80年代，人工智能技术的发展，各种传感器的开发使用，一种以微型计算机为基础，以各种传感器为神经网络的智能机器人出现了。这代机器人，四肢俱全，耳聪目明，智力也有了较大的提高。不仅能从事繁重的体力劳动，而且有了一定的思维、分析和判断能力，能更多地模仿人的功能，从事较复杂的脑力劳动。再加上机器人先天具备的刀枪不入、毒邪无伤、不生病、不疲倦、能夜以继日高效率工作等优势。这些常人所不具备的优良特性激起了人们开发军用机器人的热情。俄、美、日、英等国都制订了发展军用机器人的宏伟计划，仅美国列入研制计划的各类军用机器人就达100多种，俄罗斯也有30多种，有的已获得可喜成果。如美国装备陆军的一种名叫“曼尼”的机器人，就是专门用于防化侦察和训练的智能机器人。该机器人身高1.8m，其内部安装的传感器，能感测到万分之一盎司(一盎司约为28.35g)的化学毒剂，并能自动分析、探测毒剂的性质，向军队提供防护建议和洗消的措施等。而外刊报道的“决策机器人”，它们凭借“发达的大脑”，能根据输入或反馈的信息向人们提供多种可供选择的军事行动方案。总之，随着智能机器人相继问世和科学技术的不断发展，军用机器人异军突起的时代已为期不远了。

2. 关键技术

1) 机动性

战场上的应用地形崎岖多变，常规的轮式机器人不容易操作。对于机器人的运动机械结构来说，在不平坦地面具有良好的通过能力是至关重要的。在设计过程中应充分考虑稳定性的问题。稳定性的研究包括三个参数：质心、支撑面积、稳定裕度。在崎岖的地面上工作，通过降低质心的位置和模块化组合设计来增加稳定裕度(质心和支撑面积边缘最短的距离)。

轮式和履带式机器人在通过不平地面时需要额外的联动装置去适应地面，适应方式包括主动适应和被动适应，如图7.80所示。主动适应需要额外的驱动器来改变联动装置的运动。增大车轮的半径或使用结构紧凑的等效机构的方法，可以克服一定高度的障碍。而履带型的机构具有主动适应性的多连杆结构，通过改变多履带机构的形状来通过崎岖的路面。

图7.80　轮式和履带式机器人

被动的联动装置运动则由地面和重力效应产生，通常包括各种适应不规则地面的联动装置，通过主动接触和被动旋转来达到适应目的。这种机构适应性差，但操作容易。双履带机构在爬楼时，拥有较低的质心，支撑面积也更稳定。

2）操作及控制

操作对于排爆任务是至关重要的。一般来说，排爆任务有两个阶段：接近目标、操纵对象实现弹药失效。第二阶段通常采用遥控操作控制方式。操作员的精细控制和自身的智慧，再加上适当的机械手设计和控制，能够满足这种危险任务的作业需要。不同于工业机器人，在危险环境下，作业机器人的机械手不需要非常快速的运动速度。相反，高负载、轻质和紧凑性更为重要。因此，许多机械手的设计者将设计定位在驱动器和减速器上，通常将较大重量和较大体积的驱动器安装在基座上或者是靠近基座的关节上，以减少机械臂移动部分的重量，提供更好的稳定性和动态控制性能。因此，机械手有很细的外形。这一特点通常和爆炸物处理型机器人相联系，使机器人在拥塞地区和人的生活空间中能够正常使用。

能量问题是另一大挑战，包括能源的供应、消耗、转化和管理等。能源设计是必需的，包括能源状态检测和能源补充方案。新兴的燃料电池技术将为军用机器人的能源管理提供更好的解决方案。

3）数据通信

军用机器人在跨越物理或危险的障碍时，移动性与固有操作的结合引出了双向数据通信的问题。实现远程控制操作，操作人员与机器人之间的通信是非常重要的。机器人和操作人员的通信可增加操作人员对远程环境的认知能力。由于一系列的因素，如物理屏障、信号传输延迟、信号衰减和对数据吞吐量的要求等，导致包含电信号或光信号的数据传输非常复杂。移动系统反馈的视觉图像或远程相机图像耗费较大的数据吞吐量，相比之下，音频的反馈和控制对于频道容量的耗费就小得多。

对于具有高保真操作、多通道远距离观察和其他传感器的移动机器人，从远程环境到操作人员平台的数据通信需要每秒数百兆字节的流量，双向控制数据通信需要每秒千兆字节的流量。这样高的通信速率通常采用硬布线光缆或绳系传输数据。绳系传输使系统的可靠性和移动性变得复杂,即使采用具有伺服控制的展开/回收转轴也很难放松绳子,并且经常被障碍阻挡,例如岩屑。实现这样大传输速率的自由空间辐射或微波信号传输是相当困难的,需要特殊的设计系统,数据吞吐量能够通过数据压缩和减少帧速率的方式减少。

3. 应用案例

1) 角斗士战术无人车

Gladiator是为美国海军陆战队设计的作战机器人,采用了类似坦克的设计,顶部的模块化装置允许安装各种武器系统,如机关枪、榴弹发射器等,攻击力很强大。作为一款外形粗壮、紧凑,具备多种功能的无人车辆,"角斗士"可谓貌不惊人。整车像一辆缩小版轮式步战车。"角斗士"基本配置为车长1.78m、车宽1.12m、车高1.35m,全车质量725kg。其采用模块化设计,整车主要包括3个子系统:高机动底盘(MBU)、任务载荷模块(MPM,包括致命性载荷模块和非致命性载荷模块)和便携式手持控制系统(OCU)。虽然它的行进速度只有16km/小时,但非常坚固,可以根据需要搭配不同级别的装甲抵御路边炸弹、RPG火箭弹和各种中小口径速射武器。

2007年,6台"角斗士"战术无人作战平台(Gladiator TUGV)进入现役,如图7.81所示,如今美国海军陆战队已拥有200台这样的"机器战士",而"角斗士"也被称作世界上第一个多用途作战机器人。

图7.81 "角斗士"战术无人车

2) MQ-1"捕食者"无人攻击机

MQ-1"捕食者"无人驾驶飞行器或无人机,美国空军描述为"中海拔、长时程"(MALE)无人机系统,其用途广泛。MQ-1是在20世纪90年代初建立的,阿富汗、巴基斯坦、伊拉克都是其用户国。虽然它的主要作用是侦察和监视,但它已经升级为可以携带包括两枚地狱火导弹和其他进攻性武器在内的无人机。

捕食者机长8.27m,翼展14.87m,最大活动半径3700km,最大飞行时速240km,目标上空滞空时间可达24小时,最大续航时间60小时,远程控制的MQ-1"捕食者"可以在需要返回基地之前飞行460英里并在目标上空盘旋14小时。该机装有光电/红外侦察设备、GPS导航设备和具有全天候侦察能力的合成孔径雷达,在4000m高处分辨率为0.3m,对目标定位精度为0.25m。最大的外观特点就是倒V型的尾翼。

“捕食者”无人机可以在粗略准备的地面上起飞升空，如图 7.82 所示，起飞过程由遥控飞行员进行视距内控制。典型的起降距离为 667m 左右。任务控制信息以及侦察图像信息由 Ku 波段卫星数据链传送。图像信号传到地面站后，可以转送全球各地指挥部门，也可直接通过一个商业标准的全球广播系统发送给指挥用户。指挥人员从而可以实时控制“捕食者”进行摄影和视频图像侦察。

图 7.82 MQ-1“捕食者”无人攻击机

该型飞机执行过多次军事任务，在阿富汗、巴基斯坦、北约对波斯尼亚、塞尔维亚、伊拉克战争、也门、利比亚内战、叙利亚和索马里的干预中都能看到它的身影。

3) Dragon Runner 多地形机器人

Dragon Runner 是一种轻量级的可回填式多地形机器人，可以在任何地区工作，保证工作人员的安全，可以有效地帮助炸弹处理专家发现和停用简易爆炸装置(IED)，被多国购买。它具有高度的机动性，当配置有操纵臂时，可以挖掘可疑物体，并将其移开并移动。它还有能力小规模地破坏可疑设备，并且已经实施了进一步的改进，包括整合线切割机 Dragon Runner 机器人能够以安全的距离将视频短片发送给操作员，从而使部队能够在前进或进入结构之前评估情况，从而可能保护生命。它拥有双轨，而不是车轮，具有非常适合在山区或荒野地区活动的越野能力。

Dragon Runner 机器人设计用于对人类士兵来讲过于危险或难以接近的地区，尤其是城市地形。Dragon Runner 机器人的前置式倾斜摄像头提供了一个视频馈送，通过无线调制解调器将其传送回主控制器。它为士兵提供了围绕角落和其他障碍物的视野，帮助他们看到隐藏的敌人。

2010 年 1 月，根据军方与英国 QinetiQ 公司签订的价值为 1200 万英镑的合同，英国军队部署大约 100 个 Dragon Runners 机器人，如图 7.83 所示，提高炸弹处理专家在阿富汗前线寻找和排除简易爆炸装置的能力。首次使用就已经证明其应对路边炸弹威胁的价值。

图 7.83 DRAGON RUNNER

7.3.5 抢险及搜救机器人

1. 概述

对灾难事件做出反应就是和时间进行赛跑,新型救援力量应尽可能快地到达幸存的受灾者的身边,并且尽可能地避免因机器人进场而造成的额外倒塌和二次伤害。搜救机器人对灾难的发生做出响应,它可以提供关于灾难发生时的实时图像和各种传感信息,在应对灾难、执行搜救任务中扮演越来越重要的角色。

在搜救过程中机器人可以作为一个团队成员的替代者,如代理服务安全人员或者是后勤人员。机器人能够与救援人员协同工作,例如在救援者进行内部救援时需要处理瓦砾和障碍物,产生的内部噪声很大,使得他们很难通过无线电与外界建立有效的沟通。但是,团队成员在废墟外面可以通过机器人看到或听到营救的进展情况和预期的要求。我们的目标是利用机器人来加快和减少需求任务,机器人能够自适应支撑不稳定的碎石,以加快解脱的过程。保守的工作进度常常打断障碍物的清理工作,主要是为了防止再次坍塌,从而进一步伤害被困者。

现场的医疗评估和应急性措施需要允许医生和护理人员与受害者进行语言交流,对受害者进行准确的检查或者应用相应的诊断器械,或者通过使用药物管向受害者提供生命维持物。此时,需要采用医学上对受难者进行解救的方法来对灾难区域(也被称为热区)的幸存者提供医疗帮助。当因发生化学、生物事件或者是放射事件造成的受害者人数超出了医务工作者工作范围最大能力的时候,机器人这种载体就会起到非常大的作用。当医务人员不被允许进入到热区(hot zone)时,支持远程医学作业的机器人将会非常有用。

灾难的类型影响着机器人平台和负载能力的选择。自然灾难通常作用于较大的地理区域,这时无人机能够提供鸟一样的视野,这对建立环境信息和确定地区有着非常重要的价值,同时可以对需要撤离的人员提供帮助。人为的灾难一般作用于集中的地理区域,最重要的是灾难的废墟下面是不可见的。小的地面机器人可以进入到废墟内部,大型机器人可以帮助清除瓦砾,这两种机器人被认为是在人为灾难救援中最有前景的机器人。对受难者和搜索区域一般信息的收集是重点。这个重点暗示设计搜救机器人系统时,通信是重要的环节,无线通信环境是一个应该重点考虑的问题。为了完成某一类型的灾难救援任务,对搜救机器人在机器人能力上和对于操作者的工作条件上都有很强的要求。由定义可知,这种机器人需要工作在严酷的、机动性受到挑战的环境中。灰尘的存在,水和湿水泥的侵蚀影响,环境中的各种障碍物,这些都会加速机器人的磨损;因此,下面的一句格言能够代表机器人系统设计的要求:简单的才是最好的。这句话用在设计搜救机器人系统中尤为贴切。通常,机器人操作者在灾难环境下进行操作会产生巨大的压力,这种压力会影响操作者的表现。压力的其他来源包括:操作者不能一直观测到机器人(视觉观测是最有效的观测和操作方式);对机器人的感知是通过中介计算机得到的;疲劳度使得操作者有可能注意力不集中,从而增加热区受难者的风险。

2. 关键技术

某些场景下,抢险救灾机器人面临与军事机器人相同的技术问题,如机动性、遥控通信、人机交互及操作等。但是如前所说,军事机器人大多用在开阔的战场环境,其环境相对开放简单,而抢险救援机器人则需要在更加狭窄复杂的环境中工作；此外,其救援对象为受灾群众,因此对其可靠性和高效性提出了更高要求,抢险救灾机器人未来的发展将面临更多的问题和挑战。

1）机动性

机动性仍然是救援机器人所有形态面临的主要问题,尤其对于正在进行城市搜索和救援的地面机器人。地面机器人的挑战主要来自于环境的复杂性,这种复杂性包括垂直和水平相结合的未知的地理表面和障碍物等。目前该领域由于缺少任何有用的瓦砾的特征,很难进行有效的设计。不过,即使对瓦砾环境没有一个完整的认识,在进行驱动和机械设计以及算法上还是需要做很多的工作的。飞行器,尤其是直升机,很容易受到建筑物附近风力条件、电线、树木障碍、悬垂碎片等的影响。水面和水下机器人必须有应对湍急水流和浮动杂物的能力,在敏捷性和控制性上要求很高。

2）通信

机器人依靠实时通信进行远距离操作,并且可以让救援者立即看到机器人接收到的视觉信息。地面机器人的通信依靠系绳或者无线电台。空中和水面机器人采用的是无线通信,而水下机器人也有系绳控制。视频文件的传输对通信的带宽有很大的要求,由于控制的需要,通信对延迟时间的容忍度要求很低。此外,除了战术救援人员和它们的机器人通信之外,前方救援指挥部向战略组织报道和传输由搜救机器人提供的重要信息也是很难的。灾难通常破坏了通信的基础设施,包括电话和手机,同时应急网络也会一度拥挤然后饱和。

机器人的无线通信仍然是一个问题。在地下或者是靠近建筑物的时候,无线电信号的物理传输会受到干扰。在没有建立对信息的优先方式下,由急救员成立的专用无线网络有可能迅速饱和。此外,很多无线机器人使用有损压缩方法去实现带宽管理,这样会干扰计算机视频技术。

3）控制及电源

机器人的控制可以分为平台控制和行为控制。平台控制通常被认为是控制理论,行为控制通常归为人工智能领域的工作范围。救援机器人的控制无论对于传统控制和人工智能都是挑战。对于控制理论,对机器人机械结构高复杂度和环境感知的要求是主要的挑战之一。机器人的行为主要由远程控制,机器人需要在操作者的指导下完成工作任务。面对人工远程控制问题机器人需要具备更高的自主性,完备的人工遥操作记录可以为提高机器人的自主能力提供参考。

机器人的动力和任务对电源有直接的要求。一般情况,电源的尺寸是非常重要的。它可能是整个平台唯一的驱动并且影响着其他关键部分的设计,例如有效负载的位置。救援机器人设计尤其要注意电池的安放位置,需要最大化地稳定它。而且由于它的制作是非常耗时的,现场需要准备替换它的专门的工具和其他备用电池。

4）传感器

传感器的选择和对环境的感知构成了机器人能否完成任务的最大挑战。传感器承担了探测感知和定位导航的重要任务。一个传感器的物理属性(尺寸、重量和电力需求)决定它是否可以用于特殊的机器人平台。目前,各平台之间的传感器不能互换,对于传感器管脚、封装、连接和使用空间都需要做个标准。

传感器不仅要尺寸更小,性能更好,其算法也需要改进。由计算机显示的传感信息(也称为计算机调节)、传感器位置低于水平视线、视角经常受到区域限制并且很快疲劳,而且自主检测和一般的场景解释已经超出了计算机视觉的能力。这就产生了一种情况,人或者是计算机都无法可靠地完成认知任务,只有人机交互合作才能够完成认知任务。提高人类识别图像的能力、补充深度认知或者提示相关感兴趣区域等都是必要的,而这些属于计算机视觉的范畴。

5) 人机交互

人机交互(HRI)已成为救援机器人一个主要的挑战。机器人是人类中心系统的一部分,即使机器人是完全自主的,人们还是希望能实时地获取信息并且可以修改机器人的任务。有4个关键的问题急待解决:第一,在操作过程中,人和机器人的比例问题,这取决于机器人的形态和安全可靠地操作;第二,操作者必须都是训练有素的;第三,操作者的用户界面需要改进并提供足够的形势信息从而减少训练要求;第四,对受难者的安抚促进了对情感机器人的需要。

减少人机的比例有可能是对HRI最大的挑战。随着负载或者任务复杂性或者安全性要求的增加,操作者的数目也继续增加。人数的部署影响方案的选择,如成群或多个机器人团队,除非机器人能高度自主及对环境有认知,否则这些机器人将需要很多的操作者。

训练是一个与人机交互相关的问题。与军事救援相比较,灾难救援人员很少有时间去学习和练习操作机器人。救援人员可能在灾难来临之前没有进行过实际机器人操作培训,而只是通过使用模型来进行训练。

3. 应用案例

1) Quince 救援机器人

日本是地震多发国,对地震救援机器人投入了很多的人力和财力进行研究,其中Quince机器人比较有代表性,如图7.84所示。Quince由千叶技术研究所和东北大学联合研制,该成果是自2006年以来作为新能源和工业技术开发组织(NEDO)的先进机器人部件技术开发战略项目的一部分而进行研究开发而产生的。在自然灾害(地震、山体滑坡等),或在爆炸、核泄漏、恐怖主义或生化攻击后遭到破坏的建筑物中,被用于帮助指出定位潜在受害者的位置,检查情况并通过遥控提供信息。

图7.84 Quince 救援机器人

这款机器人体积小巧,尺寸为655mm×481mm×225mm,重量为26.4kg。Quince装配有4组履带式轮子以及6个电动马达,由每个轮子驱动一个类似坦克的橡胶履带,几乎可以在任何地形上行驶,包括楼梯和碎石,能够翻滚颠簸并坡度达到 82°的斜坡,平地速度可达 1.6m/s。Quince 还配备了一个机器人手臂,可以通过远程控制来转动门把手,在瓦砾中操纵并在地震或其他灾难后携带关键的生存物品。

据报道,Quince 在 2011 年日本福岛核电站泄露施救工作中发挥了很大的作用,它先后走遍了多个楼层,进行了辐射和温度测试,它还深入核反应堆建筑物内部拍摄了很多清晰的照片。

2) HUBO 机器人

为期三年的机器人挑战赛 DRC 是 DARPA(美国国防高新科技计划署)在受到福岛核电站灾难的刺激后决定举办的,期望借此计划提升机器人用于灾难应对的水平。DRC 决赛要求半自主的机器人和人类操作员合作,在模拟的灾难场景中连续完成上下车、开门、操作阀门、使用电钻、插拔电缆、穿越杂乱地形和上楼梯的任务。来自韩国科学技术院 KAIST 的团队堪称横空出世的一匹黑马,他们使用的机器人 DRC-HUBO 击败了其他来自 5 个国家的 22 台顶尖机器人,如图 7.85 所示,其中不乏 Atlas、HRP 这种明星机器人。

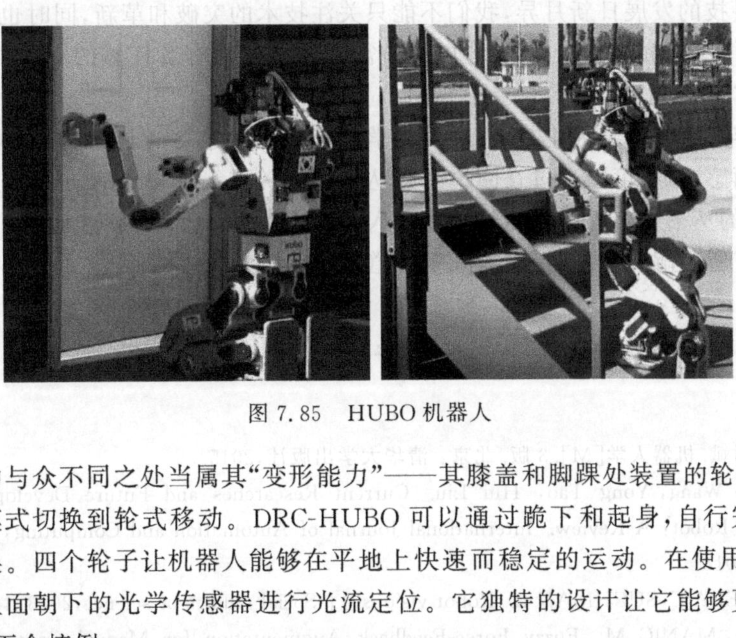

图 7.85　HUBO 机器人

其最大的与众不同之处当属其“变形能力”——其膝盖和脚踝处装置的轮子可以允许机器人由行走模式切换到轮式移动。DRC-HUBO 可以通过跪下和起身,自行完成两种运动模式间的切换。四个轮子让机器人能够在平地上快速而稳定的运动。在使用轮子时,机器人使用小腿上面朝下的光学传感器进行光流定位。它独特的设计让它能够更快地完成任务,同时几乎不会摔倒。

DRC-HUBO 没有使用液压系统,而是用功率相当强的电动机代替(机器人身上有 33 个电动机)。电动机配有的定制驱动和气冷系统(风扇),让其能够承受超过电动机额定值 3~4 倍的电流,在一些情况下峰值可以达到 30A,这意味着重达 80kg 的 DRC-HUBO 拥有充足的扭矩输出能力。DRC-HUBO 能够让其上身旋转 180°,这种功能在站立而下跪模式下都可以使用,并让机器人在很多任务中获得方便,包括开车、切割墙壁、爬楼梯等。KAIST 队为 HUBO 设计了更长的 7 自由度手臂,并将所有的线缆布置在手臂外壳之内。每条手臂能够拿起重达 15kg 的负载,并配备一个“具有适应性”,能够抓取或软或硬物体的抓取器。柔性关节能够大大增加机器人对外界冲击的适应能力,考虑传统的基于力—扭矩传感器的柔性实现方式会带来系统的不稳定(力传感器通常存在较大的噪声),团队使用自己定制的电动机驱动,用特殊的放大器实现柔性。

本章小结

根据机器人分类，本章分别对工业机器人、服务机器人和特种机器人进行了概述，对关键技术和核心问题单独进行了分析，并在最后附上丰富的案例。结构的安排体现了由适应工业市场实现产业化——工业机器人，再到经过技术突破走进人们生活的方方面面——服务机器人，再到针对特殊应用场景而开发专用工具的主线——特种机器人。机器人的快速发展令我们对未来的世界充满憧憬，而随着诸如材料、传感器和人工智能算法等技术的突破，机器人将变得更加智能、可靠和多样，机器人有望在不久的将来走进千家万户。

然而，随着机器人的大量涌现和对人类社会生活的不断参与，机器人变得更加智能，甚至更加"像人"，而这也会引发更深层次的问题，如伦理、安全、人权、情感和隐私等。未来我们应当以什么样的眼光来看待机器人？是机器？是生命？是奴隶？还是与我们平等的"人类"？诚然，科技的发展日新月异，我们不能只关注技术的突破和革新，同时也要完善相关的行业标准、法律法规和道德准则，社会的进步需要每一位拥有责任感的人类共同参与，包括正在学习这本书的你。

本章内容的深度点到为止，旨在激发同学们学习的兴趣，开阔在机器人领域的视野，如果对某一方面感兴趣，可以通过查阅本系列丛书的相关书籍或登录官方网站进行更加详细的了解，我们的丛书也会为大家提供更加深入的理论讲解和推导，希望大家可以通过对机器人应用案例有所了解后，收获在机器人学习道路上的乐趣。

参考文献

[1] 蔡自兴，谢斌. 机器人学[M]. 3版. 北京：清华大学出版社，2015.

[2] Tian-Miao Wang, Yong Tao, Hui Liu. Current Researches and Future Development Trend of Intelligent Robot: A Review. International Journal of Automation and Computing, Vol. 15, Iss5, pp 525-546, 2018.

[3] CASTANEDA C, SUCHMAN L. Robot visions[J]. Social studies of science, 2013, 44(3): 315-341.

[4] LINDA O, MANIC M. Fuzzy Force-Feedback Augmentation for Manual Control of Multirobot System[J]. IEEE Transactions on Industrial Electronics, 2011, 58(8): 3213-3220.

[5] ZAVLANGAS P G, TZAFESTAS S G. Industrial Robot Navigation and Obstacle Avoidance Employing Fuzzy Logic[J]. Journal of Intelligent & Robotic Systems, 2000, 27(1-2): 85-97.

[6] ONG S K, CHONG J W S, NEE A Y C. A novel AR-based robot programming and path planning methodology[J]. Robotics & Computer Integrated Manufacturing, 2010, 26(3): 240-249.

[7] GÂ RBACIA F, MOGAN G L, PAUNESCU T. AR-Based Off-Line Programming of the RV-M1 Robot[J]. Applied Mechanics & Materials, 2012, 162: 344-351.

[8] http://www.rethinkrobotics.com/baxter/

[9] http://new.abb.com/products/robotics/industrial-robots/yumi

[10] http://www.siasun.com/index.php? m=content&c=index&a=show&catid=24&id=309

[11] http://www.swisslog.com/en/Solutions/WDS/Fully-Automated-Picking/AutoPiQ-robot-based-Automated-single-Item-Pick#

[12] 黄捷,丛敏. 教育机器人的界定及其关键技术研究[J]. 中学理科园地,2013,9(6): 56-58.

[13] 王田苗,陶永. 我国工业机器人技术现状与产业化发展战略[J]. 机械工程学报,2014,50(09): 1-13.

[14] T. Asfour,K. Yokoi,C. S. G. Lee,J. Kuffner. Humanoidrobotics. IEEE Robotics & Automation Magazine,vol. 19,no. 1,pp. 108-118,2012. DOI: 10. 1109/MRA. 2012. 2186688.

[15] 楼逸博. 医疗机器人的技术发展与研究综述[J]. 中国战略新兴产业,2017(48): 135-136.

[16] S. Kuindersma,R. Deits,M. Fallon,A. Valenzuela,H. K. Dai,F. Permenter,T. Koolen,P. Marion,R. Tedrake. Optimization-based locomotion planning, estimation, and control design for the atlas humanoid robot. Autonomous Robots,vol. 40,no. 3,pp. 429-455,2016. DOI: 10. 1007/s10514-015-9479-3.

[17] Flexible Coordinated Robot. http://www. siasun. com/index. php? m = content&cindex&ashow&catid24&id309. (in Chinese)

[18] Volvo Is Sticking with Uber to Win the Autonomousdriving 'marathon'. http://www. businessinsider. com/volvo-us-ceo-interview-autonomous-cars-china-trump-2017-5.

[19] Behind the Big Apollo Project: Baidu Map Makes TravelSimpler. http://news. xinhuanet. com/tech/2017-08/09/c_1121452838. htm. (in Chinese)

[20] DARPA 机器人挑战赛冠军 DRC-HUBO 将亮相 2015 世界机器人大会[J]. 电子世界,2015(17): 3.

[21] 陶永,王田苗,孙书仑,等. 陪护机器人——呵护老人生活的好伴侣[J]. 机器人技术与应用,2013(5): 39-43.

[22] International Federation of Robotics. Industrial robotics standardization. http://www. ifr. org/news/ifr-press-release/iso-robotics standardisation-35/.

[23] International Federation of Robotics. Industrial robot as defined by ISO 8373. http://www. ifr. org/industrial-robots.

[24] International Federation of Robotics. Service robots. http://www. ifr. org/service-robot/.

[25] 王伟同. 中国人口红利的经济增长"尾效"研究——兼论刘易斯拐点后的中国经济,2012.

[26] 鲁棒. 2011 年全球机器人市场进入快车道. 机器人技术与应用,2012.

[27] http://www. sohu. com/a/217838008_765932

[28] http://mini. eastday. com/mobile/171124104639463. html

[29] https://blog. csdn. net/lanzhichen/article/details/80938376

[30] Tanaka F,Isshiki K,Takahashi F,et al. Pepper learns together with children: Development of an educational application[C]//Ieee-Ras,International Conference on Humanoid Robots. IEEE,2015: 270-275.

[31] Metta G,Sandini G,Vernon D,et al. The iCub humanoid robot: an open platform for research in embodied cognition[C]//The Workshop on PERFORMANCE Metrics for Intelligent Systems. ACM,2008: 50-56.

[32] Tian Z M,Lu W S,Wang T M. Application of a robotic telemanipulation system in stereotactic surgery. Stereotact Funct Neurosurg,2008,(86): 54-61.

[33] Wang S X,Wang X F,Zhang J X,et al. A new auxiliary celiac minimally invasive surgery robot: "MicroHandA". Robot Tech Appl,2011,(4): 17-21.

[34] Kuindersma S,Deits R,Fallon M,et al. Optimization-based locomotion planning, estimation, and control design for the atlas humanoid robot[J]. Autonomous Robots,2016,40(3): 429-455.

[35] 林兆花,徐天亮. 机器人技术在物流业中的应用[J]. 物流技术,2012,31(13): 42-45.

[36] ISO 15066 Robots and robotic devices—Collaborative robots.

[37] Wolf S,Hirzinger G. A new variable stiffness design: Matching requirements of the next robot generation[C]//IEEE International Conference on Robotics and Automation. IEEE,2008: 1741-1746.

[38] Choi J, Hong S, Lee W, et al. A Robot Joint With Variable Stiffness Using Leaf Springs[J]. IEEE Transactions on Robotics, 2011, 27(2): 229-238.
[39] Wolf S, Eiberger O, Hirzinger G. The DLR FSJ: Energy based design of a variable stiffness joint [C]// IEEE International Conference on Robotics and Automation. IEEE, 2011: 5082-5089.
[40] 华贝. 老人陪护机器人[J]. 知识就是力量, 2008(1): 4-4.
[41] 杜壮. 智能机器人,让养老从难变易成为可能[J]. 中国战略新兴产业, 2017(13): 48-50.
[42] 童钦. 老年陪护机器人的研究[J]. 南方农机, 2017.
[43] 罗坚. 老年服务机器人发展现状与关键技术[J]. 电子测试, 2016(6): 133-134.
[44] 黄人薇, 洪洲. 服务机器人关键技术与发展趋势研究[J]. 科技与创新, 2018, No. 111(15): 43-45.
[45] 王树新, 王晓菲, 张建勋, 等. 辅助腹腔微创手术的新型机器人"妙手 A". 机器人技术与应用, 2011 (4): 17-21.

思 考 题

1. 工业机器人的定义是什么?
2. 点焊机器人技术的发展趋势是什么样的?
3. 新一代协作机器人有哪些特点?
4. 服务机器人应该如何定义和分类?
5. 机器人在教育背景下扮演什么样的角色?
6. 医疗机器人如何保证其安全性?
7. 大疆 Spark 无人机有哪些特点?
8. 无人驾驶汽车的"眼"和"耳"是什么?
9. 军用机器人怎么分类的?
10. 试猜想一下机器人未来的发展方向,谈一下自己对机器人的感受。

思考题参考答案

1. 答:世界各国对工业机器人的定义不尽相同。美国工业机器人协会(RIA)的定义:机器人是设计用来搬运物料、部件、工具或专门装置的可重复编程的多功能操作器,并可通过改变程序的方法来完成各种不同任务。日本工业机器人协会(JIRA)的定义:工业机器人是一种装备有记忆装置和末端执行器的、能够完成各种移动来代替人类劳动的通用机器。德国标准(VDI)中的定义:工业机器人是"具有多自由度的、能进行各种动作的自动机器,它的动作是可以顺序控制的。轴的关节角度或轨迹可以不靠机械关节,而由程序或传感器加以控制。工业机器人具有执行器、工具及制造用的辅助工业,可以完成材料搬运和制造等操作"。

2. 答:新型的点焊机器人系统,将焊接技术与 CAD、CAM 技术完美地进行结合,提高生产准备工作的效率,缩短产品设计投产的周期,以期使整个机器人系统取得更高的效益。汽车行业中点焊机器人系统拥有关于汽车车体结构信息、焊接条件信息和机器人机构信息的数据库，CAD 系统利用该数据库可方便地进行焊枪选择和机器人配置方案设计。至于示教数据，则通过磁带或软盘输入机器人控制器。控制器具有很强的数据转换功能，能针对机器人本身不同的精度和工件之间的相对几何误差及时进行补偿，以保证足够的工程精度。该系统与传统的手工设计、示教系统相比，可以节省 50%的工作量，把设计至投产的周期缩短两个月。现在，点焊机器人正在向汽车行业之外的电动机、建筑机械行业普及。

3. 答：在生产制造中，有许多工序在人与机器合作的情况下最为高效，例如工业机器人对工件完成相应自动化工序后，再通过人工的方式完成机器难以完成或自动化成本高昂的工序，这种情况下要求机器人与人存在于同一个工作空间；而对传统的工业机器人而言，在作业中为避免伤害事故的发生是不允许人员进入工作区的，自然也就无法进行人机协作。因此，能够保证工人安全，可便捷地实现人机协作的智能协作机器人应运而生。

智能协作机器人作为新一代工业机器人，是集成视觉感知、力感知、自主避障、自主路径规划、自主能耗评估、AR 交互、App 示教的新型机器人，也是工业机器人智能化最好的载体。相较于传统工业机器人，智能协作机器人主要具有能够通过最优策略进行自主避障的末端悬停能力，实现被动安全的碰撞检测能力，有效控制成本和降低使用难度的简化示教能力，以及基于力反馈的拖动示教能力。智能协作机器人以其重量轻、适应性强、安全性高的特点特别适用于 3C 装配、智能物流分拣、医疗、制药、教育、新零售等领域。

4. 答：国际机器人联合会(International Federation of Robotics，IFR)给出了服务机器人的定义：服务机器人是一种半自主或全自主工作的机器人，它能完成有益于人类的服务工作，但不包括从事生产的设备。在我国《国家中长期科学和技术发展规划纲要(2006—2020 年)》中对智能服务机器人给予了明确定义——“智能服务机器人是在非结构环境下为人类提供必要服务的多种高技术集成的智能化装备”，并明确指出将服务机器人作为未来优先发展的战略高科技技术，并提出以“服务机器人应用需求为重点，研究设计方法、制造工艺、智能控制和应用系统集成等共性基础技术”。

国际机器人联合会对服务机器人按照用途进行分类，分为专业服务机器人和家用服务机器人两类，如专业服务机器人可分为水下作业机器人、空间探测机器人、抢险救援机器人、反恐防爆机器人、军用机器人、农业机器人、医疗机器人以及其他特殊用途机器人；个人/家庭用服务机器人可分为家政服务机器人、助老助残机器人、教育娱乐机器人等。

5. 答：机器人在教育背景下扮演三个角色，其中第一个角色是程序设计。机器人系统是完成作业的核心，即通过编程来创造计算机程序设计艺术的具体物理表现形式的黑箱。机器人编程项目能够将编码问题变成现实，再反过来用那些技能推动科学发展，因此取得了一定程度的重视和参与。教育机器人的第二个角色是专注学习。机械电子学类课程本身的目标是强调创造和使用机器人。机器人通过激发公众对科学、技术和工程的兴趣来实现这目标，从而引导学生未来在技术实现上发挥积极的作用。

6. 答：在安全性方面，机器人系统的硬件和控制软件需要有较多的冗余度，并且具有多种一致性条件。这主要出于如下考虑：不能因为一个问题导致整个机器人系统的失效或对患者造成伤害。虽然关于如何协调存在多种意见，但是医疗机器人通常都装有冗余的位置传感器，并且能够从机械方面限制机器人的运动速度以及施加力的大小。如果某一个一致性条件不满足，通常采取如下两种措施：一种是停止机器人的运动；另一种是使操纵器反应迟缓。这两种方式孰优孰劣取决于机器人所应用的场合。可消毒性和生物相容性也是十分重要的因素。同样地,具体的细节也是取决于机器人的应用场合。通常采取的消毒方式主要有 Gamma 射线消毒、高压灭菌、浸泡或气体消毒及使用无菌窗帘覆盖未消毒的部件。浸泡或气体消毒对机器人的损伤较少,但是需要仔细清洁,以防从灭菌剂等带入其他杂质。

在医疗影像与建模方面,研究集中在利用影像建立患者相关的模型、通过实时影像或其他传感器信息动态更新患者的模型、利用所建立的患者模型规划手术或监视手术过程。相关的研究包括:(1)通过医学影像的分割和融合建立和更新患者的解剖模型。(2)通过生物力学建模来分析和预测组织的变形,以及影响手术规划、控制和康复的功能性因素。(3)利用最优化方法来规划治疗方案和交互地控制系统。(4)研究如何将虚拟现实的影像和模型与患者的实际情况进行匹配。(5)治疗方案和具体的手术步骤,以及用于规划、监控、控制和智能辅助的肢体操纵的表征方法。(6)实时数据融合,利用术中影像动态更新患者的模型。(7)人机交互方法的研究,包括实时数据的显示、自然语言的理解、手势识别等。(8)表征数据、模型和系统中的不确定性,并利用这些信息规划手术和控制方法。

7. 答:人脸识别开机是 Spark 的一大亮点,这也是大疆首次引入了该功能。开机后,将 Spark 放上手掌,检测到人脸后即可解锁并从掌上起飞,升空悬停。全部准备工作能在开机后 25s 内完成。手势控制飞行是 Spark 引入的一种全新互动方式——此款产品可识别用户手势,只需挥挥手就能实现近距离控制飞行器、拍照、让飞行器回到身边并在掌上降落等一系列操作。由此,航拍变得像用手机拍照一样简单,并且更加有趣。

Spark 丰富的智能功能可帮助用户随手飞出精妙航线,实现个性化航拍需求。除了延续已有的"指点飞行"功能外,Spark 新增坐标指点模式,用视觉技术极大简化了操作流程——在执行指点飞行任务过程中,用户随时在画面中点击选择新目的地,便能即刻改变航向,自动飞出平滑曲线。此外,基于视觉技术的智能跟随功能在日常生活拍摄中也能大显身手。无论是在室内拍摄宠物还是在户外跟拍骑行,Spark 都能自动锁定被拍摄的主角。

8. 答:环境感知模块相当于无人驾驶汽车的眼和耳,无人驾驶汽车通过环境感知模块来辨别自身周围的环境信息,为其行为决策提供信息支持。环境感知包括无人驾驶汽车自身位姿感知和周围环境感知两部分。单一传感器只能对被测对象的某个方面或者某个特征进行测量,无法满足测量的需要。因而,必须采用多个传感器同时对某一个被测对象的一个或者几个特征量进行测量,将所测得的数据经过数据融合处理后提取出可信度较高的有用信号。按照环境感知系统测量对象的不同,我们采用两种方法进行检测:(1)无人驾驶汽车自身位姿信息主要包括车辆自身的速度、加速度、倾角、位置等信息。这类信息测量方便,主要用驱动电动机、电子罗盘、倾角传感器、陀螺仪等传感器进行测量。(2)无人驾驶汽车周围环境感知以雷达等主动型测距传感器为主,被动型测距传感器为辅,采用信息融合的方法实现。因为激光、雷达、超声波等主动型测距传感器相结合更能满足复杂、恶劣条件下执行任务的需要,最重要的是处理数据量小,实时性好。同时进行路径规划时可以直接利用激光返回的数据进行计算,无须知道障碍物的具体信息。而视觉作为环境感知的一个重要手段,虽然目前在恶劣环境感知中存在一定问题。但是在目标识别、道路跟踪、地图创建等方面具有其他传感器所无法取代的重要性,而在野外环境中的植物分类、水域和泥泞检测等方面,视觉也是必不可少的手段。

9. 答:按照工作环境,可以分为陆地军用机器人、水中军用机器人、空中军用机器人和空间军用机器人等。

按照使用方式,可以分为固定式机器人和机动工机器人两种。固定式机器人主要执行防御任务,它被固定在防御阵地内截获和识别目标,并根据目标性质使用适当武器进行射击,如反坦克武器、火炮、枪榴弹或机枪等。机动式机器人包括轮式、履带式和步行式机器人,它们可在战场上随意执行运输、侦查和歼灭等多种任务。

按照控制方式,可以分为遥控式机器人和自主式机器人两种。遥控式由远处的操纵人员通过电缆、无线电或光缆进行控制。操纵人员可根据机器人配有的电视摄像机所反映出的机器人行走路线和方向,对机器人进行监视和控制。自主式机器人,是不需要操纵人员而依靠其自身的人工智能系统来完成预定的动作和任务。它配有调整计算机系统和各种先进而又可靠的传感系统等。通过预存的和新采集的信息自主选择最佳行驶路线并完成其他指定任务。

按照作战任务方式,可以分为直接执行战斗任务、侦察与观察、工程保障等类型。直接执行战斗任务的机器人有先锋机器人、哨兵机器人、榴炮机器人、飞行助手机器人、海军战略家机器人等,它可大大减少作战人员的伤亡和流血。执行侦察与观察任务的机器人有战术侦察机器人、三防侦察机器人、地面观察员—目标指示员机器人、便携式电子侦察机器人、铺路虎式无人驾驶侦察机等,因侦察历来是勇敢者的行业,危险系数高,机器人是最理想的代理人。执行工程保障任务的机器人,目前正在研制的有多用途机械手、排雷机器人、布雷机器人、烟幕机器人、便携式欺骗系统机器人等,机器人从事艰巨的修路、架桥和危险的布雷、排雷工作比人员更有能耐。此外,机器人还可用于指挥控制、后勤保障、军事教学和军事科研等诸多任务。

10. 答：略。

图书资源支持